Grundlagen der Wissenschaftsforschung

Wissenschaft und Gesellschaft

Herausgegeben vom
Institut für Theorie,
Geschichte und Organisation
der Wissenschaft der
Akademie der Wissenschaften der DDR
durch Günter Kröber

Band 26

Grundlagen der Wissenschaftsforschung

Akademie-Verlag Berlin 1988

Titel der russischen Originalausgabe: Osnovy Naukovedenija.

Deutsche Übersetzung und wissenschaftliche Bearbeitung durch Günter Kröber, Berlin

Autorenkollektiv:
B. Bradinov, S. Kačaunov, K. Simeonova (VR Bulgarien);
G. Kröber, H. Laitko, B. Lange (DDR);
S. Szwedowski (VR Polen);
V. A. Žamin, S. G. Kara-Murza, V. Ž. Kelle, N. I. Makešin,
V. I. Maslennikov, S. R. Mikulinskij, B. A. Starostin, B. G. Judin,
F. G. Janovskij, G. M. Jaroševskij (UdSSR);
K. Müller, M. Pittner, S. Provaznek, R. Richta (†) (ČSSR)

Wissenschaftliche Redaktion der Ausgabe:
N. Stefanov, N. Jachiel (VR Bulgarien); J. Farkas (Ungarische VR);
G. Kröber (DDR); I. Malecki (VR Polen); S. R. Mikulinskij (UdSSR)
(Leiter des Autorenkollektivs); R. Richta (†) (ČSSR)

Wissenschaftlich-technische Arbeiten für die russischsprachige Ausgabe: L. E. Ryčenkova (UdSSR); für die deutschsprachige Ausgabe: R. Führer (DDR)

ISBN 3-05-000 631-5
ISSN 0138-5755

Erschienen im Akademie-Verlag Berlin, DDR-1086 Berlin, Leipziger Str. 3—4

Lizenznummer: 202 · 100/26/88
Printed in the German Democratic Republic
Gesamtherstellung: VEB Druckerei „Thomas Müntzer", 5820 Bad Langensalza
Einbandgestaltung: Christian Krebs
LSV 0155
Bestellnummer: 754 886 6 (2162/26)
03200

Inhaltsverzeichnis

Fünftes Kapitel

Sechstes Kapitel

Siebentes Kapitel

Achtes Kapitel

Neuntes Kapitel

Einführung

Wissenschaft ist eine überaus komplexe und vielseitige Erscheinung. Betrachtet man sie nach ihren Ergebnissen, so hat man es mit einem *System von Erkenntnissen* zu tun. Zugleich ist sie eine *Form des gesellschaftlichen Bewußtseins.* Neue Erkenntnisse entstehen aber nicht von selbst; sie müssen gewonnen werden. Sie sind das Produkt einer *spezifischen Form von Arbeit*, der wissenschaftlichen Tätigkeit. So gesehen kann Wissenschaft als ein komplexer Bereich gesellschaftlicher Tätigkeit verstanden werden, aus der jenes System sich entwickelnder Kenntnisse hervorgeht, das als allgemeines geistiges Produkt der gesellschaftlichen Entwicklung zutage tritt. Die wissenschaftlichen Kenntnisse, die Tätigkeit der erkennenden Subjekte, die im Prozeß der Produktion und Anwendung des neuen Wissens sich herausbildenden Beziehungen und das System der Leitung und Organisation der wissenschaftlichen Tätigkeit machen — zusammengenommen — die *soziale Institution* Wissenschaft aus. Gegenstand der Wissenschaftswissenschaft sind die Funktionsweise und die Entwicklung dieser sozialen Institution in ihrer Wechselwirkung mit der Gesellschaft.[1]

Zum Zwecke der Analyse kann die Wissenschaft mithin unter drei Aspekten gesehen werden — als System wissenschaftlichen Wissens, als Form des gesellschaftlichen Bewußtseins und als spezifische Tätigkeitsart. Gemäß unserem Verständnis vom Gegenstand der Wissenschaftswissenschaft steht im vorliegenden Buch die Wissenschaft als spezifische Tätigkeit zur Erzeugung wissenschaftlichen Wissens im Zentrum der Aufmerksamkeit.

Das Nachdenken über Wissenschaft ist so alt wie diese selbst. Die Philosophie stellte seit jeher die Frage nach der Natur und der Möglichkeit von Erkenntnis; die Wissenschaftshistoriographie war bemüht, den Entwicklungsprozeß der Wissenschaft und insbesondere den Prozeß wissenschaftlichen Schöpfertums konkret zu beschreiben und zu analysieren. Mit dem wachsenden Gewicht der Wissenschaft in der Gesellschaft richteten im 20. Jahrhundert auch Ökonomen, Soziologen und Psychologen ihre Aufmerksamkeit auf die Wissenschaft und die wissenschaftliche Tätigkeit. Es erwachte das Interesse an der Psychologie des wissenschaftlichen Schöpfertums, und man begann, die soziologischen und sozialpsychologischen Aspekte der wissenschaftlichen Tätigkeit zu untersuchen. In dem Maße

[1] Vgl. dazu: Abschnitt 1.1.

wie Wissenschaft zu einem Massenberuf wurde, ergab sich der ganze Komplex von Problemen der Leitung und Organisation der wissenschaftlichen Tätigkeit. Angeregt durch die in den 30er Jahren in der UdSSR mit der Planung der Wissenschaftsentwicklung gemachten Erfahrungen wurde es unabweisbar, die Formen und Methoden der Wissenschaftsplanung, die allgemeinen Tendenzen und Perspektiven der Wissenschaftsentwicklung sowie die Möglichkeiten der gezielten Nutzung wissenschaftlicher Erkenntnisse in der Produktion detailliert zu untersuchen.

Um die Mitte des 20. Jahrhunderts wurde es immer augenfälliger, daß diese und andere Probleme der Wissenschaftsentwicklung spezifischer Untersuchung bedürfen. In den meisten industriell entwickelten Ländern kam es denn auch zu dieser Zeit zu entsprechenden Initiativen, in deren Gefolge sich das neue Forschungsgebiet — die Wissenschaftswissenschaft oder auch Wissenschaftsforschung — herauszubilden begann. Ausschlaggebend für diesen Prozeß waren die Bedürfnisse der weiteren Vervollkommnung der Leitung der Wissenschaftsentwicklung unter den Bedingungen der wissenschaftlich-technischen Revolution, unter deren Einfluß sich das spezifische Gewicht der Wissenschaft in der Gesellschaft und ihre praktische Relevanz für die Entwicklung der Produktion sprunghaft veränderten. Die Forschungen auf diesem Gebiet waren von Anfang an nicht nur darauf gerichtet, die Entwicklungsgesetzmäßigkeiten der Wissenschaft theoretisch zu untersuchen, sondern die grundlagentheoretischen und Anwendungsaspekte der Untersuchung der wissenschaftlichen Tätigkeit eng miteinander zu verbinden. Dieses Merkmal kennzeichnet die Wissenschaftsforschung generell. Da jedoch die auf diesem Gebiet zur Untersuchung anstehenden Probleme organisch mit dem Charakter der jeweiligen Gesellschaftsordnung zusammenhängen, ist für die Wissenschaftsforschung in den sozialistischen Ländern, ihre Struktur, ihre Fragestellungen und Lösungsansätze von Anbeginn eine Reihe grundlegender Besonderheiten kennzeichnend.

Methoden zur Leitung der Wissenschaftsentwicklung, einschließlich ihrer Planung im staatlichen Rahmen, wurden erstmals im Sozialismus erarbeitet und angewandt, denn der Sozialismus ist eine Gesellschaft, die nicht nur zutiefst am raschen Fortschritt der wissenschaftlichen Erkenntnis interessiert ist, sondern auch daran, daß dieser Fortschritt den Interessen der Menschen und dem Wohle des Volkes zugute kommt. Der Sowjetunion kam in dieser Beziehung eine Pionierrolle zu.

Die Entwicklung der Wissenschaftswissenschaft gründet sich in den sozialistischen Ländern auf die Philosophie des dialektischen und historischen Materialismus und auf die marxistisch-leninistische Theorie im ganzen. Die Anwendung der materialistischen Dialektik und der materialistischen Geschichtsauffassung auf die Analyse der Wissenschaft ermöglichte es den Begründern des Marxismus-Leninismus, gewisse Mängel im Verständnis der Wissenschaft, die früheren Denkern eigen waren, zu überwinden und Konturen einer Theorie der Wissenschaftsentwicklung zu erarbeiten, die selbst auf wissenschaftlicher Grundlage basiert, das Wesen des wissenschaftlichen Fortschritts adäquat widerspiegelt und die Lösung einer Reihe komplizierter Fragen der Entwicklung der wissenschaftlichen Erkenntnis prinzipiell ermöglicht. Dabei darf natürlich nicht übersehen werden, daß die marxistisch-leninistische Theorie der Wissenschaftsentwicklung kein ein für allemal abgeschlossenes und fertiges theoretisches Gebäude ist. Ihre Anwendung auf die neuen Probleme der gegenwärtigen Wissenschaftsentwicklung ermöglicht nicht nur ein tieferes Verständnis dieser Probleme, sondern führt auch zur Weiterentwicklung der Theorie selbst. Forscher aus sozialistischen Ländern und progressive Wissenschaftler außerhalb der sozialistischen Welt haben sich ihr deshalb in den letzten Jahrzehnten verstärkt zugewandt, denn die Besonderheiten der Entwicklung der Wissenschaft in ihrer Wechselwirkung mit der Gesellschaft können unter den gegenwärtigen Bedingungen, insbesondere unter denen der wissenschaftlich-technischen Revolution, nur ausgehend von dieser Theorie erklärt werden.

Die marxistisch-leninistische Philosophie geht davon aus, daß die Widerspiegelung der Wirklichkeit im Bewußtsein ein aktiver und schöpferischer Prozeß ist; sie behauptet den dialektischen Charakter der Subjekt-Objekt-Relation, des Verhältnisses von relativer und absoluter Wahrheit, von Sinnlichem und Rationalem, empirischer und theoretischer Erkenntnisebenen, der Wechselwirkung zwischen Theorie und Praxis sowie der Rolle, die letztere als Grundlage und Triebkraft des gesamten Erkenntnisprozesses spielt. All das ist von grundlegender Bedeutung, um die Gesetzmäßigkeiten der Entwicklung der wissenschaftlichen Erkenntnis, ihre innere Logik aufdecken zu können. Zugleich geht die marxistisch-leninistische Theorie der Wissenschaftsentwicklung davon aus, daß das wissenschaftliche Wissen ein Produkt der Tätigkeit des gesellschaftlichen Menschen ist, der die Welt praktisch umgestaltet und dessen Bewußtsein von jeweils konkreten sozialen und kulturellen Bedingungen bestimmt wird. Letztere aber sind ihrerseits durch die ihnen zugrundeliegende materielle Produktionsweise determiniert. Die Wissenschaft wird also nicht von einem isolierten Individuum geschaffen, sondern vom Menschen als einem gesellschaftlichen Wesen, als Subjekt sozialer Verhältnisse, dessen Tätigkeit durch gesellschaftliche Bedürfnisse und Interessen stimuliert wird und Bestandteil der gesellschaftlichen Gesamtarbeit ist.

Hieraus folgt, daß die Wissenschaft ein gesellschaftliches Produkt ist und eine wichtige Rolle in der gesellschaftlichen Arbeitsteilung spielt. Sie entstand, als historisch die entsprechenden Voraussetzungen und Bedürfnisse in der Gesellschaft herangereift waren, und entwickelte sich mit dieser sodann als Instrument der Erkenntnis und der Umgestaltung der Natur und der Gesellschaft. Die Wissenschaft muß deshalb historisch betrachtet werden.

Die Wissenschaft unterliegt dem Einfluß verschiedenartigster sozialer Erscheinungen, Strukturen, Institutionen und Formen des gesellschaftlichen Bewußtseins; die hauptsächliche Triebkraft ihrer Entwicklung — wie der Entwicklung der Gesellschaft insgesamt — ist jedoch letztlich die materielle Produktion, die materielle gesellschaftliche Praxis. Von ihr gehen jene Impulse aus, die den Fortschritt der wissenschaftlichen Erkenntnis am entschiedensten bewirken. Natürlich kann diese Abhängigkeit der Wissenschaft von der Produktion mehr oder weniger direkt sein; sie wird ihrerseits bestimmt von den historischen Bedingungen, dem Entwicklungsstand der Wissenschaft selbst und dem Grad des Bedürfnisses der Produktion nach wissenschaftlichen Kenntnissen zur Vervollkommnung und Entwicklung der Produktivkräfte. Dieses Bedürfnis tritt besonders stark zutage seit dem Übergang zur maschinellen Produktion, als die Arbeitsmittel eine materielle Form erhielten, die zu ihrer Weiterentwicklung der bewußten Anwendung der Naturwissenschaft bedurfte. Marx konnte bei der Analyse dieses Prozesses zeigen, daß durch die maschinelle Produktion das Wissen aus einer bloßen Potenz der Produktion zu einer unmittelbaren Produktivkraft wurde und die materielle Produktion immer mehr als schöpferische Anwendung und Vergegenständlichung von Wissenschaft erscheint.[2]

Die Gesellschaft bringt also die Wissenschaft hervor, um durch sie ihre Bedürfnisse zu befriedigen, und die Wissenschaft wird dem in ihren unterschiedlichen sozialen Funktionen gerecht.[3] Wir sprechen heute von der Erkenntnisfunktion der Wissenschaft, von ihrer Funktion als Produktivkraft und Instrument der gesellschaftlichen Leitung sowie von ihrer kulturell-weltanschaulichen Funktion. Alle diese sozialen Funktionen der Wissenschaft haben sich historisch herausgebildet. Auch ihr theoretisches Verständnis hat seine Geschichte.

Der Marxismus hat in Fortführung und Weiterentwicklung der kulturell-historischen Tradition des fortschrittlichen gesellschaftlichen Denkens der Vergangenheit die Wissenschaft stets als ein sich entwickelndes System objektiven Wissens über wesentliche Zusammenhänge, Eigenschaften und Gesetzmäßigkeiten der objektiven Realität betrachtet, von der der erkennende gesellschaftliche Mensch selbst ein Teil ist. Diese Feststellung trifft den Kern der Wissenschaft, denn sie existiert in der Gesellschaft und für sie; ihre soziale Bestimmung, ihre Hauptfunktion ist es, das für die Existenz und die Entwicklung der Gesellschaft notwendige Wissen zu erzeugen.

Andere wichtige Funktionen der Wissenschaft ergeben sich, sobald es darum geht, zum Zwecke der Umgestaltung der Natur, der Veränderung der gesellschaftlichen Verhältnisse und der Entwicklung des Menschen selbst die Wege und die Art und Weise der praktischen Anwendung des Wissens zu bestimmen. Die Wissenschaft soll dem Menschen helfen, die neu erkannten Gesetzmäßigkeiten, Kräfte und Eigenschaften der Materie in seiner praktischen Tätigkeit zu nutzen; sie bringt damit ein dynamisches Element in das gesellschaftliche Leben ein und revolutioniert die gesellschaftliche Praxis. Der Marxismus hat deshalb

[2] Vgl. K. Marx, Ökonomische Manuskripte 1857/1858, in: K. Marx/F. Engels, Werke (im folgenden: MEW), Bd. 42, Berlin 1983, S. 595.

[3] Vgl. dazu: Abschnitt 2.2. dieses Bandes; S. R. Mikulinskij/R. Richta (Hrsg.), Socializm i nauka, Moskva 1981.

die Wissenschaft stets als eine schöpferische revolutionäre Kraft angesehen, die es im Interesse der Menschheit und zum Wohle des arbeitenden Menschen zu nutzen gilt. Nicht zufällig war es der Marxismus, der erstmalig mit der Forderung auftrat, die Wissenschaft von der Gesellschaft und der revolutionären Bewegung der Volksmassen mit dem Kampf um den Sozialismus zu verbinden; er war es auch, der als höchstes Ziel der neuen Gesellschaft die allseitige Entwicklung der menschlichen Persönlichkeit proklamierte. Die Gesellschaft des realen Sozialismus richtet die Entwicklung der Wissenschaft auf die Lösung dieser humanistischen sozialen Aufgabe aus.

Der Sozialismus hat mithin eine im Vergleich zum Kapitalismus prinzipiell neue soziale Basis für die Entwicklung der Wissenschaft geschaffen und realisiert ihre praktischen Funktionen in wahrhaft humanistischer Weise.[4] Indes hat der Marxismus bei aller Wertschätzung der Wissenschaft diese nie für allmächtig gehalten. Sie hat ihren spezifischen Wirkungsbereich und kann als Form der theoretischen Aneignung der Welt andere Aneignungsformen, wie z. B. die Kunst, nicht ersetzen. Das marxistisch-leninistische Wissenschaftsverständnis grenzt sich deshalb entschieden von szientistischen und technokratischen Auffassungen ab.

Die sozialen Funktionen der Wissenschaft zu verwirklichen, d. h. die wissenschaftlichen Kenntnisse zu vertiefen und Wege zu ihrer praktischen Anwendung zu erkunden, ist selbst eine schöpferische Aufgabe, die im Prozeß der wissenschaftlichen Tätigkeit gelöst wird. Nimmt man den Bereich der Wissenschaft im ganzen, so trifft man in ihm natürlich auf sehr verschiedene Arten von Arbeit: Verwaltungsarbeit, technisch-organisatorische Arbeit, physische Arbeit, Büroarbeit u. a. Sie alle sind indes unterstützende oder Hilfsarbeiten. Die Spezifik der Wissenschaft besteht in der wissenschaftlichen Tätigkeit als spezialisierter schöpferischer Arbeit zur Erzeugung, Verbreitung und praktischen Anwendung neuen Wissens. Diese spezialisierte wissenschaftliche Tätigkeit ist jedoch gesellschaftlicher Natur, was Marx veranlaßte, sie als allgemeine Arbeit zu bezeichnen. In der Bestimmung der wissenschaftlichen Arbeit als allgemeine Arbeit kommt zum Ausdruck, daß das von ihr erzeugte Produkt ein gesellschaftliches Produkt ist, in dem die Resultate der vorangegangenen gesellschaftlichen und kulturellen Entwicklung wie auch die Arbeit der zeitgenössischen Wissenschaftlergeneration aufgehoben sind, und daß ein einmal erzieltes wissenschaftliches Resultat Gemeingut der Menschheit ist und nicht noch einmal erzeugt zu werden braucht.

Wie jede Art von Tätigkeit, so vollzieht sich auch die wissenschaftliche Arbeit in bestimmten sozialen und organisatorischen Formen, die sowohl von den Besonderheiten der wissenschaftlichen Arbeit selbst, als auch vom Entwicklungsstand der Gesellschaft insgesamt abhängen. Zusammen mit den materiellen Mitteln, die zu ihrer Ausführung benötigt werden, der Gesamtheit der Beziehungen, die sich in ihr herausbilden, und den sozialen und organisatorischen Formen, in denen sie sich vollzieht, stellt sich die wissenschaftliche Arbeit als ein

[4] Vgl. S. R. Mikulinskij/R. Richta (Hrsg.), Socializm i nauka, a. a. O.

System im Rahmen einer jeweiligen historisch-konkreten geistigen Produktion dar. Als geistige Produktion steht sie in Wechselwirkung mit der materiellen Produktion und wird letztlich von dieser bestimmt. Unter den Bedingungen der wissenschaftlich-technischen Revolution werden die Unterschiede zwischen beiden merklich geringer; die Wissenschaft übt einen immer stärkeren Einfluß auf die materielle Produktion aus, sie erzeugt in bestimmten Bereichen unmittelbar eine neue Infrastruktur der Produktion, von der sie selbst ein Teil ist. Als geistige Produktion bewahrt sie dabei jedoch ihre Spezifik und relative Selbständigkeit.

Wissenschaft ist also vielgesichtig; bei ihrer Erforschung bedarf es deshalb eines komplexen Herangehens. Eben das ist die Aufgabe der Wissenschaftswissenschaft. Ist die marxistisch-leninistische Fundierung der erste Wesenszug der Wissenschaftswissenschaft in den sozialistischen Ländern, so ist das komplexe Herangehen an die wissenschaftliche Tätigkeit ihre zweite Besonderheit.

Das vorliegende Buch zieht in gewissem Maße ein erstes Fazit der Entwicklung der Wissenschaftswissenschaft in den Ländern der sozialistischen Gemeinschaft. Die Autoren sind sich bewußt, daß es darauf ankommt, die verschiedenen Aspekte und Richtungen, unter denen die Wissenschaft zu untersuchen ist, in ihrer organischen Einheit und das Objekt Wissenschaft in seiner ganzen Komplexität darzustellen. Dieses Anliegen ist neu und der Grund für eine Reihe komplizierter methodologischer Probleme, mit denen sich die Wissenschaftswissenschaft konfrontiert sieht, sobald sie Modelle der Wissenschaft zu konstruieren sucht, die die verschiedenen Richtungen ihrer Erforschung zu synthetisieren vermögen. Aus diesen Schwierigkeiten heraus wird auch verständlich, daß die verschiedenen wissenschaftswissenschaftlichen Disziplinen bei weitem noch nicht in idealer Weise integriert sind, obgleich der Prozeß der Integration sich in der wissenschaftswissenschaftlichen Forschung bereits vollzieht. Die Autoren sind sich dessen bewußt; die Idee der Komplexität ist für sie sowohl schon Realität als noch heuristische Orientierung der Forschung.

Im Buch widerspiegelt sich das Bestreben des Autorenkollektivs, auch der anderen Besonderheit der Wissenschaftswissenschaft mehr oder weniger gerecht zu werden, nämlich theoretische und angewandte Forschung auf diesem Gebiet miteinander zu verbinden. Wie schon erwähnt, verdankt die Wissenschaftswissenschaft ihre Entstehung in erster Linie dem Bedürfnis, den größer und komplizierter gewordenen Organismus der Wissenschaft effektiv zu leiten; das bestimmte ihre vorwiegend praktische Orientierung. Gegenwärtig, da die Wissenschaft den Übergang zu ihrer vorwiegend intensiven Entwicklung vollzieht, fällt die Praxisrelevanz der Wissenschaftswissenschaft immer stärker ins Gewicht, denn es geht in diesem Zusammenhang um die Aufgabe, die Effektivität der Wissenschaft in erster Linie durch den Einsatz qualitativer Parameter zu steigern.

Die Intensivierung der Wissenschaft ist untrennbar verbunden mit dem umfassenderen Prozeß der Intensivierung der gesamten gesellschaftlichen Produktion, also mit deren Übergang zum intensiven Typ der Reproduktion. Die Völker der sozialistischen Länder stehen vor der Aufgabe, den realen Sozialismus weiter zu vervollkommnen, indem die Arbeitsproduktivität entschieden erhöht, die gesellschaftlichen Verhältnisse weiterentwickelt und der Übergang der Volkswirtschaft zum intensiven Entwicklungstyp vollzogen werden. Eines der Hauptmittel zur Lösung dieser strategischen Aufgaben ist die Beschleunigung des wissenschaftlich-technischen Fortschritts; von ihr vor allem hängt es ab, in welchem Maße und in welchem Tempo die Arbeitsproduktivität gesteigert, die Effektivität der Produktion erhöht und noch günstigere Arbeits- und Lebensbedingungen für die Menschen geschaffen werden können. Der Wissenschaft kommt dabei eine Schlüsselrolle zu. Aus diesem Grunde wird die Suche nach Wegen, auf denen die Effektivität der Wissenschaft selbst erhöht werden kann, besonders aktuell. Die Wissenschaftsforschung der sozialistischen Länder betrachtet es daher als eines ihrer wichtigsten Probleme, die Ausarbeitung einer diesen neuen Aufgaben entsprechenden einheitlichen Wissenschafts- und Technikpolitik zu befördern und den Übergang der Wissenschaft in das Stadium ihrer vorwiegend intensiven Entwicklung durch Konzipierung entsprechender Maßnahmensysteme zu beschleunigen. Ziel dieser Entwicklungsstrategie ist es, in minimalen Fristen und bei effektiver Nutzung der aufgewendeten Arbeit und anderer Ressourcen ein Maximum an neuen und in kognitiver wie in sozialökonomischer Hinsicht wertvollen wissenschaftlichen Ergebnissen zu erzielen. Hauptrichtungen der Intensivierung sind: die Erhöhung der Qualifikation der wissenschaftlichen Kader und ihrer Arbeitsproduktivität, die Vervollkommnung der Leitung, Planung und Organisation der wissenschaftlichen Tätigkeit in jeder wissenschaftlichen Einrichtung und des Wissenschaftssystems im betreffenden Lande insgesamt, die rationellere Ausnutzung der materiell-technischen und der Informationsbasis der Wissenschaft, die Festigung der Verbindungen zwischen Wissenschaft und Produktion sowie die Beschleunigung der Überführung wissenschaftlicher und technischer Errungenschaften in die Praxis.

Für den wissenschaftlichen Fortschritt ist kennzeichnend, daß er der Entwicklung der materiellen Produktion und anderer Bereiche der Volkswirtschaft vorauseilt. Das System der Leitung, Planung und Organisation der wissenschaftlichen Tätigkeit muß deshalb außerordentlich flexibel sein. In Perioden, in denen sich revolutionäre Umbrüche in Wissenschaft und Technik anbahnen und in dichter Folge neue Forschungsrichtungen sich herausbilden, muß sich diese Fähigkeit der Flexibilität zwangsläufig erhöhen. Solche strukturellen Veränderungen wirken sich in der Regel auf das gesamte System der Leitung, Planung und Organisation aus: Prioritäten müssen rechtzeitig neu gesetzt werden, neue Methoden müssen angeeignet werden, neue Forschungstechnik muß hergestellt werden, Versuchsproduktionen müssen aufgenommen werden, Planung und Organisation der wissenschaftlichen Tätigkeit müssen vervollkommnet werden usw.

Grundlegend neue Erkenntnisse können heute nur um den Preis hoher geistiger und materieller Anstrengungen gewonnen werden. Der Übergang zum intensiven Entwicklungstyp der Wissenschaft ist deshalb nicht gleichbedeutend mit einem „Nullwachstum“ der gesellschaftlichen Aufwendungen für die Wissenschaft.

Worum es geht, ist, die aufgewandten Mittel effektiver zu nutzen, ihre Ergiebigkeit zu erhöhen. Der Übergang auf den Weg der Intensivierung schließt auch nicht aus, daß unter bestimmten Bedingungen, wenn beispielsweise wichtige volkswirtschaftliche oder soziale Aufgaben in vorgegebenen Fristen schnell gelöst werden müssen oder wichtige neue wissenschaftlich-technische Forschungsrichtungen beschleunigt zu entwickeln sind, neben generellen Intensivierungsmaßnahmen von Fall zu Fall auch extensive Entwicklungen vorgesehen werden und somit die Aufwendungen für ein bestimmtes Wissenschaftsgebiet, von dem entscheidende Durchbrüche in der gesellschaftlichen Produktion abhängen, wachsen können.

Bei allen Anstrengungen, die unternommen werden, um die Wissenschaft auf den intensiven Entwicklungsweg zu überführen, darf nicht übersehen werden, daß ungeachtet dessen, wie sie sich selbst entwickelt — vorwiegend extensiv oder intensiv —, sie gegenüber der Produktion immer als Intensivierungsfaktor auftritt.

Die Meisterung des intensiven Entwicklungswegs der Wissenschaft ist demzufolge ein überaus komplexes Problem; es erfolgreich zu lösen setzt voraus, eine entsprechende Strategie der Wissenschafts- und Technikentwicklung zu erarbeiten und zu realisieren, aber auch, vielfältige organisatorische, ökonomische, technologische und sozialpsychologische Maßnahmen zu ergreifen.

Mit dem Übergang der Wissenschaft in das Stadium ihrer vorwiegend intensiven Entwicklung tritt sie in ein qualitativ neues Stadium ihrer Entwicklung ein, das sich prinzipiell von ihrer gesamten bisherigen Geschichte unterscheidet und eine grundsätzlich neue historische Etappe der Wechselbeziehungen zwischen Gesellschaft und Wissenschaft eröffnet, deren ganze Problematik heute noch gar nicht vollständig überschaubar ist. Die Wissenschaftswissenschaft steht deshalb vor komplizierten theoretischen Problemen, für deren Lösung es keine historischen Muster und Modelle gibt. Praktische Empfehlungen, wie die Effektivität der wissenschaftlichen Arbeit unter den Bedingungen intensiv erweiterter Reproduktion erhöht werden kann, müssen von der Wissenschaftswissenschaft schon zur selben Zeit gegeben werden, zu der sie noch damit befaßt ist, sich der theoretischen Grundlagen für die praktische Beherrschung dieser komplizierten Probleme der gegenwärtigen und perspektivischen Entwicklung der Wissenschaft in der sozialistischen Gesellschaft zu versichern.

Das führt auf eine weitere Besonderheit dieses Buches. Obgleich der Gegenstand der wissenschaftswissenschaftlichen Analyse die Wissenschaft als Ganzes ist, die sich unter unterschiedlichen sozialen Bedingungen entwickelt, wenden sich die Autoren naturgemäß vor allem Problemen der Wissenschaftsentwicklung in den sozialistischen Ländern zu. Dabei versteht sich, daß die unterschiedlichen Erfahrungen, die bei der Leitung, Planung und Organisation der Wissenschaft in den einzelnen Bruderländern gemacht wurden, nicht in aller Vollständigkeit dargelegt werden können. Diese nationalen Spezifika können aus der in den einzelnen Ländern veröffentlichten Literatur entnommen werden. Hier aber wird lediglich das Wesentliche hervorgehoben, das nach Meinung der Autoren für die Wissenschaftsentwicklung im Sozialismus generell kennzeichnend ist, und es wird versucht, allgemeine Tendenzen und Gesetzmäßigkeiten der Entwicklung der Wissenschaft in der sozialistischen Gesellschaft und Wege zur Beschleunigung des wissenschaftlich-technischen Fortschritts aufzuzeigen.

Die genannten Gesichtspunkte bestimmen die Struktur des Buches.

Die ersten drei Kapitel sind den theoretischen Grundlagen der Wissenschaftswissenschaft gewidmet. In ihnen werden Gegenstand, Methoden und Aufgaben der Wissenschaftswissenschaft dargelegt, die Stellung der Wissenschaft in der Gesellschaft und ihre Wechselwirkung mit anderen gesellschaftlichen Erscheinungen analysiert, Spezifik und Struktur der wissenschaftlichen Tätigkeit erörtert, sodann das unmittelbare Subjekt dieser Tätigkeit hervorgehoben, die Rolle der Persönlichkeit und des Kollektivs im wissenschaftlichen Schöpfertum analysiert und schließlich Probleme der wissenschaftlichen Kommunikation und der Leitung wissenschaftlicher Kollektive diskutiert.

Das vierte Kapitel bildet gleichsam den Übergang zu den praktischen Problemen der angewandten Wissenschaftsforschung. Nach der Charakteristik des Wissenschaftspotentials werden Wege und Mittel seiner effektiven Nutzung erörtert. Folgerichtig schließen sich Probleme der Wissenschaftspolitik und der Strategie der Wissenschaftsentwicklung, der Leitung, Planung und Organisation der wissenschaftlichen Tätigkeit und schließlich solche der internationalen wissenschaftlichen Zusammenarbeit an. Das Schlußkapitel behandelt Probleme der sozialen Verantwortung und der Ethik des Wissenschaftlers.

In den letzten Jahren ist in sozialistischen wie in kapitalistischen Ländern eine Vielzahl an Arbeiten zu einzelnen Problemen der Funktion und der Entwicklung von Wissenschaft und Technik erschienen. Sie alle haben die Arbeit des Autorenkollektivs an diesem Buch sehr stimuliert. Indes bedarf es schon seit langem eines verallgemeinernden Werkes. Die ersten Versuche in dieser Richtung waren das Buch „Wissenschaftswissenschaft" von G. M. Dobrov (Kiew 1966; in deutscher Sprache: Berlin 1970) und das von den bulgarischen Autoren N. Stefanov und S. Kačaunov herausgegebene Buch „Grundprobleme der Wissenschaftswissenschaft" (Sofia 1973). Da sie zu einer Zeit erschienen sind, in der die Wissenschaftswissenschaft als selbständige Disziplin gerade erst im Entstehen war, dienten sie als eine Art Einführung in dieses Gebiet.[5] In den Folgejahren ist nicht nur das Datenmaterial reichhaltiger geworden, sondern hat sich auch der Kreis

[5] In der westlichen Literatur sind die Probleme der Wissenschaftswissenschaft bisher am vollständigsten behandelt in dem Buch „Science, Technology and Society" (ed. by I. Spiegel-Rösing/D. J. de Solla Price, London 1977). Allerdings handelt es sich dabei um einen Sammelband, der nicht beansprucht, eine systematische Darstellung der Wissenschaftswissenschaft zu sein und sie auch tatsächlich nicht ist. Überdies sind die Ausgangspositionen vieler Autoren dieses Bandes nicht die unseren und finden demzufolge auch nicht unsere Zustimmung.

der theoretischen und praktischen Probleme der Wissenschaftswissenschaft bedeutend erweitert. Das internationale Autorenkollektiv des vorliegenden Buches stand deshalb vor der Aufgabe, dieses neue Material zu verarbeiten und eine Arbeit vorzulegen, welche die Grundprobleme der Wissenschaftswissenschaft in ihrer Einheit und wechselseitigen Abhängigkeit darstellt und dem Zustand, in dem sich das Gebiet derzeit befindet, sowie seinen gegenwärtigen Aufgaben gerecht wird. Zieht man außerdem in Betracht, daß die Problematik der Wissenschaftswissenschaft sehr breit ist und daß sie als Wissenschaft noch nicht voll ausgebildet ist, dann werden die Schwierigkeiten deutlich, vor die sich das Autorenkollektiv bei der Entscheidung über die Struktur des Buches, der Auswahl des Materials und bei dem Bemühen, die einzelnen Fragen möglichst vollständig abzuhandeln, gestellt sah.

Schließlich gibt es in der Wissenschaftswissenschaft — wie in jeder jungen Wissenschaft — nicht wenige Fragen, die durchaus nicht einheitlich beantwortet werden. Dies betrifft nicht nur Antworten, die von unterschiedlichen philosophischen und methodologischen Positionen aus gegeben werden, sondern auch solche, die sich auf die marxistisch-leninistische Lehre stützen. Zu ihnen gehören beispielsweise die Auffassung vom Gegenstand und von der Struktur der Wissenschaftswissenschaft, der Inhalt des Begriffs „Wissenschaftspotential" u. a. Auch gibt es noch viele terminologische Unbestimmtheiten, z. B. wie Produktivität und Effektivität der wissenschaftlichen Tätigkeit oder Wissenschaftspolitik und wissenschaftlich-technische Politik zu unterscheiden sind.

Die Autoren beanspruchen keineswegs, alle Streitfragen ein für allemal gelöst zu haben; sie hoffen aber, daß das Buch die weitere Ausarbeitung wissenschaftswissenschaftlicher Probleme befördern möge.

Ein Buch über die Wissenschaftswissenschaft kann wahrscheinlich auch ganz anders aufgebaut werden als dieses. Nicht ohne Nutzen für die Sache könnte es z. B. nach einzelnen Problemen strukturiert sein, so daß in ihm sukzessive, sagen wir, Probleme des wissenschaftlichen Kollektivs und seiner Leitung, der Kommunikation und Information in der Wissenschaft, der Motivation des Wissenschaftlers und der Erhöhung seiner Produktivität, des Verhältnisses von Grundlagenforschung und angewandter Forschung, von Disziplinarität und Interdisziplinarität usw. behandelt würden. Wichtig in einem solchen Falle wäre lediglich, daß die Auswahl und Anordnung der Probleme nicht zufällig und subjektiv sein dürfte, sondern alle grundlegenden Seiten der Funktionsweise und des Entwicklungsprozesses der Wissenschaft erfassen müßte. Ganz analog könnten auch die Methoden der wissenschaftswissenschaftlichen Forschung problemgebunden dargestellt werden.

Ein anderer Aufbau des Buches hätte es unter Umständen gestattet, bestimmte Fragen detaillierter zu behandeln, als es bei der hier gewählten Struktur gelungen ist, wäre aber möglicherweise auf Kosten der Systematik gegangen.

Es ist möglich und sogar sicher, daß es Bücher über die Grundlagen der Wissenschaftswissenschaft geben wird, die anders aufgebaut sein werden. Auch

Überblicksarbeiten zu Teilgebieten wie Soziologie, Ökonomie, Organisation oder Psychologie der wissenschaftlichen Tätigkeit werden seit langem benötigt. Da es aber in der Weltliteratur noch kein zusammenfassendes Werk gibt, in dem die Wissenschaftswissenschaft als Ganzes und als eigenständige Wissenschaft vorgestellt wird und die Meinungen über ihren Gegenstand und ihre Struktur noch außerordentlich differieren, hielt es das Autorenkollektiv in der derzeitigen Entwicklungsetappe der Wissenschaftswissenschaft für geboten, sich dieser Aufgabe zu stellen und das Risiko in Kauf zu nehmen, daß bei einer solchen Zielstellung und der ihr entsprechenden Struktur des Buches möglicherweise nicht alle Fragen in der nötigen Vollständigkeit behandelt werden. Ganz offensichtlich wird die Richtung, in der sich die Wissenschaftswissenschaft und ihre Teilgebiete in der nächsten Zukunft entwickeln werden, davon abhängen, wie sie selbst verstanden wird, ob als einheitliches und konsistentes theoretisches System oder als bloße Summe einzelner Teilgebiete disziplinärer Provenienz. Das Hauptanliegen dieses Buches ist es, sie als spezielles Wissensgebiet, als eigenständige Wissenschaft darzustellen, die sich weder auf dieses oder jenes ihrer Teilgebiete noch auf deren Summe reduzieren läßt. Die Autoren sind sich bewußt, daß sie die Schwierigkeiten, mit denen sie sich konfrontiert sahen, nicht in jedem Falle auf die beste Weise gemeistert haben. Sie sind deshalb für jede konstruktive Kritik dankbar.

An der Beratung des Buchprojektes und einzelner Textvarianten waren viele Wissenschaftler aus der Volksrepublik Bulgarien, der ČSSR, der DDR, der Volksrepublik Polen, der UdSSR und der Ungarischen Volksrepublik beteiligt. Besonders fruchtbar waren die Beratungen des Kollektivs in Blagoevgrad (VR Bulgarien, 1979), Jablona (Volksrepublik Polen, 1980), Berlin (DDR, 1980), Varna (Volksrepublik Bulgarien, 1981) und Prag (ČSSR, 1982), zu denen jeweils noch andere kompetente Wissenschaftler eingeladen waren.

Zu verschiedenen im Buche behandelten Problemen wurden dem Autorenkollektiv viele Ausarbeitungen zur Verfügung gestellt, so aus der Volksrepublik Bulgarien von *J. Minkov*, *N. Mončev*, *M. Petrov*, *N. Stefanov*, *N. Jachiel*; aus der Ungarischen Volksrepublik von *P. Vas-Zoltán*, *L. Szanto*, *P. Tamas*, *J. Mosani*, *E. Fogarasi*, *K. Juriškovskij*; aus der DDR von *I. Hauke*; aus der Volksrepublik Polen von *S. Kwiatkowsky*, *I. Malecki*, *J. Kaczmarek*; aus der UdSSR von *E. A. Beljajev*, *M. S. Bastrakova*, *J. A. Zinevič*, *M. A. Ivanov*, *E. N. Jemeljanov*, *V. P. Karcev*, *G. A. Lachtin*, *E. Z. Mirskaja*, *G. Nesvetajlov*, *V. M. Orel*, *A. V. Pilipenko*, *V. K. Poltavec*, *K. I. Taksir*, *S. D. Chajtun*, *I. V. Šul'gina*, *V. A. Jadov*.

Ihnen allen sind Redaktionskollegium und Autorenkollektiv zutiefst zu Dank verpflichtet. Ihre Materialien und ihre kritischen Hinweise zum Manuskript haben die Arbeiten am Buch befördert.

ERSTES KAPITEL

Gegenstand, Aufgaben und Methoden der Wissenschaftsforschung

1. Gegenstand und Struktur der Wissenschaftsforschung

Als eigenständige Wissenschaft hat sich die Wissenschaftswissenschaft faktisch erst seit den 60er Jahren unseres Jahrhunderts herauszubilden begonnen. Wissen und Reflexionen über die Natur der Wissenschaft, ihre Funktionsweise, die Bedingungen ihrer Entwicklung usw. hat es natürlich auch schon viele Jahrhunderte vorher gegeben. Die Philosophie hat seit der Antike den Besonderheiten der wissenschaftlichen Erkenntnis, ihrer Struktur und der Art und Weise, wie sie zustande kommt und begründet werden kann, ihre Aufmerksamkeit gewidmet. Die Logik als Wissenschaft von den Formen und Gesetzen des Denkens war im Rahmen der Philosophie von Anfang an auf die Analyse und Begründung wissenschaftlicher Denkverfahren aus. Desgleichen waren Probleme der wissenschaftlichen Erkenntnis schon seit der Antike Gegenstand der Erkenntnistheorie.

Die Philosophie, und in erster Linie ihre Teilgebiete Logik und Erkenntnistheorie, bildeten das Fundament, auf dem das Gebäude der modernen Wissenschaft errichtet wurde. Aber sowohl die Philosophie wie auch die Wissenschaftshistoriographie haben über Jahrhunderte hinweg die Wissenschaft fast ausschließlich nur als Wissenssystem angesehen. Sie konzentrierten ihre Aufmerksamkeit auf die logische und erkenntnistheoretische Begründung des wissenschaftlichen Wissens, seine Struktur, den gegenständlichen Inhalt einzelner Wissenschaften und ihre weltanschauliche Bedeutung, auf die Methodologie der Forschung, die Konstruktion wissenschaftlicher Theorien u. a., d. h. auf die Bewegung wissenschaftlicher Ideen. Die *Tätigkeiten*, die das Wissen erst erzeugen, ihre Bedingungen, Gesetzmäßigkeiten, die sozialen Formen, in denen sie sich vollziehen, Möglichkeiten und Richtungen ihres Verlaufs blieben dabei — bis zur Entstehung des Marxismus — im wesentlichen außerhalb des Blickfeldes, jedenfalls wurden sie nicht im einzelnen erforscht.

Der Marxismus ermöglichte eine prinzipiell neue Art und Weise der Analyse der Wissenschaft. Er betonte erstmalig den gesellschaftlichen Charakter der Wissenschaft und deckte den organischen Zusammenhang der Genese und Entwicklung der Wissenschaft mit der gesellschaftlichen Praxis, der materiellen Produktion, den sozialökonomischen Bedürfnissen und Lebensbedingungen der Gesellschaft, aber auch die Wechselbeziehung der Wissenschaft mit anderen Formen des gesellschaftlichen Bewußtseins, die Rolle der Wissenschaft in der gesellschaftlichen Entwicklung und ihre sozialen Funktionen auf. Er verwies auf die sozialen Funktionen und konnte zeigen, daß in der kapitalistischen maschinellen Produktion die Wissenschaft zu einer unmittelbaren Produktivkraft zu werden begann. Dadurch wurde es möglich, die Wissenschaft als gesellschaftliches Phänomen zu begreifen und auch die logische, methodologische und weltanschauliche Analyse der Wissenschaft auf ein neues theoretisches Niveau zu heben.

Die Ideen der Begründer des Marxismus waren jedoch ihrer Zeit weit voraus. Zu Zeiten von Marx und Engels spielte die Wissenschaft im Leben der Gesellschaft noch nicht die Rolle, die sie in der zweiten Hälfte des 20. Jahrhunderts zu spielen begann. Zu jener Zeit waren die Bedingungen und Bedürfnisse für eine allseitige Anwendung der Wissenschaft in allen gesellschaftlichen Lebensbereichen noch nicht voll herangereift, und im Bewußtsein der Mehrzahl derer, die mit Wissenschaft befaßt waren, wurde sie noch lange und in der Hauptsache lediglich als Wissenssystem angesehen.[1] Indes tauchten in den Werken einzelner Naturwissenschaftler und Wissenschaftshistoriker allmählich auch Reflexionen und Ergebnisse von Untersuchungen nicht nur über inhaltliche Probleme der Wissenschaft, sondern auch über die Art und Weise ihres Funktionierens auf. Allmählich und zunehmend konzentrierte sich die Aufmerksamkeit der Wissenschaftler auf Fragen der Logik und Methodologie der Wissenschaft, auf ihr Verhältnis zur Philosophie, zur Kultur überhaupt, auf ihre Bindungen an soziale Bedingungen und an die materielle Produktion, auf Fragen der Organisation der Forschung, der Psychologie des wissenschaftlichen Schöpfertums, der Ausbildung wissenschaftlichen Nachwuchses, der Typologie der Wissenschaftler u. a. Das waren bereits Elemente — und mitunter ganz bedeutende — einer wissenschaftswissenschaftlichen Herangehensweise, die sich jedoch noch nicht aus der allgemeinen Analyse der Wissenschaft als Wissenssystem heraushoben, sich noch nicht als Gegenstand spezieller Forschung verstanden und als spezielle Wissenschaftsdisziplin zu konstituieren vermochten.

Auch die bekannten Arbeiten zur Wissenssoziologie am Ende des 19. und zu Beginn des 20. Jahrhunderts (Max Scheler, Karl Mannheim u. a.) änderten die Situation nicht grundlegend. Sie behandelten das Verhältnis von Wissen und Ideologie, Wissenschaft und Weltanschauung und die Beziehungen des wissenschaftlichen Wissens zu seinen sozialen Voraussetzungen. Obgleich in ihnen unter

[1] In der zeitgenössischen westeuropäischen und amerikanischen Literatur zu sozialen Problemen der Wissenschaft (Social Studies of Science) wird die Wissenschaft vorwiegend als soziale Institution behandelt. Das ist zweifellos ein Fortschritt in der Erforschung der Wissenschaft; dabei wird jedoch oft übersehen, daß dieses Herangehen erst seit Mitte des 20. Jahrhunderts in der nichtmarxistischen Wissenschaftsforschung Fuß gefaßt hat, während sowohl die Fragestellung nach der Wissenschaft als gesellschaftlich determinierte Tätigkeit als auch die Ausarbeitung des entsprechenden Wissenschaftsverständnisses das Verdienst der Begründer des Marxismus sind.

dem Einfluß von Marx die Wissenschaft bereits als gesellschaftliches Phänomen gesehen wurde und der Zusammenhang wissenschaftlicher Ideen mit ihrem sozialen Kontext im Zentrum der Aufmerksamkeit stand, wurde die Wissenschaft faktisch unabhängig von den sozialökonomischen Realitäten des gesellschaftlichen Entwicklungsprozesses betrachtet. Auch vermochte die Wissenssoziologie Schelers und Mannheims nicht, die wissenschaftliche Tätigkeit als spezifisches und eigenständiges Forschungsobjekt zu erkennen und verharrte statt dessen im Rahmen der allgemein-soziologischen Problematik.

Die Erforschung der Besonderheiten und Gesetzmäßigkeiten der Wissenschaft als soziale Institution konstituierte sich so noch keineswegs als eine spezielle soziologische Forschungsrichtung.

Die entscheidende Wende erfolgte erst nach der Großen Sozialistischen Oktoberrevolution, in deren Gefolge sich auch die Stellung und Funktion der Wissenschaft in der Gesellschaft wandelte. Die Erfordernisse der staatlichen Leitung, Planung und Organisation der Wissenschaft und die bewußte Nutzung der Wissenschaft im Interesse des ökonomischen, sozialen und kulturellen Fortschritts der sozialistischen Gesellschaft waren die hauptsächlichen Stimuli für die Herausbildung und Entwicklung der Wissenschaftswissenschaft. Nicht zufällig wurde ihre Ausarbeitung bereits 1926, d. h. noch keine zehn Jahre nach der Revolution, gefordert und wurde damals auch schon der Terminus „Wissenschaftswissenschaft" vorgeschlagen (vgl. Abschnitt 1.3.).

Etwa seit Mitte des 20. Jahrhunderts entfaltet die Wissenschaft auf Grund des gestiegenen Niveaus der Produktivkräfte in den entwickelten Ländern, des hohen Vergesellschaftungsgrades der Produktion und des von ihr selbst akkumulierten Wissensfundus ihre Potenzen in bisher ungekannter Stärke. Die wissenschaftlich-technische Revolution setzte ein, und es erfolgte ein qualitativer Sprung im Verhältnis zwischen Wissenschaft und Technik sowie zwischen Wissenschaft und Produktion. Die Wechselwirkung zwischen ihnen wurde so eng wie noch nie zuvor in der Geschichte. Die Wissenschaft begann, die führende Rolle bei der Vervollkommnung der Produktion zu übernehmen. Im Gefolge dessen stiegen in den 40er und 50er Jahren die Zahl wissenschaftlicher Einrichtungen, die Anzahl wissenschaftlicher Kader und die Höhe der Ausgaben für Forschung rasch an. Wissenschaft wurde in diesen Jahren zu einem Massenberuf.

Naturgemäß brachte diese Entwicklung sowohl in sozialistischen als auch in kapitalistischen Ländern ein erhöhtes Interesse an der Wissenschaft hervor. Während des zweiten Weltkrieges und in den ersten Nachkriegsjahren bildeten sich — gemäß den großen Hoffnungen, welche die damals in den industriell entwickelten Ländern, vor allem in den USA, herrschenden Gruppen in die Wissenschaft setzten, aber auch unter dem Einfluß der Erfolge, welche die UdSSR bei der Entwicklung der Wissenschaft aufzuweisen hatte und ihrer langjährigen Erfahrungen in der Planung und Organisation der Wissenschaft — überall staatliche Organe mit wissenschaftspolitischen Funktionen heraus. Ökonomen, Soziologen, Psychologen u. a. begannen sich mehr und mehr für Fragen der Funktionsweise und der Entwicklung der Wissenschaft zu interessieren. Zu Beginn der 60er Jahre mündete diese Bewegung, an deren Spitze der durch die Erfahrungen der UdSSR begeisterte J. D. Bernal stand, in den westlichen Ländern in die Idee der Schaffung einer Wissenschaft von der Wissenschaft (Science of Science). Indes erfuhr diese Idee, die ursprünglich viele Anhänger hatte, in den westlichen Ländern keine weitere Entwicklung. Die Gründe dafür waren, daß, erstens, institutionelle Barrieren nur schwer überwunden werden konnten und, zweitens und vor allem, daß es zu keiner Konzeption kam, die es vermocht hätte, die Untersuchungen zu einzelnen Aspekten der Wissenschaft und ihrer Entwicklung theoretisch zu synthetisieren. Trotzdem nahm die Untersuchung dieser einzelnen Aspekte in den westlichen Ländern bald einen raschen Aufschwung; das gilt vor allem für solche sozialen Probleme der Wissenschaft wie die Beziehungen, die sich in wissenschaftlichen Einrichtungen herausbilden, die Besonderheiten der wissenschaftlichen Tätigkeit in verschiedenen Institutionen, die Forschungsleitung, das Verhältnis zwischen Wissenschaft und Macht, Wissenschaft und Gesellschaft, Wissenschaft und Kultur, für ökonomische, sozialpsychologische und psychologische Probleme der Wissenschaft (wie z. B. Stimulierung des Schöpfertums und seine Motivation, Diagnostik schöpferischer Fähigkeiten, Bewertung wissenschaftlicher Ergebnisse u. a.). In Großbritannien, den USA, Frankreich, Japan und vielen anderen Ländern kam es zur Gründung unterschiedlich bezeichneter spezieller Zeitschriften, Lehrstühle, Forschungsgruppen und Komitees, darunter auch internationaler; Symposien und Konferenzen werden durchgeführt, und unter der Schirmherrschaft der UNESCO werden internationale Projekte bearbeitet. Obgleich die Idee der Schaffung eines speziellen integrativen Wissensgebietes, das die Wissenschaft im Komplex erforscht, aus den erwähnten Gründen in den westlichen Ländern nicht so realisiert werden konnte, wie dies ursprünglich beabsichtigt war, besteht die Tendenz dazu unter dem Druck der Logik des Forschungsobjekts und der gesellschaftlichen Bedürfnisse fort. In diesem Sinne wäre es falsch zu glauben, daß in den westlichen Ländern entgegen dem von Bernal aufgestellten Programm der Stand der Wissenschaftsforschung sich heute lediglich auf die Bearbeitung einzelner, nicht miteinander verbundener Richtungen — wie Wissenschaftssoziologie, -ökonomie oder -psychologie — beschränke, oder daß die Idee einer Wissenschaft von der Wissenschaft sich auf die breite Entfaltung der Wissenschaftssoziologie reduziere. Es ist richtig, daß sich in den letzten zwei Jahrzehnten mehr und mehr Wissenschaftler wissenschaftssoziologischen Untersuchungen zuwenden und diese Problematik immer breiteren Raum gewinnt. Daraus folgt jedoch keineswegs, daß die komplexe Erforschung der Wissenschaft kein Interesse mehr findet und durch die Entwicklung der Wissenschaftssoziologie ersetzt wird. Was heute als „Social Studies of Science" bezeichnet wird, ist längst nicht mehr die traditionelle Wissenschaftssoziologie. Diese Studien umfassen ein viel weiteres Spektrum von Problemen — von eigentlich soziologischen über ökonomische, sozialpsychologische, psychologische bis zu wissenschaftsmetrischen Problemen und solchen der Leitung und Organisation der Forschung und der Wissenschaftspolitik. Sie werden von Wissenschaftlern unterschiedlichster disziplinärer Herkunft betrieben; da aber die Wissenschaftswissenschaft in den westlichen Ländern bislang noch keinen institutionellen Status erlangt hat, fühlen sie sich noch immer als zu den traditionellen Disziplinen gehörig, selbst wenn ihre Untersuchungen weit über deren Rahmen hinausgehen. Eine gewisse Rolle mag dabei auch gespielt haben, daß der Terminus „Wissenschaft von der Wissenschaft" („Science of Science") unbestimmt und unglücklich gewählt ist, was in der marxistischen Literatur bereits bei seinem Aufkommen angemerkt wurde. Überdies ist zu vermerken, daß der Prozeß der Integration wissenschaftswissenschaftlicher Forschungen in den westlichen Ländern spontan verläuft und nicht auf einem soliden Verständnis vom Gegenstand der Wissenschaftswissenschaft gründet. Darin unterscheidet sich die Wissenschaftsforschung in kapitalistischen Ländern prinzipiell von ihrer Entwicklung in den Ländern des Sozialismus.

Das ist zugleich auch der Grund für einen anderen wesentlichen Unterschied. Viele Untersuchungen, die in westlichen Ländern durchgeführt werden, enthalten nicht selten wertvolle Daten, gelangen aber nicht zu soliden und wissenschaftlich begründeten Schlußfolgerungen, weil sie nicht die Spezifik und die Besonderheiten der Wissenschaft als schöpferische Tätigkeit in Rechnung stellen und nicht darauf orientieren, Wege zu ihrer weiteren Entwicklung zu erkunden, sondern statt dessen von technokratischen Positionen ausgehen und sich von Managerinteressen leiten lassen. In den sozialistischen Ländern gründet sich die Wissenschaftsforschung von Anfang an auf die von den Begründern des Marxismus erarbeiteten Konturen einer Theorie der Wissenschaftsentwicklung; sie berücksichtigt die Spezifik der wissenschaftlichen Tätigkeit, untersucht die reale Geschichte und die Entwicklungstendenzen der Wissenschaft, ihre sozialen Funktionen und widmet ihrer theoretischen und methodologischen Grundlegung gebührende Aufmerksamkeit.

Bereits in den 60er Jahren wurde klar, daß die in den sozialistischen Ländern eingeschlagenen Wachstumstempi der Zahl wissenschaftlicher Kader und der Höhe der Wissenschaftsausgaben nicht über längere Zeiträume hinweg aufrechterhalten werden können. So reifte der Widerspruch heran zwischen dem Interesse der Gesellschaft an einer weiteren beschleunigten Entwicklung von Wissenschaft und Technik und den Möglichkeiten, das Wachstum der materiellen, personellen und finanziellen Ressourcen der Wissenschaft im Vergleich zu anderen Bereichen der Volkswirtschaft in denselben Proportionen zu sichern, wie sie für die 50er und z. T. noch für die 60er Jahre charakteristisch gewesen waren. Dieser Widerspruch konnte nur gelöst werden, indem die Wissenschaft zu einer neuen Entwicklungsform überging, nämlich von der extensiven zur intensiven, d. h. indem ihre weitere Entwicklung nicht vornehmlich auf Kosten weiterer Erhöhung der Investitionen vonstatten ging, sondern durch Vervollkommnung der Leitung, Planung und Organisation der wissenschaftlichen Tätigkeit, durch Erhöhung ihrer Effektivität. Zu diesem Zwecke aber mußte das gesamte System der wissenschaftlichen Tätigkeit genau erforscht und analysiert werden. Zugleich war die Struktur der Wissenschaft und der wissenschaftlichen Tätigkeit ungemein komplizierter geworden. Mehr und mehr spielte kollektive Arbeit in der Wissenschaft eine Rolle, was seinerseits zu einer Menge neuer Erscheinungen und Probleme soziologischer, sozialpsychologischer und organisatorisch-struktureller Art führte. Auch das Problem, wie die Leitung der Wissenschaftsentwicklung gestaltet werden muß, damit sie den sozialen Zielen der Gesellschaft gerecht wird, stellte sich in seiner vollen Größe und benötigte zu seiner Lösung Wissen um die Gesetzmäßigkeiten der Wissenschaftsentwicklung.

So brachte das Leben selbst das Bedürfnis hervor, die wissenschaftliche Tätigkeit zum Gegenstand spezieller Untersuchung zu machen, was seinerseits die Herausbildung der Wissenschaftswissenschaft als eigenständiges Forschungsgebiet beschleunigte. Dieser Prozeß begann, als die Wissenschaft unter den Bedingungen der wissenschaftlich-technischen Revolution immer nachdrücklicher ihren Systemcharakter offenbarte, d. h. als klar wurde, daß sie nicht nur Wissenssystem und Form des gesellschaftlichen Bewußtseins ist, sondern auch eine spezifische Art gesellschaftlicher Tätigkeit, als der Komplex ihrer sozialen Funktionen entfaltete Form anzunehmen begann und gleichzeitig die wechselseitigen Zusammenhänge zwischen allen diesen Seiten hervortraten. Am Beispiel der Entstehung der Wissenschaftswissenschaft bestätigt sich so ein übriges Mal der Marxsche Gedanke, daß erst das entfaltete System der Realität die Voraussetzung ihrer vollständigen „geistigen Reproduktion" im wissenschaftlichen Denken ist. Erst als die *wissenschaftliche Tätigkeit als eigenständiger Forschungsgegenstand* erkannt und die Wissenschaft als komplexe soziale Institution begriffen wurde, begann der Prozeß der Herausbildung der Wissenschaftswissenschaft als eines eigenen Forschungsgebiets, das sich von Philosophie, Wissenschaftsgeschichte, Kulturgeschichte usw. unterscheidet.

Aus dieser theoretischen Grundprämisse, die den realen komplexen Charakter der Wissenschaft als gesellschaftliche Erscheinung reflektiert, folgt, daß die Wissenschaftswissenschaft einen eigenen Forschungsgegenstand hat, der von keiner anderen Wissenschaft untersucht wird. Sie erforscht die Wissenschaft als spezifische Form gesellschaftlicher Tätigkeit, ihre Funktionsweise und die Gesetzmäßigkeiten ihrer Entwicklung als soziale Institution, die Abhängigkeit ihrer Entwicklungstempi und -richtungen von anderen gesellschaftlichen Erscheinungen und Institutionen, die Wege zur Vervollkommnung ihrer Leitung, Planung und Organisation. Aufgabe der Wissenschaftswissenschaft ist es demzufolge, theoretische und methodologische Grundlagen für die Leitung der Entwicklungsprozesse der Wissenschaft zu erarbeiten, die die Effektivität der wissenschaftlichen Tätigkeit zu erhöhen und den wissenschaftlich-technischen Fortschritt im Interesse der ökonomischen und sozialen Ziele der Gesellschaft zu beschleunigen gestatten.

Wenn wir von der Wissenschaftswissenschaft sagen, daß sie den Prozeß der wissenschaftlichen Tätigkeit im Kontext seiner gegenständlichen und sozialen

Bestimmungen sowie ihren Einfluß auf die Entwicklung der Produktivkräfte und das gesellschaftliche Leben insgesamt untersucht, so heben wir ihren spezifischen Gegenstand hervor, zu dessen Untersuchung es eines eigenen Begriffsapparats, eigener Methoden und einer Sichtweise der Wissenschaft als sozial organisierter und auf die Befriedigung gesellschaftlicher Bedürfnisse gerichteter Erkenntnistätigkeit bedarf. Die Wissenschaftswissenschaft wird damit von einer Reihe anderer Disziplinen abgehoben, die *unter ihrem jeweiligen Blickwinkel* und mit Bezug *auf ihren jeweiligen Gegenstand* ebenfalls unterschiedliche Seiten und Aspekte der Wissenschaft untersuchen.[2] Allerdings sind damit die Wissenschaftswissenschaft und ihr Gegenstand noch nicht hinreichend und klar genug bestimmt. Denn auch Soziologie, Psychologie, Ökonomie und andere Disziplinen untersuchen ja die Wissenschaft als spezifische Form gesellschaftlicher Tätigkeit. Allerdings betrachtet jede nur einen ganz bestimmten Aspekt der wissenschaftlichen Tätigkeit und auch den nur unter einem ganz bestimmten Blickwinkel.

Solche Untersuchungen bereichern das Bild von der Wissenschaft und den Faktoren ihrer Entwicklung; das gilt auch von der Erforschung philosophischer Probleme der Entwicklung der Wissenschaft, von Problemen der Logik und Methodologie wissenschaftlicher Erkenntnis, der Stellung und Funktion der Wissenschaft im historisch-gesellschaftlichen Prozeß, der Wechselwirkung zwischen Wissenschaft und Kultur usw. Keine dieser Wissenschaften für sich und auch nicht alle zusammen genommen können infolge ihres jeweils spezifischen Gegenstandes die Wissenschaftsentwicklung im ganzen abbilden, denn weder die

[2] Es muß schon hier angemerkt werden, daß, wenn man die Wissenschaftswissenschaft als ein eigenständiges Gegenstands- oder Wissenschaftsgebiet von den anderen Wissenschaften abhebt, dies keineswegs bedeutet, sie von diesen anderen Wissenschaften zu isolieren. Es ist immer riskant, zwischen verschiedenen Wissenschaften im Detail strenge Grenzen ziehen zu wollen. Diese Grenzen sind historisch, beweglich, und zieht man sie zu starr, so hemmt das eher die Forschung als es sie fördert. Für die Wissenschaftswissenschaft wäre das besonders gefährlich, denn sie soll die Funktionsweise und die Entwicklung der Wissenschaft in ganzheitlicher und komplexer Sicht widerspiegeln und zeigen, wie die Entwicklung von Wissenschaft und Technik mit den materiellen und geistigen Lebensbedingungen der Gesellschaft, mit ihrer sozialökonomischen Struktur, ihren Zielen und Idealen zusammenhängt. Maßnahmen zur Leitung, Planung und Organisation der Wissenschaft, welche die Spezifik der Wissenschaft, die inneren Gesetzmäßigkeiten der Bewegung des wissenschaftlichen Denkens, der Wissenschaft als Wissenssystem nicht in Rechnung stellen, sind von vornherein zum Scheitern verurteilt. Organisatorische, soziologische, psychologische Probleme der wissenschaftlichen Tätigkeit können nicht mit dem nötigen Tiefgang bearbeitet werden, wenn sie vom gegenständlichen Inhalt der Arbeit der Wissenschaftler, vom Charakter und den Besonderheiten dieser Arbeit losgelöst betrachtet werden. Die Wissenschaftswissenschaft darf von der Spezifik der Entwicklung wissenschaftlichen Wissens und überhaupt von den kognitiven, logischen, methodologischen u. a. Besonderheiten der Erkenntnis freilich nicht absehen. Hieraus folgt jedoch nicht, daß alle diese Gebiete völlig in sie eingehen.

noch so detaillierte Beschreibung einzelner Faktoren oder Seiten eines Prozesses noch deren mechanische Summe vermögen den Prozeß in seiner ganzen Komplexität darzustellen. Selbst die Wissenschaftshistoriographie, die ihren Entwicklungsprozeß breiter und umfassender als andere Wissenschaften beschreibt und für das Auffinden von Gesetzmäßigkeiten unentbehrlich ist, kann diese Aufgabe schon deshalb nicht im vollen Umfang lösen und kann keine Theorie der Leitung der Wissenschaftsentwicklung liefern, weil sie es in der Hauptsache mit der Vergangenheit zu tun hat und zudem konkrete Prozesse in jeweiligen Zeiträumen und unter jeweiligen historischen Bedingungen untersucht. Zu untersuchen, welche konkreten Faktoren es sind, die die Entwicklung der Wissenschaft beeinflussen, wie, in welchem Grade und unter welchen konkreten Bedingungen sie zur Wirkung gelangen, ist natürlich eine wichtige Aufgabe. Wieviel wir aber immer über jeden dieser Aspekte und jeden dieser Faktoren wissen mögen, so gibt uns das doch noch kein vollständiges Bild von dem Prozeß als Ganzem, denn keiner dieser Faktoren wirkt unabhängig vom anderen, jeder ist in seiner Wirkung auf die Wissenschaft mit jedem anderen verflochten, und die Gesamtwirkung wiederum ist je nach den konkreten Bedingungen unterschiedlich.

Wissenschaftsentwicklung läßt sich nur verstehen, wenn die sie konstituierenden Prozesse komplex, in ihrem wechselseitigen Zusammenhang gesehen werden. Die *Wissenschaftswissenschaft* ist deshalb *nicht einfach die Wissenschaft von der wissenschaftlichen Tätigkeit, sondern von der Wechselwirkung der Elemente, die in ihrer Gesamtheit die Entwicklung der Wissenschaft als spezifisches komplexes System bestimmen; sie untersucht die Rolle und den Einfluß dieser Elemente auf das Verhalten des Gesamtsystems.* Die Herausbildung der Wissenschaftswissenschaft, die die Wissenschaft in ihrer Ganzheit betrachtet, ist zugleich eine wichtige methodologische Bedingung und Voraussetzung dafür, das Studium einzelner Aspekte der Wissenschaftsentwicklung fruchtbarer werden zu lassen.

Wie immer, wenn ein Wissensgebiet populär zu werden beginnt, zeigt sich auch im Hinblick auf die Wissenschaftswissenschaft in jüngster Zeit die Tendenz, ihren Inhalt sehr breit zu interpretieren. Sie äußert sich darin, jegliche Forschungen über Wissenschaft als zur Wissenschaftswissenschaft gehörig zu erklären, darunter logisch-erkenntnistheoretische und sozialphilosophische, jegliche philosophische Forschung, die sich irgendwie auf die Wissenschaft und ihre Geschichte bezieht, jegliche konkrete soziologische Untersuchung wissenschaftlicher Kollektive oder der Wissenschaftler als Berufsgruppe u. a. Obgleich die in solchen Untersuchungen gewonnenen Daten für die Wissenschaftswissenschaft von unbestrittenem Interesse sind, weil sie unser Verständnis der wissenschaftlichen Tätigkeit zu erweitern und zu präzisieren gestatten, faßt eine solche Interpretation den Inhalt der Wissenschaftswissenschaft doch zu weit; sie verwischt die Spezifik der Wissenschaftsforschung, läßt ihren Gegenstand unscharf werden und lenkt damit von den konkreten und spezifischen Problemen der Wissenschaftswissenschaft ab, nämlich der Erkundung rationaler Wege zur Entwicklung von Wissenschaft und Technik, zum Übergang vom extensiven zum intensiven Entwicklungstyp, zur Erhöhung der ökonomischen und sozialen Effektivität der Wissenschaft.

Eine bewußte und zielstrebige Leitung der Wissenschaftsentwicklung muß die Spezifik der Wissenschaft, die Logik ihrer Entwicklung, die allgemeinen Gesetzmäßigkeiten der Bewegung des wissenschaftlichen Denkens kennen und berücksichtigen. Philosophisch-erkenntnistheoretische und sozialphilosophische Untersuchungen zur Wissenschaft haben für die Wissenschaftswissenschaft deshalb große Bedeutung. Sie nimmt deren Ergebnisse auf, stützt sich auf sie und nutzt sie, um ihre spezifischen Aufgaben zu lösen. Die allgemein erkenntnistheoretischen und logischen Probleme der wissenschaftlichen Erkenntnis werden aber dadurch noch nicht zu Bestandteilen der Wissenschaftswissenschaft. Sie bleiben selbständige Forschungsgebiete im System der philosophischen Wissenschaften. Die Philosophie kann sich als Wissenschaft nur entwickeln, wenn sie ihren Inhalt ständig in Übereinstimmung bringt mit den Fortschritten der Einzelwissenschaften, wenn sie ihre Begriffe und Kategorien auf der Grundlage einzelwissenschaftlicher Errungenschaften ständig bereichert und entwickelt. Die Bewegung des wissenschaftlichen Wissens wird deshalb nie aufhören, das ungeteilte Interesse der Philosophie zu finden. Das Studium der Gesetze des Denkens und der allgemeinen Methoden der wissenschaftlichen Erkenntnis wird immer Aufgabe der Philosophie bleiben.

Der historische Materialismus ist die allgemeine Theorie der gesellschaftlichen Entwicklung. Dazu gehören auch die Stellung und Funktion der Wissenschaft im historisch-gesellschaftlichen Prozeß, der Zusammenhang von Wissenschaft und Technik, der Zusammenhang zwischen Wissenschafts- und Techniktypen und den Eigentumsformen, den herrschenden gesellschaftlichen Verhältnissen, die Beziehungen der Wissenschaft zur gesellschaftlichen Produktion und zu den verschiedenen Formen des gesellschaftlichen Bewußtseins, das Verhältnis von Wissenschaft und menschlichen Werten oder die Stellung der Wissenschaft im System der Kultur.

Spezifisch philosophische Probleme dürfen also weder von der Wissenschaftsforschung okkupiert noch in ihr aufgelöst werden; beides wäre sowohl für die Philosophie als auch für die Wissenschaftswissenschaft selbst schädlich. Diese Probleme sind und bleiben Gegenstand der philosophischen Forschung; die Wissenschaftswissenschaft wendet sich ihnen unter ihrem spezifischen Blickwinkel zu, d. h. im Komplex aller anderen Probleme, die die Entwicklung der Wissenschaft als System wissenschaftlicher Tätigkeit und als besondere soziale Institutionen aufwirft.

Der dialektische und historische Materialismus bildet das allgemeintheoretische, weltanschauliche und methodologische Fundament der Wissenschaftswissenschaft. Fundamentale Ergebnisse zum Problem der Wissenschaftsentwicklung können nur mittels der marxistisch-leninistischen Theorie der gesellschaftlichen Entwicklung und der dialektisch-materialistischen Methode erzielt werden. Dafür gibt es mehrere Gründe. Erstens ist die Wissenschaft bei aller relativen Selbständigkeit ein gesellschaftliches Produkt, und ihre Entwicklung wird letztlich und in entscheidendem Maße von historisch-gesellschaftlichen Bedingungen bestimmt. Um die in der Wissenschaft vor sich gehenden Prozesse und ihre Tendenzen verstehen zu können, bedarf es deshalb eines präzisen Verständnisses von der Stellung der Wissenschaft in der Gesellschaft und von den Gesetzmäßigkeiten der gesellschaftlichen Entwicklung. Zweitens haben wissenschaftliche Tätigkeiten heute außerordentlich an Umfang zugenommen, die gesellschaftlichen Aufwendungen für Wissenschaft sind ins Gigantische gestiegen, ihre sozialen Funktionen haben sich erweitert, und ihre Entwicklung ist zu einem Hauptinstrument des weiteren Fortschritts der Produktion geworden. Der Gesellschaft kann es deshalb nicht gleichgültig sein, in welcher Richtung sich Wissenschaft und Technik entwickeln und zu welchen Zwecken sie angewandt werden. Unter diesen Bedingungen bedarf es neben Wissen um die Logik der Wissenschaftsentwicklung auch des Verständnisses für ihre sozialökonomischen Probleme, muß die Wissenschaft als organische Komponente des sozialen Systems verstanden werden, die vom Charakter und den Tendenzen dieses Systems abhängt und es ihrerseits beeinflußt.

Von allen Wissenschaften steht die Wissenschaftshistoriographie ihrem Gegenstand und ihren Zielen nach der Wissenschaftswissenschaft am nächsten. Aber auch sie kann nicht insgesamt als zur Wissenschaftswissenschaft zugehörig betrachtet werden. Allein schon deshalb nicht, weil ihr haupsächliches Anliegen darin besteht, die Entwicklung des gegenständlichen Inhalts konkreter Wissenschaften, die Entwicklung wissenschaftlicher Ideen, Theorien usw. zu verfolgen; was weit über den Gegenstand und die Aufgaben der Wissenschaftswissenschaft hinausgeht. Natürlich beschränkt sich die Wissenschaftshistoriographie aber nicht darauf. Sie untersucht nicht nur, *was* in dieser oder jener Periode in der Wissenschaft erreicht wurde, sondern auch *wie* und *wodurch* es zustande kam. Sie interessiert sich nicht nur für die Entwicklung des gegenständlichen Inhalts einzelner Wissenschaften und der Naturwissenschaft insgesamt, sondern auch für die Evolution der Organisationsformen und der Struktur der Wissenschaft, für die Entwicklung ihrer Forschungsmethoden, für die Herausbildung und das Wirken produktiver wissenschaftlicher Schulen und Kollektive, für die Methoden und Besonderheiten ihrer Leitung, für die Formen und Methoden der Ausbildung und des Einsatzes wissenschaftlicher Kader, für die Zusammenhänge zwischen Wissenschafts- und Gesellschaftsentwicklung usw. Diese Aufgaben nähern die Wissenschaftshistoriographie der Wissenschaftswissenschaft an, so daß sich ihre Gegenstände teilweise überschneiden. Nicht zufällig ist die Wissenschaftswissenschaft in nicht unbeträchtlichem Maße aus der Wissenschaftshistoriographie hervorgegangen. Dennoch ist letztere unbestreitbar ein selbständiges Wissensgebiet. Wie weit die pragmatischen Ziele der Wissenschaftshistoriographie auch reichen mögen, so betreffen ihre Forschungen doch im Grunde genommen und in der Hauptsache die Frage, was wie *in der Geschichte* der Wissenschaft *erreicht wurde*. Die Wissenschaftswissenschaft aber steht vor der Frage, was in und mit der Wissenschaft *gegenwärtig* vor sich geht und wie ihre weitere Entwicklung erfolgen *soll*.

Um diese Frage beantworten zu können, muß man natürlich die Geschichte kennen, muß man wissen, wie die Wissenschaft historisch entstanden ist, sich entwickelt hat und wie es zu ihrem gegenwärtigen Zustand gekommen ist. Ohne Studium der Wissenschaftsgeschichte kann kein wissenschaftswissenschaftliches Problem ernsthaft und in der nötigen Tiefe gelöst werden. Das durch wissenschafts- und technikhistorische Forschung zutage geförderte Material und die theoretischen Schlußfolgerungen aus dieser Forschung gehen deshalb wesentlich in die empirische und theoretische Basis der Wissenschaftswissenschaft ein, ohne daß die Wissenschafts- und Technikhistoriographie dadurch von der Wissenschaftswissenschaft okkupiert oder in ihr aufgelöst würde. Auch die Chemie kommt heute beispielsweise nicht ohne die Physik aus, reduziert sich deswegen aber nicht auf sie.

Die Wissenschaftswissenschaft verhält sich zur Wissenschaftshistoriographie aber nicht nur wie ein Konsument. Durch ihre Bedürfnisse und Fragestellungen übt sie maßgeblichen Einfluß auf die Richtung der wissenschafts- und technikhistorischen Forschung aus, erhöht sie deren praktische Relevanz, erweitert und bereichert sie deren Problematik, erschließt sie ihr neue Gebiete[3] und hilft sie, ihre theoretischen Grundlagen zu vertiefen.

Wissenschaftshistoriographie und Wissenschaftswissenschaft sind also selbständige Wissensgebiete mit eigenen Aufgaben und eigenem Gegenstand, die aber eng miteinander zusammenhängen; je enger und tiefer die Beziehungen zwischen ihnen sind, desto erfolgreicher werden sich beide entwickeln. Praktisch bedeutet das, die Wechselwirkung zwischen der theoretischen Analyse allgemeiner Gesetzmäßigkeiten der Wissenschaftsentwicklung und der wissenschaftshistorischen Erforschung konkreter Entwicklungsprozesse der Wissenschaft zu vertiefen, beide nicht isoliert voneinander zu betreiben und dabei zugleich die Wechselbeziehungen mit den sozialen, ökonomischen, historisch-kulturellen u. a. Lebensbedingungen der Gesellschaft zu beachten.

Eine wichtige Aufgabe der Wissenschaftswissenschaft besteht darin, theoretische Grundlagen und methodologische Prinzipien für die Ausarbeitung der Wissenschaftspolitik und der Strategie der Wissenschaftsentwicklung zu schaffen. Zu diesem Zweck bedarf es der gründlichen empirischen Erforschung des gegenwärtigen Zustands, in dem sich Leitung, Planung und Organisation der Forschung befinden, sowie der Lösung ökonomischer, psychologischer und soziologischer

[3] Beispielsweise hat sich die Wissenschaftshistoriographie unter dem unmittelbaren Einfluß der Wissenschaftswissenschaft solchen Problemen zugewandt wie der Evolution der Organisationsformen der Wissenschaft, der Geschichte der Institutionalisierung der Wissenschaft, der Geschichte der Wechselbeziehungen zwischen der Wissenschaft und anderen sozialen Institutionen, der Genese neuer wissenschaftlicher Spezialgebiete und Disziplinen, der Geschichte der wissenschaftlichen Kommunikation u. a. Im übrigen beeinflußt die Entwicklung der Wissenschaftswissenschaft die Problematik der Wissenschaftsmethodologie nicht minder intensiv.

Probleme in der Tätigkeit wissenschaftlicher Kollektive; ohne dies wäre die Wissenschaftsforschung keine Wissenschaft. All das und mehr noch die Ausarbeitung begründeter und praxiswirksamer Empfehlungen zur Vervollkommnung der wissenschaftlichen Tätigkeit wäre nicht zu leisten, wenn die Spezifik der Wissenschaft, ihre relative Selbständigkeit, ihre inhaltlich-gegenständlichen Aspekte und die Logik ihrer Entwicklung nicht beachtet würden. Empfehlungen zur Leitung und Organisation der Wissenschaftsentwicklung, die dies nicht in Rechnung stellen, bleiben im günstigsten Falle wirkungslos. Die Bearbeitung wissenschaftswissenschaftlicher Probleme ist demzufolge äußerst kompliziert und macht es nötig, Wissen, das von vielen anderen Disziplinen erzeugt wurde, aufzubereiten und schöpferisch anzuwenden.

Die Struktur einer Wissenschaft ist immer beweglich und verändert sich mit der Zeit. Auch die Struktur der Wissenschaftswissenschaft ist nicht ein für allemal gegeben. Da sie eine noch junge Wissenschaft ist und vieles in ihr noch keine festen Konturen angenommen hat, aber auch infolge der Komplexität ihres Gegenstandes, sind, was ihre Struktur betrifft, verschiedene Standpunkte möglich. Die Situation wird dadurch noch komplizierter, daß verschiedene ihrer Forschungsrichtungen sich zunächst im Rahmen anderer Wissenschaften — der politischen Ökonomie, Soziologie, Psychologie u. a. — herausgebildet haben. Die Auffassungen von der Struktur der Wissenschaftswissenschaft stehen auch unter dem starken Einfluß dessen, daß bislang die meisten der auf diesem Gebiet Tätigen noch nicht über eine spezielle wissenschaftswissenschaftliche Ausbildung verfügen, sondern aus anderen Wissensgebieten kommen und bestrebt sind, die Verbindung zu ihren Ausgangsdisziplinen nicht zu verlieren und als ausgewiesene Wissenschaftshistoriker, Soziologen, Psychologen, Politökonomen usw. anerkannt zu bleiben.

Unserer Ansicht nach lassen sich gegenwärtig fünf Hauptrichtungen der Wissenschaftsforschung unterscheiden. Den derzeitigen Stand und die Entwicklungstendenzen der Wissenschaftswissenschaft zugrundelegend, halten wir es für möglich, sie bereits als spezielle wissenschaftswissenschaftliche Disziplinen zu bezeichnen.

1. Allgemeine Wissenschaftswissenschaft: Sie hat die Aufgabe, ausgehend von Kenntnissen über Funktionsweise und Entwicklungsgesetzmäßigkeiten der Wissenschaft allgemeintheoretische und methodologische Grundlagen für die Leitung der Prozesse der Wissenschaftsentwicklung zu schaffen. Zu den wichtigsten Aufgaben der allgemeinen Wissenschaftswissenschaft gegenüber den wissenschaftswissenschaftlichen Einzeldisziplinen gehört die Ausarbeitung einer Methodologie der komplexen Analyse des Entwicklungsprozesses der Wissenschaft. Mit anderen Worten: Die allgemeine Wissenschaftswissenschaft ist vor allem die methodologische Grundlage des gesamten Komplexes wissenschaftswissenschaftlicher Erkenntnisse.

2. Wissenschaftssoziologie: Sie erforscht die Wissenschaft als Komponente des sozialen Systems, als soziale Institution und als spezifische soziale Organisation, wobei sie ihr besonderes Augenmerk darauf richtet, wie die entsprechenden Prozesse die Entwicklung der Wissenschaft und die Vervollkommnung der Formen ihrer Leitung und Organisation beeinflussen. Im Zentrum der Forschungen stehen die sozialen Beziehungen zwischen Wissenschaftlern und Wissenschaftlerkollektiven, die gesellschaftlich notwendigen Formen ihrer Tätigkeit, die Einwirkung gesellschaftlicher Bedingungen auf die Entwicklung der Wissenschaft und — umgekehrt — der Wissenschaft auf den gesellschaftlichen Fortschritt.

3. *Wissenschaftspsychologie*: Sie erforscht die psychologischen Aspekte des wissenschaftlichen und technischen Schöpfertums sowie sozialpsychologische Probleme in Wissenschaftlerkollektiven mit dem Ziel, Wege und Methoden ausfindig zu machen, wie die gemeinschaftliche Tätigkeit unter Berücksichtigung der individuellen Besonderheiten der einzelnen Mitarbeiter schöpferisch und zielstrebig organisiert werden kann.

4. *Wissenschaftsökonomie*: Sie untersucht das Wirken ökonomischer Gesetze und deren Besonderheiten im Bereich der Wissenschaft. Hier stehen folgende Fragenbereiche im Zentrum: Probleme des Verhältnisses von Wissenschaft und Ökonomie, insbesondere Wissenschaft und Produktion, Wissenschaft und nichtproduktiver Sphäre, ökonomischer Stimulierung des wissenschaftlich-technischen Fortschritts und Anwendung wissenschaftlicher Errungenschaften in der Volkswirtschaft sowie Probleme der Erhöhung der sozialökonomischen Effektivität der Wissenschaft; die Herstellung wissenschaftlich begründeter Proportionen zwischen personellen, materiell-technischen und finanziellen Ressourcen der Wissenschaftsentwicklung; ökonomische Probleme der rationellen Nutzung der gesellschaftlichen Aufwendungen für die Wissenschaft.

5. *Wissenschaftsorganisation*: Darunter wird jener Zweig der Wissenschaftswissenschaft verstanden, der es mit den konkreten Formen und Methoden der Leitung, Planung und Organisation der wissenschaftlichen Forschung in Wissenschaftlerkollektiven, größeren wissenschaftlichen Einrichtungen und im staatlichen Maßstab zu tun hat und bei deren Untersuchung die Spezifik der Wissenschaft und die Besonderheiten der wissenschaftlichen Tätigkeit als einer spezifisch gearteten schöpferischen Tätigkeit ebenso beachtet werden wie die Beziehungen der Wissenschaft zur Produktion und zu anderen Bereichen der gesellschaftlichen Praxis.

Diese Forschungsrichtungen bilden, wie gesagt, wissenschaftswissenschaftliche Spezial- und Einzeldisziplinen. Einzelne von ihnen, wie z. B. Soziologie und Psychologie der Wissenschaft, haben schon eine verhältnismäßig lange Geschichte und beruhen auf einer soliden empirischen und theoretischen Basis; andere befinden sich noch im Stadium ihrer Herausbildung. Bei aufmerksamer Betrachtung der Entwicklung dieser Zweige ist leicht zu bemerken, daß selbst Soziologie und Psychologie der Wissenschaft vor Entstehung der Wissenschaftswissenschaft nur Gebiete episodischer Forschung waren, die weder als selbständige Zweige der Soziologie oder Psychologie, noch als selbständige Richtungen in ihnen angesehen wurden. Sie hoben sich nicht aus dem Strom anderer Forschungen im Rahmen dieser Wissenschaften heraus und wurden erst mit der Entstehung der Wissenschaftswissenschaft zu selbständigen Gebieten. Erst im System der

Wissenschaftsforschung wurde ihre Entwicklung stimuliert und erhielten sie den Status spezieller Forschungsrichtungen.

Die Ausdifferenzierung einzelner Gebiete bedeutet nicht den Zerfall der Wissenschaftswissenschaft als einheitliches Ganzes. Da die verschiedenen Aspekte der Wissenschaft miteinander zusammenhängen und in der Realität eine Einheit bilden, muß die Wissenschaftswissenschaft Daten, die auf einem Gebiet gewonnen wurden, mit Daten aus anderen Gebieten in Beziehung setzen und bereits bei der Ausarbeitung von Forschungsprogrammen diesen wechselseitigen Zusammenhang der Erscheinungen beachten. Eben das macht die Wissenschaftswissenschaft unentbehrlich, da die einzelnen Disziplinen allein kein vollständiges Bild der zu erforschenden komplexen Erscheinungen und Prozesse zu liefern vermögen. Der Begriff des Aspekts setzt schon per definitionem ein Ganzes voraus. Wenn aber bei der Formulierung einer Aufgabe, eines Programms oder einer Arbeitshypothese für eine konkrete Untersuchung die betreffende Erscheinung nicht in dem allgemeinen Kontext, der durch die komplexe Vorstellung von ihr vorgegeben ist, begriffen wird, können auch die Ergebnisse einer solchen Untersuchung nicht zu unserem Wissen vom Ganzen in Bezug gesetzt werden. Es geht dabei nicht nur darum, daß die Daten, die in einer Disziplin gewonnen werden, dann nicht genutzt werden können, um Prozesse aufzuklären, die von einer anderen Disziplin untersucht werden. Das Hauptproblem ist vielmehr, daß bei einem komplexen Herangehen, bei dem das Objekt zunächst als Ganzes theoretisch bedacht ist, jede wissenschaftswissenschaftliche Einzeldisziplin in die Lage versetzt wird, die von ihr untersuchten Prozesse breiter, tiefer, komplexer zu interpretieren.

Betrachten wir z. B. das Problem „Wissenschaftler und Kollektiv". Unter den heutigen Bedingungen ist das Kollektiv, in dem ein Wissenschaftler arbeitet, nicht einfach eine Einrichtung, in der er die Bedingungen findet, die er braucht, um seine Vorhaben verwirklichen zu können, nicht lediglich die Umgebung, in der sein Schöpfertum sich realisiert. Die Besonderheiten, der Arbeitsstil und die Atmosphäre im Kollektiv beeinflussen Richtung und Inhalt seines Schaffens, und nicht selten bestimmen sie es sogar, ob der Wissenschaftler und andere dies bemerken oder nicht. Fragen der Organisation der Tätigkeit eines heutigen Wissenschaftlerkollektivs und der Schaffung einer schöpferischen Atmosphäre in ihm sind deshalb nicht nur organisatorische Fragen. Es handelt sich vielmehr um einen ganzen Komplex von Problemen, zu dem u. a. gehören: die Wahl der Forschungsrichtung und die Ausarbeitung des Forschungsprogramms, die Auswahl der Mitarbeiter, die Stimulierung der inneren Motivation für dieses Programm bei den Mitgliedern des Kollektivs, eine richtige Funktions- und Rollenteilung zwischen ihnen. Wie fast jedes wissenschaftswissenschaftliche Problem, so erfordert also auch dieses die organische Verbindung von gegenständlich-inhaltlichem, soziologischem und sozialpsychologischem Herangehen sowie von Psychologie des wissenschaftlichen Schöpfertums und Theorie der Leitung und Organisation.

Veränderungen in der Struktur und im Charakter wissenschaftlicher Tätigkeit haben objektive Ursachen. In der Wissenschaft spielen aber auch subjektive

Faktoren eine erstrangige Rolle. Eine der zentralen Aufgaben der Wissenschaftswissenschaft ist es, Wege zur Erhöhung der Effektivität der wissenschaftlichen Tätigkeit zu erschließen. Dieses Problem hat große soziale Bedeutung; seine Lösung erfordert, das Studium der wissenschaftlichen Tätigkeit auf der Makroebene zu verbinden mit der Untersuchung von Prozessen, die sich in den Primärkollektiven und in der Tätigkeit der schöpferischen Persönlichkeit vollziehen. Wissenschaftliches Schöpfertum ist sozial determiniert und ist zugleich ein zutiefst individueller Prozeß. Nirgends tritt die Persönlichkeit so klar und deutlich in Erscheinung wie im Prozeß des Schöpfertums. Das ausgeprägte Interesse an der Gewinnung immer vollständigeren und zuverlässigeren Wissens über die Realität war seit jeher der Hauptstimulus der schweren und mitunter verzehrenden Arbeit in der Wissenschaft. Unter den heutigen Bedingungen kann der Wissenschaftler dieses Bedürfnis nicht anders als in bestimmten organisatorischen Strukturen befriedigen. Die Wissenschaftsorganisation sieht sich in der Praxis deshalb vor das Problem gestellt, zwischen dem Programm des Kollektivs, seinem Ziel und der inneren Motivation des einzelnen Wissenschaftlers Übereinstimmung herzustellen. Die schöpferische Atmosphäre im Kollektiv und die richtige Organisation seiner Arbeit hängen davon ab, ob es gelingt, schöpferisch nicht nur an die gegenständlichen Probleme, die das Kollektiv bearbeitet, heranzugehen, sondern auch an die vielfältigen menschlichen Probleme, die sich aus der Organisation der Forschung und dem kollektiven Charakter der wissenschaftlichen Arbeit ergeben.

Außer den schon genannten Grundrichtungen, in denen sich die Erforschung der Wissenschaft und der wissenschaftlichen Tätigkeit bewegt — Richtungen, die unterschiedlich weit entwickelt sind, aber jedenfalls existieren und in der Weltwissenschaft eine Rolle spielen —, wenden sich Wissenschaftler und die Öffentlichkeit in den letzten Jahren verstärkt *sozial-ethischen Problemen der wissenschaftlichen Tätigkeit*, d. h. der *Ethik der Wissenschaft* zu. Es wäre keineswegs ungewöhnlich, wenn sich im Laufe der Zeit noch eine weitere Richtung der Wissenschaftsforschung herausbilden würde, deren Gegenstand die ethischen Probleme der wissenschaftlichen Tätigkeit wäre. Erstaunlich ist eher, daß diese Probleme bisher so wenig und so unsystematisch erforscht werden, wo es doch gerade auf diesem Gebiet so viele komplizierte und wichtige Fragen zu erörtern gibt.

Wir sind der Auffassung, daß auch die *rechtlichen Probleme der wissenschaftlichen Tätigkeit* der besonderen und systematischen Ausarbeitung bedürfen. Angesichts möglicher globaler Folgen wissenschaftlicher Entdeckungen und der modernen Technologie wird es zu einer aktuellen Aufgabe, wissenschaftliche Tätigkeiten und Anwendungen ihrer Ergebnisse auch rechtlich zu regeln. Die Probleme der Entwicklung von Wissenschaft und Technik und die Anwendung ihrer Errungenschaften haben im Leben der Völker heute eine solche Bedeutung erlangt, daß sie auch im internationalen Recht Berücksichtigung finden müssen.

Rechtsnormen für wissenschaftliche Tätigkeiten, Statuten über Rechte und

Pflichten von Wissenschaftlern, wissenschaftlichen Einrichtungen und Leitungsorganen sind auch schon früher erlassen worden, manche sogar schon sehr lange, aber eben unter Bedingungen, die sich von den heutigen wesentlich unterscheiden. Sie gilt es deshalb nicht nur zu systematisieren, sondern vor allem mit den gegenwärtigen Bedingungen und Aufgaben in der entwickelten sozialistischen Gesellschaft in Übereinstimmung zu bringen. Auch hier geht es um einen ganzen Komplex von Fragen, der nicht durch einen oder mehrere bloße legislative Akte gelöst werden kann. Dabei gilt es nicht nur das, was in der Praxis bereits erreicht ist, zu fixieren, sondern es bedarf eines Systems rechtlicher Normen zur Regulierung wissenschaftlicher Tätigkeiten, die eine hohe Effektivität der Wissenschaft als soziale Institution im Interesse der Gesellschaft gewährleisten, und die — was besonders wichtig ist — der Wissenschaft für ihre relativ selbständige Entwicklung die nötigen Freiräume eröffnen, die sie als revolutionäre soziale Kraft, als Instrument zur Steigerung des materiellen Wohlstandes der Gesellschaft und als Mittel der Persönlichkeitsentwicklung benötigt. Dafür genügen natürlich bloße juristische Kenntnisse nicht; praxiswirksame Ergebnisse kommen auch hier nur dann zustande, wenn die Rechtswissenschaften in diesen Fragen auf das engste mit den einschlägigen wissenschaftswissenschaftlichen Disziplinen — der Wissenschaftssoziologie, der Psychologie des wissenschaftlichen Schöpfertums, den Untersuchungen zur Organisation der wissenschaftlichen Tätigkeit — zusammenwirken und wenn die Spezifik der Wissenschaft und der wissenschaftlichen Tätigkeit gebührend berücksichtigt wird.

2. Methoden der Wissenschaftsforschung

Die Struktur des gesamten Methodenkomplexes der Wissenschaftswissenschaft hängt, wie in jeder anderen Wissenschaft auch, von ihren methodologischen Ausgangspositionen ab. Die marxistischen Forscher auf diesem Gebiet lassen sich von der *Methodologie des dialektischen und historischen Materialismus* leiten. Schöpferisch angewendet — und nicht nur verbal deklariert — ist diese Methodologie beim Aufbau des gesamten Erkenntnissystems der Wissenschaftswissenschaft zuverlässige Richtschnur. Konkrete Resultate, die von nichtmarxistischen Forschern mit hinreichend exakt beschriebenen Methoden erzielt wurden, lassen aus der Sicht der dialektisch-materialistischen Methodologie oft eine alternative Interpretation zu und vermögen so das Wissen über die Wissenschaft zu vervollständigen.

Von allgemeinen philosophisch-methodologischen Grundlagen ausgehend, bedient sich die Wissenschaftswissenschaft in der empirischen Forschung, bei der Analyse und Interpretation des Faktenmaterials auch konkreterer Methoden. Infolge ihres interdisziplinären Charakters sind viele Methoden aus anderen Disziplinen von ihr übernommen und dem Kontext der Wissenschaftsforschung angepaßt worden. Da diese Methoden nach wie vor in den Disziplinen angewandt werden, denen sie entstammen, unterhält die Wissenschaftswissenschaft auf diese Weise fruchtbare Kontakte zu vielen anderen Wissenschaften. Daran ist nichts Ungewöhnliches; ein nicht geringer Teil des methodischen Arsenals jeder Wissenschaftsdiziplin kommt dadurch zustande, daß Methoden aus anderen — mitunter sogar weit entfernten — Disziplinen übernommen und adaptiert werden.

Für die Wissenschaftswissenschaft ist wesentlich, daß sie sich von den Prinzipien der *Systembetrachtungsweise* leiten läßt, die als methodologische Grundhaltung etwa zur gleichen Zeit wie sie selbst entstanden ist. Fehler in wissenschaftswissenschaftlichen Problemstellungen, in der Auswahl der Methodik und bei der Interpretation von Ergebnissen haben ihren Grund häufig darin, daß diese Prinzipien nicht beachtet werden.

Wird die Wissenschaft als soziale Institution untersucht, so sind Experimente unter kontrollierbaren Bedingungen nur in besonderen Fällen und nur zu ganz bestimmten Fragen möglich. Der Wissenschaftsforscher ist deshalb darauf angewiesen, aus einer komplexen Gesamtheit miteinander verflochtener Faktoren diejenigen auszudifferenzieren, deren Wechselwirkung für den betrachteten Fall besonders wesentlich ist, um anschließend die „weggelassenen" Faktoren wieder einzuführen und die Richtigkeit des gedanklichen Modells zu prüfen.

Die Hauptquelle der empirischen Information ist in der Wissenschaftswissenschaft die *Beobachtung*, d. h. das Studium des Objekts unter realen Bedingungen, die vom Forscher nicht verändert werden. Um den wirklichen Zustand eines Systems zuverlässig beschreiben zu können, bedarf es hochentwickelter, mitunter äußerst subtiler Beobachtungsmethoden, die das Funktionieren des Systems nicht stören. Die Wissenschaftswissenschaft hat in dieser Hinsicht noch viel Arbeit zu leisten, um ihre Methoden der Beobachtung und Kontrolle weiter zu vervollkommnen.

In der Wissenschaft reduziert sich aber der Wert methodischer Arbeit gewöhnlich nicht darauf, die Instrumentarien der Forschung zu verbessern. Oft werden ein besseres Verständnis des Objekts und präzisere theoretische Vorstellungen auch dadurch erreicht, daß die Grenzen einer Methode erkannt oder methodische Fehler entdeckt und analysiert werden. Auch in dieser Hinsicht ist die Vervollkommnung ihres methodischen Arsenals eine wichtige Aufgabe der Wissenschaftsforschung.

Gut organisierte Beobachtung verleiht der Wissenschaftsforschung quasiexperimentellen Charakter, wodurch der Informationswert des empirischen Materials beträchtlich erhöht wird. Hierbei spielt vor allem die *vergleichende Analyse* eine Rolle. Der Wissenschaftsforscher kann zwar die Bedingungen, unter denen das von ihm untersuchte System funktioniert, nicht willkürlich verändern, er kann aber beobachten, wie sich das System unter Bedingungen verhält, die sich in bestimmten Parametern stark voneinander unterscheiden. Wenn er dabei klug abstrahiert und von dem Objekt ein Modell entwirft, dessen Elemente gegenüber den sich verändernden Bedingungen invariant sind, verhilft ihm die vergleichende Analyse zu wertvollen Informationen. Besonders wertvoll ist die vergleichende

Analyse dann, wenn bestimmte Parameter extreme Werte annehmen und unter diesen Bedingungen Probleme, die normalerweise nur schwach ausgeprägt oder überhaupt verborgen sind, besonders deutlich werden und mitunter sogar in zugespitzter Form erscheinen. Solche Bedingungen liegen z. B. dann vor, wenn sich ein System gerade erst herauszubilden beginnt.

Nützliche Information über den Zustand der Wissenschaft liefert die Beobachtung auch dann, wenn sich Bedingungen krass verändern. So sah sich z. B. die USA-Administration zu Beginn der 70er Jahre infolge der Krisenerscheinungen gezwungen, die Wissenschaftsausgaben stark zu kürzen. Dies wirkte sich zutiefst auf alle Seiten der Tätigkeit der Forschungseinrichtungen, besonders der Universitäten und staatlichen Laboratorien, aus, so daß viele ökonomische, organisatorische und sozialpsychologische Probleme, die vordem kaum eine Rolle gespielt hatten, deutlich zutage traten.

Der Wert der vergleichenden Analyse und insbesondere internationaler Vergleiche besteht für die Wissenschaftswissenschaft daher weniger in der Möglichkeit, Erfahrungen anderer zu übertragen bzw. zu übernehmen (das ist auch wichtig, sollte aber nicht überschätzt werden, besonders was Organisationsfragen betrifft), als vielmehr darin, zu einem tieferen Problemverständnis und einer dementsprechend exakteren Problemformulierung gelangen zu können, um auf diese Weise die Gesetzmäßigkeiten der wissenschaftlichen Tätigkeit um so zuverlässiger ableiten zu können. Für die Wissenschaftswissenschaft ist deshalb jedes Wissenschaftssystem von Interesse, in welch spezifischer Weise es auch organisiert sein mag; sie studiert also keineswegs nur solche Erfahrungen, die in Ländern mit hochentwickelten Wissenschaftssystemen gewonnen wurden. Auch erweisen sich für bestimmte Fragestellungen Modelle als günstig, in denen vom Umfang des Wissenschaftspotentials eines Landes abgesehen wird; für solche Vergleiche wählt man dann Länder, die in bezug auf die Maßstäbe der wissenschaftlichen Tätigkeit vergleichbar sind. Internationale Vergleiche sind in der Wissenschaftswissenschaft zu einer solch wichtigen Methode geworden, daß sich kaum größere Forschungsarbeiten nennen lassen, in denen sie keine — wenn auch mitunter verborgene — Rolle spielt. Bestimmte Grundbegriffe der Wissenschaftswissenschaft sind ohne die Möglichkeit vergleichender Analysen überhaupt nicht denkbar, z. B. der des Wissenschaftspotentials (vgl. Abschnitt 5.1.).

Auf den engen Zusammenhang zwischen Wissenschaftswissenschaft und Wissenschaftshistoriographie wurde bereits eingegangen. *Historisches Herangehen* an ihr Objekt ist für die Wissenschaftswissenschaft in hohem Maße kennzeichnend. Modelle, welche die vorangegangene Entwicklung des untersuchten Systems, die historische Erfahrung ignorieren, erweisen sich meistens als nicht sehr leistungsfähig. Die historische Analyse gehört deshalb zu den unverzichtbaren Methoden der Wissenschaftsforschung. Indem der Forscher verfolgt, wie sich die Entwicklungsbedingungen eines Systems in der Zeit (besonders in Umbruchsituationen) verändern, kommt er Gesetzmäßigkeiten auf die Spur, ohne deren Kenntnis der Zustand des Systems in der Gegenwart nicht zu verstehen wäre. Viele Erscheinungen in der wissenschaftlichen Tätigkeit lassen sich nur dann verstehen und anschaulich darstellen, wenn sie in ihrer Dynamik über einen hinreichend großen Zeitraum betrachtet werden. Zu ihnen gehören beispielsweise die für die Wissenschaftsforschung äußerst wichtigen Prozesse der Genese, der Entwicklung und des Verfalls von Forschungsgebieten und -richtungen. Ohne die breite Hinwendung zu konkretem empirischem Material aus der Geschichte der Wissenschaft und dessen tiefgründige Analyse, ohne historisches Herangehen lassen sich Fragen wie die nach den Bedingungen, unter denen produktive wissenschaftliche Schulen und Kollektive entstehen und arbeiten oder führende Wissenschaftler sich herausbilden, welchen Prinzipien die Organisation wissenschaftlicher Tätigkeit folgen soll u. a. nicht allseitig beantworten. Die Anwendung der historischen Methode bedeutet für die Wissenschaftswissenschaft zugleich, sich eines Instrumentariums zu versichern, das selbst historisch entstanden ist, eine historische Entwicklung durchgemacht hat und demzufolge auch durch neuere methodische Erkenntnisse der Gegenwart ergänzt werden muß.

Ausgehend von der These, daß das Produkt der wissenschaftlichen Tätigkeit neue Information ist, wurde in den 60er und 70er Jahren verschiedentlich versucht, die Wissenschaft als Informationssystem zu betrachten und auf dieser Grundlage ein *Informationsmodell der Wissenschaft* zu erarbeiten. Man stützte sich dabei auf Begriffe, Verfahren, Methoden und Daten der sich zu dieser Zeit stürmisch entwickelnden Informatik. Während aber die Informatik lediglich die Gesetzmäßigkeiten der Informationstätigkeit untersuchte, kommt es für die Wissenschaftswissenschaft darauf an, aus dem Studium von Informationsflüssen empirisches Material für den Aufbau eines theoretischen Modells der Funktionsweise der Wissenschaft zu gewinnen.

Die Auffassung der Wissenschaft als Informationssystem ermöglichte es, eine Reihe von Methoden, die in der Informatik verwendet wurden, in die Wissenschaftswissenschaft zu übernehmen und sie ihrem Gegenstand und ihren Zielen entsprechend zu modifizieren. Ein Beispiel hierfür sind die Methoden zur Beobachtung von Prozessen der Übertragung, Speicherung und Verarbeitung von „Wissenseinheiten", wobei Wissen einheitlich als Information aufgefaßt wurde. In ähnlicher Weise konnten auch viele andere Prozesse, die in der Wissenschaft vor sich gehen, vor allem Kommunikationsprozesse, präziser erfaßt werden. Die Auffassung der Wissenschaft als Informationssystem trug auch dazu bei, quantitative Methoden in der Wissenschaftsforschung anzuwenden (Wissenschaftsmetrie). Einer der Pioniere in dieser Hinsicht war D. J. de Solla Price.[4] In den sozialistischen Ländern wurde das Informationsmodell der Wissenschaft erfolgreich entwickelt u. a. von N. Stefanov (VRB), G. M. Dobrov und V. V. Nalimov, Z. M. Mul'čenko und S. D. Chajtun (UdSSR).[5]

[4] Vgl. D. J. de Solla Price, Little Science — Big Science, New York—London 1963.

[5] Vgl. N. Stefanov/N. Jachiel/B. Banev/J. Minkov (Hrsg.), Problemi na naukoznanieto, Sofia 1970; N. Stefanov/S. Kačaunov (Hrsg.), Osnovni problemi na naukoznanieto, Sofia 1973;

Obgleich sich in der Wissenschaftswissenschaft verschiedene Einzeldisziplinen unterscheiden lassen, wäre es verfehlt, die von ihr angewandten Methoden danach bestimmen zu wollen, zu welcher dieser Disziplinen sie jeweils gehören; dies widerspräche dem Wesen der Wissenschaftswissenschaft, deren Anliegen es ist, die Wissenschaft als komplexes Gebilde zu untersuchen. Über die wissenschaftswissenschaftlichen Einzeldisziplinen werden die aus anderen Wissenschaften entlehnten Methoden im Hinblick auf die Ziele und Aufgaben der Wissenschaftswissenschaft modifiziert. So sind z. B. viele *ökonomische Methoden* über die Wissenschaftsökonomie übernommen und an die neuen Aufgaben angepaßt worden. In dem Maße aber, wie sie von der Wissenschaftswissenschaft adaptiert wurden, erhielten sie zugleich neue Züge und wurden zudem mit anderen — nichtökonomischen — Methoden gekoppelt. Eine wichtige Methode der ökonomischen Analyse ist beispielsweise die Bestimmung des Verhältnisses zwischen Aufwand und Effektivität. Diese Methode hat auch in der Wissenschaftsforschung weite Verbreitung gefunden, hier aber infolge des neuen Forschungsgegenstandes einen neuen Inhalt erhalten. Sowohl Aufwand als auch Effektivität werden in einem viel weiteren Sinne verstanden als in der Ökonomie; für die Kennziffern beider Variablen kann — besonders in der Grundlagenforschung — keine Wertform angegeben werden und in gewissen Fällen sind sie quantitativ überhaupt nicht bestimmbar, so wünschenswert und wichtig das auch wäre. Der Effekt, der aus der Entdeckung und Anwendung einer neuen physikalischen, chemischen oder anderen Forschungsmethode entspringt, läßt sich nicht ausschließlich in rein ökonomischen Kategorien bestimmen. Das gilt nicht nur für Erkenntniseffekte, soziale Folgen usw. Mit ökonomischen Methoden allein kann nicht einmal der perspektivische ökonomische Nutzen der betreffenden Entdeckung auch nur annähernd bestimmt werden, weil zum Zeitpunkt der Entdeckung und selbst noch eine lange Zeit danach ihre möglichen Anwendungsgebiete oft noch gar nicht voll absehbar sind. Hier sind andere — nichtökonomische — qualitative Wertungen gefragt.

In gewissem Sinne ist die Einführung einer neuen wissenschaftlichen Methode in einem Laboratorium mit einer technologischen Innovation in einem Betrieb vergleichbar; allerdings können weder ihr Gewinn noch andere ökonomische Vorteile, die sie erbringt, den vollen Effekt und die ganze Bedeutung einer Entdeckung kennzeichnen. Die Wissenschaftsforschung braucht spezifische Kennziffern, die für ihr Objekt charakteristisch sind. Auf der Suche danach adaptiert sie die ökonomischen Methoden entsprechend ihrem Gegenstand, bringt sie mit ihm

N. Stefanov/N. Jachiel/S. Kačaunov, Upravlenije, modelirovanije, prognozirovanije, Moskva 1972; N. Stefanov, Nauka i upravlenije, Sofia 1970; N. Stefanov, „Malkijat svat" na goljamata nauka, Sofia 1981; G. M. Dobrov/A. A. Korennoj, Nauka — informacija i upravlenije, Moskva 1977; V. V. Nalimov/Z. M. Mul'čenko, Naukometrija. Izučenije razvitija nauki kak informacionnogo processa, Moskva 1969; S. D. Chajtun, Naukometrija: Sostojanie i perspektivy, Moskva 1982.

und anderen Methoden zur „Wechselwirkung" und transformiert sie in spezifische Methoden der Wissenschaftswissenschaft.

Ökonomische Methoden werden — gemeinsam mit anderen — eingesetzt, um z. B. das Wissenschaftspotential zu untersuchen und zu bewerten; sie spielen eine große Rolle bei der Untersuchung von Problemen der Arbeit und der Entlohnung in der Wissenschaft, der Art und Weise der Forschungsfinanzierung, der Struktur und Effektivität von Investitionen u. a. In dem Maße jedoch, wie man es mit Ergebnissen der Wissenschaft zu tun hat, müssen den ökonomischen Methoden und Kalkulationen zunehmend ernsthafte Beschränkungen auferlegt werden. In diesem Falle tritt die Spezifik der wissenschaftlichen Arbeit und ihrer Ergebnisse immer stärker zutage, wodurch in die Messung zwangsläufig ein Element der Unbestimmtheit eingeht. Schließlich darf nicht übersehen werden, daß der letztliche ökonomische Effekt oft weniger von der Wissenschaft als von der Produktion abhängt, d. h. davon, wie gut der Mechanismus der Anwendung wissenschaftlicher Ergebnisse in der Produktion funktioniert. Jedoch ist offensichtlich, daß die ökonomische Analyse der Effektivität der Wissenschaft mit dem Übergang zum intensiven Entwicklungsweg immer wichtiger wird und die Arbeiten in dieser Richtung folglich an Bedeutung zunehmen.

In hohem Maße bedient sich die Wissenschaftswissenschaft der *Methoden der Soziologie*, weil in keiner ihrer Untersuchungen von den sozialen Aspekten der wissenschaftlichen Tätigkeit abstrahiert werden kann. Ein weites Feld der Wissenschaftsforschung bilden dabei die Reflexionen der Wissenschaftler selbst über die wissenschaftliche Tätigkeit. Als reichhaltige Quelle von Informationen sind sie niedergelegt in einer umfangreichen Literatur und in vielen Dokumenten und Aussagen. Der Vorzug dieser Informationsquelle besteht darin, daß die Autoren der Mitteilungen aus persönlicher Erfahrung mit allen nur schwer formalisierbaren Seiten des Lebens der Wissenschaft und mit allen ihren Nuancen vertraut sind. Es ist nicht immer leicht, solche Informationen zu interpretieren, da sie von subjektiven Urteilen geprägt sind. Unterzieht man jedoch diese Urteile und Wertungen der qualifizierten Bearbeitung mittels soziologischer Methoden, so werden die subjektiven Meinungen der Wissenschaftler zu einer wichtigen Quelle zuverlässigen Wissens über die Wissenschaft. Hingegen sind methodische Fehler, die dabei begangen werden, bis auf den heutigen Tag eine der Hauptursachen dafür, daß das „informatorische Rauschen" in der Wissenschaftswissenschaft immer noch so hoch ist. Viele der in den 60er und 70er Jahren durchgeführten soziologischen Untersuchungen im Bereich der Wissenschaft waren nicht frei von methodischen Mängeln; ihre Ergebnisse fielen infolgedessen um vieles bescheidener aus als erwartet. Gegenwärtig ist die Wissenschaftswissenschaft dabei, sich das soziologische Instrumentarium gründlicher anzueignen, so daß die Hoffnung auf eine höhere Produktivität solcher Untersuchungen in der Zukunft berechtigt erscheint.

Wie sehr der Gegenstand der Wissenschaftsforschung die Methoden beeinflußt, die aus anderen Wissenschaften übernommen und den Bedürfnissen der Wissenschaftswissenschaft angepaßt werden, wird am Beispiel der soziologischen Methoden noch deutlicher als an dem der ökonomischen. Kognitive und soziale Aspekte sind in der wissenschaftlichen Tätigkeit eng miteinander verflochten und bilden im Grunde nur verschiedene „Schnitte" durch ein und dasselbe System. Wird also eine konkrete Methodik angewandt, die auf einer soziologischen Methode basiert, so ist z. B. zu fordern, daß sie dem realen Zustand entspricht, in dem sich die gegenständliche Seite der Tätigkeit des untersuchten Kollektivs, der Gemeinschaft usw. befindet. Zwischen dieser gegenständlichen Seite (z. B. dem theoretischen und methodischen Entwicklungsstand, eventuellen Krisenerscheinungen in den kognitiven Strukturen) und solchen rein soziologischen Parametern wie dem Grad des konzeptionellen Konsens, der Professionalisierung und Institutionalisierung des Forschungsgebietes u. a. bestehen enge und direkte Zusammenhänge.

Sofern die Wissenschaftsforschung mit soziologischen Methoden arbeitet, muß sie stets die Komponente berücksichtigen, welche die gegenständliche Seite ihres Forschungsobjekts repräsentiert. Mit der gegenständlichen Seite des wissenschaftlichen Wissens hängen z. B. solche methodischen Komplikationen zusammen wie die Kompetenz von Bewertungen wissenschaftlicher Ergebnisse, denn Experten stützen sich auf ihre Erfahrung und ihr Wissen, so daß die Maßstäbe ihrer Wertungen nicht immer auch auf neue, originelle Ergebnisse anwendbar sind. Auch die Verschiedenartigkeit der kognitiven Strukturen von befragten Wissenschaftlern oder der Umstand, daß Urteile über wissenschaftliche Probleme nicht auf Alltags- oder „normierte" Urteile reduzierbar sind, können entstellend wirken. Die meisten Methoden der Befragung und des Interviews, mit denen die Soziologie arbeitet, sind auf Massenbefragungen abgestimmt; sie setzen Stereotypen des Alltagsbewußtseins und stereotype Reaktionen eines Massenauditoriums voraus. Der Soziologe geht bei einer Massenbefragung von einigermaßen eindeutig definierten Alltagsstereotypen aus und kann demzufolge skalierte Varianten von Antworten verwenden und das reale Spektrum der Meinungen mit einem zulässigen Fehlermaß darstellen. Dieselbe Befragungstechnik kann jedoch, wenn sie auf wissenschaftliche Kollektive mit unterschiedlichen kognitiven Strukturen und unterschiedlichen Anspruchsniveaus angewendet wird, zu Artefakten führen: Auf ein und dieselbe Frage können die Respondenten ganz unterschiedlich antworten, je nachdem, von welchen Kriterien sie ausgehen, und zwar, ohne daß der Meinungsforscher in der Lage wäre, diese Unterschiede zu kontrollieren.

Sobald Befragungsmethoden also auf die Spezifik gegenständlichen Wissens treffen, erweisen sich soziologische und sozialpsychologische Standards als unzureichend und bedürfen wesentlicher Korrekturen. Auch ist zu beachten, daß bei Wissenschaftlern gewöhnlich das logische und analytische Denken besonders ausgeprägt ist, was an die Anwendung von Befragungsmethoden in der Wissenschaftsforschung spezifische Ansprüche stellt. Recht oft haben die Struktur von Fragebögen, die Formulierung der Fragen und die Kontrollverfahren der Denkweise der Befragten ganz und gar nicht entsprochen, was deren Bereitschaft zur Zusammenarbeit mit dem Soziologen nicht gerade erhöhte.

Auch die bekannten Methoden zur Erforschung der Soziodynamik von Kollektiven bedürfen erheblicher Komplettierung und Weiterentwicklung, wenn sie zur Untersuchung von Wissenschaftlerkollektiven angewandt werden. Dies hat seinen Grund in der außerordentlich reichen und vielfältigen Rollenstruktur solcher Kollektive; diese bewirkt, daß zwischen dem formalen Status und der tatsächlich ausgeübten technischen oder sozialen Funktion des einzelnen nicht die gewohnten Korrelationen bestehen. In dem Maße, wie solche Funktionen sich herausbilden und beschrieben werden (die „Anatomie" des Wissenschaftlerkollektivs ist derzeit bei weitem noch nicht hinlänglich erforscht), müssen in die soziologischen Methoden immer neue Variable eingeführt werden, und ein neuer mathematischer Apparat wird erforderlich, um die Ergebnisse verarbeiten zu können.

Vorsicht geboten ist ebenfalls, wenn zur Erforschung vieler organisatorischer und sozialpsychologischer Probleme die in der Soziologie bewährten Methoden der Korrelationsanalyse eingesetzt werden. Für die wissenschaftliche Tätigkeit ist offenbar kennzeichnend, daß viele ihrer Gesetzmäßigkeiten mit kritischen, sogenannten Schwellenwerten zusammenhängen, d. h., daß eine äußerlich nur geringe Veränderung des Systems zu kardinalen Effekten führen kann. Diese Erscheinung läßt sich sowohl auf der kognitiven Ebene beobachten (im Falle von Entdeckungen, des Findens einer neuen Methode oder des Aufstellens einer neuen Theorie) als auch auf der sozialen (wenn sich im Kollektiv ein talentierter führender Wissenschaftler oder eine andere, in besonderer Weise begabte schöpferische Persönlichkeit befindet, wenn die Zahl produktiver Mitarbeiter die „kritische Masse" erreicht usw.). Nichtparametrische Statistiken und solche mit nicht-Gaußschen Verteilungen sind in solchen Fällen angebrachter als die in der Soziologie verwendeten Statistiken, die mit Normalverteilungen arbeiten. Es wird deshalb mehr und mehr zu einer unverzichtbaren Komponente der soziologischen Methode, das Objekt in einer Voruntersuchung daraufhin zu analysieren, welche möglichen Schwelleneffekte in ihm auftreten können.

Die Praxis hat gezeigt, daß mit der Wissenschaft ein qualitativ neues Objekt für die Anwendung soziologischer Methoden vorliegt und daß diese Anwendung nur dann Erfolg verspricht, wenn diese Methoden den neuen Inhalt voll in sich aufnehmen, sie also nicht lediglich adaptiert, sondern zu Methoden der Wissenschaftsforschung transformiert werden.

Eng verwandt mit soziologischen Methoden sind wissenschaftswissenschaftliche *Experimente*. Wie gering die Möglichkeiten ihrer Durchführung auch sein mögen, in kleinen Systemen, d. h. auf der Ebene einzelner Kollektive und Einrichtungen, wird doch mehr und mehr auch experimentell vorgegangen. Hier geht es um Forschungsexperimente, deren Hauptziel darin besteht, neue Erkenntnisse über die wissenschaftliche Tätigkeit zu gewinnen. In der *Leitungs*praxis hingegen spricht man von Experimenten vor allem dann, wenn allgemein akzeptierte ökonomische, organisatorische oder sogar rechtliche Normen in genau begrenzter Weise (z. B. nur in einer einzigen wissenschaftlichen Einrichtung) verändert werden, um die Tätigkeit dieser Einrichtung dadurch zu verbessern. Zwischen beiden Typen von Experimenten besteht ein wesentlicher Unterschied, obwohl die Grenze zwischen ihnen nicht immer leicht zu ziehen ist. Bei Forschungsexperimenten müssen die methodologischen Normen der experimentellen Wissenschaft streng eingehalten werden; diese schreiben vor, die zugrunde liegende Theorie oder zumindest die Hypothesen präzise darzulegen sowie die Methoden zu begründen, mittels derer die Antwort des Systems auf veränderte Bedingungen beschrieben wird und eine unabhängige Kontrolle vorgenommen werden kann.

Forschungsexperimente werden bislang in der Wissenschaftswissenschaft vorwiegend zu organisatorischen und sozialpsychologischen Problemen durchgeführt, so z. B. solche, in denen die Arbeitsinhalte, die Rechte und Pflichten der Forscher und Konstrukteure, die Organisationsstrukturen einer Einrichtung geändert oder verschiedene Verfahren der Informationsbereitstellung erprobt werden.[6] Als Kontrollmechanismen dienen dabei soziologische Methoden.

Die Herausbildung des Komplexes wissenschaftswissenschaftlicher Methoden verläuft nicht unbeeinflußt von dem sich entfaltenden Prozeß der Mathematisierung der Wissenschaft und der Entwicklung der Rechentechnik. Eine perspektivreiche Methode zur Erforschung von Gesetzmäßigkeiten der Wissenschaftsentwicklung ist insbesondere die *Modellierung*. Ihr Wesen besteht darin, das Original (das reale System von Gesetzmäßigkeiten der Wissenschaftsentwicklung) durch ein Analogon (zumeist ein mathematisches Modell) zu ersetzen; dabei sind bestimmte Regeln zu beachten, die gewährleisten sollen, daß zwischen Original und Modell Beziehungen der Isomorphie (bzw. Homomorphie) bestehen. Die Ersetzung des realen Systems durch sein mathematisches Modell ermöglicht es, mittels der Rechentechnik die Entwicklung des realen Systems für unterschiedliche Werte bestimmter Parameter zu imitieren (zu reproduzieren) und auf diese Weise die Gesetzmäßigkeiten aufzudecken, nach denen das reale System Wissenschaft funktioniert und sich entwickelt.

[6] Die Besonderheiten und Schwierigkeiten wissenschaftlicher Experimente lassen sich gut am Beispiel jener Experimente demonstrieren, die unter Leitung des amerikanischen Soziologen F. Herzberg im Forschungslaboratorium eines großen Unternehmens durchgeführt wurden und die Erweiterung des Arbeitsinhalts (job enrichment) zum Ziel hatten. Die experimentell vorgenommenen Veränderungen in den Rechten und Pflichten der Mitarbeiter erfolgten auf Grund von Hypothesen der Soziologen und widersprachen in den meisten Fällen den Vorstellungen der Leiter des Laboratoriums (wie die Autoren bemerkten, ist ein Experiment dann von wissenschaftlichem Interesse, wenn es „den Leitern den Schlaf raubt"). Die Forscher versprachen nicht, die Produktivität zu erhöhen; ihre Aufgabe bestand darin festzustellen, wie die Produktivität von gewissen organisatorischen Faktoren abhängt (die Leitung des Unternehmens stimmte zu, das Experiment wegen seines Erkenntniswertes über ein Jahr lang laufen zu lassen). Um die Reaktion des Systems beobachten zu können, wurden originelle Methoden der Produktivitätsbewertung erarbeitet, die für sich genommen von Interesse sind. Das Experiment erbrachte Ergebnisse, die a priori nicht vorhersehbar waren und nicht den üblichen organisatorischen Erfahrungen entsprachen (vgl. W. I. Paul/K. B. Robertson/F. Herzberg, Job enrichment pays off, Harvard Business Review, 2/1969, S. 61—78).

Wir verfügen heute bereits über ein breites Spektrum an Ergebnissen auf dem Gebiet der Modellierung von Entwicklungsprozessen der Wissenschaft, die in leicht vergröberter Form nach drei Hauptrichtungen hin unterschieden werden können[7]:

1. wissenschaftsmetrische Untersuchungen, die auf der statistischen Verarbeitung konkreten empirischen Materials beruhen;

2. die theoretisch-mathematische Verallgemeinerung wissenschaftsmetrischen Materials mit dem Ziel, mathematische Modelle von Gesetzmäßigkeiten der Wissenschaftsentwicklung zu entwerfen;

3. mathematische Methoden und Modelle der wissenschaftlich-technischen Entwicklung für spezielle prognostische Zwecke. In diesen Modellen liegt der Hauptakzent auf den Wechselbeziehungen zwischen Wissenschaft und Gesellschaft; ihre Ausarbeitung erfolgt deshalb in engem Zusammenhang mit der Entwicklung der Forschung auf anderen gesellschaftswissenschaftlichen Gebieten, vor allem der ökonomisch-mathematischen Modellierung.

Die meisten der bisher existierenden Modelle der Wissenschaftsentwicklung erfassen jeweils eine ganz bestimmte Seite dieses komplizierten Prozesses. Es sind dies beispielsweise dynamische Modelle, welche das Wachstum des Massivs wissenschaftlicher Information widerspiegeln, oder Diffusionsmodelle, in denen die Ausbreitung neuen Wissens innerhalb einer Wissenschaftlergemeinschaft untersucht wird, oder auch Strukturmodelle des Informationsmassivs, in denen Zusammenhänge zwischen einzelnen seiner Parameter abgebildet werden: die Verteilung der Produktivität in einer Wissenschaftlergemeinschaft, die Struktur der wissenschaftlichen Kommunikation (Zitierungsindex) u. a.

Mit Blick auf die Bedürfnisse der Wissenschaftsforschung wird es darauf ankommen, die Methode der Modellierung so weiterzuentwickeln, daß es möglich wird, Modelle mit einem höheren Komplexitätsgrad zu entwerfen, die so beschaffen sind, daß sie innere wie auch äußere Zusammenhänge und Bedingungen der Wissenschaftsentwicklung als Voraussetzungen des schöpferischen Prozesses in der Wissenschaft abzubilden gestatten. Bislang aber besteht der Wert der Modellierung in der Wissenschaftsforschung weniger darin, Anwendungsresultate zu erhalten, als vielmehr darin, daß jede Abweichung des Modells von der Realität die Unvollkommenheit und Begrenztheit unserer Vorstellungen von der Wissenschaft bezeugt und damit zwingt, neue Zusammenhänge und neue Faktoren in diesem System aufzuspüren.

In Anwendung auf wissenschaftliche Tätigkeiten wird intensiv an mathematischen Methoden der Entscheidungstheorie gearbeitet. Hier steht vor allem die Operationsforschung zur Diskussion. Vor 10 bis 15 Jahren waren Begriffe und Verfahren dieses Gebiets in der Wissenschaftsforschung so populär geworden,

[7] Vgl. A. I. Jablonskij, Modeli i metodi matematičeskogo issledovanija nauki, Moskva 1977, S. 6; ders., Matematičeskije modeli v issledovanii nauki, Moskva 1986.

daß einige Autoren sogar meinten, die Wissenschaftswissenschaft sei Operationsforschung in Anwendung auf die wissenschaftliche Tätigkeit. Die Zeit hat jedoch gezeigt, daß die für die Lösung einer ganzen Reihe von Aufgaben nützlichen Methoden der Operationsforschung nur auf einen sehr begrenzten Kreis wissenschaftswissenschaftlicher Probleme anwendbar sind. In einem solch komplizierten System, wie es die Wissenschaft ist, ist es selbst unter speziellen Aspekten schwierig, eine Zielfunktion und eine widerspruchsfreie Menge von Optimierungskriterien vorzugeben; ja selbst der Begriff des Optimums wird hier äußerst verschwommen. Gerade diejenigen Faktoren, die die wichtigsten sind und den realen Zustand des Systems bestimmen, lassen sich am schwierigsten formalisieren und quantitativ fassen, geschweige denn in Zahlen ausdrücken. Relevanter für die Wissenschaftsforschung sind dagegen die Methoden der *Systemanalyse*, weil sie die qualitativen Aspekte und die Unbestimmtheiten der wissenschaftlichen Tätigkeit stärker berücksichtigen.

Der Zwang, sich an die Vorschriften der Systemanalyse halten zu müssen, d. h. alle Prämissen, Wertungen und Schlußfolgerungen präzise dazulegen, erhöht den Grad an Exaktheit selbst in Fällen, in denen es nur sehr schwer bestimmbare Erscheinungen zu untersuchen gilt. Bei richtig durchgeführter Analyse kann der gesamte Gedankengang von einem anderen Spezialisten nachgeprüft, können falsche Wertungen, Daten oder Schlußfolgerungen leicht festgestellt werden. Bereits die ersten Schritte, die man bei der Systemanalyse zu gehen hat — die Bestimmung des Systems, des Ziels, der Beschränkungen, der Mittel und der Kriterien für die Bewertung von Alternativen —, gestatten eine viel präzisere Aufgabenformulierung, die mitunter sogar ganz unerwartet ausfallen kann. Die Forderung, alle Beschränkungen und Kriterien in ihrer Entwicklung auszuweisen, führt nicht selten auf völlig neue Lösungsmöglichkeiten. Und die Notwendigkeit, alle Typen von Unbestimmtheiten, mit denen die Problemlösung behaftet ist, klassifizieren und bewerten zu müssen, zwingt dazu, die inneren Gesetzmäßigkeiten des untersuchten Systems zu bedenken.[8]

Die Systeme, mit denen es die Wissenschaftswissenschaft zu tun hat, zeichnen sich durch viele qualitative, schwer quantifizierbare — geschweige denn formalisierbare — Aspekte aus. Und die Prozesse, die sich in ihnen vollziehen, sind nichtlinear. Die Systemanalyse hat eine ganze Reihe von Verfahren der quasi-

[8] Nicht selten regt eine solche Klassifizierung dazu an, gewohnte Vorstellungen, die sich eingeprägt haben, zu überprüfen. So ist z. B. häufig davon die Rede, daß Grundlagenforschung mit mehr Unbestimmtheiten behaftet sei als angewandte Forschung. Betrachtet man die Behauptung aber im Systemkontext, so erweist sie sich als nicht sehr aussagekräftig. Die beiden Forschungstypen unterscheiden sich weniger durch die Anzahl als durch den Charakter der Unbestimmtheiten: In der angewandten Forschung verlagert sich der Schwerpunkt der Unbestimmtheit aus der reinen Erkenntnissphäre in den Anwendungsbereich; die Unbestimmtheit, die hier durch ökonomische und soziale Faktoren gegeben ist, ist aber quantitativ gesehen keineswegs geringer.

quantitativen Beschreibung solcher Objekte zusammengestellt bzw. entwickelt, in denen das Wissen, die Erfahrung und sogar die Intuition von Experten genutzt werden. Natürlich sind Expertenbewertungen nicht immer genau, aber der Fehler, den diese Ungenauigkeit bewirkt, ist um vieles kleiner, als wenn die Faktoren, die wir nicht messen können, unberücksichtigt blieben. Die Anwendung der Systemanalyse auf Probleme der Wissenschaftsforschung schließt sowohl solche Methoden ein, die schon relativ länger bekannt sind, wie z. B. die der Spieltheorie oder die Methode der statistischen Proben, als auch solche, die erst jüngeren Datums sind, wie z. B. die mathematischen Verfahren zur Untersuchung „unscharf beschriebener" Systeme.

Aus dem Bestreben, verschiedene Seiten der wissenschaftlichen Tätigkeit mathematisch zu beschreiben, ging ein spezielles methodisches Arbeitsgebiet der Wissenschaftswissenschaft hervor: die *Wissenschaftsmetrie*. Die von ihr ausgearbeiteten Methoden können in allen Teilgebieten der Wissenschaftsforschung angewendet werden.

Parameter, die meßbar sind, lassen sich offensichtlich in jeder menschlichen Tätigkeit aufweisen, wobei zwischen den quantitativen Darstellungen dieser Parameter bestimmte Korrelationen bestehen. Viele solcher Parameter und Korrelationen konnten auch in der wissenschaftlichen Tätigkeit nachgewiesen werden. Natürlich ist es ein weiter Weg von der Feststellung und Messung einer solchen Korrelation bis zum Nachweis einer Gesetzmäßigkeit. Aber schon der Versuch zu messen, was gemessen werden kann, und dabei zu begreifen, was da eigentlich gemessen wird, stimuliert das theoretische Denken. Und schließlich beförderten selbst die Fehler und Widersprüche in den mitunter weitgehenden Schlußfolgerungen, die in den früheren Entwicklungsstadien der Wissenschaftswissenschaft durchaus nicht selten waren, Diskussionen, die letztlich für die Wissenschaftswissenschaft selbst fruchtbar waren.

So leitete D. J. de Solla Price aus der von ihm gemessenen Dynamik einiger quantitativer Indikatoren der wissenschaftlichen Tätigkeit die Konzeption der „Saturation" ab, derzufolge die Wissenschaft aufhöre, weiter zu wachsen. Das führte zu einer Diskussion um prinzipielle Fragen der Wissenschaftsforschung: Was ist Wachstum der Wissenschaft, wie korreliert es mit der Zahl der Wissenschaftler und der Größe der Aufwendungen, wie ist der intensive Entwicklungsweg der Wissenschaft zu verstehen? Natürlich sind alle diese Fragen auch schon früher in der Wissenschaftsforschung behandelt worden, aber die extravaganten und, wie es schien, unwiderlegbaren wissenschaftsmetrischen Schlußfolgerungen zogen die Aufmerksamkeit der breiten wissenschaftlichen Öffentlichkeit auf sich und wurden einer begründeten Kritik unterzogen.

In diesen Diskussionen sind methodologische Positionen formuliert worden, die den wissenschaftsmetrischen Methoden ziemlich starke Beschränkungen auferlegen, sie zugleich aber auch leistungsfähiger machen. Beispielsweise wurde vorgeschlagen, den Begriff „Indikator" aufzuwerten, indem er nur auf solche meßbare Größen bezogen wird, deren Zusammenhang mit inhaltlichen Charakteristika der wissenschaftlichen Tätigkeit durch eine explizite Theorie belegt oder zumindest durch präzis formulierte Vermutungen und Hypothesen begründet ist.[9]

Immer neue Seiten der wissenschaftlichen Tätigkeit werden zu Objekten der wissenschaftsmetrischen Analyse.[10] Und immer neue Methoden gehen in das wissenschaftsmetrische Arsenal ein; sie wurden vorwiegend aus Disziplinen entlehnt, in denen es bereits gang und gäbe ist, komplizierte und schwer formalisierbare Objekte zu messen.

Allmählich spielt auch eine immer geringere Rolle, daß die Anwendung wissenschaftsmetrischer Methoden sehr arbeitsaufwendig ist. Elektronische Datenverarbeitung und große Datenbanken stehen dem Wissenschaftsforscher zunehmend zur Verfügung. Seit 1979 erscheint in Budapest mit Unterstützung der Ungarischen Akademie der Wissenschaften die internationale Zeitschrift „Scientometrics".

Die bemerkenswerte Entwicklung wissenschaftsmetrischer Methoden wurde dadurch gefördert, daß die wissenschaftliche Tätigkeit (zumindest zu großen Teilen) sich in dem großen und gut organisierten Massiv von Publikationen verkörpert. Der allgemeine Charakter der wissenschaftlichen Arbeit brachte mit Notwendigkeit ein hochentwickeltes, räumlich und zeitlich zusammenhängendes System wissenschaftlicher Kommunikation hervor. Diese Besonderheit unterscheidet die Wissenschaft von anderen Bereichen. Viele für die Wissenschaftsforschung spezifische Methoden knüpfen an diese Besonderheit an, d. h. sind auf die Analyse wissenschaftlicher Kommunikation gerichtet. Obgleich wissenschaftsmetrische Verfahren auch hier eine Rolle spielen, gehen diese Methoden insgesamt doch weit über den Rahmen der Wissenschaftsmetrie hinaus. Gegenstand solcher Analysen sind in der Regel wissenschaftliche Texte mit allen ihren Elementen (Titel, Autoren, Resüme, bibliographische Anmerkungen usw.).

Die Erforschung der Wissenschaft mit Methoden der Analyse von Informationsmassiven hat einen solchen Aufschwung genommen, daß sich sogar eine spezielle Richtung herausgebildet hat, die die Wissenschaft als Informationssystem betrachtet und an einem Informationsmodell der Wissenschaft arbeitet. Diese Betrachtungsweise trägt ausgesprochen komplexe Züge. Seit 1969 erscheint in Kiew die Vierteljahreszeitschrift „Naukovedenije i informatika" („Wissenschaftswissenschaft und Informatik").

Große Möglichkeiten eröffnet der Wissenschaftsforschung die Untersuchung von Zitationsnetzen, die seit dem Erscheinen des Science Citation Index (SCI)[11] — besonders in seiner EDV-gerechten Form — bedeutende Fortschritte gemacht hat.

Sich auf Arbeiten von Vorgängern zu beziehen, die für die betreffende Unter-

[9] Vgl. Towards a metric of science. The advent of science indicators, New York 1978.

[10] Zu Zustand und Tendenzen der Entwicklung dieser Methoden vgl.: S. D. Chajtun, Naukometrija: Sostojanie i perspektivy, a. a. O.

[11] Vgl. E. Garfield, Citation indexing. Its theory and application in science, technology and humanities, New York 1979.

suchung wesentlich sind, ist seit jeher eine Norm wissenschaftlicher Kommunikation, und zwar nicht nur eine ethische. Zitierungen sind ein hochinformatives Zeichensystem, in dem sich in gedrängter Form die Erkenntnisprämissen spiegeln, in deren Rahmen sich die betreffende Untersuchung bewegt. Sie sind die Adresse, auf Grund derer eine Veröffentlichung ihren Platz im Gesamtmassiv des wissenschaftlichen Wissens erhält (und die es einem künftigen Nutzer mittels des SCI gestattet, sie aufzufinden). Aus der Verknüpfung neuerer Vorstellungen über die Struktur des wissenschaftlichen Wissens, der Soziologie von Forschergemeinschaften und der Analyse von Zitationsnetzen sind Methoden hervorgegangen, mittels derer konzeptionelle Zusammenhänge zwischen wissenschaftlichen Texten empirisch festgestellt werden können. Durch weitere Vervollkommnung dieser Methoden ist es gelungen, diskrete Gebiete von Forschungsaktivitäten zu identifizieren, die Struktur ihrer Erkenntnisgrundlagen explizit zu beschreiben und Richtung und Stärke ihrer Zusammenhänge mit anderen Gebieten zu bestimmen. Man kann so eine „Karte" des sich entwickelnden wissenschaftlichen Wissens entwerfen, aus der sich sogar die Dynamik der Entwicklung ablesen läßt, wenn sie nämlich für verschiedene Zeitpunkte angefertigt wird.[12] Diese Methode hat sich als hinlänglich produktiv und einfach erwiesen; sie wird inzwischen nicht nur zu Forschungszwecken angewandt, sondern auch, um Wissenschaftler verschiedener Disziplinen und Einrichtungen, die mit Fragen der Wissenschaftsleitung befaßt sind, mit operativen Informationen zu versorgen.

In der Wissenschaft spielen Persönlichkeitsmerkmale und sozialpsychologische Faktoren eine außerordentlich große Rolle. Sie dürfen in keiner wissenschaftswissenschaftlichen Untersuchung außer acht gelassen werden. *Psychologischen und sozialpsychologischen* Methoden kommt deshalb bei der Untersuchung der entsprechenden Aspekte der wissenschaftlichen Tätigkeit eine große Bedeutung zu. Die Besonderheit der Methoden, die in der Wissenschaftspsychologie zur Anwendung gelangen, besteht darin, daß hier Methoden der Persönlichkeitspsychologie, der Sozialpsychologie, der experimentellen und allgemeinen Psychologie zu dem Zweck zusammengeführt werden, psychologische Probleme, die im Prozeß der kollektiven Forschung entstehen, im Komplex zu untersuchen. Diese Vorgehensweise gestattet es, die kollektivkonstituierende Rolle von Forschungsprogrammen und Bedingungen ihrer Herausbildung und Entwicklung besser zu verstehen, aber auch zu verfolgen, wie sich im Kollektiv bestimmte Rollenfunktionen herausbilden und realisieren. Um die Spezifik der Persönlichkeit und der Tätigkeit des Wissenschaftlers besser erfassen zu können, müssen die in der Sozialpsychologie verwendeten Methoden transformiert werden; dadurch werden sie weniger formalisiert und weniger standardisiert. Obgleich nichtformalisierte

[12] Vgl. I. V. Maršakova, Sistema svjazej meždu dokumentami, postrojennaja na osnove ssylok, in: Naučno-techničeskaja informacija, Serie 2, 6/1973, S. 3—8; B. C. Griffith/H. Small, The Structure of Scientific Literatures I: Identifying and Graphing specialties, in: Science Studies, 4/1974, S. 17—40.

Prozeduren arbeitsaufwendiger sind, entsprechen sie in höherem Grade dem Gegenstand der Wissenschaftsforschung.

In den Frühstadien der Wissenschaftswissenschaft bediente man sich der traditionellen „Techniken“ der Psychologie und Soziologie, die entweder isoliert oder in gewisser Kombination angewandt wurden. Heute werden die Forschungsmethoden entsprechend der Spezifik der Persönlichkeits- und sozialpsychologischen Aspekte der wissenschaftlichen Tätigkeit modifiziert. Als historisch erste kamen verschiedene Befragungsmethoden zum Einsatz. Bemerkenswert ist, daß F. Galton bereits 1874 mit Fragebögen arbeitete und diese Methode seitdem einen der vordersten Plätze in wissenschaftswissenschaftlichen Untersuchungen einnimmt. Auch Interviews sind eine weit verbreitete Methode; die nichtformalisierte Variante dieser Methode läßt dem Forscher weniger Gelegenheit, dem Interviewten seine Auffassung von der Realität aufzuzwingen, liefert ihm dafür aber gehaltvollere Informationen über die gegenständliche Seite der untersuchten Tätigkeit.

Weniger verbreitet, aber dennoch auf interessante Weise resultativ, sind verschiedene Varianten der *Beobachtung*. Erwähnt sei z. B. die systematische Beobachtung der Tätigkeit von Wissenschaftlern. Aktiv genutzt werden hier auch Matrizenverfahren zur Formalisierung von Beobachtungen. Als eine sehr perspektivreiche Methode zum Studium der Tätigkeit von Wissenschaftlergruppen wird oft die teilnehmendende Beobachtung empfohlen; die Schwierigkeit, die sich hier auftut, ist jedoch, daß der Forscher inhaltlich-gegenständlich auf die Arbeit in einer solchen Gruppe vorbereitet sein muß und mit einem länger dauernden Prozeß beruflicher Adaption an diese Arbeit gerechnet werden muß.

Den Besonderheiten des Produkts der wissenschaftlichen Tätigkeit versuchen vor allem die *Methoden der Dokumentenanalyse*, insbesondere die Inhaltsanalyse, gerecht zu werden. In der soziologischen Forschung ist es mittels der Inhaltsanalyse von Dokumenten sehr gut möglich, das normative System einer sozialen Organisation zu untersuchen. Das Wesen dieser Methode besteht darin, daß aus einer Menge gleichartiger Texte — beispielsweise Beurteilungen von Personen, die sich als wissenschaftliche Mitarbeiter oder für bestimmte Leitungsfunktionen bewerben — gewisse Bedeutungseinheiten ausgesondert werden können, aus denen die Kriterien entnommen werden, nach denen die wissenschaftlichen Qualitäten und Persönlichkeitseigenschaften des Bewerbers bewertet werden. Je nachdem, welche Bedeutungseinheiten auftauchen und wie oft sie gebraucht werden, läßt sich einschätzen, wie die normativen Anforderungen beschaffen sind, die in der betreffenden Einrichtung gelten, und welche Bedeutung ihnen beigemessen wird. In der Psychologie bedient man sich solcher Methoden, um Autobiographien, Briefe, Memoiren und andere Dokumente sowie wissenschaftliche Texte von Wissenschaftlern zu untersuchen.

Von allen psychologischen Methoden sind *Tests* in der Psychologie der Wissenschaft am weitesten verbreitet. Sie gestatten, verschiedene Besonderheiten der Persönlichkeit des Wissenschaftlers, wie schöpferische Fähigkeiten, Denkstil,

Phantasie, das individuelle „Profil“ typischer Züge u. a., eingehender zu untersuchen. Allerdings entspricht der reale Ertrag, den diese Methoden erbringen, bei weitem nicht der Breite, in der sie angewendet werden, was mit ihrer begrenzten Fragestellung zusammenhängt.[13]

Interessantes Material über Schöpfertum und Kommunikation in Gruppen liefert die *Analyse von Gruppendiskussionen* in ihren verschiedenen Varianten, die von der freien und gelenkten Diskussion bis zu ganz speziellen Prozeduren des Hervorbringens von Ideen in Gruppen — wie beispielsweise Brainstorming — reichen. Wie bestimmte Rollen im Kollektiv angenommen und verwirklicht werden, wird in Sach- und Rollenspielen untersucht.[14] Die Besonderheiten, welche die Stellung einer Persönlichkeit in der Gruppe charakterisieren, können mittels solcher Verfahren wie Skalierung von Meinungen, Wertungen, Einstellungen sowie durch die Charakteristik der Rollen, welche die an der gemeinsamen Tätigkeit Beteiligten ausführen, ermittelt werden.

Wir hatten gesagt, daß eine Methode, die aus einem anderen Gebiet in die Wissenschaftswissenschaft übernommen wird, infolge der Wechselwirkung mit dem neuen Gegenstand modifiziert wird und spezifische Züge einer Methode der Wissenschaftsforschung annimmt. Damit ist der Prozeß der Herausbildung eines wissenschaftswissenschaftlichen Instrumentariums aber noch nicht vollständig charakterisiert. Die einzelnen Methoden wechselwirken auch miteinander, so daß sich allmählich ein Methodenkomplex entwickelt, der spezifisch wissenschaftswissenschaftliche Resultate ermöglicht, d. h. die Wissenschaft als ganzheitliches System zu erfassen gestattet.[15]

Ökonomen, Soziologen, Psychologen und Vertreter anderer Disziplinen, die in enger Beziehung zur Wissenschaftswissenschaft stehen, haben es in der Regel mit einer ganz bestimmten Seite der wissenschaftlichen Tätigkeit zu tun, über die sie unter dem jeweils gewählten Aspekt wertvolle Informationen zutage fördern. Soziologen beispielsweise, die das Freizeitbudget untersuchen, können zum Zwecke einer vergleichenden Analyse Befragungen von Arbeitern eines metallurgischen Kombinats, von Lehrern, Ärzten und natürlich auch von Wissenschaftlern durchführen. Ein Resultat der Wissenschaftsforschung ist jedoch unvollständig und nur wenig überzeugend, wenn es ausschließlich nur einen einzigen Aspekt betrifft. Worauf es ankommt, ist, die Methoden miteinander zu verknüpfen, sie miteinander wechselwirken zu lassen und das Resultat auf diese Weise einer Kontrolle zu unterziehen, die mehrere Gesichtspunkte berücksichtigt.[16]

[13] Vgl. Abschnitt 4.2. dieses Bandes.

[14] Vgl. R. Pento/M. Gravitz, Metody social'nych nauk, Moskva 1972.

[15] Natürlich gelingt das noch nicht immer; diese Zielstellung orientiert aber die Wissenschaftsforschung, letztlich zu Erkenntnissen zu kommen, die dazu beitragen, reale Probleme aus der Praxis der Wissenschaftsleitung zu lösen.

[16] Wie bereits dargelegt, beginnt die Wissenschaftsforschung (wie jede Systemanalyse) mit dem Entwurf eines ganzheitlichen Modells, das im Verlaufe der Untersuchung präzisiert wird, indem

Im folgenden sei an einem relativ einfachen Beispiel illustriert, wie bei der Erforschung eines wissenschaftswissenschaftlichen Problems immer neue Methoden ins Spiel kommen. Dieses Beispiel betrifft die Zweckmäßigkeit, in der Wissenschaft Zentren für die kollektive Nutzung technischer Ausrüstungen zu schaffen.

Diese Frage wurde zunächst unter ökonomischem Gesichtspunkt aufgeworfen. Analysen hatten ergeben, daß die traditionelle Art der Nutzung von Großgeräten, die darin besteht, sie auf einzelne Institute aufzuteilen, ökonomisch uneffektiv ist. Moderne Geräte sind teuer; ein einzelnes Institut kann sie in der Regel nicht intensiv genug nutzen, wodurch aber beträchtliche Mittel gebunden werden, die keinen entsprechenden Effekt liefern. Hinzu kommt der schnelle moralische Verschleiß infolge des raschen technischen Fortschritts. Es erwies sich deshalb als zweckmäßig, Zentren zu schaffen, die nach den Prinzipien wirtschaftlicher Rechnungsführung arbeiten und für die wissenschaftlichen Institute den Geräteservice übernehmen. Dem einzelnen Institut entstehen dadurch wesentlich weniger Kosten, so daß insgesamt zu erwarten war, daß die Zentren rentable Einrichtungen werden.

Diese Schlußfolgerung wurde überdies durch die Analyse der Wissenschaft als Erkenntnissystem erhärtet. In dem Maße, wie in der experimentellen Forschung technische Geräte eine immer größere Rolle spielten, erwies es sich aus ökonomischen Gründen als immer weniger möglich, alle Kollektive komplett mit allen benötigten Mitteln auszustatten. Diese widersprüchliche Situation bewirkte, daß ein Teil der Kollektive hinter der Weltspitze zurückzubleiben begann. Hier, auf der kognitiven Ebene, zeigte sich allerdings auch, daß die Konzeption der Zentralisierung wissenschaftlicher Geräte ihre Grenzen hat: Die Analyse der Wechselwirkung zwischen Forscher, Forschungsgegenstand und Instrument gestattete es, Kriterien dafür zu formulieren, in welchen Fällen es je nach dem Gegenstand der wissenschaftlichen Tätigkeit möglich ist, Forscher und Gerät organisatorisch und „geographisch" voneinander zu trennen.

Nachdem das Problem ökonomisch analysiert und die kognitive Struktur beschrieben war, schloß sich die historische Analyse an. Diese förderte zutage, daß die Evolution wissenschaftlicher Geräte abhängt von der Art und Weise, wie ihre Nutzung organisiert ist, und daß insbesondere in unserem Jahrhundert Fortschritte in den technischen Mitteln des Experimentierens wiederholt zu neuen Organisationsformen der Verbindung des Wissenschaftlers mit dem Gerät geführt haben. Diese neuen Formen beseitigten die alten indes keineswegs, sondern ergänzten sie.

neue Faktoren eingegeben werden, deren Berücksichtigung entsprechende Methoden erfordert. Dabei kann es sich erweisen, daß der eigentliche Kern des Problems nicht in der Ebene liegt, die durch das Ausgangsmodell erfaßt wird. Die Fähigkeit, das Modell zu „verfeinern", indem Methoden herangezogen werden, die unabhängig von denen sind, mit denen das Ausgangsmodell entworfen wurde, gilt in der Systemanalyse als ein Kriterium für die Qualifikation des Forschers.

Die Schaffung von Gerätezentren ist die unumgängliche Antwort auf die Veränderungen, die in der experimentellen Technik heute vonstatten gehen und die keineswegs nur ökonomischen Gründen geschuldet sind. Die historische Analyse ließ überdies die Tendenz erkennen, daß auch alte Organisationsformen der Nutzung von Geräten — wenn auch auf neuer technischer Grundlage — sich weiter durchsetzen. So ist es z. B. nicht undenkbar, daß die zunehmende Miniaturisierung der Geräte und die Möglichkeit, sie über weite Entfernungen an große Rechenzentren und Informationssysteme anzuschließen, eine solche Organisationsform wie häusliche Laboratorien wieder aufleben lassen wird.

Wie aktuell die Aufgabe ist, die Organisation der Nutzung des Bestandes an wissenschaftlichen Geräten rasch zu vervollkommnen, wurde auch durch wissenschaftsmetrische Methoden erhärtet. Mit ihnen wurde z. B. die Dynamik untersucht, der die Ausbreitung moderner wissenschaftlicher Geräte in einzelnen Ländern folgt, und es konnte gezeigt werden, daß diese Dynamik um so besser ist, je mehr zentralisierte Serviceeinrichtungen es in dem betreffenden Lande gibt.

Man könnte nun annehmen, daß auf Grund all dieser Argumente die Konzeption zur Schaffung von Gerätezentren schnell verwirklicht worden wäre. Bekanntlich ist das aber nicht geschehen. Um die Gründe für Verzögerungen festzustellen, mußten soziologische Methoden benutzt werden. Gerätezentren stellen nämlich einen neuen Typ wissenschaftlicher Einrichtung dar und setzen voraus, daß sich bereits ein neuer Typ wissenschaftlicher Tätigkeit herausgebildet hat. Die weite Verbreitung solcher Einrichtungen bringt für viele Spezialisten, die heute in wissenschaftlichen Einrichtungen herkömmlichen Typs arbeiten und dort einen wohldefinierten Status haben, eine wesentliche Veränderung des Typs ihrer beruflichen Laufbahn mit sich. Wenn die Chancen beruflichen Aufstiegs den bisherigen aber nicht gleichwertig sind oder als nicht gleichwertig angesehen werden, können die Gerätezentren nicht mit Mitarbeitern ausgestattet werden, die über eine hinreichend hohe Qualifikation verfügen, was seinerseits zu einer beträchtlichen „Erstarrung" des Bestands an wissenschaftlichen Geräten führen kann.

Noch gewichtigere Gründe für den verdeckten Widerstand gegen die Idee von Gerätezentren liegen im sozialpsychologischen Bereich und erfordern zu ihrer Aufdeckung entsprechende Methoden. Hier geht es um die traditionelle Auffassung, daß Geräte einen unabdingbaren Bestandteil des Laboratoriumsinventars bilden, von ihrem Vorhandensein geradezu das Prestige des Instituts abhängt und man das volle Verfügungsrecht über sie haben müsse. Auch sollte nicht übersehen werden, daß ein Gerät, das der Forscher unmittelbar neben sich hat, ein wichtiger sensorischer Stimulator ist, der einen bestimmten psychologischen Effekt erzeugt. Schließlich verschafft die Tatsache, daß ein Forscher über moderne — oder sogar unikale — Geräte verfügt, ihm unbestreitbare Vorteile gegenüber Kollegen, denn sie erhöht spürbar die Qualität und Produktivität seiner Arbeit.

Eine relativ einfache wissenschaftsökonomische Aufgabe offenbarte dergestalt

— sobald sie nämlich aus komplexer wissenschaftswissenschaftlicher Sicht gestellt wurde —, daß ein ganzer Komplex von miteinander zusammenhängenden Methoden eingesetzt werden mußte, wobei keine dieser Methoden so beschaffen war, daß sie lediglich aus einer anderen Disziplin übernommen zu werden brauchte, sondern jede für sich genommen und alle in ihrer Gesamtheit auf den gegenständlichen Inhalt des Problems bezogen werden mußten, um das es hier ging, also auf die Wechselwirkung von Forscher und experimentellen Mitteln.

Die Methoden der Wissenschaftsforschung zu einem ganzheitlichen System zu integrieren, ist eine Aufgabe, deren Lösung noch aussteht. Die Wissenschaftswissenschaft sieht sich in dieser Beziehung mit einem Problem konfrontiert, das in jeder interdisziplinären Forschung auftaucht. Und wie auf jedem dieser Gebiete, so übt auch in ihr die Integration unterschiedlicher Methoden und Herangehensweisen eine stimulierende Wirkung auf die Art und Weise der Organisation der Forschung aus. Immer häufiger werden zur Lösung komplexer Probleme Gruppen aus Spezialisten verschiedener Gebiete geschaffen. So erfährt die Wissenschaftswissenschaft am eigenen Beispiel, wie die Prinzipien interdisziplinärer Forschung, die sie für verschiedene „Nutzer" ausarbeitet, auf sie selbst zurückwirken.[17]

Abschließend sei betont, daß es im gegenwärtigen Entwicklungsstadium der Wissenschaftsforschung darauf ankommt, sich nicht an abstrakten Schemata zu berauschen, sondern reale Prozesse im realen Leben wissenschaftlicher Kollektive zu erforschen und zu diesen Kollektiven ganz enge Beziehungen zu unterhalten. Das ist um so wichtiger, als viele Seiten der wissenschaftlichen Tätigkeit noch gar nicht in exakten Begriffen erfaßt sind. In den Wissenschaftlern selbst findet der Wissenschaftsforscher deshalb seine qualifizierten und interessierten Kritiker. Wer in der wissenschaftlichen Arbeit selbst seine Erfahrungen gemacht hat, bemerkt Fehler und überzogene Positionen bei der Anwendung von Methoden und der Interpretation von Ergebnissen am ehesten. Die Verbindung der Wissenschaftswissenschaft mit allen, die am Experimentiertisch oder in welcher Weise auch immer wissenschaftlich tätig sind, zu festigen, ist das Unterpfand für weiteres erfolgreiches Voranschreiten auf diesem Gebiet.

3. Abriß der Geschichte der Wissenschaftsforschung

Die Wissenschaftswissenschaft[18] hat in den letzten Jahrzehnten zunehmende Aktualität erworben. Indes haben Probleme der Wissenschaftsentwicklung auch

[17] Vgl. N. Stefanov/K. Simeonova/K. Kostov/S. Kačaunov, Programmno-celevoj podchod v upravlenii — teorija i praktika, Moskva 1975.

[18] Der Terminus „Wissenschaftswissenschaft" (auch „Wissenschaftsforschung", russisch „naukovedenije", englisch „science of science") ist heute weit verbreitet. In den 60er Jahren wurden zur Bezeichnung dieses Forschungsgebiets auch die Termini „nauka o nauke", „Scientologie", „Wissenschaftskunde" verwandt. In Polen gebrauchten M. Ossowska und St. Ossowski in den 30er Jahren den Terminus „science of science". In den 60er Jahren

schon früher — noch ehe sie von der Wissenschaftswissenschaft aufgegriffen wurden — in historischen und philosophischen Analysen eine Rolle gespielt.[19]

Untersuchungen zur wissenschaftlichen Erkenntnis reichen bis in die Antike zurück, in der die logische Ordnung des wissenschaftlichen Denkens entdeckt worden ist. Die logisch-methodologischen Untersuchungen Aristoteles' waren in dieser Hinsicht grundlegend. Über Jahrhunderte hinweg — bis zum Ausgang der Epoche des Feudalismus — beschränkten sich die Reflexionen über die Wissenschaft jedoch im wesentlichen darauf, die logische Struktur des wissenschaftlichen Denkens unabhängig von den gesellschaftlichen Verhältnissen zu betrachten.

Mit dem Aufkommen des Kapitalismus vollzogen sich im Wissenschaftsverständnis bedeutende Wandlungen. Bereits in der Frühzeit des Kapitalismus verfocht Francis Bacon die Idee des Nutzens der Wissenschaft für die Umgestaltung der Natur und des Lebens der Menschen und forderte ihre allseitige Entwicklung („Instauratio Magna", „De dignitate et augmentia scientiarum").

Mit der Institutionalisierung der Wissenschaft (der Gründung wissenschaftlicher Gesellschaften, Akademien der Wissenschaften, der Modernisierung des Universitätssystems u. a.) und der Entfaltung der disziplinären Arbeitsteilung in der Wissenschaft gingen Versuche detaillierter Klassifikationen der Wissenschaften einher. Kennzeichnend waren in dieser Hinsicht die Arbeiten d'Alemberts und anderer Enzyklopädisten des 18. Jahrhunderts. Die wissenschaftswissenschaftliche Relevanz dieser Klassifizierungen bestand darin, daß sie im Grunde genommen Muster für die Verteilung der wissenschaftlichen Kräfte waren, aus denen nicht nur die faktische Situation zu ersehen war, sondern die zugleich Vorstellungen über neu zu schaffende wissenschaftliche Disziplinen enthielten.

In dem Maße, wie die Wissenschaft sich als soziale Institution herausbildete

setzte sich in Polen der Terminus „naukoznawstwo" durch. Der russische Terminus „naukovedenije" ist wahrscheinlich erstmalig 1926 von I. A. Boričevskij eingeführt worden; allgemeine Anerkennung hat er jedoch erst nach dem Artikel von S. R. Mikulinskij und N. I. Rodnyj „Die Wissenschaft als Gegenstand spezieller Forschung" (Voprosy filosofii, 5/1966) gefunden, in dem dieser Terminus unabhängig von Boričevskij vorgeschlagen und eine ausführliche Charakteristik des Gegenstandes der Wissenschaftswissenschaft gegeben wurde.

19 Eine systematische Geschichte der Wissenschaftswissenschaft gibt es bislang noch nicht. Einzelinformationen über den Prozeß der Herausbildung der Wissenschaftswissenschaft finden sich z. B. in folgenden Arbeiten: Nauka o nauke, Moskva 1966 (ein J. D. Bernal gewidmeter Band); S. R. Mikulinskij/N. I. Rodnyj, Nauka kak predmet special'nogo issledovanija, in: Voprosy filosofii, 5/1966; J. D. Bernal/A. Mackay, Na puti k „nauke o nauke", in: Vorprosy filosofii, 7/1966; G. M. Dobrov, Nauka o nauke, Kiev 1966; Sociologija nauki, Rostov-na-Donu 1968; Organizacija naučnoj dejatel'nosti, Moskva 1968; Očerki istorii i teorii razvitija nauki, Moskva 1969; Naučnoje tvorčestvo, Moskva 1969; Problemy razvitija nauki v trudach estestvoispytatelej XIX veka, Moskva 1973; S. R. Mikulinskij, Naukovedenije. Problemy i issledovanija 70-ch godov, in: Voprosy filosofii, H. 7/1975.

und sie im Zeitalter der industriellen Revolution eine zunehmende Rolle bei der Entwicklung der Produktion spielte, erhielten Reflexionen über den gesellschaftlichen Status der Wissenschaft, über den sozialen Mechanismus ihrer Funktion in der Gesellschaft und über Wege und Formen einer zweckmäßigen Organisation der Wissenschaft neue Impulse (Saint-Simon, Ch. Babbage u. a.). Saint-Simon sprach als erster nicht nur über die Wissenschaft als System von Kenntnissen, sondern auch von den sozialen Funktionen der Wissenschaft als der Grundlage der Industrie, als Mittel zur Leitung und Prognostizierung. Im Unterschied zu Descartes hielt er die Wissenschaft für ein Erzeugnis der Gesellschaft und nicht einzelner Persönlichkeiten und zählte die Wissenschaftler zu der „industriellen Klasse" (in die er auch die Werktätigen einschloß). In seiner Konzeption der „positiven Wissenschaften" löste er die Wissenschaft aus der Philosophie heraus, kennzeichnete die grundlegenden wissenschaftlichen Methoden (Kritik, Erfahrung), sprach von „angewandter Wissenschaft" und forderte, die Industrie müsse in technologischer Hinsicht das Fazit der Wissenschaft, die unmittelbare Anwendung wissenschaftlicher Ergebnisse in der Produktion sein. Saint-Simons progressive Ideen wurden von der bürgerlichen Philosophie jedoch entstellt bzw. gänzlich ignoriert, selbst von jenen ihrer Repräsentanten, die sich in der Frage der Wissenschaft als seine Nachfolger betrachteten (Auguste Comte u. a.).

Die theoretischen Grundlagen für eine wissenschaftliche Analyse der Wissenschaft und ihrer Entwicklung als einer gesellschaftlichen Erscheinung wurden erstmals von Karl Marx und Friedrich Engels erarbeitet. Die historische Bedeutung der Werke von Marx und Engels besteht in diesem Zusammenhang darin, daß sie zu einem prinzipiell neuen Wissenschaftsverständnis gelangten. Sie begründeten, erstens, die Auffassung von der Wissenschaft als „eine Seite, eine Form, worin die Entwicklung der menschlichen Produktivkräfte, i. e. des Reichtums erscheint"[20]. Zweitens deckten sie die spezifische sozialökonomische Form auf, in der die Wissenschaft im Kapitalismus als unmittelbare Produktivkraft funktioniert und wiesen nach, daß die Wissenschaft hier vom Arbeiter getrennt ist und als Potenz des Kapitals, d. h. als dem Arbeiter fremde Kraft auftritt. Drittens zeigten sie, daß die historische Tendenz des Kapitals, „der Produktion wissenschaftlichen Charakter zu geben"[21], letztlich zur dialektischen Negation des Kapitals als historisch notwendige Form der Entwicklung der Produktivkraft führt. Viertens schließlich wiesen sie nach, daß die künftige kommunistische Arbeit die Umwandlung der materiellen Produktion in eine sich auf wissenschaftliche Kenntnisse gründende Tätigkeit voraussetzt, die „Ausübung, Experimentalwissenschaft, materiell-schöpferische und sich vergegenständlichende Wissenschaft" sein wird.[22]

In der zweiten Hälfte des 19. und zu Beginn des 20. Jahrhunderts finden sich bei einzelnen Naturwissenschaftlern verschiedentlich wissenschaftswissenschaft-

[20] K. Marx, Ökonomische Manuskripte 1857/1858, in: MEW, Bd. 42, Berlin 1983, S. 446.
[21] Ebenda, S. 595.
[22] Ebenda, S. 607.

liche Ideen. Es sind dies erstens Überlegungen darüber, wie Schwierigkeiten der Kommunikation und Organisation, die sich aus der wachsenden Spezialisierung der wissenschaftlichen Tätigkeiten ergeben, überwunden werden können; zweitens Pläne zur Organisation großer Forschungs- und wissenschaftlicher Koordinierungseinrichtungen außerhalb des traditionellen Universitätsbetriebs, die den ökonomischen Erfordernissen und Bedürfnissen der Wissenschaft entgegenkommen (Adolf von Harnack u. a.); aus solchen Überlegungen gingen z. B. in Deutschland die Physikalisch-Technische Reichsanstalt und die Kaiser-Wilhelm-Gesellschaft, im vorrevolutionären Rußland die Kommissionen an der Akademie der Wissenschaften, insbesondere die Kommission zur Erforschung der natürlichen Produktivkräfte Rußlands (KEPS) hervor; drittens Betrachtungen über die Demokratisierung der Wissenschaft, die sich mit der Forderung nach Demokratisierung des gesellschaftlichen Lebens insgesamt verbanden.

Beispiele für die erste (z. T. auch für die zweite) Gruppe finden sich in den Werken von Alphonse de Candolle, Francis Galton, Jacobus Hendricus van t'Hoff, Justus von Liebig, Jan Evangelista Purkinje, Dmitri Ivanovič Mendelejev, Wilhelm Ostwald, Pavel Ivanovič Walden, Wladimir Ivanovič Vernadskij und anderer bedeutender Wissenschaftler zu Fragen wie der Suche und Auswahl von Talenten, der Freisetzung schöpferischer Fähigkeiten, der Organisation, der sozialen Rolle und den Funktionsbedingungen der Wissenschaft. Als Beispiel für Ideen der dritten Gruppe seien die Auffassungen von K. A. Timirjazev angeführt, der in seinen Arbeiten die soziale Rolle der Wissenschaft explizit hervorhob und ein enges Bündnis zwischen Wissenschaft und Demokratie forderte.[23]

De Candolle und Galton können gewissermaßen als Begründer der statistischen Analyse der Wissenschaftsentwicklung angesehen werden. Sie versuchten mittels quantitativer Methoden zu bestimmen, wie sich schöpferische Leistungen in großen Wissenschaftlergemeinschaften verteilen und wie soziale und natürliche Faktoren diese Verteilung beeinflussen. In seinem Werk „Histoire des sciences et des savants depuis deux siècles" (1873)[24] untersuchte de Candolle Anzahl, Zusammensetzung und Auswahlkriterien der auswärtigen Mitglieder der Pariser und der Berliner Akademien der Wissenschaften sowie der Londoner Royal Society im Verlauf zweier Jahrhunderte und betrachtete das Verhältnis der Anzahl bedeutender Wissenschaftler zur Gesamtbevölkerung als Indikator der wissenschaftlichen Produktivität eines Landes. Er begründete einen neuen Typus wissenschaftshistorischer Arbeiten, dessen Gegenstand die Wissenschaftsentwicklung fördernde Faktoren und Bedingungen waren und der deshalb als Prototyp wissenschaftswissenschaftlicher Untersuchungen gelten kann. De Candolle untersuchte die

23 Vgl. K. A. Timirjazev, Najsuščnye zadači sovremennogo estestvoznanija, in: soč. t. V. Moskva 1939; K. A. Timirjazev, Nauka i demokratija, in: soč. t. IX, a. a. O.

24 Vgl. A. de Candolle, Zur Geschichte der Wissenschaften und der Gelehrten seit zwei Jahrhunderten, in: Große Männer. Studien zur Biologie des Genies, hg. von W. Ostwald, Bd. 2, Leipzig 1911.

Wissenschaft als Ganzes, als spezielle Form gesellschaftlicher Tätigkeit.[25] Die Hinwendung zu empirisch-statistischen Methoden bei der Erforschung der Wissenschaft war dem Umstand geschuldet, daß wissenschaftliche Tätigkeit zu einem Massenberuf zu werden begann. P. I. Walden wandte 1921 empirisch-statistische Methoden zur Untersuchung der Verteilung der Produktivität wissenschaftlicher Arbeit in der Chemie an.[26]

In den 20er Jahren wurde die empirisch-statistische Methode von J. V. Filipčenko in der UdSSR aufgegriffen, vor allem aber von A. Lotka in Deutschland, der sie auf die Untersuchung der Zahl von Veröffentlichungen anwandte. In den 50er Jahren bediente sich ihrer D. J. de Solla Price in den USA, um das quantitative Wachstum der Wissenschaft zu analysieren.

Von marxistischen Positionen ausgehend lieferten in den 20er Jahren S. G. Strumilin soziologisch orientierte statistische Analysen der Wissenschaft,[27] und T. I. Rajnov eine Untersuchung von Kreativitätsmustern in verschiedenen Wissenschaften und verschiedenen Zeiträumen.[28] Der sowjetische Historiker Rajnov analysierte die Verteilung bedeutender Entdeckungen in der westeuropäischen Physik des 18. und 19. Jahrhunderts und ihre zeitlichen Fluktuationen. Diese Arbeit war vom Herangehen her ihrer Zeit weit voraus, denn sie bediente sich der Statistik nicht, um das quantitative Wachstum der Wissenschaft (der Zahl der Wissenschaftler, Veröffentlichungen usw.) zu untersuchen, wie es nach ihm in den 50er und 60er Jahren üblich wurde, sondern um inhaltliche Aspekte der Wissenschaftsentwicklung zu erfassen. Später, in den 60er Jahren, wurde ein ganzes System von Methoden der quantitativen, insbesondere statistischen Wissenschaftsforschung erarbeitet.[29]

Die Große Sozialistische Oktoberrevolution und der Aufbau des Sozialismus in der UdSSR machten es erforderlich, Probleme der Leitung der wissenschaftlichen Tätigkeit genauer zu untersuchen und schufen dafür die entsprechenden Bedingungen. In den Jahren 1918 bis 1922 formulierte W. I. Lenin in seinen Arbeiten „Die nächsten Aufgaben der Sowjetmacht", „Entwurf eines Plans wissenschaftlich-technischer Arbeiten", „Über die Aufgaben der Jugendverbände" u. a. ein ganzes Programm der Entwicklung von Wissenschaft und Technik als immanenter Bestandteil des Aufbaus der sozialistischen Gesellschaft. Der „Ent-

[25] Vgl. S. R. Mikulinskij/L. A. Markova/B. A. Starostin, Alphonse de Candolle (1806—1893), Moskva 1973, S. 197.

[26] Vgl. P. I. Walden, Nauka i žizn, Petrograd 1922.

[27] Vgl. S. G. Strumilin, Kvalifikacija i odarennost', Leningrad 1924; Nauka i proizvoditel'nost' truda, Leningrad 1931; K metodologii učeta naučnogo truda, Leningrad 1932.

[28] Vgl. T. I. Rainoff, Wave-like Fluctuations of Creative Productivity in the Development of West-European Physics in the Eighteenth and Nineteenth Centuries, in: Isis, 38 (1929), S. 287—319.

[29] Vgl. z. B.: V. V. Nalimov/Z. M. Mul'čenko, Naukometrija. Izučenije razvitija nauki kak informacionnogo processa, Moskva 1969.

wurf eines Plans wissenschaftlich-technischer Arbeiten" enthielt die Idee, die Entwicklung der Wissenschaft im gesamtstaatlichen Rahmen zu organisieren und zu planen, die Wissenschaft mit dem Sozialismus zu verbinden. Ihre praktische Verwirklichung erhielt diese Idee in konkreten Maßnahmen, die von der Kommunistischen Partei und dem Sowjetstaat eingeleitet wurden, um Wissenschaft, Technik und Kultur im Interesse der Werktätigen zu entwickeln; unter diesen Maßnahmen kommt der Ausarbeitung und der Verwirklichung des berühmten GOELRO-Planes eine besondere Bedeutung zu. Mit ihm lag erstmalig in der Welt ein einheitlicher Plan zur komplexen Entwicklung der Volkswirtschaft eines Landes vor. Die wissenschaftlichen Erkenntnisse und Erfahrungen, die bei seiner Ausarbeitung und Verwirklichung gewonnen wurden, sind auch heute noch von großer Bedeutung für die Wissenschaftsforschung. Das betrifft insbesondere das Problem der interdisziplinären Forschung und die Rolle wissenschaftsstrategischer Konzeptionen bei der Lösung komplexer wissenschaftlich-technischer Aufgaben.[30]

Das Erfordernis, die Beschlüsse zur Entwicklung der Wissenschaft objektiv und wissenschaftlich zu begründen, brachte bereits in den 20er Jahren verschiedene Formen kollektiver Beratung hervor, in denen bedeutende Wissenschaftler die Ziele und Methoden der Entwicklung der Wissenschaft erörterten, und weckte somit das Interesse an Untersuchungen wissenschaftswissenschaftlichen Typs.

Die Verbreitung der Methodologie des dialektischen und historischen Materialismus, die es ermöglichte, „von der Beschreibung der gesellschaftlichen Erscheinungen ... zu ihrer streng wissenschaftlichen Analyse überzugehen,"[31] trug nicht unwesentlich dazu bei, die Wissenschaft als komplexe gesellschaftliche Erscheinung zu betrachten. Das Bewußtsein, daß die Wissenschaft beim Aufbau des Sozialismus in eine neue gesellschaftliche Rolle hineinwächst, hatte in Wissenschaftlerkreisen viele Diskussionen über die Stellung und die Funktionen der Wissenschaft in der Gesellschaft, die Beziehungen zwischen Wissenschaft und Praxis, über Leitung, Planung und Organisation der wissenschaftlichen Arbeit, den Zusammenhang von Grundlagen- und angewandter Forschung, über wissenschaftliches Schöpfertum, methodologische Probleme der Forschung u. a. zur Folge. Überaus interessante Arbeiten wurden zu diesen Fragen in den 20er Jahren in den Zeitschriften „Nauka i iskusstvo" („Wissenschaft und Kunst"),

30 Vgl. G. Kröber, Lenins „Entwurf eines Plans wissenschaft-technischer Arbeiten" und seine aktuelle Bedeutung für die weitere Entwicklung der Zusammenarbeit der Akademien der Wissenschaften der UdSSR und der DDR, in: Verbündete in der Forschung, hg. von H. Bartel, W. Kalweit und G. Kröber, Berlin 1976, S. 73—79; G. Kröber, Lenin als Begründer sozialistischer Wissenschaftspolitik, Berlin 1981, S. 84—109 (AdW der DDR. ITW-Kolloquien, 23).

31 W. I. Lenin, Was sind die „Volksfreunde" und wie kämpfen sie gegen die Sozialdemokraten?, in: Lenin, Werke (im folgenden: LW), Bd. 1, Berlin 1961, S. 131.

„Socialističeskaja rekonstrukcija i nauka" („Sozialistische Rekonstruktion und Wissenschaft") u. a. veröffentlicht. Von bedeutenden Arbeiten zu Fragen der Wissenschaft, die in dieser Zeit erschienen, seien die Werke von L. S. Berg, B. P. Weinberg und V. I. Vernadskij erwähnt.[32] Für die Geschichte der Wissenschaftswissenschaft sind die Arbeiten von T. I. Rajnov und S. G. Strumilin, I. A. Boričevskij und G. A. Gruzincev von besonderem Interesse.[33] Für die Entwicklung und Begründung der Wissenschaftsplanung in der UdSSR haben G. M. Kržižanovskij und V. V. Kujbyšev Großes geleistet.[34] Dem Einfluß der Wissenschaft auf die Arbeitsproduktivität war eine spezielle Untersuchung S. G. Strumilins gewidmet, in der die These formuliert wurde, daß die Bedeutung wissenschaftlicher Ergebnisse durch die Breite und Intensität ihrer Anwendung in der gesellschaftlichen Praxis bestimmt wird. Einen großen Beitrag zu Fragen der Organisation der Wissenschaft leistete der bekannte Physiker A. F. Joffe. Die erste Allunionskonferenz zur Planung der Wissenschaft, die im April 1931 stattfand, konnte sich schon auf eine gewisse Menge von Arbeiten stützen, in denen theoretische, empirische und historische Probleme der Wissenschaft behandelt worden waren.[35]

Was dieses neue Herangehen an die Erforschung der Wissenschaft zu leisten vermochte, stellte die sowjetische Delegation 1931 auf dem II. Internationalen Kongreß für Wissenschaftsgeschichte in London der wissenschaftlichen Öffentlichkeit vor. Besonders starkes Echo fand der Vortrag B. M. Hessens „Über die sozialökonomischen Wurzeln von Newtons ‚Principia'"[36]. In den Beiträgen der sowjetischen Delegation insgesamt widerspiegelten sich die intensiven Diskussionen über die Stellung der Wissenschaft in der Gesellschaft, die in der UdSSR infolge der praktischen Erfordernisse des sozialistischen Aufbaus geführt worden waren.

Die in der UdSSR erstmalig gewonnenen Erfahrungen bei der gesamtstaatlichen Organisation der Wissenschaft stießen in fortschrittlichen Kreisen der

[32] Vgl. L. S. Berg, Nauka. Ejo soderžanije, smysl i klassifikacii, Petrograd 1921; B. P. Weinberg, Opyt metodiki naučnoj dejatel'nosti i podgotovki k nej, Moskva 1928; V. I. Vernadskij, O zadačach i organizacii prikladnoj naučnoj raboty AN SSSR. Leningrad 1928; Očerednaja zadača v izučenii estestvennych proizvoditel'nych sil, in: Naučnyj rabotnik, 7—8/1926.

[33] Vgl. I. A. Boričevskij, Drevnjaja i sovremennaja filosofija nauki v ejo predel'nych ponjatijach, Moskva—Leningrad 1925; Naukovedenije kak točnaja nauka, in: Vestnik znanija, 12/1926; G. A. Gruzincev, Očerki po teorii nauki, in: Vidbitok z Dnipropetorvskogo institutu narodnoi osviti, t. II, 1928.

[34] Vgl. V. V. Kujbyšev, Nauke — socialističeskij plan, Moskva 1931.

[35] Vgl. Planirovanije nauki i zadači Kommunističeskoj akademii i Akademii nauk SSSR, Moskva—Leningrad 1931.

[36] Vgl. B. Hessen, The Social and Economic Roots of Newton's „Principia", in: Science at the Cross Roads, London 1931, S. 151—212 (deutsch in: P. Weingart (Hrsg.), Wissenschaftssoziologie II. Determinanten wissenschaftlicher Entwicklung, Frankfurt/M. 1974, S. 262—325).

ausländischen Intelligenz auf großes Interesse. Bereits in den 20er Jahren war unter der englischen Intelligenz das Problem der Widersprüchlichkeit der sozialen Folgen der Wissenschaft im Kapitalismus und der Zukunft der Wissenschaft überhaupt breit diskutiert worden, so z. B. in einem Dialog zwischen J. B. Haldane und B. Russell, der in der ganzen Welt großen Widerhall fand.[37] Verstärkt wurde das auf diese Weise vorbereitete Interesse an sozialen Fragen der Wissenschaftsentwicklung durch die Folgen der kapitalistischen Weltwirtschaftskrise 1929—1931. In konzentrierter Form trat es in Bernals Buch „Die soziale Funktion der Wissenschaft" (1939) zutage, das als die erste wissenschaftswissenschaftliche Monographie gelten kann.[38]

Eine einflußreiche Betrachtungsweise der Wissenschaft war in den 20er Jahren die sogenannte Wissenssoziologie, deren Hauptvertreter Karl Mannheim war. Sie betrachtete die Erkenntnis in Abhängigkeit von sozialen Bedingungen, hielt diese Abhängigkeit aber für das Haupthindernis wahrer Erkenntnis und erwies sich schon allein dadurch für eine ernsthafte Erforschung der Wissenschaft als ungeeignet.[39] Auch in den USA erwachte das Interesse an der Problematik der Wissenssoziologie: W. F. Ogburn, S. C. Gilfillan und andere Autoren waren bestrebt, die sozialen Bedingungen der Wissenschaftsentwicklung aus technokratischer Sicht zu kennzeichnen.[40] Später wandten sich westliche Soziologen der Erforschung des Verhaltens und der Kommunikation von Individuen und sozialen Gruppen in der Wissenschaft zu; diese Arbeiten, insbesondere die von R. Merton und T. Parsons hatten auf die Herausbildung der Wissenschaftssoziologie im Westen großen Einfluß.

1938 veröffentlichte Robert Merton seine Arbeit „Wissenschaft, Technik und Gesellschaft im England des 17. Jahrhunderts"[41], die wesentlich dazu beitrug, daß Untersuchungen zu soziologischen Aspekten der Wissenschaftsentwicklung in der Folgezeit breiten Raum einnahmen. Diese Arbeit war offenkundig von dem erwähnten Vortrag Hessens inspiriert worden. Später entwickelte Merton seine Konzeption der regulativen Verhaltensnormen der Wissenschaftler, des „wissenschaftlichen Ethos".

Bedeutende Beiträge zur Herausbildung der Wissenschaftswissenschaft leisteten polnische Autoren. Zu Beginn des 20. Jahrhunderts veranstaltete die Zeit-

[37] Vgl. J. B. S. Haldane, Daedalus or Science and the Future, London 1925; J. D. Bernal, The World, the Flesh and the Devil, London 1929; J. B. S. Haldane/B. Russell, Daedalus and Icarus (The Future of Science), Moskva—Leningrad 1924 (russ.).

[38] Vgl. J. D. Bernal, The Social Function of Science, London 1939.

[39] Vgl. K. Mannheim, Das Problem einer Soziologie des Wissens, in: Archiv für Sozialwissenschaften und Sozialpolitik, Bd. 53 (1925); K. Mannheim, Wissenssoziologie — Ideologie und Utopie, 3. Auf., Frankfurt/M. 1952.

[40] Vgl. S. G. Gilfillan, The Sociology of Invention, Chicago 1935.

[41] Vgl. R. Merton, Science, Technology and Society in Seventeenth Century England, in: Osiris, 2/1938, S. 360—632 (2. Aufl., New York 1970); vgl. auch, The sociology of science: Theoretical and Empirical Investigations, Chicago—London 1973.

schrift „Nauka Polska" eine Diskussion, die Problemen der Wissenschaftsentwicklung und der Wissenschaftspolitik gewidmet war. Der Soziologe F. Znaniecki veröffentlichte 1925 in dieser Zeitschrift einen Beitrag, in dem er die Wissenschaft als soziale Erscheinung betrachtete, zu deren Verständnis er soziologische und psychologische Untersuchungen für erforderlich hielt. 1936 umrissen M. Ossowska und St. Ossowski in allgemeinen Zügen den Gegenstand einer Wissenschaft von der Wissenschaft.[42] Sie unterbreiteten den Vorschlag, in dieses neue Gebiet neben Philosophie, Psychologie und Soziologie der Wissenschaft auch praktische Fragen der Organisation sowie solche der Wissenschaftspolitik aufzunehmen. Sie verstanden die Wissenschaftswissenschaft als „Föderation" verschiedener, bereits etablierter Disziplinen, hielten dies aber für eine Übergangsperiode, die zur Entstehung einer neuen Wissenschaft führt.

Mit der Mitte des Jahrhunderts einsetzenden wissenschaftlich-technischen Revolution wurden Wissenschaft und Forschung zu einem der dynamischsten Tätigkeitsbereiche der Gesellschaft. Damit trat auch die Wissenschaftsforschung in ein neues Stadium ihrer Entwicklung ein. In den 60er und besonders zu Beginn der 70er Jahre begann ein Prozeß intensiver Erarbeitung spezifisch wissenschaftswissenschaftlicher Begriffe und theoretischer Herangehensweisen. Die entscheidenden Schritte zur Herausbildung der Wissenschaftswissenschaft und zur komplexen Erforschung der Wissenschaft unter dem Blickwinkel des Zusammenhangs ihrer verschiedenen Aspekte wurden somit in den letzten beiden Jahrzehnten getan.

Die Wissenschaftswissenschaft hat sich stets in intensiver internationaler Kommunikation entwickelt, die immer zugleich auch ein Dialog zwischen widerstreitenden weltanschaulichen Positionen war. Die Geschichte dieses Dialogs ist noch nicht geschrieben; indes steht außer Zweifel, daß ohne die von marxistischer Seite ausgegangene historische Initiative, ohne den starken marxistischen Einfluß die neuere Geschichte der Wissenschaftsforschung nicht zu verstehen ist. Ein für die Wissenschaftswissenschaft wichtiges Ereignis war das Erscheinen von Bernals Buch „Die Wissenschaft in der Geschichte" (1954). In diesem fundamentalen Werk führte Bernal auf einem neuen Niveau jene Ideen weiter, die er in der bereits erwähnten Monographie „Die soziale Funktion der Wissenschaft" dargelegt hatte. In dem Übergang „zu einer gesellschaftlich verantwortlichen Wissenschaft" sah er „eine der folgenschwersten Veränderungen in der gesamten Geschichte der Menschheit", und er unterstrich die Notwendigkeit, „die Wissenschaft auf kollektiver . . . Basis bewußt zu planen".[43]

In den Folgejahren suchte man verstärkt nach Gesetzmäßigkeiten und Tendenzen der Wissenschaftsentwicklung. D. J. de Solla Price stützte sich auf Methoden der statistischen Analyse und der Modellierung der Wissenschaftsent-

[42] Vgl. M. Ossowska, S. Ossowski, The Science of Science, in: Organon, 1/1936; vgl. auch: Minerva, 1/1964.

[43] J. D. Bernal, Die Wissenschaft in der Geschichte, Berlin 1967, S. 4, 13.

wicklung. Entgegen einigen seiner Kommentatoren war ihm jedoch wohl bewußt, daß die statistische Analyse noch keine Theorie der Wissenschaftsentwicklung liefert und daß sie mit soziologischen und historischen Untersuchungen verbunden werden muß.[44]

In den 60er Jahren erlebten die Diskussionen um Probleme der Wissenschaftsforschung einen enormen Aufschwung. Bernal legte auf dem XI. Internationalen Kongreß für Wissenschaftsgeschichte 1965 in Warschau ein Programm für die weitere Entwicklung der „Wissenschaft von der Wissenschaft" vor, dem zufolge sie neben einem theoretischen Teil auch einen angewandten ausbilden muß.[45]

In den sozialistischen Ländern, vor allem in der UdSSR, behauptete sich die Wissenschaftswissenschaft vorwiegend auf der Basis wissenschaftshistorischer Forschung und entwickelte sich als ein komplexes, interdisziplinäres Forschungsgebiet. In den 60er Jahren wurde in der UdSSR die These begründet, daß die Wissenschaft nicht nur als Wissenssystem und nicht nur als eine Form des gesellschaftlichen Bewußtseins anzusehen ist, sondern auch als eine spezifische Tätigkeitsform. Letztere, so wurde vorgeschlagen, sollte den Gegenstand der Wissenschaftswissenschaft ausmachen. Diese Betrachtungsweise war nicht die einzige, wurde aber allmählich zu der dominierenden. Von ihr ausgehend, wurde die weitere Entwicklung der Wissenschaftswissenschaft konzipiert. Die ersten nationalen Konferenzen und Symposien fanden statt. Diese Entwicklung widerspiegelte sich in den sowjetischen Beiträgen für den XI. Internationalen Kongreß für Wissenschaftsgeschichte zum Problemkreis „Wissenschaftsforschung". Seit dieser Zeit haben wissenschaftswissenschaftliche Themen auf den internationalen Kongressen für Wissenschaftsgeschichte ihren festen Platz.

Problemen der Herausbildung des neuen Forschungsgebiets und der Perspektiven seiner Entwicklung als selbständige Disziplin war das sowjetisch-polnische Symposium im Juni 1966 in Lwow gewidmet; an ihm nahmen über hundert Wissenschaftler teil. Die Diskussionsgrundlage bildete der kurz zuvor erschienene Beitrag von S. R. Mikulinskij und I. N. Rodnyj „Die Wissenschaft als Gegenstand spezieller Untersuchung". Dieses Symposium war der Auftakt für die nun einsetzende weite Verbreitung wissenschaftswissenschaftlicher Ideen, die zudem durch den Sammelband „Die Wissenschaft von der Wissenschaft" (1966) und die Monographie gleichen Titels von G. M. Dobrov (1966) gefördert wurde. Wie intensiv die Diskussion wissenschaftswissenschaftlicher Probleme verlief, kann auch daran ermessen werden, daß ihnen spezielle Sektionen auf der Allunionskonferenz „Quantitative Methoden in der Soziologie" (Suchumi 1967), auf dem Symposium über Probleme der Struktur der Wissenschaft (Novosibirsk 1967) und auf dem Allunionssymposium „Probleme des wissenschaftlich-technischen Schöpfertums" (Moskau 1967) gewidmet waren. 1967 fand das zweite

[44] Vgl. D. J. de Solla Price, Little Science — Big Science, New York—London 1963.
[45] Vgl. J. D. Bernal/A. Mackay, Na puti k „Nauke o nauke", in: Voprosy filosofii, 7/1966.

polnisch-sowjetische Symposium zur komplexen Erforschung der Wissenschaft in Katowice statt.

Ein wichtiger Indikator der Formierung der Wissenschaftswissenschaft als selbständige Forschungsrichtung ist ihre Institutionalisierung in Gestalt spezieller Gruppen, Abteilungen oder Institute in verschiedenen wissenschaftlichen Einrichtungen. Hier sind vor allem zu nennen: Problemorientierte Gruppen und Abteilungen im Institut für Geschichte der Naturwissenschaft und Technik der AdW der UdSSR in Moskau, im Institut für Kybernetik der AdW der Ukrainischen SSR in Kiew, im Institut für Weltwirtschaft und internationale Beziehungen der AdW der UdSSR, in den Instituten für Ökonomie der AdW in Moskau, Novosibirsk und Minsk, im Institut für Bergbau der Sibirischen Abteilung der AdW der UdSSR, am Lehrstuhl für Philosophie der Rostower Universität und an der Tomsker Universität; 1967 wurde auch das Laboratorium für Forschungsökonomie des Allunionszentrums für wissenschaftlich-technische Informationen gegründet.

Zu führenden Zentren der Wissenschaftsforschung in der UdSSR wurden das Institut für Geschichte der Naturwissenschaft und Technik der AdW der UdSSR und die Abteilung für Wissenschaftswissenschaft und Informatik in Kiew. Die vom Institut für Geschichte der Naturwissenschaft und Technik herausgegebene Reihe „Wissenschaftswissenschaft. Probleme und Untersuchungen" bestimmte wesentlich Inhalt und Profil der Wissenschaftsforschung sowie deren weitere Entwicklung. Die von diesem Kollektiv gewählte komplexe Betrachtungsweise der Wissenschaft beeinflußte die Entwicklung der Wissenschaftswissenschaft auch in anderen Ländern.[46]

In der Polnischen Volksrepublik begann die entscheidende Phase der Institutionalisierung der Wissenschaftswissenschaft, nachdem 1963 beim Präsidium der Polnischen Akademie der Wissenschaften eine Kommission für Wissenschaftswissenschaft unter Leitung von I. Malecki ins Leben gerufen und 1965 die Zeitschrift „Zagadnienia Naukoznawstwa" gegründet worden war.[47] Im selben Jahr begannen die wissenschaftswissenschaftlichen Vorlesungen, die die Abteilung für Geschichte der Naturwissenschaft und Technik gemeinsam mit dem Laboratorium für allgemeine Probleme der Arbeitsorganisation an der Polnischen Akademie der Wissenschaften veranstaltete. 1969 wurde das Laboratorium zum Exekutivorgan des neugegründeten Komitees für Wissenschaftswissenschaft der Polnischen Akademie der Wissenschaften. Ende 1969 wurden in der Abteilung

[46] Zur Entwicklung der Wissenschaftsforschung in der UdSSR vgl.: E. M. Mirskij, Naukovedenije v SSSR. Istorija, problemy, perspektivy, in: Voprosy istorii estestvoznanija i techniki, 3—4/1971.

[47] Zur Entwicklung der Wissenschaftsforschung in Polen vgl.: B. Walentynowicz, Wissenschaftswissenschaft in Polen, in: Zeitschrift für allgemeine Wissenschaftstheorie, Bd. III, 1/1972; I. Bukowski, Naukoznawstwo w Polsce, in: Zagadnienia Naukoznawstwa, Bd. VII, 2/1972, S. 177—186.

für Geschichte der Wissenschaft und Technik ein Laboratorium für Geschichte und Organisation der Wissenschaft und ein Laboratorium für die gesellschaftliche Funktion der Wissenschaft geschaffen.

Mitte der 60er Jahre begann der Institutionalisierungsprozeß auch in der Ungarischen Volksrepublik. Probleme der Wissenschaftsphilosophie und -theorie wurden im Institut für Philosophie der Akademie der Wissenschaften behandelt, während am Institut für Soziologie Arbeiten zur Wissenschaftssoziologie aufgenommen wurden. Ende der 60er Jahre wurde an der Akademie der Wissenschaften der UVR eine spezielle Arbeitsgruppe für Fragen der Wissenschaftspolitik, -organisation, -leitung und -prognostik gebildet, aus der 1968 das Institut für Wissenschaftsorganisation beim Präsidium der Ungarischen Akademie der Wissenschaften hervorging. Probleme der Wissenschaftsökonomie wurden am Institut für Ökonomie der Akademie untersucht. An der Technischen Universität Budapest wurde ein philosophisches Seminar zu theoretischen Fragen der wissenschaftlich-technischen Revolution und der Wissenschaftsentwicklung eingerichtet und an der Karl-Marx-Universität für Wirtschaftswissenschaften ein Seminar zu Problemen der Wissenschaftspolitik und der Forschungsorganisation.

In der Volksrepublik Bulgarien erfolgte im Frühjahr 1968 die Gründung des Zentrums für Wissenschaftswissenschaft beim Präsidium der Bulgarischen Akademie der Wissenschaften. Hauptaufgabe dieses, unter der Leitung von N. Stefanov stehenden Zentrums war zunächst, theoretische und angewandte Wissenschaftsforschung mit dem vorrangigen Ziel zu betreiben, wissenschaftliche Grundlagen für die Forschungsleitung und -organisation an der Akademie der Wissenschaften schaffen zu helfen. Damit begann eine intensive Institutionalisierung verschiedener Richtungen in der Erforschung der Wissenschaft. 1968 wurde im Institut für Soziologie der Akademie der Wissenschaften unter Leitung von N. Jachiel die Sektion Soziologie der Wissenschaft und des technischen Fortschritts gegründet, 1972 beim Staatlichen Komitee für Wissenschaft und technischen Fortschritt ein wissenschaftliches Zentrum für Ökonomie, Leitung und Organisation des wissenschaftlich-technischen Fortschritts und 1973 am Zentrum für wissenschaftliche Information der Bulgarischen Akademie der Wissenschaften eine Gruppe zu theoretischen Problemen der wissenschaftlichen Information. Neben Einrichtungen, in denen allgemeine theoretische Probleme der Leitung und Organisation der Wissenschaft behandelt wurden, entstanden auch spezialisierte Forschungseinheiten für konkrete Wissensgebiete, so z. B. am Institut für Hygiene und Berufskrankheiten der Akademie der Medizinischen Wissenschaften eine Sektion für Fragen der wissenschaftlichen Organisation der medizinischen Forschung. Nach 1972, als die Entwicklung der Wissenschaft in Bulgarien in eine neue Etappe eintrat, veränderte sich auch das Profil des Zentrums für Wissenschaftswissenschaft der Bulgarischen Akademie der Wissenschaften wesentlich. Nunmehr kam es darauf an, in der gesellschaftlichen Leitung die Prinzipien der Ziel-Programm-Planung durchzusetzen. Als

Hauptprobleme stellten sich die Überführung wissenschaftlicher Ergebnisse in die Praxis, die Verkürzung des Zyklus „Forschung — Produktion" und die maximale Ausschöpfung der Möglichkeiten des in den Anwendungsinstituten geschaffenen wissenschaftlichen Potentials heraus.

In der ČSSR wurden entscheidende Voraussetzungen für die Entwicklung der Wissenschaftswissenschaft in den 60er Jahren geschaffen. 1959 fand eine internationale Konferenz zu Fragen der Wissenschaftsplanung statt,[48] an der J. D. Bernal, P. L. Kapica, J. Kožešnik u. a. teilgenommen haben. Auf ihr wurden Probleme der Leitung und Planung der Wissenschaft, Fragen der proportionalen Entwicklung von Grundlagen- und angewandter Forschung, der Funktion der Wissenschaft als Produktivkraft u. a. erörtert. 1962 kam es zur Gründung des Instituts für Wissenschaftsplanung an der Tschechoslowakischen Akademie der Wissenschaften, und Ende der 60er Jahre setzte das Kabinett für Theorie und Methodologie der Wissenschaft die Arbeiten in dieser Richtung fort. Die Wissenschaftsforschung in der ČSSR begann in den 60er Jahren auch die sozialen Voraussetzungen und Folgen der wissenschaftlich-technischen Revolution zu untersuchen. Ein unter der Leitung von R. Richta stehendes interdisziplinäres Kollektiv, das sich dieser Problematik zuwandte, veröffentlichte eine Reihe von Arbeiten über den gesellschaftlichen Charakter und die sozialen Funktionen der Wissenschaft. In den 70er Jahren gingen beide Forschungsrichtungen in das Institut für Philosophie und Soziologie der Tschechoslowakischen Akademie ein, an dem seit dieser Zeit die komplexe Erforschung der Wissenschaft und der sozialen Probleme der wissenschaftlich-technischen Revolution erfolgt.

Für die Institutionalisierung der Wissenschaftsforschung in der DDR[49] war kennzeichnend, daß mit dem Übergang zur komplexen Erforschung der Wissenschaft eine vertiefte Rezeption sowjetischer Grundpositionen erfolgte. Der traditionelle Standpunkt, dem zufolge man Wissenschaft lediglich als Wissenssystem betrachtete, wurde ergänzt durch die Auffassung, daß Wissenschaft eine spezifische Art gesellschaftlicher Tätigkeit ist. Eine systematisch betriebene Wissenschaftsforschung begann in der DDR seit Ende 1969. Allerdings gab es auch schon vorher Untersuchungen zu einzelnen Aspekten der Wissenschaft, insbesondere zur Rolle der Wissenschaft als Produktivkraft[50] und zu Problemen der wissenschaftlich-technischen Revolution. Zu Beginn der 70er Jahre entstanden spezielle Einrichtungen der Wissenschaftsforschung. 1970 wurde an der Akademie der Wissenschaften der DDR unter Leitung von G. Kröber das Institut für Wissenschaftstheorie und -organisation (seit 1976: Institut für Theorie, Geschichte

[48] Vgl. Plánováni ve vědě, Praha 1960.

[49] Vgl. G. Kröber, Zu Stand und Problemen der Wissenschaftsforschung in der DDR, in: Deutsche Zeitschrift für Philosophie, 2/1981, S. 133—147.

[50] Vgl. G. Kosel, Produktivkraft Wissenschaft, Berlin 1957.

und Organisation der Wissenschaft) gegründet. Es gibt u. a. die Reihe „Wissenschaft und Gesellschaft“ heraus, in der theoretische Probleme der Wissenschaftsentwicklung behandelt werden. Philosophische Probleme der Wissenschaftsentwicklung werden am Zentralinstitut für Philosophie der Akademie untersucht. 1971 wurde an der Humboldt-Universität zu Berlin die Sektion Wissenschaftstheorie und -organisation gebildet, an der ein Direkt- oder Zusatzstudium absolviert werden kann. In verschiedenen Ministerien und Hochschulen entstanden darüber hinaus Einrichtungen mit speziellen wissenschaftswissenschaftlichen Aufgabenstellungen.

Auch in kapitalistischen Ländern ist seit Mitte der 60er Jahre die Zahl wissenschaftswissenschaftlicher Forschungseinrichtungen rasch gestiegen.[51] Forschungsgruppen, Forschungsprogramme, Abteilungen und Institute entstanden vor allem an Universitäten, mitunter aber auch in staatlichen Einrichtungen.

In England hat das 1966 an der Universität Sussex gegründete Forschungszentrum für Wissenschaftspolitik eine führende Stellung inne. Es beschäftigt sich mit Problemen der Sozial- und Technikprognostik, soziologischen und wissenschaftshistorischen Fragen der Wissenschaftsentwicklung sowie mit Organisation und Leitung von Forschungs- und Entwicklungsarbeiten. Zu seinen Aufgaben gehört auch die Ausbildung von Kadern auf dem Gebiet der Wissenschaftswissenschaft (historische und soziale Studien zur Wissenschaft). Diese Einrichtung bildet zusammen mit dem Zentrum für Wissenschaftsforschung der Universität Edinburgh und mit entsprechenden Zentren in Manchester den Kern der institutionalisierten Wissenschaftswissenschaft.

Von den skandinavischen Ländern war es Schweden, das als erstes systematische Arbeiten zur Wissenschaftswissenschaft begann. Besonders durch das Programm zur Wissenschaftspolitik (Universität Lund, 1966) wurden diese Arbeiten, die aus unterschiedlichen Fonds finanziert wurden, gefördert. Zu den Aufgaben des an der Universität gebildeten Zentrums gehören Probleme der Soziologie der Wissenschaft, interdisziplinäre Probleme der Wissenschaftsforschung sowie Planung und Organisation der Wissenschaft in Schweden. 1968 entstand das Institut für Wissenschaftstheorie der Universität Göteborg als eine weitere Einrichtung, in der vor allem theoretische und methodologische Probleme der Forschung bearbeitet werden. Gemeinsam mit anderen Forschungsorganisationen, wie z. B. dem Schwedischen Komitee für Forschungsökonomie, orientieren sie die Entwicklung der Wissenschaftswissenschaft im Lande.

[51] Wenn sich in diesen Ländern auch noch kein einheitlicher Terminus für das Gegenstandsgebiet, das wir „Wissenschaftswissenschaft“ nennen, herausgebildet hat (man spricht hier von „Science of Science“, „Science policy studies“, „Social studies of Science“, „Wissenschaftssoziologie“ usw.), wird unter diesen Bezeichnungen doch praktisch die Erforschung der wissenschaftlichen Tätigkeit und der Wissenschaft als soziale Institution verstanden.

In Frankreich liegt der Hauptakzent auf Ausbildungskursen zu einzelnen Richtungen der Wissenschaftswissenschaft und auf der Bearbeitung kurzfristiger Projekte. Internationale Organisationen, die ihren Sitz in Frankreich haben (OECD u. a.), unterstützen diese Vorhaben.[52] Zentrale Einrichtungen, in denen wissenschaftswissenschaftliche Gruppen mit selbständigem Status existieren, sind das Nationale Forschungszentrum in Paris und das Institut für Wissenschaftsprognostik und -politik der Universität Grenoble.

In der BRD bildeten sich Ende der 60er Jahre mehrere wissenschaftswissenschaftliche Gruppen: die Abteilung Wissenschaftstheorie des Philosophischen Instituts der Universität Düsseldorf und die Arbeitsgruppe für Wissenschaftspolitik (1969), sowie die Studiengruppe für Systemforschung der Universität Heidelberg. Seit 1970 wird die Wissenschaftsforschung der BRD von privaten Stiftungen finanziell unterstützt. Anfang der 70er Jahre entstand das erste Zentrum der systematischen Wissenschaftsforschung der BRD an der Universität Bielefeld. Seine Hauptforschungsrichtungen sind Wissenschaftssoziologie, -organisation, -politik, -geschichte und -theorie. Probleme der Wissenschaftspolitik und der wissenschaftlich-technischen Revolution in unterschiedlichen Gesellschaftssystemen werden am Institut für Gesellschaft und Wissenschaft an der Universität Erlangen/Nürnberg bearbeitet.

Zu den bedeutendsten wissenschaftswissenschaftlichen Einrichtungen der USA gehören: die Forschungsgruppe für Wissenschafts- und staatliche Politik der Fakultät für politische Wissenschaften an der Universität Massachusetts, die sich mit der Geschichte der Wissenschaftsorganisation und der wissenschaftlichen Kommunikation befaßt; das Zentrum für interdisziplinäre Wissenschafts- und Technikforschung an der Nord-West-Universität, das 1969 gegründet wurde und von der Ford Foundation finanziert wird; das Department für Geschichte der Wissenschaft und Medizin der Yale University, das vor allem durch die von D. J. de Solla Price dort durchgeführten wissenschaftsmetrischen Forschungen bekannt geworden ist. Auf die Entwicklung der Wissenschaftsforschung und die Ausbildung von Kadern auf diesem Gebiet haben auch die Harvard Universität, die George Washington Universität, die Columbia Universität u. a. Einfluß.

Auch in Kanada, Indien und Japan begann die Entwicklung der Wissenschaftswissenschaft in den 60er und 70er Jahren. 1973 wurde an der Universität Montreal das Institut für Geschichte und Sozialpolitik der Wissenschaft gegründet, an dem der wissenschaftliche Grad eines Magisters und seit 1976 auch der eines Doktors verliehen wird. Gegenstand der Lehre und Forschung an diesem Insti-

[52] So erarbeitete z. B. eine Gruppe von Spezialisten der OECD unter Leitung von J.-J. Salomon die Serie von Veröffentlichungen „The Research System. Comparative Survey of the Organization and Financing of Fundamental Research" (ed. by G. Caty, G. Drilhon, G. Ferné and S. Wald under the direction of J.-J. Salomon): Vol. 1: France, Germany, United Kingdom, Paris 1972; Vol. 2: Belgium, Netherlands, Norway, Sweden, Switzerland, Paris 1973; Vol. 3: Canada, United States, General Conclusions, Paris 1974.

tut sind sowohl die Geschichte der Wissenschaft (von Beginn des 19. Jahrhunderts bis zur Gegenwart) als auch wissenschaftswissenschaftliche Probleme: Beziehungen zwischen Wissenschaft, Industrie und Politik, Wechselwirkung von Wissenschaft und Kultur, Wissenschaft und Technik in Entwicklungsländern u. a. Bei der Gründung des Instituts wurde betont, daß sein Programm von der Auffassung der Wissenschaft als einer sozialen Institution ausgeht, deren Erforschung ein komplexes Herangehen erfordert.

Aus Indien haben vor allem die Arbeiten des Zentrums zur Erforschung von Wissenschaft, Technik und Entwicklung, dessen langjähriger Direktor A. Rahman war, Beachtung in der Welt gefunden.[53]

Seit Beginn der 70er Jahre institutionalisiert sich die Wissenschaftswissenschaft auch international. Es bildeten sich internationale Organisationen für Wissenschaftsforschung; auf den internationalen Weltkongressen für Philosophie, Soziologie und Wissenschaftsgeschichte wurden eigene Sektionen eingerichtet; spezielle Räte mit Forschungs- und Koordinierungsfunktionen entstanden. So wurde 1971 auf dem XIII. Internationalen Kongreß für Wissenschaftsgeschichte in Moskau der Internationale Rat für wissenschaftspolitische Studien (ICSPS) gegründet, dem zur Zeit seiner Gründung 19 Mitglieder aus 13 Ländern angehörten. Unter der Ägide des Rates erschien der 1977 von I. Spiegel-Rösing und Derek J. de Solla Price herausgegebene Sammelband „Science, Technology and Society. A Cross-Disciplinary Perspective“.

Eine große Arbeit leistete von den 60er Jahren an die Abteilung Wissenschaftspolitik der UNESCO. Sie organisierte das Erscheinen der informativen Serie „Science policy studies and documents“, deren einzelne Bände den unterschiedlichen Systemen der Forschungsorganisation in Ländern Asiens, Afrikas, Europas und Amerikas gewidmet sind. Ihr ist auch die Publikation von Ergebnissen internationaler Untersuchungen zur Wissenschaft zu danken.[54]

Im Laufe der Jahre wurden auch spezielle wissenschaftswissenschaftliche Publikationsorgane geschaffen, so z. B. „Zagadnienia Naukoznawstwa“ (VR Polen), „Problems of Science of Science“ (VR Polen), „Scientometrics“ (UVR), „Naukovedenije i informatika“ (UdSSR), „Social Studies of Science“ (Großbritannien), „Zeitschrift für allgemeine Wissenschaftstheorie“ (BRD), „Research Policy“ (Niederlande), „Theorie rozvoje vedy“ (ČSSR); zudem erscheinen eigene Reihen wie „Naukovedenije: Problemy i issledovanija“ (UdSSR), „Naukoznanije i naučna politika“ (VRB), „Wissenschaft und Gesellschaft“ (DDR). So reiften in den 70er Jahren die Voraussetzungen dafür heran, daß die Wissenschaftswissenschaft sich auch international zu einer selbständigen Forschungsrichtung mit entsprechenden Organisationsformen entwickeln konnte.

53 Vgl. A. Rahman, Anatomy of Science, New Delhi 1972.

54 Vgl. Scientific Productivity. The Effectiveness of Research Groups in six Countries (ed. by F. M. Andrews), UNESCO 197[illegible]

Ihre weitere Entwicklung wird davon bestimmt sein, wie sie den komplexen Charakter ihrer Forschung bewahrt und vertieft, neue Methoden der Systembetrachtungsweise der Wissenschaft erarbeitet, akkumulierte historische Erfahrungen stärker beachtet und die Ergebnisse, zu denen sie bei der Untersuchung der wissenschaftlichen Tätigkeit gelangt, besser in den politökonomischen, sozialen und kulturellen Kontext der Wissenschaftsentwicklung einordnet.

ZWEITES KAPITEL

Die Wissenschaft im System der Reproduktion des gesellschaftlichen Lebens

1. Gesellschaftliche Entwicklung und Wissenschaft

Um eine gesellschaftliche Erscheinung zu verstehen, darf man sie nicht außerhalb des Zusammenhangs betrachten, in dem sie mit anderen gesellschaftlichen Erscheinungen und mit den materiellen Grundlagen des gesellschaftlichen Lebens steht. Das trifft auch für die Wissenschaft zu, wenn es auf den ersten Blick auch nicht so augenscheinlich ist.

Die Bedürfnisse der gesellschaftlichen Praxis bilden den Ausgangspunkt der Erkenntnis der Realität, denn um zielstrebig auf die gegenständliche Welt einwirken zu können, benötigt der Mensch objektives Wissen über diese Welt. Auf einem bestimmten Entwicklungsniveau der gesellschaftlichen Praxis entsteht in der Gesellschaft das Bedürfnis nach wissenschaftlichem Wissen. Wie tief die menschliche Erkenntnis die Wirklichkeit erfaßt, hängt letztlich vom Entwicklungsstand der gesellschaftlichen Praxis, von den Möglichkeiten ab, die sie der Erkenntnis eröffnet. Zugleich ist die Praxis das Kriterium dafür, was dem Menschen nützt,[1] was er folglich aus der Wirklichkeit hervorhebt und zum Gegenstand seiner Untersuchung macht.

Der Mensch ist ein gesellschaftliches Wesen; all seine Erkenntnismittel und -fähigkeiten — Hände, Sinnesorgane, Fähigkeit zum abstrakten Denken, Phantasie, Intuition usw. — sind Produkte gesellschaftlicher Entwicklung bzw. durch sie modifiziert. Selbst der Wahrnehmungsprozeß ist nicht rein subjektiv, weil vermittelt durch die von der Gesellschaft geprägte Welt der Gegenstände, so daß man zu Recht sagen kann: Der Mensch sieht die Welt „mit den Augen der Gesellschaft".[2] Die Art und Weise, wie der Mensch die Wirklichkeit widerspiegelt, ist ihm durch die vorangegangene gesellschaftliche und kulturelle Entwicklung historisch vorgegeben; er widerspiegelt die Welt in einem System wissenschaftlichen Wissens gemäß den in der Wissenschaft akzeptierten Normen und in Formen, die frühere Generationen überliefert haben. Die Produkte der Er-

[1] Vgl. W. I. Lenin, Philosophische Hefte, in: W. I. Lenin, Werke Bd. 38, Berlin 1964, S. 202.

[2] Vgl. V. A. Lektorskij, Subjekt, objekt, poznanije, Moskva 1980, S. 171.

kenntnistätigkeit resultieren deshalb nicht einfach aus der individuellen Aktivität eines von der Gesellschaft isolierten Robinson, sondern sind das Werk des Menschen als gesellschaftliches Wesen. „Die Tätigkeit und der Genuß, wie ihrem Inhalt, sind auch der *Existenzweise* nach *gesellschaftlich*", schrieb Marx. „Allein auch wenn ich *wissenschaftlich* etc. tätig bin, eine Tätigkeit, die ich selten in unmittelbarer Gemeinschaft mit andern ausführen kann, so bin ich *gesellschaftlich*, weil als *Mensch* tätig."[3]

Wissenschaftliche Erkenntnis hat demzufolge gesellschaftlichen Charakter; sie wird durch gesellschaftliche Bedürfnisse in Gang gesetzt, ist selbst ein Resultat und zugleich eine Komponente des gesellschaftlichen Entwicklungsprozesses. Die Wechselwirkung zwischen Gesellschaft und Wissenschaft ist deshalb eine Wechselwirkung zwischen dem Ganzen und einer seinem Funktions- und Entwicklungsprozeß organisch zugehörigen Komponente. Der soziale Charakter der Wissenschaft realisiert sich über a) die sozialen Voraussetzungen der Erkenntnis (das gesellschaftliche Subjekt der Erkenntnis), b) den sozialen Charakter des Erkenntnisprozesses als allgemeine gesellschaftliche Arbeit, und c) den sozialen Charakter der Anwendung des wissenschaftlichen Wissens.

Die gesellschaftlichen Gesetzmäßigkeiten, denen die Wechselwirkung zwischen Wissenschaft und Gesellschaft unterliegt, ergeben sich daraus, daß die Wissenschaft ein gesellschaftlicher Bereich ist, in dem *Wissen* produziert wird; sie ist *geistige* Produktion, „das Produkt der allgemeinen geschichtlichen Entwicklung in ihrer abstrakten Quintessenz"[4]. Geistige Erscheinungen des gesellschaftlichen Lebens sind aber letztlich immer materiell bedingt. So gilt auch für die Wissenschaft als Produktion, daß sie letztlich durch die Entwicklung der materiellen Produktion determiniert und vorangetrieben wird.

Allerdings darf diese Feststellung nicht vereinfacht aufgefaßt werden. Im einzelnen sind es sehr komplizierte und keineswegs eindeutige Zusammenhänge und Abhängigkeiten, die zwischen Wissenschaft und materieller Produktion bestehen. Die Wissenschaft gehört zu jenen gesellschaftlichen Erscheinungen, die für die Produktion und folglich für die Gesellschaft insgesamt notwendig sind, ohne die sich die Gesellschaft, seitdem sie ein bestimmtes Niveau erreicht hat, nicht weiter entwickeln kann. Die stärksten Impulse erhält die Entwicklung der Wissenschaft deshalb aus der Sphäre der Produktion. Engels stellte dazu fest: „Hat die Gesellschaft ein technisches Bedürfnis, so hilft das der Wissenschaft mehr voran als zehn Universitäten."[5] Natürlich wird damit nicht die Bedeutung von Universitäten für die Entwicklung der Wissenschaft negiert, denn real wird Wissenschaft immer in Universitäten und wissenschaftlichen Instituten „gemacht"; es

[3] K. Marx, Ökonomisch-philosophische Manuskripte (1844), in: MEW, Ergänzungsband, erster Teil, Berlin 1968, S. 537—538.

[4] K. Marx, Theorien über den Mehrwert, in: MEW 26.1, Berlin 1974, S. 367.

[5] F. Engels, Brief an Borgius vom 25. 1. 1894, in: MEW, Bd. 39, Berlin 1968, S. 205.

wird aber unterstrichen, daß wissenschaftliche Tätigkeit nicht nur durch innerwissenschaftliche Faktoren stimuliert wird, sondern in erster Linie durch gesellschaftliche Ursachen, durch Bedürfnisse des technischen Fortschritts in der materiellen Produktion.

Indes gehen auch von der Wissenschaft selbst Impulse für ihre Entwicklung aus. Wie alle Erscheinungen im geistigen Bereich zeichnet sich auch die Wissenschaft in ihrer Entwicklung durch relative Selbständigkeit aus. Die Idee der relativen Selbständigkeit der Wissenschaft gegenüber den materiellen Bedingungen entspricht dem dialektischen Herangehen an das Problem der gesellschaftlichen Determiniertheit der Wissenschaftsentwicklung. Sie äußert sich in vielfältigen innerwissenschaftlichen Gesetzmäßigkeiten, wie z. B. in der Kontinuität der Entwicklung des wissenschaftlichen Wissens, den wechselseitigen Wirkungen wissenschaftlicher Theorien oder Methoden aufeinander, dem Verhältnis von Hypothese und Experiment, theoretischer und empirischer Erkenntnisebene, in revolutionären Veränderungen der Struktur des vorhandenen Wissens, der inneren Logik der Entwicklung von Forschungsrichtungen und ganzen Wissenschaftsgebieten, aber auch in der Rückwirkung der Wissenschaft auf die materielle Produktion und andere gesellschaftliche Erscheinungen.

Das Prinzip der relativen Selbständigkeit der Wissenschaftsentwicklung ist von erheblicher methodologischer Relevanz. Es orientiert darauf, die inneren wie die äußeren Faktoren der Wissenschaftsentwicklung zu beachten. Dabei vermögen äußere Faktoren die Entwicklung der Wissenschaft nur dann zu beeinflussen, wenn sie über deren Spezifik wirken, von der Wissenschaft assimiliert werden und zu deren eigenen Determinanten werden. Die Einwirkung von Bedürfnissen der Produktion auf die Entwicklung der Wissenschaft setzt z. B. voraus, daß sie als *wissenschaftliche Probleme* formuliert werden. Geschieht das nicht, bleibt die Wissenschaft ihnen gegenüber gleichgültig und reagiert nicht auf sie.

Bekanntlich ist die relative Selbständigkeit bestimmter gesellschaftlicher Erscheinungen eine Folge der Arbeitsteilung und wird durch sie verstärkt. „Wo Teilung der Arbeit auf gesellschaftlichem Maßstab, da ist auch Verselbständigung der Teilarbeiten gegeneinander,“[6] schrieb Engels. Auch die wissenschaftliche Erkenntnistätigkeit, die wissenschaftliche Arbeit, hat sich zu einem Bereich gesellschaftlicher Arbeitsteilung herausgebildet im Gefolge, erstens, der Trennung der geistigen von der körperlichen Arbeit und, zweitens, der Professionalisierung der wissenschaftlichen Tätigkeit. Dieser Umstand und die sich aus ihm ergebenden Folgerungen sind für die wissenschaftswissenschaftliche Analyse des Verhältnisses von Wissenschaft und Gesellschaft von entscheidender Bedeutung.

Wissenschaftliche Arbeit ist immer die konkrete intellektuelle Arbeit des Physikers, Mathematikers, Biologen, Philosophen, Soziologen usw., d. h. des Ver-

[6] F. Engels, Brief an Conrad Schmidt vom 27. 10. 1890, in: MEW, Bd. 37, Berlin 1967, S. 489.

treters eines bestimmten Fachgebietes. Durch eben diese seine konkrete wissenschaftliche Arbeit hat der Wissenschaftler Anteil an der Entwicklung seiner Disziplin, gehen seine Ergebnisse in den allgemeinen Wissensfundus ein. Ihrem gesellschaftlichen Wesen nach ist diese Arbeit *allgemeine Arbeit*, wie Marx gezeigt hat: „Allgemeine Arbeit ist alle wissenschaftliche Arbeit, alle Entdeckung, alle Erfindung. Sie ist bedingt teils durch Kooperation mit Lebenden, teils durch Benutzung der Arbeiten Früherer.“[7] Der Begriff der allgemeinen Arbeit bringt Besonderheiten der schöpferischen Tätigkeit in der Wissenschaft zum Ausdruck, die sehr wesentlich sind. Die Produkte dieser Tätigkeit (Entdeckungen, Erfindungen) sind unikal. Die zu ihrer Erzeugung notwendige Zeit ist weder bestimmbar, noch sind sie selbst Eigentum irgend eines Subjekts. Im Hinblick auf diese Besonderheit der Wissenschaft stellte Marx fest, daß deren Entdeckungen, nachdem sie einmal gemacht sind, der Gesellschaft als allgemeine Errungenschaften kostenlos zur Verfügung stehen.[8] Eben dadurch unterscheidet sich die allgemeine Arbeit in der Wissenschaft von der abstrakten Arbeit in der materiellen Produktion, die einen Tauschwert produziert, der durch die zur Herstellung eines Produktes gesellschaftlich notwendige Arbeitszeit gemessen wird und immer eine bestimmte Form des Eigentums konstituiert.

Die Kooperation im Bereich der allgemeinen wissenschaftlichen Arbeit ist, erstens, dadurch gekennzeichnet, daß sie sich im Rahmen der Tätigkeit des Subjektes des wissenschaftlichen Schöpfertums vollzieht, wobei dieses Subjekt nicht nur das Individuum oder das wissenschaftliche Kollektiv ist, sondern in gewissem Sinne die Gesellschaft selbst. Zweitens ist die Kooperation an *wissenschaftliche Kommunikation* gebunden, d. h. an besondere Beziehungen, die sich in einer konkreten wissenschaftlichen Gemeinschaft bei der Produktion neuen Wissens herausbilden. Das Kommunikationsnetz widerspiegelt die Spezifik der konkreten wissenschaftlichen Arbeit, die auf die Lösung der in dem betreffenden Wissenschaftsgebiet anstehenden Probleme und damit auf Wissenszuwachs gerichtet ist.

Wissenschaftliche Kommunikationsbeziehungen können als *Informations*beziehungen betrachtet werden; sie existieren jedoch stets in bestimmten sozialen und organisatorischen Formen, denn sie sind Beziehungen zwischen Menschen, die in einer bestimmten Gesellschaft leben, deren ökonomische, politische, rechtliche und moralische Verhältnisse sich an der Spezifik der wissenschaftlichen Tätigkeit brechen und als innerwissenschaftliche Verhältnisse erscheinen. Informationsbeziehungen können deshalb „in reiner Form“ nur in der Abstraktion herausgehoben werden; reale Existenz hat immer nur der konkrete Komplex bzw. die Gesamtheit von Verhältnissen, unter denen sich die wissenschaftliche

[7] K. Marx, Das Kapital. Dritter Band, in: MEW, Bd. 25, Berlin 1964, S. 113—114.

[8] Es geht hier nicht um Patente und Erfindungen, um das Problem intellektuellen Eigentums usw., sondern hauptsächlich um Ergebnisse der Grundlagenforschung.

Tätigkeit als menschliches Streben nach Wahrheit mit all seinen Leidenschaften, Konflikten, Meinungsdifferenzen, Ambitionen und Charakteren vollzieht.

Wird die Wissenschaft von der Gesellschaft als eine Erscheinung anerkannt, die für sie notwendig ist und ihren Bedürfnissen entspricht, so tritt die Wissenschaft damit als besondere *soziale Institution* ins Leben. Historisch und logisch bedeutet die Konstituierung der Wissenschaft als soziale Institution, daß sich aus der Gesellschaft eine Gruppe von Menschen ausdifferenziert, die von Berufs wegen mit Erkenntnistätigkeit befaßt ist und ihre spezifischen Interessen, Werte, Normen, Organisations- und Kommunikationsformen hat, und daß die Wissenschaft als selbständige Komponente des gesellschaftlichen Lebens auch gesellschaftlich anerkannt wird.

Die *soziale* Analyse der Wissenschaft ist ohne *historische* Analyse methodologisch undenkbar. Der gegenwärtige Zustand der Wissenschaft, die heutigen Beziehungen zwischen Wissenschaft und Gesellschaft, die Art und der Grad der Einwirkung der Wissenschaft auf die Gesellschaft usw. — all das ist das Ergebnis historischer Entwicklung. Den Schlüssel zu seinem Verständnis und zu seiner Erklärung liefert allein historisches Herangehen.

Das Prinzip des Historismus, angewandt auf die Analyse der Wechselwirkung zwischen Wissenschaft und Gesellschaft, besagt, daß die Wissenschaft ein gesetzmäßiges Produkt der historischen Entwicklung ist. Betrachtet man die Genese der neuzeitlichen Wissenschaft aus soziologischer Sicht, so erscheint sie, kurz gesagt, als Prozeß ihrer Institutionalisierung, der zu einer gewissen Absonderung der Wissenschaft von anderen Formen des gesellschaftlichen Bewußtseins und der sozialen Tätigkeit führte. Es war dies aber ein progressiver Prozeß, in dessen Verlauf die Wissenschaft das Recht auf freie Forschung errang, Schutzmechanismen entstanden, die äußere und wissenschaftsfeindliche Kräfte (Religion u. a.) daran hinderten, sich in ihre Angelegenheiten einzumischen, Organisationsformen und Normen der wissenschaftlichen Tätigkeit sich ausbildeten, deren Einhaltung für jeden Wissenschaftler verbindlich ist, das Netz wissenschaftlicher Kommunikationen sich entwickelte usw.

Die Herausbildung der sozialen Institution Wissenschaft fällt in die Epoche der Entstehung kapitalistischer Verhältnisse in Europa. Fortschrittliche Denker dieser Epoche verstanden sehr wohl, welche gewaltige Kraft wissenschaftliches Wissen ist und setzten deshalb große Hoffnungen auf die Wissenschaft und deren Potenz zur Umgestaltung des menschlichen, gesellschaftlichen Seins. In der Entwicklung der Wissenschaft und der Verbreitung von Wissen sahen sie ein wichtiges Mittel, die Menschen von Unbildung und Vorurteilen, von Armut und Elend zu befreien. Besonders die französischen Enzyklopädisten haben viel zur Verteidigung der Wissenschaft und zur Verbreitung wissenschaftlicher Kenntnisse geleistet. A. Turgot und J. Condorcet begründeten die Idee des Fortschritts und wiesen der Wissenschaft dabei eine zentrale Stellung zu. Bei Condorcet z. B. heißt es: „Die Fortschritte in den Wissenschaften sichern die Fortschritte in der Technik des Unterrichts, die wiederum die der Wissenschaften beschleunigen; und dieser wechselseitige Einfluß, dessen Wirkung sich fortwährend erneuert, muß zu den nachhaltigsten und mächtigsten Ursachen der Vervollkommnung des Menschengeschlechts gerechnet werden."[9]

Das 18. Jahrhundert kennt freilich auch die entgegengesetzte Position. J. J. Rousseau, einer der großen Vertreter der französischen Aufklärung, antwortete auf die Frage, ob die Erfolge der Wissenschaft die Verbesserung der Sitten befördert hätten, die Entwicklung der Wissenschaft habe die Sitten nicht verbessert, sondern verdorben. Aber schon Zeitgenossen Rousseaus widersprachen dem und meinten zu Recht, daß die „Sittenverderbnis" von ganz anderen Ursachen herrühre und nicht den Wissenschaften zur Last gelegt werden dürfe.[10] Die für einen fortschrittlichen Denker paradoxe Haltung Rousseaus erklärt sich möglicherweise daraus, daß er — wenn auch in nicht adäquater Form — die widersprüchliche Stellung der Wissenschaft unter den antagonistischen Bedingungen gesellschaftlicher Ungleichheit anklingen lassen wollte. Wesentlich tiefer sind diese Widersprüche in Stellung und Funktion der Wissenschaft in einer von Antagonismus zwischen Reichtum und Armut durchdrungenen Gesellschaft wenig später von den großen utopischen Sozialisten analysiert worden. Zum Unterschied von Rousseau sahen sie in der Wissenschaft eine mächtige und wohltätige Kraft, die den wachsenden Wohlstand und das Glück der Menschen zu befördern vermag. Charles Fourier z. B. sah in Industrie, Wissenschaft und Kunst notwendige Mittel, um eine neue Gesellschaft ohne Armut und Unwissenheit zu errichten.[11] Für Saint-Simon war die Wissenschaft Mittel und Instrument, um sozialen Fortschritt zu gewährleisten. Er glaubte an die allumfassende Macht des Wissens, das ihm zufolge alle sozialen Probleme lösen könne. Den Sinn des von ihm angestrebten „industriellen und wissenschaftlichen Systems"[12] sah er darin, „die in den Wissenschaften, in den Schönen Künsten und in den Gewerben gewonnenen Erkenntnisse so gut wie möglich für die Befriedigung der Bedürfnisse des Menschen zu verwenden."[13]

Die Utopisten sahen jedoch sehr wohl, daß in der ihnen zeitgenössischen bürgerlichen Gesellschaft die Entwicklung der Wissenschaft den Menschen kein Glück bringt, die Gebrechen dieser Gesellschaft nicht heilt und die Kluft zwischen Armen und Reichen nicht beseitigt. Unter diesen Bedingungen, schrieb Fourier, „waren unsere wissenschaftlichen Wunder unserem Glück eher verhängnisvoll als nützlich".[14] Auch Robert Owen erkannte, daß die Wissenschaft sehr wohl

[9] M.J.-A. Condorcet, Entwurf einer historischen Darstellung der Fortschritte des menschlichen Geistes, Frankfurt/M. 1963, S. 387—389.

[10] Vgl. z. B.: C.-A. Helvetius, Vom Menschen, von seinen geistigen Fähigkeiten und von seiner Erziehung, Berlin—Weimar 1976, S. 271.

[11] Vgl. Ch. Fourier, Ökonomisch-philosophische Schriften, Berlin 1980, S. 213—217.

[12] Vgl. C.-H. de Saint-Simon, Ausgewählte Schriften, Berlin 1977, S. 301ff.

[13] Ebenda, S. 279.

[14] Ch. Fourier, Ökonomisch-philosophische Schriften, a. a. O., S. 26.

dazu beitragen könne, jedem Individuum ein Leben in Glück und Frieden zu bereiten, während sie in dem gesellschaftlichen System seiner Zeit, das er für „irrational" hielt, Armut und Verbrechen anstelle von Reichtum und Tugend erzeuge.

So haben bereits die utopischen Sozialisten die widersprüchliche Stellung der Wissenschaft in der bürgerlichen Gesellschaft aufgedeckt und gezeigt, daß die Quelle dieses Widerspruchs nicht die Wissenschaft an sich ist, sondern die Gebrechen der kapitalistischen Zivilisation. Indes können ihre Einsichten bestenfalls als geniale Vorahnungen gewertet werden.

Die eigentliche Lösung der Frage, welche Rolle die Wissenschaft unter kapitalistischen Bedingungen und in der historischen Perspektive spielt, findet sich bei Marx in dessen Konzeption von der Umwandlung der Wissenschaft in eine unmittelbare Produktivkraft auf der Grundlage der maschinellen Produktion. Wie Marx zeigte, machte die Maschine die breite technologische Anwendung wissenschaftlicher Errungenschaften möglich. In der handwerklichen Produktion wie auch in der bäuerlichen Wirtschaft überwiegt die Handarbeit; die Technologie gründet sich hier auf empirisches Wissen und auf Traditionen, die sich im Verlauf der praktischen Tätigkeit herausgebildet haben. In der maschinellen Produktion hingegen vermittelt nicht das Arbeitsmaterial das Verhältnis des Menschen zur Natur, sondern die Tätigkeit des Menschen ist „geregelt durch die Bewegung der Maschinerie".[15] Die Tätigkeit des Arbeiters ist also einer ihm äußeren Logik und dem Funktionsrhythmus des technologischen Systems unterworfen. Diese Logik aber resultiert aus den mechanischen und anderen Naturgesetzen, auf deren Anwendung die Konstruktion der Maschinen, die Technologie der Produktion und deren Struktur basieren. Marx zog hieraus den Schluß: „Als Maschinerie erhält das Arbeitsmittel eine materielle Existenzweise, welche Ersetzung der Menschenkraft durch Naturkräfte und erfahrungsmäßiger Routine durch bewußte Anwendung der Naturwissenschaft bedingt."[16] Und in Fortführung dieses Gedankens: „Die Entwicklung des capital fixe zeigt an, bis zu welchem Grade das allgemeine gesellschaftliche Wissen, knowledge, zur unmittelbaren Produktivkraft geworden ist."[17] Dieses Werden der Wissenschaft zur unmittelbaren Produktivkraft bildet den Umschlagpunkt in der Entwicklung des Verhältnisses der Wissenschaft zur Gesellschaft: sie wird zum *notwendigen* Element in der Entwicklung der materiellen Produktion.

Vom rein technischen Standpunkt aus gesehen besteht die prinzipielle Veränderung darin, daß nunmehr „der ganze Produktionsprozeß aber als nicht subsumiert unter die unmittelbare Geschicklichkeit des Arbeiters, sondern als technologische Anwendung der Wissenschaft" erscheint.[18] Die hieraus resultierenden

[15] K. Marx, Ökonomische Manuskripte 1857/1858, in: MEW, Bd. 42, Berlin 1983, S. 593.

[16] K. Marx, Das Kapital. Erster Band, in: MEW Bd. 23, Berlin 1962, S. 407.

[17] K. Marx, Ökonomische Manuskripte 1857/1858, in: MEW, Bd. 42, Berlin 1983, S. 602.

[18] Ebenda, S. 595.

mannigfachen sozialen Folgen sind aber durch die Gesamtheit der gesellschaftlichen Verhältnisse bedingt und nicht durch die Wissenschaft an sich.

Unter kapitalistischen Bedingungen vollzieht sich das Werden der Wissenschaft zur unmittelbaren Produktivkraft in antagonistischen Formen und führt zwangsläufig zur Entfremdung der Wissenschaft vom Arbeiter. Indem sie zur Entwicklung der gegenständlichen Elemente des fixen Kapitals beiträgt, bewirkt die Wissenschaft, daß die lebendige Arbeit der toten, vergegenständlichten Arbeit unterworfen und die Ausbeutung des Arbeiters durch den Kapitalisten technologisch gefestigt wird.

Aber Marx zeigt auch die revolutionäre Seite dieses Prozesses. Durch immer breitere Anwendung der Wissenschaft als unmittelbare Produktivkraft „verwissenschaftlicht" der Kapitalismus die Produktion und schafft einen solch mächtigen Produktionsorganismus, der schließlich unter kapitalistischen Verhältnissen nicht mehr existieren kann. Die Bourgeoisie untergräbt auf diese Weise die Bedingungen ihrer eigenen Existenz. Zugleich schafft das Eindringen der Wissenschaft in die Produktion die technischen Möglichkeiten, um die Werktätigen von schwerer körperlicher Arbeit zu befreien, die Arbeitsproduktivität zu erhöhen und, folglich, die von Arbeit freie Zeit zu vermehren, d. h. es schafft die materiellen Voraussetzungen für die „Befreiung der Arbeit". Der weitere Lauf der Geschichte hat diese Voraussicht von Marx vollauf bestätigt.

Der Prozeß der technologischen Anwendung der Wissenschaft, der bereits im 19. Jahrhundert eingesetzt hatte, breitete sich allmählich aus, wurde intensiver und trat nach dem zweiten Weltkrieg in eine qualitativ neue Etappe ein: Es begann die wissenschaftlich-technische Revolution. Auf der Grundlage wissenschaftlicher Entdeckungen entstanden neue Produktionszweige, in denen Kräfte und Eigenschaften der Natur genutzt wurden, die auf rein empirischem Wege nicht hätten festgestellt werden können und die allein durch die Wissenschaft in die alltägliche Praxis eingehen konnten (Atomenergie, synthetische Materialien, Düsenflugzeuge und Raketentechnik, Computer, Laser u. v. a.).

Die Erfolge bei der praktischen Anwendung wissenschaftlicher Kenntnisse veränderten Struktur und Funktionsweise der Institution Wissenschaft zutiefst. Forschungen zu industriellen Zwecken begannen einen beträchtlichen Teil des Nationaleinkommens der entwickelten Länder zu absorbieren. Die immer teurer werdende wissenschaftliche Ausrüstung und die wachsende Zahl in der Wissenschaft Beschäftigter erforderten höhere staatliche Investitionen in die Wissenschaft. Wissenschaftspolitik wurde zu einem Bestandteil staatlicher Politik. Probleme des Verhältnisses zur Wissenschaft, zu ihren Entdeckungen bzw. ihrer Anwendung, zu ihrem Einfluß auf die Gesellschaft und den Menschen wurden für das gesellschaftliche Bewußtsein zu wesentlichen Problemen.

Eine Besonderheit der gegenwärtigen Etappe der Wechselbeziehung von Wissenschaft und Gesellschaft besteht darin, daß wissenschaftliche Kenntnisse nicht nur immer mehr in die Produktion Eingang finden, sondern auch in andere Bereiche des gesellschaftlichen Lebens. Dies geschieht vor allem durch ihre Materialisierung in der Technik. Die Technik dringt in den Alltag, in Lehre und Ausbildung, in die Kunst, in Leitungs- und Organisationstätigkeit und in die Wissenschaft selbst ein. Das stark angestiegene Prestige der Wissenschaft trägt dazu bei, dem „wissenschaftlichen Herangehen" an die Lösung der unterschiedlichsten praktischen Probleme breitere Geltung zu verschaffen. Das wiederum hat tiefgehende Wandlungen in der Denkart der Menschen zur Folge. Wissenschaftliche Kenntnisse bringen nicht nur neue Arten der Produktion hervor, sondern auch neue gesellschaftliche und individuelle Bedürfnisse. Die Wissenschaft wird zu einer Kraft, ohne die weder die Existenz noch die weitere Entwicklung der heutigen Gesellschaft denkbar ist.

Die unter dem Einfluß der Wissenschaft vor sich gehende Revolution in der technischen Basis der maschinellen Produktion ist die praktische Realisierung einer Tendenz, die Marx vorausgesehen hat, als er die entfernten Folgen der Umwandlung der Wissenschaft in eine unmittelbare Produktivkraft analysierte. Das System gesellschaftlicher Verhältnisse aber, das dieser Tendenz am meisten entspricht und die größten Perspektiven bietet, um die Errungenschaften der wissenschaftlich-technischen Revolution zum Wohle der Menschen anzuwenden, ist der Sozialismus. Die Bruderparteien der sozialistischen Länder sehen es deshalb als eine strategische Aufgabe an, die Errungenschaften der wissenschaftlich-technischen Revolution mit den Vorzügen des Sozialismus zu verbinden und erblicken darin den Schlüssel zur Lösung vieler aktueller sozialökonomischer Aufgaben sowie zur Schaffung der materiell-technischen Basis des Kommunismus.

Die kommunistischen und Arbeiterparteien der Länder der sozialistischen Gemeinschaft gehen von der Leninschen These aus, daß die neue sozialistische Gesellschaft nur errichtet werden kann, wenn sie sich auf die neuesten Errungenschaften von Wissenschaft und Technik stützt, daß Sozialismus und Wissenschaft eine untrennbare Einheit bilden. Sie sind deshalb darauf bedacht, die Effektivität der Wissenschaft zu erhöhen, neue wissenschaftliche Ergebnisse rasch in die Produktion zu überführen und sie zur Quelle neuer Techniken und Technologien werden zu lassen.

Der Sozialismus schafft die notwendigen Voraussetzungen, um den Widerspruch zwischen den technischen und den humanitären Aspekten der wissenschaftlichen Kenntnisse theoretisch und praktisch zu lösen und ebnet damit den Weg für die Annäherung zwischen Natur-, technischen und Gesellschaftswissenschaften. Diese Annäherung ist heute in praktischer Hinsicht unabdingbar und ist zugleich eine der Hauptrichtungen, in denen sich die heutige Wissenschaft entwickelt. Der Sozialismus bereitet erstmalig in der Geschichte den sozialen Boden, auf dem alle Richtungen, in denen Wissenschaft praktisch genutzt wird, bewußt zusammengeführt werden können, um den sozialen Fortschritt zu befördern.

Die wissenschaftlich-technische Revolution hat zudem offenbart, daß die Gesellschaft in ihrer Entwicklung einigen „kritischen Punkten" zustrebt, die letztlich eine Folge kapitalistischer Spontaneität und imperialistischer Politik sind. Gegenwärtig hängen die Zukunft der Menschheit und die Möglichkeiten ihres weiteren Fortschritts wesentlich davon ab, wie es gelingt, die Gefahren eines weltweiten nuklearen Krieges, einer ökologischen Krise, der Erschöpfung nichtregenerierbarer Ressourcen und eines unkontrollierten Bevölkerungswachstums zu bannen. Die Gesellschaft steht vor dem Problem, ihre Wechselwirkungen mit der Natur im globalen Maßstab und auf neue Weise zu gestalten, einer wachsenden Weltbevölkerung die Mittel ihrer Existenz zu sichern und neue Energiequellen zu erschließen, die für den weiteren Fortschritt der Zivilisation unerläßich sind. Zur Lösung dieser Probleme bedarf es entsprechender materieller Voraussetzungen, neuer wissenschaftlicher Erkundungen und günstiger sozialer Bedingungen.

In einer Welt, in der gegensätzliche Gesellschaftssysteme existieren, können die Gefahr eines verheerenden Kernwaffenkrieges nur gebannt und Bedingungen für die Lösung der globalen Probleme nur geschaffen werden, wenn das Risiko der militärischen Konfrontation unter Beachtung des Prinzips gleicher Sicherheit verringert wird, wirksame Schritte zur Abrüstung und zur Festigung der internationalen Entspannung gegangen und in den Beziehungen zwischen den unterschiedlichen Gesellschaftssystemen die Prinzipien der friedlichen Koexistenz durchgesetzt werden. Die aggressiven Kräfte des Imperialismus, vor allem des US-amerikanischen, lassen nichts unversucht, die Völker daran zu hindern, diesen Weg zu gehen. Die Menschen auf allen Kontinenten der Erde sind jedoch nicht bereit, Opfer nuklearer Wahnsinnspläne zu werden. Sie schließen sich in der machtvollen Bewegung zur Verteidigung des Friedens und der internationalen Sicherheit zusammen. All das steht zur Entwicklung der Wissenschaft in der heutigen Welt in direkter Beziehung. Die Völker sind zutiefst daran interessiert, die Errungenschaften der Wissenschaft zu nutzen, um die vor der Menschheit stehenden Probleme im Interesse des Friedens, der Sicherheit und des sozialen Fortschritts zu lösen. Der Imperialismus widersetzt sich einer solchen Orientierung der Wissenschaft in vielfältiger Weise, so daß sich die Widersprüche in der Stellung der Wissenschaft in dieser Gesellschaft maximal zuspitzen.

Die ökonomisch entwickelten kapitalistischen Länder sind natürlich auf die Wissenschaft angewiesen; sie widmen ihrer Entwicklung deshalb große Aufmerksamkeit, bilden Kader aus, stellen für die Forschung beträchtliche materielle Mittel zur Verfügung usw. Zugleich ist die Wissenschaft für den heutigen Kapitalismus nicht nur ein Mittel des Profiterwerbs und der verstärkten Ausbeutung der Werktätigen. Die imperialistischen Staaten, insbesondere der militärisch-industrielle Komplex, verausgaben gewaltige Mittel für die Rüstungsforschung, d. h. für die Forcierung der Aufrüstung. Auf diesem Gebiet hat der Imperialismus unentwegt die Initiative. Diese Militarisierung der Wissenschaft trifft jedoch heute auf den zunehmenden Protest der fortschrittlichen Öffentlichkeit und vieler Wissenschaftler selbst.

Auch der Sozialismus nutzt die Wissenschaft natürlich, um seine Verteidigungsfähigkeit zu stärken; er tut dies aber unter dem Zwang der aggressiven Bestrebungen des Imperialismus gegen die Welt des Sozialismus. Den eigenen, inneren Bedürfnissen der sozialistischen Gesellschaft hingegen entspricht die humanistische Orientierung der Wissenschaft und die Anwendung ihrer Errungenschaften im Interesse des sozialen Fortschritts, der Erhöhung des materiellen und kulturellen Lebensniveaus der Werktätigen und der allseitigen Entwicklung der menschlichen Persönlichkeit. Die humanistischen Ziele der gesellschaftlichen Entwicklung werden hier zum wichtigsten Faktor der Entwicklung der Wissenschaft; sie orientieren und stimulieren die Tätigkeit der Wissenschaftler.[19]

In der heutigen Welt vollzieht sich also ein komplizierter und widersprüchlicher Prozeß, in dem sich, einerseits, die Abhängigkeit der Wissenschaft von der Gesellschaft verstärkt und, andererseits, ihr Einfluß auf die Produktion und das gesamte gesellschaftliche Leben sich ungemein erhöht und sie in alle Poren des sozialen Organismus und in alle Arten gesellschaftlicher Tätigkeit eindringt.

2. Die sozialen Funktionen der Wissenschaft und ihre Veränderung im Sozialismus

Der Einfluß der Wissenschaft auf das gesellschaftliche Leben realisiert sich über ihre sozialen Funktionen. Die Grundfunktion der Wissenschaft ist die Erkenntnisfunktion, denn erst auf der Grundlage des durch die Wissenschaft erzeugten Wissens kann die Wissenschaft in allen anderen Funktionen wirksam werden, in denen dieses Wissen in den verschiedenen Bereichen des gesellschaftlichen Lebens angewendet wird. Die Einwirkung der Wissenschaft auf die Produktion erfolgt in dem Maße, wie sie zur unmittelbaren Produktivkraft wird. Zunehmende Bedeutung erlangt die Wissenschaft in ihrer Funktion als Instrument zur Leitung sozialer Prozesse und in ihrer kulturell-weltanschaulichen Funktion.

Bei der Behandlung der sozialen Funktionen der Wissenschaft ist ihr dialektischer Charakter zu beachten, d. h., erstens, daß sie miteinander im Zusammenhang stehen und, zweitens, daß sie selbst und ihr Verhältnis zueinander sich historisch verändern, und zwar sowohl in Abhängigkeit vom Entwicklungsstand der Wissenschaft selbst als auch von den sozialen Bedingungen ihres Betriebs. Der Kapitalismus z. B. nutzt die Wissenschaft in hohem Grade als Produktivkraft, bringt jedoch nicht die sozialen Bedingungen hervor, um sie auch in anderen gesellschaftlichen Bereichen in analoger Weise zu nutzen.

Als neue historische Etappe in der Entwicklung der Menschheit schafft der Sozialismus neue spezifische Voraussetzungen und Möglichkeiten für die Entwicklung der Wissenschaft und für die praktische Nutzung ihrer Ergebnisse. Nicht zufällig bot die sozialistische Gesellschaft von Anbeginn ihrer Existenz ein Muster außerordentlicher Fürsorge um die Entwicklung der Wissenschaft.

Die praktischen Erfahrungen und die theoretische Analyse des Einflusses der Wissenschaft auf das Leben der sozialistischen Gesellschaft sprechen dafür, daß

[19] Vgl. Socializm i nauka, a. a. O., Kap. IX und X.

mit der Gestaltung der entwickelten sozialistischen und kommunistischen Gesellschaft die gesellschaftlichen Funktionen der Wissenschaft sich auch weiterhin entwickeln und schließlich eine *neue Qualität* annehmen. So wird es möglich, die Wissenschaft in der Praxis weitaus vielseitiger als früher zu nutzen; die Gesellschaft muß deshalb rechtzeitig auf diese neuen Möglichkeiten vorbereitet sein, um sie rational zu verwirklichen.

Die wachsende Abhängigkeit der ökonomischen, sozialen und kulturellen Entwicklung von der Wissenschaft ist heute augenscheinlich. Zugleich ergeben sich in den Hauptbereichen des gesellschaftlichen Lebens erhöhte Anforderungen an Umfang und Inhalt der angewandten wissenschaftlichen Kenntnisse. Das bedeutet, daß in dem Maße, wie die Gestaltung der neuen Gesellschaftsordnung voranschreitet, die Aufgaben der revolutionären Umgestaltung der Gesellschaft gelöst werden und die materiellen Lebensbedingungen der Menschen sich verbessern, der gesamte Komplex der Natur-, technischen und Gesellschaftswissenschaften zu einem absolut notwendigen Faktor der Intensivierung der gesellschaftlichen Entwicklung wird.

In der sozialistischen Gesellschaft steht die Wissenschaft als „allgemeine Arbeit" nicht — wie im Kapitalismus — im abstrakten Gegensatz zur Arbeit in der materiellen Produktion, sondern offenbart ihre prinzipielle Einheit mit der Arbeit aller. Für die weitere Entwicklung der sozialistischen Gesellschaft ist es deshalb unumgänglich, daß die Wissenschaft noch intensiver in die Produktion und das gesellschaftliche Leben einbezogen wird, wie auch, daß gesellschaftliche Werte, Ziele und Bedürfnisse noch stärker die Wissenschaftsentwicklung beeinflussen.

Die Lösung dieser Aufgaben ist eine der Grundbedingungen der gesellschaftlichen Entwicklung in der gegenwärtigen Etappe des sozialistischen Aufbaus. Die volle Entfaltung der sozialen Funktionen der Wissenschaft als soziale Kraft gehört zu den Hauptcharakteristika der sich auf ihrer eigenen Grundlage entwickelnden reifen sozialistischen Gesellschaft.

Die Wissenschaft tendiert bereits seit der Epoche der Aufklärung und der industriellen Revolution zu universeller Erkenntnis und Nutzung der den Menschen umgebenden Welt. In dem Maße, wie sich die Forschung immer neuen Bereichen der Wirklichkeit zuwendet, überschreitet die Wissenschaft — insbesondere unter den heutigen Bedingungen der wissenschaftlich-technischen Revolution — ihre ursprünglichen Grenzen und erfaßt einen immer größeren Kreis gesellschaftlicher Tätigkeiten.

Damit ist jedoch keineswegs gesagt, daß die Wissenschaft überall die Tätigkeit der Menschen positiv beeinflußt, daß sie überall Funktionen erfüllt, die ihrem gesellschaftlichen Charakter und den Möglichkeiten der gesellschaftlichen Entwicklung entsprechen. Im Gegenteil: Dort wo ihr rasch wachsendes Erkenntnispotential und ihre Potenz zu praktischer Umgestaltung nicht die adäquaten sozialökonomischen Bedingungen vorfinden, wo die „allgemeine Arbeit" als der gesellschaftlichen Arbeit aller entgegengesetzte in Erscheinung tritt, werden die in den wissenschaftlichen Errungenschaften angelegten produktiven Kräfte zu destruktiven. Hier liegen die eigentlichen gesetzmäßigen Wurzeln der „Krisenerscheinungen in der Wissenschaft", die wir in der kapitalistischen Welt beobachten.

Die Veränderung, die die Funktionen der Wissenschaft in der sozialistischen Gesellschaft erfahren, wird mitunter verkürzt so dargestellt, daß die Wissenschaft hier ein im Vergleich zum Kapitalismus größeres Anwendungsfeld findet und daß sie der Erreichung anderer gesellschaftlicher Ziele dient. Diese Unterschiede sind in der Tat wichtig, kennzeichnen aber noch nicht das Wesen der Frage. Dieses besteht darin, daß die Wissenschaft im Sozialismus — und in der entwickelten sozialistischen Gesellschaft augenfällig — einen *qualitativ* anderen *Komplex von Funktionen* erfüllt als im Kapitalismus. Wenn dieser qualitativ andere Komplex von Funktionen nicht voll realisiert wird, können auch die Vorzüge des Sozialismus nicht voll genutzt werden. Die Wissenschaft tritt in der sozialistischen Gesellschaft nicht als bloßes Mittel zur Erkenntnis und Umgestaltung der Welt in Erscheinung, das den Werktätigen fremd und äußerlich bleibt, und sie erfüllt ihre kognitive und umgestaltende Funktion nicht nur im Hinblick auf die Natur. Sie erweist sich vielmehr zugleich als wichtiges vermittelndes Glied bei der Herausbildung und Erkenntnis gesellschaftlicher Ziele und Werte, als soziale Kraft, deren sich die Arbeiterklasse und alle Werktätigen bedienen, um ihre eigene Entwicklung zu befördern und bestehende soziale Probleme zu lösen. Dies ist für die entwickelte sozialistische Gesellschaft von besonderer Bedeutung, denn dort, wo diese Prozesse sich nur ungenügend entfalten, verlangsamt sich nicht nur das Tempo des wissenschaftlich-technischen Fortschritts, sondern sind gewöhnlich auch die langfristigen Ziele der Gesellschaft und die Wege zu ihrer Realisierung nicht zuverlässig bestimmt. Die Parteitage der kommunistischen und Arbeiterparteien der Länder der sozialistischen Gemeinschaft widmen deshalb in ihren Beschlüssen, die auf die Beschleunigung des wirtschaftlichen Entwicklungstempos und die weitere Vervollkommnung der entwickelten sozialistischen Gesellschaft zielen, den Problemen der Entwicklung und Anwendung der Wissenschaft nicht zufällig so große Aufmerksamkeit.

Die sozialistische Gesellschaft schafft alle notwendigen Voraussetzungen dafür, daß die Wissenschaft ihre *Erkenntnisfunktion* sowohl im Hinblick auf die Gesellschaft als auch im Hinblick auf die Natur voll und ungehindert entfalten kann. Die Wissenschaft hat hier ein universelles Wirkungsfeld als Form der gesellschaftlichen Erkenntnis der gesamten objektiven — natürlichen und gesellschaftlichen — Wirklichkeit. Damit aber erweitert sich nicht nur ihr Wirkungsfeld, sondern die objektive wissenschaftliche Erkenntnis gewinnt in ihrer Universalität zugleich neue Dimensionen. Besonders deutlich zeigt sich das in den Gesellschaftswissenschaften: Der Prozeß der *Erkenntnis des gesellschaftlichen Lebens* wird zu wirklicher *Selbsterkenntnis der Gesellschaft.* Diese Selbsterkenntnis äußert sich sowohl in der Form konkreten wissenschaftlichen Wissens, als auch in der Form wissenschaftlicher Weltanschauung. In diesem Sinne erfüllt die Wissenschaft in der sozialistischen Gesellschaft eine *weltanschauliche, ideologische* und damit auch eine *kulturell-erzieherische* Funktion, die sie allmählich zum Gemeingut aller Werktätigen werden läßt.

Zugleich mit ihrer Funktion als *unmittelbare Produktivkraft* erfüllt die Wissenschaft in der sozialistischen Gesellschaft auch die Funktion einer *theoretischen Grundlage* der Umgestaltung des gesellschaftlichen Lebens, der *Leitung der gesellschaftlichen Entwicklungsprozesse.* Sie hat so teil am Prozeß der Herausbildung der Gesellschaft als bewußtes Subjekt der historischen Entwicklung, die sich nun ihrerseits als zielgerichteter Prozeß vollzieht, der auf der wissenschaftlichen Erkundung und Anwendung der Gesetzmäßigkeiten des gesellschaftlichen Lebens basiert.

Dieser qualitative Wandel in den Funktionen der Wissenschaft ist Ausdruck dessen, daß mit der Gestaltung der sozialistischen Gesellschaft sich auf der Grundlage des historischen Interesses der Arbeiterklasse einheitliche Grundinteressen der ganzen Gesellschaft herausbilden und diese Gesellschaft in der Lage ist, die Wissenschaft nun in allen Lebensbereichen anzuwenden und sich auf diesem Fundament weiterzuentwickeln.

Im Prozeß der Gestaltung des entwickelten Sozialismus wird die Wissenschaft zu einer *universellen Kraft gesellschaftlicher Umgestaltung, zur theoretischen Grundlage des historischen Schöpfertums der Volksmassen.* Das bedeutet selbstverständlich nicht, daß die Wissenschaft im Sozialismus allmächtig sei. Ihre Universalität zeigt sich aber selbst dann, wenn es zu bestimmen gilt, wozu sie in der Lage ist und wozu nicht, denn diese Bestimmung ist selbst nicht ohne Wissenschaft möglich.

Die universellen Maßstäbe, die aus der neuen gesellschaftlichen Grundlage für die Anwendung der Wissenschaft entstehen, bewirken zugleich, daß die Wissenschaft auch ihren *Charakter* ändert.

Die großen humanistischen Werte und sozialen Ziele des Sozialismus, die selbst wissenschaftlich fundiert sind, werden zum Regulativ für die Wissenschaftsentwicklung. Der Sozialismus schafft somit die notwendigen objektiven Bedingungen für eine neue gesellschaftliche Stellung der Wissenschaft und für die volle Entfaltung ihrer humanistischen Mission. Die Wissenschaft erscheint hier als *unabdingbarer Bestandteil und dynamischer Faktor der gesellschaftlichen Arbeit.* Im Prozeß ihrer Anwendung tritt sie der Arbeit nicht als eine ihr fremde Kraft gegenüber, sondern *wird von den Werktätigen immer umfassender angeeignet,* und zwar in ihren ideellen wie in ihren vergegenständlichten Formen. Sie ist nicht länger Mittel zur Rationalisierung spontaner und z. T. irrationaler, durch die Bewegung des Kapitals diktierter Ziele, sondern dient als Instrument zur Realisierung historischen Fortschritts in der Einheit seiner Ziele und Mittel und ist *auf die allseitige Entwicklung der menschlichen Persönlichkeit gerichtet.* So gesehen wird besonders deutlich, wie eng und perspektivlos ein Wissenschaftsverständnis ist, dem sie lediglich als Mittel zur Erreichung beliebiger, willkürlich vorgegebener Ziele taugt.

Die *einzelnen Funktionen der Wissenschaft* — ihre *Erkenntnis*funktion, ihre *kulturell-weltanschauliche* Funktion, ihre Funktion als *Produktivkraft* und als *theoretische Grundlage der Leitung gesellschaftlicher Prozesse* — integrieren sich in der sozialistischen Gesellschaft zu ihrer allgemeinen Funktion als universelle Kraft gesellschaftlicher Umgestaltung. Die Herausbildung und Entwicklung dieser neuen integralen gesellschaftlichen Funktion der Wissenschaft ist ein charakteristisches Merkmal der entwickelten sozialistischen Gesellschaft.

Die Integration der verschiedenen gesellschaftlichen Funktionen ist sowohl ein gesellschaftliches Erfordernis als auch eine innere Entwicklungstendenz der Wissenschaft im Sozialismus. Das zeigt sich ganz deutlich darin, daß das Problem des wissenschaftlich-technischen Fortschritts zunehmend zu einer komplexen, interdisziplinären Aufgabe mit nicht nur technischen, sondern auch sozialen Aspekten wird. Zugleich wird es erforderlich, auch die Hauptziele und -aufgaben, vor denen die Gesellschafts-, Natur- und technischen Wissenschaften stehen, in wachsendem Maße zu integrieren.

Mit der Entfaltung der gesellschaftlichen Funktionen der Wissenschaft ändern sich im Sozialismus auch deren *Struktur und Wechselbeziehungen.* In der Vergangenheit entstanden neue gesellschaftliche Funktionen der Wissenschaft in der Regel neben den früheren, oft unabhängig von ihnen, mitunter sogar im Gegensatz zu ihnen. Disproportionen zwischen einzelnen sozialen Funktionen der Wissenschaft sind bis heute eine die Wissenschaftsentwicklung im Kapitalismus unmittelbar begleitende Erscheinung. Besonders augenfällig ist die Disproportion zwischen der relativ breiten Anwendung der Wissenschaft als Produktivkraft, der relativ schwachen Ausprägung ihrer weltanschaulichen Funktion und ihrer relativ geringen Nutzung als theoretische Grundlage der Leitung gesellschaftlicher Prozesse. Der gegenwärtige Kapitalismus erweist sich deshalb auch als unfähig, die Quellen der Entwicklung und Anwendung der Wissenschaft zum Fließen zu bringen, die in hohem Grade vom Entwicklungsstand der Schöpferkräfte des Menschen in der Gesellschaft abhängen. Hier offenbaren sich seine prinzipiellen Schranken.

Im Prozeß der Gestaltung der entwickelten sozialistischen Gesellschaft und ihres weiteren Voranschreitens vertieft sich die allseitige Vergesellschaftung der Arbeit und der Produktion, verstärkt sich der wechselseitige Einfluß der einzelnen gesellschaftlichen Lebensbereiche aufeinander und wachsen die Anforderungen an einheitliches gesamtgesellschaftliches Handeln, an Planmäßigkeit und Zielstrebigkeit der gesellschaftlichen Entwicklung. Unter diesen Bedingungen erweitert sich der Kreis von Erscheinungen, der wissenschaftlich zu leiten und zu planen ist, beträchtlich. Die ständige und intensive Anwendung wissenschaftlicher Kenntnisse bei der Leitung der Gesellschaft ist deshalb nicht nur unbedingt notwendig, um die sozialen Prozesse im Ganzen zu beherrschen, sondern auch, um den Fortschritt der Wissenschaft selbst und ihre Anwendung in der Produktion und in der Praxis überhaupt zu gewährleisten, denn auch das ist ein sozialer Prozeß. *Eben aus dieser Funktion der Wissenschaft als theoretische Grundlage für die Leitung der Gesellschaft ergeben sich somit im Sozialismus die entsprechenden Orientierungen für ihre Entwicklung und Anwendung im Rahmen der anderen Funktionen.*

In dem Maße, wie die Wissenschaft sich als allgemeine Kraft sozialer Umgestaltung behauptet, verändert sich der Charakter ihrer Einzelfunktionen, in denen sich jetzt die neue integrale Funktion manifestiert. So muß z. B. die auf die Umgestaltung der Natur mittels der modernen Industrie gerichtete Funktion der Wissenschaft als unmittelbare Produktivkraft immer in dem Kontext gesehen werden, der durch ihre Funktion als Grundlage der Leitung gesellschaftlicher Prozesse gegeben ist. Die erstere Funktion erhält somit einen neuen Inhalt: Zur Aufgabe der Wissenschaft wird, bestimmte Bereiche der Natur nicht einfach umzugestalten, sondern zu gewährleisten, daß diese Umgestaltung aus gesamtgesellschaftlicher Sicht erfolgt. Aus einem Mittel zur Befriedigung existenter menschlicher Bedürfnisse, das sie auch weiterhin bleibt, wird sie zudem zu einer Instanz, die aktiv dazu beiträgt, die Entwicklung der menschlichen Bedürfnisse in vernünftige Bahnen zu lenken.

Neue inhaltliche Aspekte erlangt auch die *weltanschaulich-ideologische und kulturelle Funktion*, denn die Wissenschaft trägt dazu bei, die Kompetenz der Werktätigen zu erhöhen und sie in immer breiterem Maße in die Leitung der Gesellschaft einzubeziehen. Über diese Funktion verstärkt sich der intellektuelle, moralische und politisch-erzieherische Einfluß der Wissenschaft auf die Gesellschaft: Die Wissenschaft hilft, falsche Vorstellungen und Stereotypen, die noch immer im Bewußtsein und im Denken der Menschen existieren, zu überwinden und ersetzt sie durch das Wissen um reale Fakten und durch ein wissenschaftliches Weltbild.

In dem Maße, wie die Wissenschaft in ihrer *Funktion als theoretische Grundlage der Leitung gesellschaftlicher Prozesse* in den Kontext der Wissenschaft als universelle Kraft sozialer Umgestaltung einbezogen wird, wird ihre Entwicklung und die Anwendung ihrer Resultate zum Mittel der Entwicklung der menschlichen Persönlichkeit, ihrer schöpferischen Kräfte, Fähigkeiten und Bedürfnisse.

Die Voraussetzungen, die die sozialistische Gesellschaft für die allseitige Entwicklung der Wissenschaft schafft, ermöglichen es somit, jedwede Tendenzen zu überwinden, die sich aus der Verabsolutierung der „reinen Erkenntnisfunktion“ der Wissenschaft (Szientismus), ihrer weltanschaulichen Funktionen (Ideologismus), der ökonomischen und Produktionsfunktionen (Ökonomismus und Technokratismus) oder ihrer Rolle in der gesellschaftlichen Leitung (Managertum) ergeben und die in den antagonistischen Gesellschaftsformationen zu Sackgassen bei der gesellschaftlichen Nutzung der Wissenschaft geführt haben und noch immer führen. Die neue Bedeutung der sozialen Funktionen der Wissenschaft und die neue Struktur ihrer Wechselbeziehungen treten im Prozeß der Gestaltung der entwickelten sozialistischen Gesellschaft deutlich zutage.

Die sozialistische Gesellschaft benötigt ein *qualitativ neues Niveau und eine hohe Dynamik der Produktivkräfte*; das setzt voraus, daß eine solch effektive gesellschaftliche Produktivkraft wie die Wissenschaft nicht von Fall zu Fall angewandt wird, sondern systematisch und in der ganzen Breite der gesellschaftlichen Produktion. Die intensiven Wachstumsfaktoren, die immer mehr in den Vordergrund treten, können nur wirksam werden, wenn neue wissenschaftliche Ergebnisse und auf ihnen basierende technische und technologische Innovationen systematisch in die Produktion überführt werden. Es handelt sich dabei um einen vielseitigen Prozeß, in dem die Wissenschaft nicht von außen auf die Produktion einwirkt, sondern als deren *inneres* Moment, und zudem neben der ständigen Vervollkommnung der Produktionstechnik auch die der gesellschaftlichen Organisation und Leitung sowie die Erhöhung des Niveaus der Allgemeinbildung der Werktätigen, ihres beruflichen Qualifikationsniveaus u. a. gehören.

Die Anwendung der Wissenschaft in der Produktion, die sich über Technik, Technologie, Organisation usw. vollzieht, macht nach wie vor den Kernprozeß der Entwicklung der Produktivkräfte aus. Dabei versteht sich, daß in dem Maße, wie die technologische Anwendung der Wissenschaft voranschreitet und die Arbeitsproduktivität wächst, letztere in zunehmendem Maße vom kulturell-technischen Niveau, von der Qualifikation, der schöpferischen Aktivität und Initiative der Werktätigen abhängt, also davon, wie die neuen, mit der Entwicklung des Menschen zusammenhängenden Produktivkräfte gemeistert werden. Zugleich erlangen auch die Erkenntnisfunktion, die kulturell-weltanschauliche Funktion der Wissenschaft und auch ihre Funktion als Grundlage der Leitung gesellschaftlicher Prozesse immer größere Bedeutung. Die Analyse der Haupttendenzen der Entwicklung der Produktivkräfte zeigt, daß die großen Möglichkeiten, die die Wissenschaft für die Beschleunigung des wissenschaftlich-technischen und des gesellschaftlichen Fortschritts eröffnet, eben aus jenen ihrer sozialen Resultate erwachsen, die mit der Entfaltung der sozialistischen Lebensweise und der Entwicklung der menschlichen Persönlichkeit zusammenhängen. Das aber bedeutet, daß gegenwärtig *die durch die Spezifik des Sozialismus bedingten sozialen Auswirkungen der wissenschaftlich-technischen Revolution* eine immer größere Rolle zu spielen beginnen.

Die effektivste Strategie der wissenschaftlich-technischen Entwicklung im Sozialismus ist diejenige, die maximal dazu beiträgt, daß die Wissenschaft ihre integrale Funktion sowohl bei der Steigerung der gesellschaftlichen Arbeitsproduktivität als auch bei der allseitigen Entwicklung der Werktätigen zu erfüllen vermag, denn von letzterer hängt das weitere Wachstum der gesellschaftlichen Arbeitsproduktivität in erster Linie ab. Die adäquate, dem Charakter der Wissenschaft entsprechende ökonomische Form ist dabei das gesellschaftliche System der Ökonomie der Zeit; die enge *Einheit von sozialer und ökonomischer Effektivität* wird zum bestimmenden Kriterium für die Entwicklung und Anwendung der Wissenschaft.

Für die langfristige Perspektive des Effektivitäswachstums der gesellschaftlichen Produktion ist es also wichtig zu beachten, daß die Wissenschaft in allen ihren spezifischen Funktionen zur Steigerung der Produktivkraft der Arbeit im Sozialismus beiträgt. Unter den Bedingungen der wissenschaftlich-technischen

Revolution *verbindet sich die Wissenschaft nicht nur mit den gegenständlichen Entwicklungsfaktoren der Produktivkräfte, sondern zunehmend auch mit den gesellschaftlichen und subjektiven.* Ihre einzelnen Funktionen realisieren sich in ihrer Einheit; die unterschiedliche Bedeutung und Wertigkeit der einzelnen Funktionen relativiert sich immer mehr und wird im Laufe der sozialistischen Entwicklung immer einheitlicher.

Dieser Umstand ist von größter Wichtigkeit, weil die Wege, auf denen die Wissenschaft heute ihren Produktivkraftcharakter realisiert, sehr verschlungen sind. Aus diesem Prozeß resultieren immer neue Anforderungen an ein für die Wissenschaft günstiges gesellschaftliches Klima. In diesem Zusammenhang gewinnen ein weitverzweigtes Bildungssystem und alle anderen gesellschaftlichen Faktoren, die das Interesse an der Wissenschaft stimulieren und sie in das alltägliche Leben der Menschen eindringen lassen, immer mehr an Bedeutung.

Bei der Nutzung der Wissenschaft in der sozialistischen Gesellschaft spielt die Wechselwirkung der wissenschaftlichen Tätigkeit mit anderen Arten gesellschaftlicher Tätigkeit eine Schlüsselrolle. Eine in diesem Zusammenhang besonders aktuelle Aufgabe ist die Einbeziehung der Wissenschaft in die *Leitung und Planung* der gesellschaftlichen Entwicklung. Es ist dies eine komplexe und vielschichtige Aufgabe, bei deren Lösung es zu Widersprüchen kommt, die gesehen und rechtzeitig bewältigt werden müssen, wenn die volle Entfaltung der Funktionen der Wissenschaft nicht beeinträchtigt werden soll.

Wiewohl die Wissenschaft im Sozialismus nur im Rahmen gesamtstaatlicher Planung funktionieren kann, vollzieht sich ihre reale Entwicklung nicht in streng determinierten Bahnen. Der Grund dafür liegt im Charakter der Wissenschaft selbst, die einerseits eine in hohem Maße zielgerichtete Tätigkeit ist, andererseits aber sich unter Bedingungen relativer Unbestimmtheit entwickelt: Je ausgeprägter die schöpferische Komponente der Forschung ist, desto höher ist die Wahrscheinlichkeit, daß sie die Grenzen des Bekannten überschreitet. Für die wissenschaftliche Erkenntnis ist überhaupt charakteristisch, daß sie im Verlaufe ihrer Entwicklung der Praxis immer mehr neue Möglichkeiten und Alternativen erschließt.

Aus all dem ergeben sich wichtige Schlußfolgerungen. Vor allem gilt es, bei der Bestimmung der Ziele und Aufgaben der Forschung sowohl von den aktuellen Bedürfnissen der gesellschaftlichen Entwicklung auszugehen, als auch den Entwicklungsstand und die Entwicklungstendenzen der Wissenschaft selbst in Rechnung zu stellen. Die Gesellschaft muß nicht nur imstande sein, in den Plänen der wissenschaftlichen Entwicklung das zu verankern, was sie zur Befriedigung ihrer Bedürfnisse benötigt, sie muß auch vorbereitet sein, neue und unerwartete Forschungsresultate rasch aufzunehmen. Während bei der Lösung des ersten Problems in den letzten Jahren gewisse Fortschritte erzielt werden konnten — insbesondere durch Vervollkommnung des Zyklus „Forschung — Produktion" —, ist die Fähigkeit der Gesellschaft — und vor allem der Produktion — zur Aufnahme neuer Forschungsresultate nur relativ schwach gestiegen. Wie hoch die Effektivität der wissenschaftlichen Tätigkeit ist, hängt in bedeutendem Maße davon ab, inwieweit die Praxis darauf vorbereitet ist, neue wissenschaftliche Errungenschaften aufzunehmen und anzuwenden. Andererseits folgt aus der integralen gesellschaftlichen Funktion der Wissenschaft im Sozialismus, daß die Wissenschaft den unmittelbaren Bedürfnissen der Produktion vorauseilen muß.

Zu den unabdingbaren Voraussetzungen einer raschen und breiten gesellschaftlichen Anwendung der Wissenschaft gehört die Erarbeitung gut begründeter, langfristiger Prognosen ihrer Entwicklung. Die Produktion darf sich nicht nur auf die Nutzung schon *bekannter* wissenschaftlicher Errungenschaften stützen, sondern muß sich auf die Tendenzen des wissenschaftlich-technischen Fortschritts, auf die perspektivischen Entwicklungstendenzen von Wissenschaft und Technik orientieren und dementsprechend auf die Aufnahme und Nutzung ihrer Resultate vorbereitet sein.

Die Wissenschaft mit der Praxis zu verbinden setzt voraus, die wissenschaftliche Tätigkeit auf Ziele zu orientieren, die sich aus aktuellen und perspektivischen Bedürfnissen der gesellschaftlichen Praxis ergeben; zugleich ist es erforderlich, die Wissenschaft so zu entwickeln und zu nutzen, daß bestehende gesellschaftliche Bedürfnisse in neue transformiert werden. In der historischen Perspektive wird es für die weitere Vervollkommnung der reifen sozialistischen Gesellschaft immer wichtiger, neue Bedürfnisse herauszubilden; damit aber gewinnt ein *aktives Verhältnis der Wissenschaft zur gesellschaftlichen Praxis* immer größere Bedeutung.

Die entscheidende gesellschaftliche Kraft, die dem Prozeß des tiefen und allseitigen Eindringens der Wissenschaft in die Gesellschaft seine Richtung verleiht und ihn organisiert, ist die *kommunistische Partei.* Eine der Hauptrichtungen ihrer Tätigkeit ist, die Wissenschaft mit der Arbeiterklasse und allen Werktätigen zu vereinen und das Leben der Gesellschaft, ausgehend vom gesellschaftlichen Interesse, mittels der Wissenschaft umzugestalten.

Es versteht sich, daß die Verantwortung der Wissenschaftler dadurch in keiner Weise geschmälert wird, sondern, im Gegenteil, sich erhöht. Die Partei geht in ihrer Wissenschaftspolitik davon aus, daß die Wissenschaftler sich ihrer Verantwortung vor der Gesellschaft bewußt sind. Die von der Wissenschaft erbrachten Ergebnisse sind im Sozialismus kein Mittel, um private oder Gruppeninteressen zu befriedigen. *Die Verantwortung für die Ausrichtung der Forschung und die Anwendung ihrer Ergebnisse gemäß gesellschaftlichen Zielen und Bedürfnissen* kennzeichnet die neue Stellung des Wissenschaftlers in der sozialistischen Gesellschaft.

Die Wissenschaft ist mit der Gesellschaft nicht nur über ihre Funktionen verbunden, sondern auch über den gesamten Komplex von Beziehungen, in dem sich die Persönlichkeit des Wissenschaftlers herausbildet. Sie realisiert ihre gesellschaftlichen Funktionen deshalb nicht nur gleichsam von außen, indem sie sich an der praktischen gesellschaftlichen Tätigkeit orientiert, sondern auch von innen, nämlich über die Wissenschaftler selbst. In diesem Zusammenhang kommt der *marxistisch-leninistischen Weltanschauung* als einem wichtigen Faktor im System der Motivation der wissenschaftlichen Tätigkeit eine zunehmende Bedeutung zu; Kriterien gesellschaftlicher Effektivität treten gegenüber Kriterien persönlicher Karriere immer mehr in den Vordergrund; besonders aktuell ist die Auseinandersetzung mit Auffassungen, denen zufolge die Verantwortung des Wissenschaftlers sich nur auf die Einhaltung der „inneren Normen“ der wissenschaftlichen Gemeinschaft bezieht und er zu anderen Bereichen des gesellschaftlichen Lebens in einer nur äußerlichen Beziehung steht.

Im Sozialismus kommt es erstmalig in der Geschichte zu einer prinzipiellen Einheit zwischen den Interessen der Gesellschaft, aller Werktätigen, und denen der Wissenschaft selbst. Diese Einheit wurzelt zutiefst in den objektiven Gesetzmäßigkeiten der gesellschaftlichen Entwicklung. Sie ist aber nicht automatisch gegeben, sondern ein Prozeß, der verschiedene Glieder einschließt und von verschiedenen sozialen Gruppen vollzogen wird. Deshalb ist die Tätigkeit der kommunistischen Partei insbesondere darauf gerichtet, die gesellschaftlichen Interessen und die der Wissenschaft miteinander zu vereinen, damit die von der Wissenschaft erbrachten objektiv wahren Erkenntnisse tatsächlich den Interessen der Gesellschaft, des sozialen Fortschritts und der weiteren Entwicklung des Sozialismus zugute kommen.

Ungeachtet dessen, daß im Sozialismus die auf Entwicklung und Anwendung der Wissenschaft gerichteten Grundinteressen eine objektive Einheit bilden, sind Widersprüche innerhalb dieser Einheit nicht ausgeschlossen, ist sie selbst also keine Identität. Infolge der existierenden Arbeitsteilung ist es dem Wissenschaftler möglich, zumindest vorübergehend aus seiner besonderen Stellung persönlichen Nutzen zu ziehen, der bei weitem nicht immer mit gesellschaftlichem Nutzen identisch ist. Ein weiteres Problem besteht darin, daß der wissenschaftliche Erkenntnisprozeß seine eigene Logik und auch seine Trägheitsmomente hat, die, wenn er nicht immer wieder auf das Niveau der gesellschaftlichen Bedürfnisse gehoben wird, bewirken können, daß er sich selbst genügt und den Kontakt zu den Bedürfnissen der Gesellschaft verliert. Unter den heutigen Bedingungen beschränkter Ressourcen bedeutet die Wahl bestimmter Forschungsrichtungen aber immer, andere Richtungen in gewissem Maße einzuschränken. In einzelnen Fällen kann die Entwicklung der Wissenschaft so Tendenzen hervorbringen, die den Bedürfnissen und Zielen der Gesellschaft nicht entsprechen. Die Tätigkeit der kommunistischen Parteien ist darauf gerichtet, dieser Gefahr zuverlässig zu entgehen, indem sie die Entwicklung der Wissenschaft als einen gesellschaftlichen Prozeß leiten und sie systematisch mit den Bedürfnissen der sozialistischen Gesellschaft verbinden.

Abweichungen von gesellschaftlichen Interessen sind im Sozialismus selbstverständlich nicht nur im Bereich der Wissenschaft möglich. Um die Übereinstimmung der inneren Entwicklungsbedürfnisse der Wissenschaft mit den gesellschaftlichen Bedürfnissen zu gewährleisten, ist es erforderlich, daß alle Staats-, Wirtschafts- u. a. Organe, über die die Wissenschaft ihre gesellschaftlichen Funktionen realisiert, in allen ihren Gliedern auf die „Arbeit mit der Wissenschaft" vorbereitet sind, ihre inneren Entwicklungsbedürfnisse verstehen, die Wissenschaftler systematisch an gesellschaftlich wichtige Aufgaben heranführen und die Errungenschaften der Wissenschaft maximal nutzen. Die Erfahrung lehrt, daß dort, wo diese Bedingungen nicht gegeben sind, die Einheit zwischen der Entwicklung der Wissenschaft und der sozialistischen Gesellschaft nicht gesichert ist.

Die Entwicklung der Wissenschaft als einer universellen Kraft gesellschaftlicher Umgestaltung ist nur möglich, wenn die Verbindung der Wissenschaft mit den Werktätigen ständig und zielstrebig erweitert und vertieft wird. Eines der Grundprobleme der Wissenschaftsentwicklung besteht heute darin, daß die Gesellschaft über ein adäquates Verständnis der gesellschaftlichen Funktionen und der Besonderheiten der gegenwärtigen Etappe der Wissenschaftsentwicklung verfügt und die Werktätigen aktiv am wissenschaftlich-technischen Fortschritt teilhaben. Es wird immer offensichtlicher, daß durch die praktische Vereinigung mit den technischen Mitteln einer auf Wissenschaft basierenden modernen Produktion sich auch für sie selbst neue Erfahrungsbereiche erschließen, von denen neue wissenschaftliche Problemstellungen und Stimuli zu ihrer Erforschung ausgehen. In diesem Sinne wird die Produktion — wie Marx vorausgesehen hat — zur Sphäre experimenteller Wissenschaft. Das gilt gleichermaßen für den gesamten Bereich der Leitung gesellschaftlicher Prozesse. Es gilt also, den Bereich von Wissenschaft und Forschung eng und wechselseitig mit allen anderen Praxisbereichen zu verzahnen. Die wissenschaftliche Erkenntnis ist hierbei ein notwendiges und wirksames Mittel, um die bewußte Aktivität der gesamten Gesellschaft zu erhöhen.

3. Die Wissenschaft und die Entwicklung der gesellschaftlichen Produktion

In den vorangegangenen Abschnitten ist bereits erwähnt worden, daß die Wissenschaft in Wechselwirkung steht mit der materiellen Produktion, die einerseits die determinierende Grundlage und Triebkraft der Wissenschaftsentwicklung ist und andererseits selbst in wachsendem Maße „abhängt vom allgemeinen Stand der Wissenschaft und dem Fortschritt der Technologie, oder der Anwendung dieser Wissenschaft auf die Produktion."[20]

Im Verlaufe der gesellschaftlichen Entwicklung bildet sich in dem Maße, wie sich der Charakter der Produktion verändert und wissenschaftliche Kenntnisse akkumuliert werden, ein kompliziertes System von Zusammenhängen zwischen Wissenschaft und Produktion heraus, dessen konstituierende Elemente direkt miteinander verbunden sind. Es umfaßt Grundlagen- und angewandte Forschung, technologische und Konstruktionsarbeiten, die Herstellung von Mustern neuer

[20] K. Marx, Ökonomische Manuskripte 1857/1858, in: MEW, Bd. 42, Berlin 1983, S. 600.

Technik, aber auch deren breite Einführung in die Volkswirtschaft sowie schließlich den eigentlichen Bereich der materiellen Produktion. Die Wissenschaft ist in diesem System nicht nur Quelle neuer fundamentaler Kenntnisse; sie erkundet zugleich auch die Wege und Verfahren, wie diese Kenntnisse praktisch realisiert werden können.

Im Prozeß der materiellen Produktion entstehen ständig Bedürfnisse nach neuem Wissen und ergeben sich aktuelle Aufgaben für die Wissenschaft. Die Produktion stimuliert so die Entwicklung der Wissenschaft und beeinflußt das Spektrum ihrer Entwicklungsrichtungen. Überdies befriedigt sie die wachsenden Bedürfnisse der Wissenschaft nach moderner Technik und nach der für sie notwendigen industriellen Versuchsbasis. Ihrerseits beeinflußt die Wissenschaftsentwicklung die Entwicklung der Produktion; dieser Einfluß kann so weit gehen, daß fundamentale wissenschaftliche Entdeckungen grundlegende Veränderungen in der Produktion bewirken und mitunter sogar zu völlig neuen Produktionszweigen führen, die allein aus der unmittelbaren Produktionspraxis nicht hätten entstehen können. Die Zusammenhänge zwischen Wissenschaft und Produktion werden so immer tiefer und vielseitiger; sie zeichnen sich durch Beständigkeit und Kontinuität aus.

Durch ihre Einwirkung auf die Produktion modifiziert die Wissenschaft deren Zweigstruktur, erhöht deren ökonomische Effektivität, verändert die Stellung und Rolle des Menschen im Produktionsprozeß und den Inhalt und Charakter der Arbeit grundlegend, bewirkt Veränderungen in der Berufs- und Qualifikationsstruktur der Arbeiter, des ingenieurtechnischen Personals und der Angestellten, führt zur Herausbildung neuer Berufe und Spezialrichtungen, erweitert die Möglichkeiten für schöpferische Betätigung und für die allseitige Entwicklung der Persönlichkeit. Unter dem Einfluß der wissenschaftlich-technischen Revolution beschleunigt sich der Übergang aller Zweige der Volkswirtschaft zu industriellen Formen der Entwicklung und erweitern sich die Maßstäbe der Einführung grundlegend neuer technologischer Prozesse und Ausrüstungen, die die Perspektive der komplexen Automatisierung der Produktion eröffnen, was seinerseits die Lösung kompliziertester wissenschaftlich-technischer und industrieller Probleme erfordert. Der wissenschaftlich-technische Fortschritt erweist sich so im Verein mit der Vervollkommnung des Systems der Leitung der Volkswirtschaft als die Hauptbedingung für den Übergang der Volkswirtschaft auf den intensiven Entwicklungsweg. Für die Wissenschaftswissenschaft ist in diesem Zusammenhang wichtig, daß die Ausbildung struktureller Wechselbeziehungen zwischen Wissenschaft und Produktion nicht nur den Bereich der Produktion selbst modifiziert, sondern auch wesentliche Veränderungen u. a. in der Funktionsweise und der Entwicklung der Wissenschaft als soziale Institution sowie in den Organisationsformen der Forschung bewirkt. Die Entwicklung der wissenschaftlich-technischen Revolution erfordert eine einheitliche staatliche Politik auf dem Gebiet von Wissenschaft und Technik. Der entwickelte Sozialismus macht sie nicht nur möglich, sondern auch unbedingt notwendig. In vielen Dokumenten der kommunistischen und Arbeiterparteien der sozialistischen Länder wird eingeschätzt, daß sie für die weitere Vervollkommnung des entwickelten Sozialismus heute entscheidende Bedeutung erlangt.

Diese Politik basiert grundsätzlich auf der Schlußfolgerung, daß das Tempo des wissenschaftlich-technischen Fortschritts und die Möglichkeit, ihn auf die Lösung der brennendsten und gesellschaftlich bedeutsamsten Aufgaben auszurichten, wesentlich von der Integration der Wissenschaft mit der Produktion abhängen, d. h. von der Entwicklung solcher Kooperationsformen und Verbindungsglieder, daß sich ein einheitliches und ganzheitliches System herausbildet, das drei Grundkomponenten umfaßt: Wissenschaft (W), Technik (T) und Produktion (P).

Die Wechselwirkung zwischen Wissenschaft, Technik und Produktion verändert ihren Charakter unter dem Einfluß der sozialökonomischen Verhältnisse und der eignen Entwicklung von Wissenschaft und Technik. Wir haben es hier mit einem historischen Prozeß zu tun, an den folglich auch historisch herangegangen werden muß.

Ursprünglich hatten die Zusammenhänge im System „Wissenschaft — Technik — Produktion“ vorwiegend die Form P → T → W. Diese Richtung des Zusammenhangs war lange Zeit die dominierende. Allmählich gewann jedoch auch der entgegengesetzt gerichtete Zusammenhang W → T → P immer mehr an Bedeutung.

Mit der Entwicklung der Maschinerie entwickelte sich allmählich auch die technologische Anwendung der Wissenschaft. Bereits am Ausgang des vorigen Jahrhunderts kam es zur Entstehung ganzer neuer *Produktionszweige*, die auf der Anwendung wissenschaftlicher Errungenschaften basierten (pharmazeutische und Elektroindustrie, Düngemittelproduktion u. a.).

Dies bedeutet natürlich keineswegs, daß die Wissenschaft die gesamte Entwicklung der Produktion determiniert. Die entscheidende Determinante für die Entwicklung des Systems „Wissenschaft — Technik — Produktion“ sind und bleiben in letzter Instanz die materiellen Bedingungen und Bedürfnisse der Gesellschaft und vor allem die der Produktion. Die von der Produktion zur Wissenschaft gehenden Zusammenhänge werden damit nicht außer Kraft gesetzt, sondern werden, im Gegenteil, noch beständiger, organisierter und systematischer. Zugleich gewinnt das ganze System dadurch eine neue Qualität. Alle drei Grundkomponenten des Systems entwickeln sich nunmehr in enger wechselseitiger Abhängigkeit, wobei sich als notwendige Bedingung herausstellt, daß die Entwicklung der Wissenschaft der der Technik vorauseilt und die der Technik der der Produktion.

Die heutige Produktion kann sich nur auf dem Wege der Intensivierung erfolgreich entwickeln; Voraussetzung dafür ist die umfassende Anwendung der Wissenschaft in der Technologie, Organisation und Leitung der Produktion, aber auch die Erhöhung des kulturell-technischen Niveaus der Werktätigen. Die Intensivierung ermöglicht es, bei gleichbleibender oder sogar sich verringernder

Zahl von Arbeitskräften und bei gleichen oder geringeren Produktionsfonds die quantitativen und qualitativen Maßstäbe der erzeugten Güter zu erhöhen. Das bedeutet, daß der intensive Typ der Reproduktion seinem Wesen nach die allseitige Entwicklung der Grundlagen- und angewandten Forschung und die rasche Anwendung ihrer Erzeugnisse in der Praxis voraussetzt. Mit dem Übergang der Wirtschaft auf den Weg der umfassenden Intensivierung erlangt die Wissenschaft im Leben der Gesellschaft deshalb eine noch größere Bedeutung als vorher.

Das zentrale Problem des wissenschaftlich-technischen Fortschritts ist gegenwärtig die zeitliche Verkürzung des Zyklus „Forschung — Produktion". Dabei ist zu berücksichtigen, daß der wissenschaftlich-technische Fortschritt Innovationen einschließt, die, einerseits, auf traditionellen wissenschaftlich-technischen Prinzipien beruhen, deren Potenzen noch nicht ausgeschöpft sind, und, andererseits, aus grundlegend neuen Entdeckungen und Projekten in Wissenschaft und Technik hervorgehen.

Die Wissenschaft wirkt unter den Bedingungen der Intensivierung spürbar auf alle Komponenten der Produktion ein: Arbeitsmittel und Technologien werden erneuert; es verändern sich die Arbeitsgegenstände, die Struktur der Produktion, die Formen der Arbeitsorganisation, die Methoden der Leitung und Planung; es erhöhen sich das kulturelle Niveau und die Qualifikation der Werktätigen. Diese Veränderungen in allen Elementen des Produktionsprozesses erfolgen indes nicht unabhängig voneinander. Die Schaffung neuer Technik ist ohne Erneuerung der Technologie undenkbar; diese wiederum bringt das Bedürfnis nach neuen Werkstoffen hervor, berührt also schon den Arbeitsgegenstand. Die Veränderungen in den gegenständlichen Elementen der Produktivkräfte bleiben nicht ohne Wirkung auf deren menschliche Komponente: Es verändern sich die Arbeitsinhalte und die Organisationsformen der Arbeit. All das wiederum stimuliert die integrativen Tendenzen in der Wissenschaft, intensiviert die Wechselbeziehungen zwischen Natur- und Technikwissenschaften und bringt auch die Gesellschaftswissenschaften in größere Nähe zu ihnen.

Die wissenschaftlich-technische Revolution setzt eine Menge „wissenschaftsintensiver" Probleme auf die Tagesordnung. So ist es höchst wahrscheinlich, daß für die künftige Entwicklung der Menschheit das Problem der Energiegewinnung eine entscheidende Rolle spielen wird, wobei es in erster Linie um die Beherrschung der Kernfusion geht, aber auch um die Gewinnung von Sonnenenergie. Eine der wichtigsten Richtungen der wissenschaftlich-technischen Revolution ist die komplexe Automatisierung der Produktion, bei deren Durchsetzung die Wissenschaft eine führende Rolle spielt. Die breite Automatisierung der technologischen Prozesse schließt den Bau und den Einsatz von automatisierten Werkzeugmaschinen und anderen Mechanismen, unifizierten Ausrüstungsmodellen, Komplexen aus Robotern und anderer Technik sowie der Rechentechnik ein.

Mit der Nutzung von Industrierobotern wird eine neue Seite der Automatisierung erschlossen. Bereits heute werden in einer Reihe von Produktionszweigen

Manipulatoren mit festem Programm für die verschiedensten Zwecke eingesetzt. Man nennt sie Roboter der ersten Generation. Die zweite Generation von Robotern bilden hingegen adaptive Roboter, die bei sich verändernden Produktionsbedingungen ein optimales Arbeitsregime einhalten können. Doch zeichnen sich auch bereits die Perspektiven für die Schaffung von Robotersystemen der dritten Generation ab, d. h. von solchen mit „künstlichem Intellekt“. Der Bau und der umfassende Einsatz von Robotern der verschiedenen Generationen gestattet somit eine radikale Erhöhung der Arbeitsproduktivität.

Die Automatisierung verändert den Charakter der Arbeit und eröffnet die Möglichkeit, den Menschen zunehmend von schwerer körperlicher und monotoner körperlicher und geistiger Arbeit zu befreien. Sie trägt dazu bei, die noch bestehenden wesentlichen Unterschiede zwischen körperlicher und geistiger Arbeit allmählich zu verringern. Die automatisierte Technik läßt die marxistische Voraussicht, daß sich der Anteil qualifizierter schöpferischer Arbeit erhöhen wird, zur Realität werden. Dafür bedarf es allerdings entsprechender sozialer Bedingungen. Im Kapitalismus hat die Automatisierung unmittelbar das Ansteigen der Arbeitslosigkeit zur Folge. Die adäquaten Voraussetzungen dafür, daß die Automatisierung der Produktion tatsächlich dem arbeitenden Menschen und seiner allseitigen Entwicklung zugute kommt, vermag nur der Sozialismus zu schaffen.

Die breite Durchsetzung der Automatisierung wurde durch die Entwicklung der Elektronik und der Miniaturisierung von Systemen verschiedenster Art gefördert. Der entscheidende Wendepunkt in dieser Beziehung war die Schaffung von Mikroprozessoren. Für den Fortschritt auf diesem Gebiet war der erreichte wissenschaftliche Vorlauf in ganz unterschiedlichen Bereichen der Physik ausschlaggebend.

Große praktische Bedeutung für die Erhöhung der Effektivität von elektronischen Datenverarbeitungsanlagen haben die Entwicklung der Elektronik, insbesondere der Quanten- und Optoelektronik, sowie die Anwendung der Lasertechnik und der Holographie. Neuartige Kommunikationssysteme helfen, Produktionsprozesse effektiver zu leiten. Synthetische Werkstoffe mit vorgegebenen Eigenschaften spielen in der Produktion eine immer größere Rolle. Hieraus ergeben sich neue Impulse für Forschungen auf dem Gebiet der Festkörperphysik und der chemischen Synthese. Alles spricht dafür, daß mit der Entwicklung von Molekularbiologie, Biophysik, Biochemie, Genetik und solcher grundlegend neuer wissenschaftlich-technischer Richtungen wie Biotechnologie und Gentechnik wesentliche Transformationen in der gesamten Struktur der materiellen Produktion einhergehen werden. Die Anwendung dieser Kenntnisse wird unzweifelhaft zu bedeutenden technischen und ökonomischen Effekten führen.

Die Intensivierung der Produktion setzt außerdem eine bessere und vollständigere Nutzung natürlicher Rohstoffe voraus, wodurch nicht nur die Arbeitsproduktivität erhöht, sondern auch die Umweltverschmutzung verringert wird. Intensiv erweiterte Reproduktion bedeutet unter den heutigen Bedingungen immer zugleich naturschonende Reproduktion. Zur Lösung dieses Problems beizutragen, wird immer mehr zu einer der wichtigsten Richtungen an der gesamten Forschungsfront. Die rationelle Nutzung der materiellen Ressourcen hängt in wachsendem Maße davon ab, wie es gelingt, die Produktionsrückstände in allen Stadien der Rohstoffgewinnung und -verarbeitung sowie der Herstellung, des Transports, der Lagerung und des Verbrauchs der Produkte zu minimieren. Eine so organisierte Produktion bedeutet eine qualitativ neue Etappe der Entwicklung der industriellen Produktion, ihrer Technologie und Technik. Es geht um die allmähliche Schaffung von Industriebetrieben neuen Typs, von komplexen Kombinaten im weiten Sinne, die verschiedenartigste Produktionszweige vereinen und auf dieser Basis die jeweiligen Rohstoffressourcen und Produktionsrückstände (insbesondere Schadstoffe) so vollständig wie möglich nutzen. Eine solche Produktion ist für die Lösung der ökologischen Probleme von unschätzbarem Wert.

In den Ländern der sozialistischen Gemeinschaft ist die Wissenschaft zu einem wichtigen Faktor der Entwicklung der Produktivkräfte geworden. In den letzten 30 Jahren ist die Industrieproduktion pro Kopf der Bevölkerung in diesen Ländern um mehr als das Neunfache gestiegen, während sie sich im Weltmittel um das 3,4fache erhöht hat.[21] Zu Beginn der 50er Jahre betrug der Anteil der RGW-Länder an der Industrieproduktion der Welt ca. 18%, während er 1981 ungefähr ein Drittel ausmachte.[22] Das jährliche Tempo des Zuwachses der Industrieproduktion betrug in den RGW-Ländern zwischen 1951 und 1981 8,6%, in den entwickelten kapitalistischen Ländern hingegen 4,5% und in den Entwicklungsländern 6,7%.[23]

Auch bei der Intensivierung der landwirtschaftlichen Produktion spielt die Wissenschaft eine ständig wachsende Rolle. Sie ermöglicht es, die Produktion landwirtschaftlicher Erzeugnisse zu steigern und dabei die Verausgabung lebendiger Arbeit zu senken. Auf die Mitgliedsländer des RGW entfallen ca. 25% der landwirtschaftlichen Produktion in der Welt. Im Zeitraum von 1951 bis 1982 erhöhte sich die landwirtschaftliche Bruttoproduktion der RGW-Länder um das 2,4fache. Die mittleren jährlichen Zuwachsraten der landwirtschaftlichen Produktion betrugen in den RGW-Ländern im Zeitraum von 1951 bis 1981 2,9%, in den entwickelten kapitalistischen Ländern 2,1% und in den Entwicklungsländern 3,1%.[24]

Ein wichtiger Faktor der Beschleunigung des wissenschaftlich-technischen Fortschritts ist die Vervollkommnung der *Arbeitsorganisation*. Zusammen mit der praktischen Erfahrung der Arbeiter in der Produktion ermöglichen Wissen-

[21] Vgl. Ekonomičeskoje sotrudničestvo stran-členov SEV, 2/1984, S. 37.
[22] Vgl. Narodnoje chozjajstvo SSSR 1922—1982, Moskva 1982, S. 89.
[23] Vgl. ebenda, S. 90.
[24] Vgl. ebenda.

schaft und Forschung, zu neuen Organisationsformen überzugehen, in denen die Besonderheiten der jeweiligen Produktion berücksichtigt werden.

Eine große Rolle spielt die Wissenschaft bei der Verbesserung der *Arbeitsbedingungen und des Arbeitsschutzes.* Aufgabe der Wissenschaftler und Konstrukteure ist es, neue Maschinen zu entwerfen, die sich nicht nur durch hohe technische Parameter auszeichnen, sondern auch hohe Sicherheit bei der Arbeit mit ihnen gewährleisten, bedienungsfreundlich sind usw. An die Technik werden heute in wachsendem Maße sozialökonomische Anforderungen gestellt. Aus diesem Erfordernis heraus sind neue wissenschaftliche Disziplinen entstanden, wie technische Ästhetik, Ingenieurpsychologie, Ergonomie. All das verstärkt die Tendenz der Annäherung von Natur-, Technik- und Gesellschaftswissenschaften.

Die Vervollkommnung der Technik und der Arbeitsorganisation wie auch die Verbesserung der Arbeitsbedingungen schlagen letztlich in höherer Arbeitsproduktivität zu Buche. Die Steigerung der Arbeitsproduktivität ist die aggregierte Kennziffer für das wissenschaftlich-technische Niveau der Produktion, die Arbeits- und Produktionsorganisation und das Qualifikationsniveau der Werktätigen. Ausdruck der Arbeitsproduktivität ist seinerseits der Index des produzierten Nationaleinkommens je Beschäftigten in der materiellen Produktion. Er hat für die einzelnen Länder folgende Werte[25]:

Tabelle 1: Index des produzierten Nationaleinkommens je Beschäftigten in der materiellen Produktion
(1960 = 100 %)

Jahr	VRB	UVR	DDR	MVR	VRP	SRR	UdSSR	ČSSR
1970	210	142	156	151	153	223	186	140
1975	305	193	201	187	226	377	232	175
1980	410	237	241	221	249	526	273	206
1981	426	245	252	239	220	535	280	206
1982	444	250	258	252	...	547	289	205

Insgesamt ist in den Mitgliedsländern des RGW im Zeitraum von 1950 bis 1982 die Arbeitsproduktivität um das 5,7fache gestiegen. Der sich daraus ergebende Zuwachs der Industrieproduktion erhöhte sich von 55 % auf 75 %.[26] 1982 ist die Arbeitsproduktivität in der Industrie in den Mitgliedsländern des RGW insgesamt im Vergleich zu 1981 um 2,1 % gestiegen. Dieser Faktor bewirkte einen Zuwachs der Industrieproduktion in der UVR um 100 %, in der ČSSR um 90 %, in der DDR um 80 % und in der VRB um mehr als 75 %; die entsprechende Ein-

[25] Vgl. Statističeskij ežegodnik stran-členov SEV 1983, Moskva 1983, S. 17—24.

[26] Vgl. Mir socializma v cifrach i faktach, Moskva 1983, S. 12.

sparung an Arbeitskräften in der Industrie betrug in den Ländern der Gemeinschaft insgesamt mehr als 1 Million.[27]

Wissenschaftliche Ideen mit höchstmöglichem ökonomischen Effekt und in kürzesten Fristen in die volkswirtschaftliche Produktion umzusetzen, gehört heute mit zu den wichtigsten Aufgaben. Es geht dabei sowohl darum, den Zyklus „Forschung — Produktion" zu verkürzen, als auch seine Kontinuität zu sichern und dafür zu sorgen, daß alle seine Glieder gut aufeinander abgestimmt sind und verlustarm ineinandergreifen. Bereits im Stadium der Grundlagenforschung gilt es, sich auf solche Richtungen zu konzentrieren, die in kürzesten Zeiten den größten Effekt versprechen. Für angewandte Forschungsarbeiten gilt das umso mehr. Die Erfahrungen erfolgreicher Forschungsinstitute, Wissenschafts-Produktionsvereinigungen und Betriebe besagen, daß der Zyklus wesentlich verkürzt werden kann, wenn mehrere seiner Stadien zeitlich parallel durchlaufen werden. Insbesondere Wissenschafts-Produktionsvereinigungen bieten dafür günstige Bedingungen. So kann z. B. ein Zeitgewinn erzielt werden, wenn bereits im Stadium der Forschung und der ersten Entwürfe damit begonnen wird, für die industrielle Aneignung der neuen Erzeugnisse oder Verfahren die nötige Basis vorzubereiten. Die Arbeiter des Produktionsbetriebes können in diesem Falle gemeinsam mit den Konstrukteuren der neuen Technik schon in den frühen Stadien der Projektierung die technologischen und konstruktiven Besonderheiten der neuen Technik in Rechnung stellen sowie die Möglichkeiten und Fähigkeiten des betreffenden Betriebs einschätzen, diese Technik gemäß den vorgegebenen ökonomischen und technischen Parametern und in den vorgegebenen Zeiten tatsächlich herzustellen.

Die Überführungszeiten lassen sich oft auch durch eine bessere Organisation verkürzen. Durch eine einheitliche Leitungsorganisation, die darauf abzielt, die Arbeit der Wissenschaftler, Konstrukteure und Produktionsarbeiter enger zu koordinieren und die Kooperation zwischen ihnen zu vertiefen, kann z. B. eine durchgängige Leitung und Planung des gesamten Zyklus von der Entstehung einer Idee bis zu ihrer Umsetzung in neue Maschinen, Verfahren oder Erzeugnisse erreicht werden. In bestimmten Fällen hat es sich auch als zweckmäßig und effektiv erwiesen, besondere Einrichtungen zu schaffen, die sich auf die Überführung wissenschaftlicher und technischer Errungenschaften in die Produktion spezialisieren. In solchen Einrichtungen werden für die Überführung empfohlene oder vorgesehene abgeschlossene wissenschaftlich-technische Entwicklungsarbeiten geprüft und ihr voraussichtlicher Anwenderkreis eingeschätzt; sie erweisen weiterhin den Forschungsinstituten und technischen Konstruktionsbüros praktische Hilfe bei der Vorbereitung der abgeschlossenen Arbeiten zur Überführung und unterstützen schließlich die Industrie bei der Inbetriebnahme der neuen Technik und Technologie.

Von nicht zu unterschätzender Bedeutung ist in diesem Zusammenhang, ob

[27] Vgl. Ekonomičeskoje sotrudničestvo stran-členov SEV, 7/1983, S. 37.

Forschungsinstitute und Konstruktionsbüros über eine Versuchsbasis verfügen. Die Erfahrung lehrt, daß wissenschaftlich-technische Einrichtungen, denen eine entwickelte Versuchsproduktion angegliedert ist, in der Regel überführungsfreundlichere Ergebnisse erbringen, wodurch sich die Fristen bis zur Realisierung einer Innovation merklich verkürzen. Forschungsinstitute, Konstruktionsbüros und Industriebetriebe, die neue Technik einführen, stehen vor der Aufgabe, einen Komplex von Maßnahmen zu realisieren, der von der Unifizierung der Konstruktionen und Typisierung technologischer Prozesse bis zur ökonomisch-technischen Vorbereitung der neuen Produktion und deren Planung reicht. Um den Überführungsprozeß zu beschleunigen, muß insbesondere das System ökonomischer Stimuli vervollkommnet werden; beispielsweise sollte stärker davon Gebrauch gemacht werden, für neue Technik zeitweilig erhöhte Preise festzulegen, die für Hersteller und Anwender günstig sind, und sie in dem Maße zu senken, wie diese Technik moralisch veraltet, die Schöpfer der neuen Technik also materiell ebenso zu stimulieren wie die, die bei ihrer Einführung vorangehen.

Die Tendenz zur wechselseitigen Durchdringung und Integration von Wissenschaft und Produktion äußert sich nicht nur im Bereich von Forschung und Entwicklung, sondern auch bei der Leitung dieser Prozesse. In allen Ländern der sozialistischen Gemeinschaft sind in den letzten Jahren organisatorische, ökonomische und andere Maßnahmen eingeleitet worden, um dieser Aufgabe zu entsprechen. In der UdSSR wurde z. B. damit begonnen, langfristige Prognosen auszuarbeiten, die in ein für 20 Jahre angelegtes Komplexprogramm des wissenschaftlich-technischen Fortschritts eingehen, das die Hauptrichtungen der ökonomischen und sozialen Entwicklung in den nächsten 10 Jahren erfaßt und durch Zielprogramme untersetzt wird. Analoge Aufgabenstellungen sind auch in den anderen sozialistischen Bruderländern in Angriff genommen worden. Auf der Moskauer Beratung der höchsten Repräsentanten der Mitgliedsländer des RGW im Juni 1984 konnte deshalb vereinbart werden, „auf der Grundlage der nationalen Programme gemeinsam ein Komplexprogramm des wissenschaftlich-technischen Fortschritts für 15 bis 20 Jahre als Grundlage für die Erarbeitung einer abgestimmten und auf einigen Gebieten auch einheitlichen wissenschaftlich-technischen Politik auszuarbeiten mit dem Ziel der schnellstmöglichen Lösung der wichtigsten Fragen auf dem Gebiet von Wissenschaft und Technik durch gemeinsame Anstrengungen und der Überleitung der erreichten Ergebnisse in den interessierten Ländern zu gegenseitig vorteilhaften Bedingungen."[28]

Indes gibt es auf diesem Gebiet noch viele ungelöste Probleme ökonomischer, organisatorischer, aber auch sozial-psychologischer Art, zu deren Lösung die Wissenschaftswissenschaft beizutragen hat. Ein solches zentrales Problem ist,

[28] Erklärung über die Hauptrichtungen der weiteren Entwicklung und Vertiefung der ökonomischen und wissenschaftlich-technischen Zusammenarbeit der Mitgliedsländer des RGW, in: Neues Deutschland vom 16./17. Juni 1984, S. 5.

wie die Wissenschaft stärker an der Zusammenarbeit mit der Produktion interessiert werden kann, und welche Bedingungen geschaffen werden müssen, um, umgekehrt, die Produktion zu veranlassen, den Errungenschaften der Wissenschaft „hinterherzujagen" und an ihrer raschen Nutzung interessiert zu sein. Ein weiteres Problem besteht darin, daß die Produktionsstruktur sich in der Regel nur langsam den Möglichkeiten anpaßt, die die Wissenschaft in ihrer Rolle als unmittelbare Produktivkraft eröffnet. Die Erfahrung zeigt, daß wissenschaftsintensive Produktionszweige neueste wissenschaftliche Erkenntnisse rasch und umfassend überführen und zugleich den Einfluß der Produktionspraxis auf die Wissenschaft im höchsten Grade stimulieren.

Zum Bereich der materiellen Produktion gehört die sich immer mehr ausprägende *Infrastruktur der Produktion*; sie umfaßt Produktionszweige mit Dienstleistungsfunktionen gegenüber der Grundproduktion. Die Infrastruktur der Produktion gewinnt unter dem Einfluß des wissenschaftlich-technischen Fortschritts in allen Zweigen der materiellen Produktion immer größere Bedeutung. In diesem Zusammenhang ist besonders zu beachten, daß der wissenschaftlich-technische Fortschritt die Entwicklung einiger Komponenten der Infrastruktur besonders beschleunigt; dazu gehören vor allem die Industrieforschung, die Bestandteil des Systems der materiellen Produktion ist, die Ausbildung qualifizierter Kader für die Produktion und ihre Weiterbildung, die Informationsbereitstellung für die Industrieforschung und unmittelbar für die Produktion, die produktionstechnische Leitung, umweltschützende Technik und Technologie u. a.

Unter den gegenwärtigen Bedingungen wird nicht nur die Wechselwirkung zwischen Wissenschaft, Technik und Produktion intensiver, sondern verstärkt sich auch der Zusammenhang der Wissenschaft mit der *nichtproduktiven Sphäre des gesellschaftlichen Lebens*. Es gehört zu den objektiven Tendenzen der gesellschaftlichen Entwicklung, daß buchstäblich alle Bereiche der sozialen Praxis von der Wissenschaft durchdrungen werden. Neben dem System „Wissenschaft — Technik — Produktion" gewinnen daher auch die Systeme „Wissenschaft — Bildung" und „Wissenschaft — Leitung gesellschaftlicher Prozesse" immer mehr an Bedeutung.

Die wachsende Rolle, die die Wissenschaft in den nichtproduktiven Bereichen spielt, folgt vor allem aus dem enger werdenden Zusammenhang zwischen ökonomischen Aufgaben und sozialen Zielen. Die intensiv erweiterte Reproduktion der gesellschaftlichen Arbeit bedarf anderer sozialer Voraussetzungen als der extensive Reproduktionstyp. Die Intensivierung der gesellschaftlichen Reproduktion ist im Sozialismus nicht nur an die gegenständlichen Komponenten der Produktivkräfte gebunden, sondern auch an ein steigendes kulturelles Niveau, die Schöpferkraft und die gesellschaftliche Aktivität aller Werktätigen, die ihrerseits auf immer reichhaltigeren Formen und Inhalten ihrer Lebenstätigkeiten beruhen. Dieses Ziel der sozialistischen Ökonomie kann nur verwirklicht werden, wenn die Wissenschaft sowohl in der produktiven Sphäre als auch in den nichtproduktiven Bereichen des gesellschaftlichen Lebens umfassend angewendet wird. Nur unter dieser Bedingung ist es perspektivisch möglich, Produktion und Konsumtion im nötigen Schrittmaß zu entwickeln und die sozialistische Lebensweise zu gestalten. Dies wiederum ist entscheidend dafür, daß sich Produktion und Persönlichkeitsentwicklung wechselseitig stimulieren. Ähnlich wie der Vorlauf der Wissenschaft gegenüber der Technik und der Technik gegenüber der Produktion gesichert werden muß, gilt es, im entwickelten Sozialismus unter den Bedingungen der intensiv erweiterten Reproduktion den *Vorlauf der Qualifikationserhöhung der Werktätigen* gegenüber den Bedürfnissen der unmittelbaren Produktion und *den der Entwicklung des Menschen* und seiner Schöpferkraft gegenüber dem Bedarf des jeweiligen Qualifikationsniveaus zu gewährleisten. Eben das kennzeichnet das Verhältnis der sozialistischen Länder zur Bildung, zur Kultur und zur Anwendung der Wissenschaft in den nichtproduktiven Bereichen, vor allem in jenen, die unmittelbaren Bezug zur Herausbildung des neuen Menschen haben.

Die nichtproduktiven Zweige sichern die allgemeinen Bedingungen für die Tätigkeit der assoziierten Produzenten. Sie bilden die soziale Infrastruktur der Produktion und sind führend daran beteiligt, die strategische Aufgabe des Sozialismus zu erfüllen, d. h. die materiellen und kulturellen Bedürfnisse des Volkes immer umfassender zu befriedigen. In ihnen wird der überwiegende Teil an Dienstleistungen erbracht und werden die Bedürfnisse nach Bildung, Gesundheitsbetreuung, Kultur, Transport, Kommunikation u. a. befriedigt. Als Bestandteil der sozialen Infrastruktur beeinflußt die Wissenschaft sowohl deren Entwicklung als Ganzes als auch die ihrer einzelnen Zweige. In struktureller Hinsicht spielt die Wissenschaft für die nichtproduktive Sphäre eine ähnliche Rolle wie für die Produktion. In beiden Fällen hilft sie zu rationalisieren und die menschliche Tätigkeit effektiver und resultativer werden zu lassen, was besonders für Tätigkeiten mit Massencharakter von Bedeutung ist.

In historischer Hinsicht allerdings ist die Verbindung der Wissenschaft mit der Produktion im ganzen mehr entwickelt, präziser ausgebildet und stabiler als ihre Verbindung mit den Zweigen der nichtproduktiven Sphäre. Zwar haben sich in einigen dieser Zweige, z. B. im Bildungs- und im Gesundheitswesen, bereits Strukturen herausgebildet, die Zweigakademien und ein ganzes Netz wissenschaftlicher Einrichtungen umfassen, und sind in anderen Zweigen wissenschaftliche Zentren, Forschungsrichtungen und Disziplinen angewandten Profils entstanden, die die Arbeit in diesen Zweigen zu rationalisieren und technisch und organisatorisch abzusichern helfen, doch befindet sich der Prozeß des Zusammenschlusses der Wissenschaft mit dem nichtproduktiven Bereich im ganzen gesehen offensichtlich noch im Anfangsstadium. Dies zeigt sich insbesondere darin, daß selbst dort, wo die Verbindung mit der Wissenschaft bereits organisatorische Formen angenommen hat, die realen Effekte aus der Anwendung der Wissenschaft häufig noch unter den Möglichkeiten liegen, die sie eröffnet. Das System „Wissenschaft — Technik — Produktion“ kann in dieser Hinsicht als eine Art Modell dienen, an dem neue Strukturen und Formen der Wechselwirkung erprobt werden, die sodann — entsprechend modifiziert — auch in den nichtproduktiven Zweigen angewendet werden. Hier eröffnet sich der Wissenschaftswissenschaft eine breites Problemfeld.

Die Wissenschaft hat u. a. die Aufgabe, die Hauptrichtungen zu analysieren, in denen sich die nichtproduktive Sphäre entwickelt, rationale Proportionen zwischen ihnen zu ermitteln und für deren Einhaltung im Rahmen des gesamten Reproduktionsprozesses geeignete Maßnahmen vorzuschlagen. Sie trägt in bedeutendem Maße zur Herausbildung neuer Bedürfnisse in den einzelnen Zweigen bei. So erzeugt z. B. der Erkenntnisfortschritt das objektive Bedürfnis nach umfassenderer und vertiefter Bildung sowie nach gut ausgebildeten Fachleuten für neue Wissenschaftsdisziplinen und Spezialisten interdisziplinären Profils. Auch vermag die Wissenschaft viel dazu beizutragen, die Struktur des Verbrauches materieller Güter und der Inanspruchnahme von Dienstleistungen zu vervollkommnen, ihre Qualität zu verbessern und das Angebot zu erweitern; dies aber ist von unmittelbarer sozialer Bedeutung, denn es betrifft in beträchtlichem Maße die Alltagsbedürfnisse der Menschen und die Herausbildung vieler Seiten der sozialistischen Lebensweise.

Was die Gesellschaftswissenschaften betrifft, so besteht ihre spezifische Bedeutung für die Entwicklung der nichtproduktiven Sphäre darin, daß sie die Haupttendenzen und die wichtigsten Faktoren zu ermitteln gestatten, welche die *Herausbildung* der Bedürfnisse beeinflussen. Dies aber ist seinerseits ein unabdingbarer Bestandteil der Aufgabe, die sozialökonomischen Prozesse zu prognostizieren und zu planen.

Um den Reifegrad des nichtproduktiven Bereichs im Sozialismus zu erhöhen, bedarf es einer wohlbegründeten Strategie für die Entwicklung aller seiner Zweige, eines sozialistischen Modells für ein wissenschaftlich begründetes Bedürfnisniveau der Bevölkerung. Bislang werden nur relativ wenige Arten von Dienstleistungen auf wissenschaftlicher Grundlage erbracht. Offensichtlich ist es z. B. nicht rationell, wenn in der UdSSR für Haushaltsarbeiten jährlich mehr Mannstunden (275 Milliarden) aufgebracht werden als für die Produktion materieller Güter (200 Milliarden).[29] Die wissenschaftliche Grundlage der nichtproduktiven Zweige auszubauen und wissenschaftliche Errungenschaften in verstärktem Maße in sie zu überführen, ist deshalb eine höchst aktuelle Aufgabe.[30]

Auf der Ebene von Kombinaten und Betrieben hat sich die *Sozialplanung* als ein wirksames Instrument der komplexen wissenschaftlichen Begründung und der planmäßigen Leitung der sozialen Entwicklungsprozesse erwiesen. In der UdSSR ist die Sozialplanung zu Beginn der 70er Jahre in vielen Betrieben zur Regel geworden; in der Folgezeit wurden Pläne zur sozialen Entwicklung ganzer Städte und Kreise erarbeitet. Diese Pläne beinhalten einen großen Kreis von Fragen, wie z. B. die Verbesserung der Arbeitsbedingungen in der Produktion

[29] Vgl. Ekonomika i organizacija promyšlennogo proizvodstva, Novosibirsk, 1/1982, S. 206.
[30] Vgl. S. R. Mikulinskij/R. Richta (Hrsg.), Socializm i nauka, Moskva 1981, S. 272—282.

und der Wohnbedingungen, das Angebot von Dienstleistungen, die medizinische Betreuung, die Organisation der Erholung, die Erhöhung der Qualifikation der Werktätigen, aber auch Maßnahmen zur kommunistischen Erziehung und zur breiteren Einbeziehung der Werktätigen in die Leitung der Produktion. Die Sozialplanung umfaßt sowohl die soziale Infrastruktur als auch die der Produktion und wird oft auch schon mit der Produktions- und Investitionsplanung verbunden.[31]

Durch den wissenschaftlich-technischen Fortschritt kann auch die *materielle Basis* der nichtproduktiven Zweige ständig vervollkommnet werden. Die materiell-technische Ausstattung von Dienstleistungsbetrieben konnte in den letzten Jahren wesentlich verbessert werden. Im Grunde genommen entsteht damit ein neuer moderner Zweig der Volkswirtschaft. Die weitere Verbesserung der technischen Ausstattung von Betrieben der Dienstleistungssphäre hat große soziale Bedeutung, denn mit dieser Sphäre sind die Menschen tagtäglich verbunden. Die unterschiedlichsten Wissenschaftszweige, vor allem aber die technischen Wissenschaften, tragen aktiv dazu bei, das Angebot an Dienstleistungen ständig zu erweitern und die Qualität der ausgeführten Arbeiten zu erhöhen.

Im Gesundheitswesen der sozialistischen Länder besteht die Orientierung, das existierende Netz an Heilanstalten zu rekonstruieren, zu modernisieren und mit neuer Technik auszustatten. Mit moderner medizinischer Technik ausgerüstete Spezial- und Polikliniken geben die Möglichkeit, die Errungenschaften der medizinischen Wissenschaft auf den Gebieten der Diagnostik und Therapie in breitem Maße anzuwenden.

Durch die Einführung moderner Geräte und Ausrüstungen verändert sich der Charakter der Arbeit auch in der nichtproduktiven Sphäre. Der höhere technische Ausstattungsgrad der Arbeitsprozesse bewirkt insbesondere einen höheren Anteil an ingenieurtechnischer und allgemein intellektueller Arbeit.

Vor unseren Augen vollzieht sich ein komplizierter und dialektisch widersprüchlicher Prozeß: Die Wissenschaft dringt anhaltend in die verschiedensten Tätigkeitsbereiche des Menschen und der Gesellschaft vor; die wissenschaftlich-technische Revolution bringt grundlegend neue Tätigkeitsarten und -gebiete hervor; Strukturwandlungen gehen vor sich, und in den herkömmlichen Bereichen ändern sich Inhalt und Charakter der Tätigkeiten. Die sozialökonomischen Auswirkungen dieses Prozesses sind vielgestaltig und bei weitem nicht immer eindeutig. Seinen Verlauf und seine Folgewirkungen in unterschiedlichen Gesellschaftssystemen zu analysieren, für den Menschen ungünstige Effekte vorauszusehen und zu verhüten und vor sich gehende positive Wandlungen zu stimulieren — all das sind verantwortungsvolle Aufgaben, die nur gelöst werden können, wenn die Wissenschaft selbst umfassend und zielstrebig weiterentwickelt wird und Natur-, Technik- und Gesellschaftswissenschaften in noch stärkere Wechselwirkung miteinander treten. Der Wissenschaftswissenschaft ist in diesem Zusammenhang

[31] Vgl. Problemy social'nogo planirovanija, Moskva 1974, S. 199—202.

aufgegeben, konkrete Untersuchungen mit dem Ziel durchzuführen, die Effektivität der wissenschaftlichen Tätigkeit zu erhöhen und ihre Leitung, Planung und Organisation zu verbessern. Wissenschafts- und Wirtschaftswissenschaftler haben die gemeinsame Aufgabe, optimale Größen des wissenschaftlichen Potentials der nichtproduktiven Sphäre und seiner Struktur zu ermitteln und Wege zu erkunden, auf denen die Wissenschaft noch enger mit den Zweigen nichtproduktiver Tätigkeit verbunden werden kann.

In den ökonomisch entwickelten sozialistischen und kapitalistischen Ländern macht der Anteil der nichtproduktiven Sphäre an den Gesamtausgaben für Wissenschaft im Mittel 30—35% aus (in der UdSSR und ČSSR mehr als 20%, in der UVR und VRP 31%, in der VRB 40%, in den USA ca. 30%, in der BRD 33%, in Japan, England, Frankreich, Italien und den Niederlanden etwa 40%).[32] Es ist abzusehen, daß in dem Maße, wie sich die sozialökonomische Bedeutung der nichtproduktiven Sphäre weiter erhöht, auch der Anteil ihrer Wissenschaftsressourcen am wissenschaftlichen Gesamtpotential der einzelnen Länder wachsen wird.

4. Wissenschaft und Bildung

Das Bildungssystem erfüllt eine überaus wichtige soziale Funktion: Es bildet die neuen Generationen heran, bereitet sie auf gesellschaftlich nützliche Arbeit und auf die bewußte Teilnahme am gesellschaftlichen Leben vor. Ohne ein entwickeltes System der Allgemein- und Spezialbildung ist eine industriell entwickelte Gesellschaft nicht funktionsfähig. Über dieses System wird das Massiv an Grundwissen, welches das Individuum in seiner beruflichen Tätigkeit benötigt, von Generation zu Generation weitergegeben; zugleich wird die neue Generation in ihm gemäß den Anforderungen des jeweiligen Gesellschaftssystems erzogen. Wenn die Wissenschaftswissenschaft das Verhältnis von Wissenschaft und Bildung untersucht, verfolgt sie also nicht enge und spezielle Zwecke; da das Thema von allgemeiner Bedeutung ist, bezieht es naturgemäß die Wissenschaftswissenschaft in die Lösung allgemeiner sozialer Probleme ein.

Wissenschaft und Bildung sind seit jeher eng miteinander verbunden. In dem Maße, wie sich die sozialökonomischen Grundlagen des gesellschaftlichen Lebens gewandelt, die Ziele, Inhalte und Methoden der Bildung und Erziehung sich verändert haben und die wissenschaftliche Erkenntnis selbst vorangeschritten ist, haben sich auch die Formen und der Charakter dieser Verbindung geändert. Der Zusammenhang beider Bereiche aber war immer und bleibt auch in Zukunft eine objektiv notwendige Bedingung für die Reproduktion beider wie der gesellschaftlichen Verhältnisse insgesamt.

Die Wechselwirkung zwischen Wissenschaft und Bildung kann vereinfacht

[32] Berechnet nach: UNESCO Statistical Yearbook 1980 Paris 1981, S. 741–873.

und schematisch in zweierlei Richtung dargestellt werden: von der Wissenschaft zur Bildung und umgekehrt. Wenn dieses abstrakte Schema auch nicht die ganze Dialektik des Wechselverhältnisses wiederzugeben vermag, kann es doch dienlich sein, um eine Reihe wissenschaftswissenschaftlicher Probleme zu akzentuieren.

Das Bildungswesen ist einerseits ein spezifischer Bereich, in dem das von der Wissenschaft erzeugte Wissen angewandt wird, allerdings nicht zum Zwecke der Produktion materieller Güter, sondern zur Entwicklung der menschlichen Persönlichkeit. Infolgedessen ergeben sich auch hier, wenngleich in spezifischer Form, typisch wissenschaftswissenschaftliche Probleme; zu ihnen gehört z. B. das Problem der Effektivität der Anwendung der Wissenschaft (denn über die Bildung wirkt die Wissenschaft ja auf das gesellschaftliche Leben) oder das Problem der Übereinstimmung des Unterrichtsniveaus mit dem gegebenen Entwicklungsniveau der wissenschaftlichen Disziplinen. Letzteres ist keine leichte Aufgabe, wenn man bedenkt, daß in bestimmten Wissensgebieten der Umfang des Wissens sich alle 7—10 Jahre verdoppelt. Andererseits werden im Bereich des Bildungswesens die Kader für die Wissenschaft ausgebildet.

Vom Bildungsniveau der heutigen Generation hängen in hohem Maße Entwicklungsniveau und Erkenntnishorizont der Wissenschaft von morgen ab. Angesichts dieser Abhängigkeit der Wissenschaft von der Bildung kann die Wissenschaftswissenschaft an den verschiedensten Problemen, welche die Ausbildung von Kadern für die Wissenschaft aufwirft, nicht vorbeigehen. Schließlich ist zu beachten, daß die Lehrtätigkeit, besonders die an Hochschulen, eng mit wissenschaftlicher Arbeit verbunden ist; den Zusammenhang zwischen beiden zu analysieren, gehört ebenfalls mit zu den Aufgaben der Wissenschaftswissenschaft.

Moderne Maschinen, automatische Vorrichtungen und komplizierte technologische Prozesse, wie wir sie heute in Industrie und Landwirtschaft vorfinden, erfordern ein hohes Niveau an Allgemeinbildung und fachlicher Qualifikation. Da zudem Arbeitsmittel und Technologien sich rasch verändern, muß ein breit angelegtes Weiterbildungssystem den Werktätigen die Möglichkeit geben, auch neue Berufe zu erlernen.

In der gesellschaftlichen Gesamtarbeit verschieben sich die Proportionen zwischen geistiger und körperlicher Arbeit immer mehr zugunsten eines wachsenden Anteils geistiger Arbeit. Diese Tendenz zeigt sich sowohl im Rahmen der gesamten Volkswirtschaft und ihrer verschiedenen Zweige, als auch im Rahmen einzelner Betriebe. Der technische Fortschritt wirkt sich bis in die wachsenden Anteile geistiger Arbeit an den Arbeitsaufwendungen jedes Werktätigen aus.

Um unter den Bedingungen der wissenschaftlich-technischen Revolution eine dynamische und intensive Entwicklung der Wirtschaft zu sichern, muß die Zeitspanne zwischen der Herstellung und Einführung vollkommenerer Arbeitsinstrumente und der Qualifizierung der Arbeitskräfte zum Umgang mit ihnen so klein wie möglich gehalten werden. Die Einführung neuer und neuester Technik erfordert insbesondere einen wachsenden Anteil ingenieurtechnischen Personals und anderer Spezialisten an den in der Volkswirtschaft insgesamt Beschäftigten.

Die sozialistische Gesellschaft sichert allen Werktätigen ein hohes Niveau der Allgemeinbildung und der fachlichen Qualifikation. Sie verfügt über ein leistungsfähiges geistiges Potential zur beschleunigten Entwicklung der Produktivkräfte und zur Lösung ihrer historischen Aufgaben auf den Gebieten der Ideologie, Kultur und kommunistischen Erziehung der Werktätigen. Zugleich schafft sie die notwendigen Bedingungen dafür, daß mit der Anwendung der Technik sich auch die geistigen und körperlichen Fähigkeiten der Werktätigen in der Produktion entwickeln und vervollkommnen können. Engels hatte schon in der Mitte des vorigen Jahrhunderts vorausgesehen: Für den Übergang zum Kommunismus „genügen die mechanischen und chemischen Hilfsmittel nicht allein; die Fähigkeiten der diese Hilfsmittel in Bewegung setzenden Menschen müssen ebenfalls in entsprechendem Maße entwickelt sein."[33] Die Entwicklung der Arbeitskraft aber, die unter dem Einfluß des wissenschaftlich-technischen Fortschritts vor sich geht, ist ihrerseits ein Faktor, der für die weitere Vervollkommnung der Arbeitsmittel und der Produktion von immer größerer Bedeutung ist. In der Zeit der wissenschaftlich-technischen Revolution verstärken sich deshalb nicht nur die Beziehungen zwischen Wissenschaft und Produktion, sondern auch die zwischen Wissenschaft, Bildung und Produktion.

Angesichts der Aufgaben, die die Gestaltung der entwickelten sozialistischen Gesellschaft mit sich bringt, und der Erfordernisse des wissenschaftlich-technischen Fortschritts werden in allen Mitgliedsländern des RGW große Anstrengungen zur systematischen Entwicklung des Bildungswesens unternommen. In ihrem Gefolge wurde durchgängig ein hohes Bildungsniveau der Bevölkerung gesichert. Das verfassungsmäßig garantierte Recht der Bürger auf Bildung wird durch kostenlose allgemeine polytechnische Schulbildung, Fachschul- und Berufsausbildung sowie Hochschulbildung verwirklicht; Abend- und Fernstudium ergänzen diese Bildungsmöglichkeiten, und staatliche Stipendien unterstützen sie.

In den letzten drei Jahrzehnten wurden in den Mitgliedsländern des RGW Schulen mit ca. 45 Millionen Plätzen geschaffen; die Zahl der Schüler an den allgemeinbildenden Schulen erhöhte sich im gleichen Zeitraum um 13 Millionen, das sind 27%.[34] Die folgende Tabelle gibt einen Überblick über die Zahl der Schüler an allgemeinbildenden Schulen im Schuljahr 1982/83 (vgl. Tab. 2).[35]

Mit steigenden Schülerzahlen stieg auch die Zahl der Pädagogen. Im Schuljahr 1982/83 arbeiteten an den Schulen der Mitgliedsländer des RGW 3,5 Millionen Lehrer, das sind 33% mehr als 1960/61.[36]

Ein wichtiger Indikator für die Erhöhung der Allgemeinbildung und des kultu-

[33] F. Engels, Grundsätze des Kommunismus, in: MEW Bd. 4, Berlin 1959, S. 376.

[34] Vgl. Ekonomičeskoje sotrudničestvo stran-členov SEV, 2/1979, S. 91.

[35] Vgl. Statističeskij ežegodnik stran-členov SEV 1983, a. a. O., S. 401, 404.

[36] Berechnet nach: ebenda, S. 400.

Tabelle 2:

Zahl der Schüler (in Tausend)	VRB	UVR	DDR	Rep. Kuba	MVR	VRP	SRR	UdSSR	ČSSR
	1174	1369	2129	2543	401	4772	140	43846	2138

rellen Niveaus der Bevölkerung sind die absolut und relativ steigenden Zahlen derer, die Fachschulen besuchen. 1983 kamen in den Mitgliedsländern des RGW insgesamt auf 10 Tausend Einwohner 214 Fachschüler gegenüber 94 im Jahre 1960.[37]

Die Erkenntnisfortschritte der Wissenschaft haben zur Folge, daß die Unterrichtsinhalte und -methoden im System der allgemeinbildenden Schule und der Berufsausbildung systematisch präzisiert werden müssen. In den meisten sozialistischen Ländern wird dieser Aufgabe seit Anfang der 60er Jahre große Aufmerksamkeit gewidmet; insbesondere wurden konkrete und in den einzelnen Ländern unterschiedliche Formen entwickelt, um Allgemeinbildung und Berufsausbildung organisch miteinander zu verbinden.

Große Fortschritte wurden im Hochschulbereich erzielt, in dem hochqualifizierte Fachleute für die Volkswirtschaft, Wissenschaft und Kultur ausgebildet werden. Folgende Daten belegen dies[38]:

Tabelle 3: Zahl der Studierenden an Hoch- und Fachschulen (je 10000 der Bevölkerung)

	Studienjahr	VRB	UVR	DDR	Rep. Kuba	MVR	VRP	SRR	UdSSR	ČSSR
Zahl der Studierenden an Hochsch.	1960/61	70	45	58	28	72	56	39	111	69
	1982/83	95	94	78	177	143	109	81	196	125
Zahl der Studierenden an Fachsch.	1960/61	123	102	73	34	92	127	28	95	174
	1982/83	114	182	103	277	118	220	545	167	202

Von besonderem Interesse für die Wissenschaftsforschung ist die Ausbildung wissenschaftlicher Kader. Ihre Qualität hängt vom Niveau des Bildungssystems insgesamt ab. Im System der Allgemeinbildung werden die Fundamente für den späteren Übergang von Jugendlichen an die Hochschulen gelegt. In diesen aber

[37] Berechnet nach: ebenda.

[38] Ebenda, S. 404, 406.

sollen im Prinzip die fähigsten Studenten für die wissenschaftliche Tätigkeit ausgewählt und vorbereitet werden. Um die Ausbildung wissenschaftlicher Kader auf dem nötigen Niveau zu sichern und sie zu befähigen, sich rasch und aktiv an die besonderen Bedingungen angestrengter Forschungsarbeit zu adaptieren, muß die Lehre an den Hochschulen auf der Höhe der fortgeschrittenen Wissenschaft stehen, müssen die Studenten mit ihren neuesten Errungenschaften und Methoden vertraut gemacht und an die vorderste Front der Forschung herangeführt werden.

Zu diesem Zweck werden die Lehrprogramme und -methoden an den Hochschulen ständig präzisiert. Besonderer Wert wird darauf gelegt, den Anteil wissenschaftlicher Forschungsarbeiten zu erweitern und die Hochschulen enger mit den verschiedenen Praxisbereichen zu verbinden. Alle Formen der Lehre — Vorlesungen, Seminare, Praktika, Spezialveranstaltungen — haben die Aufgabe, neben der Vermittlung und Festigung des von der betreffenden Wissenschaftsdisziplin akkumulierten Wissens die Studenten im wissenschaftlichen Denkstil zu unterrichten. Hoch- und Fachschulen müssen stets bereit sein, neue wissenschaftliche Ideen und Errungenschaften, die rasch in die Praxis eingehen, in ihre Lehrprogramme aufzunehmen.

An den Hochschulen sollen des weiteren neue wissenschaftliche Erkenntnisse nicht nur vermittelt, sondern auch selbst hervorgebracht werden. Zur Ausbildung hochqualifizierter Kader gehört deshalb, daß Studenten und Aspiranten bereits während des Studiums in angemessener Weise mit Forschungsaufgaben betraut werden, an denen sie gemeinsam mit Professoren und Dozenten arbeiten. „Es geht darum, an den Hochschulen eine schöpferische Jugend heranzubilden, die nicht nur die derzeitige Wissenschaft, die derzeitige Technik und Produktion kennt und versteht, sondern auch vorbereitet ist, aus eigener Kraft neue wissenschaftliche Werte, eine neue Technik und Produktion zu schaffen. Solche Spezialisten müssen bereits an der Hochschule die nötige Erfahrung erwerben, um in neuen wissenschaftlich-technischen Richtungen schöpferisch arbeiten zu können, und sie müssen aus der eigenen Praxis heraus begreifen, was schöpferische Arbeit ist. Eben diese Seite der Hochschulbildung ist es, von der in erster Linie abhängt, ob die jungen Spezialisten auf ihre weitere Arbeit nach Absolvierung der Hochschule hinreichend vorbereitet sind und ob sie in ihr aktiv und erfolgreich sein werden."[39] Eine bewährte Form, Studenten an wissenschaftlich-schöpferische Arbeit heranzuführen, sind z. B. Studentenbüros für Konstruktions- und Projektierungsarbeiten, ökonomische Büros oder solche für wissenschaftliche Information. Andere wichtige Formen sind wissenschaftliche Zirkel und Olympiaden in verschiedenen Disziplinen der Allgemeinbildung. An vielen technischen Hochschulen der Sowjetunion ist die wissenschaftliche Arbeit der Studenten in ihren verschiedenen Formen fester Bestandteil des Lehrprogramms in allen Studienjahren. Forschungsarbeiten während des Studiums werden sowohl an den

[39] N. N. Semjonov, Nauka i obščestvo, Moskva 1973, S. 307.

Hochschulen selbst durchgeführt als auch unter Anleitung durch die Lehrstühle, in Forschungs- und Produktionslaboratorien.

Darüber hinaus gibt es noch viele andere Formen, um den Studenten Forschungserfahrung zu vermitteln und ihre schöpferischen Fähigkeiten zu entwickeln. Zu ihnen gehören: Forschungsarbeiten der Studenten während des Produktionspraktikums; Arbeit nach individuellem Plan unter der Leitung führender Wissenschaftler; Teilnahme an Lehrstuhlveranstaltungen; Übersetzung fremdsprachiger wissenschaftlicher und technischer Literatur im Auftrag des Lehrstuhls; Referierung wissenschaftlicher Beiträge; Ausarbeitung von Vorträgen in den sozialökonomischen Disziplinen; Forschungsarbeiten auf gesellschaftswissenschaftlichen Gebieten u. a.

Ein wichtiges Problem der Hochschulbildung in ihrem Verhältnis zur Wissenschaft ist die rechtzeitige Ausbildung wissenschaftlicher Kader für neue Richtungen der wissenschaftlichen Forschung. Der Fortschritt der Wissenschaft hängt von vielen Faktoren ab, u. a. vom Entwicklungstempo neuer perspektivischer Richtungen. In der Regel ziehen neue Forschungsrichtungen zunächst Kader aus benachbarten Gebieten an. Ihre weitere Entwicklung und spätere Institutionalisierung hängen jedoch entscheidend davon ab, ob das Bildungswesen rechtzeitig darauf eingestellt ist, die für sie benötigten Kader auszubilden. Ein Rückstand in dieser Hinsicht hat negative Folgen für die Wissenschaft und beeinträchtigt ihr Entwicklungstempo.

Bei der Ausbildung von Kadern für die Wissenschaft befindet sich das Bildungs- und selbst das Hochschulwesen in einer widersprüchlichen Situation. Es muß den Studenten einerseits einen gewissen Bestand bereits bekannten Wissens vermitteln; in dieser Hinsicht bewegt sich die Lehre keineswegs an der vordersten Front der Wissenschaft. Andererseits braucht die Wissenschaft schöpferisch denkende Forscher, die in der Lage sind, das vorhandene Wissen zur Erzeugung neuen Wissens zu nutzen, die gegenwärtige Problemlage in der Wissenschaft zu durchschauen, ungelöste Probleme zu erkennen und moderne Arbeitsmethoden zu beherrschen. Das Bildungswesen löst diese Aufgabe keineswegs bereits optimal; daraus ergeben sich Probleme im Verhältnis der Wissenschaft zum Bereich der Bildung. Eines dieser Probleme ist die Einbeziehung von Absolventen der Hochschule in die Arbeit wissenschaftlicher Forschungseinrichtungen, das in der Wissenschaftswissenschaft als Problem der Adaption junger Wissenschaftler bekannt ist (vgl. Abschnitt 4.7.).

Die Auswahl und Einbeziehung von Kadern für die Wissenschaft ist unter allen Organisationsproblemen der Wissenschaft das wichtigste; „erfahrungsgemäß bedingt dieser Faktor mehr als alle anderen das Niveau und die Effektivität der Forschung“[40]. Die Erziehung der jungen wissenschaftlichen Mitarbeiter, die gerade die Hochschule absolviert haben, ist ein wichtiger Bestandteil dieser Arbeit, die im gegebenen Falle darauf abzielt, dem jungen Wissenschaftler

[40] P. L. Kapica, Experiment, Theorie, Praxis. Aufsätze und Reden, Berlin 1984, S. 187.

zu helfen, ein vollwertiges Mitglied des Forschungskollektivs zu werden. Die Qualität der Hochschulausbildung ist in vieler Hinsicht entscheidend dafür, wie schnell und reibungsarm (bzw. mühselig und dramatisch) der junge Wissenschaftler diese Übergangsperiode durchläuft. Zugleich entspricht es dem ureigensten Interesse der Wissenschaft und ist für ihre Effektivität unabdingbar, daß die junge Generation so rasch wie möglich in die Forschungsarbeit voll einbezogen wird. Wissenschaft und Bildungswesen müssen deshalb bei der Lösung dieser Aufgabe ständig eng zusammenarbeiten.

5. Wissenschaft und Persönlichkeitsentwicklung

Welche sozialen Auswirkungen die Anwendung wissenschaftlicher Kenntnisse hat, ist der Gesellschaft nicht gleichgültig. Sie zu analysieren, gehört ebenso mit zu den Aufgaben der Wissenschaftswissenschaft, wie den Entstehungsprozeß neuer wissenschaftlicher Erkenntnisse in seinen verschiedenen Aspekten zu untersuchen. Die Wissenschaftswissenschaft ist von diesem Problem um so mehr betroffen, als es hier um Wertorientierungen der Wissenschaft geht, um das soziale Wesen und den Sinn wissenschaftlicher Tätigkeit. Für die Wissenschaft der Gegenwart aber ist die Frage, wie sie das Leben der Menschen beeinflußt und beeinflussen kann, welche Rolle sie in der Entwicklung des Menschen spielt, eine der Grundfragen ihres gesellschaftlichen Seins.

Wie wir zu Beginn dieses Kapitels bereits ausgeführt haben, sahen fortschrittliche Denker der Vergangenheit in der Wissenschaft eine Kraft, die den Wohlstand der Gesellschaft zu mehren vermag und Quelle gesellschaftlichen Fortschritts ist. Viele bedeutende Wissenschaftler inspirierte die Überzeugung, daß die Wissenschaft, ihre Entdeckungen, ihre Verbreitung und Anwendung den Menschen zugute kommen. Sie wurden zugleich Zeugen, wie wissenschaftliche Errungenschaften immer wieder zu Zwecken der Zerstörung und Vernichtung verwendet wurden. Aber erst die Revolution in der Militärtechnik, die sich nach dem zweiten Weltkrieg vollzog und eine direkte Folge der Anwendung der Wissenschaft zur Herstellung von Massenvernichtungswaffen war, bewirkte wesentliche Veränderungen im gesellschaftlichen Bewußtsein. Die bürgerliche Ideologie brachte in diesem Zusammenhang szientistische und antiszientistische Interpretationen der Wissenschaft und ihrer Rolle in der Gesellschaft hervor.[41] Ohne diese Strömungen im Detail zu analysieren, sei lediglich vermerkt, daß sie die realen Widersprüche der Wissenschaftsentwicklung im Kapitalismus einseitig widerspiegeln. Der Szientismus ist diejenige Richtung, die der kapitalistischen Anwendung der Wissenschaft das Wort redet; er verherrlicht ihre Nutzung zum

[41] Vgl. J. A. Zamoškin, Otnošenije k nauke i technike v sovremennom kapitalističeskom obščestve, Moskva 1976.

Zwecke der Festigung der kapitalistischen Ordnung auf allen Gebieten — in der Produktion, im sozialen, militärischen, ideologischen Bereich usw. — und verdeckt seinen apologetischen Charakter hinter der alten These von der Wertfreiheit und Neutralität der Wissenschaft gegenüber sozialen Orientierungen. Der Antiszientismus hingegen gefällt sich als Wissenschaftskritik; er stellt die Wissenschaft als Wurzel allen Übels dar, als Hauptursache der die Menschheit bedrohenden Gefahren einer ökologischen Krise, einer nuklearen Auseinandersetzung usw. Die Wissenschaft ist dieser Auffassung gemäß die Quelle eines gefühllosen Rationalismus, aus dem eine technische Zivilisation hervorgegangen sei, die jedweden menschlichen Werten feindlich ist. Die bürgerliche Befangenheit des Antiszientismus zeigt sich darin, daß er den Kapitalismus zwar kritisiert, aber die Wissenschaft verantwortlich macht für dessen Mängel; er ignoriert mithin, daß die Art und Weise, wie und wozu Wissenschaft angewendet wird und welche Folgen diese Anwendung hat, selbst von gesellschaftlichen Bedingungen abhängt.

Auch in der sozialistischen Gesellschaft ist das Verhältnis der Menschen zur Wissenschaft durchaus nicht einheitlich und wird ihre Rolle in der Gesellschaft unterschiedlich bewertet; allerdings treten diese Unterschiede nicht so kraß zutage und haben einen ganz anderen sozialen Charakter als im Kapitalismus. Beispielsweise trifft man auch in der sozialistischen Gesellschaft auf die Auffassung, daß der Wissenschaft der höchste Rang in der Hierarchie der menschlichen Werte gebühre und ihr gegenüber andere Aspekte des Verhältnisses des Menschen zur Wirklichkeit, wie ethische, ästhetische, philosophische u. a., geringer zu bewerten seien. Gelegentlich macht auch die gegenteilige Auffassung von sich reden, welche die Wissenschaft und ihren Wert für die geistige Entwicklung des Menschen geringschätzt und ignoriert, daß die Wissenschaft organisch mit den humanistischen Werten des Sozialismus verbunden ist. Für die Wissenschaftswissenschaft ist es daher außerordentlich wichtig, vor der eigentlichen Untersuchung der wissenschaftlichen Tätigkeit theoretisch fundierte und methodologisch begründete Positionen zu beziehen, die anzeigen, wie sie das Verhältnis von Wissenschaft und Humanismus, Wissenschaft und menschlichen Werten, Wissenschaft und Persönlichkeitsentwicklung interpretiert.

Bei der Analyse dieses Verhältnisses ist vor allem zu beachten, daß es eine objektive und eine subjektive Seite hat. Subjektiv kann der Wissenschaftler seine Arbeit bewußt in den Dienst höchster menschlicher Ideale stellen; er kann sich aber auch gleichgültig gegenüber allem verhalten, was über seine unmittelbaren wissenschaftlichen Interessen hinausgeht; er kann seine wissenschaftliche Tätigkeit als Mittel sozialer Karriere ansehen usw. Diese subjektiven Orientierungen bleiben nicht ohne Einfluß auf die Motivation des Wissenschaftlers; sie äußern sich in jeweils bestimmter Weise in seiner konkreten wissenschaftlichen Tätigkeit im Kommunikationsgefüge des wissenschaftlichen Kollektivs und strahlen auf die Arbeit aus. Die Wissenschaftsforschung darf deshalb bei ihren Untersuchungen solche subjektiven Orientierungen nicht aus dem Blick verlieren.

Zugleich hat das Verhältnis von Wissenschaft und Humanismus, Wissenschaft und Persönlichkeitsentwicklung auch seine objektive Seite, die durch eine Gesamtheit von Umständen bestimmt wird, zu denen das Entwicklungsniveau der Produktivkräfte, die konkreten gesellschaftlichen Bedingungen, unter denen sich die Wissenschaft entwickelt, aber auch das jeweilige Entwicklungsniveau der Wissenschaft selbst gehören. Das Verhältnis Mensch — Wissenschaft ist durch soziale Beziehungen vermittelt, von denen abhängt, welche Rolle die Institution Wissenschaft in der jeweiligen Gesellschaft objektiv spielt, welche sozialen Nah- und Fernwirkungen die Anwendung wissenschaftlicher Errungenschaften hat, wie die Wissenschaft direkt und indirekt die Entwicklung des Menschen beeinflußt und welchen sozialen Orientierungen sie folgt.

Unter kapitalistischen Bedingungen ist die Wissenschaft objektiv in das bürgerliche „System der Gemeinnützlichkeit" (K. Marx), d. h. in das System der kapitalistischen Warenproduktion, Zirkulation und Konsumtion einbezogen. Das bedeutet natürlich nicht, daß sie zum bloßen Element der materiellen Produktion wird. Sie zeichnet sich durch relative Selbständigkeit aus und tritt als eine Art der geistigen Produktion auf, die zwar mit der materiellen verbunden, aber nicht mit ihr identisch ist. Indes ist die Bourgeoisie bemüht, die gesamte gesellschaftliche Produktion, eingeschlossen die geistige, diesem utilitaristischen Prinzip unterzuordnen, was ihr mehr oder weniger auch gelingt. Es entspricht der Natur dieser Gesellschaft; sie handelt nach dem Gesetz, nach dem sie angetreten ist. Die Bedeutung, die der Wissenschaft, ihrer Finanzierung, der Ausbildung wissenschaftlicher Kader usw. heute in den entwickelten kapitalistischen Ländern beigemessen wird, entspringt in erster Linie ökonomischen und militärisch-politischen Überlegungen. Die ideologische Verkleidung des „Prinzips der Gemeinnützlichkeit" und die Art und Weise, wie auch die Wissenschaft ihm unterworfen wird, mögen noch so vielgestaltig und buntschillernd sein; sie ändern nichts an der objektiven Stellung der Wissenschaft in der kapitalistischen Gesellschaft von heute und deren bestimmendem Einfluß darauf, wieweit die Wissenschaft den Menschen und seine Entwicklung positiv oder negativ beeinflußt.

Im Sozialismus ist die Institution Wissenschaft in ein soziales System einbezogen, daß als Ganzes auf die Entwicklung des Menschen orientiert ist, denn die allseitige Entwicklung der Persönlichkeit ist das höchste Ziel des Kommunismus. Die humanistische Orientierung der Gesellschaft auf die Entwicklung des Menschen wird hier zur objektiven sozialen Orientierung der Wissenschaft. Diese aber bedarf weder einer illusionären ideologischen Verkleidung noch einer speziellen Legitimation, wohl aber der theoretischen Durchdringung und der subjektiven Einsicht, durch die die subjektive Orientierung des Wissenschaftlers in Übereinstimmung gebracht wird mit der objektiven Stellung der Wissenschaft in der Gesellschaft. So gesehen, gewinnt die wissenschaftswissenschaftliche Problematik der Erhöhung der Effektivität der Wissenschaft ganz neue Züge. Erst hier stellt sich im Grunde genommen die Frage nach der Rolle der Wissenschaft für die Entwicklung der menschlichen Persönlichkeit in ihrer ganzen Größe und in ihrem tiefen sozialen Sinn.

Theoretisch ist diese Frage erstmals von Marx aufgeworfen worden. Aus seiner Konzeption der Umwandlung der Wissenschaft in eine unmittelbare Produktivkraft und aus der Analyse der gesetzmäßigen Tendenzen, die sich infolge der „Verwissenschaftlichung" der materiellen Produktion perspektivisch ergeben, leitete er zwei Hauptwirkungen dieses Prozesses ab, die sich unmittelbar auf den Menschen beziehen.

Die erste ist der Übergang zum System automatischer Maschinen, in dessen Gefolge der Arbeiter aus dem „Hauptagent" des Produktionsprozesses zu dessen „Wächter und Regulator" wird. Die monotonen Arbeitsabläufe werden der Maschine übertragen, und dem Menschen bleibt die schöpferische Arbeit. „In dieser Umwandlung", schreibt Marx, „ist es weder die unmittelbare Arbeit, die der Mensch selbst verrichtet, noch die Zeit, die er arbeitet, sondern die Aneignung seiner eignen allgemeinen Produktivkraft, sein Verständnis der Natur und die Beherrschung derselben, durch sein Dasein als Gesellschaftskörper — in einem Wort die Entwicklung des gesellschaftlichen Individuums, die als der große Grundpfeiler der Produktion und des Reichtums erscheint."[42] Marx zufolge bewirkt also die Anwendung der Wissenschaft auf die Produktion, daß in der Perspektive die Entwicklung des Menschen zum *Grundpfeiler* für die Entwicklung der Produktion wird. Hieraus ergibt sich, daß die technologische Anwendung der Wissenschaft nicht ahistorisch ihrer humanistischen Orientierung gegenübergestellt werden kann. Die Anwendung der Wissenschaft auf die Produktion dient im Sozialismus nicht nur dazu, die materiellen Bedingungen für die Entwicklung des Menschen zu schaffen, sondern macht diese Entwicklung selbst zu einer Notwendigkeit. Die Marxsche These war natürlich eine theoretische Voraussage. Ihre Richtigkeit erweist sich erst heute, hundert Jahre später, unter den Bedingungen der wissenschaftlich-technischen Revolution. Heute befindet sich die Gesellschaft noch in den Anfängen der Automatisierung; ihr Anteil an der Produktion ist noch relativ gering, aber die von Marx erkannte Tendenz prägt sich immer stärker aus.

Zweitens vergrößert die Verwandlung der Wissenschaft in eine unmittelbare Produktivkraft die gesellschaftlich verfügbare freie Zeit, was wiederum eine notwendige Bedingung für die allseitige Entwicklung der Individuen ist. Unter der Voraussetzung, daß die Reduzierung der notwendigen Arbeitszeit nicht zur Vermehrung der Surplusarbeit führt, war Marx der Auffassung, daß der „Reduktion der notwendigen Arbeit der Gesellschaft zu einem Minimum . . . dann die künstlerische, wissenschaftliche etc. Ausbildung der Individuen durch die für sie alle freigewordene Zeit und geschaffnen Mittel entspricht."[43]

Die Wechselwirkung von Wissenschaft und Produktion bewirkt also einen Fort-

[42] K. Marx. Ökonomische Manuskripte 1857/1858, in: MEW Bd. 42, S. 601.

[43] Ebenda.

schritt der Produktivkräfte, der die Entwicklung des Menschen notwendig werden läßt und für sie die materiellen Voraussetzungen in Form von mehr freier Zeit schafft. Damit sich diese objektiven Tendenzen verwirklichen können, bedarf es bestimmter sozialer Bedingungen, die nur im Sozialismus geschaffen werden können. Hier stellt sich die Gesellschaft erstmals bewußt das Ziel, die Bedingungen für die allseitige Entwicklung der menschlichen Persönlichkeit vorzubereiten. Und die Wissenschaft leistet einen gewichtigen Beitrag, diese soziale Aufgabe von historischer Größenordnung erfolgreich zu lösen.

Die genannten objektiven Tendenzen sind nicht ohne den Menschen selbst, ohne das Bedürfnis der Masse der Menschen nach Aneignung neuer Erfahrung und neuen Wissens zu realisieren. Dieses Bedürfnis kann aber nur in der und durch die eigene Tätigkeit entstehen. Für die Bestimmung dessen, welche Rolle die Wissenschaft in der Entwicklung des Menschen spielt, ist es deshalb außerordentlich wichtig, den Inhalt der menschlichen Tätigkeit — und in erster Linie der Arbeitstätigkeit — daraufhin zu analysieren, inwieweit sie auf dem jeweiligen Niveau ihrer Entwicklung wissenschaftlicher Kenntnisse bedarf, welche Tendenzen sich in dieser Beziehung abzeichnen usw.

Die technologische Anwendung der Wissenschaft, die zum Fortschritt in den Arbeitsmitteln führt, bewirkt auch Veränderungen im Inhalt der Arbeit. Zwischen beiden Prozessen besteht indes keine eindeutige, lineare Abhängigkeit. Auf Grund der Arbeitsteilung führt eine verbesserte Technik bei weitem nicht immer auch zu reicheren Arbeitsinhalten und damit zu Anforderungen nach höherer Qualifikation. Hier sind verschiedene Varianten möglich, z. B. kann der Fertigungsprozeß in eine Folge einfacher Operationen aufgegliedert sein, deren Ausführung keiner größeren Spezialkenntnisse bedarf, oder es können neue Maschinen eingeführt werden, für deren Bedienung die einfache Arbeit von Hilfspersonal ausreicht usw. Abgesehen von solchen Fällen erhöht aber die neue Technik in der Regel das Bedürfnis nach qualifizierten Arbeitskräften sprunghaft. Als allgemeinste Tendenz kann somit festgehalten werden, daß der wissenschaftlich-technische Fortschritt, die Entstehung neuer Technologie den Inhalt der Arbeit reicher und komplizierter werden lassen und vom Produzenten höhere berufliche Qualifikation verlangen, die nicht nur bestimmte praktische Fertigkeiten einschließt, sondern auch entsprechende wissenschaftliche Kenntnisse. Der Anteil an wissenschaftlichen Kenntnissen in der Arbeitstätigkeit der Menschen wird also notwendigerweise steigen. Um diese Tätigkeit ausführen zu können, bedarf es wissenschaftlicher Kenntnisse und der Fähigkeit, sie in der Praxis anzuwenden.[44] Die Wissenschaft wird zur Komponente der beruflichen Entwicklung nicht nur des ingenieurtechnischen Personals, sondern auch der unmittelbar körperlich Arbeitenden. Die Annäherung der körperlichen Arbeit an geistige und die Entwicklung der schöpferischen Elemente der Arbeit setzen eine noch weitere Erhöhung des Anteils der Wissenschaft an der beruflichen Entwicklung der Werktätigen voraus. Der Sozialismus, dessen historische Auf-

[44] Vgl. Abschnitt 2.4. dieses Bandes.

gabe es ist, die wesentlichen Unterschiede zwischen geistiger und körperlicher Arbeit zu überwinden, schafft für die berufliche Entwicklung der Werktätigen günstige soziale Bedingungen und eröffnet ihnen große Möglichkeiten, sich die fortgeschrittene Wissenschaft anzueignen. Aber auch die geistige Arbeit selbst macht einen Entwicklungsprozeß durch. Heute steht bereits die Mechanisierung und Automatisierung vieler Arten geistiger Arbeit auf der Tagesordnung, denn auch sie kann einfach oder kompliziert, mehr oder weniger qualifiziert, schöpferische oder Routinearbeit sein. Auch im Bereich der geistigen Arbeit verändern sich deshalb die Anforderungen an die Qualifikation der Werktätigen, und auch hier steht die Frage, den Anteil wissenschaftlicher Kenntnisse in der beruflichen Tätigkeit zu erhöhen.

In der allgemeinen Tendenz erhöht sich also der Einfluß der Wissenschaft auf die Tätigkeit der Menschen in den verschiedenen Lebensbereichen der Gesellschaft. Es versteht sich, daß die Wissenschaftswissenschaft an diesem Prozeß und seiner Erforschung nicht vorübergehen kann; denn es geht dabei um gesetzmäßige Beziehungen zwischen Wissenschaft und Gesellschaft, um die Untersuchung dessen, „wie wissenschaftliches Wissen zur tätigkeitsorganisierenden Norm wird.[45]

Natürlich bedeutet die berufliche Orientierung auf die Wissenschaft noch keine allseitige Entwicklung des Menschen. Sie kann u. U. sogar zu ganz einseitigen Entwicklungen führen, kann mit einer antihumanistischen Moral, mit reaktionärer Ideologie, mit einer engen und bornierten Weltanschauung usw. einhergehen. Solches „Zusammenfallen“ ist aber selbst nicht zufällig; es ist kein rein individuelles Phänomen, sondern hat seine sozialen Wurzeln in den Bedingungen einer antagonistischen Gesellschaft, in der Aktivität reaktionärer politischer Regime oder in der Passivität bestimmter gesellschaftlicher Schichten. Im Sozialismus, wo die Wissenschaft auf den Menschen und seine Entwicklung orientiert ist, ist mit der beruflichen Orientierung auf die Wissenschaft das Problem der Entwicklung des Menschen zwar noch nicht insgesamt gelöst, doch erhöht sie die Arbeitskultur und trägt damit prinzipiell auch zu seiner sozialen und ethischen Entwicklung bei. Das Individuum, das in seiner Arbeitstätigkeit wissenschaftliche Kenntnisse anwendet und seine intellektuellen Fähigkeiten entfaltet, wird dadurch auf neue und engere Weise in die Gesellschaft einbezogen, übernimmt ihre Normen, Werte und Ideale.[46]

Außerdem darf nicht übersehen werden, daß die Wissenschaft das Subjekt der Tätigkeit gestaltet, denn sie verstärkt zwangsläufig das schöpferische Element der Tätigkeit, selbst wenn diese für sich genommen keine schöpferische ist. Was aber die per definitonem schöpferische Tätigkeit im wissenschaftlich-technischen Bereich — wie auch in anderen Bereichen — betrifft, so sind wissenschaftliche Kenntnisse hier ein notwendiges Arbeitsmittel.

Wir haben bewußt formuliert: Die Wissenschaft „gestaltet das Subjekt“ der

[45] E. G. Judin/B. G. Judin, Nauka i mir čeloveka, Moskva 1978, S. 54.

[46] Vgl. ebenda, S. 43.

Tätigkeit. Die Rolle, die die Wissenschaft in der beruflichen Entwicklung spielt, darf ja nicht so verstanden werden, als ginge es lediglich um eine gewisse Menge an Information, die vom Subjekt aufgenommen wird. Der Umgang mit der Wissenschaft bildet einen bestimmten Denkstil aus, erhöht das Vermögen, Probleme zu erkennen und zu stellen, erzieht zu geistiger Disziplin, entwickelt Fähigkeiten, d. h. beeinflußt ganz unterschiedliche Qualitäten des Menschen als Persönlichkeit. Schon daraus geht hervor, daß der Einfluß der Wissenschaft auf die Entwicklung des Menschen nicht auf seine berufliche Tätigkeit reduziert werden kann. Es geht vielmehr auch um den allgemein-kulturellen Einfluß der Wissenschaft, weshalb es durchaus legitim ist, unter den gesellschaftlichen Funktionen der Wissenschaft ihre kulturell-weltanschauliche Funktion hervorzuheben.[47]

Diese oder jene Funktion zu erfüllen, ist für die Wissenschaft aber nichts Äußerliches, etwas, was mit ihrem Wesen nichts zu tun hätte. Sie hat viele Gesichter, und das macht ihre Definition so schwierig. Ein Grund dafür ist, daß sie, sobald sie eine bestimmte gesellschaftliche Funktion erfüllt, gewissermaßen ganz in dieser Funktion aufgeht und der Gesellschaft in eben dieser ihrer „funktionalen" Form erscheint. So tritt sie in ihrer produktiv-technologischen Funktion als unmittelbare Produktivkraft auf, in ihrer kulturell-weltanschaulichen Funktion aber als Phänomen der Kultur.[48]

Die enge Professionalisierung und Arbeitsteilung der Wissenschaft läßt mitunter selbst Wissenschaftler nicht erkennen, daß die Wissenschaft eine kulturelle Funktion hat. Die bürgerlich utilitaristische und pragmatische Einstellung zur Wissenschaft, die von ihr ausschließlich einen bestimmten Nutzeffekt erwartet, ist der Nährboden für die Trennung von Wissenschaft und Kultur. Das antiszientistische Bewußtsein stellt die Wissenschaft überhaupt der Kultur gegenüber und bewertet sie mitunter gar als kulturfeindlich; es erklärt den subjektiven und geistigen Charakter der Kultur für unvereinbar mit dem rationalistischen Prinzip der Wissenschaft. Auch diese Konfrontation von Wissenschaft und humanistischer Kultur widerspiegelt nichts anderes als die realen Widersprüche der Stellung der Wissenschaft im Kapitalismus. Die Stellung der Wissenschaft in der Kultur kann deshalb ebenfalls nur historisch bestimmt werden, indem der gesamte Charakter der Kultur einer gegebenen Gesellschaft berücksichtigt wird.

Das Verhältnis von Wissenschaft und Kultur ist ein weites Thema, das hier nicht umfassend behandelt werden kann. Es hat aber einen ausgesprochen wissenschaftswissenschaftlichen Aspekt, zu dem das Problem der kulturellen Determination der Entstehung und Entwicklung der Wissenschaft und das ihrer kulturell-weltanschaulichen Funktion gehören.

Wie ist Wissenschaft als kulturelles Phänomen zu verstehen? Die Kultur ist ja doch eine Schöpfung des Menschen, die durch seinen schöpferischen Genius, seine

[47] Vgl. Abschnitt 2.2. dieses Bandes.
[48] Vgl. A. M. Mežujev. Nauka kak fenomen kul'tury. in: Sociologičeskije problemy nauki. Moskva 1974; Nauka i kul'tura. pod red. V. Ž. Kelle. Moskva 1984.

Wesenskräfte geprägt ist. Kunstwerke z. B. sind von der Persönlichkeit des Künstlers nicht zu trennen. Aufgabe der wissenschaftlichen Erkenntnis ist es hingegen, das zu erkennende Objekt mit seinen Eigenschaften und Relationen so widerzuspiegeln, wie es unabhängig vom erkennenden Subjekt existiert. Dieses Herangehen findet seinen Ausdruck in der Definition des höchsten Wertes, zu dem Wissenschaft strebt: der objektiven Wahrheit. So gesehen liegt der Schluß tatsächlich nahe, daß Wissenschaft von Kultur verschieden sei. Ganz anders aber stellt sich die Frage, sobald das objektive wissenschaftliche Wissen in seiner Beziehung zum Menschen und der von ihm geschaffenen Welt der Kultur gesehen wird. Dann erweist es sich, daß Wissenschaft nicht nur tatsächlich einen kulturellen Sinn hat, sondern auch für den Menschen von großer und durch nichts zu ersetzenden Bedeutung ist.[49] Die Wissenschaft dient der Entwicklung des Menschen als Gattungswesen, indem sie ihm die ihn umgebende Welt in ihren objektiven Zusammenhängen und Wesensmerkmalen entdeckt und ihn verstehen läßt, wie die Welt, in der er lebt, beschaffen ist. Die Wissenschaft erforscht auch den Menschen selbst als Teil und höchstes Produkt der natürlichen und gesellschaftlichen Entwicklung. Hierin unterscheidet sie sich von der Kunst, deren Interesse der geistigen Welt des Menschen und dem Verhältnis des Menschen zur natürlichen und gesellschaftlichen Wirklichkeit gilt. Indes ist nicht zu leugnen, daß der Fortschritt der Wissenschaft auch die Wahrnehmung der Welt durch das künstlerische Bewußtsein beeinflußt. Auch darin offenbart sich die kulturelle Funktion der Wissenschaft.

In dieser Hinsicht ist die Wissenschaft besonders eng mit der Entwicklung der Weltanschauung verbunden. Auf der Grundlage einzelwissenschaftlicher Kenntnisse über die Welt entsteht und entwickelt sich die wissenschaftliche Weltanschauung, während die allgemeinen Prinzipien der Wissenschaft und das von ihr entworfene Weltbild von sich aus weltanschauliche Bedeutung haben. Nicht zufällig wies Engels darauf hin, daß der Materialismus mit jeder epochemachenden Entdeckung auf naturwissenschaftlichem Gebiet seine Form ändern muß.[50] Die Entwicklung der Wissenschaft hat diesen Gedanken voll und ganz bestätigt. So hat sich mit dem Übergang von der klassischen zur nichtklassischen (Quanten- und relativistischen) Physik die Behandlung vieler weltanschaulicher Probleme wesentlich verändert; zugleich hat die Philosophie des dialektischen Materialismus in diesem ganzen Prozeß ihre Lebensfähigkeit und Wissenschaftlichkeit unter Beweis gestellt.

Für den Kapitalismus ist die Wissenschaft ein wichtiges Element seines ökonomischen und militärischen Potentials. Entgegen offiziellen Verlautbarungen ist er objektiv bestrebt, die kulturellen Potenzen der Wissenschaft nicht zum Allgemeingut werden zu lassen, und erzeugt soziale und ideologische Mechanis-

49 Vgl. S. R. Mikulinskij/R. Richta (Hrsg.), Sozializm i nauka, a. a. O., S. 352—366.

50 Vgl. F. Engels, Ludwig Feuerbach und der Ausgang der klassischen deutschen Philosophie, in: MEW, Bd. 21, Berlin 1962, S. 278.

men, die der vollen Entfaltung der kulturell-weltanschaulichen Funktion der Wissenschaft hemmend im Wege stehen.

Überdies ist zu beachten, daß die bürgerliche Gesellschaft eine illusionäre Ideologie produziert, die in vielfältiger Weise die Wissenschaft so zu interpretieren sucht, daß Schlußfolgerungen, die für den Materialismus und die Dialektik sprechen, ausgeschlossen sind. Irrationalistische philosophische Strömungen erklären eine wissenschaftliche Weltanschauung für schlechthin unmöglich; der Neopositivismus propagiert die weltanschauliche „Neutralität" der Wissenschaft und reduziert die Rolle der Philosophie auf die Analyse der Sprache der Wissenschaft usw. Derselbe Positivismus aber bekämpft den naturwissenschaftlichen Materialismus, der die weltanschauliche Relevanz der Wissenschaft, wenn auch in philosophisch unentwickelter Form, am eigenen Beispiel demonstriert.

Schließlich dient die Wissenschaft, wie schon gesagt, als Zielscheibe für verschiedene „antiwissenschaftliche" Bewegungen, die in ihr ein dem Humanismus und der Kultur feindliches Prinzip sehen. Und selbst das szientistische Bewußtsein, das auf die Wissenschaft orientiert zu sein scheint, trägt nicht zur Entfaltung der kulturell-weltanschaulichen Funktion der Wissenschaft bei, denn es nährt Illusionen über die tatsächliche Rolle und die realen Möglichkeiten der Wissenschaft in der Gesellschaft.

Für die progressive kulturhistorische Tradition gehören Wissenschaft und Wahrheit zu den unverzichtbaren sozialen und kulturellen Werten. In dieser Tradition stehen viele hervorragende Denker der Vergangenheit und bedeutende Naturwissenschaftler. Sie wurde zunächst vom aufstrebenden Bürgertum getragen und ging später auf die Arbeiterklasse über. Die sozialistische Gesellschaft führt diese Tradition fort. An der Schwelle des Sozialismus gab Lenin der Jugend zu bedenken, daß man Kommunist nur werden kann, wenn man sich den ganzen Reichtum des von der Menschheit angehäuften Wissens zu eigen macht. Die Kulturrevolution schloß, ihm zufolge, nicht nur die stürmische Entwicklung der Wissenschaft ein, sondern auch deren umfassende allgemeinkulturelle Anwendung. Lenin forderte ein enges Bündnis zwischen fortschrittlicher Philosophie und Naturwissenschaft und sah in ihm eine wichtige Voraussetzung für die Behandlung weltanschaulicher Probleme. Von Anbeginn seiner Existenz eröffnet der Sozialismus so der Wissenschaft neue Perspektiven und große Möglichkeiten, ihre kulturell-weltanschauliche Funktion zu entfalten und in der Kultur der neuen Gesellschaft eine ihrer Bedeutung gemäße Rolle zu spielen.

Diese Entwicklungsrichtung entspricht voll und ganz den spezifischen Bedürfnissen der sozialistischen Kultur, der illusorische Bewußtseinsformen fremd sind und die in diesem Sinne auf die Wissenschaft orientiert ist. Indes folgt hieraus keineswegs, daß die sozialistische Kultur eine „szientistische" ist. Dies wäre dann der Fall, wenn die Wissenschaft sich die kulturellen Werte „unterordnen" und sie ihrer Spezifik berauben würde. Nicht um ein solches Verhältnis von „Herrschaft und Unterordnung" geht es aber, sondern um die organische Verbindung unterschiedlicher Komponenten der Kultur, um ihr wechselweises Sich-Ergänzen.

Die in ihrem Verhältnis zum Menschen, seiner Entwicklung, seinen Interessen und seiner Tätigkeit genommene Wissenschaft ist eine organische Komponente der sozialistischen Kultur. Eine allseitige Entwicklung der Persönlichkeit ist ohne die Entfaltung der kulturellen Funktion der Wissenschaft ebenso undenkbar wie allein mittels der Wissenschaft. Kultureller Fortschritt umfaßt neben Wissenszuwachs auch Entwicklung von Kunst und Moral. All das vollzieht sich nicht neben dem Menschen und an ihm vorbei, nicht als bloße Veränderung seiner „kulturellen Umwelt", sondern als Entwicklung des Menschen selbst, der Formen seiner Tätigkeit und des Reichtums seiner Beziehungen.

Mit der Entwicklung des Sozialismus wird die Kultur nicht „szientistisch", wohl aber verwirklicht die Wissenschaft ihre kulturell-weltanschauliche Funktion immer umfassender. Die wissenschaftliche Komponente der Kultur wird gewichtiger; sie beeinflußt immer mehr andere Elemente der Kultur; die Wissenschaft und das Prinzip der Wissenschaftlichkeit gewinnen für die Gesellschaft immer mehr an Wert. In diesem und nur in diesem Sinne kann man davon sprechen, daß die sozialistische Kultur die Wissenschaft nicht als bloße Komponente enthält, sondern daß ihr das Prinzip der Wissenschaftlichkeit als ein orientierendes Prinzip, als Wertorientierung immanent ist.

Diese Fragestellung ist allerdings nur dann sinnvoll, wenn zwischen der Produktions- und technologischen Funktion der Wissenschaft und ihrer Orientierung auf den Menschen, zwischen wissenschaftlicher Rationalität und geistigen Werten der Welt des Menschen kein Widerspruch besteht. Der Sozialismus und seine Kultur vermögen, diese Bedingung im Prinzip zu gewährleisten.

Aus der Analyse des Verhältnisses von Wissenschaft und Kultur ergeben sich schließlich direkte Folgerungen für das Verständnis der wissenschaftlichen Tätigkeit als Objekt der Wissenschaftswissenschaft. Diese Tätigkeit vollzieht sich, erstens, nicht nur unter konkreten sozialen Bedingungen, sondern immer auch in einem bestimmten kulturellen Umfeld; dies muß beachtet werden, wenn die Funktionsweise der Institution Wissenschaft untersucht wird. Das kulturelle Umfeld beeinflußt die wissenschaftliche Tätigkeit auf vielfältige Weise. Es formt die Persönlichkeit des Wissenschaftlers, bestimmt die Normen der wissenschaftlichen Tätigkeit und die Wertorientierung der Wissenschaft als soziale Institution. Zweitens ist wissenschaftliche Tätigkeit — in umfassender gesellschaftlicher Sicht — nicht lediglich hochspezialisierte und professionalisierte, sondern ihrerseits schöpferische und insbesondere kulturell-schöpferische Tätigkeit.[51] Natürlich sieht der nach neuer Erkenntnis strebende Wissenschaftler es als seine Aufgabe an, die objektive Realität adäquat widerzuspiegeln. Es gibt aber keine ein für allemal vorbestimmten Wege, um zum Ergebnis zu gelangen. Im Prozeß der Widerspiegelung der objektiven Realität schafft der Wissenschaftler einen kolossalen Begriffsapparat, erarbeitet neue Methoden der Erkenntnis, baut Geräte und Instrumente, die er zum Experimentieren benötigt usw. Schon der Erkenntnis-

[51] Vgl. G. N. Volkov, Istoki i gorizonty progressa, Moskva 1976, S. 307—330.

prozeß selbst ist schöpferische Tätigkeit, in der auch Daten gesammelt, vor allem aber neue Hypothesen entworfen und Verfahren zu ihrer Überprüfung gesucht werden. In diesem Sinne ist die Wissenschaft wie jedes Kulturphänomen eine Schöpfung des Menschen, und die zu neuen Ergebnissen führende wissenschaftliche Tätigkeit ist kulturelles Schöpfertum und eine Tätigkeit, in deren Verlauf der die Welt erkennende Mensch sich selbst verändert und seine eigene Entwicklung voranbringt.

Der Anteil der Wissenschaft an der Entwicklung des Menschen besteht mithin darin, daß sie ihm prinzipiell neue, auf keinem anderen Wege zu erschließende Perspektiven eröffnet, sich in der Welt zu orientieren und sie zu verändern. In dieser ihrer Eigenschaft gehört die Wissenschaft zur Welt der menschlichen Kultur und trägt zum Fortschritt der „Gattungsgrundlagen" menschlichen Seins bei.

DRITTES KAPITEL

Spezifik und Struktur der wissenschaftlichen Tätigkeit

1. Besonderheiten und Arten der wissenschaftlichen Tätigkeit. Arbeitsteilung in der Wissenschaft

In dem Maße, wie die Wissenschaft zur unmittelbaren Produktivkraft wird, treten die Unterschiede der wissenschaftlichen Tätigkeit zu anderen Arten produktiver und nichtproduktiver Tätigkeit immer deutlicher hervor. Zugleich zeigt sich, daß wissenschaftliche Tätigkeit mit anderen Tätigkeitsarten, wie z. B. Erfinder- oder technologische (Entwicklungs-) Tätigkeit, auch mit solchen, die aus ihr selbst hervorgegangen sind, wie z. B. wissenschaftsorganisatorische, Informations- oder Dokumentationstätigkeit, manches gemeinsam hat. Unterschiede und Ähnlichkeiten zwischen der Tätigkeit in der Wissenschaft und der Tätigkeit in den übrigen Bereichen des gesellschaftlichen Lebens weisen darauf hin, daß die wissenschaftliche Tätigkeit ihre Spezifik hat.

Als spezifische Art gesellschaftlicher Tätigkeit und als soziale Institution hat die Wissenschaft eine innere Struktur, deren Komponenten in dynamischen Wechselbeziehungen miteinander stehen. Diese innere Struktur der Wissenschaft ist Voraussetzung und zugleich Resultat der Erkenntnistätigkeit und äußert sich in der spezifischen Arbeitsteilung nach Disziplinen, Forschungsarten, deren Funktionen usw. Faktoren, die diese Arbeitsteilung und die auf ihr basierenden Organisationsstrukturen bestimmen, sind das Objekt und der Gegenstand der Forschung sowie die für die einzelnen Forschungsgebiete charakteristischen Methoden und deren Kombination. Die Organisationsstrukturen hängen, einerseits, stark von der Spezifik der Wissenschaft ab; entsprechen sie dieser Spezifik nicht oder nicht mehr, so sind sie nicht oder nicht mehr lange lebensfähig und sterben allmählich ab. Andererseits stehen sie unter dem starken Einfluß äußerer Umstände: des jeweiligen Typs der Beziehungen zwischen Wissenschaft und Gesellschaft, sozialer und politischer Bedingungen, kulturhistorischer Traditionen usw. In diesem Sinne sind wissenschaftliche Gesellschaften, wissenschaftliche Einrichtungen, wissenschaftliche Schulen, Formen der Leitung und Organisation der Wissenschaft ein äußerliches, sekundäres Strukturelement der Wissenschaft.

Die Strukturbildung innerhalb der wissenschaftlichen Tätigkeit ist als historischer Prozeß zu sehen, der sich auf den verschiedenen Wissensgebieten zu verschiedenen Zeiten vollzog. In ihm kommt der *Professionalisierung* der wissenschaftlichen Tätigkeit besondere Bedeutung zu. Während vor ihr Forschungstätigkeit Ergänzung zur Lehrtätigkeit, Zeitvertreib hinreichend Begüterter oder vom Wohlwollen eines Mäzens abhängige Tätigkeit war, wurde sie durch die Professionalisierung zur realen Quelle der Sicherung des Lebensunterhalts des Wissenschaftlers. Die wissenschaftliche Tätigkeit wurde so unmittelbar in das System der gesellschaftlichen Arbeitsteilung einbezogen, was seinerseits u. a. zur Folge hatte, daß sich stabile strukturelle Beziehungen der Wissenschaft zu anderen gesellschaftlichen Bereichen, vor allem zur Produktion, herausbilden konnten.

Naturgemäß beeinflußte die Professionalisierung auch stark die innere Struktur der wissenschaftlichen Tätigkeit, indem sie deren Differenzierung in verschiedenen Formen und die Herausbildung wissenschaftsorganisatorischer, wissenschaftlicher Informationstätigkeiten u. a. stimulierte. Die Tendenz der Spezifizierung solcher Tätigkeitsarten äußerte sich in vielen Fällen in einer vertieften Arbeitsteilung innerhalb der Wissenschaft, d. h. die Ausführung einer bestimmten dieser ausdifferenzierten Arten wissenschaftlicher Tätigkeit wurde zum Beruf für bestimmte Gruppen der in der Wissenschaft Beschäftigten.

Die heutige Struktur der wissenschaftlichen Tätigkeit ist also in einem komplizierten historischen Prozeß entstanden. Damit die Wissenschaft ihre soziale Funktion erfüllen kann, muß diese Struktur, die auf die Lösung stets neuer wissenschaftlicher Probleme orientiert ist, erhalten und — was noch wichtiger ist — ständig vervollkommnet werden.

Die Besonderheiten der wissenschaftlichen Tätigkeit sind durch ihre gesellschaftlichen Funktionen und die Art der von ihr zu lösenden gesellschaftlichen Aufgaben bedingt. Zu diesen Funktionen und Aufgaben gehört, die Entwicklung der gesellschaftlichen Produktivkräfte zu sichern, die wissenschaftliche Weltanschauung zu begründen und zu entwickeln, die gesellschaftlichen Entwicklungsprozesse (einschließlich die Entwicklung der Wissenschaft selbst) zu leiten und zu planen, zielgerichtet auf die natürliche Umwelt einzuwirken und die natürlichen, demographischen, intellektuellen u. a. Ressourcen optimal zu nutzen. Eine besondere und nicht minder wichtige Klasse von Aufgaben bilden die, welche mit der Reproduktion der wissenschaftlichen Tätigkeit und der Wissenschaft als soziale Institution zusammenhängen.

Im System der gesellschaftlichen Arbeitsteilung betrachtet, ist die wissenschaftliche (d. h. vor allem und unmittelbar: die Forschungs-) Tätigkeit eine Art der Arbeit. Die Marxsche Kennzeichnung des Arbeitsprozesses trifft deshalb auch auf sie zu. Arbeit ist, demzufolge, „zunächst ein Prozeß zwischen Mensch und Natur, ein Prozeß, worin der Mensch seinen Stoffwechsel mit der Natur durch seine eigne Tat vermittelt, regelt und kontrolliert. Er tritt dem Naturstoff selbst als eine Naturmacht gegenüber“, wirkt auf die Natur außer ihm, und indem er „sie verändert, verändert er zugleich seine eigne Natur. Er entwickelt die in ihr schlummernden Potenzen und unterwirft das Spiel ihrer Kräfte seiner eignen Botmäßigkeit.“[1]

[1] K. Marx, Das Kapital. Erster Band, in: MEW, Bd. 23, Berlin 1962, S. 192.

Diese Feststellungen treffen auch auf die Wissenschaft zu, insofern sie eine Art der Arbeitstätigkeit ist. Die drei Momente des Arbeitsprozesses — die zweckmäßige Tätigkeit oder die Arbeit selbst, ihr Gegenstand und ihr Mittel — sind auch für die wissenschaftliche Tätigkeit kennzeichnend. Was diese von anderen Tätigkeitsarten unterscheidet, ist, wie sich diese Momente in der Wissenschaft konkret bestimmen. Das erste stellt sich als Gesamtheit von Forschungsprozessen (und ihrer Organisation) dar; dem zweiten entsprechen in der Wissenschaft bestimmte Seiten, Aspekte, Prozesse, Erscheinungen der materiellen Welt, die in einem sich entwickelnden System wissenschaftlicher Begriffe widergespiegelt werden; das dritte Moment aber ist in den verschiedenen Mitteln und Verfahren der empirischen und theoretischen Forschung gegeben. Neben diesem Allgemeinen, das die wissenschaftliche Tätigkeit mit anderen Tätigkeitsarten gemeinsam hat, weist sie jedoch auch spezifische Züge auf, die nur ihr zukommen.

Ausgangspunkt für die Erforschung der wissenschaftlichen Tätigkeit ist die Marxsche Konzeption der Wissenschaft als Art der geistigen Produktion. Dabei ist die Wissenschaft vor allem von anderen Arten der geistigen Produktion (Kunst, Leitungstätigkeit, Rationalisierungs- und Erfincertätigkeit) zu unterscheiden.

Wissenschaftliche Tätigkeit ist, wie wir bereits ausgeführt haben, eine Art der allgemeinen Arbeit; sie ist bedingt teils durch Arbeitsteilung und Kooperation mit Zeitgenossen, teils durch Benutzung der Arbeiten früherer Generationen. Ihr Wesensmerkmal ist die Produktion neuen, die Realität adäquat widerspiegelnden Wissens und dessen Einbeziehung in das schon vorhandene Wissenssystem, das der Erkenntnis und der Veränderung der Realität dient. Die Mehrung des geistigen Reichtums ist natürlich nicht nur Sache der Wissenschaft, denn an ihr haben alle Bereiche der geistigen Produktion Anteil. Was die Forschungstätigkeit in dieser Beziehung auszeichnet, ist ihr kognitiver Charakter; sie erfaßt die Realität mittels eines sich ständig entwickelnden Begriffsapparats. Neues wissenschaftliches Wissen bestimmt sich als solches durch seinen systematischen Bezug auf das schon vorhandene Niveau der wissenschaftlichen Widerspiegelung der materiellen Welt, während z. B. in der Kunst Neues durch entsprechend künstlerisch-bildhafte Ausdrucksmittel zustande kommt. Bei aller historischen Veränderlichkeit der konkreten Formen, in denen Wissenschaft betrieben wird, besteht der durchgängige Sinn der Tätigkeit des Wissenschaftlers darin, neues objektives Wissen auf schon vorhandenen Wissensgebieten zu erzeugen bzw. neue Gebiete sowie Methoden und Wege der Anwendung des erzeugten Wissens zu erschließen. Die objektive Erkenntnis der Realität ist das allgemeinste Merkmal, durch das sich die wissenschaftliche Tätigkeit, eingeschlossen ihre abstraktesten theoretischen Formen, wie z. B. die mathematische Erkenntnistätigkeit, von anderen Arten der geistigen Produktion unterscheidet. Andere Unterschiede sind beispielsweise der systematische und rationale Charakter ihrer Methoden und Anwendungen, Möglichkeit und Notwendigkeit der Weitergabe wissenschaftlichen Wissens im Bildungs- und Reproduktionsprozeß der wissenschaftlichen Kader, die praktische und weltanschauliche Bedeutung der Wissenschaft sowie ihre Funktion, eine Form des gesellschaftlichen Bewußtseins zu sein. Weitere Unterschiede, die von speziellerer Art sind, wie z. B. die Durchführung von Experimenten und Berechnungen oder die Aufnahme der Ergebnisse durch das „Filter“ der wissenschaftlichen Gemeinschaft, betreffen natürlich ebenfalls die Wissenschaft als Ganzes, weil alle ihre Komponenten direkt oder indirekt miteinander zusammenhängen.

In allen Bereichen der geistigen Produktion gibt es neben Tätigkeiten, in denen das Neue entsteht, eine große und nicht selten überwiegende Klasse von Tätigkeiten, mittels derer das intellektuell oder — im weitesten Sinne — geistig Erworbene erhalten und reproduziert wird; im Bildungswesen z. B. müssen vorgegebene Lehrpläne erfüllt und ihre Erfüllung kontrolliert werden, im Bereich des Rechts muß die Einhaltung erlassener Gesetze gewährleistet werden usw. Auch in der Wissenschaft gibt es solche Tätigkeiten; sie sind aber (und das ist spezifisch) gleichsam außerhalb der eigentlich innovativen Erkenntnis- und Forschungstätigkeit angesiedelt, z. B. im Bereich der Lehre und ihrer Methodik, der Informations- und anderer an die innovative Forschungstätigkeit angrenzender Tätigkeiten. Diese sind dadurch keineswegs weniger wichtig. Ohne sie gäbe es keine Kontinuität in der Wissenschaftsentwicklung, wäre keine Forschung möglich und könnten sich Forschungstätigkeiten nicht reproduzieren; sie sind deshalb oft auch nur schwer von Forschungstätigkeit zu unterscheiden. Nichtsdestoweniger besteht die Spezifik der Wissenschaft als Art gesellschaftlicher Tätigkeit darin, Erkenntnis- und Forschungstätigkeit zu sein, deren Sinn es ist, *neues* zuverlässiges und objektives Wissen zu produzieren. Die Wissenschaft sucht das Wesen der Erscheinungen zu erfassen, das außerhalb des unmittelbar — sinnlich oder intuitiv — Gegebenen liegt: „Der Begriff (die Erkenntnis) enthüllt im Sein (in den unmittelbaren Erscheinungen) das Wesen . . . — dies ist wirklich der allgemeine Gang aller menschlichen Erkenntnis (aller Wissenschaft) überhaupt.“[2]

Die Differenzierung der Formen wissenschaftlicher Arbeit erfolgt vor allem über die Herausbildung von Disziplinen und Wissensgebieten. In der Naturwissenschaft beschleunigte sich dieser Differenzierungsprozeß besonders deutlich im Zeitalter der Renaissance. Allerdings hatte er schon in der Antike eingesetzt; doch differenzierten sich die einzelnen Gebiete damals nicht aus einem einigermaßen einheitlichen Komplex von Forschungen, sondern aus anderen Tätigkeitsbereichen heraus, so z. B. aus materiell-praktischen Tätigkeiten (Landvermessung, Bauarbeiten, Seefahrt, Rohstoffgewinnung und -verarbeitung, Ackerbau u. a.), aus administrativen Tätigkeiten im alten Ägypten (Entstehung der antiken Meteorologie, Hydrologie, Astronomie) oder aus der Kombination ältester, offenbar schon in der Urgesellschaft bekannt gewesener Formen der Gesundheitsfürsorge mit archaischen naturphilosophischen Ideen (Medizin).

Zwischen dem Ausgang des 18. und dem Ende des 19. Jahrhunderts vollzog sich der Prozeß der Spezialisierung und Differenzierung des Wissens in einzelne

[2] W. I. Lenin, Plan der Dialektik (Logik) Hegels, in: LW, Bd. 38, Berlin 1964, S. 315.

Wissenschaftsdiziplinen besonders intensiv. Die Spezialisierung wurde zum Mittel, die Effektivität und Produktivität der Arbeit zu erhöhen. Bereits in den 70er Jahren des 18. Jahrhunderts bemerkte Adam Smith, daß wie jede andere Beschäftigung auch die wissenschaftliche Tätigkeit „in eine große Zahl verschiedener Gebiete unterteilt" ist und daß dank dieser Spezialisierung „insgesamt . . . mehr geleistet (wird), und der Umfang an Wissen . . . dadurch beträchtlich (steigt)".[3]

Das „klassische" Bild, das viele Zweige der Naturwissenschaft im 19. Jahrhundert darboten, wies sie als einzelne, relativ abgeschlossene und nicht selten voneinander isolierte Wissenschaften aus. Dem 20. Jahrhundert fiel in dieser Hinsicht die Aufgabe zu, durch Vervollkommnung der wissenschaftlichen Kommunikation und Entfaltung der interdisziplinären Zusammenarbeit die negativen Folgen dieser Abgeschlossenheit zu überwinden, dabei aber zugleich deren positive Wirkungen auf die Effektivität der wissenschaftlichen Arbeit zu bewahren.

Die auf Spezialisierung beruhende Arbeitsteilung in der Wissenschaft prägte zutiefst die gesamte Organisation der wissenschaftlichen Tätigkeit (Institute, Laboratorien usw.); unzweifelhaft wird sie auch weiter bestehen und werden auch künftig neue Wissenschaftsdisziplinen entstehen und sich entwickeln. Jedoch ist diese Form der Arbeitsteilung nicht die einzige. Sie wird z. B. wesentlich ergänzt durch die gewissermaßen „vertikale" Arbeitsteilung zwischen Grundlagenforschung, angewandter Forschung und Entwicklungsarbeiten.

Überdies hängen Produktion und Anwendung des Wissens eng miteinander zusammen. Ganze Berufsgruppen sind heute damit beschäftigt, wissenschaftliche Information zu verarbeiten, zu speichern und die wissenschaftlich Tätigen mit ihr zu versorgen, die wissenschaftliche Kommunikation zu stimulieren, Wissen an die heranwachsende junge Wissenschaftlergeneration zu vermitteln, wissenschaftliche Kenntnisse zu popularisieren und zu verbreiten usw. In allen diesen Fällen wird das vorhandene Wissen als hochsystematisierte und mehrfach verarbeitete Information in bibliographische oder Dokumentationsmassive eingegliedert, in denen es in abrufbarer Form als „Wissen zweiter Ordnung" existiert.

Die Spezifik der Arbeitsteilung in der Wissenschaft äußert sich nicht zuletzt auch darin, daß die Ergebnisse wissenschaftlicher Tätigkeit in ganz unterschiedlicher Weise genutzt werden; ein Teil wird in die materielle Produktion überführt, andere Teile werden in der Wissenschaft selbst genutzt, manche finden hier wie da Anwendung. Die Besonderheit der Anwendung wissenschaftlicher Kenntnisse besteht darin, daß sie mehrfach und multivalent angewandt werden können, ohne dabei an Wert zu verlieren. Die Arbeitsteilung in der Wissenschaft ist also eine vielschichtige Erscheinung. In einem bestimmten Entwicklungsstadium der gesellschaftlichen Arbeitsteilung entstanden, ist die Wissenschaft heute selbst zu einem Faktor der weiteren Vertiefung dieser Arbeitsteilung geworden.

3 A. Smith, Eine Untersuchung über das Wesen und die Ursachen des Reichtums der Nationen, Bd. I, Berlin 1963, S. 17.

Die Arbeitsteilung in der Wissenschaft vollzieht sich in der Einheit von Differenzierungs- und Integrationsprozessen. Die Differenzierung in Grundlagenforschung, angewandte Forschung und Entwicklungsarbeiten oder in natur- und gesellschaftswissenschaftliche Forschung geht mit integrativen Tendenzen innerhalb dieser Forschungstypen selbst einher, wie andererseits die Entstehung hochkomplexer Forschungsprojekte (Erschließung des Kosmos, Meeresforschung, Umweltschutz u. a.) zu neuer Spezialisierung und zu immer neuen Arten und Formen wissenschaftlicher Tätigkeit führt.

Die für die gegenwärtige Wissenschaftsentwicklung kennzeichnenden integrativen Tendenzen unterstreichen somit die Gesamttendenz zu fortschreitender Arbeitsteilung. Vor welche grundsätzlich neuen Aufgaben sich die Wissenschaft auch immer gestellt sieht (Schutz der Biosphäre, rationelle Nutzung der Weltmeere, Urbanisierung u. a.), so erfordern diese immer die Herausbildung neuer Spezialisten, neue Tätigkeitsarten und mithin auch neue Arten der Arbeitsteilung in der Wissenschaft.

2. Struktureinheiten der Wissenschaft

Wie bereits gesagt, kann die Wissenschaft unter verschiedenen Aspekten betrachtet werden: als Wissenssystem, als soziale Institution, als Form des gesellschaftlichen Bewußtseins. Bei der Erforschung solcher vielschichtiger Objekte geht man zweckmäßigerweise so vor, daß man in ihnen primäre Struktureinheiten aufsucht, an denen die Gesetzmäßigkeiten des betreffenden Objektes zutage treten.

Als solche Struktureinheiten wurden bislang die verschiedenartigsten Objekte vorgeschlagen, beispielsweise die Wissenschaftsdisziplin (D. Crane), die Wissenschaftlergemeinschaft (Th. Kuhn) u. a. Alle diese Vorschläge haben sich jedoch für die strukturelle Beschreibung der Wissenschaft unter heutigen Bedingungen als wenig geeignet erwiesen; sie versagen insbesondere bei der Analyse interdisziplinärer Forschung, für die es Spezialisten aus ganz verschiedenen professionellen Gemeinschaften bedarf. Damit ist die Frage nach den Struktureinheiten der Wissenschaft aber nicht erledigt; sie bleibt, im Gegenteil, auf der Tagesordnung, besonders wenn die vorderste Forschungsfront beschrieben werden soll. Die Bestimmung und Analyse von Struktureinheiten der Wissenschaft hat vor allem methodologische Bedeutung. In einer Reihe von Fällen ist es zweckmäßig, das komplexe Phänomen Wissenschaft an einem einfacheren Objekt zu untersuchen, dessen Komponenten *1.* in den Grundzügen oder zumindest in einigen wesentlichen Merkmalen die Struktur der Wissenschaft im ganzen reproduzieren, *2.* umfangsmäßig begrenzt sind (im einfachsten Falle ein der direkten Beobachtung zugängliches Minimum aller Komponenten, welche die erste Bedingung erfüllen) und *3.* in ihren wesentlichen Attributen komparabel sind. Das Problem der Struktureinheiten der Wissenschaft ist für die Leitung, Planung und Prognostizierung der Wissenschaft auch von praktischem Interesse. Die Methoden der Leitung und Planung hängen wesentlich davon ab, welche Elemente des Wissenschaftssystems zu welchem Zwecke hervorgehoben werden.

Eine wie immer geartete empirische Untersuchung kann nicht die Wissenschaft als Ganzes zum Objekt haben. Die Wissenschaftsforschung steht daher vor dem Problem, solche Einheiten der Analyse zu bestimmen, die, einerseits, hinreichend überschaubar und kompakt sind, um empirisch untersucht werden zu können, und die, andererseits, hinreichend repräsentativ sind, daß ihre Untersuchung Gesetzmäßigkeiten festzustellen gestattet, die für die Wissenschaft im ganzen oder zumindest für genügend große Teilabschnitte gelten. Bislang sind verschiedene Varianten vorgeschlagen worden, was als solche Einheiten angesehen werden sollte: Institutionen (Hochschulen, Forschungsinstitute, Kliniken usw.), Forschungsresultate, Publikationstypen, wissenschaftliche Disziplinen, Phasen der Forschungstätigkeit, Formen der Arbeitsteilung in der Wissenschaft, Formen der sozialen Organisation der Forschung (wissenschaftliche Schulen, Forschungsrichtungen, „unsichtbare Kollektive").

In den Anfangsstadien der empirischen Wissenschaftsforschung hing die Entscheidung darüber, welche hinreichend klar abgegrenzten und homogenen Struktureinheiten und -elemente als Forschungsobjekte gewählt werden, verständlicherweise davon ab, mit welchen Methoden man vorzugsweise arbeitete. Die Analyse von Zitationsnetzen ergab die eine Einheit, die Analyse von Koautorenschaften eine andere, Befragungen von Wissenschaftlern, in denen man sich für eine bestimmte Gruppe von Respondenten interessierte, führten auf eine dritte, die Untersuchung der Autoren, die in einer wissenschaftlichen Zeitschrift publizieren, ergab eine vierte und die Analyse wissenschaftlicher Nachschlagewerke eine fünfte Einheit usw. Im Ergebnis hatte man es mit einer ganzen Reihe von Objekten zu tun (mit „unsichtbaren Kollektiven", Wissenschaftlergemeinschaften, wissenschaftlichen Schulen, geschlossenen wissenschaftlichen Gruppen, Forschungsrichtungen u. a.).

Schon bald wurde jedoch klar, daß diese Situation nicht nur zu terminologischen Unstimmigkeiten führt, sondern daß die Ergebnisse, zu denen verschiedene Forscher gelangten, nicht unbedingt kompatibel sind. Die im Rahmen dieser oder jener Richtung der wissenschaftsmetrischen Forschung verwendeten Einheiten erwiesen sich gewöhnlich als brauchbares Instrument, um den jeweiligen Aspekt der Wissenschaft bzw. der wissenschaftlichen Tätigkeit zu untersuchen. In ihrem gegenwärtigen Entwicklungsstadium steht die Wissenschaftsforschung jedoch vor der Aufgabe, Isomorphien und Gemeinsamkeiten zwischen diesen verschiedenen Einheiten zu finden, um die reale „funktionale Anatomie" von Forschungsprozessen in der Vielfalt ihrer Aspekte darstellen zu können.

Am ausgeprägtesten zeigt sich die Inkompatibilität verschiedener Gliederungen der Wissenschaft und der mit unterschiedlichen Methoden gewonnenen Daten dann, wenn die Ergebnisse empirischer Untersuchungen zur Verifikation bestimmter theoretischer Aussagen oder Konzeptionen herangezogen werden. Die theoretische Durchdringung und Interpretation des immer umfangreicher werdenden empirischen Materials führt somit wiederum auf die Frage nach den Struktureinheiten der Wissenschaft. Gefragt wird aber jetzt schon nicht mehr, welche Einheit sich ergibt, wenn man welche Methode anwendet, sondern welcher Methodenkomplex eingesetzt (oder entwickelt) werden muß, um eine aus theoretischen Erwägungen heraus bestimmte Struktureinheit empirisch fixieren und analysieren zu können.

Manche Autoren wählen die Wissenschaftsdisziplin als eine solche Einheit. An ihr können in der Tat die verschiedensten Aspekte der wissenschaftlichen Tätigkeit gut demonstriert werden, so z. B. die kognitiven, denn eine Wissenschaftsdisziplin ist eine Organisationsform des Wissens auf einem bestimmten Gebiet, oder die sozialen Aspekte, weil die Mittel der wissenschaftlichen Kommunikation im wesentlichen disziplinär ausgerichtet sind, Manuskripte für wissenschaftliche Zeitschriften nach disziplinären Gesichtspunkten ausgewählt werden, wissenschaftliche Konferenzen zu Problemen einzelner Disziplinen durchgeführt werden usw. Wollte man jedoch die Wissenschaft nur nach dem disziplinären Prinzip gliedern, so wäre das unzureichend und einseitig, denn diese Gliederung erfaßt nicht die gesamte Vielfalt und die Gesamtheit der Aspekte der Wissenschaft. Um Spezifik und Struktur der wissenschaftlichen Tätigkeit vollständiger erfassen zu können, müssen also noch andere Struktureinheiten gefunden und muß untersucht werden, in welchen Beziehungen sie zueinander stehen.

Alle Typen der strukturellen Gliederung der Wissenschaft und alle Arten der Forschungsorganisation — gleich ob es sich um eine noch nicht vollständig herausgebildete Disziplin, um interdisziplinäre Forschung, um ein Forschungsprogramm, eine Wissenschaftsrichtung, ein Spezialgebiet usw. handelt — haben irgendwie mit der Produktion neuen Wissens und damit auch mit der Klassifizierung und Differenzierung dieses Wissens zu tun. Sie lassen sich beschreiben, indem man als Struktureinheit ein relativ ganzheitliches Forschungsgebiet wählt.[4] Unter einem Forschungsgebiet als real funktionierender Struktureinheit für konkrete wissenschaftswissenschaftliche und wissenschaftsmetrische Untersuchungen verstehen wir ein Gebiet, für dessen Erforschung einheitliche Prinzipien und Sichtweisen vorliegen. Ein solches Gebiet bzw. eine solche Struktureinheit kann unter verschiedenen Aspekten betrachtet werden. Unter inhaltlichem Aspekt erscheint es als Gesamtheit von Forschungen zur betreffenden Problematik bzw. als Forschungsprogramm, unter kommunikativem Aspekt als Wissenschaftlergemeinschaft, unter organisatorischem als Projekt oder Institut (bzw. Gruppe von Instituten).

Jeder Wissenschaftler arbeitet auf einem bestimmten Gebiet. Es ist für ihn das Feld, auf dem er seine Forschungsmethoden anwendet, der Wirkungsbereich des „formalisierten gesunden Menschenverstandes", das unmittelbar wahrnehmbare

[4] Vgl. R. Whitley, Cognitive and social institutionalization of scientific specialities and research areas, in: Social Process of Scientific Development, ed. by R. Whitley, London 1974.

Segment der Wissenschaftlergemeinschaft, und zwar ein „offenes" Segment, weil es beliebige Wissenschaftler aufnehmen kann, deren Themen und Interessen sich mit dem betreffenden Forschungsgebiet berühren. Das Forschungsgebiet reproduziert so in sich — zumindest potentiell — die Grundzüge der Wissenschaft als Ganzes. Auf dem heutigen Niveau der Institutionalisierung der Wissenschaft ist ein Forschungsgebiet immer durch eine Vielfalt von Aspekten gekennzeichnet; es ist sowohl inhaltlich bestimmt als auch organisatorisch, psychologisch, kommunikativ usw. In gewisser Hinsicht, nämlich wenn das Forschungsgebiet als Struktureinheit der Wissenschaft genommen wird, fallen diese Aspekte zusammen; das Forschungsgebiet als Gegenstand des Interesses des Wissenschaftlers entspricht dann z. B. im Grenzfall eindeutig einer Gesamtheit von Personen, Instituten oder Gruppen, die es erforschen, oder auch einer Gesamtheit von Methoden, die für dieses Gebiet spezifisch sind.

Natürlich ist diese eindeutige Entsprechung stets relativ. Eine Gemeinschaft von Spezialisten für ein bestimmtes Gebiet kann mit Inhalt, Organisation oder Struktur dieses Gebiets nur dann in Bezug gebracht werden, wenn die Aufgabe, um die es geht, die Bestimmung von Struktureinheiten der Wissenschaft erfordert, z. B. also, wenn eine Entwicklungskonzeption der Wissenschaft erarbeitet werden soll, materielle Mittel und personelle Ressourcen geplant werden usw. Andernfalls tritt die Spezifik der entsprechenden Aspekte in den Vordergrund; aber selbst die unter diesen Aspekten hervorgehobenen Einheiten bleiben als Erscheinungsformen der einen (auf den individuellen Forscher ebenso bezogenen wie auf eine Forschergruppe) Struktureinheit — eben des Forschungsgebiets — untereinander isomorph.

Die wissenschaftliche Tätigkeit kann — ausgehend von der Analyse der Formen der Arbeitsteilung in der Wissenschaft — unter gegenständlich-inhaltlichem, organisatorischem, kommunikativem Aspekt betrachtet werden. Das Problem der Bestimmung von Struktureinheiten der Wissenschaft bezieht sich auf eben diese Aspekte. Wir gehen zunächst auf den inhaltlichen ein, weil dieser die Spezifik der Wissenschaft und der wissenschaftlichen Arbeit am ehesten widerspiegelt.

Unter den möglichen Struktureinheiten des gegenständlich-inhaltlichen Aspekts der Wissenschaft gilt es vor allem die „minimale" aufzufinden, die in sich noch die gesamte Spezifik dieses Aspekts bewahrt. Diese Struktureinheit zu bestimmen, ist im gegebenen Kontext fast gleichbedeutend mit der Aufgabe, das Wissen zu klassifizieren und zu differenzieren. Diese Differenzierung führt zwangsläufig auf historisch entstandene Forschungsgebiete, von denen jedes eindeutig einer bestimmten Wissenschaftlergemeinschaft entspricht. Unter inhaltlichem Aspekt kann als Struktureinheit der Wissenschaft also sowohl ein Forschungsgebiet als auch die ihm entsprechende Wissenschaftlergemeinschaft gewählt werden; in letzterem Falle erhält man zwar eine kommunikative Einheit, die aber durchaus eindeutig auf eine inhaltliche bezogen ist. Wir kommen auf diese Möglichkeit noch zurück, bleiben aber vorerst noch bei Beispielen dafür, wie sich ein Forschungsgebiet unter gegenständlich-inhaltlichem Aspekt äußert.

Abschnitte der Forschungsfront, die zu einer Zeit als ganzheitliche Forschungsgebiete in Erscheinung treten, können zu anderen Zeiten in eine Reihe relativ unabhängiger Gebilde zerfallen. Beispielsweise erschienen die Theorien der Kardinal- und Ordnungszahlen, der wohlgeordneten Mengen usw. in den Arbeiten Georg Cantors der 70er und 80er Jahre des vorigen Jahrhunderts noch als einheitliches Gebiet, während sie im 20. Jahrhundert bereits als verschiedene Forschungsgebiete im Rahmen der zur Disziplin erhobenen Mengenlehre behandelt werden. Ähnliches gilt für die physikalische Chemie, die sich in den ersten drei Jahrzehnten des 20. Jahrhunderts zu einem relativ zusammenhängenden Forschungsgebiet herausbildete, aber schon gegen Mitte des Jahrhunderts in mehrere Forschungsgebiete zerfiel, die jeweils die Struktur der Elektronenhülle des Atoms, die quantenmechanische Natur der Wertigkeit, die Struktur von Absorptionsschichten usw. untersuchten. Analoge, aber noch kompliziertere Prozesse gehen vor sich, wenn sich Forschungsgebiete differenzieren, dabei aber gleichzeitig in komplexe Projekte und Programme integriert werden.

Mit einer grundlegenden Idee und einer effektiven Methode sind zwei Faktoren gegeben, deren Wechselwirkung — unter inhaltlichem Aspekt gesehen — zur Entstehung eines neuen, tragfähigen Forschungsgebiets führt. Als Beispiel kann die in den 60er Jahren entstandene Chronobiologie dienen,[5] die ein „hybrides", zugleich aber ganzheitliches Wissens- und Forschungsgebiet darstellt. Sie beruht auf der Idee von der Einheit der den täglichen, jährlichen und anderen Biorhythmen zugrundeliegenden Gesetzmäßigkeiten und auf einer besonderen statistischen Methode, mittels derer periodische Erscheinungen auf zellulärer und molekularbiologischer Ebene untersucht werden können.[6] Am Material der Konstituierung und Entwicklung der Chronobiologie läßt sich gut verfolgen, wie relativ die Bestimmung eines Forschungsgebiets als Struktureinheit der Wissenschaft ist, was übrigens auch für analoge Versuche gilt, eine Wissenschaftsdiziplin[7], ein Spezialgebiet[8] usw. als eine solche Einheit zu identifizieren. Für verschiedene

[5] N. Mullins, The development of a scientific specialty, in: Minerva, vol. 10 (1972), S. 51—82.

[6] Vgl. F. Halberg, Resolving power of electronic computers in chronopathology. An analogy to microscopy, in: Scientia, vol. 101 (1966), S. 412—419; F. Halberg, Chronobiology and its promise for health care and environmental integrity, in: International Journal of Chronobiology, vol. 1 (1973), S. 10—14; A. Reinberg, Des rhythmes biologiques a la chronobiologie, Paris 1979.

[7] Vgl. G. Lemaine (Hrsg.), Perspectives on the emergence of scientific disciplines, Paris 1977; I. Spiegel-Rösing/I. Schwidetzky, Maus und Schlange. Untersuchungen zur Lage der deutschen Anthropologie, München—Wien 1982; I. Spiegel-Rösing u. a., Beiträge zur Messung von Forschungsleistung, in: Schriftenreihe Hochschule, 16/1975; D. Crane, Invisible colleges, Chicago 1972.

[8] Vgl. R. Johnston/D. Robbins, The development of specialities in industrialised science, in: The Sociological Review, vol. 25 (1977), S. 87—108; N. Mullins, The development of a scientific specialty, in: Minerva, vol. 10 (1972).

praktische Zwecke, z. B. für wissenschaftsmetrische oder solche der Wissenschaftsleitung, können als solche Einheiten auch die disziplinäre Gemeinschaft oder das „invisible College“[9], eine Rubrik der Attestationsnomenklatur, ein Laboratorium oder ein Institut usw. gewählt werden. Für die theoretische Analyse der Wissenschaft und der wissenschaftlichen Tätigkeit aber bleibt es notwendig, Einheiten zu identifizieren, die nach vielen (möglichst nach allen) Aspekten komparabel und relativ stabil (nicht weiter teilbar) sind, was letztlich auf die Bestimmung von Forschungsgebieten hinausläuft.

Es gibt jedoch in dieser Beziehung noch keine einheitliche Terminologie. Während in der westeuropäischen Wissenschaftsforschung strukturelle Gebilde vom Maßstab und Status der Chronobiologie als „Forschungsgebiete“ (research areas) definiert werden, nennt man analoge subdisziplinäre Einheiten in den USA auch „Spezialgebiete (specialties).[10] Äußerlich erkennt man die Formierung eines bestimmten Komplexes von Forschungen zu einer selbständigen Einheit daran, daß die Zahl der Forscher und der Veröffentlichungen auf diesem Gebiet nach den üblichen wissenschaftsmetrischen Gesetzmäßigkeiten wächst, periodische Kongresse zu dieser Problematik abgehalten werden,[11] die Forschung nach dem Muster schon bestehender „Einheiten“ strukturiert ist (für die Chronobiologie z. B. läßt sich die Analogie zur Mikroskopie verfolgen),[12] ein kompliziertes Netz von Zusammenhängen zwischen dem neuen Forschungskomplex und angrenzenden Forschungsgebieten und Disziplinen sich aufbaut usw. Für die Chronobiologie sind all diese Phänomene in einer Reihe von Arbeiten dargestellt worden, deren Autoren sich in der Frage, ob die Chronobiologie als Disziplin, Forschungsnetzwerk oder noch anders bezeichnet werden soll, allerdings nicht einigen konnten; dies zeigt die Schwierigkeit, die Entwicklungsdynamik der Forschung durch einen ein für allemal festgelegten Terminus fixieren zu wollen. Daß es sich um den Entstehungsprozeß einer neuen Disziplin handelt, dafür spricht die Gründung einer chronobiologischen Gesellschaft in Italien, das Erscheinen von Zeitschriften in verschiedenen Ländern und die Verleihung von Universitätsdiplomen auf diesem Gebiet; andererseits bezeugt die große Zahl von Arbeiten zur Chronobiologie, die von Vertretern anderer Spezialgebiete geschrieben wurden und durchaus in diese Gebiete gehören, daß die Chronobiologie nach wie vor eine Zone inter-

9 Vgl. D. Crane, Social Structure in a Group of Scientists. A Test of the „Invisible College“ Hypothesis, in: American Sociological Review, vol. 34 (1969), S. 335—352.

10 Vgl. R. Whitley, Umbrella and polytheistic scientific disciplines and their elites, in: Social Studies of Science, vol. 6 (1976), S. 471—497; A. Cambrosio/P. Keating, The disciplinary stake. The case of chronobiology, in: Social Studies of Science, vol. 13 (1983), S. 323—354.

11 Vgl. A. Cambrosio/P. Keating, The disciplinary stake. The case of Chronobiology, in: Social Studies of Science, vol. 13 (1983), S. 333/334.

12 Vgl. F. Halberg, Resolving power of electronic computers in chronopathology. An analogy to microscopy, in: Scientia, vol. 101 (1966).

disziplinärer Kontakte ist, die in hohem Maße durch praktische Erfordernisse der Medizin und des Gesundheitsschutzes bedingt ist.[13]

Zugleich differenzieren sich aus der Chronobiologie seit einiger Zeit neue Forschungskomplexe aus, wie Chronopharmakologie, Chronopathologie, Chronophysiologie u. a., von denen einige die reale Perspektive haben, sich zumindest vorübergehend als Keimzellen der vordersten Forschungsfront zu konstituieren. Für jeden dieser Komplexe kann eine zumindest ephemerische Wissenschaftlergemeinschaft angegeben werden, die — wie die Gemeinschaft aller Chronobiologen — als Struktureinheit der Wissenschaftlergemeinschaft insgesamt betrachtet werden kann. Während diese Wissenschaftlergemeinschaft nur einen der Aspekte der der Wissenschaft darstellt, ist die Chronobiologie als Forschungsgebiet eine Struktureinheit im umfassenderen Sinne, da sie mit anderen Struktureinheiten nicht nur unter dem Aspekt der Wissenschaftlergemeinschaft, sondern vor allem des Inhalts der Forschung, des Publikationsmassivs u. a. vergleichbar ist. Eben in diesem umfassenderen Sinne ist die Chronobiologie ein minimales, im gegenwärtigen Stadium nicht weiter zerlegbares Gebilde, denn die sich aus ihr ausdifferenzierenden Teilgebiete (Chronopathologie, Chronotoxikologie u. a.) weisen noch nicht die Vielfalt der erforderlichen Aspekte auf, haben noch nicht ihre Presse, noch kein hierarchisch gegliedertes Bewertungssystem, noch keine spezifischen stabilen Beziehungen zu angrenzenden Gebieten. Für die Chronobiologie jedoch sind diese Indikatoren alle aufweisbar.[14]

In der Regel ist jede Methode, die an der Konstituierung eines Forschungsgebietes teilhat, auch in anderen Gebieten anwendbar, von denen jedes wiederum sich mehrerer Methoden bedient. So ergibt sich eine Art Matrix wissenschaftlicher Methoden und Forschungsgebiete. Es ist dies einer der Integrationsmechanismen der Wissenschaft.

Ein Forschungsgebiet ist nicht unbedingt monodisziplinär; dasselbe gilt für die entsprechende Wissenschaftlergemeinschaft. Es ist durchaus möglich, und das 20. Jahrhundert kennt viele solcher Fälle, daß sich inter- und multidisziplinäre Gemeinschaften konstituieren, die theoretische und anwendungsorientierte Forschungen durchführen, deren Zusammenhang durch einheitliche volkswirtschaftliche Aufgabenstellungen oder komplexe Objekte gegeben ist und deren Komplexität nicht gewährleistet ist, wenn sie aus der Sicht nur einer bestimmten Disziplin angegangen werden. Das Kriterium der Minimalität, dem eine Struktureinheit der Wissenschaft genügen muß, besagt ja nicht, daß diese Einheit „klein“ sein muß. Für die gegenwärtige Wissenschaftsentwicklung gewinnen im Gegenteil

[13] Vgl. R. A. Ward, The living clocks, New York 1971; E. Bunning, The physiological clock, 3rd., ed. New York 1973; A. Cambrosio/B. Keating, The disciplinary stake, a. a. O.; A. Reinberg. Le temps. Une dimension biologique et médicale, in: L'homme malade du temps. Paris 1979.

[14] Vgl. N. Mullins, The development of a scientific specialty, a. a. O.

große wissenschaftliche Projekte, einschließlich internationaler Forschungsprogramme (Internationales Geophysikalisches Jahr, Hydrologisches Decennium, Antarktis- und ozeanographische Programme u. a.), immer mehr an Bedeutung. Für solche komplexen Projekte gilt, daß verschiedene Forschungsgebiete in ihnen nicht lediglich inhaltlich koexistieren oder wechselwirken, sondern sich in einer Weise durchdringen, daß in bestimmten Fällen aus ihnen neue Struktureinheiten der Wissenschaft hervorgehen.

Die strukturelle Gliederung der Wissenschaft nach komplexen Projekten bedeutet — unter inhaltlichem Aspekt gesehen — nicht nur ein neues Niveau der Komplexität mit einem vielseitiger gewordenen Forschungsgegenstand, sondern führt auch zu neuen Formen der Organisation der Wissenschaft und zu neuen Methoden der Kommunikation. Solche Prozesse wirken sich naturgemäß — wenn auch mitunter vermittelt — auf die gesamte Forschungsfront aus, d. h. auch auf solche Forschungen, die nicht in die globalen oder subglobalen Integrationstypen der wissenschaftlichen Tätigkeit einbezogen sind. Solche Einheiten können als Ensemble von gebietsübergreifenden Struktureinheiten vorgestellt werden, die als „Forschungsprogramme" existieren. Die Beziehungen zwischen Forschungsprogrammen sind durchaus nicht immer harmonisch; sie können sich ergänzen, aber auch miteinander konkurrieren, einander verdrängen usw. Für die Zeitdauer ihres Bestehens treten sie aber nicht selten als ganzheitliche und „minimale" Struktureinheiten im oben genannten Sinne auf, d. h. sie genügen den genannten drei Kriterien einer Struktureinheit der Wissenschaft und können zumindest unter kommunikativem und inhaltlichem Aspekt als solche angesehen werden.

Jedes Forschungsprogramm hat seinen Gegenstand und sein Forschungsgebiet und ist in diesem Sinne dem letzteren als Struktureinheit der Wissenschaft isomorph. In organisatorischer (mitunter auch in formal-organisatorischer) Hinsicht verkörpern sich Forschungsprogramme in besonderen Typen von Gemeinschaften, die in der Geschichte der Wissenschaft seit langem als wissenschaftliche Schulen bekannt sind.[15]

Ein von der Wissenschaftswissenschaft als Struktureinheit untersuchtes Forschungsgebiet ist in jedem konkreten Falle eine Einheit von Wissenschaftler-

[15] Vgl. M. G. Jaroševskij, Die Logik der Wissenschaftsentwicklung und die wissenschaftliche Schule, in: Wissenschaftliche Schulen, Bd. 1, hg. von S. R. Mikulinskij, M. G. Jaroševskij, G. Kröber und H. Steiner, Berlin 1977, S. 18—81; vgl. auch: ebenda, S. 188—191, 298. — Zu organisatorischen und kommunikativen Aspekten der Ausdifferenzierung von Struktureinheiten der Wissenschaft vgl. auch: Organizacija naučnoj dejatel'nosti, hg. von E. A. Beljajev, S. R. Mikulinskij und J. M. Šejnin, Moskva 1968. — Hier wird insbesondere das Beziehungsgefüge dargestellt, das zwischen Struktureinheiten der wissenschaftlichen Tätigkeit in den Systemen der Wissenschaftsorganisation verschiedener sozialistischer und kapitalistischer Länder besteht. In beiden Arbeiten wird das Phänomen wissenschaftlicher Schulen und organisatorischer Struktureinheiten der Wissenschaft ausführlich und unter den verschiedensten Aspekten erörtert, so daß es hier nicht weiter besprochen zu werden braucht.

gemeinschaft, Formen ihrer Organisation und eines spezifischen Theorien- und Methodenkomplexes.

Der organisatorische Aspekt von Forschungsgebieten und der ihnen entsprechenden Wissenschaftlergruppen äußert sich in struktureller Hinsicht in den Formen, die dem gemeinschaftlichen Charakter der auf Kooperation gegründeten Arbeit von Individuen entsprechen. Die Organisationseinheiten der Wissenschaft (Institutionen, Abteilungen, Gruppen usw.) und die für sie kennzeichnenden Beziehungen der Koordination und Subordination sind dieselben wie auch für andere Arten der menschlichen Tätigkeit unter konkreten sozialhistorischen Bedingungen. Diese Einheiten unterscheiden sich voneinander durch ihre Maßstäbe (von kleinen Gruppen bis zu großen Vereinigungen) oder durch andere Kriterien, z. B. durch ökonomische (Finanzierung durch den Staat, durch Länder- oder Gemeindevertretungen, durch die Industrie; wirtschaftliche Rechnungsführung, Budgetmittel aus internationalen Quellen usw.), administrativ-strukturelle (Institute, Universitäten, Industrielaboratorien usw.), soziale oder historisch-kulturelle.

Legt man eine Klassifikation nach einem dieser Kriterien zugrunde und beachtet man die oben genannten drei Merkmale einer Struktureinheit, so lassen sich minimale Kollektive unterscheiden, die im Hinblick auf das gewählte Kriterium untereinander vergleichbar sind. Solche Kollektive sind z. B. minimale Mitarbeitergruppen in einem wissenschaftlichen Forschungsinstitut (Primärkollektive), die Lehrkräfte an einem Lehrstuhl einer Universität usw.; sie können als Elementareinheiten betrachtet werden, deren Vereinigung Einheiten zweiter und höherer Ordnung ergibt. In analoger Weise geht das jedem Kollektiv entsprechende Forschungsgebiet in ein anderes höherer Ordnung ein: Individuelle Themen gehen in Gruppenthemen ein, diese wiederum in Pläne von Instituten, Akademien usw. Praktisch gehen viele Autoren von Arbeiten zur Wissenschaftswissenschaft und Wissenschaftsorganisation so vor.

Für die Wissenschaft als Form der Arbeit und der Wissensproduktion sind indes auch Struktureinheiten kennzeichnend, die sich auf den Bereich der Kommunikation beziehen (kommunikativer Aspekt). Beispiele solcher Einheiten unter diesem Aspekt sind Kongresse, Konferenzen, Informations- und Dokumentationszentren, aber auch die von ihnen herausgegebenen Dokumente, Veröffentlichungen, analytischen Materialien usw. In der Tat sind die Kriterien der Minimalität, der Komparativität und der strukturellen Analogie zur Wissenschaft als Ganzes auf diese Einheiten anwendbar. Wenn z. B. ein veröffentlichtes Dokument, das als eine Etappe im Akt der Kommunikation angesehen werden kann, zuverlässiges, objektives, praktisch anwendbares und reproduzierbares Wissen vermittelt und zudem mit anderen analogen Dokumenten vergleichbar ist, kann es unter dem gewählten Aspekt als Struktureinheit, als (schriftliche) Dokumentationseinheit, als materielles „Konzentrat“ der Kommunikation betrachtet werden.

Die kommunikativen Aspekte der Struktureinheiten der Wissenschaft werden uns im folgenden Abschnitt noch weiter beschäftigen. Dabei gilt es jedoch zu beachten, daß in dem Stadium, in dem sich die Entwicklung der Wissenschaftswissenschaft gegenwärtig befindet, viele terminologische und konzeptionelle Probleme, welche die „Anatomie“ der Wissenschaft und die Identifizierung von Struktureinheiten in ihr betreffen, noch der weiteren Präzisierung und Ausarbeitung bedürfen.

3. Kommunikation in der Wissenschaft

Die Formen und Typen der Kommunikation in der Wissenschaft können auf ganz unterschiedliche Weise klassifiziert werden; jeder Klassifikation liegt eine andere Sichtweise der wissenschaftlichen Tätigkeit zugrunde.[16] Für unsere Zwecke ist es sinnvoll, Formen und Arten der Kommunikation danach zu unterscheiden, welche Funktionen sie erfüllen. Diese Funktionen hängen auf das engste mit der Spezifik der Wissenschaft als Mittel zur Erzeugung neuen Wissens zusammen. Die gemeinschaftliche Arbeit der Wissenschaftler vollzieht sich nur dank ihrer Kommunikation.

Die Kommunikation betrifft dabei nicht nur die wissenschaftliche Information. Sie wirft auch viele ökonomische, psychologische, soziale und andere Probleme auf, die an anderen Stellen dieses Buches behandelt werden. Beispielsweise beinhaltet sie eine Reihe nichtformalisierbarer Aspekte und ist Bestandteil der schöpferischen Tätigkeit.[17] Hier sollen — entsprechend dem Thema dieses Kapitels — nur diejenigen Phänomene der Kommunikation behandelt werden, die für die Wissenschaft insgesamt spezifisch sind und zu ihrer Strukturierung beitragen.

Damit wissenschaftliche Kommunikation stattfinden kann, müssen folgende notwendige Bedingungen erfüllt sein: *1.* Das wissenschaftliche Wissen muß in bestimmter Weise adressiert sein; der Wissenschaftler muß sich im „Kommunikationsraum“ orientieren. *2.* Der Wissenschaftler muß den Zustand des Wissens über das ihn interessierende Objekt ständig verfolgen können; er muß stets auf der Höhe des neuesten Wissens sein. *3.* Die Kommunikationsmittel müssen so beschaffen sein bzw. vervollkommnet werden, daß der Wissenschaftler die ständig wachsenden Informationsmassive operativ bewältigen kann. Um die kommunikativen Aspekte der wissenschaftlichen Tätigkeit untersuchen zu können, empfiehlt es sich also, folgende Phänomene sukzessive zu betrachten: Publikationen, ihre Zirkulation und ihre Rolle in der Arbeit des Wissenschaftlers; die Mechanismen, welche gewährleisten, daß die Kommunikation operativ ist und dem in dem betreffenden Forschungsgebiet erzielten Wissensniveau bzw. dem gegebenen Wissenschaftspotential entspricht; das Instrumentarium der wissenschaftlichen Kommunikation, wie es die unmittelbare wissenschaftliche Tätigkeit befördert.

[16] Vgl. A. I. Michajlov/A. I. Černyj/R. S. Giljarevskij, Naučnyje kommunikacii i informatika, Moskva 1976; E. M. Mirskij/V. N. Sadovskij, Problemy issledovanija kommunikacii v sovremennoj nauke, in: Kommunikacija v sovremennoj nauke, Moskva 1976, S. 8—16.

[17] Vgl. Abschnitt 4.5. dieses Bandes.

Wissenschaftliche Kommunikation kann als Informationsprozeß angesehen werden; viele Phänomene der Kommunikation haben ihre direkte Entsprechung in der Informatik. Dem Umstand z. B., daß in verschiedenen Kommunikationskanälen nichtverarbeitete „Rohmaterialien", mitunter auch nichtgeprüfte oder sogar falsche Mitteilungen zirkulieren, entspricht in der Informatik das Rauschen, eine unerwünschte Störung, die zu beseitigen eines der wichtigsten Ziele der Informations- und dementsprechend auch der Kommunikationstätigkeit ist. Kommunikationstätigkeit reduziert sich jedoch keinesfalls auf bloße Informationstätigkeit, denn in diesem Falle ginge die wissenschaftliche Kommunikation ihrer Spezifik als eines im Vergleich zu bloßen Informationsprozessen komplexeren und einer höheren Strukturebene zugehörigen Prozesses verlustig.

Die Kommunikation setzt mit der Aufnahme von Information ein. Diese wird sodann komplizierten schöpferischen Verarbeitungsprozessen unterzogen, zu denen es in anderen, mehr stereotypen Bereichen der Informationsübertragung und -verarbeitung keine Analogie gibt. Wissenschaftliche Kommunikation hat immer soziale Momente, denn ihr Adressat sind konkrete soziale Individuen, und sie dient unmittelbar Interessen der materiellen und geistigen Produktion.

Zur Problematik der wissenschaftlichen Kommunikation gehören auch die moralischen und juristischen Aspekte, die sich ergeben, wenn es darum geht, ob bestimmte Forschungen und Mitteilungen über sie erwünscht und zulässig sind oder nicht, wenn Moratorien zur Diskussion stehen, kollektive und internationale Aktivitäten entfaltet werden, um fortgeschrittene Technologien und Ergebnisse von Grundlagenforschungen weiterzugeben usw.[18] Spezifisch für wissenschaftliche Kommunikation sind auch solche, zwangsläufig soziale und kulturelle Komponenten enthaltende Organisationsformen des Informationsmassivs und des Verkehrs der Wissenschaftler miteinander wie internationale und nationale Kongresse, Konferenzen, Symposien, die Veröffentlichung ihrer Materialien, die Verbreitung von Preprints, Invisible Colleges usw., auf die wir weiter unten eingehen werden. Wenngleich die Evolution der Formen der wissenschaftlichen Kommunikation noch nicht abgeschlossen ist und auch künftig noch neue und hochtechnisierte Formen entstehen werden, ist doch festzuhalten, daß der Hauptgegenstand jenes Teiles der Wissenschaftswissenschaft, der sich mit der wissenschaftlichen Kommunikation befaßt, das Publikationsmassiv ist und bleibt, und zwar vor allem das der Originalveröffentlichungen, d. h. wissenschaftlichen Monographien und Zeitschriften, aber auch das Massiv der durch Übersetzung, referative und populärwissenschaftliche Tätigkeit entstehenden Sekundärliteratur.

Von einem Publikationsmassiv ist auf jeden Fall zu fordern, daß es organisiert bzw. strukturiert ist. Unabhängig von dem Forschungsgebiet, zu dem es gehört, läßt sich in ihm fast immer eine Staffelung feststellen, deren einzelne Abschnitte

[18] Vgl. Abschnitte 1.1. und 1.2. dieses Bandes.

verschieden weit von der vordersten Forschungsfront entfernt sind.[19] Das formale Merkmal, nach dem diese Abschnitte identifiziert werden, ist das „Genre" der jeweiligen Publikationen. Jeder Publikationstyp erfüllt im Gesamtmassiv ganz bestimmte Funktionen. In grober Annäherung kann die Staffelung des Massivs wie folgt beschrieben werden: *1.* Briefe an die Redaktion und kurze Mitteilungen; *2.* Zeitschriftenbeiträge und Veröffentlichungen von Vorträgen auf wissenschaftlichen Veranstaltungen; *3.* bestätigende Mitteilungen, referative Beiträge (thematische, analytische u. a.), Berichte über Symposien und Konferenzen zu einem bestimmten Forschungsgebiet in einem bestimmten Zeitraum; *4.* thematische Sammelbände, Artikel monographischen Charakters, individuelle und kollektive Monographien; *5.* Lehrbücher, Vorlesungskurse, Chrestomathien, populärwissenschaftliche Darstellungen einer Disziplin.

Der Inhalt des Publikationsmassivs vermittelt eine Vorstellung über den aktuellen Zustand des Wissens auf dem betreffenden Gebiet: wie und auf welchem Niveau der Gegenstand dargestellt wird (Lehrbücher); inwieweit die zentralen Probleme des Gebiets systematisch erörtert werden (Monographien); welches die Hauptrichtungen der Forschung sind und wie die zentralen Probleme angegangen werden (Referate); mit welchen Methoden gearbeitet wird und welche Ergebnisse erzielt wurden (Artikel); welche neuen Forschungsgebiete im Entstehen begriffen sind und welche neuen, wenn auch noch strittigen Alternativen sich in dem betreffenden Gebiet abzeichnen (Mitteilungen).

Der Inhalt des Publikationsmassivs ermöglicht es, sich in den schon erzielten und der weiteren „produktiven Konsumtion" unterliegenden Forschungsergebnissen zu orientieren. Was jedoch die vorderste Forschungsfront betrifft, an der die neuen Ergebnisse erzielt werden, so wäre eine Kommunikation der Wissenschaftler ausschließlich mittels Publikationen nicht effektiv genug. Das gilt vor allem für die sogenannten Durchbruchszonen, in denen neue Ergebnisse in außerordentlich rascher Folge entstehen und ihr Umfang sich alle fünf bis sieben Jahre verdoppelt. Vom Beginn einer Forschungsarbeit (dem Aufkeimen einer Idee und von Vorstellungen darüber, wie sie experimentell geprüft, mathematisch modelliert werden kann usw.) bis zur Veröffentlichung der Ergebnisse vergehen etwa drei Jahre, und das selbst in solchen Wissenschaftsgebieten, deren Zeitschriften die eingegangenen Manuskripte faktisch ohne Zeitverzug veröffentlichen. Selbst wenn wir ideal funktionierende Informationsdienste voraussetzen, d. h. wenn der Wissenschaftler alle Literatur zu seinem speziellen Thema zum Zeitpunkt ihrer Veröffentlichung erhält, erfährt er doch nur, womit sich seine Kollegen vor drei bis vier Jahren beschäftigt haben. Würde er sich mit der veröffentlichten Literatur begnügen, stünde ihm also immer nur ein Teil der real existierenden und (in Entwürfen, informellen Gesprächen, fertiggestellten Manuskripten) zirkulierenden Information über den Stand der Problembearbei-

[19] Vgl. dazu ausführlicher: E. M. Mirskij, Meždisciplinarnyje issledovanija i disciplinarnaja organizacija nauki, Moskva 1980.

tung zur Verfügung. Die Größe dieses Teils wird von einigen Autoren mit 66% angegeben,[20] von anderen mit weniger als die Hälfte (47%)[21]; sie hängt offenbar von der Spezifik des Forschungsgebiets ab.

Auf jeden Fall fallen die Informationsverluste, die auftreten, wenn man nur mit Publikationen arbeitet, spürbar ins Gewicht. Das unterstreicht die Wichtigkeit der zweiten oben genannten Anforderung an das Kommunikationssystem, nämlich zu sichern, daß der Wissensstand über ein Objekt kontinuierlich verfolgt werden kann. Der Mangel an Operativität, der das System wissenschaftlicher Publikationen kennzeichnet, kann weitgehend dadurch kompensiert werden, daß die Operativität von persönlichen Kontakten und deren Selektivität erhöht wird. Auf diese Weise läßt sich die Kommunikation ständig in der benötigten Richtung aufrechterhalten werden; alle nicht zum Thema gehörenden Fragen können ausgeklammert, noch nicht vollends ausgebildete Ideen und Vorstellungen erörtert und Analogien zwischen dem zur Diskussion stehenden Problem und Thematiken aus anderen Gebieten schnell gefunden werden. Dabei können die Teilnehmer der Kommunikation diesen Prozeß selbst gestalten, Rückkopplungsmechanismen nutzen und die sie interessierenden Momente der Kommunikation immer mehr vertiefen. Darüber hinaus erhalten sie Informationen über den Stand laufender Arbeiten, die sie andernfalls erst viel später erhalten würden, wenn die Ergebnisse veröffentlicht sind.

Allerdings muß auch beachtet werden, daß persönliche Kommunikationskanäle bei allem Vorzug, den sie gegenüber Publikationen durch ihre Operativität und Gerichtetheit haben, weit hinter Publikationen zurückstehen, was ihre Zugänglichkeit betrifft. Überdies erfordert die Aufrechterhaltung persönlicher Kontakte viel Zeit; das behindert vor allem hochqualifizierte Wissenschaftler, an die man sich am häufigsten mit Konsultationswünschen wendet. Intensive persönliche Kommunikation findet deshalb vor allem dann statt, wenn sich die Forschungen zu einem bestimmten Problem besonders schnell entwickeln, so daß ein operativer Ideen- und Ergebnisaustausch erforderlich ist. Intensive und anhaltende persönliche Kontakte sind desweiteren für Gruppen mit einer hinreichend stabilen Struktur (gemeint sind nicht Gruppen und Personen, die in ein und derselben Einrichtung arbeiten) kennzeichnend und kommen nicht spontan zustande.

Wichtige Formen der Organisation stabiler Kontakte zwischen Wissenschaftlern sind wissenschaftliche Schulen und theoretische Seminare. In einer wissenschaftlichen Schule arbeiten junge Wissenschaftler gemeinsam und unter der theoretischen Führung des Leiters an der Verwirklichung von dessen Programm; sie unterhalten enge Beziehungen zueinander und kommunizieren (insbesondere) über den Leiter mit der „übrigen Welt". Theoretische Seminare werden in der Regel an

[20] Vgl. M. H. Halbert/R. L. Achoff, An operations research study of the dissemination of scientific information, in: Proceedings of the International Conference on Scientific Information. Washington, November 16—21, 1958, Washington 1959, Vol. 1., S. 107.

[21] Vgl. R. W. Swenson, Information: An exploitable commodity, Arlington 1968, S. 47.

einem der führenden Zentren des betreffenden Forschungsgebiets organisiert; sie werden von einem oder mehreren führenden Spezialisten geleitet. Ein Seminar vereinigt gewöhnlich eine ziemlich große Gruppe von Wissenschaftlern, die sich aus den angekündigten Vorträgen und Mitteilungen neue Informationen erhoffen und zugleich an der qualifizierten Kritik ihrer eigenen Ergebnisse interessiert sind. Ein Seminar muß nicht nach einem einheitlichen Programm arbeiten; es ist eher eine reguläre Form der Prüfung und Verallgemeinerung von Zwischenergebnissen der Forschung noch vor ihrer Publikation. Besonders für junge Wissenschaftler ist wichtig, daß das Seminar es ihnen ermöglicht, die Standpunkte und Sichtweisen verschiedener Schulen des betreffenden Forschungsgebiets einzuschätzen und zu vergleichen. Als Organisationsform der wissenschaftlichen Kommunikation ist das theoretische Seminar so zugleich eine wichtige Form der Ausbildung und Reproduktion wissenschaftlicher Kader.

Ein gut funktionierendes Kommunikationssystem trägt zur effektiven Freisetzung von Ressourcen des Wissenschaftspotentials bei.[22] Schwach ausgebildete Information und Kommunikation führt hingegen oft zu Kräfte und Mittel zehrenden Doppelarbeiten. Ein bekanntes Beispiel solcher Doppelarbeit sind die in den USA durchgeführten Forschungen zur Erzeugung von Regen durch Besäen von Wolken; diese Arbeiten verschlangen ca. 3 Mill. Dollar und erbrachten keine neuen Informationen gegenüber früher bereits durchgeführten Experimenten, die nur 0,25 Mill. Dollar gekostet hatten und deren Ergebnisse zwar publiziert vorlagen, im Literaturmassiv aber untergegangen waren.[23]

Soll das historisch entstandene System wissenschaftlicher Kommunikation effektiv funktionieren, so muß sowohl der „Kommunikationsraum" durch Publikationen orientiert und strukturiert sein, als auch die Möglichkeit gegeben sein, durch informelle Kommunikation operativ Informationen zu erhalten. Daß beides nötig ist, folgt aus theoretischen Überlegungen ebenso wie aus vielen Beobachtungen und Experimenten, die das Ziel verfolgten, die Wissenschaftsorganisation unter ihrem kommunikativen Aspekt zu optimieren. So wurden z. B. Versuche unternommen, wissenschaftlich-technische Informationssysteme aufzubauen, ohne die informelle Kommunikation zu berücksichtigen bzw. sie mit einem nur geringen und unveränderlichen Anteil anzusetzen; gelegentlich wurde auch versucht, einzig und allein mit informellen Arten der Kommunikation auszukommen. Jeder dieser Versuche führte jedoch zwangsläufig zu dem bereits etablierten Kommunikationssystem zurück, wenn auch mit einem ständig wachsenden Anteil neuer technischer Mittel, deren bedeutende Rolle in der wissenschaftlichen Kommunikation unbestreitbar ist.

Neben den bereits erwähnten technischen Mitteln der Kommunikation gehören zur dritten Gruppe notwendiger Bedingungen für effektive Kommunikation in

[22] Zum Wissenschaftspotential vgl. 5. Kapitel dieses Bandes.

[23] Vgl. E. Herbert, Finding what's known, in: International Science and Technology, 1/1962, S. 14.

der Wissenschaft die integralen Informationssysteme. Es sind dies Komplexe von Methoden und Mitteln, die es ermöglichen, „bei einmaliger Beschreibung, Indexierung und Referierung wissenschaftlicher Dokumente und durch Transformation der Daten in eine maschinenlesbare Form sie multivalent zu verarbeiten und mehrfach zu nutzen, um die unterschiedlichsten Informationsbedürfnisse zu befriedigen.“[24] Den integralen Informationssystemen sind „Informations-“ oder „Datenbanken“ angeschlossen, in denen die Quellen allerdings nicht — wie in den Systemen selbst — analytisch-synthetisch verarbeitet werden.[25] Jede Datenbank basiert auf einem bestimmten Informationsmassiv, einer Datenbasis, die so groß sein kann, daß ihre Verarbeitung und die Informationsrecherche ohne EDV-Anlagen praktisch unmöglich ist. So sind z. B. ca. drei Millionen chemischer Verbindungen bekannt; um aber für nur eines der chemischen Forschungsgebiete, beispielsweise für die Chemie der organischen Fluorverbindungen, ein integrales Informationssystem aufzubauen, bedarf es Zehntausende an Elementardaten nicht nur über die Verbindungen selbst, sondern auch über ihre Eigenschaften, Reaktionen usw. Auf dem Gebiet der Chemie gibt es integrale Informationssysteme bislang in der UdSSR (VINITI) und in anderen Ländern des RGW sowie in den USA (Chemical Abstracts Service, Institute for Scientific Information). In vielen Ländern sind derartige EDV-gestützte Systeme für die Gebiete der Physik und Medizin, aber auch für automatisierte Leitung und andere technische Zweige aufgebaut worden. Ein analoges Bedürfnis nach Nutzung neuer technischer und integrativer Kommunikationsmittel, die zugleich den eigentlich „menschlichen Aspekt“ berücksichtigen, entsteht auch auf Gebieten, die eng mit der Wissenschaftsforschung verwandt sind: im Patentwesen, in der Berufsausbildung, der Informatik und Dokumentalistik. Wenngleich die technischen Aspekte des Kommunikationsapparates nicht zum Gegenstand dieses Buches gehören, sei vermerkt, daß die Gemeinsamkeit der Kommunikationsmittel, die in der Wissenschaft wie auch in anderen Tätigkeitsbereichen genutzt werden, die Einheit der verschiedenen Bereiche der menschlichen Arbeit und Erkenntnis unterstreicht.

In ihren frühen Stadien unterschied sich die wissenschaftliche Kommunikation noch nicht grundlegend von anderen Typen sozialer Kommunikation, von denen sie sich erst später abhob. Neues Wissen wurde noch lange Zeit hindurch mündlich weitergegeben oder in Instruktionen (Rechenverfahren, chemische Rezepte) fixiert, die in schriftlicher Form in esoterischen Gemeinschaften zirkulierten.

[24] A. I. Michajlov A. I. Černyj R. S. Giljarevskij, Naučnyje kommunikacii i informatika, Moskva 1976, S. 344.

[25] Vgl. J. G. Sager, Report on the meeting of experts on terminological data elements, in: Bulletin terminologique, 37 1981, S. 1–28; N. Bjra-Andersen (ed.), The human side of information processing, in: Proceedings of the Conference on Computers Impact, Amsterdam 1980; E. V. Stasj, Sistemnoje issledovanije dokumental'nogo informacionnogo potoka, in: Naučno-techničeskaja informacija, Serija 1, 11 1981, S. 12–15.

Später entstand die Form des wissenschaftlichen Traktats; sie wurde allmählich und immer mehr ergänzt durch den schriftlichen (brieflichen) Austausch von Ansichten und Auffassungen zu den in diesen Traktaten enthaltenen wissenschaftlichen Ideen. Die Entwicklung dieses Austauschs führte zur regulären Publikation wissenschaftlicher Briefe in speziellen Ausgaben und Zeitschriften. Der Briefwechsel von Wissenschaftlern untereinander bzw. Briefe an Zeitschriftenredaktionen sind auch heute noch wichtige Formen der wissenschaftlichen Kommunikation, wenngleich der heute herrschende Publikationstyp der Zeitschriftenaufsatz oder die Rezension ist. Zeitschriften, Artikel, Monographien, Rezensionen, Übersichten, bibliographische Verweise usw. sind Formen der wissenschaftlichen Kommunikation, die sich von den frühen Stadien der Herausbildung der neuzeitlichen Wissenschaft bis heute erhalten und als stabile Aspekte der gesamten Struktur der Wissenschaft und der wissenschaftlichen Tätigkeit erwiesen haben.

In der späteren Geschichte der wissenschaftlichen Kommunikation sind auch neue Kommunikationsformen entstanden und alte vervollkommnet worden. Insbesondere wurden die Informations- und Dokumentationsdienste sowohl in organisatorischer als auch in technischer und polygraphischer Hinsicht weiterentwickelt; dieser Prozeß vollzieht sich auch heute noch intensiv. Eine wesentliche und für die weitere Entwicklung der Wissenschaft überaus fruchtbare Neuerung im wissenschaftlichen Kommunikationssystem waren die seit Mitte des 19. Jahrhunderts regelmäßig stattfindenden wissenschaftlichen Kongresse (Wissenschaftlerkongresse, darunter auch internationale, fanden sporadisch auch schon statt, als es noch keine wissenschaftlichen Zeitschriften gab). Eine nicht minder bedeutsame Neuerung, die sich im 20. Jahrhundert durchgesetzt hat, war die Entstehung eines Systems „sekundärer Information". Auch sie hatte ihre historischen Vorläufer (Rezensionen, bibliographische Verweise), wenngleich sie noch nicht als einheitliches und selbständiges Ganzes betrachtet wurde, was indirekt in dem erst später (nicht vor der Mitte des 20. Jahrhunderts) entstandenen Terminus „sekundäre Information" zum Ausdruck kommt. Zum System der sekundären Information gehören heute Referatedienste, Überblicks- und Signalinformationen. Diese Dienste haben die wichtige Aufgabe, kontinuierlich und operativ den jeweils neuesten Wissenstand zu verfolgen und darüber zu informieren. Zum Beispiel erfaßt das Allunionsinstitut für wissenschaftliche und technische Information (VINITI) in seinen Ausgaben jährlich über eine Million Publikationen aus allen Bereichen der Naturwissenschaft und Technik, die in ca. 70 Sprachen praktisch in allen Ländern der Erde erscheinen. Besonders hoch ist die Forderung nach Operativität bei Signalinformationen, die dem Nutzer nicht später als ein bis zwei Wochen nach dem Eingang der betreffenden neuen Publikationen verfügbar sein müssen. Literaturübersichten, besonders wenn sie ganze Gebiete umfassen, kommen ihrem Charakter nach schon der oben erwähnten Staffel der Monographien nahe. Die „Sekundärinformation", wie auch die technischen Kommunikationsmittel, spielen eine wichtige Rolle bei der Bewältigung jener negativen

Erscheinungen, die sich einerseits aus der sogenannten „Informationsexplosion“ und andererseits aus den Sprachbarrieren ergeben. (Nach Angaben der UNESCO wird etwa die Hälfte aller wissenschaftlichen und wissenschaftlich-technischen Literatur in Sprachen veröffentlicht, die weniger als die Hälfte aller Spezialisten auf den entsprechenden Forschungsgebieten beherrscht.[26])

Eine besondere Form der wissenschaftlichen Kommunikation sind Diskussionen. Die Geschichte der Wissenschaft ist reich an Diskussionen, in denen es um die Interpretation von Fakten, um theoretische oder philosophische Positionen ging. Neuerungen sind nur selten ohne Diskussion zustande gekommen. Die Bereitschaft und Entschlossenheit des Wissenschaftlers, seine Konzeption mit empirischen und rationalen Argumenten zu verteidigen, macht eine seiner Wesensmerkmale als Repräsentant einer wissenschaftlichen Gemeinschaft aus. Im Verlaufe der Diskussion erweist sich, wer zu der betreffenden Frage berechtigtermaßen als „Sprachrohr“ der Gemeinschaft aufzutreten vermag. Aus der Analyse von bedeutenden Diskussionen in der Geschichte der Wissenschaft wird ersichtlich, daß wissenschaftliche Gemeinschaften in der Tat Struktureinheiten der Wissenschaft, offene, dynamische, widerspruchsvolle und sozial determinierte Systeme sind.

Oberflächlich gesehen ist die Diskussion eine Form der Kommunikation, die sich lediglich zwischen ihren unmittelbaren Teilnehmern abspielt. In Wirklichkeit bezieht sie jedoch die ganze wissenschaftliche Gemeinschaft als Struktureinheit der Wissenschaft ein. Im Verlaufe der Diskussion „bekennt sich in der Regel keine der Seiten als besiegt und nunmehr von der Richtigkeit der anderen Seite überzeugt. Jede verteidigt nach wie vor die von ihr vertretenen Ideen. Der Gewinner ist der ‚Dritte‘ — die wissenschaftliche Gemeinschaft als Ganzes. Sie zieht die Lehren aus dem Duell und sammelt kollektive Erfahrung für neue Durchbrüche ins noch Unerforschte. Die Diskussion ist somit ein Katalysator des wissenschaftlichen Fortschritts.“[27] Die heutige Wissenschaft kennt vielfältige Formen der Diskussion (Polemiken, öffentliche Dispute, Podiumsdiskussionen u. a.); daß viele von ihnen bereits in früheren Stadien der Wissenschaftsentwicklung auftraten, belegt die Lebensfähigkeit dieser Form der Kommunikation als ein Mittel, neue Konzeptionen in die Wissenschaft einzubringen und alte zu bekämpfen, denn „ohne Diskussion und Meinungsstreit gibt es keine Bewegung“[28].

[26] A. I. Michajlov/A. I. Černyj/R. S. Giljarevskij, Naučnyje kommunikacii i informatika, Moskva 1976.

[27] M. G. Jaroševskij, Diskussija kak forma naučnogo obščenija, in: Rol' diskussii v razvitii estestvoznanija, Moskva 1977, S. 11.

[28] W. I. Lenin, Zwei Methoden, zu disputieren und zu kämpfen, in: LW, Bd. 19, Berlin 1962, S. 487.

4. Interdisziplinäre Forschung

Arbeitsteilung und fortschreitende Differenzierung der wissenschaftlichen Tätigkeit sind wesentliche und notwendige Charakteristika des historischen Gesamtprozesses der Wissenschaftsentwicklung. Für sich genommen kennzeichnen sie diesen Prozeß jedoch nur einseitig. Die historische Entwicklung der Wissenschaft kennt ebenso Prozesse der Durchdringung, Verknüpfung und Integration sich differenzierender Wissensgebiete. Sie sind Ausdruck dessen, daß die Formen und Arten der wissenschaftlichen Tätigkeit durch vielfältige Übergänge, wechselseitige Abhängigkeiten und Zwischenformen miteinander verbunden sind. Differenzierungs- und Integrationsprozesse bilden im Fortschreiten der wissenschaftlichen Erkenntnis eine dialektisch-widersprüchliche Einheit.

Die wechselseitige Durchdringung von Wissensmassiven erfolgt naturgemäß am ehesten in Grenzbereichen disziplinärer Forschung, d. h. dort, wo Probleme bearbeitet werden, die im Gegenstands- und Interessenbereich zweier oder mehrerer Wissenschaftsdisziplinen liegen. Die Bearbeitung solcher Probleme hat in der Geschichte der Wissenschaft nicht selten zur Herausbildung sogenannter Grenzwissenschaften (z. B. physikalische Chemie, Biophysik, Biochemie u. a.) geführt, die ihrerseits in vielen Fällen den Status „klassischer" Forschungsgebiete erwarben und selbst zur Konstituierung neuer, interdisziplinär zu bearbeitender Teilgebiete beigetragen haben. So ist z. B. die Ökologie primär an der Grenze zwischen Geographie der Pflanzen und Tiere, Evolutionslehre und einer Reihe angewandter Disziplinen (wie Forstwissenschaften, Bodenkunde u. a.) entstanden und brachte ihrerseits einen ganzen Komplex ökologischer Teildisziplinen hervor, z. B. die ökologische Chemie, die kosmische Ökologie oder die Biokybernetik (soweit sie das Gleichgewicht und die Dynamik von Ökosystemen untersucht).

An diesem Beispiel wird zugleich deutlich, daß interdisziplinäre Forschung vorwiegend — wenn auch nicht ausschließlich — durch praktische Erfordernisse erzwungen wird und besonders in der Entwicklung solcher Gebiete eine Rolle spielt, die eng mit der Praxis verbunden sind. Solche Gebiete fordern am ehesten dazu heraus, jedes Wissen und jede Methode — unabhängig von ihrer disziplinären Herkunft — zu nutzen und einzusetzen, wenn es sich als hilfreich erweist, die praktischen Zielstellungen zu erfüllen. Interdisziplinarität ist deshalb besonders für die Bearbeitung komplexer Projekte kennzeichnend, die gegenwärtig, unter den Bedingungen der wissenschaftlich-technischen Revolution und bedingt durch die Notwendigkeit, den wissenschaftlich-technischen Fortschritt rasch in hohe ökonomische und volkswirtschaftliche Effektivität und über diese in sozialen Fortschritt umzusetzen, zunehmend ins Zentrum theoretischen und praktischen Interesses der Wissenschaft und der Gesellschaft insgesamt rücken. Eines der historisch ersten Beispiele der Hinwendung der Wissenschaft zur Bearbeitung solcher komplexen Probleme der gesellschaftlichen Praxis ist der 1920 im Auftrage Lenins ausgearbeitete GOELRO-Plan. In seine Vorbereitung und Ausführung waren Spezialisten aus den unterschiedlichsten Gebieten einbezogen — der

Energetik, Elektroenergetik, Rohstofferkundung, Industrieökonomie, des Transportwesens, der Mechanisierung der Landwirtschaft u. a. —, die gemeinsam ein umfangreiches und auf die Lösung eines großen Komplexes praktischer Aufgaben zielendes Forschungsprogramm realisierten.

Bislang gibt es noch keine allgemein akzeptierte und eindeutige Definition des Begriffs „interdisziplinäre Forschung". Viele Arbeiten, die diesem Thema gewidmet sind, gehen von einem mehr oder weniger intuitiven Verständnis des Wesens und der Besonderheiten interdisziplinärer Arbeit in der Wissenschaft aus. Wir halten es deshalb für zweckmäßig, zunächst einige Ausführungen zum Begriff der interdisziplinären Forschung, d. h. dazu zu machen, worin sie sich von anderen, ihr aber eng verwandten Forschungstätigkeiten unterscheidet.

In gewissem Sinne enthält fast jede Forschung, selbst wenn sie im Rahmen eines streng abgegrenzten Forschungsgebietes betrieben wird, ein Moment der Interdisziplinarität, denn die Wissenschaft ist ein Ganzes, und jedes ihrer Gebiete hängt auf vielfältige Weise mit den anderen zusammen. Im engeren und gebräuchlicheren Sinne aber spricht man von interdisziplinärer Forschung dann, wenn sie sich im Grenzbereich zweier oder mehrerer Disziplinen bewegt.

Interdisziplinäre Forschungsgebiete können entstehen, wenn in vormals voneinander unabhängigen Disziplinen Probleme entstehen, die eine Annäherung dieser Disziplinen bewirken, oder wenn komplexe Forschungsprojekte zu bearbeiten sind. In beiden Fällen kann es sich sowohl um theoretische als auch um Probleme der angewandten Forschung handeln.

In struktureller und organisatorischer Hinsicht weisen interdisziplinäre Forschungen gewisse Besonderheiten auf. Einige dieser Besonderheiten lassen sich aus Zitationsanalysen erschließen. Auf Grund von Zitationsanalysen kann z. B. ermittelt werden, wie vielfältig strukturiert fundamentale interdisziplinäre Forschungsgebiete sind: Arbeiten auf unterschiedlichen Bedeutungsebenen und mit unterschiedlichen Alterungsgeschwindigkeiten können ausgewiesen werden; ein breitgefächertes System wechselseitiger Einwirkungen wird sichtbar; die Verteilung der Arbeiten nach Ländern und Zahl der Autoren kann analysiert werden usw. Im Ergebnis solcher Analysen stellte sich heraus, daß Interdisziplinarität der Forschung dahin tendiert, den internationalen Charakter der Arbeiten zu stimulieren, und daß sie die wissenschaftliche Produktivität auf dem betreffenden Gebiet auch ohne besondere Budgetaufwendungen zu steigern vermag.[29] So sah z. B. das 1973 unter der Leitung des Vizepräsidenten der AdW der UdSSR, J. A. Ovčinnikov, aufgestellte Zielprogramm „Rhodopsin" zur Erforschung des Bakteriorhodopsins weder besondere finanzielle Zuwendungen noch die Schaffung neuer Laboratorien oder den Ausbau bestehender vor. Dennoch kam es zu einigen wichtigen Entdeckungen, darunter zur Aufklärung der Primärstruktur des Bakteriorhodopsins, die dic UdSSR nach dem Kriterium „mittlere Zahl der Verweise

[29] Vgl. L. I. Gus'kova/N. J. Lipickaja/Z. G. Zalesova, Citirovanije publikacij po probleme, „Bakteriorodopsina"; in: Vestnik AN SSSR, 12/1982, S. 56—62.

pro Artikel" auf einen der ersten Plätze brachten. Sicher waren dafür mehrere organisatorische Momente maßgebend; unter ihnen spielte aber zweifellos die optimal organisierte Interdisziplinarität des Projektes im ganzen keine unwichtige Rolle.

Neben der Zitationsanalyse bietet sich auch die Herstellung von „Karten" und Diagrammen an, um ein interdisziplinäres Gebiet zu analysieren.[30] Um aber den Herausbildungsprozeß interdisziplinärer Gebiete zu verfolgen, empfiehlt es sich, Fallstudien zu konkreten interdisziplinären Komplexen zu erarbeiten. Beispielsweise bildete sich Ende der 70er und zu Beginn der 80er Jahre ein neues Gebiet angewandter Forschung heraus: die Biologie des Naturschutzes. Wie viele andere interdisziplinäre Gebiete hatte es seinen Ursprung in disziplinären Forschungen, die z. T. zeitlich relativ weit auseinander lagen. Entstanden aus der Synthese mehrerer Wissensgebiete, wurde die Biologie des Naturschutzes unverzüglich in den Prozeß der Arbeitsteilung und Differenzierung einbezogen. Es spricht für ihren Charakter als Forschungsgebiet, daß im Prozeß ihrer Differenzierung keine neuen, in sich abgeschlossenen Gebiete entstanden. Die in ihrem Rahmen entstandenen Forschungsrichtungen blieben untrennbar mit dem Ausgangsgebiet verbunden und sind — jedenfalls vorläufig noch — nur als dessen Teilgebiete denkbar, wie z. B. die Biologie der Tierzucht, Reintroduktion, biologischen Grundlagen der Leitung von Naturschutzparks u. a. Obgleich alle diese Teilgebiete ursprünglich interdisziplinären Charakter haben, bedarf die Frage, ob infolge der Differenzierung eines interdisziplinären Gebiets wieder nur interdisziplinäre Gebiete entstehen können, der weiteren Untersuchung. Als durchaus üblich hat sich aber auch im Falle der Biologie des Naturschutzes erwiesen, daß im Verlaufe der Differenzierung eines interdisziplinären Gebiets andere Gebiete, die vordem „außerhalb" von ihm lagen, sukzessive einbezogen werden.

Die Biologie des Naturschutzes und das Programm „Rhodopsin" sind Beispiele dafür, wie interdisziplinäre Forschung um bestimmte wissenschaftliche Zentren herum konzentriert wird; im ersten Falle waren das Naturschutzparks und Kommissionen der UNESCO, im zweiten das Institut für bioorganische Chemie „M. M. Šemjakin" und andere Institute der Akademie der Wissenschaften der UdSSR. Andererseits ist zu beachten, daß nicht in jedem Falle, wo Disziplinen sich einander annähern, weil sie in ein und demselben wissenschaftlichen Zentrum vereinigt sind, ein interdisziplinäres Gebiet entsteht. Wenn es heute zur Entstehung eines solchen Gebiets kommt, dann in der Regel deshalb, weil einem praktischen Bedürfnis Genüge geleistet werden muß. Gewöhnlich durchläuft das Gebiet dann zunächst eine multidisziplinäre Phase, ehe es interdisziplinär wird;

[30] Vgl. S. G. Kara-Murza, Technologija naučnych issledovanij kak ob'ekt naukovedčeskogo analiza, in: Vestnik AN SSSR, 1/1979, S. 44—52; S. G. Kara-Murza/V. A. Markusova/Nguen Chi Lok, Technologija naučnych issledovanij. Izučenije rasprostranenija radioimmunologičeskogo analiza s pomoščju referativnogo žurnala SCI i WIPIS, in: Naučno-techničeskaja informacija, Serija 1, 7/1981, S. 7—9.

hingegen müssen multidisziplinäre Phasen nicht unbedingt in interdisziplinäre übergehen.

Die Unterscheidung zwischen Inter- und Multidisziplinarität ist nicht allgemein üblich, wird aber mitunter gemacht, wobei letztere dann vorliegen soll, wenn die einzelnen disziplinären Komponenten sich noch nicht zu einem neuen und eigenständigen Forschungsgebiet zusammengeschlossen haben. Beide Fälle, die durchaus in der wissenschaftlichen Praxis auftreten und real unterschieden werden können, sollten jedoch nicht einander gegenübergestellt werden, denn zwischen ihnen gibt es viele Übergangsformen, und in einer Reihe von Fällen erwies sich multidisziplinäre Forschung nur als Phase der Herausbildung interdisziplinärer Forschung. So würden z. B. Arbeiten zur chemischen Thermodynamik, in denen der mathematische und physikalische Apparat überwiegt, die aber keine unmittelbare chemische Anwendung finden, als multidisziplinäre angesehen werden müssen, Arbeiten hingegen, die der Thermodynamik einer bestimmten chemischen Reaktion gewidmet sind, als interdisziplinäre. Solange die Ökologie sich noch nicht als eigenständige Wissenschaft konstituiert hatte und lediglich aus anderen Wissenschaften (Statistik, Biogeographie, Bodenkunde u. a.) entlehnte Methoden benutzte, wäre sie demzufolge ein multidisziplinäres Gebiet gewesen, während die heutige ökologische Forschung als interdisziplinär zu kennzeichnen wäre, obgleich der Zusammenschluß ihrer methodischen und inhaltlichen Komponenten z. T. lockerer ist als in den Arbeiten ihrer Begründer und Vorläufer. Eine Unterscheidung oder gar Entgegensetzung von inter- und multidisziplinärer Forschung ist also nur relativ und bedingt möglich, kann aber zu Klassifikationszwecken durchaus nützlich sein.

Einige besonders eifrige Klassifikatoren unterscheiden überdies zwischen „multi-" und „pluridisziplinärer" Forschung. Erstere soll vorliegen, wenn z. B. in ein und demselben Institut Forschungsarbeiten auf den Gebieten der Mathematik, Ethnographie, chemischen Technologie u. a. durchgeführt und finanziert werden, die in keinem inneren Zusammenhang miteinander stehen; solche Fälle treten insbesondere dann auf, wenn neue Universitäten oder Institute in Zentren gegründet werden, die noch keine stabilen Forschungstraditionen haben. „Pluridisziplinäre" Forschung dagegen soll dann vorliegen, wenn in einem Forschungszentrum parallele Forschungen auf Gebieten durchgeführt werden, die einander nahe stehen, wie z. B. Zoologie, Botanik und Mikrobiologie. Beide Fälle werden ihrerseits von interdisziplinärer Forschung im eigentlichen Sinne, aber auch von „transdisziplinärer" Forschung unterschieden. Hierbei wird unter eigentlicher interdisziplinärer Forschung jene verstanden, bei der die Wissenschaftler verschiedener Gebiete während der Arbeit an einem gemeinsamen Forschungsprogramm enge Kontakte zueinander unterhalten, wo also z. B. die Erforschung der Kinetik chemisch-technologischer Prozesse mit mathematischen Methoden oder die kybernetische Modellierung des durch landwirtschaftliche Schädlinge verursachten Schadens für die Entomologen, Agronomen und Mathematiker benötigt werden. Von „transdisziplinärer" Forschung spricht man dann, wenn sich mehrere Disziplinen um ein gemeinsames — z. B. methodisches — Zentrum gruppieren. Schließlich sollen noch „überdisziplinäre" Forschungsgebiete unterschieden werden, bei denen es sich um eine kompakte Gruppe von Disziplinen handelt, z. B. die Physik als Gesamtheit aus Physik der Elementarteilchen, Festkörperphysik, Optik, Elektrodynamik, Akustik u. a.[31] Interdisziplinäre Forschung so analysieren zu wollen, ist jedoch wenig fruchtbar, weil hierbei klassifikatorische Feinheiten überhöht werden, während die realen Unterschiede zwischen den einzelnen Arten fließend sind. Natürlich bedarf die Wissenschaftsleitung und -planung auch der klassifikatorischen Unterscheidung verschiedener Arten interdisziplinärer Forschung. Sie orientiert sich dabei jedoch nicht an künstlichen Klassifikationen, sondern daran, welche Arten interdisziplinärer Forschung je nach Art der praktisch zu lösenden Aufgaben auftreten.

Interdisziplinäre Forschung ist für die Wissenschaftswissenschaft von *theoretischem* Interesse, weil sie kein standardisiertes Objekt ist und neuartige Tendenzen und Gesetzmäßigkeiten der Wissenschaftsentwicklung erwarten läßt. Das *praktische* Interesse aber, das sie an ihr hat, resultiert daraus, daß die Leitung interdisziplinärer Forschung sich in mehrerer Hinsicht von der Leitung traditioneller disziplinärer Forschung unterscheidet. So müssen z. B. in der interdisziplinären Forschung Kontakte zwischen Vertretern mehrerer Spezialgebiete hergestellt und die Arbeiten in mehreren Dimensionen geplant werden, wofür sich z. B. Methoden der Faktorenanalyse als geeignet erwiesen haben. Die Tatsache, daß interdisziplinäre Forschung gegenwärtig sehr rasch an Gewicht gewinnt, verweist auf Veränderungen, die in der Struktur der Erkenntnisfront vor sich gehen. Als deren Struktureinheiten erweisen sich neben relativ unabhängigen „Disziplinen" immer mehr „Forschungsgebiete", die auf volkswirtschaftliche Bedürfniskomplexe flexibel zu reagieren vermögen und selbst die Form komplexer Projekte haben. Als Grenzbereiche mehrerer Forschungsrichtungen sind sie interdisziplinäre Bereiche, auf denen Durchbrüche nicht nur zu neuem Wissen über das Objekt führen, sondern auch zu neuen Strukturen der Forschungsfront.

Über interdisziplinäre Forschung als Daseinsweise und Entwicklungsform der Wissenschaft und ihre konkreten Inhalte und Formen in der Gegenwart liegt seitens der marxistisch-leninistischen Wissenschaftsforschung bereits eine reichhaltige Literatur vor.[32]

[31] Vgl. J. Berger, Opinions and facts, in: Interdisciplinarites. Problems of teaching and research in universities, Paris 1972, S. 23—75.

[32] Vgl. z. B. Vzaimodejstvije nauk pri izučenii zemli. Moskva 1964; Sintez sovremennogo naučnogo znanija, Moskva 1973; K. Simeonova, Meždisciplinnoje dviženije i organizacija na naučnite issledovanija, Sofia 1973; E. M. Mirskij, Meždisciplinarnyje issledovanija i disciplinarnaja organizacija nauki, Moskva 1980; Metodologičeskije problemy vzaimodejstvija obščestvennych, estestvennych i techničeskich nauk, Moskva 1981; Disziplinarität und Interdisziplinarität in der wissenschaftlichen Forschung, in: Deutsche Zeitschrift für Philosophie, 1/1983 und 5/1983; Interdisziplinarität in der Forschung. Analysen und Fallstudien, hg. H. Parthey und K. Schreiber, Berlin 1983.

Interdisziplinäre Forschungen spielen besonders seit Beginn der wissenschaftlich-technischen Revolution eine zunehmende Rolle in der Struktur der wissenschaftlichen Tätigkeit. Sie bilden heute einen flexiblen und praxisorientierten Typ wissenschaftlicher Tätigkeit, der in wissenschaftlichen Zentren, Komplexprogrammen, komplexen Projekten und anderen neuen Organisationsformen eine adäquate operativ-institutionelle Basis gefunden hat. Beispiele solcher großen komplexen Forschungsprogramme sind etwa die Programme zur Erforschung des Kosmos, der Erde, der Weltmeere u. a. Zugleich bilden sich nach wie vor interdisziplinäre Komplexe auf der Grundlage einzelner Disziplinen heraus. Viele gegenwärtige naturwissenschaftliche Forschungsgebiete, wie z. B. bestimmte Gebiete der Quantenphysik, die „Göttinger Schule" in der Mathematik oder die Arbeiten zur Erforschung der Vererbungsprozesse bei Viren, existierten zunächst im Rahmen einer bestimmten Disziplin. Der Übergang von disziplinären Forschungsgebieten zu interdisziplinären ist ein Wesensmerkmal der gegenwärtigen wissenschaftlich-technischen Revolution, das bereits von V. I. Vernadskij vorausgesehen und begründet worden ist. Vernadskij leitete es daraus ab, daß „das Wachstum des Wissens im 20. Jahrhundert die Grenzen zwischen den einzelnen Wissenschaften zum Verschwinden bringt. Wir spezialisieren uns zunehmend nicht auf Wissenschaften, sondern auf Probleme. Dies ermöglicht es, einerseits, tiefer in die zu untersuchende Erscheinung einzudringen und, andererseits, sie allseitiger zu erfassen."[33]

Interdisziplinäre Forschung ist heute zur Lösung vieler aktueller Aufgaben unumgänglich, so z. B. zur Städteplanung, zur Planung von Industrieunternehmen, zum Umweltschutz, zur Erschließung und rationellen Nutzung natürlicher Ressourcen oder zur Vervollkommnung des Gesundheitswesens. In jeden dieser interdisziplinären Forschungskomplexe gehen jeweils andere disziplinäre Forschungsgebiete ein; der Mechanismus ihrer Wechselwirkung aber ist in jedem Fall der gleiche: Er beruht auf der Rückkopplung zwischen der theoretischen Absicherung des gesamten Komplexes und der Lösung der jeweiligen praktischen Aufgaben. Auch neu entstehende Gebiete der Grundlagenforschung sind heute vorzugsweise interdisziplinär ausgerichtet. Ein charakteristisches Beispiel ist die Molekularbiologie, die ursprünglich aus der Zusammenarbeit von Röntgenographen, Biochemikern und theoretischen Physikern hervorgegangen ist, später aber auch Mathematiker, Kybernetiker, Virologen, Populationsgenetiker u. a. in ihren Bann gezogen hat.

Die für die gesamte Forschungsfront kennzeichnende zunehmende Interdisziplinarität trägt zugleich zur Annäherung von Grundlagen- und angewandter Forschung bei. Ein typisches Beispiel in dieser Hinsicht ist die Kosmosforschung, innerhalb der sich seit dem Start des ersten sowjetischen Sputniks im Jahre 1957 viele interdisziplinäre Gebiete mit sowohl Grundlagen- als auch angewandtem

[33] V. I. Vernadskij, Razmyšlenija naturalista, Bd. 2, Moskva 1977, S. 54.

Charakter herausgebildet haben, wie z. B. kosmische Biologie und Medizin, kosmische Geodäsie, kosmische Gasdynamik u. a.

Interdisziplinäre Forschung ist heute eine unabdingbare Komponente des gesamten Systems von Forschung und Entwicklung. Sie bringt neue Anforderungen an die Organisation und Planung der Forschung mit sich. In diesem Zusammenhang spielen interdisziplinäre Zentren eine immer größere Rolle, und zwar sowohl ständige (wie regionale Wissenschaftszentren, die mehrere Forschungsgebiete vereinen und deren Wechselwirkung organisieren) als auch zeitweilige (konkrete Forschungsprogramme) oder periodische (z. B. die Programme des Geophysikalischen Jahres). Neue Anforderungen ergeben sich auch für die Ausbildung der Kader. Besonders im Hinblick auf die perspektivische Planung der Wissenschaft gewinnt die Ausbildung von Spezialisten für interdisziplinäre Gebiete immer mehr an Bedeutung. Das hat Konsequenzen für die entsprechende Gestaltung der Arbeit an den Hochschulzentren. In der UdSSR und in anderen Mitgliedsländern des RGW sind viele solcher Zentren Leiteinrichtungen für große interdisziplinäre Projekte.

Das große Interesse, das die Problematik der interdisziplinären Forschung in den letzten zwei Jahrzehnten in vielen Ländern findet, hat auch schon dazu geführt, daß zu dieser Thematik spezialisierte Periodika entstanden sind, so z. B. das „Internationale Jahrbuch für interdisziplinäre Forschung“ (New York). Mit einer Reihe von speziellen Veröffentlichungen zu dieser Problematik hat sich in den letzten Jahren die UNESCO an die Weltöffentlichkeit gewandt.[34]

Bei aller Bedeutung, die interdisziplinäre Forschung für die gegenwärtige Wissenschaftsentwicklung hat, kann sie die disziplinäre Forschung jedoch weder ersetzen noch verdrängen.[35] Disziplinäre und interdisziplinäre Forschung ergänzen sich vielmehr und setzen in vielen Fällen einander voraus. Die dialektische Beziehung, in der beide Forschungsarten zueinander stehen, trägt dazu bei, daß Forschung und wissenschaftliche Tätigkeit überhaupt als offenes System funktioniert, das die vielfältigen Objekte, Prozesse und Erscheinungen der Wirklichkeit immer adäquater widerspiegelt und so in praktischer Hinsicht immer leistungsfähiger wird.

5. Spezifik und Verhältnis von Grundlagen- und angewandter Forschung

Wissenschaft, verstanden als wissenschaftliche Tätigkeit, ist ein vielschichtiges Ganzes, dessen einzelne Komponenten durch vielfältige Beziehungen miteinander verknüpft sind. Unter diesen Beziehungen nehmen jedoch diejenigen eine herausragende Stellung ein, in denen sich die praktischen und wissenschaftspolitischen

[34] Vgl. z. B. New horizons of knowledge. A Series of public talks given at UNESCO, Lausanne 1981; Interdisciplinarité et sciences humaines, Vol. I, Paris 1983.

[35] Vgl. N. Jachiel, Soziologie und Wissenschaft, Köln 1978, S. 295—296.

Erfordernisse der jeweiligen Entwicklungsstufe von Wissenschaft und Technik unmittelbar widerspiegeln. Zu ihnen gehört vor allem das Verhältnis von angewandter Forschung, deren Aufgabe es ist, Wege für die praktische Anwendung der Wissenschaft in der materiellen Produktion zu erschließen, und Grundlagenforschung, die darauf abzielt, neues Wissen über die Prozesse und Gesetzmäßigkeiten der objektiven Welt zu erlangen.

Um zwischen Grundlagen- und angewandter Forschung stabile Wechselbeziehungen gewährleisten zu können, muß die jeweilige Spezifik dieser beiden Arten wissenschaftlicher Tätigkeit beachtet werden. Selbst wenn man davon ausgeht, daß Grundlagenforschung, angewandte Forschung und Entwicklung Stadien oder Phasen des einheitlichen Forschungsprozesses und der Anwendung seiner Ergebnisse sind und daß es Bereiche gibt, in denen diese Phasen ineinander übergehen und sich überschneiden, kommen Leitung und Planung der Forschung nicht umhin, diese Spezifik in Rechnung zu stellen und je nachdem, ob das jeweilige Forschungsprogramm vorwiegend Grundlagen- oder vorwiegend angewandten Charakter hat, differenziert vorzugehen.

Die Vorstellung, nur angewandte Forschung sei auf die Lösung praktischer Probleme orientiert, während Grundlagenforschung nicht praxisbezogen sei, vereinfacht die Beziehungen zwischen beiden Forschungsarten in unzulässiger Weise. Angewandte Forschung geht vom jeweiligen Entwicklungsstand der Wissenschaft aus und nutzt vorhandene Ergebnisse, um zu neuen technischen und technologischen Lösungen zu gelangen. Grundlagenforschung hingegen zielt darauf ab, bereits vorhandenes Wissen über Natur und Gesellschaft zu vertiefen und bislang noch unbekannte Gesetzmäßigkeiten zu entdecken. Indem sie den Entwicklungsstand der Wissenschaft voranbringt, erhöht sich die Wahrscheinlichkeit, daß die Wissenschaft den aktuellen, aber auch den perspektivischen gesellschaftlichen Bedürfnissen in wachsendem Maße gerecht werden kann. Ausgangspunkt für Grundlagenforschung können sowohl die auf dem jeweiligen Entwicklungsstand eines Forschungsgebietes oder einer Disziplin existierenden offenen und ungelösten Probleme als auch ein aktuelles gesellschaftliches Bedürfnis sein. Im letzteren Falle zeigt sich die Eigenart der Grundlagenforschung darin, daß das dem praktischen Bedürfnis entsprechende wissenschaftliche Problem nicht nur so weit und so tief angegangen wird, wie es für die praktische Fragestellung hinreichend ist, sondern daß es so grundlegend formuliert und bearbeitet wird, daß eine fundamentalere Lösung entsteht, als sie der konkrete Praxisfall erfordert. Die Geschichte der Wissenschaft weist hinreichend viele Beispiele auf, in denen Grundlagenforschung, die vom jeweiligen Entwicklungsstand der Wissenschaft ausging und sich Problemen stellte, die sich aus den inneren Entwicklungsbedürfnissen der betreffenden Disziplin ergaben, zu Ergebnissen führte, die der gegebenen gesellschaftlichen Praxis klar vorauseilten und erst in späteren Zeiten praktische Anwendung fanden. Nicht selten sind auch Fälle, in denen die fundamentale Lösung eines wissenschaftlichen Problems grundlegend neue, bislang völlig unbekannte technische, technologische oder ökonomische Möglichkeiten eröffnet, die ihrerseits neue gesellschaftliche Bedürfnisse hervorbringen.

Je nach den Methoden, die sie anwendet, kann Grundlagenforschung theoretisch oder auch experimentell vorgehen. Natürlich spielt die Theorie auch in der angewandten Forschung eine bedeutende Rolle, wenngleich sie hier immer eine in spezifischer Weise auf praktische Ziele orientierte Funktion hat. Theorien, die gewissermaßen für praktische Anwendungen auf Vorrat bereitstehen, entstehen gewöhnlich in der Grundlagenforschung, von der man in solchen Fällen als von „Vorlauf-" oder auch „Erkundungsforschung" spricht. Allgemein gesagt, hat Grundlagenforschung gegenüber angewandter Forschung in gewissem Grade immer Vorlaufcharakter; um diesen Grad zu präzisieren, spricht man mitunter auch von „erkenntnisorientierter" Grundlagenforschung, die reine Erkenntnisziele verfolgt, und von „ziel-" oder „anwendungsorientierter" Grundlagenforschung, die im Rahmen einer bestimmten zeitlichen Perspektive ein Anwendungsziel verfolgt, wobei diese Perspektive allerdings nicht so naheliegend ist, daß sie im engeren Sinne zu zielorientierter, d. h. angewandter Forschung, würde. Je zeitlich naheliegender und konkreter das Anwendungsziel ist, das die Grundlagenforschung verfolgt, um so mehr ähnelt sie angewandter Forschung. Eben hieraus folgt, daß die Grenzen zwischen beiden Forschungsarten fließend sind.

Die Grenzen zwischen Grundlagenforschung und angewandter Forschung sind auch deshalb nicht starr und ein für allemal gegeben, weil sie sich nach dem Kontext des jeweiligen Forschungsgebiets, in dem die betreffende Forschung betrieben wird, verändern können. Untersuchungen zur Resistenz von Viren z. B., die in der Biologie zur angewandten Forschung zählen, können aus der Sicht des Mediziners oder des Agrotechnikers Grundlagenforschung sein. Für den Mathematiker kann die Präzisierung von Methoden zur Berechnung der Festigkeit von Konstruktionen angewandte Forschung sein, während sie für den Ingenieur Grundlagenforschung ist. Dieser Unbestimmtheit versucht man auf verschiedene Weise zu begegnen, indem man z. B. nur ein einzelnes Forschungsgebiet betrachtet und innerhalb desselben Grundlagenforschung und angewandte Forschung unterscheidet, oder indem man in vereinfachter Weise bestimmte Wissenschaften, etwa Mathematik oder Biologie, als Grundlagenwissenschaften auffaßt, andere hingegen, wie z. B. Maschinenkunde oder Medizin, als angewandte. Diese Sichtweise ist jedoch nicht exakt; sie trennt Grundlagen- und angewandte Forschung künstlich voneinander. Es gibt keine Grundlagen- oder angewandten Wissenschaften an sich, sondern in jeder Disziplin und auf jedem Forschungsgebiet können Forschungen mit Grundlagen- oder angewandtem Charakter unterschieden werden. Unter den Bedingungen der wissenschaftlich-technischen Revolution gehen Mathematik, Physik, Chemie, Biologie und andere traditionelle Grundlagengebiete in wachsendem Maße als wesentliche Komponenten in viele technische, landwirtschaftliche und medizinische Wissenschaften ein. Andererseits stehen z. B. Forschungen zur Halbleitertechnologie heute im Zentrum des Interesses der physikalischen Forschung, und Human- oder Pflanzengenetik machen einen wesentlichen Bestandteil der Molekularbiologie als eines neuen Grundlagengebiets aus.

Es ist deshalb mitunter schwierig, bestimmte Arbeiten eindeutig einer der beiden Kategorien zuzuordnen; solche Zuordnungen müssen aber z. B. vorgenommen werden, wenn statistische Dokumente erarbeitet oder analysiert werden sollen. Bei solchen Dokumenten ist deshalb Vorsicht geboten, wenn beispielsweise der Anteil der Grundlagenforschung an den Wissenschaftsausgaben insgesamt ermittelt werden soll. Bei weitem nicht jede Grundlagenforschung liefert einen unmittelbaren ökonomischen Effekt, obgleich es gerade Entdeckungen fundamentalen Charakters sind, die den allgemeinen wissenschaftlich-technischen Fortschritt bestimmen. Das Kriterium ökonomischer Effektivität darf daher nicht unmittelbar auf eine einzelne Grundlagenarbeit bezogen werden; andererseits darf es aber in bezug auf Grundlagenforschung insgesamt auch nicht ignoriert werden. Grundlagenforschung bedarf der komplexen Bewertung, bei der ökonomische Aspekte nicht außer acht gelassen werden dürfen.[36]

Die Akademien der Wissenschaften gelten traditionell und zu Recht als Zentren der Grundlagenforschung. Sie führen jedoch gegenwärtig auch einen großen Anteil angewandter Forschung aus, so daß es irreführend wäre, alle den Akademien der Wissenschaften zur Verfügung gestellten Mittel als Ausgaben für Grundlagenforschung zu werten. Für die Akademien der Wissenschaften der Unionsrepubliken der UdSSR beläuft sich z. B. der Anteil an angewandter Forschung auf annähernd 40%. Analog gelten auch Universitäten und Hochschulen überhaupt traditionell als Zentren der Grundlagenforschung. Allerdings hat sich auch für sie die Situation heute grundlegend geändert. Beispielsweise sind Arbeiten, die auf der Grundlage von Wirtschaftsverträgen ausgeführt werden, in Hochschulen der UdSSR weit verbreitet; sie tragen dazu bei, den Zusammenschluß der Hochschulforschung mit der Produktion zu festigen und haben in der Regel natürlich angewandten Charakter.

Inwiefern ist es nach dem Gesagten überhaupt gerechtfertigt, Grundlagenforschung von angewandter Forschung zu unterscheiden? Die Legitimität und Notwendigkeit dieser Unterscheidung ergibt sich vor allem daraus, daß Grundlagenforschung Besonderheiten aufweist, deren Ignorierung zu schwerwiegenden Fehlern in ihrer Leitung und Planung führen würde. Grundlagenforschung kann z. B. nicht mit Methoden und nach Kriterien bewertet werden, die nur für angewandte

[36] Hierzu wie auch zu anderen Fragen der sozialökonomischen Effektivität von Grundlagenforschung und angewandter Forschung vgl.: J. Kolotyrkin, O rezervach uveličenija otdači ot naučnogo potenciala, in: Kommunist, 8/1974; M. L. Bašin, Effektivität der Grundlagenforschung, Berlin 1977; J. Schindler/H. Seickert, Grundlagenforschung — Effektivität und Nutzen, Berlin 1978; A. Zotov, Sootnošenija fundamental'nych i prikladnych issledovanij — aktual'nyje aspekty, in: Kommunist, 10/1979; V. V. Rževskij V. M. Semenčev, Fundamental'noje i prikladnoje v nauke, ich svjaz' i osnovnyje osobennosti, in: Voprosy filosofii, 8/1980; vgl. auch die Abschnitte 6.2. und 7.4. des vorliegenden Bandes.

Forschung gültig sind. Letztere bringt in der Regel relativ schnell einen unmittelbaren volkswirtschaftlichen Effekt, während in anderen, nicht minder wichtigen Fällen dieser Effekt bedeutend geringer ist als bei Ergebnissen sorgfältig geplanter und erfolgreich durchgeführter Grundlagenforschung.

Neben der Nichtvoraussagbarkeit ihrer Resultate (die aber in bestimmtem Maße auch für angewandte Forschung gilt) zeichnet sich Grundlagenforschung noch durch andere Besonderheiten aus. Erstens läßt sich für sie in vielen Fällen nicht von vornherein bestimmen, in welchem Bereich ihre Ergebnisse anwendbar sein werden; angewandte Forschung dagegen ist von vornherein auf ein ganz bestimmtes Anwendungsfeld orientiert. Daß Laser in der Medizin oder Energetik anwendbar sind, war bei weitem nicht sofort klar, nachdem die fundamentale Entdeckung des Quantengeneratoreffekts gelungen war. Zweitens wird ein Ergebnis der Grundlagenforschung danach bewertet, ob es einen wesentlichen Zuwachs unseres Wissens über die Natur und ihre Gesetze erbringt. Neben seinem praktischen Effekt hat es also vor allem Bedeutung für die Entwicklung der Wissenschaft selbst.

Nicht selten ist es vom Standpunkt der Wissenschaftspolitik, der Leitung und Planung der Wissenschaftsentwicklung strittig, inwieweit es möglich ist, wenigstens das Ziel der Grundlagenforschung von vornherein zu bestimmen, wenn dies schon für ihr potentielles Anwendungsfeld nicht möglich ist. Viele Wissenschaftler lehnen es betont ab, ein solches Ziel anzugeben oder bestimmen zu wollen; ihnen zufolge sind Entdeckungen nicht planbar. Das ist richtig; was jedoch geplant werden kann und muß, ist die Richtung der Forschung. So gesehen erscheint die Bestimmung des Forschungszieles, selbst wenn sie in erster und ganz grober Annäherung erfolgt, auch in der Grundlagenforschung als eine Orientierung für die Ausarbeitung des Forschungsprogramms und für die Planung der Forschung.

Im Vergleich zur angewandten Forschung verbraucht die Grundlagenforschung im allgemeinen weniger Mittel für Gehälter, Investitionen und spezielle Arbeitsmittel (wissenschaftliche Geräte). In den letzten Jahrzehnten ist jedoch die Tendenz zu beobachten, daß Grundlagenforschung zunehmend und in erheblichem Maße teurer wird; das gilt besonders für solche neuen Forschungsgebiete wie Hochenergiephysik oder Molekularbiologie, für die sehr kostenaufwendige Ausrüstungen (Elektronik, Teilchenbeschleuniger usw.) benötigt werden. Dennoch ist der Gesamteffekt, den erfolgreiche Grundlagenforschung erbringt, außerordentlich hoch. Entdeckungen und andere Errungenschaften der Grundlagenforforschung erschließen häufig prinzipiell neue Bereiche und Arten der praktischen Tätigkeit, wodurch mitunter gleichsam eine Kettenreaktion im Hinblick sowohl auf die Erneuerung des technologischen Niveaus als auch die Weiterentwicklung der betreffenden Theorie in Gang gesetzt wird. Wo immer die Struktur der wissenschaftlichen Tätigkeit optimiert werden soll, muß die große Bedeutung der Grundlagenforschung als wichtige Quelle wissenschaftlich-technischen und sozialen Fortschritts beachtet werden.

Die Entwicklung der Grundlagenforschung vollzieht sich in engster Wechselwirkung mit dem Bereich der angewandten Forschung. Angewandte Forschung umfaßt Arbeiten, die gemäß einem Programm ausgeführt werden, das darauf gerichtet ist, ein konkretes und vorgegebenes praktisches Ziel zu erreichen; sie bildet die Grundlage für Entwicklungsarbeiten. Letztere gelten berechtigtermaßen als besondere Art wissenschaftlicher oder wissenschaftlich fundierter Produktionstätigkeit.

Entwicklungsarbeiten umfassen, erstens, die Projektierung, Produktion und Bewertung von Erzeugnissen, die in hinreichend großen Mengen hergestellt werden, um sie unter Bedingungen erproben zu können, die denen ihrer vorgesehenen Anwendung nahekommen. Zweitens gehört zu ihnen die gemeinsam mit dem Auftraggeber vorgenommene Erprobung neuer Vorrichtungen, Materialien und Prozesse unter realen Bedingungen ihrer Anwendung, um die mögliche Nachfrage nach dem neuen Produkt (Erzeugnis, Vorrichtung, Prozeß, Material) zu erkunden.

Grundlagenforschung, angewandte Forschung und Entwicklung bilden zusammengenommen ein überaus kompliziertes, dynamisches System, dessen Lebens- und Funktionsfähigkeit davon abhängt, wie seine Komponenten ausbilanziert sind und wie diese Ausbilanzierung durch die historisch gewachsene Struktur dieser Forschungstypen gewährleistet ist; wie diese Struktur beschaffen ist, hängt seinerseits von außer- und innerwissenschaftlichen Faktoren ab. Die Struktur des Gesamtkomplexes von Grundlagenforschung, angewandter Forschung und Entwicklung zeichnet sich dadurch aus, daß in bestimmten Etappen bestimmte Wissenschaften „führend" sind bzw. bestimmte Gruppen von Disziplinen in den Vordergrund rücken und dabei je nachdem Grundlagenforschungen oder parallel Grundlagen- und angewandte Forschungen überwiegen. Ein Beispiel für letztere Variante sind die angewandten Forschungen zum Genetic Engineering, die auf entsprechenden Errungenschaften der Grundlagenforschung in Gebieten wie Biochemie, Röntgenographie und Molekularbiologie aufbauen. Programme angewandter Forschung zeichnen sich — besonders unter Bedingungen einer planmäßigen Organisation der Wissenschaft — in zunehmendem Maße durch Langfristigkeit aus, wie sie früher nur für Programme der Grundlagenforschung kennzeichnend war. Aufträge zur Ausführung von Programmen angewandter (kosmischer, meliorativer, medizinischer u. a.) Forschung ergehen immer häufiger auch an die traditionellen Zentren der Grundlagenforschung, an Akademien, Universitäten und Hochschulen; umgekehrt bedürfen Forschungseinrichtungen der Industrie und Institute angewandten Profils immer häufiger und zwingender eigener Grundlagenforschung.

Die einzelnen Komponenten des Komplexes „Grundlagenforschung — angewandte Forschung — Entwicklung" weisen ihrerseits — jede für sich genommen — eine gewisse Strukturiertheit auf. Im Bereich der Grundlagenforschung zeigt sie sich darin, daß die Forschung von einem vorliegenden, durch die konkreten Entwicklungsbedingungen der Wissenschaft determinierten und als wissenschaftliches Problem formulierten Bedürfnis ausgeht und über eine Hypothese zur

Lösung des Problems, zur theoretischen Bearbeitung desselben und schließlich gegebenenfalls zur experimentellen Phase fortschreitet. Die experimentelle Prüfung der Hypothese kann sich im typischen Falle als Übergangsphase zu weiteren Forschungen erweisen, die dann schon — z. B. unter Bedingungen industrieller Laboratorien — den Charakter angewandter Forschung haben und die Umsetzung der Ergebnisse in entsprechenden industriellen Entwicklungsarbeiten verfolgen. In der gegenwärtigen Etappe äußert sich das oft in der gemeinschaftlichen Arbeit von Vertretern der angewandten Forschung und der industriellen Entwicklung, wobei zumeist — z. B. in solchen Bereichen wie physikalische und chemische Technologie, Kosmosforschung u. a. — noch Grundlagenforscher der entsprechenden Gebiete herangezogen werden. Auf diese Weise soll erreicht werden, daß der Zyklus „Grundlagenforschung — angewandte Forschung — Entwicklung" kontinuierlich durchlaufen werden kann (vgl. dazu auch 8. Kapitel).

Zu diesem Zweck müssen Maßnahmen ergriffen werden, um die Strukturen von Grundlagenforschung und angewandter Forschung aufeinander abzustimmen, aber auch, um ihren Anschluß an die Struktur industrieller Entwicklungsarbeiten zu gewährleisten. Zu solchen Maßnahmen gehören z. B., daß zwischen der Anzahl der in der Grundlagenforschung, angewandten Forschung und Entwicklung beschäftigten Kader optimale Proportionen beachtet bzw. hergestellt werden und daß die Verteilung der finanziellen Mittel für Forschung und Entwicklung diesen Proportionen entspricht. Die zur Zeit bestehenden Proportionen sind in dieser Hinsicht durchaus nicht immer optimal. Amerikanische Autoren sind z. B. der Auffassung, daß die finanziellen Aufwendungen für Grundlagenforschung in Industriefirmen mindestens 25% der Gesamtausgaben für Wissenschaft betragen müssen. Die realen Kennziffern für die USA liegen allerdings bedeutend niedriger, wenn man bedenkt, daß die Firmen (im privaten Sektor) Ende der 70er Jahre 85% an Entwicklungsarbeiten, 55% an angewandter Forschung und nur 16% an Grundlagenforschung, gemessen an den USA insgesamt, realisierten. Im gleichen Zeitraum betrug das Verhältnis der Anteile von Grundlagenforschung, angewandter Forschung und industriellen Entwicklungsarbeiten in Japan 15:21,7:63,3 Prozent und in Frankreich 17,3:33,9:48,8 Prozent.[37] Wenngleich es kaum möglich ist, eine allgemeingültige Kennziffer anzugeben, kann orientierungsweise angenommen werden, daß ein finanzieller Anteil der Grundlagenforschung an den Gesamtausgaben für Forschung und Entwicklung von 15—20% gegenwärtig als nahezu optimal gelten kann.

Grundlagenforschung und angewandte Forschung durchdringen sich gegenseitig und bilden einen dynamischen Komplex, in dem Fortschritte in der Grundlagenforschung die schöpferischen Anstrengungen zur Schaffung der in der Praxis benötigten Technik und Technologie stimulieren, diese Anstrengungen zu einem höheren Produktionsniveau führen und, umgekehrt, das höhere Produktions-

[37] Vgl. Bol'šaja Sovjetskaja Enciklopedija, Moskva 1978, Bd. 28, S. 50, Bd. 30, S. 537—538.

niveau günstigere Bedingungen für erfolgreiche Grundlagenforschung und für die Entwicklung der Wissenschaft insgesamt schafft. In den grundlegenden Dokumenten der für den Zeitraum bis zum Jahre 2000 und darüber hinaus konzipierten wirtschaftlichen und sozialen Entwicklung der sozialistischen Länder wird deshalb übereinstimmend die Aufgabe formuliert, die Effektivität der Forschungen zu erhöhen, die Fristen für die Überleitung wissenschaftlich-technischer Erkenntnisse in die Praxis bedeutend zu verkürzen sowie die Grundlagenforschung und die angewandte Forschung stärker mit der Produktion zu verbinden. Damit ist die Aufgabe gestellt, die Wechselwirkung zwischen Grundlagenforschung und angewandter Forschung operativer und den gesamten Zyklus „Grundlagenforschung — angewandte Forschung — industrielle Entwicklung — Produktion" kontinuierlicher zu gestalten und weiter zu beschleunigen.

Viertes Kapitel

Persönlichkeit und Kollektiv im wissenschaftlichen Schöpfertum

Die Analyse der sozialen, psychischen und sozialpsychischen Faktoren, die die Produktivität der Forschung beeinflussen, gehört mit zu den wichtigsten Aufgaben der Wissenschaftswissenschaft. Der Werdegang des Wissenschaftlers, die Altersdynamik seines schöpferischen Wirkens, der Einfluß, den die Beziehungen zu anderen Menschen auf seine schöpferische Tätigkeit haben, die Ursachen von Konflikten und Irrtümern, die Prinzipien, nach denen sich „kleine Gruppen" in der Wissenschaft bilden und geleitet werden, die Bedingungen, die ein gesundes psychisches Klima im Wissenschaftlerkollektiv und eine hohe Motivation zu schöpferischer Arbeit fördern — all das sind Probleme, die der soziologischen und psychologischen Untersuchung bedürfen und ohne deren Analyse eine effektive Leitung der Forschung unter den gegenwärtigen Bedingungen nicht möglich ist.

Bei der Erforschung der Faktoren, von denen die Produktivität des einzelnen Wissenschaftlers wie auch die eines Wissenschaftlerkollektivs abhängt, kommt dem Verhältnis von Individualität und Kollektivität im wissenschaftlichen Schöpfertum eine besondere Bedeutung zu. Sie resultiert daraus, daß sich in diesem Problem eine Reihe fundamentaler Fragen gleichsam überschneiden, so z. B. die nach dem Verhältnis von Wissenschaftler und Kollektiv, ihrem wechselseitigen Einfluß aufeinander im Prozeß des wissenschaftlichen Schöpfertums, nach der Organisation gemeinschaftlicher Arbeit, der schöpferischen Aneignung von historisch-gesellschaftlicher Erfahrung durch das Individuum, das Problem der Kommunikation auf den verschiedenen Ebenen der Wechselwirkung zwischen Wissenschaftlern u. a.

Die wachsende Rolle kollektiver Formen der wissenschaftlichen Arbeit, die für die gegenwärtige wissenschaftlich-technische Revolution charakteristisch ist, macht es besonders schwer, den individuellen Anteil des einzelnen Wissenschaftlers an kollektiv erarbeiteten Ergebnissen zu bestimmen. Probleme, die hier auftauchen, betreffen die Wertung dieses Anteils, die Auswahl und den Einsatz der Kader u. a. Dies schmälert jedoch in keiner Weise die Bedeutung des individuellen wissenschaftlichen Schöpfertums, der Persönlichkeitseigenschaften der in der Wissenschaft Tätigen, ihres Talents, ihrer Interessen, ihrer Verhaltensmotivation, ihres Denkstils, ihrer Neigungen und Fähigkeiten zu diesen oder jenen Tätigkeitsformen usw. Die „Industrialisierung" der Wissenschaft bedeutet keineswegs, daß die in der Forschung tätigen Individuen wechselseitig austauschbar wären wie in der industriellen Serienproduktion. Eine solche Auffassung widerspräche dem realen Prozeß der Entwicklung der wissenschaftlichen Erkenntnis und dem Wesen wissenschaftlichen Schöpfertums. Die Entwicklung der Wissenschaft ist historisch-gesellschaftlichen Gesetzmäßigkeiten unterworfen; diese realisieren sich aber immer über das Handeln konkreter, in ihren schöpferischen Eigenarten, ihrem Intellekt, ihren Motiven und ihrem Charakter unwiederholbarer Persönlichkeiten.

Der Grad, in dem die für eine bestimmte Tätigkeitsart benötigten Fähigkeiten entwickelt sind, hängt von der Wechselwirkung dreier Faktoren ab: erblicher Anlagen, den Bedingungen, die sie für ihre Entwicklung im Erziehungsprozeß finden und Persönlichkeitseigenschaften (das jeweils akzeptierte Wertesystem, Stärke und Richtung der Motivation u. a.). Werden die Besonderheiten der Persönlichkeit, zu deren Untersuchung es spezieller Methoden bedarf, ignoriert, können Probleme wie die Organisation der Tätigkeit eines Kollektivs oder die Funktionsteilung zwischen den Mitgliedern des Kollektivs nicht erfolgreich gelöst werden. Es ist die schöpferische Persönlichkeit, die neue Ideen hervorbringt, indem sie wissenschaftliche und soziale Erfahrung verarbeitet, mit anderen kommuniziert und unter dem Einfluß einer historisch entstandenen wissenschaftlichen Problemsituation steht. Mit dem Eintritt in die Wissenschaft und während seines ganzen weiteren Entwicklungsweges steht der Wissenschaftler in Wechselwirkung mit anderen Wissenschaftlerpersönlichkeiten.

Erfolge in der Forschung hängen davon ab, wie der Wissenschaftler es versteht, Elemente vorhandener Erkenntnisse und Erfahrungen auf eine bis dahin nie dagewesene, originelle Art miteinander in Beziehung zu bringen; die Fähigkeit aber, dies zu tun, hängt unmittelbar mit dem unverwechselbaren Persönlichkeitsprofil des betreffenden Wissenschaftlers zusammen. Schöpferische Persönlichkeiten gibt es in allen Bereichen der sozialen Praxis. Schöpfertum in der Wissenschaft stellt aber besondere Anforderungen und bedarf spezifischer Fähigkeiten des Wissenschaftlers.

„Das Wesen der ‚besonderen Persönlichkeiten‘," schrieb Marx, ist „nicht ihr Bart, ihr Blut, ihre abstrakte Physis, sondern ihre *soziale Qualität*".[1] Dieser methodologische Hinweis hilft, die Rolle psychischer Faktoren in der wissenschaftlichen Tätigkeit adäquat zu interpretieren. Diese Faktoren dürfen nicht abstrakt, sondern müssen durch das Prisma des jeweiligen sozial-historischen Kontextes gesehen werden, in dem sie entstehen und sich entwickeln. Das Prinzip des Historismus leitet die marxistisch orientierte Wissenschaftswissenschaft deshalb nicht nur dort, wo sie die allgemeinen Charakteristika der Erkenntnistätigkeit (der Veränderungen in den Strukturen und im Inhalt der Erkenntnis) erforscht, sondern auch dort, wo sie die Veränderungen, die das individuelle Subjekt der wissenschaftlichen Tätigkeit erfährt, und die Spezifik seiner Wechsel-

[1] K. Marx, Kritik des Hegelschen Staatsrechts, in: MEW, Bd. 1, Berlin 1957, S. 222.

beziehungen zum Kollektiv zu erfassen sucht. Das Wissen um die sozialen und psychischen Faktoren der wissenschaftlichen Tätigkeit ist eine notwendige Bedingung dafür, ihre allgemeinen Mechanismen und Gesetzmäßigkeiten aufdecken zu können. Diese Faktoren sind Gegenstand der Wissenschaftssoziologie und -psychologie, die als Zweige der Wissenschaftswissenschaft eng mit anderen ihrer Komponenten zusammenhängen.

Die allgemeinen Gesetze der Erkenntnis und der sozialen Tätigkeit erfahren im Bereich des wissenschaftlichen Schöpfertums gemäß der Spezifik der Wissenschaft gewisse Modifikationen. Die von Wissenschaftlern selbst stammenden Zeugnisse über den schöpferischen Prozeß sind deshalb eine wertvolle Quelle von Informationen über die Persönlichkeit des Wissenschaftlers, über Faktoren, von denen die Effektivität seines Schaffens abhängt, über seine spezifische psychische Verfaßtheit und über die Art und Weise, wie er in das System der sozialökonomischen Verhältnisse und der Beziehungen zu anderen Menschen einbezogen ist. So wichtig diese Informationen sind, können sie jedoch spezielle — theoretische und empirische — Forschungen zu den genannten Problemen mit Mitteln und Methoden der modernen Psychologie nicht ersetzen. Die Daten, Begriffe und Methoden der Psychologie machen zusammen mit anderen Richtungen der Wissenschaftsforschung die Wissenschaftspsychologie aus, deren spezifischer Gegenstand die Persönlichkeit und Tätigkeit des Wissenschaftlers sowie die Herausbildung und die Funktionsweise wissenschaftlicher Kollektive ist, sofern diese unter dem Blickwinkel der psychologischen Aspekte des schöpferischen Prozesses, der Struktur der Persönlichkeit und der Spezifik und Dynamik der interpersonellen Beziehungen, die Gegenstand der Sozialpsychologie sind, betrachtet werden.

1. Fähigkeiten zur wissenschaftlichen Tätigkeit

Aussagen über Persönlichkeitseigenschaften, die für erfolgreiche wissenschaftliche Arbeit ausschlaggebend sind, finden sich seit langem in Wissenschaftlerbiographien und Autobiographien sowie in der Memoirenliteratur. Immer wieder werden Fähigkeiten genannt wie Originalität des Denkens, Intuition und Phantasie, außerordentliche Konzentration der Aufmerksamkeit und ungewöhnlich große Arbeitsfähigkeit. Es wird vermerkt, daß es nicht das logische Denken an sich ist, welches das Talent des Wissenschaftlers ausmacht (wenngleich wissenschaftliche Kenntnisse nicht ohne logisches Denken erarbeitet werden können), sondern daß es sich mit der Fähigkeit verbinden muß, unbekannte Zusammenhänge zwischen den Erscheinungen intuitiv zu erfassen, und von großer emotionaler Anspannung und der Leidenschaft, das noch Unbekannte erkennen zu wollen, begleitet sein muß.

Lenin kam wiederholt auf die Rolle der Phantasie im wissenschaftlichen Schaffensprozeß zu sprechen und hielt sie selbst in einer so abstrakten und ganz auf exakte logische Analyse eingestellten Wissenschaft wie die Mathematik für unerläßlich: „Sogar die Entdeckung der Differential- und der Integralrechnung wäre ohne Phantasie unmöglich gewesen".[2] Plötzliche und unvorhergesehene Gedankensprünge, „Diskontinuitäten" im gewohnten Denkablauf erweisen sich oft als Bedingungen für schöpferische Problemlösungen.[3]

Eine schwierige Frage, die weitere psychologische Forschungen erfordert, ist die nach dem Verhältnis, in dem verschiedene Typen des Denkens zueinander stehen, insonderheit wie formalisiertes, mit logischen Schemata und Algorithmen operierendes Denken sich zu intuitivem Denken verhält. Einer der ersten, der diese beiden Typen des Denkens klar unterschied, war der französische Mathematiker Henri Poincaré. Später hat sich vor allem J. Hadamard eingehend mit der Rolle der Intuition im wissenschaftlichen Schaffensprozeß befaßt.[4] Die heutige Psychologie unterscheidet natürlich beide Typen sehr wohl, wenn sie die intellektuellen Besonderheiten von Wissenschaftlerpersönlichkeiten zu diagnostizieren hat, ist aber zugleich bemüht, beide einander nicht engegenzusetzen.

Für schöpferische wissenschaftliche Leistungen sind auch Erudition im Sinne bloßer Gelehrsamkeit und Faktenwissen nicht ausreichend. Zugleich lassen sich einem zu erforschenden Problem keine neuen Aspekte abgewinnen, ohne das schon bekannte Wissen über den Gegenstand verarbeitet zu haben. Empirische Daten, die bei der Erforschung individueller Fähigkeiten gewonnen wurden, sprechen dafür, daß das Niveau und der Grad der schöpferischen Aktivität im Bereich der Wissenschaft nicht durch eine einzige, für sich genommene Fähigkeit bestimmt wird. Die amerikanische Psychologin Bernis Eiduson untersuchte auf der Grundlage von Interviews und Tests eine Gruppe hochbegabter Wissenschaftler; sie fand folgende Fähigkeiten, durch die sich diese Gruppe von anderen Personen, die auf analoge Weise getestet worden waren, unterschied: Neigung zu intellektueller Arbeit, Neugier, das Bestreben, widrige Situationen zu meistern, Abneigung gegenüber dem Befolgen von Traditionen u. a. Die von ihr untersuchten Wissenschaftler zeichneten sich überdies durch große Zielstrebigkeit aus.[5] Diese Besonderheit wird immer wieder genannt, auch von Wissenschaftlern selbst. P. S. Aleksandrov zufolge besteht Talent „zu 75% aus der Fähigkeit zur willensmäßigen Konzentration aller geistigen Kräfte auf die Erfüllung gestellter Aufgaben"[6]. Diese Konzentration ist zweifellos an motivationale Besonderheiten

[2] W. I. Lenin, Schlußwort zum Politischen Bericht des ZK der KPR (B), 28. März 1922, in: LW, Bd. 33, Berlin 1962, S. 304.

[3] Nach Auffassung B. M. Kedrovs markieren solche Sprünge die Überwindung psychologischer „Denkbarrieren", die sich dem „Durchbruch" zum Allgemeinen entgegenstellen (vgl. B. M. Kedrov, O dialektike naučnych otkrytij, in: Voprosy filosofii, 12 1966).

[4] Vgl. J. S. Hadamard, Essai sur la psychologie d'invention dans la domaine des mathématiques, Paris 1954.

[5] Vgl. B. T. Eiduson, Scientists. Their psychological world, New York 1962.

[6] P. S. Aleksandrov, Mera talenta, estetika poiska, in: Nauka segodnja, Moskva 1969, S. 250.

der Persönlichkeit gebunden, von denen noch zu sprechen sein wird. Die Rolle, die Emotionen, Willenskraft, Intuition und Phantasie im wissenschaftlichen Schaffensprozeß spielen, nötigt dazu, die traditionell intellektualistische Sicht auf den Komplex von Fähigkeiten, ohne die wissenschaftliche Erfolge kaum möglich sind, zu revidieren.

In dem Maße, wie wissenschaftliche Tätigkeit zu einem Massenberuf wurde, erhöhte sich das Interesse an dem Problem, wie jene Persönlichkeiten ausfindig gemacht werden können, die am ehesten zu schöpferischen Leistungen in der Wissenschaft befähigt sind. In westlichen Ländern, vor allem in den USA, bediente man sich zu diesem Zwecke besonderer Testverfahren, insbesondere zur Bestimmung des „Intelligenzquotienten" (IQ). Dabei wurde angenommen, daß ein Individuum in schöpferischer Hinsicht um so begabter ist, je höher sein Intelligenzquotient ist. Es stellte sich jedoch bald heraus, daß dieses Verfahren nur wenig — wenn überhaupt — geeignet ist, schöpferische Fähigkeiten zu diagnostizieren; die Tests waren von nur geringer Validität, und ihre Ergebnisse korrelieren nur schwach mit den wirklichen Leistungen schöpferischer Persönlichkeiten. Wissenschaftler, die sich durch hervorragende Leistungen einen Namen gemacht hatten, erhielten in diesen Tests keine höheren Werte als Personen, die sich durch nichts für schöpferische Tätigkeit empfahlen. Es konnte sogar die Tendenz aufgezeigt werden, daß ein hoher Koeffizient an Intellektualität von einer nicht sehr hohen Entwicklung schöpferischer Fähigkeiten zeugt.[7]

Standardtests auf „allgemeine Begabung" vermögen Originalität und Souveränität des Denkens, Mut zum Risiko und viele andere Eigenschaften, die für geistig-schöpferische Prozesse unabdingbar sind, nicht zu identifizieren. Man wandte sich daher anderen Testverfahren zu, die neben dem Intellekt noch andere Faktoren, die als Fähigkeiten zu wissenschaftlichem Schöpfertum in Frage kommen, festzustellen gestatten sollten.

Am bekanntesten sind in diesem Zusammenhang die Arbeiten von J. P. Guilford. In ihnen werden ein spezifisches Modell des Intellekts und eine Reihe von Tests vorgestellt, die darauf abzielen, anstelle des traditionellen Ensembles von Eigenschaften, aus denen gewöhnlich der „Intelligenzquotient" bestimmt wird, die schöpferischen Fähigkeiten der Persönlichkeit (Originalität der Problemlösung, spontane Flexibilität und Divergenz des Denkens u. a.) zu diagnostizieren. Das Guilfordsche Modell der „Struktur des Intellekts" unterscheidet drei Typen von Fähigkeiten: *1.* Fähigkeiten zu intellektuellen Operationen: Erkenntnisfähigkeit, Gedächtnis, konvergentes und divergentes Denken und Bewertung; *2.* Fähigkeiten zu Operationen mit bestimmtem Material oder dessen Inhalt: mit bildhaften Darstellungen (Form, Farbe, Ort usw.,), bestimmten Symbolen (Buchstaben, Zahlen, Zahlensysteme) und semantischen Inhalten (Wortbedeutungen

[7] Vgl. J. W. Getzels/P. W. Jackson, Creativity and Intelligence. Explorations with gifted Students, New York 1962.

usw.); *3.* die Fähigkeit des Intellekts, durch Operieren mit den verschiedenen Arten von Material und Inhalten verschiedene Arten von „Denkprodukten" – Elemente, Klassen, Relationen, Systeme, Transformationen und Prognosen – zu bilden. Aus rein theoretischen Gründen wird diesem Ensemble intellektueller Persönlichkeitseigenschaften noch der Faktor „Verhalten" hinzugefügt, unter dem der „hypothetische soziale Intellekt" verstanden wird. Die „Struktur des Intellekts" setzt sich Guilford zufolge aus 120 ($5 \times 6 \times 4$) Faktoren zusammen, zwischen denen es wechselseitige Abhängigkeiten festzustellen gilt und die mittels eines speziellen Systems von Tests im Hinblick auf die betreffende Persönlichkeit bewertet werden.[8]

Neben dem Guilfordschen Modell sind in den USA noch viele andere psychologische Verfahren in Umlauf gelangt, um die „Kreativität" von Individuen zu messen und zu prognostizieren. Eine solche andere Variante, schöpferische Persönlichkeiten zu testen, stammt von R. B. Cattel und seinen Schülern. In Konfrontation zur Freudschen Auffassung, daß die schöpferische Persönlichkeit eine genuin neurotische sei, gelangten sie auf Grund von Daten aus ihren Tests zu der Schlußfolgerung, daß die Grundtendenz im Verhalten schöpferischer Wissenschaftler skeptisches, zurückgezogenes (withdrawn) Verhalten sei.[9] Cattel vermerkte gegenüber dem Guilfordschen Modell kritisch, daß es nur die kognitiven, intellektuellen Aspekte des Schöpfertums erfasse, hingegen Temperament, Motivation und andere Persönlichkeitscharakteristika nicht berücksichtige.

Die hohe Aktualität des Problems der Diagnose schöpferischer Ressourcen der Persönlichkeit bewirkt, daß immer raffiniertere Systeme von Tests ersonnen werden. Die Tests werden immer komplizierter, immer neue Parameter werden eingeführt, und die Anforderungen an Validität und Zuverlässigkeit erhöhen sich.[10] Indes vermögen Untersuchungen in dieser Richtung, wenn sie für sich genommen und ihre Ergebnisse verabsolutiert werden, den heutigen Anforderungen an Methoden der Persönlichkeitsdiagnostik nicht zu genügen, und dies aus mindestens zwei Gründen. Erstens werden alle genannten Tests unter Bedingungen vorgenommen, die nicht den Besonderheiten der jeweiligen konkreten Tätigkeit des Individuums entsprechen. Sie erzeugen im Individuum nicht jenen emotionalen und motivationalen Spannungszustand, in dem sich seine reale Tätigkeit vollzieht und von dem ihr Erfolg oder Mißerfolg abhängt. Zweitens gehen die „Kreati-

[8] Vgl. J. P. Guilford, Personality, New York 1959.

[9] Vgl. R. B. Cattel, The personality and motivation of the researcher from measurements of contemporaries and from biography, in: Scientific Creativity, ed. by C. W. Taylor and F. Barron, New York 1963, S. 119–131.

[10] Vgl. J. P. Guilford, Cognitive psychology with a frame of reference, San Diego (Cal.) 1979, S. 95–110; R. S. Mansfield/Th. V. Busse, The psychology of creativity and discovery. Scientists and their work, Chicago 1981; H. J. Eysenck, The structure and measurement of intelligence, Berlin (West)–New York 1979; F. Andrews, Social and psychological factors which influence the creative process, in: Perspectives in creativity, Chicago 1975, S. 117–144.

vitätstests“ sehr spezifisch vor; meistens wird als Kriterium der „Kreativität“ die Menge origineller Ideen genommen, die ein Individuum in einem bestimmten Zeitabschnitt zu erzeugen vermag. Aus der Strukturanalyse des Prozesses wissenschaftlichen Schöpfertums geht jedoch hervor, daß die einzelnen Phasen dieses Prozesses sehr heterogen sind und außer Schnelligkeit der Ideengenerierung noch viele andere Persönlichkeitscharakteristika erforderlich sind. Soll der schöpferische Prozeß durch ein wissenschaftliches oder technisches Ergebnis von sozialer Bedeutsamkeit gekrönt werden, so bedarf es z. B. eines Grades der Erudition des Subjekts, der sich mit rein psychologischen Tests gar nicht ermitteln läßt; es muß die Fähigkeit gegeben sein, in dem betreffenden Wissensgebiet die „Schwachstellen“ zu erkennen, die das Begriffssystem „ins Wanken bringen“; ebenso wichtig ist die Fähigkeit, vorgeschlagene Problemlösungen kritisch zu sichten, oder ein Forschungsprogramm organisatorisch abzusichern, seine exakte Erfüllung zu organisieren (auch die Abarbeitung eines solchen Programms schließt schöpferische Elemente, wenn auch von anderer Art, ein), und schließlich bedarf es spezieller Fähigkeiten, die soziale Relevanz von Forschungen und deren Ergebnissen einschätzen zu können.

Die Frage nach den Fähigkeiten eines Individuums zur Ausführung einer bestimmten Tätigkeitsart bezieht sich nicht nur auf den gegenständlichen Inhalt dieser Tätigkeit, also auf die Fähigkeit des Subjekts, in einem bestimmten Gegenstandsbereich mit Erfolg tätig zu sein. In diesem Sinne spricht man z. B. von mathematischen oder literarischen Fähigkeiten. Um berufliche Eignungen ermitteln zu können, ist es aber nicht minder wichtig, auch das Prinzip der funktionellen Arbeitsteilung in der Wissenschaft zu beachten. Um eine bestimmte Funktion ausüben zu können, bedarf es ebenfalls einer jeweils spezifischen Kombination von Fähigkeiten.

Schöpfertum ist überdies ein Charakteristikum der ganzheitlichen Persönlichkeit. Die Prinzipien der Auswahl schöpferischer Persönlichkeiten wären deshalb unvollständig, wenn sie nicht auch die Charaktereigenschaften des Wissenschaftlers erfassen würden. Diese aber entstammen anderen Quellen als die Fähigkeiten zur Ausübung von Tätigkeiten in bestimmten Gegenstandsbereichen. Die Fähigkeit zur Zusammenarbeit mit anderen oder Risikobereitschaft liegen z. B. auf einer anderen Ebene als die Fähigkeit, mit abstrakten Größen zu operieren oder ein Objekt bildhaft darzustellen. In der jeweiligen Persönlichkeitsstruktur stehen diese verschiedenen Typen von Fähigkeiten in einer bestimmten Beziehung zueinander; diese gilt es konkret zu untersuchen und festzustellen, inwieweit sie die Produktivität der wissenschaftlichen Arbeit beeinflußt, deren Ergebnis nicht nur davon abhängt, inwieweit der Wissenschaftler zu analysieren, zu verallgemeinern usw. versteht, sondern auch davon, wie Erfolg oder Mißerfolg seiner Arbeit ihn berühren, ob er bereit ist, Kollegen zu helfen usw.

Wissenschaftliche Arbeit ist eine spezifische Form menschlicher Tätigkeit. Inhalt, Struktur und Dynamik dieser Arbeit stellen besondere Anforderungen an die psychophysiologischen Mechanismen und Möglichkeiten des Menschen.

Während die Fähigkeit, in wissenschaftlichen Begriffen zu denken, wissenschaftliche Wahrheiten aufzunehmen und sie in der Praxis anzuwenden, allen Menschen eigen ist, kommt die Fähigkeit, solche Wahrheiten primär zu finden, neue Ideen zu generieren, neue Methoden zu entwickeln usw., nicht allen Menschen gleichermaßen zu. Natürlich müssen auch in der wissenschaftlichen Tätigkeit — wie in jeder anderen Arbeit — Routineoperationen ausgeführt, relativ stereotype Denkformen angewendet und vorhandenes Wissen reproduziert werden. Wie groß dieser Anteil auch sei, so ist für wissenschaftliche Arbeit, insbesondere in der Forschung, ihr schöpferischer Charakter unabdingbar. Der talentierte Forscher zeichnet sich durch Persönlichkeitseigenschaften aus wie unbezwingbare Neugier, Sensibilität für neue Probleme, Gefühl für kaum bemerkbare Unterschiede in den zu untersuchenden Objekten, die Fähigkeit, sich zu den eigenen Hypothesen kritisch zu verhalten und sie erbarmungslos zu verwerfen, wenn sie der Prüfung nicht standhalten.

Das Subjekt der wissenschaftlichen Tätigkeit darf nicht nur unter dem Aspekt gesehen werden, in welchem Verhältnis es zum Forschungsgegenstand steht, denn dieses Verhältnis ist seinerseits durch eine Vielfalt von Beziehungen des Subjekts zu anderen Personen vermittelt. Der Prozeß der Wissenserzeugung ist ein ebenso gesellschaftlicher, wie das Wissen selbst ein gesellschaftliches Produkt ist. Er setzt deshalb neben den individuellen Fähigkeiten zur Entdeckung neuer Wahrheiten noch andere voraus, nämlich solche zur Kooperation mit anderen Individuen, zum gemeinschaftlichen, kollektiven Schöpfertum sowohl im Bereich der materiellen Produktion, als auch bei der Schaffung kultureller Werte, zu denen auch wissenschaftliche Hypothesen, Theorien, Methoden usw. gehören.

Wir haben also zwei Klassen von Fähigkeiten zu unterscheiden: *1.* solche, die mit dem Schöpfertum als aktiver Widerspiegelung, als konstruktiver Reproduktion der objektiven Realität in wissenschaftlichen Kategorien, Begriffen, Modellen usw. zusammenhängen, und *2.* solche, die mit dem genuin kollektiven und kooperativen Charakter des wissenschaftlichen Schaffensprozesses zusammenhängen. Die Gesellschaft hat ein natürliches Interesse daran, daß in der Wissenschaft vor allem jene Personen tätig sind, die zu möglichst hoher und stabiler intellektueller Produktivität befähigt sind. Das Problem der Auswahl dieser Personen hat mehrere Aspekte. Vor allem aber bedarf es zuverlässiger Methoden der Diagnostizierung von Fähigkeiten und der Prognostizierung ihrer Entwicklung.

Wie verschieden die in der Literatur anzutreffenden Auffassungen über die individuellen Voraussetzungen wissenschaftlichen Schöpfertums auch sein mögen, so trifft man in diesem Kontext doch immer auf Begriffe wie „Offenheit" des Denkens, Fähigkeit zur Kritik, Originalität, Souveränität, emotionale Stabilität u. a., die die Psychologie vor die Aufgabe stellen, diese Persönlichkeitseigenschaften und ihre jeweilige Ausprägung exakt zu identifizieren. Zugleich geht es darum, die Zusammenhänge zwischen diesen Eigenschaften zu erkennen und die

Mechanismen ihrer Entstehung und Entwicklung zu erforschen. Auf dem gegenwärtigen Stand der Forschung ist das allerdings noch nicht möglich.[11]

Wenngleich dieses Problem also kompliziert und noch ungelöst ist, liegen doch Erfahrungen vor, wie Befähigung zu Forschungstätigkeit erkannt und gefördert werden kann; diese positiven Erfahrungen gilt es zu analysieren und zu verallgemeinern. Sie besagen z. B., daß bereits im Kindesalter Unterschiede in den Neigungen und schöpferischen Potenzen der Persönlichkeit sichtbar werden. So äußert sich bereits bei Schülern der Unterstufe geistige Aktivität vorzugsweise als unmittelbare Neugier, die der Urgrund künftigen forschenden Denkens sein kann. „Auf der Mittelstufe verbindet sich diese Aktivität mit zunehmender Selbständigkeit und äußert sich in einem breiten Spektrum von Neigungen. Bei Kindern und Jugendlichen geht die allgemeine geistige Aktivität deutlich der Entwicklung spezieller Interessen und Fähigkeiten voraus. Bei Schülern der Oberstufen hat die geistige Aktivität schon vorzugsweise selektiven Charakter und hängt untrennbar mit der Gerichtetheit der Fähigkeitsentwicklung zusammen.“[12] Hieraus wird deutlich, wie wichtig es ist, jegliche Ansätze von Fähigkeiten und Neigungen, die unter günstigen Bedingungen zu einer schöpferischen Wissenschaftlerpersönlichkeit führen können, so früh wie möglich zu erkennen.

Bei der Diagnostizierung wissenschaftlicher Talente müssen auf allen Bildungsstufen zwei Aspekte in der Persönlichkeitsstruktur unterschieden werden: der intellektuelle und der motivationale. In der Praxis bedeutet das, daß die Methoden kurzfristiger, operativer Untersuchungen sowie der Durchführung von Massentests wesentlich vervollkommnet werden müssen; gleichzeitig sollten sie verbunden werden mit der systematischen Untersuchung der geistigen Aktivitäten von Personen, die Interesse und Neigung für wissenschaftliche Tätigkeit zeigen, noch bevor sie beruflich auf diesem Gebiet tätig sind. Merkmale, die auf schöpferische Verhaltensweisen schließen lassen, sind z. B. die Fähigkeit, eine Situation als problemhafte zu erkennen und eine Folge von Fragen zu formulieren, die zu beantworten sind. Nicht minder wichtig sind Anzeichen kritischen Denkens, das sich nicht nur auf Aussagen anderer bezieht, sondern auch auf die eigenen. Wenn sich solche Anlagen als stabile Orientierungen der Persönlichkeit erweisen, können sie als Indikatoren für die Fähigkeit zu produktiver Forschungsarbeit angesehen werden. Sie bilden sich bereits auf den frühen Stufen der geistigen Entwicklung heraus und gehen auf den späteren Bildungsstufen als unabdingbare Komponenten in den wissenschaftlichen Schaffensprozeß ein.

An der Hochschule, wo sich das Studium auf bestimmte Wissensgebiete spezialisiert und das Individuum unmittelbar in einen Personenkreis einbezogen ist, der tagtäglich wissenschaftliche Arbeit verrichtet, eröffnet sich ihm die Perspektive, zur vordersten Forschungsfront vorzustoßen. Hier muß sich letztlich erweisen, wie ausgeprägt, stabil und tief in der Persönlichkeit verwurzelt solche

[11] Vgl. H. Hiebsch, Wissenschaftspsychologie, Berlin 1977, S. 71 f.

[12] N. S. Lejtes, Umstvennyje sposobnosti i vozrast, Moskva 1971, S. 252.

Eigenschaften wie problemhaftes, kritisches und nichtstandardisiertes Denken u. a. sind. Wissenschaftliche Studentenzirkel und -gesellschaften sowie Wettbewerbe und Olympiaden haben sich hierbei als geeignete Wege bewährt, um Forschungsbefähigungen einigermaßen zuverlässig zu erkennen. Eine kompetente Bewertung des schöpferischen Potentials einer Persönlichkeit ist jedoch nur möglich, wenn der Prozeß, in dem sich diese Fähigkeiten in verschiedenen Arten von Erkenntnisaktivitäten aktualisieren, langfristig und zielstrebig beobachtet und analysiert wird.

2. Motivation wissenschaftlichen Schöpfertums

Wissenschaftliches Schöpfertum ist — wie andere Tätigkeitsarten auch — motiviert. Die Kategorie „Motivation" gehört zu den Schlüsselbegriffen der Wissenschaftspsychologie. Im Gegensatz zum Behaviorismus, Freudismus und einigen anderen Strömungen, welche die Motivation als in der biologischen Natur des Menschen angelegt verstehen, geht das marxistische Verständnis dieser Kategorie vom historisch-gesellschaftlichen Wesen der menschlichen Tätigkeit aus. Die menschlichen Tätigkeitsmotive haben historischen und sozialen Charakter; nur von daher sind die Quellen der Aktivität des schöpferischen Subjekts zu verstehen. Dessen Bedürfnisse, Interessen, Einstellungen und Ideale sind ihm nicht angeboren. Sie bilden sich im konkreten historischen Kontext heraus, gründen in einem jeweils konkreten System gesellschaftlicher Verhältnisse, die ihrerseits das Leben der wissenschaftlichen Gemeinschaft durchdringen. Die Spezifik der Motivation zum wissenschaftlichen Schöpfertum ergibt sich aus seinem historisch bedingten gegenständlichen Inhalt. Dieser wird jedoch erst dann zur Triebkraft und zur Determinante konkreter Handlungen eines konkreten Subjekts, wenn das Subjekt in einem bewußten Akt der Auswahl das Ziel seiner Handlungen bestimmt und die Möglichkeiten ihrer Realisierung bewertet.

Die Tätigkeit des Menschen wird gewöhnlich von mehreren Motiven bestimmt, von denen bestimmte dominieren, andere ergänzenden und untergeordneten Charakter haben. Viele Motivationsforscher weisen darauf hin, daß die Motivationssphäre der Persönlichkeit eine komplizierte Struktur hat; in ihr gibt es sowohl klare und bewußte Interessen auf der Ebene von Überzeugungen als auch unbewußte Antriebe und Einstellungen. Die unbewußte Motivation wird in westlichen Ländern zumeist psychoanalytisch interpretiert und als Ausdruck irrationaler Triebe verstanden. In der sowjetischen psychologischen Wissenschaft hat die Schule um D. N. Uznadze hierzu eine neue Interpretation vorgelegt, die vom Begriff der Einstellung ausgeht und diese als Bereitschaft der Persönlichkeit zur Tätigkeit versteht, durch die ihrerseits ein ganz bestimmtes Bedürfnis befriedigt wird.

Bei der Erforschung der Motivation zur wissenschaftlichen Tätigkeit kommt es darauf an, deren Spezifik zu beachten. Motive regen zur Tätigkeit an und verleihen ihr eine bestimmte Richtung. In westlichen Ländern werden Untersuchungen zur Verhaltensmotivation von Wissenschaftlern in vier Richtungen durchgeführt: zur Orientierung der Motivation, zu ihren Quellen, zum Arbeitsgegenstand (job dedication) und zu den Erwartungen an das Resultat.[13] Als wichtigster Indikator für die Stärke der Motivation wird angesehen, in welchem Grade sich die Persönlichkeit dem wissenschaftlichen Erkenntnisprozeß widmet. Die Motivation ist gegenstandsorientiert, d. h. sie hängt davon ab, aus welchen Gründen der Wissenschaftler den betreffenden Forschungsgegenstand wählt und seine Aufmerksamkeit auf ihn konzentriert; sie ist deshalb um so stärker, je größer die Befriedigung ist, die dem Wissenschaftler aus dieser Wahl erwächst. Um die Stärke der Motivation zu messen, ist man hauptsächlich auf Fragebögen angewiesen; je nachdem, wie bestimmte Fragen beantwortet werden, läßt sich darauf schließen, ob der betreffende Wissenschaftler mehr auf die wissenschaftliche Arbeit als solche oder auf seine Karriere und einen hohen Status im Wissenschaftssystem orientiert ist, aus welchen Quellen seine Motivation vorwiegend entspringt, ob aus Wissensdrang, aus dem Bestreben, eigene Ideen verfolgen zu wollen oder Anweisungen des Leiters nachzukommen, wie Motivation mit Produktivität zusammenhängt usw.[14] Zahlreiche empirische Untersuchungen, darunter die im Rahmen eines UNESCO-Projekts in sechs europäischen Ländern durchgeführten[15], zeigten starke Schwankungen im Niveau der Motivation. Im ganzen konnte jedoch die Hypothese bestätigt werden, daß die Produktivität von der Stärke der Motivation abhängt. Positive Korrelationen konnten auch zwischen der Diversifikation der fachlichen Aktivitäten des Wissenschaftlers und der Effektivität seiner Arbeit nachgewiesen werden.[16] Dem amerikanischen Kreativitätsforscher F. Barron zufolge zeichnet sich die Wissenschaftlerpersönlichkeit durch folgende Motivationsstruktur aus: hohe „Ich-Stärke", emotionale Stabilität, hoher Grad der Kontrolle über die eigenen Antriebe, starkes Bedürfnis nach Unabhängigkeit, d. h. Verfolgen eigener Ideen, Autonomie.[17] Dieselben Persönlichkeitszüge haben auch Pelz und Andrews in ihrer bekannten Untersuchung „Wissenschaftler in Organisationen" festgestellt.

Motive können danach unterschieden werden, ob sie aus der wissenschaftlichen Tätigkeit, deren konkret-historischem Kontext und dem gegenständlichen Inhalt der wissenschaftlichen Erkenntnis selbst erwachsen (innere oder endogene Motivation), oder ob sie durch Umstände bedingt sind, die dem wissenschaftlichen

[13] Vgl. Science, Technology and Society, ed. by I. Spiegel-Rösing and D. de Solla Price, London 1977, Kapitel 4 und 8.

[14] Vgl. D. C. Pelz/F. M. Andrews, Scientists in Organizations, New York—London—Sydney 1966.

[15] Vgl. F. M. Andrews, Scientific productivity. The effectiveness of research groups in six countries, Cambridge—Paris 1979.

[16] Vgl. ebenda, S. 269.

[17] Vgl. F. Barron, Creative Person and Creative Process, London 1963.

Arbeitsprozeß äußerlich sind, wie z. B. das Streben nach Selbstbestätigung, nach materieller Anerkennung, nach hohem Prestige in der wissenschaftlichen Gemeinschaft (äußere oder exogene Motive).[18] Zwischen innerer und äußerer Motivation bestehen komplizierte Wechselbeziehungen. Die äußere Motivation vermag nur vermittelt über die innere Motivation als Triebkraft der wissenschaftlichen Tätigkeit zu wirken, denn die Vorzüge, die in den Termini der äußeren Motivation zum Ausdruck kommen (Priorität, Ruhm, materielle Anerkennung usw.) kann der Wissenschaftler erst beanspruchen, nachdem er entsprechende Resultate (eine Entdeckung, eine neue Methode, neue theoretische Zusammenhänge usw.) erzielt hat, zu denen er aber nicht gekommen wäre, hätten ihn nicht innere, durch die gegenständlich-logische Struktur des Problems gegebene Motive stimuliert und geleitet.

Äußerliche Attribute können in der Wissenschaft augenscheinlich nicht als Erfolgskriterium gelten, wenngleich sie nicht selten das dominierende Tätigkeitsmotiv wissenschaftlicher Mitarbeiter sind. Für die Motivation eines Wissenschaftlers ist entscheidend, wie intensiv er in die soziale Gemeinschaft, der er angehört, integriert ist und wie stark er durch sie motiviert wird. Er empfindet die Anerkennung, die ihm durch Fachkollegen gezollt wird, als „positive Bestätigung"; sie verstärkt seine Motivation und regt zu noch größeren individuellen Anstrengungen an. Die Anerkennung durch andere Wissenschaftler, das Urteil der Wissenschaftlergemeinschaft über ein Forschungsergebnis ist deshalb ein Motivationsfaktor, der aus dem genuin sozialen Wesen der wissenschaftlichen Tätigkeit entspringt und ihrem Selbstregulationsmechanismus immanent ist.

Die innere Motivation ist für das Werden einer Wissenschaftlerpersönlichkeit und die Formierung eines Wissenschaftlerkollektivs die entscheidende. In einem Kollektiv, dessen Ziel die Erzeugung neuen Wissens ist, kommt es darauf an, daß jedes Mitglied das gemeinsame Forschungsprogramm nicht nur versteht, sondern es vor allem akzeptiert, und zwar unter Bedingungen des Risikos und der Unbestimmtheit der Resultate. Bei möglicher Divergenz der äußeren Motive kann das Programm nur dann produktiv realisiert werden, wenn im Kollektiv eine einheitliche innere Motivation vorhanden ist, die somit zur kollektiven Motivation wird.

Die Kollektivmitglieder sind sowohl durch äußere als auch durch innere Motive miteinander verbunden. Zwischen diesen beiden Formen der Motivation können Konflikte, Widersprüche und Unverträglichkeiten entstehen. Und da es kein Forschungsprogramm gibt, dem nicht andere — bereits ausgereifte oder gerade erst in Ausarbeitung befindliche — gegenüberstehen, die ebenfalls hohe Produktivität der Problemlösung beanspruchen, sieht sich der Wissenschaftler unweigerlich in eine Situation gestellt, die ihm die Wahl zwischen verschiedenen Forschungsprogrammen nicht leicht werden läßt. Da Forschungsprogramme

[18] Vgl. Problemy naučnogo tvorčestva v sovremennoj psichologii, Moskva 1971.

zudem immer personifiziert sind, begibt sich der Wissenschaftler, sobald er ein von anderen vorgeschlagenes Programm und damit auch die von ihm ausgehende Motivation übernimmt, zwangsläufig in die Abhängigkeit sowohl von den objektiven Gegebenheiten', zu deren Klärung das Programm aufgestellt wurde, als auch von dessen personifizierten Trägern, deren Persönlichkeitsparameter unvermeidlich die Art und Weise, die Formen und Wege beeinflussen, wie das unpersönliche Wissen zustande kommt.
Probleme der psychologischen Unverträglichkeit, die Überwindung von Barrieren, die durch gegenseitiges Nichtverstehen, Konflikte usw. zustande kommen, treten nicht nur in Wissenschaftlerkollektiven auf. Die Wissenschaft hat jedoch wiederum ihre spezifischen Probleme, die eben besonders stark mit der Motivation zur wissenschaftlichen Arbeit zusammenhängen. Einer der wirksamsten Stimuli für schöpferische wissenschaftliche Arbeit ist das Streben nach persönlichem Erfolg bei der Entschlüsselung der Geheimnisse der Natur. Seit jeher gilt es für einen Wissenschaftler als höchste Auszeichnung, wenn seine Priorität auf eine Entdekkung oder sein wie immer gearteter Beitrag zum Fortschritt der Wissenschaft anerkannt wird. Heute, wo Entdeckungen häufig von Kollektiven gemacht werden und die Anzahl kollektiver Publikationen rasch wächst, wird dieses Motiv keineswegs bedeutungslos; es bleibt nach wie vor ein starker Stimulus wissenschaftlichen Schöpfertums, führt aber unter Bedingungen kollektiver Forschung oft zu allen möglichen Konflikten und zu Spannungen im Kollektiv. Widersprüche, die auf diese Weise entstehen, dürfen nicht dazu führen, daß der persönliche Beitrag, den ein Wissenschaftler zu einem Forschungsergebnis geleistet hat, in der Anonymität untergeht. Kollektivität des wissenschaftlichen Schöpfertums bewirkt folglich Wandlungen nicht nur im Charakter der Arbeit, sondern auch in ihrer motivationalen Orientierung. Indes bleiben Besessenheit vom Gegenstand der Forschung und die Überzeugtheit des Forschers von seiner Fähigkeit, ein innovatives Ergebnis erzielen zu können, bei dessen Bewertung sein persönlicher Beitrag in angemessener Weise gewürdigt wird, auch unter diesen Bedingungen wichtige Faktoren der Motivation.

Die adäquate Bewertung der realen Leistung eines wissenschaftlichen Mitarbeiters beeinflußt seine Motivationsstruktur und damit seine Energie und Zielstrebigkeit bei der Bearbeitung der Forschungsprobleme. Hieraus ergeben sich wichtige Schlußfolgerungen für die praktische Organisation effektiver wissenschaftlicher Arbeit. Da es im Bereich der geistigen Produktion sehr schwierig ist, hinreichend exakte Kriterien für die Bewertung eines Ergebnisses anzugeben (eben weil es neu ist und noch nicht mit Sicherheit gesagt werden kann, wie es die Lösung anderer wissenschaftlicher Probleme befördert oder welche praktischen Anwendungen es finden wird), ist der Leiter eines Kollektivs in besonderer Weise verpflichtet, größte Aufmerksamkeit darauf zu verwenden, den Beitrag, den ein Mitarbeiter zur Realisierung des gemeinsamen Programms geleistet hat, sorgfältig zu bewerten und sich beim Einsatz materieller und moralischer Stimuli auf diese Bewertung zu stützen. Ergebnisse empirischer Untersuchungen belegen, daß in Fällen, in denen der Leiter die wissenschaftlichen Ergebnisse eines Mitarbeiters unterbewertet, die Motivation zurückgeht und Indifferenz entsteht, welche wiederum dazu führt, daß das Engagement für die Lösung anspruchsvoller Forschungsaufgaben sich verringert. Ist sein Interesse an dem Problem verflogen, wird sich der Mitarbeiter anderen Tätigkeiten zuwenden, die ihm größeren psychischen Komfort versprechen. Es kann sogar vorkommen, daß er die Arbeitsstelle zu wechseln sucht, weil er damit rechnet, daß seine Möglichkeiten und die Ergebnisse, die er zu erzielen imstande ist, woanders adäquater bewertet werden.[19]

Aus sozialpsychologischen Analysen ist bekannt, daß Selbsteinschätzungen wissenschaftlicher Mitarbeiter mit den Einschätzungen seitens ihrer Kollegen oder seitens des Leiters oft nicht übereinstimmen.[20] In den Fällen, in denen sich die Einschätzung durch den Leiter von der Einschätzung durch die Kollegen unterscheidet, mißt der wissenschaftliche Mitarbeiter in der Regel letzterer größeres Gewicht bei. Unterschätzung eines Kollektivmitglieds (durch den Leiter oder die Kollegen) kann — wie gesagt — den Mitarbeiter bewegen, die Arbeitsstelle zu verlassen.[21] Ein Leiter, der die Möglichkeiten seiner Mitarbeiter und ihre Arbeitsergebnisse nicht adäquat zu bewerten versteht, wird zum Demotivator und damit zu einer Gefahr für das Kollektiv und zum Hemmnis des wissenschaftlichen Fortschritts.

Zu den Mitteln, um die Motivation zu erhöhen, gehören nicht nur materielle Stimuli und Veränderungen im Status des Wissenschaftlers. Wichtig ist vor allem, Bedingungen zu schaffen, die es dem Mitarbeiter erlauben, seine schöpferischen Potenzen zu aktualisieren, und ihm bewußt zu machen, welche Perspektiven das Forschungsprogramm, an dem er mitarbeitet, für die Bereicherung des Wissensfundus hat. Das setzt voraus, daß die verschiedenen Aspekte der Forschungssituation, in der sich das Kollektiv befindet, gemeinschaftlich diskutiert werden. Empirische Untersuchungen in Wissenschaftlerkollektiven haben gezeigt, daß die Motivation und damit die Produktivität der Arbeit wesentlich höher ist, wenn dem einzelnen Forscher die Gewichtigkeit des Problems und die Herausforderung an seine schöpferischen Möglichkeiten, die es mit sich bringt, bewußt sind, und wenn in kollektiver Beratung die Programmteile, die den Interessen und Fähigkeiten des Mitarbeiters am meisten entsprechen, sorgfältig erwogen und schließlich festgelegt werden.[22]

Unter den Faktoren, die für die Motivation ausschlaggebend sind, gewinnen unter den gegenwärtigen Bedingungen jene, die mit der Überführung von Forschungsergebnissen, insbesondere der Grundlagenforschung, in die Praxis zusammenhängen, wachsende Bedeutung. Die Motivation der Wissenschaft-

[19] Vgl. Social'no-psichologičeskije problemy nauki, Moskva 1973.

[20] Vgl. Problemy rukovodstva naučnym kollektivom, Moskva 1982.

[21] Vgl. D. C. Pelz/F. M. Andrews, Scientists in Organisations, a. a. O.

[22] Vgl. Social'no-psichologičeskije problemy nauki, a. a. O., S. 135—165.

ler, die Leistungsbereitschaft und die Intensität, mit der sie arbeiten, korrelieren direkt mit den Möglichkeiten der Anwendung ihrer Forschungsergebnisse.[23]

In der sozialistischen Gesellschaft, in der die Wissenschaft eine grundsätzlich neue Stellung einnimmt und ihr Verhältnis zur Gesellschaft sich insgesamt wandelt, verändert sich natürlich auch die Motivationsstruktur. Kollektive und gesamtgesellschaftliche Interessen spielen eine immer größere Rolle. Sie lassen sich um so wirksamer realisieren, je mehr die persönlichen Stimuli und Motive ihnen entsprechen und je ausgeprägter sie in dieser Entsprechung sind. Die Zusammenhänge zwischen gesellschaftlicher, kollektiver und individueller Motivation sind noch wenig erforscht; sie zu analysieren und — vor allem — sie in der Leitung und Organisation der wissenschaftlichen Arbeit zu beachten, ist eine wichtige Aufgabe der wissenschaftswissenschaftlichen, insbesondere der wissenschaftspsychologischen Forschung.

3. Struktur und Dynamik des schöpferischen Prozesses

Die ersten Beobachtungen des zutiefst intimen schöpferischen Prozesses stammen von Wissenschaftlern, die ihre dabei erlebten psychischen Zustände zu fixieren suchten. Sie wurden in der populär gewordenen Vorstellung verallgemeinert, daß der schöpferische Prozeß des Wissenschaftlers, Technikers oder Erfinders verschiedene aufeinander folgende Phasen oder Stadien durchläuft. Wie diese Stadien im einzelnen beschaffen sind, darüber gibt es bei verschiedenen Autoren verschiedene Auffassungen.

Zu Beginn unseres Jahrhunderts unterschied der russische Ingenieur P. K. Engel'meier im Prozeß einer Erfindung drei Etappen: die Entstehung der Idee, die Erarbeitung des Planes, wie sie zu realisieren sei und schließlich ihre Realisierung. Dieser „Dreiakter“ galt ihm als Modell, nach dem jeder schöpferische Prozeß verlaufe.[24] Der Chemiker M. A. Bloch hingegen unterschied im Hinblick auf wissenschaftliches und technisches Schöpfertum die Entstehung der Idee, den Beweis ihrer Richtigkeit und ihre Realisierung.[25] Der englische Psychologe G. Wallas unterschied vier Stadien: die Vorbereitung (Sammlung von Information über das Problem), die Reifungs- oder Inkubationsphase (in der die Information verarbeitet und das Problem zur Lösung „reif“ wird), die Erleuchtung (das plötzliche Erahnen des gesuchten Resultats) und die Prüfung (die Kontrolle, ob die gefundene Lösung richtig ist).[26] Nach Auffassung des sowje-

[23] Vgl. Intensivierung der Forschung. Bedingungen — Faktoren — Probleme, hg. von G. Kröber, L. Läsker und H. Laitko, Berlin 1984, S. 30f.

[24] Vgl. P. K. Engel'meier, Teorija tvorčestva, Petrograd 1910.

[25] Vgl. M. A. Bloch, Tvorčestvo v nauke i technike, Petrograd 1920.

[26] Vgl. G. Wallas, The art of thought, New York 1926.

tischen Psychologen P. M. Jakobson durchläuft der Schaffensprozeß des Erfinders sieben Etappen: die Periode der intellektuellen Bereitschaft, das Erkennen des Problems, die Entstehung der Idee und die Formulierung der Aufgabe, die Suche nach der Lösung, das Finden des Prinzips der Entdeckung, die Transformation des Prinzips in ein Schema und die technische Ausführung der Entdeckung.[27]

Aus diesen Modellen ist zu ersehen, daß die verschiedenen Phasen des schöpferischen Prozesses traditionell in Beziehung gesetzt wurden zu verschiedenen psychischen Zuständen des problemlösenden Individuums (Entstehung der Idee, Inkubation, Erleuchtung usw.). Bis in die jüngste Zeit hinein fanden bei Psychologen, die sich mit dieser Problematik beschäftigten, der soziale und der Tätigkeitsaspekt des Schöpfertums nicht die gebührende Aufmerksamkeit. Obwohl die einschlägigen Arbeiten viel wertvolles experimentelles Material enthalten, ist die Einseitigkeit ihrer theoretischen Interpretation nicht zu übersehen. In methodologischer Hinsicht wird die adäquate Interpretation der konkreten Fakten vor allem dadurch beeinträchtigt, daß in allen Analysen ein isoliertes Individuum betrachtet wird, das in der Problemsituation auf sich allein gestellt ist und in keinerlei Kommunikation mit anderen (außer mit dem Experimentator) steht. Die Psychologie tendiert dergestalt bisher dahin, das produktive (schöpferische) Denken als einen Prozeß anzusehen, der sich in den Grenzen des Bewußtseins (und Unterbewußtseins) eines einzelnen Subjekts vollzieht.

Die Wissenschaftssoziologie konnte inzwischen zeigen, wie das wissenschaftliche Kollektiv die Dynamik des Schöpfertums seiner Mitglieder beeinflußt. Dadurch wurde ihrerseits die Wissenschaftspsychologie angeregt, die Analyse des schöpferischen Prozesses so umzuorientieren, daß der persönlichkeitspsychologische Aspekt (dessen Projektion die verschiedenen „Phasen"-Konzeptionen waren) in Beziehung gesetzt wird zu den gegenständlich-logischen Charakteristika der wissenschaftlichen Tätigkeit und zu den verschiedenen sozialen Mikro- und Makrostrukturen, in die diese eingebettet ist.

Eine Richtung, in der die psychologischen Eigenheiten des wissenschaftlichen Schaffensprozesses neu bedacht werden können, wird durch den Begriff des Forschungsprogramms[28] angezeigt. In Untersuchungen zur Logik und Methodologie der Wissenschaft wird dieser Begriff im Gefolge der Arbeiten von Imre Lakatos zumeist rein internalistisch behandelt, d. h. Soziales und Psychisches gelten lediglich als äußeres Umfeld, in dem sich die theoretischen Ideen immanent entfalten. Die sowjetische Wissenschaftspsychologie dagegen geht mehr

[27] Vgl. P. M. Jakobson, Process tvorčeskoj raboty izobretatelja, Moskva—Leningrad 1934.

[28] Dabei wird unterstellt, daß ein Forschungsprogramm unter gegenständlich-logischen (inhaltlichen), sozialen und persönlichkeitspsychologischen Aspekten zu sehen ist, in der Einheit dieser Aspekte den Kern der wissenschaftlichen Tätigkeit bildet und die Grundlage abgibt für die Konsolidierung des Kollektivs (vgl. M. G. Jaroševskij, Programmno-rolevoj podchod k issledovanijam naučnogo kollektiva, in: Voprosy psichologii, 3 1978).

und mehr dazu über, ihn mit der auf den allgemeinen methodologischen Prinzipien des Marxismus basierenden Tätigkeitskonzeption der Wissenschaft zu verbinden. Das Forschungsprogramm des einzelnen Wissenschaftlers oder eines Wissenschaftlerkollektivs ist demzufolge das inhaltliche Programm einer realen (sozialen) Tätigkeit, die von konkreten Subjekten (Persönlichkeiten oder Kollektiven) ausgeführt wird.

Das Programm entsteht in einer bestimmten Forschungssituation; sein Inhalt widerspiegelt zugleich auch die strukturellen Anforderungen der Logik der Erkenntnis (der wissenschaftlichen Problemlösung). Der schöpferische Prozeß richtet sich an sozialen Bedürfnissen aus, die sich in den Anforderungen an die Problemlösung wiederfinden. Das Programm kann von einem einzelnen Wissenschaftler erarbeitet werden, der die genannten Anforderungen überblickt, und im weiteren zur (gegenständlich-logischen) Grundlage für die Konsolidierung eines Kollektivs werden; es kann indes auch aus der gemeinschaftlichen Arbeit einer Gruppe von Wissenschaftlern erwachsen, der sich nach und nach weitere Wissenschaftler anschließen. Das Subjekt wird dergestalt motiviert, seine schöpferischen Ressourcen zu mobilisieren und seine Fähigkeiten als Persönlichkeit zu entfalten. Hat es das Problem erkannt, akzeptiert und sich mit ihm identifiziert, setzt das Subjekt den Plan seines Vorgehens in Beziehung zu anderen Programmen, die von der Wissenschaftlergemeinschaft ebenfalls bearbeitet werden, baut es Kommunikationen auf bzw. gliedert sich in das Kommunikationsnetz ein, geht Kooperationsbeziehungen ein und wetteifert mit den Autoren der anderen Programme um die effektivste Lösung des Problems.

Wie gesagt, richteten viele Autoren ihre Aufmerksamkeit auf die verschiedenen Phasen des schöpferischen Prozesses. Die bloße phänomenologische Beschreibung dieser Phasen liefert jedoch noch kein vollständiges Bild dieses Prozesses, denn es bleibt dabei ungeklärt, wie die einzelnen Phasen miteinander zusammenhängen; überdies können die Phasen selbst nur adäquat interpretiert werden, wenn sie als Komponenten einer umfassenderen und in spezifischer Weise determinierten Struktureinheit verstanden werden, deren subjektiv erlebbare Fragmente sie sind. Diese Struktureinheit aber ist das Forschungsprogramm, das durch den sozial vermittelten und selbst in Entwicklung begriffenen Forschungsgegenstand determiniert ist. Der Begriff des Forschungsprogramms gestattet es somit, die Analyse des schöpferischen Prozesses aus dem Bereich bloßer Selbstbeobachtung des — zudem als autonomes Individuum verstandenen — schöpferischen Subjekts herauszuführen. Da ein Programm nicht anders als durch ständige Wechselwirkung zwischen schöpferischen Individuen zustande kommen und realisiert werden kann, hat auch der schöpferische Akt und seine Phasen kollektiven Status. Die Konzeption der Forschungsprogramme ermöglicht es somit, die „psychologische Robinsonade“, die für die traditionellen Stadientheorien des schöpferischen Prozesses kennzeichnend ist, zu überwinden, ohne deren rationelle Momente aufzugeben.

Betrachtet man den schöpferischen Prozeß und seine Stadien unter der Voraussetzung, daß ihm ein Forschungsprogramm zugrunde liegt, dann lassen sich in ihm folgende zusammenhängende Fragmente unterscheiden[29]:

1. Das Stadium der Bereitschaft. Zu ihm gehören alle Ereignisse im Leben des Individuums und des Kollektivs, welche bewirken, daß dieselben bereit sind, sich einer konkreten Forschungssituation zu stellen, also z. B. die Aneignung und die Kenntnis der kategorialen Struktur des betreffenden Problemfeldes, die Wahrnehmung des sozialen Auftrags in seiner allgemeinen Form u. a.

2. Das Stadium der Problemfindung. In ihm werden die Suchstrategie und die Hauptschritte ihrer Verwirklichung in allgemeinen Zügen formuliert. Der konkrete Weg, wie das Programm zu verwirklichen ist, kann jedoch noch nicht angegeben werden, da vorerst noch andere, bereits formulierte Aufgaben gelöst werden müssen.

3. Das Stadium der Beratung und der Lösung der Aufgaben. In ihm wird das Forschungsprogramm zu einem System konkreter Aufgaben ausformuliert, deren jede eines eigenen Planes zu ihrer Lösung bedarf. Diese Aufgaben sind Fragmente des Programms, die selbst dann, wenn sie für sich genommen bearbeitet werden, im inneren Kontext des Programms verbleiben. Der kollektive schöpferische Prozeß, in dem verschiedene Ideen entstehen, diskutiert und kritisiert werden, mündet in die Formulierung einer Prinziplösung, der „Lösungsidee". Das dritte Stadium unterscheidet sich vom zweiten durch die Art und Weise, wie der gegenständliche Inhalt des gesuchten bzw. bereits gefundenen Problems transformiert wird. Im zweiten Stadium ist der Suchraum des schöpferischen Subjekts (des Individuums oder der Gruppe) ein noch undifferenziertes kategorial-gegenständliches Feld, während es sich im dritten Stadium bereits auf begriffliche Strukturen und Relationen stützen kann, die es aus dem vormals amorphen Gegenstandsfeld ausdifferenziert hat. Analysen wissenschaftshistorischen und experimentellen Materials belegen, daß die schöpferische Aktivität ein und desselben Subjektes in diesen zwei Stadien ganz unterschiedlich sein kann.

4. Das Stadium der Ausführung des konkreten Plans der Tätigkeit. In der Praxis schließt die Lösung einer Forschungsaufgabe verschiedene „Routineoperationen", den Einsatz von Rechentechnik, Geräten, Mechanismen und Vorrichtungen sowie einen beträchtlichen Anteil wissenschaftsorganisatorischer Arbeiten ein. Diese, auf den ersten Blick Routinecharakter tragenden Elemente des schöpferischen Prozesses stellen ihrerseits an die schöpferischen Fähigkeiten des Forschers nicht geringe Anforderungen.

5. Das Stadium der Sicherung der gesellschaftlichen Relevanz des Ergebnisses. In ihm wird das vom schöpferischen Subjekt erzeugte Produkt (eine Idee, eine Theorie, ein Muster usw.) zielstrebig dem Nutzer zugeführt (durch Veröffentlichung, Vorlesungen, Wissenschaftspropaganda, Überführung in die Produktion usw.). Diese Etappe gilt — wie der schöpferische Prozeß insgesamt — als nicht

[29] Vgl. V. P. Karcev, Social'naja psichologija nauki i problemy istoriko-naučnych issledovanij, Moskva 1984.

abgeschlossen, solange das Ergebnis von der Wissenschaftlergemeinschaft nicht akzeptiert und durch andere Forscher oder in der Praxis nicht genutzt wird. Erst dann kann der Forscher oder das Forscherkollektiv zu Recht beanspruchen, die Priorität auf ein gesellschaftlich anerkanntes und relevantes Ergebnis zu haben.

4. Die wissenschaftliche Kommunikation als schöpferischer Prozeß

Wissenschaftliches Schöpfertum hat zwei Aspekte — den kognitiven und den kommunikativen —, die nicht voneinander getrennt werden können. Die intellektuelle Aktivität des Wissenschaftlers vollzieht sich auf allen Etappen des schöpferischen Prozesses — von der Ideenfindung bis zum gesellschaftlich relevanten Resultat — über die Kommunikation sowohl mit dem Forschungsobjekt als auch mit anderen Menschen. Die Auffassung, derzufolge der Wissenschaftler „klassischen" Typs, der in seine Ideenwelt vertieft ist, des Verkehrs mit anderen Kollegen nicht bedarf, gilt heute als überholt. Die Art und Weise, wie der Wissenschaftler mit seiner Arbeit in Kommunikationsprozesse einbezogen ist, ist heute Gegenstand spezieller Untersuchungen.

Im Zusammenhang mit der raschen Entwicklung kybernetischer Methoden und der Informationstheorie wurde Kommunikation bisweilen auf „Informationsübertragung" reduziert. Folgt man dieser Einschränkung, dann fallen freilich die sozialpsychologischen Aspekte der Kommunikation aus der Analyse der wissenschaftlichen Tätigkeit heraus,[30] und auch ihre emotionalen Aspekte bleiben außer Betracht.[31] Da in dieser Sichtweise bereits festgefügte Informationsstrukturen im Vordergrund stehen, läßt sich mit ihr nicht verfolgen, welche inhaltlichen und strukturellen Veränderungen im Denken der Respondenten vor sich gehen, wenn sie miteinander kommunizieren.

Kommunikation erschöpft sich nicht in Informationsaustausch, Kritik, Diskussion oder moralischer Unterstützung. Im Kommunikationsprozeß werden unbewußt auch intellektuelle Komponenten ausgetauscht, die nicht formalisierbar sind. Dieses „persönliche Wissen" (ein von M. Polanyi eingeführter Terminus)[32] ist nur in der unmittelbaren Kommunikation übertragbar. Es ist weder formalisierbar noch aus Lehrbüchern erlernbar. Der Neuling in der Wissenschaft dringt

[30] Zu diesen Aspekten vgl.: G. M. Andrejeva, Social'naja psichologija, Moskva 1980; G. M. Andrejeva, Social'no-psichologičeskije problemy effektivnosti kollektivnoj naučnoj dejatel'nosti, in: Social'nije i social'no-psichologičeskije aspekty povyšenija effektivnosti nauki, Moskva 1982, S. 69—79.

[31] Vgl. H. Hiebsch/M. Vorwerg, Einführung in die marxistische Sozialpsychologie, Berlin 1972, S. 243.

[32] Vgl. M. Polanyi, Personal knowledge, London 1958.

in die Anfangsgründe wissenschaftlichen Schöpfertums am ehesten ein, wenn er tagtäglich mit einem erfahrenen Meister seines Fachs verkehrt und beobachtet, wie dieser ein Problem zergliedert, ein Experiment vorbereitet, Entscheidungen trifft und auf Schwierigkeiten reagiert.

Die Kommunikation vom Typ „Lehrer — Schüler“ ist für den Schüler wie für den Lehrer gleichermaßen bedeutsam. Beispielsweise „stimulieren die oft unsinnigen Fragen der Studenten nach einer Vorlesung das Denken außerordentlich und zwingen dazu, eine Erscheinung, die immer auf genormten Wegen untersucht wurde, von einem völlig neuen Gesichtspunkt aus zu betrachten. Auch das trägt dazu bei, schöpferisch zu denken“[33] und bewahrt den Lehrer davor, stereotype Denkweisen auszubilden. „Rutherford begriff ausgezeichnet den Wert seiner Schüler für sich selbst, der nicht nur darin bestand, daß die Jugend die Produktivität seines Laboratoriums steigerte. Er sagte: ‚Die Schüler zwingen mich, selbst jung zu bleiben.‘ Darin steckt eine tiefe Wahrheit, da Schüler dem Lehrer nicht erlauben, sich vom Leben zu isolieren, das Neue in der Wissenschaft zu negieren. Wie oft beobachten wir, daß alternde Wissenschaftler in Opposition zu neuen Theorien geraten, die Bedeutung neuer Richtungen der Wissenschaft unterschätzen.“[34]

Viele bedeutende Wissenschaftler haben immer wieder darauf hingewiesen, wie notwendig persönliche Kontakte für ihre Arbeit waren und daß diese durch das Studium von Veröffentlichungen nicht zu ersetzen sind. Die persönliche Kommunikation ist nicht bloßer Informationsaustausch, nicht nur Voraussetzung des schöpferischen Aktes, sondern eine seiner organischen Komponenten. Der Dialog schließt Verständnis für den Standpunkt, aber auch Kritik des Partners ein und stimuliert so das kritische Verhältnis zu den eigenen Ideen. Im Forschungsprozeß kommt der sachlichen Kritik bekanntlich große Bedeutung zu. Wenn sich der Wissenschaftler seinen eigenen Ideen gegenüber auch selbstkritisch verhält, so ist es doch noch effektiver, wenn er sie mit den Ansichten und Einschätzungen anderer Wissenschaftler konfrontiert. Der Terminus „Kritik“ hat hierbei eine weite Bedeutung. Er meint sowohl Nichtübereinstimmung und Beibringen von Gründen, Abkehr von einer nicht erfolgreichen Denkweise, Aufzeigen direkter Fehler im Denken, in Berechnungen oder in logischen Konstruktionen, aber auch, den Wissenschaftler davor zu bewahren, unzweckmäßige Forschungen aufzunehmen, ihm andere Wege oder Methoden vorzuschlagen, Ursachen „widersprüchlicher“ Informationen aufzuzeigen, rationale Handlungsweisen zu empfehlen usw. Die Fähigkeit zur Kritik kann dem Wissenschaftler in mehr oder weniger ausgeprägter Form zukommen. Eine hochentwickelte Begabung zur Kritik hatte z. B. Wolfgang Pauli, den man in jedem physikalischen Auditorium stets gerne sah, auch wenn er die Theorien von Kollegen in scharfer Form kritisierte. Ein ähnliches Talent zur Kritik hatte P. S. Ehrenfest.

[33] P. L. Kapica, Experiment, Theorie, Praxis, Berlin 1984, S. 222.
[34] Ebenda, S. 257.

Aus wissenschaftshistorischen Untersuchungen ist hinlänglich bekannt, wie sehr Kommunikation den schöpferischen Prozeß stimulieren und seine Effektivität erhöhen kann. Dies gilt es bei der Lösung aktueller Aufgaben der Stimulierung schöpferischer wissenschaftlicher Leistungen und der Intensivierung der Arbeit der Wissenschaftler und Erfinder zu nutzen. Dabei können auch spezifische psychologische Mittel zum Einsatz gelangen, vor allem dann, wenn es um schöpferische Lösungen geht, die durch bloßes logisches Schließen nicht zu erzielen sind, sondern der Aktualisierung emotionaler und intuitiver Tätigkeitskomponenten bedürfen. Von dieser Voraussetzung gehen verschiedene Methodiken zur Stimulierung des Schöpfertums aus, insbesondere das Brainstorming und die Synektik.[35] Beide erwuchsen aus einem zugespitzten Interesse an Problemen des Schöpfertums und entstanden zu einer Zeit, als klar wurde, daß technischer Fortschritt unmittelbar von der Originalität neuer wissenschaftlicher Ideen abhängig ist, die kollektiv, in „kleinen Gruppen", erzeugt werden.

Die Methodik des Brainstorming geht davon aus, daß die Kontrollmechanismen des Bewußtseins, die die Adaption an die Umwelt gewährleisten, der Entfaltung der geistig-schöpferischen Potenzen hinderlich sind. Man sucht sie zu neutralisieren, indem man den schöpferischen Prozeß in zwei Etappen zerlegt: In der ersten sollen lediglich Ideen generiert werden ohne Rücksicht darauf, ob sie „vernünftig" oder „unvernünftig", praktikabel oder nicht praktikabel sind; einzige Bedingung ist, daß die Idee prinzipiell als Lösungsvariante des vorgegebenen Problems in Frage kommt. In dieser Etappe kommt es darauf an, daß eine bestimmte Anzahl von Personen in einer möglichst kurzen Zeit eine möglichst große Menge an Ideen generiert. Je mehr Assoziationen dabei unbewußt und unabhängig von vorgefaßten und eingefahrenen Denkschemata entstehen, desto größer ist die Wahrscheinlichkeit, daß sich unter ihnen auch brauchbare befinden. In der zweiten Etappe werden die unterbreiteten Lösungsvorschläge sodann kritisch bewertet und die originellsten und perspektivreichsten ausgewählt. Ob diese Technik freilich den bekannten Verfahren zur Lösung schöpferischer Aufgaben vorgezogen werden sollte, ist nicht erwiesen; zumindest konnten mit Methoden der experimentellen Psychologie solche Vorzüge nicht nachgewiesen werden.[36] In den durchgeführten Experimenten wurde der Ertrag von Gruppen, die nach der Methode des Brainstorming arbeiteten, mit Lösungsvarianten derselben Aufgaben verglichen, die individuell erarbeitet wurden, wobei die Gesamtmenge generierter Ideen, ihre Realisierbarkeit, Effektivität, Praktikabilität und Originalität bewertet wurden. Diese Versuche führten zu dem Schluß, daß Brainstorming die Effektivität nicht erhöht. Allerdings wurde aus ihnen auch geschlußfolgert, daß individuelle Problemlösung generell der kollektiven vorzuziehen sei.

[35] Vgl. A. F. Osborn, Applied imagination, New York 1957.

[36] Vgl. z. B.: A. C. Lewis T. C. Sadosky T. Connoly, The effectiveness of group brainstorming in engineering problem solving, in: IEEE transactions on engineering management, 3/1975, S. 119—124.

Dies ist jedoch keineswegs schlüssig, denn die Prozedur des Brainstorming ist nicht die einzig mögliche Organisationsform kollektiven Schöpfertums, schon gar nicht in der Wissenschaft, wo ein Problem gewöhnlich über einen längeren Zeitraum hinweg von einer Gruppe bearbeitet wird, in der „Ideengeneratoren" und „Kritiker" mitnichten voneinander getrennt sind, sondern ständig in Wechselwirkung miteinander stehen.

Westliche Autoren haben viele Fälle beschrieben, in denen die Methode des Brainstorming in unterschiedlichsten Problemsituationen angewandt wurde; es sind jedoch keine positiven Erfahrungen bekannt, daß sie auch bei der Lösung von Forschungsaufgaben in Gruppen erfolgreich angewandt worden wäre. Viele Psychologen sprechen sich indes dafür aus, Brainstorming durch andere Methoden zu ergänzen, insbesondere durch die Synektik, die als Mittel zur Intensivierung des Schöpfertums angesehen wird.[37]

Die Synektik ist eine von W. Gordon vorgeschlagene Methode, die ähnlich dem Brainstorming darauf abzielt, die Erfolgswahrscheinlichkeit bei der Lösung wissenschaftlich-technischer Aufgaben zu erhöhen, indem die intuitiven und emotionalen Komponenten der geistigen Tätigkeit unter Gruppenbedingungen aktualisiert werden. Der Terminus Synektik bedeutet die Verknüpfung unterschiedlicher und auf den ersten Blick nicht miteinander zusammenhängender Elemente. Wenn das gewöhnliche Denken Ideen assoziiert, so tut es dies in geordneter und stereotyper Weise; es ist logischen Schablonen unterworfen, die die Entstehung neuer und origineller Lösungen behindern. Das Ziel der Synektik besteht deshalb darin, durch längeres systematisches Training die Fähigkeit zu erzeugen, unerwartete Assoziationen zu finden und neue Wege zur Lösung theoretischer und praktischer Aufgaben zu erschließen. Zu diesem Zweck wird aus dem Gesamtpersonal der betreffenden Institution eine spezielle Personengruppe ausgesondert, die mit den synektischen Methoden vertraut gemacht wird und sodann wieder in ihre früheren Funktionen zurückkehrt. Das rationale Moment der Synektik besteht in der Überzeugung, daß schöpferisches Denken lehrbar ist. Dieses Lehren unterscheidet sich aber von der Vermittlung sowohl gegenständlichen Wissens als auch logischer Regeln und Vorschriften (Algorithmen). Es zielt darauf ab, spezielle Verfahren zu erarbeiten, bei deren Anwendung man berechtigterweise von einer schöpferischen Methode sprechen kann.[38] Allerdings hat die Synektik im Vergleich zu den in der Psychologie bereits bekannten Prinzipien, wie Analogiebildung, Personifizierung, Auffinden von Neuem im Alten und von Altem im Neuen, Symbolisierung u. a., kaum selbst etwas zur Aufstellung und Interpretation solcher Prinzipien beigetragen. Ihre Leistung besteht darin, die Erfahrungen bei der Vermittlung von Verfahren zur schöpferischen Lösung wissen-

[37] Vgl. T. I. Bouchard, Whatever happened to brainstorming, in: Journal of creative behaviour, 3/1971, S. 182—189.

[38] Vgl. W. Gordon, On being explicit about creative process, in: Journal of creative behaviour, 4/1972, S. 295—300.

schaftlich-technischer Probleme unter Gruppenbedingungen systematisiert zu haben.

Eine weitere Methode zur Stimulierung des Schöpfertums, die von westlichen Autoren vorgeschlagen wird, ist die sogenannte morphologische Analyse.[39] Sie besteht darin, daß ein gesuchtes System (beispielsweise ein Erzeugnis oder ein technologischer Prozeß) gedanklich in einzelne Komponenten zerlegt wird, die in die Fächer der ersten Spalte einer Matrix eingetragen werden. In die Fächer der nächsten Spalte werden die Mittel eingetragen, deren die jeweilige Komponente für ihre Funktion gegenwärtig bedarf. Im nächsten Schritt wird nach alternativen Mitteln und Methoden gefragt, die in die dritte Spalte eingetragen werden usw. Um neue Kombinationen zu erhalten, können die Spalten auch vertauscht werden. Die Besonderheit der morphologischen Analyse besteht darin, daß auch sie eine Methode zur Stimulierung des Schöpfertums in Gruppen ist; insbesondere werden die alternativen Varianten für jeden Parameter des Systems nicht von einem einzelnen Individuum, sondern von einer Expertengruppe vorgeschlagen.

Alle Erfahrungen, die bei der Ausarbeitung und Anwendung dieser Methodiken gewonnen wurden, bestätigen, daß das Problem, wie wissenschaftliches Schöpfertum intensiviert werden kann und wie man zu diesem Zweck gezielt auf psychische Prozesse und Zustände einwirken muß, nach wie vor offen ist.

Kommunikation als untrennbare Komponente gemeinschaftlicher Tätigkeit setzt eine Rollenverteilung im Kollektiv voraus. Schon in der einfachsten mündlichen Kommunikation können die Rollen des Sprechenden und des Hörenden, des Kommunikators und des Rezipienten unterschieden werden.[40] Rollenverhalten ist anders determiniert als individuelles Verhalten. „Der marxistischen Tradition folgend, ist die soziale Rolle die Fixierung der bestimmten Stellung, die das betreffende Individuum im System der gesellschaftlichen Verhältnisse einnimmt.“[41] Rollenbeziehungen können nicht aus sich heraus verstanden werden. Sie hängen davon ab, welche Anforderungen die Gesellschaft an die Arbeit des Forschers stellt und wie sich in dieser Arbeit verschiedene Funktionen (Rollen) ausdifferenzieren, die von den Wissenschaftlern auszufüllen sind. Es spricht manches dafür, daß in der Wissenschaft vor allem drei Basisrollen unterschieden werden können, die sich historisch herausgebildet haben und ein einheitliches Ensemble bilden, nämlich die des Faktenkenners, des Ideengenerators und des Kritikers. Sie bringen zugleich die Einheit von Tradition und Neuerertum zum Ausdruck, da sie in ihrer Einheit das Bedürfnis der Gesellschaft nach Bewahrung bewährten Wissens, nach neuem Wissen und kritischer Sichtung des Wissens widerspiegeln.

Große Reserven für die Erhöhung der Effektivität der Kommunikation können

[39] Vgl. F. Zwicky, Discovery, Invention, Research through the morphological approach, New York 1969.

[40] Vgl. J. Janoušek, Společná činnost a comanicace, Praha 1984.

[41] G. M. Andrejeva, Social'naja psichologija, a. a. O., S. 81.

erschlossen werden, wenn die Zusammensetzung von Wissenschaftlergruppen mit der nötigen Sorgfalt vorgenommen wird, wenn insbesondere darauf geachtet wird, daß in der Gruppe Wissenschaftler mit unterschiedlichem Denkstil vorhanden sind, denen unterschiedliche soziale Rollen zukommen. Neben der intellektuellen, kognitiven Komplementarität der kommunizierenden Wissenschaftler und der Komplementarität „nach Spezialrichtungen" darf hierbei auch die „sozialpsychologische Komplementarität" nicht übersehen werden. Aus wissenschaftshistorischen Untersuchungen zu sozialpsychologischen Problemen des Schöpfertums ist bekannt, daß es eine „Rollenspezifik" von Wissenschaftlern auch schon in früheren Epochen gegeben hat.[42] Rollenspezifik bedeutet jedoch nicht, daß jedem Mitglied des Kollektivs nur eine einzige Rolle zukommt. Jeder Mitarbeiter kann vielmehr einen ganzen Rollenkomplex ausführen; in diesem komplexen Rollenprofil ist jedoch eine gewöhnlich die dominierende. Das Rollenprofil jedes Mitglieds des Kollektivs kann mit den Methoden der Sozialpsychologie rekonstruiert werden; auf diese Weise kann geklärt werden, wie stark sich Mitarbeiter mit unterschiedlichen Rollenprofilen im Kommunikationsprozeß bei der Ausarbeitung eines Forschungsprogramms oder in den verschiedenen Stadien seiner Realisierung engagieren. Der Begriff der sozialen Rolle, der ursprünglich ein soziologischer bzw. sozialpsychologischer Begriff war, hat — wie andere Begriffe auch — durch die Wissenschaftswissenschaft neue Merkmale erhalten; mit seiner Hilfe werden heute die Mechanismen der Wechselwirkung zwischen Wissenschaftlern sowohl auf der Ebene von Primärkollektiven als auch auf den höheren Ebenen der Organisation der Wissenschaftlergemeinschaft beschrieben.

Ergebnisse empirischer Untersuchungen besagen, daß die Produktivität einer Gruppe davon abhängt, wie stark die Rollenspezialisierung in ihr ausgeprägt ist, d. h. ob es in dem Kollektiv Mitarbeiter mit einer ausgesprochenen Spitze im Rollenprofil gibt, so daß sie als „Ideengenerator", „Kritiker", „Routinier", „Organisator" usw. auftreten. Außerdem kann als gesichert gelten, daß für produktiv arbeitende Gruppen eine intensive Wechselwirkung solcher Mitarbeiter mit ausgeprägten „Spitzen" im Rollenprofil charakteristisch ist. Die Effektivität einer Gruppe ist demzufolge größer, wenn der „Ideengenerator" und der „Kritiker" bei der Lösung einer gemeinsamen Aufgabe eng miteinander kommunizieren, als wenn jeder die Aufgabe allein bearbeitet.[43]

5. Probleme der Leitung wissenschaftlicher Kollektive

Die Organisationsstrukturen im heutigen Wissenschaftsbetrieb sind bisweilen recht kompliziert. Spezielle Analysen darüber, wie diese Strukturen zu leiten sind,

[42] Vgl. M. G. Jaroševskij, O genezise sub'ekta naučnogo poznanija, in: Voprosy filosofii, 2/1979.

[43] Vgl. Problemy rukovodstva naučnym kollektivom, Moskva 1982, S. 69—73.

sind deshalb unumgänglich. Hier liegt ein weites Feld der Forschung insbesondere für Soziologen, Ökonomen und Psychologen. So wird z. B. untersucht, ob es für kollektive Forschungstätigkeit optimale Organisationsbedingungen gibt (vgl. 8. Kapitel). In der UdSSR wird in diesem Zusammenhang an Methoden zur integralen Bewertung der schöpferischen Atmosphäre in Wissenschaftlerkollektiven und der Möglichkeit ihrer Optimierung gearbeitet.[44]

Auch westliche Autoren widmen dieser Thematik große Aufmerksamkeit. Besonders bedeutsam sind hier Arbeiten, in denen untersucht wird, wie der schöpferische Prozeß durch solche organisatorischen Faktoren wie das Verhältnis von administrativer und Forschungstätigkeit, die Leitungsstruktur, den Zeitdruck u. a. beeinflußt wird.[45] In einigen dieser Arbeiten werden der Wissenschaftler und die Organisation einander gegenübergestellt und letztere als externer Faktor angesehen, der das Schöpfertum hemmt, woraus der Schluß gezogen wird, daß Hierarchieglieder, in denen Ideen „steckenbleiben", zu beseitigen sind.[46]

Um die komplizierten Probleme der Organisation kollektiver wissenschaftlicher Arbeit, der Kommunikation im Wissenschaftlerkollektiv, der Regelung emotionaler Beziehungen in der Gruppe, der Erziehung der Mitarbeiter u. a. erfolgreich lösen zu können, müssen die entsprechenden Kenntnisse und Fähigkeiten des Leiters auf dem erforderlichen Niveau sein. Wird ein schöpferisch arbeitender Wissenschaftler in eine Leitungsfunktion berufen, so ergeben sich daraus mitunter beträchtliche Schwierigkeiten. Nicht selten empfinden Wissenschaftler eine solche Berufung als Beeinträchtigung ihrer Forschungsarbeit; mancher mag sich zur administrativen Arbeit wenig geeignet erweisen; auch kommt es vor, daß durch die Berufung die Lösung des Problems, an dem die Gruppe arbeitet, nicht gefördert wird, z. B. wenn der neuberufene Leiter sich nach wie vor nur seiner persönlichen Forschungsarbeit widmet, oder wenn er ins Administrieren verfällt und sich dadurch dem Forschungsgeschehen in der Gruppe entfremdet. Sozialpsychologische Analysen der Situation in der Gruppe und der Rolle des Leiters können in solchen Fällen hilfreich sein.

Die Motivation zu persönlicher Forschungsarbeit verbindet sich beim Leiter einer Forschungsgrundeinheit zumeist mit der Motivation zur strategischen Orientierung der Forschung. Er muß die Besonderheiten der Arbeitsteilung und

[44] Vgl. J. V. Pošechonov, Social'nyje aspekty povyšenija effektivnosti truda v naučnom kollektive, in: Materialy po naukovedeniju. Vyp. 6, Kiew 1970; G. A. Močenov/M. N. Nočevnik, K voprosu o social'no-psychologičeskom klimate naučno-issledovatel'skogo kollektiva, in: ebenda; G. A. Močenov, Problemy issledovanij nekotorych social'no-psichologičeskich aspektov upravlenija naučno-issledovatel'skim kollektivom, Diss. A, Moskva 1973; G. A. Lachtin, Upravlenije naučnym učreždenijem, Moskva 1983; M. P. Čemodanov, Koncepcia rosta nauki i faktor intensifikacii, Novosibirsk 1982.

[45] Vgl. D. C. Pelz/F. M. Andrews, Scientists in organizations, a. a. O., S. XV—XVIII, 321—382.

[46] Vgl. E. B. Peters, Overcoming organizational constraints on creativity and innovations, in: Research Management, 3/1974, S. 29—33.

Kooperation in seinem Kollektiv und die Wege zu höherer Effektivität analysieren und berücksichtigen. Zu seinen Aufgaben gehört, das Kollektiv um ein gemeinsames Forschungsprogramm zusammenzuschließen. Dieses Programm wird in der Regel nicht vom gesamten Kollektiv ausgearbeitet und akzeptiert, sondern von den führenden Mitarbeitern, dem „wissenschaftlichen Aktiv". Ob eine Gruppe zu einem Kollektiv wird oder eine diffuse Gruppe bleibt, hängt sehr davon ab, ob der Leiter es versteht, ein solches Aktiv zu schaffen. Die Aufgabe, es zu formieren, reduziert sich nicht auf Auswahl und Einsatz der wissenschaftlichen Kräfte, sondern ist ein komplizierter und langwieriger Prozeß, in dem der Leiter in enge Wechselwirkung mit den Mitarbeitern treten muß und der ihm einen großen Komplex spezifischer Fertigkeiten und beruflicher Qualifikation abverlangt. Er darf das Forschungsprogramm dem Aktiv nicht aufzwingen. Jeder führende Mitarbeiter, d. h. jeder Wissenschaftler, der sich durch hohe berufliche Qualifikation, großen wissenschaftlichen Weitblick und Forschungserfahrung auszeichnet, muß die Aufgabe, die er bearbeitet, zu seiner „eigenen" gemacht haben und an ihrer Lösung interessiert sein. Das kollektive Programm muß die Interessen und Möglichkeiten der Mitarbeiter berücksichtigen und zugleich in der wissenschaftlichen Welt konkurrenzfähig sein. Damit es erfolgreich bearbeitet werden kann, muß der Leiter über die spezifische Fähigkeit verfügen, soziale Objekte wahrzunehmen und bewerten zu können. Aus dieser Fähigkeit des Leiters zur sozialen Perzeption — von Individuen, ihren Wechselbeziehungen, aber auch von Zielen und Mitteln der wissenschaftlichen Tätigkeit, ihren Normen, von Forschungsprogrammen usw. — entspringt die Orientierung für seine konkreten Handlungen, die seinen Leitungsstil ausmachen.

Die traditionellen psychologischen Untersuchungen zum Leitungsstil und seinem Einfluß auf die Atmosphäre und die Effektivität einer wissenschaftlichen Einrichtung zeitigen keine eindeutigen Resultate. Die meisten Autoren stimmen darin überein, daß je nach den Bedingungen, unter denen eine Gruppe arbeitet, je nach der Bearbeitungsphase, in der sich das Forschungsprogramm befindet und je nach dem Charakter des zu lösenden Problems verschiedene Leitungsstile effektiv sein können.[47]

Eine wichtige Eigenschaft des Leiters ist sein Überzeugungsvermögen; es gehört zu den Vorzügen eines Leitungsstils, der Diskussionen innerhalb der Gruppe über Fragen sowohl kognitiver als auch zwischenmenschlicher Art

[47] Vgl. L. R. Anderson/F. R. Fiedler, The effect of participatory and supervisory leadership on group creativity, in: Participative management. Concepts, theory and implementation, Atlanta 1976, S. 135—149; S. E. Barndt/J. C. Larsen/P. J. Ruppert, Organizational climate changes in the project life style, in: Research Management, 4/1977, S. 33—36; S. Coltrin/W. Glueck, The effect of leadership roles on the satisfaction and productivity of university research professors, in: Academy of Management Journal, 1/1977, S. 101—116; H. J. Thamhain/D. L. Wilemon, Leadership effectiveness in programm management, in: IEEE transactions on engineering management, 3/1977, S. 102—108.

fördert. Solche Diskussionen sind oft langwierig, reduzieren sich aber später auf persönliche Gespräche mit einzelnen Mitarbeitern oder Gruppen. Ein guter Leiter nutzt dabei in seiner Argumentation geschickt Elemente jener Wertorientierungen, die von den Gruppenmitgliedern bereits akzeptiert werden. Er muß also, wenn er erfolgreich auf die Gruppe Einfluß nehmen will, wissen, welche Maßstäbe sich die Gruppe setzt, welchen gesellschaftlichen Ansprüchen sie sich stellt, welches Prestige die Forschung für sie hat.

Ergebnisse empirischer Untersuchungen zu effektiv verlaufenden Diskussionen bestätigen, daß der Leiter unbedingt die psychischen Eigenschaften der Mitarbeiter beachten muß; er muß ihre Risikobereitschaft, ihr Bedürfnis, geachtet zu werden, ihre Fähigkeit zur Selbsteinschätzung, ihre Neigung, ästhetische Kriterien anzuwenden usw. einzuschätzen in der Lage sein. Der Leiter ist umso überzeugender, je besser er es versteht, die Perspektiven der Bearbeitung des Programms (den gegenständlich-logischen Aspekt) einzuschätzen und dabei zugleich die persönlichen Einstellungen jedes Kollektivmitglieds (den Persönlichkeitsaspekt) sowie die Beziehungen innerhalb der Gruppe und zur Wissenschaftlergemeinschaft insgesamt (den sozialen Aspekt) zu berücksichtigen. Durch Untersuchungen ist belegt, daß der auf Überzeugung aufbauende Leitungsstil sowohl bei Leitern als auch bei den wissenschaftlichen Mitarbeitern sehr populär ist.[48]

Das psychologische Klima in einem Kollektiv hängt sehr davon ab, welche ethisch-moralischen Normen in ihm akzeptiert sind. Der Leiter sorgt mittels der ihm zur Verfügung stehenden Möglichkeiten dafür, daß in der Gruppe bestimmte Normen eingehalten werden. Das Spektrum dieser Normen ergibt sich aus den Besonderheiten der wissenschaftlichen Arbeit. Der Leiter gibt der Gruppe den „zulässigen Wertebereich“ der zu erfüllenden Normen durch sein persönliches Vorbild und seinen individuellen Verhaltensstil vor. Eine Persönlichkeitseigenschaft, die dabei von besonderer Bedeutung ist, ist die Fähigkeit zur „Dezentrierung“, d. h. dem Standpunkt des Mitarbeiters ausgesprochenes Interesse entgegenzubringen, die Dinge von seinem Standpunkt aus sehen zu können. Insbesondere hat sich in Untersuchungen gezeigt, daß in Gruppen, deren Leiter diese Fähigkeit besitzen, auch das gegenseitige Verständnis und das Vertrauen der Gruppenmitglieder zueinander gut entwickelt sind und produktive Kommunikation stattfindet. In Gruppen hingegen, deren Leiter ausgesprochen egozentrisch ist, kommt es vor, daß Gruppennormen verletzt werden, die Wechselbeziehungen in der Gruppe sich deformieren, es kaum noch freie Diskussionen gibt, sich Fraktionen und Koalitionen bilden usw.[49]

Die interpersonellen Beziehungen sind einer der wichtigsten Faktoren, von

[48] Vgl. N. L. Bulat u. a., Stil' rukovodstva i udevletvorennost' trudom sotrudnikov pervičnogo issledovatel'skogo kollektiva, in: Problemy dejatel'nosti učenogo i naučnych kollektivov, Vyp. VII, Moskva—Leningrad 1979.

[49] Vgl. E. N. Emeljanov, Determinanty charaktera obščenija v naučnych kollektivach, in: Social'no-psichologičeskije problemy dejatel'nosti naučnych kollektivov, Moskva 1982, S. 37.

denen das sozial-psychologische Klima in Wissenschaftlerkollektiven abhängt. Dort, wo sie sich ungünstig gestalten, behindert das die Organisation des kollektiven Schöpfertums beträchtlich und führt zu kognitiven wie interpersonellen Konflikten, die ihrerseits nicht unabhängig voneinander sind.[50] Treffen z. B. verschiedene gegenständliche Herangehensweisen aufeinander, so läßt sich beobachten, daß die wissenschaftlichen Konflikte in den Bereich der interpersonellen Beziehungen ausstrahlen. Konfliktsituationen können auch dann entstehen, wenn der faktische Autor eines Forschungsprogramms größeren Einfluß gewinnt als der offizielle Leiter.[51] Generell ist zu unterscheiden zwischen Konflikten, die sich daraus ergeben, daß das Forschungsprogramm und seine Resultate verschieden interpretiert werden, und solchen, die nichts mit dem gegenständlichen Inhalt der Forschung zu tun haben; letztere sind der Entwicklung des Kollektivs abträglich und können zu seinem Zerfall führen.

Konflikte, die sich aus verschiedenen Sichtweisen des Gegenstandes der Forschung ergeben, können sich auf die interpersonellen Beziehungen auswirken. Untersuchungen solcher Transformationen kognitiver Konflikte in interpersonelle, die in 25 Primärkollektiven der Forschung durchgeführt wurden, lassen erkennen, daß es den wissenschaftlichen Mitarbeitern oft gar nicht bewußt ist, daß die eigentliche Ursache eines interpersonellen Konflikts ein gegenständlicher, kognitiver Konflikt ist.[52] In einzelnen Fällen sind sich die Mitarbeiter nicht einmal der kognitiven Konflikte bewußt; häufig halten sie solche in ihrem Kollektiv für nicht möglich und beschäftigen sich ausschließlich mit interpersonellen Konflikten. Besonders oft treten solche Situationen in Primärkollektiven auf, die mit empirischer Forschung befaßt sind. In der Regel bearbeitet jeder Mitarbeiter eines solchen Kollektivs eine bestimmte Teilaufgabe, und erst das Endergebnis der individuellen Forschung wird kollektiv beraten. Das gemeinsame Forschungsprogramm und der Platz jeder individuellen Forschung in ihm wird dabei nicht immer kollektiv diskutiert und ist durchaus nicht jedem Mitarbeiter klar. Dabei sind aber unterschiedliche bis gegensätzliche Vorstellungen über das Programm der kollektiven Forschung und über den Stellenwert der einzelnen Forschungsarbeiten in ihm ganz natürlich.

Derartige widersprüchliche Vorstellungen vom Forschungsprogramm beeinflussen das gesamte System der interpersonellen Beziehungen im Kollektiv. Mitarbeiter von Kollektiven, in denen solche unterschiedlichen Auffassungen festgestellt wurden, hatten z. B. widersprüchliche Auffassungen zur Rolle des Leiters im System der interpersonellen Beziehungen; sie sprachen von „emotio-

50 Vgl. N. I. Frygina, Faktory prevraščenija kognitivnogo konflikta v mežličnostnyj konflikt v uslovijach gruppovogo obsuždenija, Diss. A, Moskva 1980.

51 Vgl. A. G. Allachverdjan, Rukovoditel' i vnutrigruppovyje kommunikacii, in: Problemy rukovodstva naučnym kollektivom, Moskva 1982.

52 Vgl. M. A. Ivanov, Samoocenka rukovoditelja i mežličnostnyje otnošenija v pervicnom naučnom kollektive, Moskva 1982.

nalen“ Konflikten, deren Ursache sie darin sahen, daß „er nicht unser Mann ist“, „sie mich (uns) nicht verstehen“ usw. Wenn sich die Aufmerksamkeit des Kollektivs auf die persönlichen Beziehungen konzentriert, während die eigentliche Ursache des Konflikts Unterschiede in den kognitiven Auffassungen sind, beeinträchtigt das nicht nur die gemeinschaftliche wissenschaftliche Arbeit, sondern hält die Mitarbeiter geradezu davon ab, an der Lösung der für das Kollektiv so wichtigen Fragen zu arbeiten. Die Lösung interpersoneller Konflikte ist ein langwieriger, komplizierter und für das Kollektiv schmerzhafter Prozeß, denn sie beeinflussen die gesamte Atmosphäre, die Normen und Werte des Kollektivs.

Sozialpsychologische Untersuchungen haben ergeben, daß ein Weg, um solche Konflikte zu überwinden, darin besteht, unter der Leitung eines Wissenschaftspsychologen spezielle Gruppendiskussionen durchzuführen. Zu Beginn der Diskussion werden die Anwesenden (alle Mitglieder des Kollektivs) mit den im Verlaufe der Untersuchung festgestellten unterschiedlichen Auffassungen vom kollektiven Forschungsprogramm bekanntgemacht und der Stellenwert jeder Einzeluntersuchung im Programm erläutert. Danach werden alle vorgeschlagenen und mitunter alternativen Varianten diskutiert. In bestimmten Fällen kann sich der im Kollektiv bestehende interpersonelle Konflikt im Gefolge einer solchen Diskussion sogar verschärfen, jedoch wird er jetzt schon im unmittelbaren Zusammenhang gesehen mit seinen eigentlichen kognitiven Ursachen, so daß das „gemeinschaftliche Durchdenken“ des kollektiven Forschungsprogramms gefördert wird. Im Ergebnis kann sowohl das Programm selbst präzisiert als auch das Verständnis der individuellen Forschungsaufgaben vertieft werden.

Eine günstige psychologische Atmosphäre in wissenschaftlichen wie auch in anderen Arbeitskollektiven hängt davon ab, wie klar die Zielstellungen formuliert sind, wie effektiv die Leitung ist, wie klar die Funktionen verteilt sind, wie konsequent und adäquat die Bewertung der Arbeitsergebnisse jedes einzelnen durch das Kollektiv selbst, seinen Leiter, die Einrichtung, in der er arbeitet, und schließlich durch die Gesellschaft insgesamt erfolgt.

6. Probleme der Adaptation junger Wissenschaftler im Forschungskollektiv

Die Effektivität der Wissenschaft wird maßgeblich dadurch beeinflußt, wie rasch es gelingt, den wissenschaftlichen Nachwuchs zu aktiver und selbständiger schöpferischer Arbeit zu befähigen, d. h. ihn an die Bedingungen zu adaptieren, unter denen heutige Forscherkollektive tätig sind. Fehler, die in diesem Stadium der Adaptation gemacht werden, können zu Verlusten führen, die noch größer sind als die, welche dadurch entstehen, daß die „Einarbeitungszeit“ eines jungen Wissenschaftlers zu lang ist.

Mit dem Problem der Adaptation befaßte sich ursprünglich die Soziologie; sie kam zu dem richtigen Schluß, daß der junge Wissenschaftler sich nicht an die Wissenschaft schlechthin adaptiert, sondern an die spezifischen sozialen Beziehungen in einem Wissenschaftlerkollektiv. Die soziologische Analyse konzentrierte sich indes nur auf diesen einen Aspekt des Problems und ließ andere, wie z. B. die Adaptation an den gegenständlichen Inhalt der Tätigkeit des Kollektivs, weitgehend außer acht. Eben dieser Gegenstand aber bestimmt in hohem Maße sowohl die interpersonellen Beziehungen als auch die Rollenverteilung im Kollektiv.

Auch die Persönlichkeitspsychologie wandte sich der Untersuchung von Adaptationsprozessen zu. Sie richtete ihr Hauptaugenmerk darauf, wie die individuellen psychischen Eigenarten der in einem Kollektiv vereinigten Wissenschaftler den Adaptationsprozeß beeinflussen. Die methodologische Einseitigkeit dieses Vorgehens bestand darin, daß die Wissenschaftlerpersönlichkeit außerhalb der in dem betreffenden Kollektiv gegebenen realen Bedingungen betrachtet wurde. Der abstrakte Psychologismus, der den traditionellen Methoden der Psychodiagnostik und -prognostik eigen ist, läßt sie nur begrenzt anwendbar sein, wenn es darum geht, die Effektivität der wissenschaftlichen Arbeit zu erhöhen und die dabei anfallenden theoretischen und praktischen Probleme zu lösen.

Es versteht sich, daß das Adaptationsproblem auch nicht durch eine bloße mechanische Vereinigung der verschiedenen Sichtweisen — der soziologischen, psychologischen, strukturell-organisatorischen und inhaltlich-gegenständlichen — gelöst werden kann. Wie jedes wissenschaftswissenschaftliche Problem, so erfordert auch dieses ein komplexes Herangehen, wenngleich es zu Zwecken der Analyse nicht nur legitim, sondern mitunter sogar notwendig ist, diese oder jene Seite des Adaptationsprozesses gesondert zu untersuchen.

Jeder junge Wissenschaftler muß die Etappe der gegenständlichen Adaptation durchlaufen. Er muß sich die theoretische Konzeption zu eigen machen, auf deren Grundlage sich das Forschungsgebiet entwickelt; er muß mit den bedeutendsten wissenschaftlichen Errungenschaften vertraut sein, die auf seinem Gebiet zur Zeit die Richtung der Arbeit und die Qualitätsstandards bestimmen; er muß den derzeitigen Methodenkomplex beherrschen und wissen, was jede Methode leistet. Mit anderen Worten: Er muß die aus der inhaltlich-gegenständlichen Struktur seines Forschungsgebiets folgenden Normen des Erkenntnisprozesses kennen und sich zu eigen machen. Die Hochschule kann dem Studenten diese Kenntnisse nicht vermitteln; das Lehrprogramm sieht in der Regel nur die Vermittlung von Grundbegriffen und der wichtigsten Theorien und Methoden vor. Die kognitive Struktur einzelner Forschungsrichtungen und -gebiete ist jedoch so dynamisch, daß Veränderungen, die in ihr vorgehen, sich nur mit mehr oder weniger großer zeitlicher Verzögerung in den Lehr- und Ausbildungsprogrammen der Hochschulen niederschlagen. Das bedeutet jedoch nicht, daß das Adaptationsproblem gänzlich außerhalb der Kompetenz der Hochschulen läge oder es an den Hochschulen keine Reserven in dieser Hinsicht mehr gäbe. Indes muß das Adaptationsproblem vor allem in dem Wissenschaftlerkollektiv gelöst werden, in das der junge Wissenschaftler eintritt, wobei der Leiter dieses Kollektivs besondere Verantwortung hat.

Die Forderung nach Adaptation der jungen Wissenschaftler an die Normen des Erkenntnisprozesses auf seinem Forschungsgebiet scheint der bekannten Tatsache zu widersprechen, daß viele große Entdeckungen gerade von jungen Wissenschaftlern gemacht wurden, die ihre wissenschaftliche Laufbahn eben erst begonnen hatten. Ein Widerspruch liegt jedoch nur dann vor, wenn Adaptation als blindes Übernehmen von Normen und Einstellungen verstanden wird; dies aber wäre eine wenig effektive Adaptation, die zum wissenschaftlichen Konformismus führt. Die schöpferischen Leistungen junger Autoren bedeutender Entdeckungen und Ideen sind durchaus nicht außerhalb normativer kognitiver Strukturen zustande gekommen; zumindest mußten sie diese Strukturen und ihre empirischen Grundlagen zunächst selbst angeeignet haben, um deren Grenzen zu erkennen.

Die gegenständliche Adaptation, die ja meistens noch eine Fortsetzung des Bildungs- und Ausbildungsprozesses, eine Konkretisierung der allgemeinen kognitiven Normen und Orientierungen ist, wie sie die Hochschule vermittelt, führt in der Regel noch nicht zu starken Streßsituationen. Anders steht es dagegen mit der sozialen Adaptation. Erfolgt diese nicht rasch genug und wenig zielstrebig, so sind Verluste für die Gesellschaft und die Persönlichkeit unvermeidlich. Hier liegen die Ursachen für jene Erscheinung, über die Wissenschaftler und Wissenschaftsorganisatoren heute zutiefst beunruhigt sind, daß nämlich ein Teil der Nachwuchswissenschaftler die Motivation zu intensiver Arbeit verliert, gleichgültig wird und kein Interesse für die Forschung zeigt. Nicht selten hört man die Klage, die Wissenschaft leide an einem „Ballast" unfähigen Personals. Dabei handelt es sich jedoch in vielen Fällen augenscheinlich um Personen, die zu Beginn ihrer wissenschaftlichen Tätigkeit sich in einer Situation befanden, in der sie faktisch ohne wissenschaftliche Leitung arbeiten mußten; wenn hinzukommt, daß sie über Jahre hinweg an einem schlecht formulierten und nicht exakt geplanten Thema arbeiten, dem keine Idee zugrunde liegt, so nimmt es nicht wunder, wenn sie den Glauben an ihre Kräfte und an den Sinn ihrer Arbeit verlieren. Was als Unfähigkeit oder Faulheit erscheint, ist in solchen Fällen nicht selten nur eine „psychologische Maske", die den Betreffenden hilft, ihre Enttäuschung zu verbergen. In diesem Zusammenhang sei an die Ergebnisse der bereits im 1. Kapitel erwähnten Experimente zum job enrichment erinnert.[53] Die Leiter waren sich vor dem Experiment durchaus nicht im klaren, wie sich die Produktivität der Mitarbeiter verändern wird, wenn ihre Rechte und Pflichten stark erweitert werden. Darüber hinaus erzielten in vielen Fällen gerade diejenigen die höchste Produktivität, die vordem als initiativlose Mitarbeiter galten und kurz vor der Entlassung standen.

Neuere Untersuchungen haben ergeben, daß es im Prozeß der sozialen Adapta-

[53] Vgl. W. I. Paul/K. B. Robertson/F. Herzberg, Job enrichment pays off, in: Harvard Business Review, 2/1969.

tion junger Wissenschaftler einige kritische Stadien gibt, in denen sich Ursachen für einen künftigen Motivationsschwund herausbilden können.

Im Anfangsstadium der sozialen Adaptation junger Wissenschaftler werden diese mit dem sozialen System und der Organisation eines heutigen Forschungsinstituts, d. h. jenes Typs von Einrichtung, in dem sie mit hoher Wahrscheinlichkeit arbeiten werden, vertraut gemacht. Über die Besonderheiten der von ihm erstrebten Tätigkeit erfährt der angehende Wissenschaftler aber vor allem aus der biographischen und Memoirenliteratur, in der auch über Beziehungen zwischen Wissenschaftlern, über ihre persönliche Motivation, ihre Erfolge und Mißerfolge, ihre Leistungen und Irrtümer, ihre Leidenschaft für die Wissenschaft und ihre Enttäuschungen berichtet wird. In den meisten Fällen schildert diese Literatur jedoch den Werdegang von Wissenschaftlern, die zu dem Zeitpunkt, als sie in die Forschung einstiegen, ganz andere organisatorische und sozialpsychologische Bedingungen vorfanden als sie in heutigen Forschungsinstituten gegeben sind. Die Vorstellungen junger Wissenschaftler über den Charakter wissenschaftlicher Arbeit, die sie vor ihrem Eintritt in das Kollektiv haben, werden durch die Wirklichkeit nicht immer bestätigt. Häufig geben sie in Interviews Antworten wie: „so viel eintönige Kleinarbeit hatte ich mir nicht vorgestellt" oder „ich hatte mehr Selbständigkeit bei der Wahl der Themen und Methoden erwartet". Viele schätzen ihre Perspektiven in der Wissenschaft nicht realistisch ein und stellen sich die Arbeit und die Menschen in einem Kollektiv von Wissenschaftlern interessanter vor. Ihre Vorstellungen entsprechen mehr oder weniger dem stereotypen Bild vom Wissenschaftler als einem schöpferischen Einzelgänger, der sich nicht mit Routinearbeiten abgibt.[54] In der Praxis erweisen sich viele junge Wissenschaftler so weder für selbständige noch für Hilfsarbeiten als gut vorbereitet. Von den befragten jungen Naturwissenschaftlern beherrschten nur ca. 5% die Technologie wissenschaftlicher Arbeit (experimentelle Fertigkeiten, Erfahrungen im Umgang mit wissenschaftlichen Geräten usw.).

Adaptationsschwierigkeiten sind indes nicht nur eine Folge falscher Vorstellungen über den Charakter wissenschaftlicher Arbeit unter den heutigen Bedingungen und ungenügender gegenstandsbezogener Ausbildung. Man versteht besser, woher diese Schwierigkeiten rühren, wenn man die heutige Situation mit der Epoche der „klassischen" Wissenschaft vergleicht. Ein junger Mensch, der die wissenschaftliche Laufbahn gewählt hatte, arbeitete gewöhnlich seit den ersten Jahren seines Universitätsstudiums in einem Laboratorium und nahm hier sukzessive die Pflichten eines technischen Mitarbeiters, eines Assistenten und schließlich eines jüngeren Kollegen wahr. Seine wissenschaftliche Ausbildung verlief parallel mit seiner Ausbildung nach dem universitären Programm. Nach Absolvierung der Universität war der junge Wissenschaftler durchaus in der Lage, Forschungsarbeiten auf dem von ihm erwählten Spezialgebiet aufzunehmen. Das

[54] Vgl. P. G. Belkin, Rukovoditel' i problema adaptacii molodych specialistov v issledovatel'skom kollektive, in: Problemy rukovodstva naučnym kollektivom, a. a. O., S. 140–167.

Adaptationsproblem hatte also nicht die Schärfe wie heute. Überdies verblieb der Absolvent zumeist in demselben Universitätslaboratorium, in dem er seine Ausbildung genossen hatte.

Die Situation änderte sich in der zweiten Hälfte des 19. Jahrhunderts, als sich die großen Forschungseinrichtungen mehr und mehr von den Hochschuleinrichtungen zu separieren begannen. Diese Tendenz verstärkte sich noch weiter, als in der ersten Hälfte des 20. Jahrhunderts eine Vielzahl neuer wissenschaftlicher Disziplinen entstand und seit Mitte des Jahrhunderts die interdisziplinäre Forschung immer mehr in den Vordergrund trat. „Die Vielfalt und die Anwendungsorientierung der Gegenstände der industriell und der staatlich organisierten Wissenschaft schließen eine Spezialausbildung der Kader für jede Art von Tätigkeit aus, weil der Spezialdisziplinen zu viele sind. Die Hochschule kann diese wissenschaftlichen Einrichtungen deshalb nur mit solchen Absolventen versorgen, die sich unter den konkreten Bedingungen des jeweiligen Laboratoriums oder Instituts erst noch spezialisieren müssen."[55]

Obgleich der Wissenschaftsbetrieb beträchtliche Wandlungen erfahren hat, ist das Schema der Ausbildung von Forschernachwuchs auch heute noch vielfach das gleiche: Aneignung der „Technologie" wissenschaftlicher Arbeit — Einsatz als technischer Mitarbeiter — Einbeziehung in die Forschung als Assistent oder jüngerer Kollege — Durchführung selbständiger Forschungsarbeit. Der junge Wissenschaftler muß alle Stadien nacheinander durchlaufen. Ein längerer Zeitraum der Adaptation ist nötig, weil allein der formale Status eines Wissenschaftlers, den der Absolvent erhält, und das damit verbundene Recht auf eine entsprechende Tätigkeit noch nicht bedeuten, daß er für selbständige Forschungsarbeit schon hinreichend vorbereitet ist. Deshalb bleibt es ein aktuelles Problem, wie die Hochschulausbildung zielstrebiger und auf die Erfordernisse konkreter wissenschaftlicher Einrichtungen und Kollektive bezogen gestaltet werden kann.

In den sozialistischen Ländern haben sich unterschiedliche Formen der frühzeitigen Einbeziehung der Studenten in die Forschungsarbeit bewährt; in der Regel beginnt diese zwei bis drei Jahre vor Absolvierung der Hochschule. In der UdSSR z. B. wird seit mehr als dreißig Jahren erfolgreich ein System praktiziert, das vom Moskauer Physikalisch-technischen Institut eingeführt wurde.[56] Während des Studiums am Institut leisten die Studenten zugleich Forschungsarbeit in sogenannten Basisinstituten und Konstruktionsbüros. Solche Basisinstitute sind für das Moskauer Physikalisch-technische Institut große Institute der Akademie der Wissenschaften der UdSSR, wie z. B. das Physikalische Lebedev-Institut

[55] M. K. Petrov, Problema podgotovki i ispol'zovanija naučnych kadrov, in: Naučnyje kadry i problemy ich vosproizvodstva (Razvityje kapitalističeskije strany), Moskva 1981, S. 48.

[56] Vgl. V. N. Stoletov, Nekotoryje voprosy organizacii nauki i obrazovanija, in: Organizacija naučnoj dejatel'nosti, Moskva 1968, S. 25—71; E. P. Velichov/A. M. Prochorov, Kak gotovit' issledovatelej, in: Izvestija vom 24. 1. 1977.

oder das Kurčatov-Institut für Atomenergie. Die Forschungsarbeiten der Studenten im Basisinstitut nehmen etwa ein Drittel ihrer Ausbildungszeit an der Hochschule in Anspruch. Die guten Erfahrungen mit diesem System resultieren wesentlich daraus, daß es führende und schöpferisch aktive Wissenschaftler sind, die sich der Studenten annehmen, und daß die Studenten Zugang zur modernsten Forschungstechnik in den Basisinstituten haben. Die Themen der Studentenarbeiten gehen in der Regel in die Forschungspläne der Basisinstitute ein. Die Arbeit der Studenten nähert sich so allmählich der Tätigkeit von Mitarbeitern der Basisinstitute oder Konstruktionsbüros an.[57]

Wie das Hochschulwesen jedoch auch immer vervollkommnet werden mag, so entfällt dadurch nicht die Notwendigkeit der Adaptationsperiode. Um in einem Wissenschaftlerkollektiv arbeiten zu können, bedarf es bestimmter Erfahrungen und Fertigkeiten, die der Absolvent nur im unmittelbaren Umgang mit den Mitgliedern des Kollektivs und seinem Leiter erwirbt. In der Literatur spricht man in diesem Zusammenhang von einer „persönlichen wissenschaftlichen Schule". Die Bedeutung solcher persönlicher wissenschaftlicher Schulen ergibt sich aus dem hohen Stellenwert, den die informellen Komponenten der wissenschaftlichen Tätigkeit haben. Diese Komponenten spielen in allen Arten wissenschaftlicher Tätigkeit eine Rolle, eingeschlossen den Umgang mit experimenteller Technik und die Arbeit mit der Literatur. Die hauptsächliche Bedeutung persönlicher wissenschaftlicher Schulen besteht jedoch darin, daß der junge Wissenschaftler im persönlichen Umgang mit dem Leiter und unter seiner Kontrolle sich dessen Denk- und Forschungsstil aneignet und so in eine bestimmte wissenschaftliche Tradition hineinwächst. Im täglichen Umgang mit dem Leiter und den Mitarbeitern des Kollektivs erwirbt der junge Wissenschaftler nicht nur Wissen, sondern auch die Fähigkeit, selbst neues Wissen zu produzieren. Die Bedeutung persönlicher wissenschaftlicher Schulen bezeugt auch die Tatsache, daß von 55 Nobelpreisträgern, die Anfang der 70er Jahre in den USA lebten, 34 in ihrer Jugend unter der Leitung von Nobelpreisträgern der vorangegangenen Generation gearbeitet haben.[58]

Junge Wissenschaftler in die Arbeit des Kollektivs einzubeziehen, ist eine ständige Aufgabe des Leiters; davon, wie er sie löst, hängt sowohl die Reproduktion des Kollektivs als auch die weitere Entwicklung seines Forschungsprogramms ab. Je individueller der Leiter dabei vorgeht, desto effektiver verläuft der ganze Prozeß. Motivation, Begabung und Ausbildung des jungen Wissenschaftlers sind in jedem Falle verschieden und erfordern eine jeweils verschiedene Strategie und Taktik der Leitung des Adaptationsprozesses. Was der Leiter jedoch in jedem Falle kennen muß, wenn er den Adaptationsprozeß effektiv leiten und dem jungen Wissenschaftler günstige Bedingungen für die Realisierung seiner schöpferischen Potenzen

[57] Vgl. O. I. Belocerkovskij, Problemy podgotovki specialistov v vuzach, in: Kommunist, 9/1973, S. 82–83.

[58] Vgl. E. Rudd, The highest Education, London 1975.

schaffen will, sind die sozialpsychologischen Probleme, die dabei auftauchen, sowie die individuellen Wertorientierungen und andere Persönlichkeitsmerkmale des Kandidaten.

Mit welchem Erfolg der junge Spezialist zu schöpferischer Selbständigkeit geführt wird, hängt in hohem Maße von der Taktik des Leiters ab, wenn es um die Bestimmung des Forschungsthemas geht. Das Thema, welches schließlich gewählt wird und an dem der Neuling dann mehrere Jahre — in der Regel über die gesamte Adaptationsperiode hinweg — arbeitet, bestimmt seine Stellung im Kollektiv, den Charakter der interpersonellen Beziehungen und die Struktur der wissenschaftlichen Kommunikation. Es ist deshalb sehr wichtig, wieweit schon bei der Themenwahl die schöpferische Selbständigkeit des jungen Wissenschaftlers berücksichtigt wird. Untersuchungen deuten darauf hin, daß die Selbständigkeit junger Forscher bei der Themenwahl nicht sehr hoch ist und z. B. nur 30% der wissenschaftlichen Mitarbeiter mit einem eigenen Thema in die Forschungseinrichtung kommen.[59]

Wie sehr die Taktik des Leiters gegenüber dem jungen Wissenschaftler variieren kann, zeigen die zwei folgenden Verfahrensweisen, die je nach den individuellen Besonderheiten des Kandidaten und der Forschungssituation im Kollektiv beide grundsätzlich gangbar sind. Bei der einen wird der junge Wissenschaftler vom Leiter „abgeschirmt"; dieser gibt ihm die Möglichkeit, die ersten Jahre frei und schöpferisch, außerhalb der Planaufgaben an einem selbstgewählten Thema zu arbeiten. Für den Leiter bedeutet das viele zusätzliche Arbeit sowohl mit dem betreffenden jungen Wissenschaftler als auch mit dem Kollektiv. Einen hochmotivierten, von der Wissenschaft und seinem Thema begeisterten Absolventen kann eine solche „Abschirmung" durchaus nützlich sein; sie kann ihm helfen, sich schneller zu adaptieren, seine Fähigkeiten zu offenbaren und seine schöpferischen Pläne zu verwirklichen. Andererseits hat es sich in der Regel bewährt, wenn die Absolventen von Anfang an in die Arbeit zur Erfüllung von Planaufgaben einbezogen, in das Forscherkollektiv mit gleichen Rechten und Pflichten eingegliedert und ihnen anspruchsvolle Teilaufgaben im Rahmen des Forschungsprogramms der Gruppe übertragen werden; dadurch kann erreicht werden, daß ihren Ideen von den Mitgliedern des Kollektivs die gebührende Aufmerksamkeit entgegengebracht wird.

Die Strategie und Taktik des wissenschaftlichen Leiters muß auch in der Hinsicht individuell sein, als sie beachten muß, in welchem Stadium der Adaptation der junge Wissenschaftler sich gerade befindet und wie rasch der Prozeß verläuft. In Interviews, die mit jungen Spezialisten durchgeführt wurden, die seit ein bis drei Jahren an einem Forschungsinstitut arbeiteten, beklagten diese, daß der Leiter ihnen nicht genügende Aufmerksamkeit schenke. Umgekehrt waren junge Wissenschaftler, die bereits vier bis sechs Jahre im Kollektiv arbeiteten, häufiger daran interessiert, selbständig arbeiten zu können. Dieses Interesse wurde vom wissen-

[59] Vgl. I. I. Lejman, Nauka kak social'nyj institut, Leningrad 1971.

schaftlichen Leiter nicht immer richtig bewertet und führte infolgedessen in einer Reihe von Fällen zu Konflikten.[60]

Unselbständigkeit bei der Themenwahl ist jedoch nicht immer eine Folge autoritären Leitungsstils, der auf der unbedingten Erfüllung des Forschungsplanes der Einrichtung besteht. Weitaus häufiger zeugt sie von einer bestimmten Motivationsstruktur der Persönlichkeit des angehenden Forschers und läßt vermuten, daß die innere Motivation zur Forschungsarbeit gegenüber der äußeren noch wenig ausgeprägt ist. Dominiert jedoch die innere Motivation, so ist der Adaptationsprozeß eindeutig darauf gerichtet, die innere Logik des zu bearbeitenden Problems zu erfassen und wirkt in diesem Falle persönlichkeitsbildend. Die soziale Adaptation wird dann in ihren verschiedenen Aspekten — Einbeziehung in das System der interpersonellen Beziehungen, Herausbildung von Kommunikationsbeziehungen u. a. — durch die gegenständliche Adaptation gefördert.

Dominiert bei einem jungen Wissenschaftler die innere Motivation zur Forschungsarbeit, so kann man damit rechnen, daß sich bei ihm eigene Zielvorstellungen und Wertorientierungen herausbilden. Die Adaptation an das Wertesystem des Kollektivs erfolgt in solchen Fällen in einem zeitaufwendigen Prozeß gemeinschaftlicher Tätigkeit, der die Persönlichkeitsstruktur des jungen Forschers nicht unberührt läßt und mit Konflikten einhergehen kann. Ergebnisse sozialpsychologischer Untersuchungen belegen, daß junge Wissenschaftler mit überwiegender innerer Motivation häufiger in Konfliktsituationen geraten als solche, bei denen zum Zeitpunkt des Eintritts in das Kollektiv die äußere Motivation dominiert.[61] Verläuft der Adaptationsprozeß jedoch konfliktlos und äußerlich „glatt“, so liegt der Verdacht auf Oberflächlichkeit und Konformismus nahe. Der Leiter muß sich dessen bewußt sein und es in konkreten Situationen beachten.

Zur Adaptation des angehenden Forschers gehört auch, daß er sich die Normen aneignet, die die Ausführung technischer und sozialer Funktionen in der betreffenden Einrichtung regulieren, denn mit seinem Übergang aus der Rolle eines Studenten in die eines wissenschaftlichen Mitarbeiters ändert sich der gesamte Komplex von Funktionen schlagartig. Als Student bestand seine Hauptfunktion noch darin, wissenschaftliche Information aufzunehmen, während nun vom wissenschaftlichen Mitarbeiter in erster Linie erwartet wird, neue Information selbst zu generieren. Als Teilnehmer an der wissenschaftlichen Kommunikation ist der Student hauptsächlich Empfänger von Information, während es für den wissenschaftlichen Mitarbeiter darauf ankommt, Information zu erzeugen, zu dechiffrieren und je nach den spezifischen Erfordernissen des Systems wissenschaftlicher Kommunikation zu verarbeiten. Auf der Hochschule ist der Student in der „horizontalen Ebene“ in hohem Maße von seinen Studienkameraden unabhängig, er betreibt das Studium vorwiegend individuell. Der wissenschaftliche Mitarbeiter

[60] Vgl. Problemy rukovodstva naučnym kollektivom, a. a. O., S. 166.
[61] Vgl. ebenda, S. 157.

hingegen ist mehr oder minder in Gruppenarbeit einbezogen und somit vom Stand der Dinge bei seinen Kollegen abhängig, wie diese ihrerseits auf ihn angewiesen sind. Doch auch in „vertikaler“ Hinsicht ist der Student weitgehend unabhängig. Seine Beziehungen zum Dozenten sind zeitlich begrenzt und häufig unpersönlich; die Pflichten beider sind klar definiert. Der wissenschaftliche Mitarbeiter befindet sich in einem Unterstellungsverhältnis; für seinen wissenschaftlichen und dienstlichen Entwicklungsweg ist sein Verhältnis zum Leiter nicht unwichtig. Der Grad der Unbestimmtheit der Entwicklungswege macht deshalb einen weiteren Unterschied zwischen dem Status eines Studenten und dem eines wissenschaftlichen Mitarbeiters aus. Die berufliche Entwicklung des Studenten ist durch das Lehrprogramm klar determiniert und findet ihren relativen Abschluß mit der Verleihung des Diploms. Für den jungen Forscher aber sind die Perspektiven seiner weiteren wissenschaftlichen und dienstlichen Entwicklung noch weitgehend unbestimmt. Zwangsläufig gestaltet sich für den ehemaligen Studenten das Einleben in die Rolle eines Mitarbeiters in einem Forschungsinstitut zu einem komplizierten Prozeß.

Ein modernes Forschungsinstitut ist im Grunde genommen eine Produktionsstätte besonderer Art, die im allgemeinen nach einem angespannten Programm arbeitet. Wird ein Absolvent eingestellt, so betrachtet man ihn gewöhnlich als eine Ressource, deren Einsatz helfen soll, das Programm zu erfüllen. Ausgehend von diesem Kriterium werden die Arbeitsaufgaben des Neulings bestimmt. Als erstes Thema überträgt man ihm in der Regel nicht ein kompliziertes Problem, das alle seine intellektuellen, moralischen und physischen Kräfte herausfordert, sondern ein schon halb ausgearbeitetes „Stück“ des Themas eines älteren Kollegen; man glaubt, daß der junge Mitarbeiter so am besten in die Arbeit eingeführt wird und sich die nötige Methodik aneignet. Tatsächlich jedoch kann dies dazu führen, daß das schöpferische Potential des jungen wissenschaftlichen Mitarbeiters nicht rationell genutzt wird, was wiederum zur Folge hat, daß er sich unterfordert fühlt und im Zustand psychischen Diskomforts seine innere Motivation nachläßt. In einer sozialpsychologischen Untersuchung, die mit einer großen Zahl von Respondenten durchgeführt wurde, hat sich herausgestellt, daß weniger als ein Drittel der befragten jungen Wissenschaftler das ihnen übertragene Thema als ein anspruchsvolles bewertete, das ihre schöpferischen Kräfte voll herausfordert. Zugleich wurde sichtbar, daß junge Mitarbeiter, die mit Themen betraut waren, die ihre schöpferischen Potenzen voll forderten, auch in der gegenständlichen und sozialen Adaptation höhere Werte aufwiesen als solche, deren Stellung im Forschungsprozeß ihnen nur wenig Möglichkeiten bot, sich schöpferisch zu betätigen.[62]

Damit der junge Forscher seine schöpferischen Fähigkeiten effektiv realisieren kann, muß er in das Rollenensemble des Forscherkollektivs einbezogen werden und aktiv an der Erfüllung — gegebenenfalls auch an der Ausarbeitung — des

[62] Vgl. ebenda, S. 160f.

Forschungsprogramms mitwirken. Der Erfolg dieser Bemühungen hängt einerseits davon ab, wie sein individueller Adaptationsprozeß verläuft und wie seine Fähigkeiten zur wissenschaftlichen Arbeit ausgeprägt sind, andererseits aber auch davon, welchen Anforderungen er sich seitens des Kollektivs und des Gegenstandes der Forschung ausgesetzt sieht. Zum Zeitpunkt des Eintritts in das Kollektiv ist der junge Wissenschaftler nicht immer schon in der Lage, seine Kräfte und seine Möglichkeiten adäquat einzuschätzen. Deshalb ist es so wichtig, daß schon das erste Thema, das er bearbeitet, so beschaffen ist, daß es sein reales schöpferisches Potential offenbart. Geschieht das nicht, kann sich der Prozeß, in dem der angehende Spezialist zu einem selbständigen und in jeder Hinsicht gleichberechtigten Mitglied des Forschungskollektivs wird, sehr lange hinziehen.

Eine weitere Quelle von Schwierigkeiten in der Adaptationsperiode ist, daß in vielen Fällen die an der Hochschule erworbene Ausbildung nicht der im Forschungsinstitut auszuführenden Arbeit entspricht. Untersuchungsergebnisse weisen aus, daß in nur 27,7% der Fälle das Thema der Forschungsarbeit voll der auf der Hochschule erworbenen Spezialisierung entsprach.[63] Eine zehn Jahre später durchgeführte Vergleichsuntersuchung ergab, daß der Anteil der Nichtübereinstimmungen zugenommen hatte.[64] Die Divergenz zwischen Forschungsthema und Ausbildung hat eine Reihe von Gründen, deren wichtigste die ständige Erweiterung der Forschungsfront, das Entstehen neuer Wissenschaftsgebiete und Spezialrichtungen sowie interdisziplinärer Forschungsvorhaben sind. Besonders letztere werden auch künftig eine immer größere Rolle spielen. Demzufolge werden auch die Schwierigkeiten bei der gegenständlichen und sozialen Adaptation junger Wissenschaftler — und nicht nur dieser — nicht geringer werden. Von der Analyse der Dynamik wissenschaftlicher Kader, die traditionell von der Wissenschaftssoziologie betrieben wird, werden in diesem Zusammenhang gewichtige Beiträge erwartet, um die angezeigten Adaptationsprobleme zu entschärfen. Dabei kommt es nicht nur darauf an, die Nichtübereinstimmung zwischen Ausbildung und Forschungsthema quantitativ zu ermitteln, sondern vor allem qualitative Analysen des Niveaus der Hochschulausbildung, des Grades, in dem sie die Absolventen auf Forschungstätigkeit vorbereitet, und der Gesamtheit von Ursachen, die der Nichtübereinstimmung zwischen Ausbildung und Forschungsthema zugrundeliegen, vorzunehmen.

Unter den gegenwärtigen Bedingungen sind in Wissenschaftlerkollektiven zumeist Spezialisten verschiedener Gebiete tätig. So macht die breite Nutzung moderner Rechentechnik in vielen Kollektiven die Anwesenheit von Mathematikern, Ingenieuren und Programmierern erforderlich. Die Adaptation solcher Spezialisten verläuft um so erfolgreicher, je umfassender sich diese die theoretischen Grundlagen und die Methoden des für sie neuen Gebietes anzueignen verstehen.

[63] Vgl. S. A. Kugel', Professional'naja mobil'nost' naučnych kadrov, Moskva 1983.

[64] Vgl. Problemy rukovodstva naučnym kollektivom, a. a. O., S. 162—163.

Ein Sonderfall ist die Adaptation in einem interdisziplinär arbeitenden Wissenschaftlerkollektiv. Ein solches Kollektiv steht zunächst vor der Aufgabe, eine gemeinsame wissenschaftliche Sprache zu finden. Diese Aufgabe ist nicht leicht zu lösen, denn die Unterschiede zwischen den disziplinären Sprachen erwachsen aus den Unterschieden zwischen den disziplinären Begriffssystemen, so daß die Herausbildung einer gemeinsamen Sprache zugleich den Aufbau eines neuen begrifflichen Modells der zu untersuchenden Objekte bedeutet. Die Effektivität eines interdisziplinär zusammengesetzten Forscherkollektivs hängt in hohem Maße davon ab, wie es gelingt, diese Aufgabe zu lösen. Natürlich verändert sich bei jeder Adaptation die Sichtweise des Forschungsgegenstandes mehr oder weniger stark; in interdisziplinären Kollektiven ist dieser Prozeß jedoch besonders ausgeprägt. Die besondere „Anpassung", deren die gegenständliche Adaptation hier bedarf, kann ihrerseits den Sozialisierungsprozeß im neuen Kollektiv komplizieren und zu interpersonellen Konflikten führen. Dem wissenschaftlichen Leiter obliegt es deshalb — wie gesagt —, die eigentlichen Ursachen solcher Konflikte, die zumeist im gegenständlich-kognitiven Bereich liegen und den Wissenschaftlern nicht bewußt zu sein brauchen, zu beachten.[65]

Die hohe Dynamik der zeitgenössischen Wissenschaft läßt neue Aspekte des Problems der Adaptation hervortreten, denn mehr und mehr betrifft es nicht nur angehende Wissenschaftler, sondern auch erfahrene wissenschaftliche Mitarbeiter, die auf neue Forschungsgebiete übergehen und in neue Forschungskollektive überwechseln. Das ist eine durchaus normale und gesetzmäßige Erscheinung: Der periodische Wechsel der wissenschaftlichen Spezialisierung gibt dem Forscher Gelegenheit, seine schöpferischen Fähigkeiten vollständiger zu realisieren, beugt der Überspezialisierung vor, die seinen geistigen Horizont einengt, und trägt dazu bei, Ideen und Methoden aus einem Wissensgebiet in andere zu übertragen. Zugleich aber entstehen in solchen Situationen gegenständliche und sozialpsychische Adaptationsschwierigkeiten, die bewältigt werden müssen. Es gehört deshalb zu den aktuellen Aufgaben der Wissenschaftsforschung, die Mechanismen und Faktoren der Adaptation erfahrener Wissenschaftler aufzuklären, die Motive zu untersuchen, die sie veranlassen, sich einer neuen Problematik zuzuwenden, in Erfahrung zu bringen, wie sie diese Problematik in Abhängigkeit von ihren jeweiligen Erfahrungen und Wertorientierungen wahrnehmen und bewerten, und die Spezifika zu benennen, die der Adaptationsprozeß aufweist, wenn Wissenschaftler in Kollektive mit anderer Zusammensetzung und anderer psychologischer Atmosphäre überwechseln.

[65] Vgl. ebenda, S. 120.

FÜNFTES KAPITEL

Das Wissenschaftspotential

1. Begriff, Struktur und das Problem der Bewertung des Wissenschaftspotentials

Der Begriff „Wissenschaftspotential“ wird auf allen Ebenen der Wissenschaftsleitung sehr häufig gebraucht. Jedoch ist er bislang noch nicht eindeutig definiert. Gewöhnlich versteht man unter dem Wissenschaftspotential die Anzahl und Struktur der in der Wissenschaft beschäftigten Personen, das Niveau der materiell-technischen Ausrüstung und die Höhe der zum jeweiligen Zeitpunkt für Wissenschaft verausgabten finanziellen Mittel. Man spricht in diesem Zusammenhang von den Komponenten oder Bestandteilen des Wissenschaftspotentials. Ihre Bedeutung für die Entwicklung der Wissenschaft ist augenfällig, und ihre Beschreibung und Analyse ist schon deshalb nötig, weil sie quantitative Wertungen ermöglichen. Dennoch kann sich der Begriff des Wissenschaftspotentials nicht auf sie reduzieren, weil die Gesamtheit der in einer wissenschaftlichen Einrichtung verfügbaren materiellen Ressourcen das Potential dieser Einrichtung noch nicht vollständig charakterisiert. Die Praxis der Ökonomie, des Militärwesens und erst recht der Wissenschaft zeigt, daß gleiche materielle Ressourcen noch keine Garantie für gleiche Ergebnisse sind. Verschiedene Wissenschaftsforscher neigen deshalb dazu, weitere „Komponenten“ des Wissenschaftspotentials einzuführen. Von G. M. Dobrov und seinen Mitarbeitern wurde z. B. vorgeschlagen, den Begriff des Wissenschaftspotentials um die Komponenten „wissenschaftliche Informationsbereitstellung“ und „Niveau der Organisation“ zu erweitern.[1]

Damit wurden Potentialparameter eingeführt, die über die materiellen Ressourcen der Wissenschaft hinausweisen. Allein auch sie vermögen noch nicht, das Problem als Ganzes zu lösen. Die Einführung neuer Parameter führt nur dann weiter, wenn durch sie das Verständnis für die Grenzen der Erscheinung, die beschrieben oder gemessen werden soll, befördert wird. Ressourcen werden ja nur dann zu Komponenten des Wissenschaftspotentials, wenn aus ihrer Wechselwirkung das System selbst hervorgeht und seinerseits die einzelnen Komponenten als solche bestimmt.[2]

[1] Vgl. G. M. Dobrov, Potential der Wissenschaft, Berlin 1971, S. 17–18.

[2] Es sei an dieser Stelle daran erinnert, was Marx über die Produktion schrieb: „... Arbeiter und Produktionsmittel bleiben stets ihre Faktoren. Aber die einen und die anderen sind dies

Der Begriff des Potentials ist auf vielen Gebieten gebräuchlich. Intuitiv verbindet sich mit ihm die Vorstellung von der Potenz eines (mechanischen, elektrischen, chemischen usw.) Systems zu bestimmten Leistungen. Wenn man vom ökonomischen oder militärischen Potential spricht, so versteht man darunter eine bestimmte Leistungsfähigkeit des betreffenden Systems und nicht die bloße Aufzählung der Mittel, über die es verfügt. Das ökonomische Potential wird nicht nur durch die Menge der verfügbaren ökonomischen Ressourcen bestimmt, sondern auch durch solche grundlegenden qualitativen Merkmale wie die jeweils herrschenden Eigentumsformen, die gesellschaftlichen Verhältnisse, die politische Stuktur u. a.

Auch das Wissenschaftspotential einer Gesellschaft hängt nicht nur von den materiellen Ressourcen ab, über die die Wissenschaft zum gegebenen Zeitpunkt verfügt. Es wird außerdem bestimmt von Niveau und Umfang des akkumulierten Wissens und der Forschungserfahrung der Kader, der Beschaffenheit des Bildungssystems, historisch-kulturellen Traditionen, der Art und Weise der Organisation der wissenschaftlichen Tätigkeit, der Infrastruktur des Informationswesens u. a. All das aber hängt seinerseits in entscheidendem Maße davon ab, wie das Verhältnis der betreffenden Gesellschaft zur Wissenschaft und ihrer Anwendung beschaffen ist, also von ihrem jeweiligen Wertesystem. Niveau und Wachstumstempo des Wissenschaftspotentials sind eine Funktion dessen, ob und wie die betreffende Gesellschaft die Entwicklung und Anwendung der Wissenschaft fördert, ob und wie ihre Bedürfnisse und Ziele den inneren Entwicklungsbedürfnissen der Wissenschaft entsprechen.

Es ist also wohl zu unterscheiden, aus welchen Zwecken heraus eine Gesellschaft die Wissenschaft fördert: „um den Thron zu schmücken“, um Profit- und militärische Interessen durchzusetzen oder um ihre Ergebnisse in allen gesellschaftlichen Lebensbereichen und im Interesse der Erhöhung des materiellen Wohlstandes und der geistig-kulturellen Entwicklung der Menschen anzuwenden. Ohne Beachtung dieser fundamentalen Faktoren bleibt jede Definition und Bewertung des Wissenschaftspotentials zwangsläufig unvollständig und formal. Das Wissenschaftspotential ist demzufolge das Maß für die Möglichkeiten, über die die betreffende Gesellschaft zum gegebenen Zeitpunkt verfügt, um die Gesetze der Natur und der gesellschaftlichen Entwicklung erkennen und anwenden zu können.

Die Irreduzibilität des Wissenschaftspotentials auf die Summe der für Wissenschaft verausgabten materiell-technischen, finanziellen und personellen Mittel leuchtet sofort ein, wenn man etwa zwei wissenschaftliche Einrichtungen miteinander vergleicht, die ähnliches Profil haben, unter gleichen sozialökonomischen Bedingungen arbeiten und über annähernd gleiche Ressourcen an Mitarbeitern,

nur der Möglichkeit nach im Zustand der Trennung voneinander. Damit überhaupt produziert werde, müssen sie sich verbinden" (K. Marx, Das Kapital. Zweiter Band, in: MEW, Bd. 24, Berlin 1963, S. 42).

materiell-technischer Ausrüstung und finanziellen Mitteln verfügen, sich aber dennoch im Niveau ihrer Ergebnisse und Möglichkeiten beträchtlich voneinander unterscheiden. Man sagt zu Recht, daß beide nicht das gleiche wissenschaftliche Potential haben. Zwischen den aufgewendeten Ressourcen und der Leistungsfähigkeit einer wissenschaftlichen Einrichtung gibt es also keinen eindeutigen, direkten und linearen Zusammenhang. Dennoch gehört es zu den Aufgaben der Wissenschaftsforschung, die Ursachen solcher Unterschiede mit objektiven Methoden zu analysieren.

Das Wissenschaftspotential als integrale qualitative Charakteristik der Leistungsfähigkeit des Wissenschaftssystems aufzufassen, bedeutet keineswegs, die quantitative Messung und Erfassung der für die wissenschaftliche Tätigkeit benötigten Ressourcen zu ignorieren oder zu unterschätzen. Das Wissenschaftspotential nur qualitativ bewerten zu wollen, ohne genau die Mittel zu kennen, über die die Wissenschaft verfügt, hieße in Spekulation zu verfallen. Die qualitative Bewertung muß stets einhergehen mit der Bewertung der quantitativen Parameter und ihrer Dynamik. So ist z. B. ein außerordentlich wichtiger, das Wissenschaftspotential eines Landes kennzeichnender Faktor die Struktur der zu verfolgenden Forschungsrichtungen und deren Übereinstimmung mit den strategischen Zielstellungen der Gesellschaft. Um diesen Faktor aber zuverlässig bewerten zu können, muß die Berufs- und Qualifikationsstruktur der wissenschaftlichen Kader und ihre Verteilung auf die Forschungsrichtungen bekannt sein.

Forschung ist heute fast immer an hochwertige Geräte, Ausrüstungen, spezielle Reagenzien etc. gebunden. Wissenschaft bedarf stabiler Finanzierung. Ohne diese Ressourcen kann sie sich — unter welchen sozialökonomischen Bedingungen auch immer — nicht entwickeln. Bei der Bewertung des Wissenschaftspotentials müssen diese deshalb in Rechnung gestellt werden. Dabei kann die Klassifikation der Wissenschaftsressourcen mehr oder weniger detailliert vorgenommen werden. In der Praxis der Wissenschaftsleitung unterscheidet man gewöhnlich folgende Hauptklassen von Ressourcen: Kader, materiell-technische Ausrüstung, Finanzen und Information. Wir werden jeder von ihnen einen speziellen Abschnitt widmen.

Der Begriff „Wissenschaftspotential“ bezieht sich auf den Bereich der Grundlagen- und angewandten Forschung sowie der Entwicklungsarbeiten. Dieser Bereich bildet den Kern eines umfassenderen Systems, das durch den Begriff „wissenschaftlich-technisches Potential“ gekennzeichnet wird. Zu ihm gehören neben dem Bereich der wissenschaftlichen Tätigkeit auch jene Bereiche der gesellschaftlichen Produktion, die den Transfer von Technologie aus der Forschung in die Produktion und die gesellschaftliche Praxis gewährleisten, sowie die technische Ausstattung der Produktion, die am Entwicklungsstand der Technik, am Umfang der Einführung neuester Technik in die einzelnen Zweige der Volkswirtschaft und anderen Kennziffern gemessen wird. Das Wissenschafts- und das wissenschaftlich-technische Potential sind ihrerseits wichtige Komponenten des Systems nächsthöherer Ordnung, des ökonomischen Potentials eines Landes.

In der Praxis steht oft die Aufgabe, das Wissenschaftspotential eines Landes, eines Zweiges der Volkswirtschaft oder einer einzelnen Einrichtung zu bewerten. Eine solche Bewertung kann stets nur komparativ erfolgen; sie ergibt keinen Sinn, wenn das „Koordinatensystem" und die Vergleichsmaßstäbe nicht gegeben sind. Um die Größe des Wissenschaftspotentials eines Landes zu bestimmen, reicht es nicht aus, die Größe solcher Parameter wie den prozentualen Anteil der Wissenschaftsausgaben am Nationaleinkommen oder der Wissenschaftler je 10000 der Bevölkerung zu messen. Das Wissenschaftspotential bestimmt sich vielmehr aus der integralen Potenz des betreffenden Landes zur Lösung wissenschaftlicher Probleme und zur Anwendung der Ergebnisse. Ausschlaggebend für die Größe des Potentials sind also nicht nur die schon genannten Parameter, sondern auch, wie groß die Potenzen innerhalb bestimmter Forschungsrichtungen sind und wieviel und welche Probleme mit ihnen gelöst werden können.

Der Begriff „Wissenschaftspotential" hat also viele Aspekte. Es ist z. B. nicht ausgeschlossen, daß das Wissenschaftspotential eines großen Landes dessen summarische wissenschaftlich-technische Bedürfnisse durchaus befriedigt und deshalb höher bewertet wird als das eines anderen Landes, das nach Territorium und Bevölkerung zwar kleiner, in technisch-ökonomischer Hinsicht jedoch höher entwickelt ist. Trotzdem kann das Wissenschaftspotential des letzteren auf bestimmten Wissenschaftsgebieten und in bestimmten Forschungsrichtungen höher als das des ersteren sein, und ist es in der Regel auch. Bei der Bestimmung des Wissenschaftspotentials müssen also immer — je nach der konkreten Aufgabe — neben quantitativen auch qualitative, neben formalen auch inhaltliche Gesichtspunkte berücksichtigt werden.

Ein Grund dafür, daß die Bewertung des Wissenschaftspotentials komparativ vorgenommen werden muß, ist, daß die Bewertungskriterien sich relativ rasch ändern können. Wie schnell das geschieht, hängt von den jeweiligen sozialökonomischen Bedingungen und der Dynamik des wissenschaftlich-technischen Fortschritts in der Welt ab. Das technologische Niveau erhöht sich unter den Bedingungen der wissenschaftlich-technischen Revolution außerordentlich rasch, und dementsprechend werden auch die Anforderungen an die Qualität wissenschaftlich-technischer Entwicklungsarbeiten höher. Das Wissenschaftspotential eines Zweiges oder selbst eines ganzen Landes, das diesem Rhythmus nicht zu folgen vermag, kann sich unter diesen Umständen verringern, selbst wenn diese oder jene seiner quantitativen Kennziffern wachsen. Nicht selten liegt die Ursache für das relative Sinken des Wissenschaftspotentials eines Landes gegenüber dem Weltniveau in strukturellen Veränderungen, die in der Weltwissenschaft vor sich gehen (neue Entdeckungen und neue wissenschaftliche Richtungen, die sich aus ihnen ergeben usw.). Solche Veränderungen wirken sich auf die Gesamtgrößen der Parameter der wissenschaftlichen Ressourcen praktisch gar nicht aus. Das Tempo aber, mit dem die Wissenschaft eines Landes auf solche Veränderungen reagiert, sie bewertet, und wie es seine wissenschaftlichen Kräfte rationell umzugruppieren versteht, ist ein wichtiges Merkmal der Güte und Qualität des Wissenschaftspotentials.

Das Wissenschaftspotential ist also Ausdruck sowohl des quantitativen als auch des qualitativen Niveaus von Forschung und Entwicklung. Es stellt sich in einem System quantitativer Parameter dar, an denen nur bedingt abgelesen werden kann, wie entwickelt und wie mobil das betreffende System der wissenschaftlichen Tätigkeiten ist.

Ein wichtiges Merkmal des Wissenschaftspotentials ist seine Fähigkeit, benötigte Ergebnisse in bestimmten Fristen erzielen zu können. In diesem Zusammenhang ist zu beachten, daß es nicht nur der unmittelbare ökonomische Effekt ist, der den Nutzen wissenschaftlicher Arbeit bestimmt. Der Forschungsprozeß hat — für sich genommen — die Eigenschaft, ein „Nährboden" zu sein, aus dem immer wieder neue Ergebnisse erwachsen. Selbst in Fällen, wo der Erwerb einer Lizenz vorgesehen ist, wird daher in der Regel und zu Recht nicht auf eigene Forschung verzichtet.[3] Die dafür benötigten Aufwendungen zahlen sich darin aus, daß das Wissenschaftspotential um so rascher die notwendige Kapazität erreicht und die nötigen Arbeiten auch dann ausführen kann, wenn die Situation sich plötzlich ändert, z. B. wenn die Lizenzvergabe verweigert wird.

Mängel in der Organisation von Forschung und Entwicklung, die sich explizit weder auf die Quantität noch auf die Qualität der einzelnen Potentialressourcen auswirken, beeinträchtigen jedoch die Qualität der Ergebnisse und damit auch die Leistungsfähigkeit des Wissenschaftspotentials insgesamt. Bei der Bewertung des Potentials muß also z. B. auch eingeschätzt werden, ob und wie die vorhandenen Mittel auf bestimmte Projekte bzw. Programme konzentriert sind. Derjenige Anteil an Ressourcen, der auf viele Projekte verstreut ist, die nicht die Gewähr bieten, in einer bestimmten Frist erfolgreich abgeschlossen zu werden, bedarf einer speziellen Bewertung. Er kann sowohl aus Ressourcen bestehen, die nötig sind, um das allgemeine Niveau der Wissenschaft zu erhalten, als auch aus gleichsam „eingefrorenen" Mitteln.

Die Qualität wissenschaftlich-technischer Entwicklungsarbeiten entscheidet darüber, wo und wie ihre Ergebnisse angewandt werden können. Niedrige Qualität erhöht die Ausgaben und mindert die Effektivität sowohl in der Wissenschaft selbst als auch in der Produktion. Die mangelnde Qualität eines Ergebnisses resultiert oft daraus, daß die in ihm enthaltene wissenschaftlich-technische Information nicht zuverlässig ist. Bei der Anwendung eines solchen „Rohergebnisses" erweist es sich dann, daß die Entwicklungsarbeiten unrationell und uneffektiv werden oder daß beträchtliche Nacharbeiten nötig sind, was im Stadium der Überführung bedeutet, daß der Produktionsplan nicht erfüllt wird und die Kosten steigen. Das gilt im Prinzip auch für Grundlagenforschung. Als man z. B. in den USA daran ging, Handbücher der thermodynamischen Werte der chemischen Elemente zu erarbeiten, stellte sich heraus, daß 90% der in wissenschaftlichen Original-

[3] Außerdem ist zu bedenken, daß infolge vielfältiger Ursachen es heute oft schwierig bis unmöglich ist, Lizenzen für benötigte Erfindungen oder neue Technologie frei zu erwerben.

arbeiten publizierten Werte so ungenau waren, daß sie anderen Wissenschaftlern nicht zur Nutzung empfohlen werden konnten.[4]

Es geht uns in diesem Abschnitt nicht darum, die Ursachen solcher Qualitätsmängel zu diskutieren. Sie können z. B. darin liegen, daß die verfügbaren Mittel nicht konzentriert genug eingesetzt waren, so daß die für ein hohes Niveau der Bearbeitung eines Themas nötige „kritische Masse“ an Ressourcen nicht erreicht wurde, daß die methodische und technische Ausstattung ungenügend war, die Wissenschaftler keine hinreichende theoretische Ausbildung hatten und deshalb die experimentellen Daten falsch interpretiert wurden u. v. a. Für uns ist hier lediglich wichtig, daß ein Teil der wissenschaftlichen Kollektive, nach den von ihnen genutzten Ressourcen zu urteilen, ein bestimmtes wissenschaftliches Potential haben müßten, es in Wirklichkeit jedoch nicht haben, da sie nicht in der Lage sind, die ihnen gestellten Aufgaben zu lösen. Hieran zeigt sich augenfällig, wie einseitig es wäre, das Wissenschaftspotential nur über die Messung der Ressourcen bewerten zu wollen. Die Situation ist hier ähnlich wie in der Industrie. Wenn ein Betrieb über hochwertige Ressourcen verfügt, seine Produktion aber nur geringen Gebrauchswert hat, dann vernichtet er im Grunde genommen gesellschaftlichen Reichtum, wenngleich seine Produkte alle Attribute von Waren aufweisen. In der Wissenschaft ist es weitaus schwieriger, solche „Betriebe“, die die für Forschung aufgewendeten Ressourcen nicht in Ergebnisse von hoher Qualität umsetzen, zweifelsfrei festzustellen.

Niedrige Effektivität bei der Nutzung von Ressourcen kann auch daraus resultieren, daß die Aufwendungen nicht ausbilanziert sind, was seinerseits im System der Organisation begründet liegen kann. Wenn Wissenschaftler z. B. auf Geräte angewiesen sind und die Hauptmethode, sie mit solchen zu versorgen, die Verteilung der Geräte auf Institute ist, dann wird das Gerät zur kleinsten unteilbaren Ressourceneinheit, die dem Institut selbst dann zur Verfügung gestellt werden muß, wenn sie dessen reale Bedürfnisse weit übersteigt. Da moderne Geräte teuer sind, kann die Nichauslastung von Ressourcen dadurch sehr hoch werden. Nehmen wir z. B. an, in zwei nahe beieinander gelegenen Instituten befänden sich zwei gleiche Geräte (z. B. Infrarotspektrographen). In dem einen Institut werde das Gerät intensiv genutzt, so daß die Selbstkosten pro Spektrum hier etwa 3 Rubel betragen. Das Nachbarinstitut benötigt sein Gerät ebenfalls, lastet es aber wenig aus, so daß die Selbstkosten hier 30 Rubel betragen. Es ergibt sich die Frage: Wie hoch ist das „wissenschaftliche Potential“ von Tausend Rubeln, die in beiden Instituten zur Erzeugung von Infrarotspektren ausgegeben werden? Das erste Institut liefert für diese Summe 330 Spektren, das zweite nur 33. Würden wir das Potential lediglich nach den Aufwendungen an Ressourcen bewerten, würden wir uns also um eine ganze Größenordnung irren.

Die Ressourcen, über die die Wissenschaft im allgemeinen und jede wissenschaftliche Einrichtung im besonderen verfügt, quantitativ zu bestimmen und zu

[4] Vgl. H. M. Weisman, Information systems, services and centers, New York 1972, S. 265.

messen, ist für eine effektive Leitung absolut notwendig. Diese quantitative Messung muß heute, da alle Komponenten der wissenschaftlichen Tätigkeit eine hohe Dynamik ihrer Entwicklung aufweisen, laufend vorgenommen werden. Eine solide statistische Basis und die Inventarisierung der verfügbaren Ressourcen sind deshalb unabdingbar, wenn die notwendige Informationsbasis zur Bewertung des Wissenschaftspotentials gegeben sein soll. Um jedoch mit spezifischen Kennziffern richtig arbeiten zu können, muß der Bereich, in dem ihre Anwendung sinnvoll ist, exakt bestimmt, müssen die Grenzen dieses Bereiches mit maximaler Genauigkeit bekannt sein. Ein erfahrener Leiter, der über zuverlässige quantitative Daten verfügt, kann auf dieser Grundlage intuitiv die qualitativen Aspekte erfassen und eine richtige Bewertung vornehmen. Nichts schadet der Anwendung quantitativer Methoden aber mehr als das Ignorieren der Tatsache, daß es im Forschungsprozeß nichtformalisierbare Aspekte gibt, die quantitativ nicht zu bestimmen sind. Um das Wissenschaftspotential eines Landes oder einer Einrichtung bewerten zu können, muß die quantitative Messung einzelner Parameter durch die Analyse der Effektivität der Forschungsorganisation ergänzt werden, von der der Ertrag der aufgewendeten Ressourcen abhängt.

Die „obere Grenze" der Effektivität der Organisation ist eine Funktion der sozialökonomischen Ordnung. Die Planung der wissenschaftlich-technischen Arbeiten im nationalen und z. T. im internationalen Rahmen, die dadurch gegebene Möglichkeit, Ressourcen auf Hauptrichtungen konzentrieren zu können, die Anwendung von wissenschaftlich-technischen Neuerungen im Maßstab der gesamten Volkswirtschaft, der grundsätzlich neue Status der Wissenschaftler, Techniker, Ingenieure und Konstrukteure, der die Skala ihrer Motive und Stimuli verändert und eine dem wissenschaftlichen Schöpfertum günstige Atmosphäre im Kollektiv ermöglicht, sind nur einige der grundlegenden Vorzüge der sozialistischen Ordnung, die es rechtfertigten festzustellen, daß bei gleichen aufgewendeten Ressourcen und bei voller Nutzung dieser Vorzüge das Wissenschaftspotential eines Landes unter sozialistischen Bedingungen höher sein muß als unter kapitalistischen Bedingungen.

Das Niveau des Wissenschaftspotentials hängt in hohem Maße von der Organisation der wissenschaftlichen Tätigkeit ab. Die Organisation schließt alle Ressourcen und Elemente zu einem System zusammen, das dadurch ein bestimmtes Potential erwirbt. Ressourcen und Organisation sind dabei in gewissem Maße wechselseitig austauschbar. Ein niedriges Niveau der Organisation und Leitung kann in gewisser Weise durch zusätzliche Verausgabung personeller und materieller Ressourcen kompensiert werden, und umgekehrt können ein und dieselben Aufgaben mit weniger Aufwendungen gelöst werden, je höher das Niveau der Organisation und Leitung ist. Diese Zusammenhänge gilt es zu beachten, wenn Potentiale verschiedener Länder oder Einrichtungen miteinander verglichen werden. Wie die Wechselwirkung der Ressourcen organisiert ist, läßt sich freilich nicht immer leicht feststellen und anschaulich beschreiben. Unterschiede in der Organisation können aber bei gleicher Größe der Aufwendungen bedeutende Potentialunterschiede zur Folge haben. Der Mechanismus, über den die Organisation das Wissenschaftspotential beeinflußt, ist jedoch ein qualitativ anderer als der, über den die Ressourcen das Potential bestimmen. Die „Organisationskomponente“ ist weniger als alle anderen quantitativ bestimmbar. In ihr wirken viele Faktoren zusammen, deren jeweils spezifische Vernetzung die unwiederholbare Eigenart des betreffenden wissenschaftlich-technischen Kollektivs ausmacht.

Jede der erwähnten Grundarten von Ressourcen des Wissenschaftspotentials bildet für sich genommen ein Subsystem der Wissenschaft, das in seiner Wirkungsweise und seiner Entwicklung eigenen Gesetzmäßigkeiten folgt. Natürlich ist das eine für Zwecke der Analyse notwendige Abstraktion. In der Realität lassen sich z. B. die personellen Ressourcen nicht von den Informationsressourcen trennen, denn die wissenschaftlichen Kader sind die Haupt-„Speicher“ und „-Verarbeiter“ der Information und somit die materielle Verkörperung eines wesentlichen Teils des Informationspotentials. Die Potentialkomponenten in der Abstraktion voneinander zu trennen, um sie detaillierter und konkreter analysieren zu können, ist jedoch ein notwendiges Verfahren, wenn die entsprechenden Entscheidungsprozesse qualifiziert werden sollen.

Die komplizierte Struktur und der Systemcharakter jeder Art von Wissenschaftsressourcen machen es problematisch, das Potential mit Hilfe von aggregierten „Ressourcenkennziffern“ generell bewerten zu wollen, denn die Effektivität jeder Ressourcenart hängt, wie gesagt, in hohem Maße von ihrer strukturellen Ausbilanzierung ab. Fehlen bestimmte Elemente, die wegen ihrer geringen Dimensionen „makroskopisch“ überhaupt nicht ins Gewicht fallen, so kann dies die Größe des Wissenschaftspotentials doch beträchtlich herabsetzen. Besonders deutlich wird das z. B. an der Berufsstruktur der wissenschaftlichen Kader, d. h. am Fehlen oder Vorhandensein von Kadern bestimmter Spezialrichtungen. Auf der Ebene einzelner Kollektive geht es vor allem um eine notwendige ausgeglichene Bilanz der Rollenfunktionen, der Qualifikationstypen und selbst der individuellen Besonderheiten der Mitarbeiter. Das Potential eines Kollektivs wird weiterhin in hohem Maße durch die „Qualität“ seines Leiters bestimmt, die in statistischen Tabellen überhaupt nicht erfaßt werden kann.

Wie groß also das Bedürfnis nach einer einfach handhabbaren und zuverlässigen Methode zur Bewertung des Wissenschaftspotentials auch ist, bedarf es in dieser Frage des nötigen Realismus. Selbst die exaktesten Daten über Wissenschaftsaufwendungen geben noch nicht automatisch Aufschluß über die Größe des Wissenschaftspotentials. Diese Größe zu bestimmen, ist selbst eine anspruchsvolle Forschungsaufgabe, und wie jede Forschung erfordert sie ständige Vervollkommnung der Methoden und ein schöpferisches Herangehen. Wie in jeder Forschung, so hängt auch hier schon viel von der richtigen Fragestellung und dem exakten Gebrauch der Begriffe ab. Der Begriff „Wissenschaftspotential“ (und die gesuchte Größe) ändern sich je nachdem, wonach wir fragen. So kann z. B. das Wissenschaftspotential eines Landes auf einem bestimmten Forschungsgebiet ganz unterschiedlich groß sein, je nachdem, ob wir es im Kontext der internationalen wissenschaftlichen Zusammenarbeit sehen oder nicht. Das ist besonders für solche Länder wichtig, in denen wissenschaftliche Tätigkeit in nur relativ geringen Maßstäben betrieben wird.

Die Einbeziehung in die internationale Zusammenarbeit hat auf die einzelnen Potentialkomponenten wie auch auf das System als Ganzes einen beträchtlichen Einfluß. Bewertungen, die diesen scheinbar äußeren Faktor nicht berücksichtigen, geben die Realität nur verzerrt wieder. Die Ressourcen eines einzelnen Landes reichen in einer Reihe von Fällen nicht aus, um in allen wichtigen Forschungsrichtungen gleichermaßen und in notwendigen Größenordnungen Potential zu konzentrieren. Werden jedoch die Ressourcen mehrerer Länder im Rahmen eines gemeinsamen Forschungsprogramms vereinigt, kann das für die Bearbeitung dieses Programms benötigte Potential entstehen. In der Kosmosforschung z. B. verfügt von allen sozialistischen Ländern allein die UdSSR über die Möglichkeit, Forschungsprojekte und -programme selbständig zu realisieren. Durch die wissenschaftlich-technische Zusammenarbeit mit der UdSSR erwirbt jedoch jedes am „Interkosmos"-Programm beteiligte sozialistische Land ein gewisses Potential auf dem Gebiet der Kosmosforschung. Eine solche wechselseitige Ergänzung der Ressourcen kann ganz unterschiedliche Formen haben und ist faktisch auf allen Gebieten zu beobachten. Beispielsweise ist es möglich, daß ein Land auf einem bestimmten Gebiet keine Kapazität für notwendige Entwicklungsarbeiten hat, dafür aber über eine Gruppe ausgezeichneter Theoretiker mit einem hohen schöpferischen Potential verfügt, so daß erst durch die Kooperation mit einem anderen Land, das die entsprechenden Entwicklungsarbeiten übernimmt, eine wissenschaftlich-technische Spitzenleistung möglich wird. Der Begriff „Wissenschaftspotential" erhält also durch die Berücksichtigung der wissenschaftlich-technischen Zusammenarbeit eine neue Bedeutung, die weit über eine bloße Bewertung der Ressourcen eines einzelnen Landes hinausgeht.

Aus all dem folgt, daß zwischen der Größe der aufgewendeten Ressourcen und der Größe des Potentials keine lineare Beziehung besteht. Das gilt sowohl für einzelne Projekte als auch für ein Land insgesamt.

Verschiedene Autoren sind der Auffassung, daß bei vergleichenden Analysen des Wissenschaftspotentials einer Region, eines Volkswirtschaftszweiges oder eines Betriebes eine objektive Bewertung möglich ist, wenn man zu relativen Kennziffern übergeht. So wird z. B. vorgeschlagen, mit dem „Koeffizient der wissenschaftlich-technischen Entwicklung" eines Betriebes zu arbeiten, worunter der Quotient aus Forschungsaufwendungen und Produktionsaufwendungen verstanden wird. Aber auch dieses Verfahren ist methodologisch anfechtbar. Wenn z. B. ein Betrieb seine materiell-technische Ausstattung vervollkommnet und Reserven an Produktionskapazität schafft, so verringert sich sein „Koeffizient der wissenschaftlich-technischen Entwicklung", während in Wirklichkeit seine Möglichkeiten, Forschungsergebnisse rasch in die Produktion zu überführen, sich erhöhen. Der methodologische Fehler dieses Verfahrens resultiert aus der Struktur der Kennziffer, welche bewirkt, daß zwei Größen einander gegenübergestellt werden, die in Wirklichkeit als Elemente ein und desselben Systems miteinander in Wechselwirkung stehen.

Zusammenfassend kann also festgestellt werden, daß die Auffassung, das Wissenschaftspotential sei die Summe der „Inputs“ in das System Wissenschaft, zwangsläufig zu Fehlern in der Bewertung führen muß, weil sie den Systemcharakter des Potentials, seine Kopplungen mit anderen Systemen der Gesellschaft und die aus seiner inneren Organisation entspringende Effektivität nicht beachtet.

Versteht man das Wissenschaftspotential als Summe der Aufwendungen, so gelangt man zwangsläufig zu dem Schluß, daß es im gesellschaftlichen Interesse eine optimale Größe des Wissenschaftspotentials geben muß und jede Überschreitung dieses Optimums Gefahren für die proportionale Entwicklung der Gesellschaft mit sich bringt. In der Tat bestehen bei generell begrenzten Ressourcen bestimmte optimale Proportionen zwischen den einzelnen gesellschaftlichen Bereichen. Fließen in die Wissenschaft Aufwendungen, die über dem Optimum liegen, so wird die Entwicklung der Produktion gehemmt, die ökonomische Effektivität sinkt, und letztendlich leidet die Wissenschaft selbst darunter. Zugleich aber ist die Gesellschaft an einem größtmöglichen Wissenschaftspotential interessiert. Wenn die personellen, finanziellen und materiell-technischen Ressourcen also optimal verteilt sind, so gibt es nur einen Weg, das Wissenschaftspotential weiter zu erhöhen: den der Intensivierung der wissenschaftlichen Arbeit, einschließlich der Vervollkommnung ihrer Leitung, Planung und Organisation.

Es hat nicht wenige Versuche gegeben, das Wissenschaftspotential nicht über den „Input“, sondern über den „Output“ zu bewerten. Im Grunde genommen gehen wir eben so vor, wenn wir das Wissenschaftspotential intuitiv bewerten, indem wir die in einem Land durchgeführten wissenschaftlich-technischen Arbeiten inhaltlich und nach ihren Resultaten einschätzen. Als Kenngrößen dienen dabei etwa große Komplexprogramme, für deren erfolgreiche Durchführung es der Zusammenführung vieler Forschungsrichtungen, verschiedenartigster Ausrüstungen und erheblichen Organisationsaufwandes bedarf. Beispiele solcher Programme sind die Kosmosforschung, die Forschungen zur Kernfusion, zur Technologie des genetic engineering, zur Robotertechnik u. a. Wenn es gelänge, eine verallgemeinerte Maßeinheit für die Komplexität und Größe eines wissenschaftlich-technischen Programms einzuführen, so könnte das Wissenschaftspotential eines Landes bedingt dadurch bestimmt werden, wie sich die Summe der Programme verteilt, die das betreffende Land parallel zu bearbeiten imstande ist. Neben den auf diese Programme entfallenden Arbeiten (erster Ordnung) könnte dann ausgewiesen werden, wie sich die verbleibenden Kräfte auf andere Arbeiten zweiter, dritter usw. Ordnung verteilen. Wenngleich eine solche Abstraktion dem Begriff des Wissenschaftspotentials möglicherweise eher als andere gerecht wird, so entbehrt sie andererseits doch der Operationalität; all diese intuitiv zu erfassenden Aspekte sind quantitativ nicht bestimmbar. In vielen Ländern neigen die Wissenschaftsforscher deshalb dazu, den „Output“ der Forschung wissenschaftsmetrisch zu bestimmen. Nach wie vor ist aber die wünschenswerte und notwendige Kombination quantitativer und qualitativer Analyse und Bewertung des Wissenschaftspotentials immer noch ein offenes Problem.

Hauptobjekt der wissenschaftsmetrischen Bestimmung des Wissenschaftspotentials ist das Publikationsmassiv und die Zitierhäufigkeit von Autoren der einzelnen Länder. Die Zahl der Publikationen sagt aber weder etwas über deren wissenschaftliche Gewichtigkeit noch über die Menge der in dem betreffenden Land überhaupt erzeugten wissenschaftlichen Produktion aus, und selbst die Zitierhäufigkeit der Publikationen ist kein absolutes Kriterium für ihre Qualität.[5]

Die weitere Präzisierung des Begriffs „Wissenschaftspotential" und der Möglichkeiten der Bewertung gehört mit zu den interessantesten und vielseitigsten Problemen der Wissenschaftsforschung. In ihm konzentrieren sich alle Grundfragen der Erforschung der wissenschaftlichen Tätigkeit. Die Lösung dieses Problems hängt davon ab, wie es gelingt, neben der Makroebene auch die Mikroebene der wissenschaftlichen Tätigkeit, also gewissermaßen ihre „atomaren und molekularen" Bereiche zu erfassen, die Richtung und die Stärke der Motivation des einzelnen Wissenschaftlers zu berücksichtigen, die Fähigkeit eines Kollektivs zur Konsolidierung der Forschungsanstrengungen seiner Mitglieder einzuschätzen und den Charakter und die Intensität seiner Kommunikation mit der nationalen und internationalen Wissenschaft sowie mit der Gesellschaft insgesamt zu bewerten. Würde man diese mikrostrukturelle Ebene wissenschaftlicher Tätigkeit nicht berücksichtigen, dann wäre es z. B. nicht zu verstehen, wie in der UdSSR der 20er und 30er Jahre, d. h. nach der Revolution, einem verheerenden Bürgerkrieg und unter Bedingungen eines empfindlichen Mangels an Kadern und Ressourcen, ein so leistungsfähiges Wissenschaftspotential geschaffen werden konnte. Ebenso unverständlich wären die besorgten Stimmen vieler fortschrittlicher Wissenschaftler aus den Entwicklungsländern, die darauf hinweisen, daß ihre Länder zwar einerseits angemessene Aufwendungen für die Wissenschaft aufbringen, andererseits jedoch keine nennenswerten Wissenschaftspotentiale aufzubauen in der Lage seien, weil die Forscher sich nicht von den dringendsten Entwicklungsproblemen des betreffenden Landes, sondern von wissenschaftlichen Moden leiten lassen, die in den „wissenschaftlichen Metropolen" kreiert werden. Die Erscheinung des „brain drain" äußert sich nicht nur darin, daß die besten Kader in diese Metropolen emigrieren, sondern auch darin, daß die verbleibenden Wissenschaftler es vorziehen, von den führenden Zentren der USA und Westeuropas „ferngesteuert"

[5] Das ist sowohl theoretisch als auch praktisch einsichtig. Das zur Zeit real existierende Instrument zur Messung der Zitierhäufigkeit ist der „Science Citation Index". Für die Bewertung der Zitierhäufigkeit von Publikationen aus sozialistischen Ländern ist er allerdings schon aus dem Grunde denkbar ungeeignet, weil er nur sehr wenige Zeitschriften aus sozialistischen Ländern erfaßt. Neben 1335 Zeitschriften aus den USA, 600 aus Großbritannien und 295 aus der BRD weist er z. B. insgesamt nur 132 sowjetische Zeitschriften aus. Die Analyse bibliographischer Quellen ist in der Wissenschaftsforschung für andere Zwecke aber durchaus sehr nützlich.

zu werden. Die nationalen Wissenschaftssysteme, die nach allen formalen Kriterien wissenschaftliche Potentiale darstellen, werden so zu Enklaven der Wissenschaft in den entwickelten kapitalistischen Ländern.[6] Vor diesem Hintergrund sprechen die Erfahrungen der Entwicklung der Wissenschaft in Kuba nach der Revolution von 1959 eine besonders beredte Sprache. Die Umgestaltung der sozialökonomischen Grundlagen der Gesellschaft bewirkte auch ein neues Verhältnis zur Wissenschaft, in dessen Gefolge in historisch kurzer Zeit ein leistungsfähiges Wissenschaftspotential entstand.

Indirekte, aber nichtsdestoweniger wichtige Beiträge zur Erforschung des Wissenschaftspotentials sind auch von der Sozialpsychologie und Soziologie zu erwarten, denn auch die moralische Befindlichkeit und das Engagement der Forscher widerspiegeln objektiv die Qualität der Organisation und die Effektivität der Wechselwirkung der Wissenschaft mit anderen Bereichen der Gesellschaft. Andere indirekte Beiträge können aus der Erforschung der technischen und methodischen Ausstattung der Forschung erwachsen. Die intensive Erneuerung dieser Ausstattung, Neuerertum bei der Ausarbeitung und Einführung wissenschaftlicher Methoden, Aufgeschlossenheit gegenüber methodischen Ideen anderer — all das kennzeichnet den Zustand von Teilsystemen des Wissenschaftspotentials (der Qualifikation der Kader, der Effektivität der Kommunikation, des Niveaus der materiell-technischen Versorgung und selbst der Motivation der Mitarbeiter). Wesentlich ist ferner, daß ein solches Herangehen sich auf eine solide empirische Datenbasis stützen kann. Diese Beispiele demonstrieren, wie nötig es ist, das Problem des Wissenschaftspotentials methodologisch wie methodisch weiter aktiv und schöpferisch zu bearbeiten.

2. Wissenschaftliche Kader. Probleme ihrer Ausbildung und ihres Einsatzes

Eine wichtige Komponente des Wissenschaftspotentials sind die wissenschaftlichen Kader. Die Entfaltung der wissenschaftlich-technischen Revolution ging in der ganzen Welt mit einem beträchtlichen Wachstum der Zahl wissenschaftlicher Einrichtungen, der Zahl der Wissenschaftler und der in der Wissenschaft beschäftigten Personen einher. So betrug Ende 1983 die Gesamtzahl der Wissenschaftler in der UdSSR 1,4 Millionen, und insgesamt waren im Bereich der Wissenschaft ca. 4,5 Millionen Personen beschäftigt,[7] das sind etwa 4% der in der Volkswirtschaft

[6] Möglicherweise ist dies einer der Gründe, warum bürgerliche Autoren den Begriff „Wissenschaftspotential" im allgemeinen und in den letzten Jahrzehnten im besonderen so wenig gebrauchen. Akzeptiert man nämlich diesen Begriff und sieht man im Wissenschaftspotential ein ganzheitlich strukturiertes Gebilde, so wird z. B. das imperialistische Wesen transnationaler Körperschaften, welche die intellektuellen Ressourcen vieler Länder ausbeuten, sofort offensichtlich, und der „Raub der Gehirne" erweist sich als planmäßige Schwächung der ohnehin noch nicht erstarkten Wissenschaftspotentiale der Entwicklungsländer.

[7] Vgl. Narodnoje chozjajstvo v SSSR v 1983 g., Moskva 1984, S. 94, 386.

insgesamt Beschäftigten. Die Zahl der Wissenschaftler in der UdSSR macht ein Viertel der Gesamtzahl aller Wissenschaftler in der Welt aus. Auch in den anderen Ländern der sozialistischen Staatengemeinschaft ist in den 70er Jahren die Zahl der in der Wissenschaft Beschäftigten weiter rasch gewachsen. Sie erreichte 1980 in der Volksrepublik Bulgarien 62,4 Tausend (34% mehr als 1970), in der Ungarischen Volksrepublik 85,4 Tausend (Wachstum um 33%), in der DDR 182 Tausend (Wachstum um 48%), in der Polnischen Volksrepublik 300 Tausend (Wachstum um 17%) und in der ČSSR 180 Tausend (Wachstum um 22%).[8]

Das Wachstum der Zahl wissenschaftlicher Einrichtungen und der Wissenschaftler ist ganz natürlich. Ebenso natürlich ist, daß es sich nicht unbegrenzt fortsetzen kann. Da die Gesellschaft aber an der weiteren beschleunigten Entwicklung der Wissenschaft interessiert ist, ergibt sich hier ein Widerspruch, der nur durch den Übergang vom extensiven zum intensiven Entwicklungstyp der Wissenschaft gelöst werden kann, also dadurch, daß die Forschung zu höherer Effektivität gelangt, ihre Ergebnisse rasch in die Produktion überführt werden, die materiell-technische Ausstattung der wissenschaftlichen Einrichtungen verbessert wird und Leitung, Planung und Organisation der wissenschaftlichen Tätigkeit vervollkommnet werden. Bei all diesen Aufgaben spielen die Kader eine Schlüsselrolle. Entscheidungen und Maßnahmen im Bereich der Wissenschaft, die nicht zugleich durch eine wohlüberlegte, auf die Ausbildung und den Einsatz der wissenschaftlichen und technischen Kader gerichtete Kaderpolitik gestützt sind, werden deshalb immer unter den Erwartungen bleiben, die man mit ihnen verbindet.

Eine umsichtige und langfristig angelegte Kaderpolitik im Bereich der Wissenschaft hat vielfältige Aufgaben. Sie muß gewährleisten, daß die vorderste Forschungsfront der gegenwärtigen Wissenschaft voll abgedeckt ist (das übersteigt die Kräfte eines einzelnen Landes, muß aber im Hinblick auf die sozialistische Staatengemeinschaft insgesamt gewährleistet sein), daß zwischen Grundlagenforschung, angewandter Forschung und Entwicklung richtige Proportionen bestehen, daß sich die führenden Wissenschaftszweige, von denen entscheidende Fortschritte in Ökonomie, Kultur und der Wissenschaft selbst in erster Linie abhängen, vorrangig entwickeln können, daß neue Forschungsrichtungen sich beschleunigt entwickeln können und daß die Errungenschaften von Wissenschaft und Technik rasch in die Produktion überführt werden. Betrachten wir jedes dieser Probleme im einzelnen.

Um eine durchgängige Forschungsfront zu gewährleisten, dürfen die verfügbaren Ressourcen nicht gleichmäßig auf alle Richtungen der wissenschaftlichen

[8] Berechnet nach Daten nationaler Statistiken und Veröffentlichungen; vgl. außerdem M. S. Il'in, Naučno-techničeskije potencialy stran SEV: sostojanie i vzaimodejstvie, Moskva 1984, S. 23; Puti ulučšenija ispol'zovanija naučnych kadrov i soveršenstvovanija dejatel'nosti naučnych organizacii i issledovatel'skich prodrazdelenii promyšlennych predprijatij. Moskva. Sekretariat SEV. 1984. S. 7–8.

und technischen Forschung verteilt werden — weder im nationalen Rahmen noch in dem der sozialistischen Gemeinschaft insgesamt. „Die durchgängige Forschungsfront darf keinesfalls so verstanden werden, daß in allen möglichen Richtungen gearbeitet wird“, bemerkt A. P. Aleksandrov. „Dies wäre eine extrem unvernünftige Vergeudung von Mitteln und Kräften. Selbstverständlich müssen Mittel und Kräfte auf die wichtigsten Richtungen konzentriert werden. Das Wissenschaftssystem muß aber so beschaffen sein, daß neue ‚Wachstumspunkte‘ der Wissenschaft und Technik, wo immer und auf welchem Gebiet sie sich zeigen, von den Instituten unseres Landes wahrgenommen und in ihrer potentiellen Bedeutung qualifiziert bewertet werden können, so daß sie sich, wenn es nötig sein sollte, ohne größere Vorbereitung in die Entwicklung der neuen, aus diesen ‚Wachstumspunkten‘ hervorgehenden Forschungsrichtungen integrieren können.“[9] Diese Fähigkeit des Wissenschaftssystems, die Perspektiven bestimmter Forschungsrichtungen schon zum Zeitpunkt ihres ersten Aufkeimens rasch und zutreffend einschätzen zu können und ohne Verzögerung durch eigene Arbeiten zu ihrer Entwicklung beizutragen, hängt in erster Linie von der Ausbildung und der Einstellung der wissenschaftlichen Kader ab. Auf jeden Fall aber müssen Spezialisten mit einem hinreichend breiten Wissensspektrum vorhanden sein, damit auf einem Gebiet, das sich in wissenschaftlicher und praktischer Hinsicht als perspektivreich erweist, sich sofort Gruppen bilden können, die zu „Kristallisationskernen“ der neuen Forschungsrichtungen werden. Eine andere unabdingbare Voraussetzung hierfür ist die breite fachliche Mobilität der wissenschaftlichen Kader.

Die Kaderpolitik im Bereich der Wissenschaft muß weiter dazu beitragen, rationale Proportionen zwischen Grundlagenforschung, angewandter Forschung und Entwicklung zu sichern. Dies ist ein überaus kompliziertes Problem. Die heute bestehenden Proportionen haben sich in längeren Zeiträumen herausgebildet und werden gewöhnlich rein empirisch geregelt. Bei der Lösung dieser Aufgabe muß neben den eigentlichen wissenschaftlich-technischen eine Vielzahl ökonomischer, sozialer und politischer Faktoren bedacht werden. Hinzu kommt, daß die Grenzen zwischen den einzelnen Forschungstypen fließend sind und ihre Typologie bislang nur wenig ausgearbeitet ist, so daß es in den seltensten Fällen gelingt, zuverlässig festzustellen, welches Verhältnis zwischen Grundlagenforschung und angewandter Forschung zum jeweiligen Zeitpunkt überhaupt real existiert. Bei der Bestimmung dieses Verhältnisses geht man natürlicherweise davon aus, wie die Forschungsausgaben auf die einzelnen Typen wissenschaftlicher Einrichtungen (Akademien, Hochschulen, Forschungseinrichtungen der Betriebe und Kombinate, Projektierungs- und Entwicklungsbüros) verteilt sind und wieviel Personen in ihnen beschäftigt sind. Dieses Kriterium ist jedoch nicht hinreichend.

Die Forschungseinrichtungen der Akademie der Wissenschaften, der Universitäten und Hochschulen werden traditionsgemäß und zumeist rechtens als Zentren

[9] A. P. Aleksandrov, Oktjabr' i nauka, Moskva 1977, S. 12.

der Grundlagenforschung angesehen. Von der Gesamtzahl der Wissenschaftler in der UdSSR waren Ende 1983 36% (etwa die Hälfte aller A- und B-Promovierten) an Hochschulen, 7% an der Akademie der Wissenschaften der UdSSR und den Akademien der Unionsrepubliken und 2% an den Zweigakademien tätig.[10] Jedoch sind die in diesen Einrichtungen tätigen Wissenschaftler nicht nur mit Grundlagenforschungen befaßt, sondern auch mit angewandter Forschung, wobei der für letztere verausgabte Zeitfonds durchaus nicht gering ist. In der Akademie der Wissenschaften der UdSSR wird dieser Zeitanteil nicht speziell erfaßt; selektive soziologische Analysen haben aber ergeben, daß er nicht weniger als 25—30% der Arbeitszeit beträgt.[11] Auch die Hochschulen spielen als Zentren der Grundlagenforschung nicht mehr die gleiche Rolle wie früher. Sie werden über Wirtschaftsverträge zunehmend in die Ausführung angewandter Forschung und von Entwicklungsarbeiten einbezogen. Arbeiten, die auf der Grundlage von Wirtschaftsverträgen gemacht werden, tragen zum festeren Zusammenschluß von Hochschule und Produktion bei, sind aber in der Regel angewandte Forschung. Mitte der 70er Jahre waren etwa zwei Drittel der Hochschulforschung unmittelbar auf die Entwicklung der Produktion und die Ausarbeitung neuer Technik gerichtet, und nur ein Drittel war Grundlagenforschung.[12] In der Grundlagenforschung sind demzufolge weitaus weniger Wissenschaftler tätig, als es auf den ersten Blick scheint.

In welchen realen Proportionen sich die Forschungsanstrengungen auf die einzelnen Forschungsarten verteilen, könnte nur festgestellt werden, wenn man außer der Anzahl der in den jeweiligen Einrichtungen tätigen Wissenschaftler zugleich untersuchen würde, mit welcher Art von Problemen sie tatsächlich befaßt sind und wieviel Zeit sie tatsächlich für Arbeiten vom Typ der Grundlagenforschung verwenden. Was die finanziellen Kennziffern der Struktur der wissenschaftlichen Tätigkeit betrifft, so wurden in der UdSSR im Zeitraum 1970 bis 1980 nach Experteneinschätzungen im Mittel für Grundlagenforschung 9%, für angewandte Forschung 28% und für Entwicklungsarbeiten 63% aller Wissenschaftsausgaben aufgewandt.[13]

Um den weiteren Verlauf der wissenschaftlich-technischen Revolution aktiv mitzubestimmen, müssen für die das Niveau des wissenschaftlich-technischen Fortschritts bestimmenden Wissenschaftsgebiete vorrangig Wachstumstempi der Zahl der auf ihnen tätigen wissenschaftlichen Kader gesichert sein. Analysen zeigen indes, daß die Wachstumstempi und die Anteile der auf einem bestimmten

[10] Vgl. Narodnoje chozjajstvo SSSR v 1983 g., Moskva 1984, S. 93—94.

[11] Vgl. Naučnyje kadry v socialističeskom obščestve: Struktura i dinamika, Moskva 1979, S. 13.

[12] Vgl. Pravda vom 29. 10. 1976.

[13] Vgl. V. A. Pokrovskij, Uskorenije naučno-techničeskogo progressa. Organizacija i metody, Moskva 1983, S. 49.

Gebiet tätigen Kader nicht immer der Rolle entsprechen, die das Gebiet in der modernen Wissenschaft und der gesellschaftlichen Produktion tatsächlich spielt.[14]

Es versteht sich, daß die Wachstumstempi und die Anteile der auf den einzelnen Gebieten tätigen Wissenschaftler nicht ein und für allemal vorgegeben werden können; sie müssen aber wissenschaftlich begründet sein und von Zeit zu Zeit entsprechend den sich verändernden Entwicklungstendenzen und -perspektiven der Wissenschaft korrigiert werden. Dabei gilt es, das Wissenschaftspotential der Länder der sozialistischen Gemeinschaft insgesamt im Auge zu haben und insbesondere zu beachten, auf welchen Gebieten bereits erfolgreiche wissenschaftliche Schulen tätig sind und welche hochqualifizierten Kader auf welchen Gebieten im Rahmen der gesamten sozialistischen Staatengemeinschaft zur Verfügung stehen. Auf diese Weise wird es möglich, die Aufwendungen für jedes Land minimal und zugleich die Forschungsfront möglichst breit zu halten.

In dem Maße, wie sich auf einzelnen Gebieten neue perspektivreiche Forschungsrichtungen herausbilden, müssen auch für sie vorrangige Wachstumstempi der Zahl der benötigten Spezialisten vorgesehen werden. Sofern es sich dabei um Forschungsrichtungen handelt, die es mit großen komplexen Problemen zu tun haben, werden zudem Wissenschaftler mit einem Profil benötigt, das in der traditionellen Klassifikation der Wissenschaften und in der z. Z. gültigen Berufsnomenklatur nicht enthalten ist. So kommt es zu einem Widerspruch zwischen dem sich ständig erneuernden Inhalt der wissenschaftlichen Tätigkeit und ihren Organisationsformen, die in der Regel konservativer und stabiler sind. Neue Forschungsrichtungen setzen sich deshalb oft nur mit großen Verzögerungen durch. Dabei gewinnt aber gerade der Zeitfaktor in der wissenschaftlich-technischen Revolution immer mehr an Bedeutung; schon eine geringe Verzögerung bei der Förderung einer neuen Forschungsrichtung kann heute sehr schnell zu einem dauernden Rückstand werden.

Die Prozesse der Differenzierung und Integration des Wissens stellen deshalb auch die Ausbildung der wissenschaftlichen Kader vor neue Probleme. Dabei ist klar, daß der Bedarf an Kadern für neue Forschungsrichtungen durch die Ausbildung an den Hochschulen allein nicht gedeckt werden kann, denn die Wissenschaft ist um vieles dynamischer als das Bildungssystem. Auf allen Wissenschaftsgebieten werden heute im Leben einer Wissenschaftlergeneration solche Fortschritte gemacht, daß jeder Wissenschaftler im Verlaufe seines Berufslebens sich in neue Gebiete und Forschungsrichtungen einarbeiten muß. Das Problem der beruflichen Mobilität des Wissenschaftlers spielt deshalb eine immer größere Rolle.

Die Mobilität der wissenschaftlichen Kader bezeichnet ihre Fähigkeit zur relativ raschen Meisterung neuer Richtungen in Forschung und Entwicklung. Die Erhöhung der Mobilität ist daher eine wichtige Reserve für die Erhöhung der Effektivität der wissenschaftlichen Tätigkeit und des Wissenschaftspotentials.

[14] Vgl. NTR i problema naučnych kadrov, in: Kommunist, 5/1973.

Ungenügende Mobilität hingegen hat oft zur Folge, daß bei Entstehen neuer Forschungsrichtungen, die ohne Zeitverzug in Angriff genommen werden müssen, die Mitarbeiter an ihren traditionellen Themen festhalten und sich nicht auf die Bearbeitung der neuen, aktuellen Probleme umstellen können, so daß neue Abteilungen oder gar neue Institute geschaffen werden müssen.

Für die Lösung dieses Problems ist wesentlich, daß die Struktur der wissenschaftlichen Einrichtungen entsprechend vervollkommnet und ein höherer Grad an Flexibilität erreicht wird, der es gestattet, sich rasch an veränderte Bedingungen und Aufgaben anzupassen. Der Mitarbeiterbestand der Einrichtung sollte entsprechend der sich herausbildenden Struktur der wissenschaftlichen Disziplinen und neuer Forschungsrichtungen periodisch erneuert werden; auch die Forschungsplanung muß entsprechend flexibel gestaltet sein und insbesondere Themen der Erkundungsforschung vorsehen. Nicht minder bedeutsam ist, in den wissenschaftlichen Einrichtungen solche organisatorischen Bedingungen zu schaffen, die die Interessiertheit der wissenschaftlichen Mitarbeiter an der Arbeit in neuen Forschungsrichtungen erhöhen, indem z. B. eine entsprechende psychologische Atmosphäre im Kollektiv geschaffen wird, Mittel der moralischen und materiellen Stimulierung angewendet werden usw. (vgl. Abschnitt 8.3.).

Die entscheidende Bedingung für höhere Mobilität ist jedoch die weitere Vervollkommnung des Bildungswesens auf allen seinen Ebenen, beginnend mit der Schulbildung, denn schöpferische Fähigkeiten und das Bedürfnis, sich ständig und selbständig neues Wissen anzueignen, müssen so früh wie möglich entwickelt und gefördert werden. In der Hochschule geht es vor allem darum, das theoretische Niveau der Ausbildung zu erhöhen, den Studenten Forschungserfahrung zu vermitteln und die Aufgaben und Methoden der Lehre besser mit den Aufgaben der Gesellschaft, der Wissenschaft und der Produktion abzustimmen.[15]

Die Zeiten, in denen man glaubte, die Wissenschaftsentwicklung nur so beschleunigen zu können, daß man die Wachstumstempi der Zahl der Wissenschaftler erhöhte, gehören heute der Vergangenheit an. Indes bedeutet der Weg der intensiven Wissenschaftsentwicklung nicht Nullwachstum der Zahl der wissenschaftlichen Kader. Es läßt sich zeigen, daß, wenn nicht jährlich 3,5—4% des wissenschaftlichen Kaderbestandes erneuert werden, ein Überalterungsprozeß der Wissenschaftlerkollektive einsetzt und die Entwicklung neuer Forschungsrichtungen gehemmt wird.

Eine weitere Reserve für die Erhöhung der Effektivität des Wissenschaftspotentials ist ein richtiges Verhältnis von hochqualifiziertem und wissenschaftlichem Hilfspersonal. Natürlich geht es auch hier nicht um eine Schablone, denn dieses Verhältnis ist und muß sogar je nach dem Wissenschaftsgebiet verschieden sein. Eines steht jedoch außer Zweifel: Wenn es an Hilfspersonal fehlt oder die Arbeit im Kollektiv schlecht organisiert ist, so daß Hilfsarbeiten, die keine hohe Qualifikation erfordern, von hochqualifizierten Mitarbeitern

[15] Vgl. dazu Abschnitt 2.4. dieses Bandes.

ausgeführt werden müssen, so verteuert sich dadurch nicht nur das Endprodukt, sondern die wissenschaftlichen Kräfte werden nicht rationell verausgabt, und die Produktivität des Kollektivs sinkt.

Die Effektivität der Forschung und die rasche Überführung wissenschaftlicher und technischer Ergebnisse in die Produktion hängen in hohem Maße davon ab, wieviel Forschung und Entwicklung unmittelbar in der Industrie selbst geleistet wird. Es gehört deshalb heute zu den aktuellen Aufgaben, den Anteil sowie die Berufs- und Qualifikationsstruktur der in Forschungseinrichtungen der Industrie tätigen wissenschaftlichen Kader zu analysieren, die so gewonnenen Daten mit der Erfahrung zu konfrontieren und zu Schlußfolgerungen zu gelangen, wie die bestehenden Relationen gegebenenfalls korrigiert werden müssen.

In der UdSSR sind gegenwärtig in Forschungs- und Entwicklungseinrichtungen der Industrie etwa 8 % der Gesamtzahl der Wissenschaftler des Landes, indes nur 2,5 % der A-Promovierten und 0,8 % der B-Promovierten tätig.[16] Vergleicht man diese Daten mit denen aus den USA, so erhält man allerdings ein falsches Bild. Dort sind mehr als 70 % der in Forschung und Entwicklung beschäftigten Wissenschaftler und Ingenieure in Betrieben und Laboratorien von Industriefirmen tätig. In der UdSSR werden angewandte Forschungs- und Entwicklungsarbeiten aber zum großen Teil in speziellen Instituten der Zweigministerien durchgeführt. In solchen Instituten ist der überwiegende Teil der Wissenschaftler der UdSSR beschäftigt. Die Zahl der Wissenschaftler, die unmittelbar in der Industrie arbeiten, ist aber dennoch zu gering und muß beträchtlich erhöht werden. Dies — wie auch die Erweiterung der experimentellen Basis zentraler betrieblicher Laboratorien, Konstruktionsbüros usw. — ist zugleich ein effektiver Weg, die Nutzung neuester wissenschaftlich-technischer Errungenschaften in der Industrie zu beschleunigen. In diesem Zusammenhang ist weiter von Bedeutung, daß die Zweiginstitute und die Lehrstühle der Hochschulen sich enger mit den Forschungseinrichtungen der Industrie zusammenschließen, um zu gewährleisten, daß letztere nicht erst im Stadium der Überführung, sondern bereits in den Anfangsstadien der Forschung als Mitausführende der betreffenden Projekte in Aktion treten.

Ungeteilte Aufmerksamkeit verdient schließlich auch weiterhin die Berufsstruktur der in der Industrie tätigen Wissenschaftler. Würden Vertreter fundamentaler Wissensgebiete in größerer Anzahl in Forschungseinrichtungen der Industrie arbeiten — sowohl hauptamtlich als auch als ständige Konsultanten — und dort unmittelbar an der Lösung komplizierter und grundlegender technischer Probleme der modernen Produktion und ihrer Leitung mitwirken, könnten diese Probleme schneller und grundsätzlicher gelöst werden. Zu gering ist auch die Zahl der unmittelbar in der Industrie tätigen Psychologen, obgleich sie viel dazu beitragen könnten, die Arbeitsorganisation in Betrieben zu verbessern und die Arbeitsproduktivität zu erhöhen.

[16] Vgl. V. A. Pokrovskij, Uskorenije naučno-techničeskogo progressa, a. a. O., S. 97.

Das Problem der Dynamik und Struktur des wissenschaftlichen Kaderpotentials stellt sich nicht nur im gesamtstaatlichen Rahmen, sondern in nicht minderer Dringlichkeit auch auf der Ebene einzelner wissenschaftlicher Einrichtungen und Primärkollektive der Forschung. In Kollektiven, die an komplexen Forschungsproblemen arbeiten, sind Wissenschaftler unterschiedlichster Spezialgebiete, Ingenieure, technisches und Hilfspersonal tätig. Je mehr bedeutende Fachleute dem Kollektiv angehören, um so mehr verschiedene Denkstile, Arbeitserfahrungen und wissenschaftliche Interessen sind in ihm vertreten. Um ein einheitliches, zielstrebig und schöpferisch tätiges Kollektiv zu werden, ist es notwendig — wenn auch nicht hinreichend —, daß jedes seiner Miglieder für sich genommen ein ausgezeichneter Spezialist ist. Dazu bedarf es ferner einer ganz bestimmten Kombination von Mitarbeitern unterschiedlichen wissenschaftlichen Profils und unterschiedlicher Denkweise, die sich wechselseitig stimulieren, in gewissem Grade sich zugleich voneinander abheben und einander ergänzen, in jedem Fall aber gleichermaßen an der gemeinsamen Forschungsarbeit interessiert sind.

In diesem Zusammenhang verdienen die Erfahrungen der Herausbildung solcher Kollektive und wissenschaftlicher Schulen, die einen gewichtigen Beitrag zur Entwicklung der Wissenschaft geleistet haben, verallgemeinert zu werden.[17] Vor allem geht es darum, einzelne Schulen und die Biographien einzelner Wissenschaftler nicht lediglich zu beschreiben, sondern die Erfahrungen und Methoden der Herausbildung produktiver wissenschaftlicher Kollektive zu analysieren und zu verallgemeinern. Hier liegt ein weites Tätigkeitsfeld für Wissenschaftshistoriker, -psychologen und -soziologen.

Unter den heutigen Bedingungen, da kollektive Formen der wissenschaftlichen Arbeit immer mehr zunehmen, spielen Leiter wissenschaftlicher Kollektive und Wissenschaftsorganisatoren eine immer gewichtigere Rolle. Vom Leiter eines wissenschaftlichen Kollektivs ist zu fordern, daß er in der Lage ist, die jeweilige Forschungsaufgabe klar zu formulieren und Wege zu ihrer Lösung zu weisen. Diese Bedingung ist notwendig, wenngleich — wie die Geschichte der Wissenschaft zeigt — nicht hinreichend. Viele bedeutende Wissenschaftler waren weder Schulengründer noch Leiter und Organisatoren großer Kollektive. Um ein Kollektiv zu leiten, genügt es nicht, Ideengenerator zu sein; dazu bedarf es außerdem noch anderer Fähigkeiten, die nicht minder wichtig sind.

Von großer Bedeutung für die Leistungsfähigkeit des Wissenschaftspotentials ist die Altersstruktur der wissenschaftlichen Kader. Der differenzierte Einsatz von Wissenschaftlern verschiedener Alterskategorien ist eine wichtige Reserve für die Erhöhung der Effektivität des Wissenschaftspotentials. Er setzt gründliche Analysen der Altersstruktur des wissenschaftlichen Schöpfertums und seiner

[17] Vgl. Wissenschaftliche Schulen, Bd. I, hg. von S. R. Mikulinskij, M. G. Jaroševskij, G. Kröber u. H. Steiner, Berlin 1977; Wissenschaftliche Schulen, Bd. II, hg. von S. R. Mikulinskij, M. G. Jaroševskij, H. Steiner und R.-L. Winkler unter Mitwirkung von P. Altner, Berlin 1979.

Einflußfaktoren voraus. Sicher wäre es nicht zweckmäßig, das Problem so lösen zu wollen, daß generell eine Altersgrenze festgelegt wird, bei deren Erreichen ein Wissenschaftler unweigerlich in Rente gehen muß. Natürlich läßt mit zunehmendem Alter die Arbeitsfähigkeit in der Regel nach. Viele Wissenschaftler sind aber auch noch im vorgerückten Alter hochproduktiv; sie kompensieren das Nachlassen der Arbeitsfähigkeit dadurch, daß sie auf Grund ihres Wissens und ihrer Erfahrung schneller zu Ergebnissen gelangen. Die Gesellschaft darf auf die Erfahrung und das Wissen solcher Personen nicht verzichten; deshalb ist es so wichtig, Wege und Möglichkeiten zu finden, sie zum Nutzen der Wissenschaft auch weiter einzusetzen. Aus entsprechenden Untersuchungen ist bekannt, daß Tätigkeitswechsel, z. B. der Übergang aus der Grundlagenforschung in die angewandte Forschung oder aus der Forschung in die Lehre, sich positiv auf die Produktivität eines Wissenschaftlers auswirkt. Viel können ältere Wissenschaftler auch als Berater, Experten usw. leisten.

Das Hauptaugenmerk in einem wissenschaftlichen Kollektiv aber muß immer der Entwicklung der jungen schöpferischen Mitarbeiter gelten. Eine nicht unerhebliche Rolle spielt in diesem Zusammenhang die Funktionsmobilität der Mitarbeiter. Ihr und ihrer Dynamik gebührt neben der Dynamik der Gesamtzahl der Wissenschaftler, ihrer Berufs-, Qualifikations- und Altersstruktur sowie ihrer Verteilung nach Territorien und Einrichtungen entschieden größere Aufmerksamkeit. Wenn ein erfolgreich und schöpferisch tätiger Wissenschaftler keine Perspektive sieht, in die nächsthöhere Funktionskategorie aufzusteigen, kann sich das u. U. negativ auf seine Leistungsbereitschaft auswirken. In den RGW-Mitgliedsländern gibt es in dieser Hinsicht noch große Unterschiede; eine einheitliche und optimale Funktionsstruktur ist noch nicht gefunden. In den Forschungseinrichtungen einiger Länder gibt es — neben dem Leiter eines Forschungskollektivs — nur die nicht weiter differenzierte Kategorie „wissenschaftliche Mitarbeiter", zu der A- und B-Promovierte ebenso gehören wie Nichtpromovierte oder erst kürzlich eingestellte Absolventen. In der UdSSR werden wissenschaftliche Mitarbeiter unterschieden in mladšije und staršije.[18] Es ist zu prüfen, ob die Einführung einer weiteren, dazwischen liegenden Kategorie nicht ein zusätzlicher Stimulus — besonders für junge Wissenschaftler — wäre, sich intensiver der wissenschaftlichen Arbeit zu widmen.

Für die Analyse der Struktur und Dynamik wissenschaftlicher Kader bedarf es einer entsprechenden Methodologie. Als erste Bedingung für die Analyse des Kaderpotentials muß eine gut organisierte Kaderstatistik genannt werden, die das nötige Datenmaterial liefert. Ist sie unvollständig und methodisch nicht richtig angelegt, ist eine für Zwecke der Leitung und Planung der Wissenschaft brauchbare Analyse der Struktur und Dynamik der wissenschaftlichen Kader nicht mög-

[18] Wörtlich: „jüngere" und „ältere"; gemeint ist aber eine Leistungsdifferenzierung der Mitarbeiter auf der Grundlage ihres Forschungsalters, ihrer Forschungserfahrung und ihrer Forschungsergebnisse (Anm. für die deutschsprachige Ausgabe).

lich. Die wichtigsten Merkmale einer gut organisierten Kaderstatistik im Bereich der Wissenschaft sind nach unserer Auffassung:
1. die „Sauberkeit“ der Gliederung (jede Kadergruppe muß eine nach exakten Kriterien homogen zusammengesetzte Gesamtheit umfassen),
2. die Detailliertheit der Gliederung, die es gestatten muß, Anzahl, Struktur und alle Veränderungen der Kader nicht nur in den einzelnen Wissenschaften und in allen zusammengenommenen zu erfassen, sondern auch in jeder der Hauptforschungsrichtungen,
3. Operativität,
4. Vergleichbarkeit mit den Daten anderer Länder.

Eine solche Statistik ermöglicht es, nicht nur die quantitativen Aspekte des Kaderpotentials zu erfassen, sondern auch die in der Wissenschaft vor sich gehenden qualitativen Veränderungen und möglichen Disproportionen aufzudecken, die sich zwischen den Wachstumstempi einzelner Gebiete und Richtungen ergeben können. Aber selbst die beste Statistik vermag nicht alle Aspekte der Erforschung des wissenschaftlichen Kaderpotentials abzudecken. Sie signalisiert lediglich, was ist, während es darauf ankommt, den quantitativen und qualitativen Bedarf an wissenschaftlichen Kadern für die nächsten 15 bis 20 Jahre zu prognostizieren, und zwar nicht im allgemeinen, sondern nach bestimmten Forschungsrichtungen. Kaderanalysen bedeuten immer auch zu untersuchen, ob und wie die vorhandenen Kader den sich verändernden Anforderungen der Wissenschaftsentwicklung entsprechen, wie ihre Ausbildung verbessert werden kann, wie ihre Arbeitsbedingungen beschaffen sind und wie die Produktivität der wissenschaftlichen Arbeit erhöht werden kann. Gegenwärtig ist z. B. allerorts eine rasche Erhöhung der materiell-technischen Ausrüstung der wissenschaftlichen Einrichtungen zu verzeichnen, die bis zur Automatisierung wissenschaftlicher Experimente reicht. Dieser Prozeß wird tiefgreifende Auswirkungen auf die Berufs- und Qualifikationsstruktur der wissenschaftlichen Kader und auf ihre Anzahl haben und bedarf gründlicher Analysen.

Das Studium der wissenschaftlichen Kaderentwicklung ist also ein komplexes Problem; es reicht von der Erarbeitung der Methodologie und Methodik der Erfassung und Verarbeitung statistischer und soziologischer Daten bis zur Erfassung und Verarbeitung dieser Daten selbst. Diese ganze Arbeit ist jedoch nur dann sinnvoll, wenn sie von Anfang an die Entwicklungstendenzen von Produktion, Wissenschaft und Technik in Rechnung stellt und wenn sie ergänzt und gestützt wird durch die Erforschung der ökonomischen, soziologischen, organisatorischen und psychologischen Aspekte der individuellen und kollektiven wissenschaftlichen Tätigkeit, d. h. wenn sie alle Seiten der Funktionsweise des Organismus der Wissenschaft, alle Formen und Methoden der wissenschaftlichen Arbeit umfaßt.

Das Problem der Leitung und Planung des Wachstums und der Struktur des wissenschaftlichen Kaderpotentials ist Teil des allgemeinen Problems der Entwicklung der Produktivkräfte und der gesamten gesellschaftlichen Produktion und

Reproduktion. Die sozialistische Planwirtschaft verfügt über bedeutende Vorzüge, die es gestatten, dieses Problem auf wissenschaftlicher Grundlage zu lösen, die Dynamik des Kaderwachstums und die Proportionen entsprechend den Entwicklungsbedürfnissen der Produktion und der Wissenschaft selbst ständig zu regulieren. Um so wichtiger ist es für den sozialistischen Staat, jederzeit einen genauen Überblick über die Struktur der wissenschaftlichen Kader und die Tendenzen ihrer Entwicklung zu haben, um alle Möglichkeiten zu nutzen, sie rational zu leiten.

3. Die materiell-technische Ausstattung der wissenschaftlichen Arbeit

Die wissenschaftlichen Kader sind — wie gesagt — eine wichtige Komponente des Wissenschaftspotentials. Wissenschaft bedarf aber außerdem noch einer entsprechenden materiell-technischen Basis. Diese besteht aus vielen, miteinander verflochtenen Elementen verschiedener funktionaler Bestimmung. Ein sehr kapitalintensives Element sind die Gebäude und die Versorgungssysteme, die für die wissenschaftliche Arbeit benötigt werden. Die Anforderungen an das technische Niveau dieser Objekte — und folglich auch die Kosten für ihre Errichtung — steigen in dem Maße, wie die technologischen Bedingungen der experimentellen Arbeit immer komplizierter werden. Ein Laboratoriumsgebäude kann heute nicht mehr unabhängig von den Besonderheiten des Forschungsprozesses projektiert werden, für den es errichtet wird. Viele wissenschaftliche Ausrüstungen bedürfen eines stabilen Mikroklimas mit streng einzuhaltenden Parametern der Temperatur, Feuchtigkeits- und Reinheitsgrad der Luft. Ein spezielles Problem ist die Sicherung von Gebäuden vor Vibrationen (die Kosten für den Bau der ersten staubundurchlässigen und vibrationssicheren Räume, wie sie für die Herstellung integraler Schaltkreise benötigt werden, beliefen sich in den USA auf zwei Millionen Dollar). Projektierung und Errichtung von Gebäuden zu Forschungszwecken werden deshalb immer mehr zu einer ganz spezialisierten Tätigkeit; hinzu kommt, daß in den letzten Jahrzehnten die Entwicklung immer mehr dahin tendiert, wissenschaftliche Zentren zu errichten, die stadtähnlichen Charakter haben, d. h. in denen Produktions-, Wohn- und Gesellschaftsbauten ein einheitliches Ganzes bilden.

Ein mehr dynamisches Element sind die Geräte und Ausrüstungen, die ständig erneuert werden müssen. Gebäude, Geräte und Ausrüstungen bilden in ihrer Summe die Grundfonds wissenschaftlicher Einrichtungen und sind wesentlicher Bestandteil der Grundfonds der Volkswirtschaft. In den letzten Jahrzehnten ist weltweit, insbesondere auch in den Mitgliedsländern des RGW, ein rasches Wachstum der Aufwendungen für wissenschaftliche Geräte und Ausrüstungen zu beobachten. So stiegen z. B. von 1965 bis 1975 die Ausgaben für Geräteanschaffungen an der AdW der UdSSR auf 738 %. Der Anteil der Ausgaben für den Kauf von Geräten an den Gesamtausgaben der AdW der UdSSR erhöhte sich in dieser Zeit um das Doppelte.[19] Ein spezifisches Element der materiell-technischen Basis der Wissenschaft sind schließlich die von ihr benötigten Materialien und Reagenzien, deren ungeheure Vielfalt immer noch in dem Maße weiter wächst, wie sich die Front der Forschung verbreitert. Jede neue Richtung experimenteller Forschung erfordert einen ganzen Komplex neuer Materialien, von denen viele nur in spezialisierten Betrieben hergestellt werden können. Die Produktion solcher Betriebe muß nach ganz anderen Kriterien geplant und finanziert werden, als das für Betriebe, die auf Massenproduktion eingestellt sind, üblich ist. Die Herstellung einer nur geringen Menge eines Präparats oder einer kleinen Serie von Geräten mag im gewöhnlichen Verständnis ökonomisch unrentabel sein; von ihr kann aber abhängen, ob und wie sich eine Forschungsrichtung, die einen beträchtlichen volkswirtschaftlichen Nutzen verspricht, entwickelt.[20] Ein gut organisierter wissenschaftlicher Gerätebau und eine gut funktionierende Produktion von Forschungsmaterialien und -reagenzien sind unerläßliche Bedingungen, um den wissenschaftlich-technischen Fortschritt zu sichern.

Das Tempo, mit dem sich Forschungsgebiete entwickeln, zu deren Versorgung mit Materialien industrielle Technologien benötigt werden, ist wahrhaftig beeindruckend. Augenfällige Beispiele dafür sind gegenwärtig die Molekularbiologie, die Gentechnik und verwandte Gebiete.

Die Vielfalt der in der Forschung benötigten Materialien ist so groß, daß ihre Produktion zu einer speziellen und wichtigen Funktion aller Zweige der Volkswirtschaft und ihre Verteilung zu einer besonderen Aufgabe des Systems der materiell-technischen Versorgung der Forschung wird. Diese Aufgabe ist nicht einfach, denn die im Laufe der Forschungsarbeit unvorhergesehen auftretenden Bedürfnisse machen 30—40 % des allgemeinen Bedarfs der Forschung an Materialien und Reagenzien aus. Mit Fragen der Versorgung sind heute in der UdSSR schätzungsweise nicht weniger als 3 % der in der Wissenschaft Beschäftigten — ohne das Personal der Versorgungsabteilungen der Institute — befaßt. Und dennoch ist der zeitliche Aufwand, den die Wissenschaftler selbst für die Beschaffung der von ihnen benötigten Materialien aufbringen, noch ungewöhnlich

[19] Vgl. G. A. Lachtin/E. N. Korepanov, Techničeskaja baza nauki, in: Vestnik AN SSSR, 8/1977, S. 41—48.

[20] Eine zunächst unrentable Produktion kann im übrigen äußerst gewinnbringend werden, wenn die ihr zugrundeliegende Methode sich allgemein durchsetzt. So trug z. B. eine schwedische Firma, die die industrielle Herstellung von Materialien für die Gel-Filtration aufgenommen hatte, dadurch dazu bei, diese wichtige Methode generell einzuführen und sicherte sich zugleich hohe Gewinne. Ob derartige Materialien jedoch immer auf einen künftigen Bedarf treffen, kann nicht in jedem Falle mit Bestimmtheit gesagt werden, weil es von der Art und Weise der Entwicklung der betreffenden Forschungsrichtung abhängt. Aus diesem Grunde ist es auch kaum möglich, die Rentabilität der Produktion solcher Materialien in jedem einzelnen Falle vorherzuplanen; die Herstellung bestimmter Produkte kann nach wie vor unrentabel bleiben, und doch ist sie notwendig, um die Entwicklung perspektivreicher Richtungen der Wissenschaft zu sichern.

hoch. Ein Großteil der Materialien, die von der Industrie produziert werden könnten, wird unmittelbar in wissenschaftlichen Laboratorien hergestellt, was Arbeitszeit und Kräfte der Wissenschaftler unnötigerweise bindet.

Das dynamischste Element der materiell-technischen Basis der Wissenschaft und zugleich einer der Hauptfaktoren, von denen das Niveau der Forschung abhängt, sind die Geräte. Die technische Basis einer wissenschaftlichen Einrichtung und insbesondere das in ihr vorhandene Gerätesystem bestimmen in hohem Maße das wissenschaftliche Potential dieser Einrichtung. Indes wird die Forschungstechnik erst in der Arbeit qualifizierter Spezialisten, die mit ihr effektiv umzugehen verstehen, als Potentialfaktor wirksam. Das System wechselseitig miteinander zusammenhängender Elemente, deren hauptsächliche die Technik, die wissenschaftlichen Methoden und die entsprechende Organisation des Arbeitsprozesses sind, wird auch als *Forschungstechnologie* bezeichnet. Dieser Begriff wurde in den 60er Jahren in der DDR eingeführt[21] und dort in der Folgezeit weiter ausgearbeitet.[22] Dabei wurde von Anfang an der Systemcharakter des Forschungspotentials betont, in dem zugleich einzelne Komponenten unterschieden werden können (so wird z. B. das *methodische* Potential der Wissenschaft in der DDR als besonderer Aspekt ihrer technologischen Ausstattung hervorgehoben).[23]

Forschungstechnologie hat mit den Technologien anderer menschlicher Tätigkeiten manches gemeinsam. Die Spezifik der jeweiligen Tätigkeit prägt jedoch auch ihrer Technologie nicht zu übersehende Besonderheiten auf. So kann z. B. das Studium der Forschungstechnologie durchaus von Kenntnissen über Entwicklungstendenzen der Produktionstechnologie profitieren, indes dürfen Gesetzmäßigkeiten der letzteren nicht ohne weiteres auf erstere übertragen werden. Während Produktionstechnologien relativ stabil sind, zeichnet sich die Forschungstechnologie durch hohe Mobilität aus. Jedes neue wissenschaftliche Experiment unterscheidet sich vom vorangegangenen. Im Forschungsprozeß wird eine Vielfalt von „Methode-Gerät"-Komplexen angewendet, wobei der Zusammenhang zwischen Methode und Gerät in jedem dieser Komplexe unterschiedlich und flexibel ist. Geräte haben ein breites Anwendungsspektrum, können mit vielen Methoden kombiniert werden, ohne technisch umgerüstet werden zu müssen, und sind so für die Lösung verschiedenartigster Aufgaben einsetzbar.

Die als „Ressource" verfügbare Gesamtheit von Geräten und Methoden erweist sich erst dann als erschöpft, wenn neue theoretische Konzeptionen prin-

[21] Vgl. J. Bös, Durch moderne Forschungstechnologie zu höherer Effektivität, in: Spektrum, 1/1969, S. 23; K. Lanius/C. Grote/J. Klugow/G. Peter, Zur Verbesserung der Technologie der Forschung, in: Spektrum, 5/1969, S. 189--191.

[22] Vgl. Wissenschaft. Stellung, Funktion und Organisation in der entwickelten sozialistischen Gesellschaft, hg. von G. Kröber und H. Laitko, Berlin 1975; G. Lotz, Wissenschaftsanalyse und Forschungstechnologie, in: Strategienbildung in Wissenschaft und Technik, Berlin 1978.

[23] Vgl. F. Faulstich, Tendenzen in der Entwicklung der methodisch-experimentellen Basis der Grundlagenforschung, in: Probleme der Analyse und Gestaltung des sozialistischen Forschungspotentials, Berlin 1975, S. 33—47.

zipiell neue wissenschaftliche Experimente erforderlich machen. Eine solche Situation stimuliert die Ausarbeitung neuer Methoden und die Schaffung einer entsprechenden materiell-technischen Basis. Es kommt indes auch vor, daß eine neue Methode entwickelt wird, noch bevor die alte Technologie sich als Ressource erschöpft hat. In diesem Falle ist es die Methode, die die Wachstumspunkte für neue Forschungsrichtungen hervorbringt und die Fundamente für neue theoretische Konzeptionen legt. Eben diesen Fall hatte I. P. Pavlov im Auge, als er bemerkte: „Man sagt nicht zu Unrecht, daß die Wissenschaft sich ungleichmäßig und in Abhängigkeit von methodischen Fortschritten entwickelt. Mit jedem Fortschritt in der Methodik erheben wir uns gewissermaßen auf eine höhere Stufe, auf der sich uns ein breiterer Horizont eröffnet und neue Gegenstände sichtbar werden."[24]

Um die Wissenschaftsentwicklung rationell leiten zu können, muß das technologische Niveau der Forschung in seiner Komplexität berücksichtigt werden und nicht nur die technische Ausstattung. Vorhandene Geräte ergeben keinen Beitrag zum Wissenschaftspotential, wenn die Kader fehlen, die mit ihnen umzugehen verstehen. Das technologische Niveau im ganzen aber beeinflußt Größe und Qualität des Wissenschaftspotentials auf verschiedene Weise.

Erstens hängt vom Zustand der Technologie unmittelbar ab, welchen Aufgaben sich die Wissenschaftler stellen können. Mit Blick auf die Rolle der Arbeitsmittel in der gesellschaftlichen Produktion schrieb Marx: „Nicht *was* gemacht wird, sondern *wie*, mit welchen Arbeitsmitteln gemacht wird, unterscheidet die ökonomischen Epochen."[25] In Analogie dazu kann man sagen, daß die Forschungsmittel, und unter ihnen insbesondere Geräte und Methoden, in hohem Maße die jeweilige „wissenschaftliche Epoche" bestimmen. Nicht zufällig waren viele Umwälzungen in Wissenschaft und Technik unmittelbar an die Schaffung neuer wissenschaftlicher Instrumente und Methoden gebunden. Technologische Veränderungen, die zu höherer Exaktheit, Zuverlässigkeit und Feinheit der Methoden führen, erschließen dem Forscher neue Phänomene, über die er nunmehr zuverlässige Informationen erhalten kann, und lassen frühere Beschränkungen in den Aufgabenstellungen hinfällig werden.

Ein Land, das nicht über die in Einrichtungen anderer Länder vorhandene Technologie verfügt, kann sich einer Reihe von Problemen, an denen anderswo in der Welt gearbeitet wird, nicht stellen. Sein Wissenschaftspotential ist demzufolge geringer als das von Ländern mit höherem technologischen Niveau. Notwendige Beschränkungen bei der Wahl der Probleme haben aber nicht nur zur Folge, daß bestimmte wissenschaftliche Ergebnisse nicht erbracht werden können, sondern wirken sich indirekt auch ungünstig auf die Kader aus, deren Qualifikation sich dadurch nicht erhöht und deren schöpferische Anstrengungen sich zwangsläufig einseitig auf die Suche nach technischen Möglichkeiten richten.

[24] I. P. Pavlov, Polnoje sobranije trudov, Teil 2, Moskva—Leningrad 1946, S. 23.
[25] K. Marx, Das Kapital. Erster Band, in: MEW, Bd. 23, Berlin 1962, S. 194—195.

Ein unzureichendes technologisches Niveau hat deshalb, zweitens, eine Verringerung der Arbeitsproduktivität in der Forschung zur Folge, was einer relativen Verringerung der Anzahl der Kader gleichkommt. Denn das Kaderpotential ist nicht einfach die Anzahl der Wissenschaftler, sondern deren wissenschaftliche Leistungsfähigkeit.[26] Sind bestimmte Geräte nicht vorhanden und werden bestimmte Methoden nicht beherrscht, so verschlechtert sich also nicht nur das „Sortiment" der wissenschaftlichen Produktion bzw. können bestimmte Forschungsarbeiten nicht durchgeführt werden, sondern es sinkt auch die Qualität der im Prinzip möglichen wissenschaftlichen Produktion. Beides ist in vielen Fällen äquivalent. Eine neue Technologie muß nicht immer neue Problemstellungen ermöglichen, kann aber die Arbeitsproduktivität entscheidend erhöhen. Wird das betreffende Problem dann noch mit den alten Methoden bearbeitet, so erhöht das die Selbstkosten gegenüber denen in Einrichtungen, die über die neue Technologie verfügen, in einem solchen Maße, daß ein weiteres Mithalten im wissenschaftlichen Wettbewerb praktisch unmöglich wird. Das Potential einer Einrichtung aber, die nicht über die neue Technologie verfügt und nach wie vor nur ein und dieselben wissenschaftlichen Ergebnisse hervorbringt, verringert sich (auf dem betreffenden Gebiet) dadurch um so viel, wie die Technologie der „Konkurrenten" die Produktivität der alten Technologie übertrifft. Weitsichtige Leiter orientieren ihre Kollektive deshalb auf eine neue Thematik, sobald die „Konkurrenten" zu einer neuen Technologie übergehen. So wurde z. B. Ende der 60er Jahre eine neue Technologie zur Feststellung der Struktur bakterieller Lipopolysaccharide entwickelt, die auf der Anwendung moderner Methoden der Spektroskopie und automatischer Analysatoren beruhte. Bereits zwei bis drei Jahre vor dem Zeitpunkt, an dem diese Technologie in breitem Maße in die Praxis überführt wurde, verringerte sich die Zahl der Einrichtungen, in denen solche Forschungen durchgeführt wurden, drastisch. Es verblieben nur noch wenige Einrichtungen, die den gesamten Komplex an benötigten Ausrüstungen und Methoden erwerben und beherrschen konnten, aber der Umfang an Arbeiten auf diesem Gebiet stieg infolge des höheren Niveaus der Arbeitsproduktivität rasch an.[27]

Drittens hängt es in hohem Maße von der gerätetechnischen und methodischen Ausstattung sowie vom organisatorischen Niveau der Forschung ab, in welchen Fristen bestimmte Arbeiten durchgeführt werden können. Neuheit, Zuverlässigkeit der Information und Exaktheit der Daten sind wichtige Qualitätsmerkmale

[26] Beobachtungen amerikanischer Wissenschaftler zufolge bewältigt ein mit neuesten wissenschaftlichen Geräten ausgestatteter Wissenschaftler ein Arbeitspensum, für das vor 10 Jahren 25 Mitarbeiter benötigt wurden (vgl. A. S. Vinogradov, Naučnoje priborostrojenije, in: SŠA. Ekonomika, politika, ideologija, 7/1976, S. 109).

[27] Vgl. S. G. Kara-Murza, Technologija naučnych issledovanij kak ob'ekt naukovedčeskogo analiza, in: Vestnik AN SSSR, 1/1979, S. 44–52.

wissenschaftlicher Ergebnisse. Da die wissenschaftlich-technische Tätigkeit ein Feld angespannten Wettbewerbs ist, verringert sich der Wert eines Ergebnisses erheblich, wenn es nicht rechtzeitig — d. h. erst, nachdem das Ergebnis schon von anderen Autoren veröffentlicht wurde oder eine technische Lösung bereits patentiert ist — vorliegt. Natürlich ist es auch von wissenschaftlichem Wert, wenn es gelingt, Ergebnisse anderer zu bestätigen — besonders, wenn dabei andere Methoden angewendet werden —, zweifelsohne aber sind die Arbeiten von größtem Wert, die Priorität beanspruchen können. Fehler in den Daten, die in der Forschung gewonnen werden, erhöhen erheblich die Kosten für Entwicklungsarbeiten und damit für die Herstellung neuer Produkte und die Schaffung neuer technologischer Verfahren. Wie exakt die Forschung solche Daten ermitteln kann, hängt aber von der Qualität der ihr zur Verfügung stehenden Ausrüstungen und Methoden ab.

Nicht weniger wichtig sind Zuverlässigkeit, Vollständigkeit und Allseitigkeit der Forschungsergebnisse. Diese Qualitätsparameter beeinflussen in hohem Maße die Höhe der Aufwendungen, die die Gesellschaft aufbringen muß, wenn die Forschungsergebnisse in die Produktion überführt und das produzierte Erzeugnis (oder die auf ihrer Grundlage entwickelte Technologie) weiter verwendet werden sollen. Ist das Spektrum der in der Forschung angewandten Methoden unvollständig, so sind es auch die Ergebnisse, selbst wenn die Hauptergebnisse nicht zu bezweifeln sind. Diese Unvollständigkeit und die mit ihr gekoppelte Unbestimmtheit der Ergebnisse bedeuten z. B., daß nicht alle technologischen Parameter und Bedingungen geprüft sind, für die Überführung in die Produktion also gewissermaßen „Rohmaterial" angeboten wird, das Verhalten nicht aller verwendeten Werkstoffe erforscht ist oder nicht untersucht wurde, welche Nebeneffekte bei der Anwendung eines produzierten Erzeugnisses oder einer neuen Technologie auftreten können.

Mit der Einführung einer neuen Forschungstechnologie ändern sich auch die Kriterien für die Produktivität der Forschung. In „quasiökonomischen" Termini heißt das, daß der „Preis" für eine Einheit wissenschaftlicher Produktion sinkt. Diejenigen Einrichtungen, die eine neue Technologie schnell übernehmen, sichern sich solange einen zusätzlichen Gewinn, wie der „Preis" nicht allgemein sinkt. Nach einem gewissen Zeitpunkt erleiden die Einrichtungen, die bei der Einführung der neuen Technologie oder Methode einen Rückstand aufweisen, erhebliche „Verluste" — ihre Ergebnisse finden kaum noch Interesse und Anerkennung.

Wie schnell sich die Anerkennung verringern kann, wenn eine neue Technologie erst verspätet eingeführt wird, zeigt folgendes Beispiel. In den Jahren 1968/69 wurde die bei der Arbeit mit biologisch aktiven Stoffen überaus effektive Methode der affinen Chromatographie entwickelt. Mittels des Science Citation Index läßt sich feststellen, welche „Anerkennung" Arbeiten von Wissenschaftlern erhielten, je nachdem, ob sie diese Methode früher oder später anwandten. Es wurden die Namen von 20 Autoren, die die affine Chromatographie bereits 1970 anwandten (1. Gruppe), und von 24, die sie erst 1974 anwandten (2. Gruppe),

Tabelle 4: Zitierhäufigkeit von Wissenschaftlern, die die affine Chromatographie 1970 (1. Gruppe) und 1974 (2. Gruppe) anwandten[28]

	Mittlere Anzahl von Zitaten pro Jahr und Autor		
	1970—74	1975	1977
1. Gruppe	62,6	67,3	73,0
2. Gruppe	16,4	23,1	35,0
Zitate der 1. Gruppe: Zitate der 2. Gruppe	3,8:1	2,9:1	2,1:1

zufällig herausgegriffen. Die Tabelle 4 zeigt die mittlere Zitierhäufigkeit der Autoren beider Gruppen.

Wie man sieht, werden die „Neuęrer" weitaus häufiger zitiert als diejenigen Wissenschaftler, die die Methode erst vier Jahre später anwandten. Bemerkenswert ist aber auch, daß bereits ein Jahr nach der Veröffentlichung von Mitteilungen über die Anwendung der affinen Chromatographie (1975) die Zitierhäufigkeit von Autoren der 2. Gruppe wesentlich anstieg: von 16,4 auf 23,1; das ist eine Folge dessen, daß es sich um eine noch relativ neue Technologie handelte.

Der Einfluß, den die technische und methodische Ausstattung auf das Wissenschaftspotential ausübt, hängt schließlich — wenn auch nicht so offensichtlich — damit zusammen, daß ein wissenschaftliches Gerät bildlich gesprochen immer materialisierte Theorie ist. Hinter jeder Methode und dem für sie benötigten Gerät verbirgt sich ein ganzes Bündel an theoretischen Vorstellungen. Hieraus ergibt sich, daß Forschungsmethoden bei der Durchsetzung neuer theoretischer Konzeptionen eine ganz besondere Rolle spielen.

Eine neue Methode oder ein Gerät wird relativ leichter übernommen als eine neue Theorie, so daß Methoden oft als Mittel fungieren, das die Anerkennung einer neuen Theorie erleichtert. So haben z. B. spektroskopische Methoden sehr dazu beigetragen, daß die organischen Chemiker auch theoretische Konzeptionen übernahmen, die für sie neu waren. Die Spektroskopie ersparte den Chemikern nicht nur viel Arbeit, die zur Aufklärung der Struktur von Stoffen mit chemischen Methoden aufgewandt werden mußten. In dem Maße, wie die organischen Chemiker sich mehr und mehr der Begriffe und der Terminologie der Spektroskopie bedienten, trugen sie dazu bei, daß Ideen und Konzeptionen der Quantenchemie — wenn auch relativ spät — Eingang in die organische Chemie finden konnten.

[28] Vgl. S. G. Kara-Murza, Technologija naučnych issledovanij. Izučenije sozdanija i rasprostranenija affinnoj chromatografii s pomoščju „Science Citation Index", in: Naučno-techničeskaja informacija, Serija 1, 1/1979.

Bisher haben wir die technologische Ausstattung gewissermaßen als „Input“ des Wissenschaftspotentials betrachtet, als eine der Ressourcen, die die Größe des Wissenschaftspotentials mitbestimmen. Die Entwicklung und Vervollkommnung wissenschaftlicher Geräte dienen aber nicht nur der Befriedigung innerwissenschaftlicher Bedürfnisse, sondern sind auch für die materielle Produktion von großem Wert. Die zunächst im wissenschaftlichen Arbeitsprozeß angewandte neue Technik und die neuen Methoden gehen später — unverändert oder in adaptierter Form — in viele Produktionsprozesse ein, die damit zu Nutzern dieser Technologie werden. Diese Tendenz der Übernahme neuer Forschungstechnologie in die Produktion wird immer stärker. Das ist eine Folge dessen, daß in der Produktion in rascher Folge immer mehr Materialien benötigt werden, die Anforderungen an die Qualität ihrer Bearbeitung sich erhöhen und damit immer nachdrücklicher neue, nichttraditionelle Bearbeitungsverfahren gefragt sind. Überdies kann die im Produktionsprozeß benötigte Information über den Zustand des zu bearbeitenden Objekts oft nicht anders gewonnen werden als mit Hilfe von Geräten. Um solche Informationen zu gewinnen, werden nicht selten Geräte eingesetzt, die im wissenschaftlichen Arbeitsprozeß dazu dienen, Originaldaten zu erhalten. Die Übernahme von Geräten aus der Forschung in die Produktion erfolgt häufig, ohne daß sich die Funktion des Geräts ändert oder daß Änderungen in der Konstruktion vorgenommen werden. Das gilt z. B. für viele spektroskopische Geräte, Gas-Flüssigkeits-Chromatographen u. a. Selbst solche großen und kostenaufwendigen wissenschaftlichen Geräte wie Elektronenmikroskope werden immer häufiger zu Kontrollzwecken in der Produktion eingesetzt, wenn Produktionsdefekte auf molekularer und atomarer Ebene in Erscheinung treten, wie z. B. in der elektronischen Industrie. Obgleich die Statistik alle solche Geräte zur wissenschaftlichen Ausstattung zählt, werden sie in hohem Maße außerhalb der Wissenschaft genutzt. Ihr Einsatz in der Produktion erfolgt z. B., wenn Meßbereiche verkleinert oder Produktionsprozesse automatisiert werden sollen.

Die Wissenschaftswissenschaft untersucht die Forschungstechnologie unter mehreren Aspekten, von denen die folgenden hervorgehoben und anschließend kurz charakterisiert werden sollen:

— Besonderheiten der Forschungstechnologie gegenüber anderen Technologietypen;
— Stellung wissenschaftlicher Geräte und Methoden in der kognitiven Struktur von Forschungsgebieten und wissenschaftlichen Disziplinen;
— Probleme der Bewertung der technischen und methodischen Ausstattung der Forschung, insbesondere bei internationalen Vergleichen;
— Organisation der Nutzung wissenschaftlicher Ausrüstungen;
— Tendenzen der Entwicklung und Ausbreitung neuer wissenschaftlicher Geräte und Methoden;
— soziologische Probleme der Einführung neuer Forschungstechnologie;
— technische Ausstattung und sozialpsychologische Probleme der Tätigkeit wissenschaftlicher Kollektive;

— Besonderheiten der technischen Ausstattung der Forschung unter den Bedingungen der gegenwärtigen wissenschaftlich-technischen Revolution;
— Untersuchung und Prognostizierung der Folgen einer breiten Automatisierung wissenschaftlicher Experimente.

Wie schon erwähnt, ist der Begriff *Forschungstechnologie* vor allem von Wissenschaftlern der DDR ausgearbeitet worden. An der Akademie der Wissenschaften der DDR besteht eine ständige Expertenkommission Forschungstechnologie, die sich mit theoretischen, methodischen und empirischen Forschungen zu dieser Problematik beschäftigt und eine spezielle Serie von Arbeiten „Beiträge zur Forschungstechnologie — Schriftenreihe für Experimentalmethodik, Systemanalyse und Instrumentierung in der naturwissenschaftlichen, medizinischen und technischen Forschung" herausgibt. In den letzten Jahren hat sich der Trend verstärkt, die Forschungstechnologie als komplexes System zu verstehen und ihre Untersuchung immer enger mit anderen Problemen der Wissenschaftsforschung zu verbinden.

Die Wissenschaftswissenschaft ist bestrebt, ihr Objekt in seiner Entwicklung zu sehen. Das gilt auch und besonders für die *Rolle der Methoden bei der Herausbildung, Entwicklung und Transformation kognitiver Strukturen*. Aus vielen wissenschaftshistorischen Fallstudien geht hervor, daß Methoden — vor allem wenn sie an komplizierte Geräte gebunden sind — eines der Schlüsselelemente kognitiver Strukturen bei der Herausbildung neuer Forschungsgebiete oder -richtungen sind. Die Generationenfolge wissenschaftlicher Geräte und Methoden — genauer: „Geräte-Methoden-Komplexe" — ist auf das engste mit Wandlungen in den konzeptionellen Grundlagen eines Forschungsgebietes oder einer Disziplin verbunden und setzt in der Regel Marksteine für deren Entwicklung.[29]

Die Rolle der Methoden in der Struktur wissenschaftlichen Wissens beschränkt sich jedoch nicht auf einzelne Wissenschaftsgebiete und -disziplinen. Häufig dienen sie auch als „Brücken" und „Mittler" zwischen verschiedenen Gebieten. So können bestimmte Methoden in mehreren Wissenschaftsgebieten angewendet werden, und jedes Gebiet kann sich mehrerer Methoden bedienen. Diese vielfältigen Beziehungen zwischen Methoden und Gegenstandsbereichen, die einen der Integrationsmechanismen der Wissenschaft ausmachen, sind in Matrixform darstellbar.[30] Das bloße Vorhandensein von Geräten sagt noch nichts über deren realen Beitrag zum Wissenschaftspotential aus. Offenkundig kommt ein gut funktionierendes technologisches System noch nicht dadurch zustande, daß die nötigen Geräte vorhanden sind; es bedarf auch noch anderer Elemente. Mitunter

[29] Vgl. A. Todd, Chimik-organik razmyšljaet o svojej nauke, in: Vestnik AN SSSR, 2/1980, S. 7—14; G. M. Frank, O putjach poznanija material'noj suščnosti javlenij žizni, in: Vzaimodejstvije metodov estestvennych nauk v poznanii žizni, Moskva 1976, S. 11—17.

[30] Vgl. S. G. Kara-Murza, Razvitije issledovatel'skich metodov kak ob'ekt istorii nauki, in: Voprosy istorii estestvoznanija i techniki, 1/1983.

erwirbt eine Einrichtung ein modernes Gerät, verfügt, aber nicht über die Bedingungen, die für seinen effektiven Einsatz notwendig sind (adäquate Arbeitsräume, Energieversorgung, Schutz vor schädlichen Umwelteinflüssen, Temperatur- und Feuchtigkeitsregelung usw.). Das Gerät wird dann entweder gar nicht erst aufgestellt oder wird bald funktionsuntüchtig. Nicht selten kann ein Gerät auch deshalb nicht normal genutzt werden, weil notwendige Materialien, komplettierende Details oder Ersatzteile fehlen; dies trifft besonders häufig auf Importgeräte oder solche zu, deren Produktion ausgelaufen ist. In anderen Fällen kann es die methodische Ausstattung sein, die fehlt. Dieser Mangel äußert sich u. a. im Fehlen benötigter Programme und Informationsmaterialien. Zumeist aber fehlt der Träger methodischen Wissens, der Spezialist, der das Gerät qualifiziert und effektiv zu nutzen versteht.[31] Wird dieses „methodische Potential" nicht mitbewertet, können selbst die exaktesten Daten über den Zustand des Geräteparks ein falsches Bild liefern; sie erzeugen den Schein, es sei alles zum besten bestellt, während in Wirklichkeit große Werte am „Einfrieren" sind.

Eine andere Richtung der Bewertung der materiell-technischen Ausstattung der wissenschaftlichen Arbeit stützt sich auf den Begriff „Grundmittel".[32] In der Tat ist der Grundmittelbestand pro Mitarbeiter eine wichtige Kennziffer, über die die Wissenschaftsleitung verfügen muß. Unter der Voraussetzung, daß Geräte und Ausrüstungen effektiv genutzt werden, bestimmt der Grundmittelbestand pro Mitarbeiter in gewissen Grenzen die Qualität der wissenschaftlichen Produktion. In der Praxis stößt der Gebrauch dieser Kennziffer jedoch auf viele noch ungelöste Fragen, und selbst ihre Struktur ist bislang Gegenstand von Diskussionen.[33] Die Bewertung des Wissenschaftspotentials muß stets komparativ erfolgen. Erfolgt die Bewertung der technischen Ausrüstung aber im Geldausdruck (über den Grundmittelbestand), so sind internationale Vergleiche solange nicht möglich, wie keine Koeffizienten zur Verfügung stehen, mittels derer die Preise für wissenschaftliche Ausrüstung, die verschiedenen Ländern gleiche technische Möglichkeiten bietet, umgerechnet werden können. Die Kennziffer „Grundmittelbestand" bedarf desweiteren einer Ergänzung, die den physischen und moralischen Verschleiß der Geräte berücksichtigt. Unter bestimmten Bedingungen — etwa bei unqualifiziertem Bedienungspersonal oder ungenügendem Schutz der Apparatur vor Witterungseinflüssen — ist der physische Verschleiß die Hauptursache dafür, daß sich der Nutzen des Gerätes verringert und es nur noch

[31] Sich die technischen Regeln des Umgangs mit einem Gerät anzueignen, ist im allgemeinen nicht schwer. Erfahrungsgemäß wirkt sich jedoch das Fehlen professioneller Kenntnisse sehr rasch auf die Qualität der Ergebnisse aus. Auf Geräte angewiesene Methoden anzuwenden ist deshalb selbst dann, wenn sie weitgehend formalisiert sind, immer auch eine „Kunst".

[32] Vgl. G. A. Lachtin/E. N. Korepanov, Techničeskaja baza nauki, in: Vestnik AN SSSR, 8/1977, S. 41—48.

[33] Vgl. S. G. Kata-Murza/Ngyen Chi Lok, Podchody k ocenke techničeskoj osnaščennosti issledovanij, in: Soveršenstvovanije upravlenija naučnymi issledovanijami i opytno-konstruktorskimi razrabotkami, Moskva 1981, S. 60—69.

einen bestimmten Restwert hat. Unter günstigen Bedingungen jedoch, vor allem wenn eine normale Versorgung mit Ersatzteilen gesichert ist, braucht physischer Verschleiß oft überhaupt nicht in Betracht gezogen zu werden. Es bleibt dann der moralische Verschleiß. Sein Tempo hängt vom wissenschaftlichen Fortschritt, insbesondere vom Fortschritt der technischen Basis der Wissenschaft ab. Dieser aber ist äußerst dynamisch und ungleichmäßig und muß bei der Bewertung des Grundmittelbestandes unbedingt Berücksichtigung finden.

Es gibt Versuche, Verschleißnormative aufzustellen. Einige Autoren sind sogar der Auffassung, daß wissenschaftliche Geräte nach 5 bis 6 Jahren total verschlissen sind.[34] Der Begriff des totalen moralischen Verschleißes dürfte aber kaum von operationalem Wert sein, denn der Nutzen eines Geräts verringert sich mit zunehmendem Alter nichtlinear. Der moralische Verschleiß beginnt in dem Moment, wo ein neues Modell mit derselben funktionalen Bestimmung auftaucht. Die Ausbreitung des neuen Modells folgt in der Regel einer logistischen Kurve, so daß der Nutzen des alten Geräts asymptotisch gegen Null geht. Wann der moralische Verschleiß als „total" angesehen werden muß, hängt von sehr vielen konkreten Umständen ab; es dürfte kaum möglich sein, dafür generelle Normative festzulegen. Der moralische Verschleiß folgt offenbar einer Kurve, wie sie für Zufallsprozesse charakteristisch ist, die mit konstanter Geschwindigkeit vor sich gehen, d. h. bei denen in einer Zeiteinheit die gleiche Menge des verbliebenen Materials „zerfällt". Für solche Prozesse, deren typisches Beispiel der radioaktive Zerfall ist, ist nicht die Zeit des totalen Zerfalls, sondern die sogenannte Halbwertzeit maßgeblich. Die Bestimmung solcher Kennziffern ist eine interessante und durchaus selbständige Forschungsaufgabe. Wenn es aber um das Alter und den moralischen Verschleiß von Geräten geht, ist das Wichtigste offensichtlich nicht das Alter des betreffenden Exemplars und nicht das Jahr, in dem es im betreffenden Land gefertigt wurde, sondern der Zeitpunkt, an dem ein analoges Modell auf dem Weltmarkt erscheint, unabhängig davon, in welchem Land es erstmalig produziert wurde.

Eine andere Schwierigkeit beim Gebrauch der Kennziffer „Grundmittelbestand" hängt damit zusammen, daß sie eine aggregierte Größe ist, die keine Auskunft darüber gibt, wieweit das System ausbilanziert ist. In einigen Wissenschaftsgebieten machen den Hauptteil des Wertes der Ausrüstung große und kostenaufwendige Anlagen aus, wie z. B. Elementarteilchenbeschleuniger, Expeditionsschiffe u. a. Wird die Kennziffer „Grundmittelbestand" undifferenziert und ohne weitere Spezifizierung angewandt, so wird vor dem Hintergrund dieser Aufwendungen für Großgeräte und -anlagen nicht mehr sichtbar, wie die reale Ausstattung der Forschung mit mittleren Geräten und Instrumenten beschaffen ist, d. h. mit jenen, die für die Durchführung konkreter Experimente benötigt werden.

[34] Vgl. A. A. Savel'jev/V. A. Jakovlev, Osnaščennost' sredstvami eksperimenta — faktor intensifikacii issledovanij, in: Naukovedenije i informatika, 6/1976, S. 86—96.

Mit diesem Problem beschäftigen sich die in den letzten Jahren in Gang gekommenen Untersuchungen zur *Struktur des Geräteparkes* in bestimmten Wissenschaftsgebieten im internationalen und nationalen Maßstab.[35] Die Kenntnis dieser Struktur und insbesondere ihrer Dynamik ermöglicht es, die Entwicklung des Gerätebaus rational zu planen, die Tendenzen der Anwendung verschiedener Gerätetypen zu prognostizieren und rechtzeitig auf den Generationswechsel vorbereitet zu sein. Die Methodologie für die Erforschung der Struktur des Geräteparks stellt im Grunde genommen die Wissenschaftsgeschichte bereit, denn sie ist in hohem Maße die Geschichte der wissenschaftlichen Instrumente. Das Studium einzelner Wissenschaftsdisziplinen und -gebiete unter dem Aspekt der in ihnen angewendeten Methoden und Geräte gewinnt daher zunehmend praktische Bedeutung. Zur Illustration dessen sei die Struktur der auf Geräte angewiesenen Methoden in der organischen Chemie im Zeitraum 1975 bis 1980 angeführt (vgl. Tabelle 5). Auf diesem Gebiet entwickelt sich der methodische Komplex zur Zeit so rasch, daß selbst in einem so kurzen Zeitraum wesentliche Veränderungen in der Nutzung verschiedener Geräte zutage treten. So gehören z. B. Flüssigkeitschromatographen in ihrer modernen Ausgestaltung heute mit zu den wichtigsten Geräten. Die Tabelle 5 zeigt die aggregierten Daten im Weltmaßstab. Analysiert man jedoch die Publikationsmassive einzelner Länder auf

Tabelle 5: Struktur des Geräteparks in der organischen Chemie (Weltdurchschnittswerte)

Bezeichnung der Methode	Anzahl der Artikel zur organischen Chemie, in denen die Anwendung der Methode erwähnt wird (%)	
	1975	1980
1. KMR-Spektrometrie	67	71
2. IR-Spektroskopie	62	54
3. Massenspektrometrie	25	37
4. Hocheffektive Flüssigkeitschromatographie	6	30
5. UV-Spektroskopie	31	24
6. Gas-Flüssigkeitschromatographie	16	15
7. Radioisotopen-Methoden	13	10
8. Sonstige physikalisch-chemische Methoden	17	18
Mittlere Zahl der in einem Artikel erwähnten Methoden	2,4	2,6

35 Die erste größere Untersuchung der Struktur *der Produktion* wissenschaftlicher Geräte wurde von einer Expertengruppe der OECD 1968 durchgeführt (vgl. Gaps in technology. Scientific instruments, Paris 1968, S. 178). Diese Untersuchung war freilich rein ökonomischer Art und lieferte keine Daten über die Struktur des Gerätekomplexes einzelner Disziplinen.

dem Gebiet der organischen Chemie, so zeigen sich bedeutende Abweichungen in der Struktur der Gerätenutzung.

Aus dem Gesagten folgt, daß es nur bedingt möglich ist, das Niveau der Forschungstechnologie auf der Grundlage von „Input“-Kennziffern zu bewerten. In die gemessenen Größen (Anzahl der Geräte, Grundmittelbestand) müssen in diesem Falle viele Korrekturen eingebracht werden, um die Unbestimmtheit der Bewertung zu verringern. Man sucht deshalb nach Wegen, um das technologische Niveau der Forschung anhand von „Output“-Daten zu bewerten.

Im Grunde genommen vergleichen die Wissenschaftler das technische Niveau ihrer Forschung mit dem in anderen Einrichtungen immer intuitiv anhand von Ergebnissen, die in Publikationen und anderen Formen der wissenschaftlichen Information dargelegt werden. In Perioden relativ gleichmäßiger Entwicklung der Forschungstechnologie liefert dieses Verfahren durchaus annehmbare Resultate. Heute aber sind technologische Veränderungen sehr tiefgreifend und gehen sprungartig vor sich (Automatisierung von Experimenten, breite Anwendung der EDV), so daß die traditionellen Korrelationen gestört sind und die intuitiven Bewertungen auf Grund ihres zu großen Trägheitsmoments nur mit zu großer zeitlicher Verzögerung erfolgen können.[36] In diesem Zusammenhang setzte man große Hoffnungen auf die Urteile kompetenter Experten. Die Erfahrung hat jedoch gezeigt, daß auch solche Expertenurteile nicht hinreichend exakt sind, denn es müssen nicht nur die technologischen Niveaus einzelner Einrichtungen, sondern aller auf dem betreffenden Forschungsgebiet arbeitenden Kollektive miteinander verglichen werden. Eine zusätzliche Schwierigkeit besteht darin, eine bekannte Situation auf eine große Gesamtheit extrapolieren zu müssen.

Auf Grund dieser Erfahrung erweist es sich als notwendig, objektive quantitative Methoden zur Analyse und Bewertung der wissenschaftlichen Produktion einzelner Einrichtungen und Länder zur Verfügung zu haben. Dabei interessieren weniger „Momentaufnahmen“, also Vergleiche der Größenordnungen, in denen eine bestimmte Methode zu einem bestimmten Zeitpunkt angewendet wird, als vielmehr die für die Dynamik des Prozesses charakteristischen Parameter. Solche Parameter sind z. B. der Zeitpunkt, an dem eine neue Technologie in dem betreffenden System im Vergleich zu anderen Systemen erstmalig angewendet wird, die Ausbreitungsgeschwindigkeit und der Sättigungswert. In ihrer Gesamtheit belegen solche Parameter sowohl das Niveau der Ausrüstung (das sich real in den Ergebnissen widerspiegelt, unabhängig davon, wie hoch die „eingefrorenen“, latenten Kapazitäten erworbener Ausrüstung sind), als auch das Tempo der Erneuerung der Technologie und damit den moralischen Verschleiß der technologischen Ausstattung.

[36] Nach verallgemeinerten Schätzungen amerikanischer Experten sind die wissenschaftlichen Geräte in den letzten zwanzig Jahren alle fünf Jahre um das Zehnfache verbessert worden (vgl. P. H. Abelson, Obsolete Instrumentation at Universities, in: Science, vol. 200 [1978], S. III).

Die Dynamik, mit der eine neue Forschungstechnologie in verschiedenen Ländern genutzt wird, kann über die Analyse von Informationsquellen — Publikationen, Referatezeitschriften, Bibliographien usw. — ermittelt werden.[37] So kann man z. B. für analoge Zeitschriften verschiedener Länder den Anteil an Veröffentlichungen bestimmen, aus denen hervorgeht, daß die betreffende Methode genutzt wurde, und erhält so den Anteil der sich um diese Zeitschrift gruppierenden wissenschaftlichen Gemeinschaft, der diese Methode nutzt. Dieser Anteil ist natürlich nur bedingt, kann aber zum Zwecke des Vergleichs durchaus als Indikator dienen.

Die Wege zur Vervollkommnung der *Organisation der Nutzung* der materiell-technischen Basis der Wissenschaft gehören seit jeher zum Gegenstand der Wissenschaftsforschung. Heute ist klarer denn je, daß die Effektivität teurer Geräte und Ausrüstungen in hohem Maße davon abhängt, wie gut organisiert ihre Nutzung ist. So kann die Nutzung moderner automatischer Analysatoren organischer Stoffe ökonomisch und technisch uneffektiv werden, wenn ein solch hochproduktives Gerät nur für den Einsatz in einem einzigen Institut vorgesehen ist; in diesem Falle wird zwischen der materiell-technischen Basis und dem ihr entsprechenden breiten Nutzerkontingent eine künstliche Barriere errichtet. In anderen Fällen wird die „technologische Linie" nicht effektiv, weil der notwendige Fluß an Analyseproben nicht gesichert ist, obwohl die nötige Technik, Arbeitsplätze, andere Hilfsmaterialien und qualifizierte Kader vorhanden sind.

Wie in der materiellen Produktion, so macht auch in der Wissenschaft die Vervollkommnung der technischen Basis adäquate Veränderungen in der Organisation ihrer Nutzung erforderlich. Aus historischen Analysen zur Evolution der technischen Mittel des wissenschaftlichen Experiments ist bekannt, daß solche Veränderungen in der Wissenschaft tatsächlich stattgefunden haben. Heute machen es große, hochproduktive und kostenaufwendige Systeme wissenschaftlicher Ausrüstung nicht nur ökonomisch, sondern auch technisch notwendig, ein ganzes Netz von Gerätezentren zu schaffen, die jeweils mehrere wissenschaftliche Einrichtungen „bedienen".[38] Hierzu liegen in einer Reihe von Ländern bereits beachtliche Erfahrungen vor.[39] Bestimmte neue komplexe wissenschaftliche Methoden sind heute so beschaffen, daß die für sie benötigte technische Basis gar nicht anders als kollektiv genutzt werden kann. Für solche großen Anlagen wie Elementarteilchenbeschleuniger, Teleskope oder Expeditionsschiffe galt dies frei-

[37] Vgl. Ngyen Chi Lok/S. G. Kata-Murza, Technologija naučnych issledovanij. Izučenije rasprostravenija spektral'nych metodov s pomoščju analiza publikacij, in: Naučno-techničeskaja informacija, Serija 1, 12/1979, S. 5—9.

[38] Zur Struktur dieses wissenschaftswissenschaftlichen Problems vgl. Abschnitt 1.2. dieses Bandes.

[39] Vgl. B. I. Stepanov, Centry kollektivnogo izpol'zovanija naučnym oborudovanijem, in: Vestnik AN SSSR, 3/1978, S. 27—31; G. Etzold, Aufgaben und Organisation eines methodischen Zentrums in der molekularbiologischen Forschung, Berlin 1976, S. 53.

lich auch schon früher; jedoch erstreckt sich die kollektive Nutzung der technischen Basis heute auf praktisch alle Wissenschaftsgebiete.

Indes kann noch keine Rede davon sein, daß die Orientierung auf kollektive Nutzung von Großgeräten schon allgemein akzeptiert und durchgesetzt sei. Die Wissenschaftsforschung verweist in diesem Zusammenhang auf eine Reihe *sozialpsychologischer Probleme*, deren Beachtung einen neuen Aspekt zu erschließen vermag, über den die technische Ausstattung das Wissenschaftspotential beeinflußt, nämlich die Motivation der Forscher.

Von anderen Wissenschaftlern und auch aus dem außerwissenschaftlichen Bereich erfährt der Wissenschaftler, wie seine Ergebnisse bewertet werden. Diese Bewertung ist ein wichtiger Faktor der Motivation des Wissenschaftlers, und es ist nur normal, daß Wissenschaftler in dieser Beziehung sehr empfindlich sind. Der wissenschaftliche Wettbewerb und die ständig steigenden Ansprüche an die Qualität der Ergebnisse bewirken, daß Rückstand in der technischen Ausstattung der Forschung im Vergleich zu anderen Einrichtungen innerhalb oder außerhalb des Landes im psychologischen Klima des Kollektivs gewisse Spannungen hervorruft. P. L. Kapica schrieb in diesem Zusammenhang, „daß wissenschaftliche Arbeit durch nichts so gebremst, abgekühlt und unterdrückt wird wie durch die langsame Herstellung von Versuchsgeräten".[40] Natürlich ist der Einfluß technologischen Rückstands auf das psychische Klima im Kollektiv nicht einseitig. Die durch ihn hervorgerufene Spannung kann die Wissenschaftler in gewissen Grenzen auch mobilisieren. Werden diese Grenzen jedoch erreicht oder gar überschritten, wird der Rückstand immer mehr zu einem demoralisierenden Faktor, was zur Folge hat, daß die Produktivität des Kollektivs sinkt, die schöpferische Atmosphäre und die Organisiertheit beeinträchtigt werden. Die Wissenschaftsleitung muß deshalb der Bewertung des technologischen Niveaus der Forschung stets größte Aufmerksamkeit schenken.

Dieser Einfluß der technischen Ausstattung auf die psychische Verfassung eines Kollektivs erschwert organisatorische Neuordnungen in der Verteilung und Nutzung von Geräten oft erheblich. Selbst die Umverteilung technischer Mittel innerhalb eines Instituts ist gewöhnlich kompliziert und konfliktgeladen. Um so schwieriger ist es, Wissenschaftler davon zu überzeugen, daß es zweckmäßiger ist, Geräte auszuleihen oder Gerätenutzungszeiten in Anspruch zu nehmen, als die Geräte zur eigenen vollen Verfügung zu haben.[41] Es ist daher eine aktuelle

[40] P. L. Kapica, Die Organisation der wissenschaftlichen Arbeit im Institut für physikalische Probleme, in: ders., Experiment, Theorie, Praxis, Berlin 1984, S. 131—132.

[41] Als man in den 70er Jahren in den USA untersuchte, welche Perspektiven der Geräteverleih habe, vermerkte ein Administrator, daß es für die Wissenschaftler nicht minder wichtig sei, sich als Besitzer der Geräte zu fühlen, als sie zu nutzen (vgl. Du Pont, Dow offer analytical services, in: Chem. and Eng. News, 4/1972, S. 18). In den USA verschwanden die psychologischen Barrieren, als die Aufwendungen für den Kauf von Ausrüstungen für die Universitäten stark gekürzt wurden und die National Science Foundation dazu überging, Gerätezentren zu finanzieren anstatt den Kauf von Geräten zu unterstützen.

Aufgabe wissenschaftssoziologischer Forschung, nach Möglichkeiten zu suchen, wie die psychologischen Barrieren auf dem Wege zu einer progressiven und oft einzig möglichen organisatorischen Form der Gerätenutzung abgebaut werden können.

Die sozialistischen Länder sind gegenwärtig dabei, ein umfassendes Programm zur Beschleunigung des wissenschaftlichen Gerätebaus zu realisieren.[42] In diesem Zusammenhang bedarf es dringend der Verallgemeinerung aller Daten über *Tendenzen und Gesetzmäßigkeiten der Schaffung neuer Geräte und Methoden.* Sehr nützlich hierfür sind wissenschaftshistorische Untersuchungen, in denen die ökonomischen und organisatorischen Bedingungen, unter denen Erfindungen gemacht und neue Geräte entwickelt wurden, genau beschrieben werden. Aus solchen Arbeiten geht z. B. hervor, daß die Hauptquelle für neue wissenschaftliche Geräte in der Regel die Grundlagenforschung ist.[43] Beachtenswerte Resultate erbrachte das in Großbritannien durchgeführte Projekt SAPPHO, in dem die organisatorischen Bedingungen für erfolgreiche und mißlungene Innovationen, darunter auch Geräteentwicklungen, analysiert wurden.[44] In den USA durchgeführte Untersuchungen zu Innovationen im wissenschaftlichen Gerätebau zeigten, daß im Rahmen von vier weitverbreiteten Methoden (Gas-Flüssigkeits-Chromatographie, UV-Spektroskopie, Elektronenmikroskopie und KMR-Spektroskopie) 80% (!) der großen Innovationen nicht aus Gerätebaufirmen, sondern von Wissenschaftlern gekommen sind, die mit diesen Methoden arbeiten.[45] Für kleinere Innovationen aber erwies sich, daß alle Projekte, die ein von der Konkurrenz herausgebrachtes Gerät imitierten (das waren 36% aller Projekte) von Firmen ausgeführt wurden, während von den echten Innovationen 50% von den wissenschaftlichen Nutzern ausgingen.[46]

Mit dem Problem der *Überführung neuer Forschungstechnologien* beginnt sich die Wissenschaftsforschung gerade erst zu beschäftigen. Aber schon die ersten Ergebnisse lassen erwarten, daß solche Untersuchungen zur Beschleunigung der technischen und methodischen Umrüstung der Wissenschaft beizutragen vermögen und allgemeine Gesetzmäßigkeiten wissenschaftlich-technischer Innovationen finden helfen.

Schließlich tritt immer klarer zutage, daß das *Problem der Automatisierung*

[42] Vgl. Socialističeskaja integracija i nauka. Materialy soveščanija presidentov akademij nauk socialističeskich stran, 15.—18. 2. 1977, Moskva 1977, S. 195.

[43] Vgl. R. S. Isenson, Enhancing returns on research investment, in: Improving effectiveness in R/D, Washington 1967.

[44] Vgl. Success and failure in industrial innovation, ed. by Centre for study of industrial innovation, London 1972.

[45] Vgl. E. von Hippel, The dominant role of users in the scientific instrument innovation process, in: Research Policy, vol. 5 (1976), S. 212—239.

[46] Vgl. F. C. Spital, An analysis of the role of users in the total R & D portefolios of scientific instrument firms, in: Research Policy, vol. 8 (1979), S. 285—296.

der Forschung seitens der Wissenschaftsforschung noch ungenügend bearbeitet wird. Die Praxis hat die theoretische Durchdringung dieses Problems bereits weit überholt. Die Erfahrungen bei der Automatisierung der industriellen Produktion zeigen, daß dieser Prozeß mit tiefgreifenden Veränderungen im ökonomischen, organisatorischen und sozialen System der Produktion einhergeht. Es bedarf deshalb komplexer Untersuchungen der möglichen Veränderungen, die sich aus der Automatisierung in der Forschung ergeben werden, um sich rechtzeitig auf sie einstellen zu können. So gibt es bereits heute Hinweise darauf, daß die Einführung automatisierter Geräte entgegen den Erwartungen das wissenschaftliche Personal keineswegs verringert, sondern der Umfang empirischer Information dabei so wächst, daß es — im Gegenteil — mehr Kader bedarf, sie zu verarbeiten und theoretisch zu durchdringen.[47] Möglicherweise wird als erstes einschneidendes Ergebnis der Automatisierung in der Wissenschaft anzusehen sein, daß sich die Struktur der Forschungsgegenstände ändert, d. h. daß es möglich sein wird, nunmehr Phänomene zu erforschen, die der Forschung bislang nicht zugängig waren, weil der Meßaufwand zu hoch war oder die Messungen nicht in den benötigten kurzen Zeiten ausgeführt werden konnten. Zu dieser Gruppe von Phänomenen gehören viele ozeanologische, ökologische und kosmische Systeme, aber auch Prozesse in der Mikro- und subatomaren Welt.

Ein weiteres, der Wissenschaftsforschung aufgegebenes Problem besteht darin, daß in neuen und sich rasch entwickelnden Forschungsgebieten eine wohlprogrammierte automatisierte Technologie geschaffen wird, auf deren Grundlage eine *industrielle Produktion* entsteht, die in vielerlei Hinsicht äußerlich an Forschungstätigkeit erinnert. Es ist beispielsweise noch gar nicht so lange her, daß die chemische Synthese bestimmter Makroeiweißmoleküle eine große wissenschaftliche Errungenschaft war, während es heute Unternehmen gibt, in denen solche Arbeiten schon nicht mehr als Forschungsarbeiten ausgeführt werden. Das gleiche gilt für die Gentechnologie.[48] Offensichtlich erfordert die effektive Entwicklung solcher Produktionszweige die Schaffung neuer und mitunter ganz ungewöhnlicher ökonomischer und organisatorischer Bedingungen. Die Praxis zwingt die Wissenschaftsforschung, sich diesen Problemen zuzuwenden.

4. Die Finanzierung der Wissenschaft

Von den finanziellen Mitteln hängt die Entwicklung aller anderen Ressourcen der Wissenschaft ab; sie spielen deshalb unter den Determinanten des Wissen-

[47] Vgl. A. V. Cohen/L. N. Ivins, The sophistication factor in science expenditure, London 1967, S. 53.

[48] Vgl. A. A. Bajev, Industrija DNK. Perspektivy, firmy, patenty, in: Vestnik AN SSSR, 11/1980, S. 74—87.

schaftspotentials eine besondere Rolle. Zugleich sind sie ein wirksames Mittel der Leitung und Kontrolle. Die Finanzierung der Wissenschaft steht in direkter Abhängigkeit vom ökonomischen Entwicklungsniveau der Gesellschaft sowie von deren sozialen Zielen und ihrem Verhältnis zur Wissenschaft.

Optimale finanzielle Proportionen zwischen den einzelnen Arten, Richtungen und Etappen der wissenschaftlichen Arbeit auf allen Ebenen von Forschung und Entwicklung zu gewährleisten, ist eine der wichtigsten Aufgaben und zugleich ein wirksames Mittel der Wissenschaftsleitung, deren zunehmende Bedeutung mit dem Übergang zum intensiven Typ der Wissenschaftsentwicklung besonders augenfällig ist.

Daten über Maßstäbe, Struktur und Dynamik der Wissenschaftsausgaben geben Aufschluß über wichtige Aspekte der staatlichen Wissenschaftspolitik. Im einzelnen sind dabei von Interesse die absolute und relative Höhe der Wissenschaftsausgaben in verschiedenen Ländern, die Struktur der Ausgaben für Grundlagenforschung, angewandte Forschung und Entwicklung, die Struktur der Ausgaben nach Wissenschaftszweigen, die Struktur der Finanzierung von Forschung und Entwicklung nach Sektoren und Zweigen der Volkswirtschaft, nach Zielprogrammen, Finanzierungsquellen u. a. Dabei ist stets zu beachten, daß gleiche Aufwendungen in Abhängigkeit von vielen Faktoren ungleiche Resultate und unterschiedliche sozialökonomische Effekte hervorbringen können. Das bedeutet jedoch nicht, daß die für die erfolgreiche Realisierung von Forschung und Entwicklung notwendige absolute Höhe der finanziellen Mittel willkürlich niedrig gehalten werden kann. Zwischen dem Erfolg wissenschaftlicher Arbeit und der Höhe der für sie verausgabten Mittel besteht eine ausgeprägt nichtlineare Abhängigkeit; in jedem Falle aber ist eine „kritische Masse" an Ressourcen erforderlich, wenn das Ergebnis in annehmbaren Fristen und in entsprechend hoher Qualität erzielt werden soll.[49] Für viele Bereiche der Wissenschaft ist diese „kritische Masse" in den letzten Jahrzehnten rasch angestiegen; in den USA z. B. sind die durchschnittlichen Entwicklungskosten für ein pharmazeutisches Präparat von 1,2 Millionen Dollar 1962 auf 11,5 Millionen 1972 gestiegen.[50] Gegenwärtig belaufen sich die Kosten allein für Erprobung und Marketing eines Arzneimittels in den USA im Durchschnitt auf 70 Millionen Dollar.[51] Auch die jährlichen Ausgaben pro Wissenschaftler haben hohe Zuwachsraten und sind

[49] In der Ungarischen Volksrepublik wurden z. B. zwölf Paare von Entwicklungsarbeiten in der elektronischen Industrie untersucht, von denen jedes aus jeweils einer erfolgreichen und einer mißglückten Entwicklung etwa gleicher Produkte bestand. Wie sich herausstellte, betrugen bei jeweils gleichen Personalbestand die Ausgaben bei den erfolgreich verlaufenen Entwicklungsarbeiten im Durchschnitt 242 Tausend Forint pro Monat, bei den mißglückten hingegen 132 Tausend (vgl. G. D. Szakasits, The adaption of the SAPPHO method in the Hungarian electronics industry, in: Research Policy, vol. 3 (1974), S. 18—31).

[50] Vgl. L. H. Sarett, FDA regulation and their influence on future R & D, in: Research Management, 2/1974, S. 18—20.

[51] Vgl. Science, vol. 219 (1983), S. 268.

nicht zufällig Gegenstand spezieller Analysen.[52] Bei der Analyse von Wissenschaftsausgaben darf nie aus dem Auge gelassen werden, daß Institute, die sich in der Höhe, den Quellen und selbst der Struktur der Ausgaben gleichen, nichtsdestoweniger in ihren Wissenschaftspotentialen nicht gleich sind.

Die in den letzten Jahrzehnten gewachsene Rolle der Wissenschaft als unmittelbare Produktivkraft und die steigende Fondsintensität der wissenschaftlichen Arbeit haben die Wissenschaftsausgaben in den sozialistischen, kapitalistischen und in den Entwicklungsländern beachtliche Höhen erreichen lassen. Allein von 1970 bis 1980 haben sie sich in den Ländern der sozialistischen Staatengemeinschaft insgesamt fast verdoppelt und ist ihr Anteil am Nationaleinkommen von durchschnittlich 3,6% auf 4% gestiegen;[53] ähnliches gilt für die kapitalistische Welt (vgl. Tabelle 6). Auch die Entwicklungsländer erhöhten ihre Wissenschaftsaufwendungen; jedoch besteht nach wie vor eine große Kluft zwischen ihnen und den ökonomisch entwickelten Ländern, was die absoluten und relativen Kennziffern dieser Aufwendungen betrifft. So sind z. B. die Wissenschaftsausgaben pro Einwohner in den USA 50 bis 200mal höher als in den meisten Ländern Lateinamerikas, Asiens und Afrikas. Unter den sozialistischen Ländern hatten zu Beginn der 80er Jahre die DDR, UVR und ČSSR die höchsten Wissenschaftsausgaben, bezogen auf die Bevölkerungszahl; in der UdSSR betrugen sie 76 Rubel.[54]

In den industriell entwickelten Ländern fließen im Durchschnitt 15% aller Ausgaben in die Grundlagenforschung. Das Verhältnis der Aufwendungen für Grundlagenforschung, angewandte Forschung und Entwicklung variiert für die einzelnen Länder ziemlich stark; es beträgt z. B. in der UVR 13:32:55, in der VRP 14:27:59, in der DDR 13:18:69, in Japan 16:25:59 und in den USA 14:22:64.[55] Allerdings ist dabei zu bedenken, daß die einzelnen Forschungstypen nicht immer klar voneinander unterschieden werden können, und daß die nationalen Statistiken in methodologischer Hinsicht unterschiedlich aufgebaut sind, so daß diese Daten wahrscheinlich nicht als exakte angesehen werden können. Nach amerikanischen Quellen beträgt das Verhältnis der Ausgaben für Grundlagenforschung — angewandte Forschung — Entwicklung — Realisierung in der Produktion und auf dem Markt abgerundet 1:2:5:50.[56] Da mit dem Übergang zu jeder folgenden Phase die Höhe der benötigten Mittel stark steigt, können die Möglichkeiten (Fonds) der vorausgehenden Phase wesentlich vergrößert

[52] Vgl. z. B. A. V. Cohen/L. N. Ivins, The sophistication factor in science expenditure, London 1967, S. 53.

[53] Vgl. Naučno-techničeskije potencialy stran-členov SEV i ich vključenije v meždunarodnoje socialističeskoje razdelenije truda, Moskva 1981, S. 49.

[54] Vgl. ebenda.

[55] Vgl. ebenda.

[56] Vgl. National Patterns of Science and Technology Resources 1982, Washington 1982, S. 24—31.

Tabelle 6: Wissenschaftsausgaben in sozialistischen und kapitalistischen Ländern (in Prozenten des Nationaleinkommens)*

Land	1970	1975	1980
UdSSR	4,0	4,8	4,8
DDR	3,9	3,7	4,2
ČSSR	3,6	3,9	3,9
UVR	2,8	3,4	3,7
VRB	2,1	2,3	2,2
VRP	1,8	2,3	2,2
SRR	1,1	1,3	1,3
USA	5,2	4,7	4,9
Großbritannien	4,5	3,9	4,0
BRD	3,9	3,9	4,0
Schweiz	3,9	4,0	4,0
Japan	3,3	3,4	3,5
Niederlande	3,5	3,5	3,5
Frankreich	3,4	3,4	3,4
Schweden	2,7	2,8	2,9
Kanada	2,8	2,4	2,6
Australien	2,2	2,3	2,5
Dänemark	1,6	2,0	2,2
Norwegen	1,9	2,0	2,1
Finnland	1,5	1,8	2,0
Neuseeland	1,7	1,8	1,9
Irland	1,3	1,6	1,8
Spanien	0,5	0,5	0,5
Portugal	0,5	0,5	0,5

* Berechnet nach: Statistical Yearbook 1980, UNESCO 1981, S. 741—892; Narodnoje chozjajstvo SSSR 1922—1982, Moskva 1982; Science Indicators 1980, Washington 1981 und anderen internationalen und nationalen Statistiken. Aus Gründen der Vergleichbarkeit wurden Wissenschaftsausgaben und Nationaleinkommen kapitalistischer Länder nach der in den sozialistischen Ländern üblichen Methodologie berechnet. In den Wissenschaftsaufwendungen wurden die Ausgaben für alle Wissenschaftszweige, einschließlich Sozial- und Humanwissenschaften, Investitionen für Wissenschaftsbauten u. a. berücksichtigt; als Nationaleinkommen wurde nur das produzierte Nationaleinkommen gewertet (d. h. ohne die wiederholte Zählung der Einnahmen aus der Dienstleistungssphäre, die in den kapitalistischen Ländern 20—30% der offiziell veröffentlichten Summe des Nationaleinkommens ausmacht).

werden, wenn auch nur geringe Anteile aus den folgenden Phasen nötigenfalls in die vorausgehenden übergeleitet werden. Umgekehrt wirkt sich eine Umverteilung von Mitteln für die Wissenschaft auf die Produktion, die aus dem Bestreben heraus erfolgen kann, die Ausgaben für den wissenschaftlich-technischen Fortschritt schneller in praktische Ergebnisse umzusetzen, nur wenig auf die Produktion aus, kann aber für die Entwicklung des Wissenschaftspotentials überaus negative Folgen haben.

Sowohl in sozialistischen als auch in kapitalistischen Ländern zeichnete sich im letzten Jahrzehnt die Tendenz ab, daß die zentrale Finanzierung von Wissenschaft und Forschung aus dem Staatshaushalt gegenüber der Finanzierung aus Mitteln der Betriebe relativ zurückgeht. Natürlich haben die Begriffe „Staatshaushalt" und „Eigenmittel" der Betriebe im Sozialismus und im Kapitalismus ganz unterschiedliche soziale Inhalte. Grundlage dieser Tendenz im Sozialismus ist das Bestreben, die Produktion stärker am wissenschaftlich-technischen Fortschritt zu interessieren und die Wissenschaftsausgaben rascher und umfassender in höhere Produktivität und Effektivität der Produktion umzusetzen. Von 1970 bis 1980 verringerte sich in der UdSSR der Anteil der Aufwendungen für Wissenschaft aus dem Staatshaushalt (ohne Investitionen) von 61% auf 54%, in den USA von 57% auf 48% und in Frankreich von 71% auf 58%.[57]

In der Praxis der wissenschaftlichen Einrichtungen können prinzipiell zwei Finanzierungsweisen unterschieden werden: die Finanzierung von Einrichtungen und die von Themen. Beide unterscheiden sich wesentlich. Die Finanzierung wissenschaftlicher Einrichtungen bedeutet, daß einer Einrichtung, die auf einem bestimmten Wissenschaftsgebiet bestimmte Probleme bearbeitet, die dafür benötigten Mittel bereitgestellt werden. Dabei wird vorausgesetzt, daß die Leitung, die über bestimmte Fonds verfügt, die Bearbeitung der erforderlichen Zahl an Forschungsthemen selbst organisiert, und für sie die nötigen personellen, materiellen und finanziellen Ressourcen zur Verfügung stellt. Diese Art der Finanzierung ist beispielsweise in den wissenschaftlichen Einrichtungen der Akademien der Wissenschaften vorherrschend. Der Finanzierung nach Themen hingegen liegt das Prinzip zugrunde, Mittel für die Durchführung bestimmter Forschungen im Rahmen der geplanten Gesamtaufwendungen für Wissenschaft bereitzustellen. Nach diesem Prinzip arbeiten im wesentlichen die wissenschaftlichen Einrichtungen der Industrie, in denen angewandte Forschung und Entwicklungsarbeiten dominieren. Das in den akademischen Einrichtungen übliche Finanzierungssystem ist weitgehend durch die Besonderheiten der Grundlagenforschung diktiert, deren Unbestimmtheiten es kaum zulassen, die Kosten der vorgesehenen Forschungsarbeiten und ihre Zeitdauer im voraus exakt anzugeben und die Arbeiten unter inhaltlichem Gesichtspunkt genau auf Etappen aufzuteilen. In den letzten Jahren

57 Berechnet nach: Narodnoje chozjajstvo SSSR v 1980, S. 524—525; Science Resources Studies Highlights, June 30, 1981, S. 2.

zeichnet sich jedoch die Tendenz ab, Finanzmittel auch nach Themen der Grundlagenforschung zu vergeben; das gilt insbesondere für Themen im Rahmen komplexer Zielprogramme.

Eine spezifische Rolle bei der Sicherung stabiler Entwicklungstempi der Wissenschaft spielt der Staatshaushalt. Der sozialistische Staat setzt Haushaltsmittel vor allem ein, um über sie Grundlagenforschung und Forschungsarbeiten von großer staatlicher Bedeutung zu finanzieren. Die Forschungsfinanzierung in der Industrie erfolgt seit 1981 in der UdSSR hauptsächlich aus dem einheitlichen Fonds für die Entwicklung von Wissenschaft und Technik, der in allen Industriezweigen auf der Grundlage von Anteilen am Gewinn der Industrie gebildet wird. Die Ministerien haben das Recht, einen Teil der Mittel des einheitlichen Fonds in die Verfügung der Produktionsvereinigungen zu geben. Zugleich können für besonders wichtige Arbeiten Haushaltsmittel in Anspruch genommen werden. Neben diesen beiden Finanzierungsquellen haben die Forschungseinrichtungen der Industrie noch die Möglichkeit, sich über Verträge zu finanzieren. Forschungseinrichtungen, die auf der Grundlage der wirtschaftlichen Rechnungsführung arbeiten, können überdies Bankkredite in Anspruch nehmen, um über sie langfristige Forschungsvorhaben zu finanzieren.

Die Orientierung auf den intensiven Entwicklungstyp der Volkswirtschaft bestimmt auch die Hauptrichtungen der Vervollkommnung des Systems der Finanzierung der Wissenschaft in den sozialistischen Ländern. Die Tendenz geht dahin, die Finanzplanung enger mit der inhaltlichen Planung der wissenschaftlich-technischen Arbeiten zu verbinden und den Anteil der Zielfinanzierung zu erhöhen.

In der UdSSR und den anderen sozialistischen Ländern wird kontinuierlich an der Vervollkommnung der Finanzierung von Forschung und Entwicklung gearbeitet.[58] Insbesondere geht es darum, die wirtschaftliche Rechnungsführung breiter anzuwenden. Für die UdSSR stellt sich z. B. das Problem, Ressourcen vorrangig für die Durchführung von Allunions-, Republiks-, zweiglichen und zwischenzweiglichen sowie regionalen wissenschaftlich-technischen Programmen bereitzustellen. Dies ermöglicht es, die Mittel auf Aufgaben mit hoher Priorität und exakt formuliertem Ziel zu konzentrieren und der Tendenz entgegenzuwirken, die Ressourcen auf eine Menge kleiner Projekte zu zersplittern, von denen viele einander duplieren und jedes für sich genommen kein durchschlagendes volkswirtschaftliches Ergebnis verspricht. Zugleich soll die wirtschaftliche Rechnungsführung die Flexibilität der Finanzierung erhöhen und den wissenschaftlich-technischen Einrichtungen und Organisationen höhere Manövrierfähigkeit verleihen.

Die Herstellung eines optimalen Verhältnisses zwischen den verschiedenen Finanzierungsquellen ist besonders für die hauptsächlich in Einrichtungen der

[58] Vgl. dazu näher das 8. Kapitel dieses Bandes.

Akademien und der Hochschulen betriebene Grundlagenforschung wichtig. Die ökonomische Garantie, daß solche Forschungsarbeiten, die in der Regel langfristig angelegt sind und nicht immer raschen und direkten ökonomischen Effekt versprechen, kontinuierlich durchgeführt werden können, bietet nur ihre Finanzierung über den Staatshaushalt. Nicht zufällig hält sich z. B. in den USA der Anteil, der aus dem Budget der Bundesregierung für die Finanzierung der Grundlagenforschung aufgewendet wird, seit mehreren Jahren schon auf einer Höhe von 70%.[59]

Der wertmäßige Anteil der in der materiellen Produktion durchgeführten Forschung und Entwicklung an den Gesamtausgaben für Wissenschaft beträgt in der UdSSR ca. 80%.[60] Der übrige Teil der Aufwendungen fließt vor allem in die Akademie der Wissenschaften der UdSSR, die Akademien der Unionsrepubliken, die Zweigakademien und die Hochschulen. Ähnlich ist die Struktur der Aufwendungen auch in den anderen sozialistischen Ländern. In den USA macht der wertmäßige Anteil industrieller Forschung und Entwicklung an den Gesamtaufwendungen etwa 70% aus; in den meisten anderen kapitalistischen Ländern liegt er etwas niedriger, so z. B. in der BRD bei 66%, in Japan, England, Frankreich, Italien und in den Niederlanden bei etwa 60%. In der Struktur der Ausgaben für die materiell-technische Versorgung von Forschung und Entwicklung in der UdSSR beträgt der Anteil der Aufwendungen für den Kauf von Geräten 12%, von Ausrüstungen 35% und von Materialien 53%;[61] der Anteil der Investitionen an den Gesamtmitteln für Wissenschaft liegt höher als 12%.[62] In der VRB, der UVR, VRP und ČSSR liegt der Anteil der Investitionen an den Gesamtausgaben für Wissenschaft zwischen 11% und 16%.[63] An der Akademie der Wissenschaften der DDR erhöhte sich der Wert der Grundmittel in den 70er Jahren jährlich um 10% und stieg damit rascher als die Zahl der wissenschaftlichen Kader.[64]

Von größter Bedeutung für die Effektivität des Wissenschaftspotentials ist die richtige Nutzung der aufgewendeten Mittel. Überzogene Termine für die Errichtung von Wissenschaftsbauten, zu viele unvollendete Bauvorhaben, verzögerte Inbetriebnahme experimenteller Anlagen, zu große Lieferzeiten für Geräte und Ausrüstungen und deren ungenügende Qualität verringern die Effektivität der materiellen Aufwendungen für die Wissenschaft und damit des Wissenschaftspotentials insgesamt enorm.

[59] Vgl. Science Resources Studies Highlights, June 30, 1981, S. 3.

[60] Vgl. Izvestija AN SSSR, Serija ekonomičeskaja, 4/1976, S. 32.

[61] Vgl. V. A. Pokrovskij, Povyšenije effektivnosti naučnych issledovanij i razrabotok, Moskva 1978, S. 152.

[62] Vgl. Upravlenije naučno-techničeskim progressom, pod red. V. G. Lebedeva, Moskva 1981, S. 169.

[63] Berechnet nach statistischen Daten der einzelnen Länder.

[64] Vgl. H. Klemm, Erhöhung des Leistungsniveaus der Forschung, in: Einheit, 8/1979, S. 827.

5. Information als Bestandteil des Wissenschaftspotentials

Wissenschaftliche Information ist nicht nur ein Produkt der Forschungstätigkeit, sie ist auch eine der wichtigsten Ressourcen, die für die wissenschaftliche Arbeit benötigt wird. Von der Beschaffenheit des Informationssystems, der Effektivität der Speicherung und Verbreitung von Information hängt in hohem Maße ab, wie groß das Wissenschaftspotential tatsächlich ist. Wissenschaft ist kollektive Tätigkeit; sie bedarf des ständigen Informationsaustausches. In seiner bekannten Kennzeichnung der Wissenschaft als allgemeine Arbeit vermerkt Marx den Informationsaustausch explizit als ein Wesensmerkmal wissenschaftlicher Tätigkeit.

Ein spezifisches Mittel der Speicherung und Weitergabe von Informationen in der Wissenschaft ist die wissenschaftliche Zeitschrift. Mit der zunehmenden Strukturierung des wissenschaftlichen Wissens erweiterte sich auch das Zeitschriftennetz: Gab es zu Beginn des 19. Jahrhunderts etwa 100 wissenschaftliche Zeitschriften, so wurden — nach Angaben der UNESCO — 1977 ca. 630 Tausend Buchtitel und ca. 34 Tausend Zeitschriften auf dem Gebiet von Wissenschaft und Technik produziert (deren „Geburtenziffer" bis auf den heutigen Tag ihre „Sterbeziffer" übertrifft).[65] Der Zeitschriftenfond bildet die Basis für formalisierte Speicher wissenschaftlicher Information; Struktur und Mobilität der in einem Land herausgegebenen Zeitschriften hingegen bestimmen in hohem Maße, wie schnell die erzielten Ergebnisse weiterverbreitet werden. Zeitschriften bilden zusammen mit den Systemen ihrer Speicherung und Nutzung ein wichtiges Element der „Informationskomponente" des Wissenschaftspotentials.

Wissenschaftliche Beiträge in Zeitschriften sind Primärdokumente. Wissenschaftler benötigen aber darüber hinaus auch verarbeitete Information. Das wurde schon in den ersten Jahrzehnten unseres Jahrhunderts unabweisbar, als auf Grund der anwachsenden Flut von Originalbeiträgen ein System sekundärer Information entstand, bestehend aus Referatezeitschriften, in denen Referate oder Annotationen von Originalbeiträgen veröffentlicht wurden. Sie bieten dem Leser eine knappe Darlegung des Wesentlichen der referierten Arbeiten, überdies — und das ist nicht minder wichtig — sammeln sie die über viele Zeitschriften „verstreute" spezifische Information und gruppieren sie nach bestimmten Prinzipien. Sie enthalten gewöhnlich mehrere Register, die eine Informationsrecherche unter mehreren Gesichtspunkten ermöglichen. Obgleich man ursprünglich davon ausging, daß Referatezeitschriften Nachschlagewerke sein sollten, die den Leser auf die Originalarbeiten verweisen, ist die in ihnen dargebotene Information in der Regel so vollständig, daß sie den Bedürfnissen des Wissenschaftlers durchaus genügt. Viele Wissenschaftler lesen deshalb nur die für sie wichtigsten Arbeiten im Original und nehmen den Inhalt anderer für sie relevanter Beiträge über die Referatezeitschriften zur Kenntnis. Da die Herausgabe einer Referatezeit-

[65] Vgl. Statistical Yearbook 1980, ed. by UNESCO, Paris 1981.

schrift der Mitarbeit vieler Spezialisten aus den verschiedensten Wissenschaftsgebieten bedarf (z. B. sind an den referierenden und redaktionellen Arbeiten im Allunionsinstitut für wissenschaftliche und technische Information [VINITI] der Akademie der Wissenschaften der UdSSR mehr als 23 Tausend Wissenschaftler beteiligt)[66], sind solche Enrichtungen Zentren nicht nur der Informationstätigkeit, sondern auch informeller interdisziplinärer Kontakte. Das Niveau des Referatewesens ist daher ein wichtiger Indikator der gesamten Informations-Infrastruktur der Wissenschaft.

Wie effektiv die Information genutzt wird, hängt davon ab, wie das Informationssystem insgesamt organisiert ist, wie es funktioniert und wie die Nutzer selbst darauf eingestellt sind. In allen Ländern haben sich in dieser Beziehung in den letzten Jahrzehnten Organisationsformen entwickelt, die sich ziemlich ähnlich sind. In der Regel verfügt ein Land über ein Netz großer interdisziplinärer Bibliotheken, die an die jeweiligen wissenschaftlichen Zentren angeschlossen sind; einzelne wissenschaftliche Einrichtungen oder Sektionen von Universitäten haben darüber hinaus noch spezialisierte Bibliotheken. Die äußerliche Einheitlichkeit der Organisation darf jedoch nicht darüber hinwegtäuschen, daß Bibliotheken, die über die gleichen Kontingentmittel und die gleiche Menge an Bänden verfügen, in ihrem realen Informationspotential erheblich differieren können. Solche Differenzen sind eine Folge dessen, daß die Liste der von einer Bibliothek abonnierten Zeitschriften mehr oder weniger gut begründet sein und dem Bedürfnisprofil der Hauptmasse der Leser mehr oder weniger gut entsprechen kann. Bei der großen Zahl der heute in der Welt erscheinenden Zeitschriften kann die Auswahl schon nicht mehr intuitiv oder allein auf Grund von Expertenbefragungen vorgenommen werden; sie bedarf vielmehr selbst der wissenschaftlichen Fundierung, wofür die sich gegenwärtig rasch entwickelnde Informatik die Voraussetzungen liefert. Bei dieser handelt es sich um einen Wissenszweig, der die Gesetzmäßigkeiten der Sammlung, Umwandlung, Speicherung, Recherche und Verbreitung dokumentaler Informationen untersucht und aus ihnen die optimale Organisation der auf entsprechenden technischen Mitteln beruhenden Informationstätigkeit ableitet.

Eine qualitative Besonderheit der gegenwärtigen Entwicklungsetappe des wissenschaftlichen Informationswesens besteht in der Veränderung seiner praktischen Organisationsformen. Während die Informationsversorgung früher fast ausschließlich eine Funktion der allgemeinen und wissenschaftlichen Spezialbibliotheken war, sind seit den 50er Jahren Einrichtungen neuen Typs — Informations- und Dokumentationszentren — entstanden. Sie bieten dem Nutzer nach wie vor die traditionellen Dienstleistungen (Buchverleih, bibliographische Register usw.), gehen aber zugleich zunehmend zu neuen Methoden und Formen der Informationsbereitstellung über, die auf der Nutzung moderner Informations- und Rechen-

[66] Vgl. A. I. Černyj, Vsesojuznyj institut naučnoj i techničeskoj informacii. Itogi, zadaci, perspektivy, in: Naučno-techničeskaja informacija, Serija 1, 11—12/1975, S. 15.

technik beruhen. Eine zweite qualitative Besonderheit ist der Zusammenschluß der einzelnen Informationszentren zu einem einheitlichen System bei Erhaltung der Autonomie der einzelnen Zentren.

In der UdSSR sind die Informationszentren zu dem Staatlichen System der wissenschaftlichen und technischen Information (GSNTI) zusammengeschlossen, dessen Grundlagen bereits in den 20er Jahren geschaffen wurden. Gegenwärtig bildet es ein Netz aus 10 Allunionsinstituten, 87 zentralen Zweiginstituten, 15 Instituten der Unionsrepubliken, 101 zwischenzweiglichen territorialen Zentren und mehr als 12 Tausend Informationsabteilungen(-büros) in Betrieben und Einrichtungen. Es erfaßt alle Zweige der Volkswirtschaft, alle Betriebe, Organisationen und Einrichtungen und versorgt regelmäßig mehr als 7 Millionen Abonnenten aus den Bereichen der Wissenschaft, der Produktion und der Verwaltung. Der gesamtstaatliche Informations- und Dokumentationsfonds beläuft sich auf mehr als anderthalb Milliarden unterschiedlichster Dokumente.[67]

Mit dem Aufkommen der elektronischen Datenverarbeitung mit hoher Speicherkapazität und hohen Geschwindigkeiten hat sich die Struktur der Informationstätigkeit tiefgreifend verändert. Es entstanden automatisierte Informationssysteme und (sowohl eng spezialisierte als auch interdisziplinäre) Informations- und Dokumentationszentren. Die beginnende Automatisierung der wissenschaftlichen Experimente hat zur Folge, daß Tätigkeiten, durch die Information gesammelt, verarbeitet, kodiert und gespeichert wird, mit dem Forschungsprozeß selbst zusammenwachsen, da die von automatisierten Systemen erhobenen Meßdaten unmittelbar den Datenbanken zugeleitet und, umgekehrt, die für das Experiment benötigten Informationen mittels spezieller Programme den Datenbanken automatisch entnommen werden.

Ein wichtiges Element der kognitiven Grundlage eines Forschungsgebiets sind die wissenschaftlichen Fakten, welche die konzeptionellen Vorstellungen über den Forschungsgegenstand bestimmen. Ist ein Forschungskollektiv — aus welchen Gründen auch immer — über einen neu entdeckten wissenschaftlichen Fakt nicht informiert, so verringert sich sein Wissenschaftspotential gegenüber anderen Kollektiven, die diese Information zur Kenntnis genommen und sie in den Bestand ihrer Kenntnisse über den Forschungsgegenstand aufgenommen haben. Wenn das Kollektiv dabei auch nach wie vor alle äußeren Potentialattribute aufweist, so unterstreicht das doch ein übriges Mal, daß das Wissenschaftspotential sich nicht auf die aufgewendeten Ressourcen reduziert. Eine solche Potentialminderung kann von größerer oder kürzerer Dauer sein, je nachdem, wie schnell das Kollektiv zu der neuen Information gelangt. Bei dynamischer Entwicklung des Forschungsgebiets kann es dahin kommen, daß der Rückstand des Kollektivs gegenüber der Entwicklung der kognitiven Grundlagen des Ge-

[67] Vgl. N. B. Arutjunov, Razvitije gosudarstvennoj sistemy naučno-techničeskoj informacii v SSSR, in: Naučno-techničeskaja informacija, Serija 1, 11—12/1977, S. 3.

biets progressiv anwächst, bis seine Arbeiten schließlich nicht mehr im Kontext des Gebietes liegen. Das Kollektiv hat dann faktisch aufgehört, ein Element des auf diesem Gebiet tätigen Forschungspotentials zu sein und ist zu einem „Konzentrat eingefrorener Ressourcen" geworden. Allerdings darf auch nicht übersehen werden, daß die Entdeckung eines neuen wissenschaftlichen Fakts in der Regel nicht sofort zu neuen konzeptionellen Vorstellungen führt. So zeigten z. B. amerikanische Genetiker und Mikrobiologen acht Jahre lang keinerlei Interesse für die 1944 entdeckte Rolle der DNS für die Weitergabe der genetischen Information.[68] Erst 1953, als die den Kern der Molekularbiologie ausmachende Theorie geschaffen war, wurde die Bedeutung dieser Entdeckung klar (obgleich noch 1960 in Oxford eine Monographie erschien, in der die Eiweißnatur des Gens behauptet wurde).[69] Diejenigen Wissenschaftler indes, die früher als andere über die neue Information verfügten und die Rolle der DNS erkannt hatten (Chargaff, Watson, Crick u. a.), besaßen gegenüber den anderen einen Vorsprung von mehreren Jahren, der es ihnen ermöglichte, einen bedeutenden Beitrag zum Fortschritt der Wissenschaft zu leisten.

Ein zweites Schlüsselelement der kognitiven Grundlage eines Forschungsgebiets sind Begriffe, Konzeptionen und Theorien. Bekanntlich fällt es Wissenschaftlern nicht leicht, neue Theorien zu übernehmen. Um eine Theorie aber übernehmen oder ablehnen zu können, muß der Wissenschaftler sie erst einmal kennen. Natürlich ist nicht immer klar ersichtlich, wann Uninteressiertheit vorliegt und wann Uninformiertheit; beide bedingen und verstärken sich überdies. Und doch ist die Aufnahme von Information in diesem Fall der primäre Akt, und es gibt Grund zu der Annahme, daß der Rückstand, den ein Wissenschaftler gegebenenfalls gegenüber dem fortgeschrittenen theoretischen Niveau auf seinem Gebiet hat, eben in diesem Stadium des Forschungsprozesses zustande kommt. Wenn eine Theorie in einem Lehrbuch, einer Monographie oder selbst in einem größeren Zeitschriftenbeitrag in ausgereifter Form dargestellt wird, liegt der Zeitpunkt ihrer Ausarbeitung bereits weit zurück. Die neuen Ideen tauchen aber durchaus, wenn auch oft nur bruchstückweise und implizit, schon vorher in der Literatur auf: als Beschreibung und Erklärung neuer Fakten, als Information über eine neue Methode oder ein neues Experiment, als neue Interpretation bekannter Fakten oder Termini usw. Alle diese Keime einer neu entstehenden theoretischen Konzeption können nur über Informationsaustausch zusammengefaßt werden, und zwar in erster Linie über direkte und informelle Kommunikation bei persönlichen Begegnungen, über Briefwechsel oder auf Konferenzen. Die Teilnehmer solcher Art der Kommunikation informieren ihre Kollegen im

[68] Vgl. H. V. Wyatt, When Does Information Become Knowledge?, in: Nature, vol. 235 (1972), S. 86—89.

[69] Vgl. M. Winstanley, Assimilation into the literature of a critical advance in molecular biology, in: Social Studies of Science, 3—4/1976, S. 545—549.

Institut sodann ihrerseits auf direktem und unmittelbarem Wege über die neuen Ideen.

Natürlich kann Information nur bedingt nach dem Kriterium klassifiziert werden, auf welche Elemente der kognitiven Struktur sie sich bezieht. Ein Wissenschaftler, der über neue Fakten nicht informiert ist, hat auch nicht das Bedürfnis, seine theoretischen Anschauungen zu modifizieren oder zu revidieren und übersieht unter Umständen neue Ideen selbst dann, wenn sie schon in der Literatur vorliegen. Dann aber tritt der Rückkopplungseffekt ein: Da er die neuen Konzeptionen nicht kennt, nimmt er auch neue Fakten nicht mehr wahr. So entsteht ein „Teufelskreis", der erst gesprengt wird, wenn ein hinreichend bedeutsames Ereignis — etwa eine große Entdeckung oder eine technologische Entwicklung mit qualitativ neuen Parametern — die realen Ausmaße des Rückstandes gegenüber der Weltspitze schlagartig bewußt werden läßt.

Schließlich können Mängel in der Informationsbasis zu beträchtlichen Verzögerungen bei der Aneignung neuer Forschungsmethoden führen, was das Forschungspotential eines Kollektivs ebenfalls beeinträchtigt. Auch hier ist nur schwer zwischen Uninformiertheit und Uninteressiertheit zu unterscheiden. Die Aneignung einer neuen wissenschaftlichen Methode oder die Einführung eines neuen Geräts ist aber immer als spezieller Fall einer wissenschaftlich-technischen Innovation zu betrachten, für deren Erfolg die rechtzeitige Information über sie stets unabdingbar ist. Informationen über Methoden werden zumeist über spezifische Kanäle verbreitet, von denen die Literatur nur einer ist, ein wichtiger zwar, aber kein hinreichender. Methoden haben mit industriellen Technologien gemein, daß ihre Kenntnis und Beherrschung eine nichtformalisierbare Komponente einschließt, ein Know-how, das sich am besten vermitteln läßt, wenn der Spezialist mit dem Neuling persönlich und unmittelbar am Laboratoriumstisch oder an der Anlage kommuniziert. Die Geschichte wissenschaftlicher Methoden kennt viele Namen hervorragender Informatoren und Propagandisten, deren wissenschaftliche Hauptleistung darin bestand, anderen Wissenschaftlern bei der Aneignung einer neuen Methode beigestanden zu haben. Das Wissenschaftspotential eines Landes, das es versteht, diesem Informationsmechanismus günstige organisatorische Bedingungen zu schaffen, gewinnt dadurch beträchtlich.

Im Rahmen der Potentialauffassung reduziert sich die Informationsproblematik nicht auf die Schaffung einer Infrastruktur für die Verarbeitung, Speicherung und Weitergabe von Information. Eine solche Infrastruktur ist unerläßlich, aber sie garantiert noch keine vollständige Informiertheit. Wenn die Information eine aktive Funktion als Ressource des Wissenschaftspotentials spielen soll, müssen alle Systeme des wissenschaftlichen Potentials sich in entsprechendem Zustand befinden. Andererseits ist die Motivation der Wissenschaftler, ihre Zielstrebigkeit, mit der sie Ergebnisse hoher Qualität anstreben, sehr von Informationen darüber abhängig, wie die Nutzer (in der Wissenschaft oder in anderen Bereichen der gesellschaftlichen Praxis) die Ergebnisse bewerten und anwenden.

Informationsfluß ist deshalb nicht nur für eine normale Entwicklung des kognitiven Systems der Wissenschaft unerläßlich; er ist zugleich auch ein organisierender Faktor sozialpsychologischer Natur.

Der Einfluß der Information auf das Wissenschaftspotential eines Kollektivs zeigt sich gleichermaßen in der Grundlagen- wie in der angewandten Forschung. Der Informationsfluß muß aber auch zwischen den beiden Forschungstypen gesichert sein. Ein in der angewandten Forschung tätiges Kollektiv kann sich nicht mit Informationen aus der angewandten Forschung begnügen, selbst wenn es die neuesten sind; es bedarf zugleich auch neuesten Grundlagenwissens. Die bloße Übernahme und Adaptation technologisch bereits realisierten Wissens (durch Erwerb von Lizenzen oder mittels Imitationen) führt früher oder später unweigerlich zu einem Rückstand, der ohne Hinwendung zur Grundlagenforschung nicht wieder beseitigt werden kann. Die Kommunikationsstruktur in der Grundlagenforschung ist aber so beschaffen, daß das scheinbar doch offen zutage liegende Reservoir an Grundlagenwissen nur von dem effektiv genutzt werden kann, der selbst seinen Beitrag zu diesem Reservoir leistet, mag er noch so klein sein. Für Einrichtungen im Bereich der angewandten Forschung und Entwicklung ist es deshalb unverzichtbar, engen und zuverlässigen Kontakt mit Einrichtungen der Grundlagenforschung zu halten. Um das zu gewährleisten, kommt es nicht in erster Linie darauf an, die Bibliotheksbestände zu vergrößern oder automatisierte Systeme der Informationsbereitstellung zu schaffen. Vielmehr sollte darauf geachtet werden, daß in den Primärkollektiven Wissenschaftler mit speziellen Fähigkeiten zur Herstellung von Kommunikationen vorhanden sind, sogenannte Kommunikatoren. Von ihnen erwartet man unikale Qualitäten: einen weiten wissenschaftlichen Horizont und ein breites Interessenspektrum, solides theoretisches Fundament, assoziatives Denken, Problembewußtsein, Fähigkeit zum Umgang mit der Literatur und mit anderen Informationsquellen und das Vermögen, Informationen in die Fachsprache des Partners zu „übersetzen". Letzteres vor allem erfordert nicht nur Fachkenntnisse und -fertigkeiten, sondern auch spezifische sozialpsychologische Fähigkeiten.

Nach Schätzungen amerikanischer Psychologen sind Wissenschaftler mit solchen Fähigkeiten, die ihre nicht einfache Funktion zudem noch mit dem nötigen Engagement wahrnehmen, höchst selten (1—2%). Eine Einrichtung oder ein Kollektiv, in dem ein solcher Mitarbeiter sich findet, kann von sich sagen, daß man über eine ausgesprochen wertvolle Ressource verfügt.[70] In der Wissenschaftsforschung wird dieser Problematik gegenwärtig große Beachtung geschenkt. Insbesondere kommt es darauf an, diejenigen organisatorischen und sozialpsychologischen Bedingungen zu identifizieren, welche die Tätigkeit solcher Mit-

[70] Eine mittelmäßige wissenschaftlich-technische Einrichtung unterscheidet sich von einer sehr gut arbeitenden oft dadurch, daß die letztere über ein bis zwei zu „vertikaler Interdisziplinarität" fähige Leute verfügt (vgl. N. M. Burte, Vertically interdisciplinary man, in: Coupling research and production, Washington 1967, S. 105—123).

arbeiter (die in der amerikanischen Literatur „information gatekeeper“ genannt werden) fördern bzw. hemmen. Niemand kann gezwungen werden, eine solche Funktion auszuüben, leicht aber kann jemand daran gehindert werden.[71]

Bei Betrachtungen darüber, wie sich ein Informationsdefizit über die vorderste Forschungsfront auf das Wissenschaftspotential auswirkt, darf schließlich nicht übersehen werden, daß diese vorderste Forschungsfront ihre Struktur heutzutage sehr rasch ändert. Wenn sich in der Weltwissenschaft neue Forschungsrichtungen herausbilden, denen in der Organisationsstruktur der Wissenschaft eines Landes kein Kollektiv entspricht, so hat die Information über diese neue Richtung in dem betreffenden Land eine gewisse Zeit lang keinen Adressaten. Eine dynamisch funktionierende Wissenschaftsorganisation reagiert aber gewöhnlich nach einer gewissen Zeit auf diese Information mit einer Umgruppierung der Kräfte und der Schaffung eines oder mehrerer Kollektive, unter Umständen auch informeller. Heutzutage verändert sich die Forschungsfront allerdings so rasch, daß man nicht mehr hoffen kann, die Struktur der Kollektive werde sich der Struktur der Forschungsrichtungen auf dem Wege der Selbstorganisation schnell genug angleichen. Die Wissenschaftsleitung bedarf heute des ständigen Studiums der „Wissenschaftskarte“, der raschen Identifizierung neuer „Wachstumspunkte“, um rechtzeitig rationale Entscheidungen über notwendig werdende Umverteilungen der Ressourcen treffen zu können. Solche Analysen sind auf eine besondere Art von Information „eingestellt“, nämlich auf erste Signale über neue Forschungsgebiete, die noch ganz schwach sein können, aber doch schon das Aufkeimen solcher Gebiete ankündigen. Ein Organisationssystem der Wissenschaft, das solche Signale im „Meer“ der wissenschaftlichen Information nicht zu erkennen vermag, schwächt sein Wissenschaftspotential beträchtlich, denn ein Rückstand in der Bearbeitung neuer Richtungen bedeutet, daß die Wissenschaft des betreffenden Landes an der Lösung einer Reihe von Aufgaben, die in anderen Ländern bereits bearbeitet werden, nicht beteiligt ist.

Die Identifizierung der Struktur von Forschungsrichtungen und vor allem von neuen Gebieten, die gerade erst im Entstehen begriffen sind, erfordert spezielle Methoden der Verarbeitung von Informationsmassiven. Solche Methoden beruhen auf der Verknüpfung von Vorstellungen über die Struktureinheit der Wissenschaft mit neuen Verfahren der Informatik; sie machen es möglich, Leitungsorgane und einzelne Wissenschaftler kontinuierlich mit „Atlanten“ einzelner Wissenschaftsdisziplinen und „Karten“ der Wissenschaft insgesamt zu versorgen.

Eine dieser Methoden geht davon aus, daß die Grundelemente der kognitiven Struktur, die die auf einem bestimmten Gebiet tätigen Forscher vereint, sich in einer relativ kleinen Zahl häufig zitierter Arbeiten äußern, wobei der konzeptionelle Zusammenhang dieser Arbeiten empirisch durch Analyse der Zita-

[71] Vgl. T. I. Allen, Managing the flow of technology. Technology transfer and dissemination of technological information within the R & D organization, Cambridge 1977, S. 320.

tionsnetze festgestellt werden kann. Dieses Verfahren wurde von I. V. Maršakova in der UdSSR[72] und von H. G. Small und B. C. Griffith in den USA[73] entwickelt. Ein anderes Verfahren beruht darauf, den konzeptionellen Zusammenhang mehrerer Arbeiten dadurch zu erweisen, daß die in ihnen gebrauchten Begriffe maschinell analysiert werden. Diese Methode wird im Internationalen Zentrum für wissenschaftlich-technische Information in Moskau angewandt.

Solche komplexen Untersuchungen der Struktur der vordersten Forschungsfront, an denen Naturwissenschaftler und Techniker, Wissenschaftswissenschaftler und Spezialisten auf dem Gebiet der Informatik und der EDV beteiligt sind, können auf ganz verschiedene Weise organisiert sein. In den USA z. B. werden „Atlanten“ wissenschaftlicher Disziplinen auf kommerzieller Basis von einer privaten Einrichtung, dem Institut für wissenschaftliche Information, herausgegeben; auf vertraglicher Basis liefert dieses Institut auch „Karten“ an wissenschaftsleitende Organe der USA und anderer Länder. Solche Analysen können von spezialisierten Forschungsabteilungen durchgeführt werden oder auch Gegenstand von vertraglich vereinbarten Zielprojekten sein. Im Ergebnis kommt es zu Karten von bestimmten Abschnitten der internationalen Forschungsfront; es kann aber mit dieser Methode auch eingeschätzt werden, in welchem Zustand sich die Forschung auf einem bestimmten Gebiet in einem bestimmten Land befindet. Wieweit das Organisationssystem der Wissenschaft in der Lage ist, ausgehend von solchen Arten eine mobile Umgruppierung der Ressourcen im Lande vorzunehmen, hängt von der sozialökonomischen Ordnung der Gesellschaft ab, d. h. von der Möglichkeit, die Entwicklung der Wissenschaft staatlich planen und sie mit nötigen Ressourcen versorgen zu können.

Als Bestandteil des Wissenschaftspotentials unterliegen das System der Informationstätigkeit und die Kommunikationskanäle dem Einfluß aller Faktoren, denen die Wissenschaft insgesamt ausgesetzt ist. Für die Wissenschaftsentwicklung unter sozialistischen Bedingungen ist es von fundamentaler Bedeutung, daß es hier kein Privateigentum an wissenschaftlich-technischen Informationen gibt und somit der Verbreitung von Informationen keine unüberwindbaren Barrieren im Wege stehen. Bei der weiteren Vervollkommnung der technischen Mittel und der Organisation des Informationswesens in der Wissenschaft gilt es, diesen prinzipiellen Vorzug voll zur Geltung zu bringen.

[72] Vgl. I. V. Maršakova, Sistema svjazey meždu dokumentami, postrojennymi na osnove ssylok po ukazatelju „Science Citation Index“, in: Naučno-techničeskaja informacija, Serija 2, 6/1973, S. 3—8; I. V. Maršakova, Sistema kommunikacii v oblasti znanija, in: Sistemnyje issledovanija. Metodologičeskije problemy, Moskva 1980, S. 354—371.

[73] Vgl. H. G. Small/B. C. Griffith, The structure of scientific literatures. Identifying and graphing specialties, in: Science Studies, 4/1974, S. 17—40.

SECHSTES KAPITEL

Die Wissenschaftspolitik im System der gesellschaftlichen Leitung

1. Wesen und Inhalt der Wissenschaftspolitik

Als Teilbereich der Gesellschaft ist die Wissenschaft seit jeher dem Einfluß staatlicher und anderer gesellschaftlicher Institutionen ausgesetzt gewesen. Die staatliche Politik beinhaltete immer auch ein mehr oder weniger ausgeprägtes Verhältnis zur Wissenschaft, das seinen entsprechenden Ausdruck in der praktischen Tätigkeit der staatlichen Organe fand. Wissenschaftspolitik, wie wir sie verstehen, ist jedoch relativ neueren Datums. Sie ist ein Ergebnis der sozialistischen Revolution, in deren Gefolge die gesellschaftliche Entwicklung insgesamt auf eine wissenschaftliche Grundlage gestellt wurde.

Lenin, der die Fundamente der sozialistischen Wissenschaftspolitik legte, stellte folgende Aufgaben: die Wissenschaft aus den Fängen des Kapitals zu befreien und sie zu einem Instrument des Aufbaus der neuen Gesellschaft zu machen; sie in den Dienst des Aufschwungs der Produktivkräfte, der Neuordnung der Volkswirtschaft, der Erhöhung des materiellen und kulturellen Lebensniveaus des Volkes zu stellen; die bedeutendsten Wissenschaftler und die wissenschaftliche Intelligenz Rußlands als Bündnispartner der Arbeiter- und Bauernmacht zu gewinnen, sie in den sozialistischen Aufbau einzubeziehen und gleichzeitig neue wissenschaftliche Kader aus dem Volk heranzubilden; allmählich eine neue, den Bedürfnissen und Erfordernissen des sozialistischen Aufbaus entsprechende Forschungsbasis zu schaffen; die Entwicklung der Wissenschaft zu einer Angelegenheit des ganzen Volkes und zu einer Bedingung für die allseitige Entwicklung des Menschen werden zu lassen.

Die Grundprinzipien sozialistischer Wissenschaftspolitik wurden bereits in den ersten Jahren der Sowjetmacht von Lenin formuliert. Lenin ging davon aus, daß die sozialistische Gesellschaft zutiefst an der Wissenschaft, ihrer allseitigen Entwicklung und der umfassenden Nutzung ihrer Errungenschaften zum Wohle des Volkes interessiert ist. Er trat deshalb entschieden für „das Bündnis von Wissenschaft, Proletariat und Technik“ ein, von dem er zu Recht meinte, daß ihm „keine noch so finstere Gewalt widerstehen“ wird.[1] Die von Lenin begründeten

[1] W. I. Lenin, Rede auf dem II. Gesamtrussischen Verbandstag des Medizinischen und Sanitätspersonals 1. März 1920. Protokollarische Niederschrift, in: LW, Bd. 30, Berlin 1961, S. 394.

Prinzipien sozialistischer Wissenschaftspolitik bestimmen die allgemeinen Formen und Methoden der Wissenschaftsleitung, die in jedem sozialistischen Land ihre jeweilige Konkretisierung erfahren.

Dementsprechend war die staatliche Politik im Bereich von Wissenschaft und Technik von den ersten Jahren der Sowjetmacht an ein fester und integrierter Bestandteil der gesamtgesellschaftlichen Leitung und Planung. Der sozialistische Staat begründete erstmalig die Prinzipien und Kriterien, denen eine solche Politik zu folgen hat. Es war Lenin, der in den ersten Jahren der Sowjetmacht im Zusammenhang mit der komplexen Erschließung der natürlichen Ressourcen die Idee der Planung nicht nur auf die ökonomische Entwicklung, sondern auch auf die von Wissenschaft und Technik bezogen wissen wollte. Diese Idee wurde erstmalig in der UdSSR verwirklicht, wo die Planung von Wissenschaft und Technik zu einem wichtigen Element der gesamtstaatlichen Planung und zu einem wirksamen Instrument des wissenschaftlich-technischen Fortschritts geworden ist. Bürgerliche Ideologen haben in den ersten Jahrzehnten der Sowjetmacht mehr als einmal versucht, die Wissenschaftspolitik der UdSSR zu diskriminieren, indem sie behaupteten, das Prinzip der Wissenschaftsplanung schränke die Freiheit wissenschaftlichen Schöpfertums ein. Indes ist unter dem Einfluß der Erfahrungen der UdSSR sowie der wachsenden Bedeutung der Wissenschaft und ihrer sozialen Funktionen in der Mitte und in der zweiten Hälfte unseres Jahrhunderts die Notwendigkeit einer staatlichen Wissenschaftspolitik auch in den kapitalistischen Ländern immer augenfälliger geworden. Die beeindruckenden Erfolge, die die UdSSR in historisch kurzer Frist bei der Entwicklung von Wissenschaft, Technik, Produktion und Kultur erzielt hat, sowie die um die Mitte unseres Jahrhunderts einsetzende wissenschaftlich-technische Revolution haben wissenschaftspolitische Aktivitäten und Initiativen heute in allen Ländern zur Selbstverständlichkeit werden lassen. Der wissenschaftlich-technische Fortschritt ist seit der Mitte des 20. Jahrhunderts zum wichtigsten Mittel für die Lösung ökonomischer und sozialer Probleme geworden. Davon, in welchen Richtungen sich der wissenschaftlich-technische Fortschritt entwickelt, in welchem Maße und mit welchen Zielstellungen seine Errungenschaften angewendet werden, hängt die ökonomische Leistungskraft eines Landes heute entscheidend ab und damit auch seine Möglichkeiten, die Arbeitsproduktivität zu steigern und das materielle und kulturelle Lebensniveau seiner Bürger zu erhöhen.

Zugleich haben sich die Maßstäbe der wissenschaftlichen Tätigkeit im Vergleich zur Vergangenheit bedeutend erweitert. Die stürmische Entwicklung der Wissenschaft geht einher mit einer um ein Vielfaches gestiegenen Zahl der in Wissenschaft und Technik, in Forschung, Entwicklung und Überführung beschäftigten Personen. Für all das bedarf es einer entsprechenden materiell-technischen Basis und hoher finanzieller Aufwendungen. Die ökonomische Leistungskraft des Staates muß auf die wichtigsten Richtungen des wissenschaftlich-technischen Fortschritts konzentriert, die Kräfte müssen koordiniert und die personellen, finanziellen und materiellen Ressourcen optimal auf die einzelnen gesellschaftlichen

Arbeitsbereiche wie auf die innerhalb der Wissenschaft und Technik selbst ablaufenden Prozesse verteilt werden. Nicht selten übersteigen die für bestimmte Aufgaben in Wissenschaft und Technik benötigten Aufwendungen die Möglichkeiten eines einzelnen Landes, woraus die Notwendigkeit resultiert, die internationale Arbeitsteilung im Bereich von Wissenschaft und Technik zu vertiefen und die internationale wissenschaftlich-technische Zusammenarbeit zu entwickeln.

Ohne eine einheitliche Politik auf dem Gebiet von Wissenschaft und Technik ist deshalb heute weder eine den gesellschaftlichen Erfordernissen und Möglichkeiten entsprechende Entwicklung dieser Gebiete selbst noch eine auf den wissenschaftlichen und technischen Möglichkeiten aufbauende Entwicklung der Gesellschaft möglich.

Der Vielfalt sozialer Funktionen, die die Wissenschaft in der heutigen Gesellschaft ausübt, entspricht eine Vielfalt von Erwartungen und Anforderungen, die die Gesellschaft an sie stellt. Diese Anforderungen zu definieren und zu formulieren gehört zu den Hauptaufgaben der Wissenschaftspolitik, die damit zugleich die Grundrichtungen der sozialen Orientierung der Wissenschaftsentwicklung vorgibt. Es versteht sich, daß dabei sowohl der jeweilige Entwicklungsstand der Wissenschaft und ihre kognitiven Möglichkeiten als auch das jeweils verfügbare Wissenschaftspotential in Rechnung gestellt werden müssen.

Im Prozeß der Ausarbeitung der Wissenschaftspolitik müssen zudem unterschiedlich gerichtete Interessen berücksichtigt werden. In der sozialistischen Gesellschaft befinden sich die Grundinteressen aller gesellschaftlichen Klassen, sozialen Gruppen und Schichten in Übereinstimmung; dennoch gibt es auch in ihr gewisse Interessenunterschiede und demzufolge unterschiedliche Erwartungen und Anforderungen an die Wissenschaft, z. B. seitens verschiedener Volkswirtschaftszweige, verschiedener Regionen oder Bereiche des gesellschaftlichen Lebens. Da die Aufwendungen, die die Gesellschaft für die Entwicklung der Wissenschaft zur Verfügung stellen kann, nicht unbegrenzt sind, gehört es zu den Aufgaben der Wissenschaftspolitik, die Prinzipien und Kriterien zu formulieren, nach denen diese Ressourcen verteilt werden sollen. Das schließt die Setzung von Prioritäten ein, d. h. die Auswahl der Hauptrichtungen der Forschung und die Wichtung der Probleme nach dem Grad ihrer Bedeutsamkeit für die volkswirtschaftliche und gesellschaftliche Entwicklung. Darüber hinaus fällt es in die Kompetenz der Wissenschaftspolitik, ausgehend von gesellschaftlichen und staatlichen Interessen die Grundproportionen zu definieren, nach denen die Ressourcen zwischen Grundlagenforschung, angewandter Forschung und Entwicklung, zwischen Gesellschafts-, Natur- und Technikwissenschaften, zwischen wissenschaftlichen Einrichtungen der Akademien, Hochschulen und Volkswirtschaftszweigen usw. verteilt werden sollen. Schließlich gehört es zu den Aufgaben der Wissenschaftspolitik, das Netz wissenschaftlicher Einrichtungen auf- und auszubauen sowie die Proportionen zu bestimmen, nach denen die Ausbildung wissenschaftlicher Kader und die Entwicklung der materiell-technischen Basis der Wissenschaft erfolgen sollen.

Wissenschaftspolitik ist demzufolge die Bestimmung der Grundprinzipien und -orientierungen, die dem Verhältnis der Gesellschaft und des Staates zur Wissenschaft zugrunde liegen, sowie die konkrete Realisierung dieser Prinzipien unter Einsatz ökonomischer, organisatorisch-administrativer, rechtlicher, ideologischer u. a. Mittel. Im Zentrum der Wissenschaftspolitik steht, die gesellschaftlichen Bedürfnisse an neuen wissenschaftlichen Erkenntnissen und Methoden, die dem Staat verfügbaren Mittel zur Befriedigung dieser Bedürfnisse sowie die sich aus dem gegenwärtigen und dem voraussichtlichen künftigen Entwicklungsstand der Wissenschaft ergebenden Möglichkeiten abzustimmen und in Übereinstimmung zu bringen. Dabei gilt es, der Dynamik dieser Gruppen von Parametern und den dialektischen Wechselbeziehungen zwischen ihnen Rechnung zu tragen. Mit anderen Worten: Die Wissenschaftspolitik verfolgt in erster Linie das Ziel, zur effektiven Lösung der vor der Gesellschaft im Bereich der materiellen Produktion sowie im sozialen und geistigen Leben stehenden Aufgaben beizutragen, indem sie die Entwicklung und Anwendung von Wissenschaft und Technik fördert und dafür entsprechende Voraussetzungen schafft.

In Ländern, die über ein hinreichend leistungsstarkes Wissenschaftspotential verfügen, besteht der Inhalt der Wissenschaftspolitik in folgendem:

1. für die Wissenschaftsentwicklung solche Ziele, Maßstäbe und Forschungsstrategien zu erarbeiten, die den aktuellen und perspektivischen Grundbedürfnissen der gesellschaftlichen Entwicklung entsprechen;

2. Voraussetzungen, Bedingungen und Möglichkeiten für die effektive, auf die Erreichung dieser Ziele gerichtete Forschungsarbeit und für die Anwendung ihrer Ergebnisse zu schaffen;

3. die Mittel, Formen und Wege zur Realisierung dieser Ziele zu bestimmen und den gegebenen Bedingungen und Möglichkeiten gemäße Realisierungsstrategien zu erarbeiten.

Im Gesamtsystem der staatlichen Leitung spielt das Verhältnis der Wissenschaftspolitik zur Wirtschafts-, Technik-, Militär-, Sozial- und Kulturpolitik eine wichtige Rolle. In der Praxis beinhalten wissenschaftspolitische Probleme immer eine komplexe Vielfalt ökonomischer, technischer, sozialer, organisatorisch-administrativer, kultureller und ideologischer Aspekte. Es ist deshalb nur bedingt — zu analytischen Zwecken — möglich, die Wissenschaftspolitik als Teil der gesamtstaatlichen Politik gesondert zu betrachten. Die Wissenschaft durchdringt heute alle Tätigkeitsbereiche, und die auf jeden dieser Bereiche bezogene staatliche Politik enthält immer auch wissenschaftspolitische Elemente. Wissenschaftspolitik wäre deshalb eher als ein bestimmter Schnitt durch alle Bereiche der gesamtstaatlichen Politik zu verstehen. Dem entsprechen auch die Funktionen der zentralen wissenschaftsleitenden Organe des Staates, deren Verantwortung für die Ausarbeitung der Wissenschaftspolitik und für die Realisierung staatlicher Entscheidungen ihnen in hohem Maße den Charakter koordinierender Organe verleiht.

Da die Wissenschaftspolitik ein immanenter Bestandteil der gesamtstaatlichen

Politik ist, sind ihre Grundziele, ihr Inhalt und die Formen und Mittel ihrer Realisierung den in der betreffenden Gesellschaft dominierenden ökonomischen und politischen Interessen untergeordnet und demzufolge in unterschiedlichen Gesellschaftssystemen unterschiedlich. Insbesondere ist die Wissenschaftspolitik immer Ausdruck bestimmter Klasseninteressen, die ihre Zielsetzungen und die Wege ihrer Realisierung wesentlich bestimmen.

Unter den Bedingungen des staatsmonopolistischen Kapitalismus unterliegt die Entwicklung der Wissenschaft, die Verteilung der materiellen und finanziellen Ressourcen, die Kontrolle und Koordinierung der Tätigkeit der wissenschaftlichen Einrichtungen in hohem Maße der staatlichen Regulierung, die sich ihrerseits von den Zielen der herrschenden Klasse und der jeweils regierenden politischen Gruppierungen leiten läßt. In der kapitalistischen Gesellschaft hat das Prinzip des Profiterwerbs universelle Gültigkeit und erstreckt sich in gewissem Maße auch auf die Wissenschaft, denn die auf das Kapital gegründete Produktion schafft — Marx zufolge — „ein System der allgemeinen Exploitation der natürlichen und menschlichen Eigenschaften, ein System der allgemeinen Nützlichkeit, als dessen Träger die Wissenschaft selbst so gut erscheint wie alle physischen und geistigen Eigenschaften, während nichts als An-sich-Höheres, Für-sich-selbst-Berechtigtes, außer diesem Zirkel der gesellschaftlichen Produktion und Austauschs erscheint."[2] In den industriell entwickelten kapitalistischen Ländern sind Forschung und Entwicklung Objekte der Leitung und Kontrolle seitens des Staates und der großen Monopole. Die Wissenschaftspolitik ist hier ein Bereich der zunehmenden Entfaltung staatlicher Aktivitäten; viele Ereignisse der letzten Jahre belegen, wie sehr sie sowohl den generellen Zielen staatlicher Politik als auch den konkreten Interessen verschiedener Gruppen des großen „Business" untergeordnet ist. Ein hervorstechendes Beispiel dafür bieten die im militärisch-industriellen Komplex der USA tätigen Wissenschaftler, die in Abhängigkeit vom Pentagon und damit von den politischen Gruppierungen stehen, die dessen Politik direkt oder indirekt beeinflussen. Eines der unveränderlichen Ziele imperialistischer Wissenschaftspolitik ist die Herstellung und Erhaltung „wissenschaftlicher Überlegenheit", die unmittelbar damit gekoppelt ist, außenpolitischen Druck auf die sozialistischen Länder, aber auch auf die militärischen Bündnispartner und die Länder der dritten Welt auszuüben.[3]

Die Jagd nach Profit und die harten Bedingungen des Konkurrenzkampfes prägen insbesondere die Bereiche von Forschung und Entwicklung in den großen Firmen, die sich in Privatbesitz befinden. Hier wird besonders deutlich, wie der

[2] K. Marx, Grundrisse der Kritik der politischen Ökonomie, in: MEW, Bd. 42, Berlin 1983, S. 323.

[3] Vgl. G. Kröber, Wissenschaft und friedliche Koexistenz. Zur Rolle der Wissenschaftsbeziehungen zwischen den USA und der UdSSR in der amerikanischen Außenpolitik, Berlin 1979 (Sitzungsbericht der Akademie der Wissenschaft der DDR, 12/G).

in der kapitalistischen Gesellschaft tobende Widerstreit ökonomischer Interessen den historischen Prozeß in den Fesseln der Spontanität gefangen hält. Ein einheitliches, gesamtgesellschaftliches Interesse an einer solchen Ausrichtung des wissenschaftlich-technischen Fortschritts, die den sozialen Fortschritt maximal befördert, ist unter diesen Bedingungen schlechterdings unmöglich.

Erst das gesellschaftliche Eigentum an Produktionsmitteln im Sozialismus bringt jene einheitlichen Interessen und gesamtgesellschaftlichen Bedürfnisse hervor, die zu Triebkräften des auf sozialen Fortschritt gerichteten wissenschaftlich-technischen Fortschritts werden. Der Sozialismus stellt damit auch die Wissenschaftspolitik vor grundsätzlich neue Aufgaben und eröffnet ihr neue Möglichkeiten und Perspektiven. Sie bezieht ihre Impulse und Orientierungen nicht mehr aus den Interessen der Monopole und den militärpolitischen Erwägungen der führenden Vertreter der jeweils an der Macht befindlichen bürgerlichen Parteien, sondern aus den grundlegenden Bedürfnissen der werktätigen Massen und den Erfordernissen des sozialen Fortschritts. Dem kommt zugute, daß die Wissenschaftspolitik des sozialistischen Staates auf den vom Marxismus-Leninismus aufgedeckten objektiven Gesetzmäßigkeiten der gesellschaftlichen Entwicklung beruht. Ausgehend von diesen Gesetzmäßigkeiten sind in den programmatischen Dokumenten der kommunistischen und Arbeiterparteien der sozialistischen Länder die Grundziele und Strategien der ökonomischen und sozialen Entwicklung formuliert. Diese Dokumente enthalten zugleich die wissenschaftspolitischen Leitlinien, deren Realisierung gewährleistet, daß Richtungen und Tempo des wissenschaftlich-technischen Fortschritts den Zielen der politischen, ökonomischen und sozialen Entwicklung der sozialistischen Gesellschaft entsprechen.

Die Bedingungen und realen Möglichkeiten für eine effektive Verbindung von wissenschaftlich-technischem und sozialem Fortschritt sind im Kapitalismus und im Sozialismus also grundverschieden. Der wissenschaftlich-technische Fortschritt vermag die durch das Privateigentum an Produktionsmitteln hervorgebrachten sozialen Widersprüche des Kapitalismus nicht zu beseitigen, vielmehr vertieft er sie. Die Prophezeihungen, die bürgerliche Ideologen schon seit Jahrzehnten von sich geben, der Fortschritt von Wissenschaft und Technik werde zur Beseitigung von Arbeitslosigkeit, sozialer Ungerechtigkeit und Ungewißheit, von Hunger, Armut und Elend in der Welt beitragen, haben sich angesichts der realen Entwicklung in den Hauptländern des Kapitals und der sich vertiefenden Kluft im Entwicklungsniveau der industriell entwickelten und der Entwicklungsländer als trügerisch erwiesen. Die tiefen und sich verschärfenden Widersprüche zwischen wissenschaftlich-technischer und sozialer Entwicklung sind im Wesen der kapitalistischen Gesellschaftsordnung begründet. Die Wissenschaftspolitik vermag sie in einzelnen Fällen abzuschwächen, ist aber als direkte oder indirekte Erscheinungsform und als Bestandteil der Gesamtpolitik des kapitalistischen Staates prinzipiell nicht in der Lage, sie im Interesse des sozialen Fortschritts zu lösen.

In der entwickelten sozialistischen Gesellschaft ist der wissenschaftlich-technische Fortschritt, seine Beschleunigung und die zielstrebige, rasche und komplexe Anwendung seiner Resultate ein wichtiges Mittel des sozialen Fortschritts. Wissenschaftlich-technischer und sozialer Fortschritt gehen hier Hand in Hand, befördern sich wechselseitig und vereinigen sich zu einem einheitlichen Strom revolutionärer Veränderungen, die auf die Entwicklung der Produktivkräfte der sozialistischen Gesellschaft, die Erhöhung ihrer ökonomischen Leistungskraft, die Festigung und Vervollkommnung der sozialistischen gesellschaftlichen Verhältnisse und der sozialistischen Lebensweise, die weitere Hebung des materiellen und kulturellen Lebensniveaus der Werktätigen und die Herausbildung allseitig entwickelter sozialistischer Persönlichkeiten gerichtet sind. Die Wissenschaftspolitik des sozialistischen Staates steht somit in Übereinstimmung mit den Prinzipien des sozialistischen Humanismus. Sie ist auf die Verwirklichung der Hauptaufgabe der entwickelten sozialistischen Gesellschaft in ihrer Einheit von Wirtschafts- und Sozialpolitik gerichtet.

Ein gegenwärtiger Schwerpunkt der sozialistischen Wissenschaftspolitik ist das komplexe Herangehen an die Probleme des wissenschaftlich-technischen Fortschritts. Es erfordert eine straffe Organisation und zentrale Leitung und Planung der Forschung, einschließlich der Ressourcenverteilung usw. Die Konzentration des Wissenschaftspotentials auf aktuelle, perspektivreiche strategische Richtungen des wissenschaftlich-technischen Fortschritts ist ohne einen gut funktionierenden zentralen Mechanismus „sozialer Auftraggeberschaft" undenkbar. Dieser Mechanismus funktioniert seinerseits um so besser, je mehr er auf die breite und aktive Mitwirkung der Öffentlichkeit trifft und sich auf die Initiative der Wissenschaftler stützt.

Ein wichtiges Aufgabengebiet sozialistischer Wissenschaftspolitik ist die internationale wissenschaftlich-technische Zusammenarbeit, die sich aus dem internationalen Charakter von Wissenschaft und Technik ergibt. An erster Stelle steht hier die Herausbildung eines hocheffektiven integrierten Wissenschaftspotentials der sozialistischen Staatengemeinschaft, das in der Lage ist, komplizierte wissenschaftliche und technische Probleme erfolgreich zu lösen und die Ergebnisse intensiv in der Praxis zu nutzen. Die wissenschaftlich-technische Zusammenarbeit der sozialistischen Länder ermöglicht es, wissenschaftliche und technische Großprojekte gemeinsam durchzuführen, was seinerseits die Integrationsprozesse im Bereich der materiellen Produktion beschleunigen hilft. Die im Rahmen des RGW abgestimmte wissenschaftlich-technische Politik und die koordinierte Strategie zur Entwicklung von Wissenschaft und Technik gehen von den Möglichkeiten, Bedürfnissen und Perspektiven der Entwicklung jedes einzelnen sozialistischen Landes und der Gemeinschaft insgesamt aus; sie ermöglichen es jedem Land, seine materiellen und geistigen Ressourcen so effektiv wie möglich zu nutzen.

Ein anderer wichtiger Aspekt dieses Problems ist die Entwicklung gegenseitig vorteilhafter wissenschaftlich-technischer Beziehungen zu kapitalistischen Ländern. Seine besondere Bedeutung ergibt sich daraus, daß die wissenschaftlich-technische Revolution eine Reihe von Problemen globalen Charakters aufwirft, die ohne internationale Arbeitsteilung und breite wissenschaftlich-technische Kooperation nicht effektiv gelöst werden können.

Zur Lösung seiner wissenschaftspolitischen Aufgaben bedient sich der Staat bestimmter Mittel und Mechanismen. In erster Linie sind das ökonomische Mechanismen: Er stellt für Wissenschaft und Forschung finanzielle und materiell-technische Ressourcen bereit, bewertet die ökonomische Effektivität der Ergebnisse der angewandten Forschung und Entwicklung, schafft ein bestimmtes System der Vergütung wissenschaftlicher Arbeit und der materiellen Stimulierung usw. Ökonomische Hebel gelangen auch bei der Strukturierung der wissenschaftlichen Tätigkeit zum Einsatz, etwa wenn Mittel zwischen den verschiedenen Wissenschaftsgebieten und Forschungsrichtungen umverteilt werden müssen. Eng verbunden mit den ökonomischen Mechanismen sind die organisatorischen und administrativen. Ihre Aufgabe ist es, ein den wissenschaftspolitischen Erfordernissen adäquates Netz wissenschaftlicher Einrichtungen zu schaffen und deren jeweiligen Status im Gesamtsystem der staatlichen Leitung zu bestimmen. Ein weiterer organisatorisch-administrativer Wirkungsbereich ist die Festlegung der Modalitäten für die Planung und Kontrolle wissenschaftlicher Arbeiten sowie die Bestimmung der Rechte und Pflichten der wissenschaftlichen Mitarbeiter. Hierher gehört schließlich auch die Kaderpolitik, sofern sie die Ausbildung und den Einsatz wissenschaftlicher Kader betrifft. Sowohl die ökonomischen als auch die administrativen Mechanismen zur Durchsetzung der staatlichen Wissenschaftspolitik wirken auf einer entsprechenden rechtlichen Grundlage.

Wissenschaftspolitik beinhaltet immer auch die Durchsetzung bestimmter ideologischer Prinzipien in breiten Kreisen der Bevölkerung und in der wissenschaftlichen Öffentlichkeit. Die in einer Gesellschaft herrschende Weltanschauung und die von ihr akzeptierten Werte bestimmen in hohem Maße das sozialpsychische Klima, in dem die Wissenschaftler arbeiten. Dieses Klima wirkt sich auf das Verhältnis der Gesellschaft zur Wissenschaft, auf das soziale Prestige des Wissenschaftlers und damit auch auf den Zufluß von Kadern in die Wissenschaft aus; indirekt aber beeinflußt es selbst die Auswahl der Forschungsgegenstände und sogar die kognitive Struktur bestimmter Forschungsgebiete. Der Umstand, daß nach dem Sieg der sozialistischen Revolution in Rußland und in der schwierigen Restaurationsperiode, als bedeutende Teile der Bevölkerung noch Analphabeten waren, antiwissenschaftliche Stimmungen nicht als Phänomen von gesellschaftlicher Größenordnung in Erscheinung traten, zeugt u. a. von der großen ideologischen Leistung, welche die kommunistische Partei unter Einsatz aller Mechanismen der staatlichen Wissenschaftspolitik in jener Zeit vollbracht hat.

2. Zur Strategie der Wissenschaftsentwicklung

Unter den gegenwärtigen Bedingungen gehört es zu den Hauptaufgaben staatlicher Wissenschaftspolitik, eine Strategie der Wissenschaftsentwicklung zu erarbeiten und durchzusetzen. Unter einer Strategie der Wissenschaftsentwicklung versteht man die perspektivische Bestimmung der Entwicklungswege der Wissenschaft gemäß den grundlegenden sozialen und ökonomischen Bedürfnissen und Zielen der jeweiligen Gesellschaft.

Die Bestimmung der Strategie der Wissenschaftsentwicklung ist eine wissenschaftspolitische Aufgabe, vor die sich jedes Land, egal welcher sozialökonomischen oder politischen Ordnung gestellt sieht. Die Konsistenz dieser Strategie hängt allerdings weitgehend davon ab, inwieweit das Interesse der gesellschaftlich herrschenden Klasse mit den Lebensinteressen der überwiegenden Mehrheit der Mitglieder der Gesellschaft übereinstimmt und sie zum Ausdruck bringt. Im Sozialismus ist die Entwicklung der Wissenschaft auf die Befriedigung gesellschaftlicher Bedürfnisse und die Realisierung gesamtgesellschaftlicher Entwicklungsziele orientiert. Eine solche Orientierung gründet sich auf die grundsätzliche Möglichkeit, die langfristigen Entwicklungsperspektiven der Gesellschaft bestimmen zu können und in diesem Kontext auch die Aufgaben der Wissenschaft bei der Erkenntnis und Umgestaltung der Natur und Gesellschaft abzustecken. Wie Lenin bereits in den ersten Jahren des sozialistischen Aufbaus bemerkte, „haben wir jetzt die in der Geschichte ziemlich seltene Gelegenheit erhalten, die Fristen festzustellen, die notwendig sind, um radikale soziale Änderungen durchzuführen, und wir sehen jetzt klar, was man in fünf Jahren machen kann und was viel längere Fristen erfordert."[4]

Die hohen Ziele, die sich die sozialistischen Länder heute bei der weiteren Vervollkommnung der sozialistischen Produktionsverhältnisse und der sozialistischen Lebensweise stellen, setzen die beschleunigte Entwicklung der Produktivkräfte und der materiell-technischen Basis der Gesellschaft auf der Grundlage neuester Errungenschaften des wissenschaftlich-technischen Fortschritts voraus. Die zielstrebige Ausarbeitung einer Strategie der Wissenschaftsentwicklung wird so immer nachdrücklicher zu einem der wichtigsten Mittel der bewußten und planmäßigen Leitung der gesellschaftlichen Prozesse. Diese Aufgabe erhält in der entwickelten sozialistischen Gesellschaft ihr besonderes Gewicht noch dadurch, daß hier der Übergang zum vorwiegend intensiven Entwicklungstyp gemeistert werden muß.

Eine wichtige Aufgabe der strategischen Arbeit besteht darin, die perspektivreichsten Forschungsgebiete zu erkunden und deren beschleunigte Entwicklung zu stimulieren. Der Auswahl von Forschungsrichtungen wohnt immer ein strategisches Moment inne, denn die Wissenschaft entwickelt sich an der gesamten Forschungsfront nicht gleichmäßig, sondern weist Punkte besonders stürmischen Wachstums auf, für deren rechtzeitige Identifizierung es nicht nur eines exakten wissenschaftlichen Instrumentariums, sondern auch der schöpferischen Phantasie und Intuition bedarf.

[4] W. I. Lenin, Wie wir die Arbeiter- und Bauerninspektion reorganisieren sollen, in: LW, Bd. 33, Berlin 1962, S. 470.

Die Dringlichkeit der Auswahl bestimmter Entwicklungsrichtungen der Wissenschaft ergibt sich auch daraus, daß die Wirkungen der Wissenschaft auf die gesellschaftliche Produktion durch erhebliche und kostenaufwendige technische und organisatorische Systeme vermittelt sind, für deren Schaffung es einer solchen Konzentration gesellschaftlicher Mittel bedarf, die nicht selten die Möglichkeiten eines einzelnen Landes übersteigt. Die Entscheidung für eine bestimmte Strategie der ökonomischen Entwicklung ist deshalb schon eine wichtige Vorentscheidung darüber, welche Grundrichtungen des wissenschaftlich-technischen Fortschritts bevorzugt entwickelt werden sollen. Unter den gegenwärtigen Bedingungen der wissenschaftlich-technischen Revolution fällt jedoch auch die umgekehrte Abhängigkeit immer mehr ins Gewicht: Die ökonomische Strategie gründet sich in wachsendem Maße auf die Entwicklung der Wissenschaft, und zwar nicht nur auf schon vorhandene wissenschaftliche Kenntnisse, sondern vor allem auf eine Strategie der Entwicklung von Wissenschaft und Technik, die künftige neuartige wissenschaftliche und technische Lösungen ins Auge faßt. Das Spektrum der prognostischen Aufgaben der strategischen Arbeit erfaßt dabei immer neue Aspekte der harmonischen Entwicklung der Produktivkräfte, z. B. ökologische und globale Probleme.

Die Anwendung von Wissenschaft und Technik beeinflußt den Stoffwechsel zwischen Gesellschaft und Natur und das gesamte gesellschaftliche Leben heute in einem solchen Grade und in so umfassender Weise, daß komplexe strategische Orientierungen auf diesem Gebiet unumgänglich geworden sind. Die Erarbeitung und Durchsetzung einer langfristigen Entwicklungsstrategie der Wissenschaft ist heute zu einer unabdingbaren Notwendigkeit geworden. Allerdings ist sie an die Voraussetzung gebunden, daß die Gesellschaft in der Lage ist, nicht nur ihre produktiven Beziehungen zur Natur, sondern auch ihre eigene Entwicklung bewußt zu gestalten, d. h. zielorientiert und auf lange Sicht den Komplex der gesellschaftlichen Bedürfnisse und Entwicklungsziele zu formulieren. Dadurch werden günstige Bedingungen dafür geschaffen, daß die Wissenschaft ihre fortschrittsfördernden Potenzen und sozialen Funktionen voll entfalten kann. Die sozialistischen gesellschaftlichen Verhältnisse ermöglichen es überdies, immer breitere Schichten der Werktätigen an Wissenschaft und Technik heranzuführen und die Vorzüge einer strategischen Leitung der Wissenschaft aktiv zu nutzen.

Historisch gesehen, entstanden die ersten gesamtgesellschaftlichen strategischen Entwicklungskonzeptionen der Wissenschaft schon bald nach der Großen Sozialistischen Oktoberrevolution. Insbesondere handelte es sich um Lenins „Entwurf eines Plans wissenschaftlich-technischer Arbeiten“ (1918) und den GOELRO-Plan (1920). Die Analyse dieser Dokumente zeigt,[5] daß in ihnen bereits viele wichtige Elemente strategischen Herangehens an die Wissenschaftsentwicklung enthalten sind: Sie gingen von einer Analyse der Situation, in der sich die

[5] Vgl. dazu auch: G. Kröber, Lenin als Begründer sozialistischer Wissenschaftspolitik, Berlin 1981, S. 84—109 (AdW der DDR, ITW-Kolloquien, 23).

Wissenschaft damals befand, ihrer Errungenschaften und Entwicklungstendenzen aus und wurden interdisziplinär, unter Hinzuziehung bedeutender Wissenschaftler des Landes erarbeitet; gleichzeitig wurden die gesellschaftlichen Ziele abgesteckt, die mit den vorhandenen wissenschaftlich-technischen Mitteln erreichbar waren und weitere soziale Folgen ihrer Anwendung erörtert. Die auf dieser Grundlage erarbeitete Entwicklungsstrategie der Wissenschaft wurde sodann in der Periode der Industrialisierung in die periodisch ausgearbeiteten langfristigen Direktiven zur Entwicklung der Wissenschaft umgesetzt, die auf generellen Strategien des sozialistischen Aufbaus fußten, von den Parteitagen beschlossen und von den zentralen staatlichen Organen in die entsprechenden Pläne aufgenommen wurden.[6] Den damaligen Umständen entsprechend, sahen die auf die Industrialisierung zielenden strategischen Konzeptionen vor: die beschleunigte Schaffung einer sozialistischen Großindustrie, die Umgestaltung der gesamten Volkswirtschaft auf der Grundlage der neuesten Errungenschaften von Wissenschaft und Technik bei Gewährleistung der führenden Rolle der Schwerindustrie und den Aufbau einer Reihe neuer Produktionszweige, insbesondere der Verteidigungsindustrie, um das Überleben des Landes zu sichern, das sich in feindlicher kapitalistischer Umklammerung befand. Dieser Aufgabe war die Entwicklungsstrategie der Wissenschaft verpflichtet; in ihrem Zentrum stand die Schaffung eines Wissenschaftspotentials, das ein hinreichend hohes Niveau der Forschung an der gesamten Forschungsfront sichern konnte.

Die Entwicklungsstrategie der Wissenschaft war in dieser Periode in der UdSSR — wie später auch in anderen Ländern, in denen sozialistische Revolutionen gesiegt und die eine Periode der Industrialisierung zu durchlaufen hatten — eine sozialistische Strategie. Ihr Ziel war nicht Wachstum der Produktion als solcher, sondern die Schaffung günstiger Bedingungen für die allseitige Entwicklung der Menschen und die Befriedigung ihrer materiellen und geistigen Bedürfnisse. Wenngleich es vordergründig um das ökonomische Leistungsniveau ging, diente die ökonomische Basis doch dazu, im Leben von Millionen Menschen positive Veränderungen herbeizuführen. Die strategische Arbeit jener Zeit reduzierte sich also nicht darauf, ein bestimmtes Niveau der materiell-technischen Basis zu erreichen; sie verfolgte zugleich das Ziel, auf ein neues, höheres Niveau der gesellschaftlichen Entwicklung insgesamt überzugehen. Diese, die Strategie der Wissenschaftsentwicklung in den sozialistischen Ländern kennzeichnende Dynamik trat später, in der Periode der Gestaltung der entwickelten sozialistischen Gesellschaft, noch weitaus stärker zutage.

Mit dem Übergang zum intensiven Entwicklungstyp der Volkswirtschaft wird der wissenschaftlich-technische Fortschritt zum entscheidenden Faktor der Entwicklung der Produktivkräfte und spielt eine zentrale Rolle im gesamten Programm

[6] Es war Bernal, der unter dem Eindruck der Praxis der UdSSR den Begriff „Strategie des wissenschaftlichen Fortschritts" in den 30er Jahren eingeführt hat (vgl. J. D. Bernal, Social Function of Science, London 1939, Kap. VIII).

der weiteren Vervollkommnung der sozialistischen Gesellschaft. Die kommunistischen und Arbeiterparteien der sozialistischen Länder haben auf ihren Parteitagen die strategische Aufgabe formuliert, die Errungenschaften der wissenschaftlich-technischen Revolution organisch mit den Vorzügen des sozialistischen Wirtschaftssystems zu verbinden. In diesem Zusammenhang ist die Erarbeitung einer effektiven, zielstrebigen Entwicklungsstrategie der Wissenschaft zu einer Schlüsselfrage der langfristigen ökonomischen Strategie und der gesamten weiteren Gestaltung der entwickelten sozialistischen Gesellschaft geworden.

Die Ausarbeitung und Durchsetzung der Entwicklungsstrategie der Wissenschaft ist ein komplizierter und widersprüchlicher Prozeß. In ihm müssen die Prognosen der wissenschaftlich-technischen und gesellschaftlichen Entwicklung ständig aufeinander abgestimmt werden, denn eine langfristige Orientierung der Wissenschaftsentwicklung muß berücksichtigen, welche materiellen Bedingungen vorhanden sind, um die gegenwärtigen und perspektivischen Möglichkeiten zu realisieren. Aus gegebenen gesellschaftlichen Erfordernissen und Bedürfnissen für sich genommen lassen sich unmittelbar noch keine entsprechenden Forschungsaufgaben ableiten. Das gesellschaftliche Bedürfnis vermag konkrete Forschungsaktivitäten nur dann auszulösen, wenn es auf dem gegebenen Entwicklungsstand der Wissenschaft und ihrer Disziplinen als konkretes Forschungsproblem formulierbar ist. So muß z. B. das gesellschaftliche Bedürfnis nach neuen Energiequellen oder nach energie- und materialsparenden Technologien zunächst in konkrete Forschungsprobleme der einschlägigen Wissenschaftsdisziplinen übersetzt werden. Das gesellschaftliche Bedürfnis aktiviert dergestalt in der Regel mehrere Wissenschaftsgebiete, die je nach ihrem Gegenstand und ihren Forschungsmethoden zu für sie spezifischen Problemstellungen gelangen. Es kann aber auch vorkommen, daß ein gesellschaftliches Bedürfnis auf dem gegebenen Entwicklungsstand der Wissenschaft noch gar nicht als wissenschaftliches Problem formulierbar und lösbar ist. Gesellschaftliche Bedürfnisse determinieren deshalb eher ganze Komplexe von Richtungen und Gebieten, in denen die Forschung in erster Linie voranzuschreiten hat, als einzelne Forschungsaufgaben. Die Entwicklungsstrategie der Wissenschaft muß sich darauf konzentrieren, solche Forschungsrichtungen und -gebiete zu bestimmen und vorrangig zu fördern, die mit hoher Wahrscheinlichkeit Ergebnisse bringen, welche zur Befriedigung der gesellschaftlichen Bedürfnisse benötigt werden, und deren Entwicklungsstand diese Ergebnisse in kürzesten Fristen zu erzielen gestattet. Deshalb muß der Ausarbeitung wissenschaftsstrategischer Orientierungen stets sowohl die Strategie der gesellschaftlichen Entwicklung, insbesondere die ökonomische Strategie, als auch eine gründliche inhaltliche Analyse des Entwicklungsstandes und der Entwicklungsperspektiven der Wissenschaft selbst zugrunde liegen. Wissenschaftsstrategische Arbeiten erfordern mithin die unmittelbare und aktive Mitwirkung von Vertretern der Natur-, Technik- und Gesellschaftswissenschaften. Die sozialistische Strategie der Wissenschaftsentwicklung orientiert darauf, die vorrangig zu entwickelnden Richtungen des wissenschaftlich-technischen Fortschritts in der Einheit von angewandter und Grundlagenforschung zu fördern und dabei zugleich die vorderste Forschungsfront wie nur möglich zu stärken. Sie geht von den Grunderfordernissen der gesellschaftlichen und ökonomischen Strategie aus und berücksichtigt zugleich, daß der Fortschritt der Wissenschaft neue, ungeahnte ökonomische und soziale Perspektiven eröffnen kann, die ihrerseits die gesellschaftliche und ökonomische Strategie zu optimieren gestatten.

Im Sozialismus ist die Erarbeitung der Entwicklungsstrategie der Wissenschaft letztendlich Sache der gesamten Gesellschaft. Sie beinhaltet u. a. folgende Aufgaben: die Bestimmung der Hauptziele der sozialen und ökonomischen Entwicklung im jeweiligen Perspektivzeitraum; die Bestimmung der Möglichkeiten, die sich aus der perspektivischen Entwicklung der Wissenschaft ergeben, insbesondere die Ermittlung ihrer wichtigsten Wachstumspunkte und perspektivreichsten Forschungsrichtungen; die Darstellung der Hauptanwendungsfelder der erwarteten wissenschaftlichen Ergebnisse; die Abschätzung ihrer potentiellen sozialökonomischen Effekte und möglichen Folgewirkungen; die Bestimmung der Kriterien für die Auswahl alternativer Lösungen und die Festlegung der Aufeinanderfolge der verschiedenen Arten wissenschaftlicher Tätigkeiten gemäß den gegebenen sozialökonomischen Möglichkeiten und Erfordernissen; die Festlegung entsprechender Entwicklungstempi der Wissenschaft; die Bestimmung der notwendigen Proportionen in den Aufwendungen für die verschiedenen Wissenschaftsgebiete und Forschungsrichtungen sowie in der materiell-technischen Ausstattung der wissenschaftlichen Arbeit; die Abschätzung des Einflusses der ökonomischen und sozialen Wirkungen der Ergebnisse des wissenschaftlich-technischen Fortschritts auf die weitere Entwicklung der Wissenschaft.

Die Erarbeitung der Entwicklungsstrategie der Wissenschaft erfolgt in enger und umfassender Zusammenarbeit von Spezialisten aus den wissenschaftlichen Einrichtungen mit gesellschaftlichen Interessenvertretern; zu diesen gehören vor allem Vertreter aus staatlichen Organen, Behörden und Ministerien, der Wirtschaftsleitung, der Gewerkschaft und der Partei, welche die gesellschaftlichen Entwicklungsprozesse insgesamt leitet. Bei führender Rolle der kommunistischen Partei wirken in diesem Prozeß also sowohl zentrale staatliche Organe als auch gesellschaftliche Organisationen und wissenschaftliche Einrichtungen aktiv mit. Eben diese Mehrdimensionalität ermöglicht es, die gesellschaftlichen Interessen optimal mit den objektiven Möglichkeiten und Tendenzen des wissenschaftlich-technischen Fortschritts zu verbinden und so die gesellschaftliche Effektivität der Volkswirtschaft sowie von Wissenschaft und Technik wesentlich zu erhöhen.

Die Organisation der wissenschaftsstrategischen Arbeit erfolgt in mehreren Etappen, wobei in jeder Etappe das Zusammenwirken zwischen den Parteiorganen, den staatlichen, wissenschaftlichen und gesellschaftlichen Organen und Einrichtungen anders koordiniert ist.

In der ersten Etappe wird die Prognose der wissenschaftlich-technischen und sozialökonomischen Entwicklung erarbeitet. Diese Prognose gründet sich auf die Analyse der Tendenzen der Wissenschaftsentwicklung sowie der erwarteten bzw.

möglichen Entdeckungen und technischen Innovationen einerseits und der Gesetzmäßigkeiten der gesellschaftlichen Entwicklung andererseits. In der UdSSR findet diese Arbeit ihre ständige Organisationsform in der Ausarbeitung des Komplexprogramms der wissenschaftlich-technischen und sozialökonomischen Entwicklung, das von der Akademie der Wissenschaften der UdSSR gemeinsam mit dem Staatlichen Komitee für Wissenschaft und Technik und der Staatlichen Plankommission für einen Zeitraum von 20 Jahren erarbeitet wird. Im Rahmen dieses Programms unterbreiten die Wissenschaftler den Leitungsorganen alle fünf Jahre ein generelles Bild der voraussichtlichen Entwicklung der Wissenschaft, aufeinander bezogene Prognosen der Entwicklung von Wissenschaft, Technik, Produktion und anderer Bereiche des gesellschaftlichen Lebens sowie eine Einschätzung der wichtigsten, in den nächsten 20 Jahren zu erwartenden qualitativen Durchbrüche in der wissenschaftlich-technischen Entwicklung und ihrer sozialökonomischen Bedeutung. Alle diese Materialien sind notwendig, wenn eine wissenschaftlich fundierte langfristige Entwicklungsstrategie der Wissenschaft erarbeitet werden soll.

Analoge Programme werden auch in den anderen sozialistischen Ländern erarbeitet. Auf ihrer Wirtschaftsberatung im Juni 1984 in Moskau vereinbarten die höchsten Repräsentanten der Mitgliedsländer des RGW, auf der Grundlage dieser nationalen Programme ein gemeinsames Komplexprogramm des wissenschaftlich-technischen Fortschritts zu erarbeiten. Das Hauptziel dieses auf die nächsten 12 bis 20 Jahre berechneten Programmes sollte darin bestehen, auf der Basis einer abgestimmten und auf einigen Gebieten auch einheitlichen wissenschaftlich-technischen Politik gemeinsame Anstrengungen zu unternehmen, um die schnellstmögliche Lösung der wichtigsten Fragen auf diesen Gebieten und die rasche Überleitung erreichter Ergebnisse in den interessierten Ländern zu gegenseitig vorteilhaften Bedingungen zu fördern. Dieses Programm wurde auf der 41. (Außerordentlichen) Tagung des Rates für Gegenseitige Wirtschaftshilfe im Dezember 1985 vorgelegt und angenommen. Es formuliert die Ziele, Aufgaben und Prinzipien des Programms, definiert die Hauptrichtungen der wissenschaftlich-technischen Revolution und die zu erreichenden Spitzenpositionen des wissenschaftlich-technischen Fortschritts und legt die Wege zur Realisierung der gestellten Aufgaben dar.[7]

Die zweite Etappe der Erarbeitung der Entwicklungsstrategie der Wissenschaft umfaßt die Ausarbeitung einzelner wissenschaftlicher Programme, deren Realisierung am ehesten die Verwirklichung der gestellten Ziele sichern soll. Hier legen die zentralen staatlichen Organe unter Führung der Partei gemeinsam mit den Wissenschaftlern die Hauptforschungsrichtungen fest, analysieren die angestrebten Ergebnisse und schätzen die Möglichkeiten ihrer Anwendung ein. Am Ende dieser

[7] Vgl. Komplexprogramm des wissenschaftlich-technischen Fortschritts der Mitgliedsländer des RGW bis zum Jahre 2000, in: Neues Deutschland vom 19. Dezember 1985, S. 6/7.

Etappe stehen gewöhnlich langfristige, in der Regel auf zehn Jahre angelegte Konzeptionen.

In der dritten Etappe schließlich wird die Strategie auf der Ebene einzelner Forschungsprojekte konkretisiert. Diese Etappe ist die alleinige Angelegenheit der Wissenschaftler; Partei- und staatliche Organe kontrollieren lediglich den Verlauf der Arbeiten und stimmen sie mit der Entwicklung der gesellschaftlichen Praxis ab.

Dieser permanente Prozeß, in dem die strategischen Aufgaben der Wissenschaft formuliert werden, basiert auf der engen Zusammenarbeit der Wissenschaft mit zentralen staatlichen Organen. Diese erfolgt in der Hauptsache in konsultativen Gremien, deren Aufgabe es ist, die großen naturwissenschaftlichen oder technischen Projekte komplex zu bewerten, d. h. ihre möglichen sozialen Folgen allseitig einzuschätzen. Diese Bewertung erfolgt nicht einmalig, sondern in einem iterativen Prozeß, in dem es darauf ankommt, ständig auf der Höhe des neuesten Wissensstandes sowie der gesellschaftlichen Bedingungen und Bedürfnisse zu sein.

Die wissenschaftsstrategische Arbeit auf der Ebene von Forschungskollektiven und wissenschaftlichen Einrichtungen bildet einen untrennbaren Bestandteil der Forschungsarbeit und gehört zum unmittelbaren Verantwortungsbereich des jeweiligen Leiters. Sie darf daher nicht unabhängig und losgelöst von der Forschung und ihrer Leitung verlaufen. Leiter erfolgreicher Forschungskollektive sind deshalb in der Regel immer auch selbst strategisch tätig und halten ihre Mitarbeiter dazu an, im Prozeß der Forschung auch stets strategisches Denken zu entwickeln.

Die sozialistischen gesellschaftlichen Verhältnisse bieten für die wissenschaftsstrategische Arbeit denkbar günstige objektive Bedingungen. Ungeachtet analoger Mittel, auf die sie sich im Sozialismus wie im Kapitalismus stützt, ungeachtet auch mancher gleicher Probleme, befindet sich die strategische Arbeit im Kapitalismus in einer anderen Ausgangssituation, ist auf andere Ziele gerichtet und nimmt vielfach andere Formen an. Bis zur Mitte unseres Jahrhunderts war sie in den westlichen Ländern im wesentlichen eine innere Angelegenheit der wissenschaftlichen Einrichtungen (folglich nur auf die Erzielung enger kognitiver Effekte gerichtet) oder aber eine innere Angelegenheit einzelner Monopole (in diesem Falle war ihr Ziel Profitmaximierung). In beiden Fällen erfaßte sie nicht die gesamtgesellschaftliche Ebene, und staatliche Organe trugen nur wenig zu ihrer exakten Formulierung bei.[8]

Im Kapitalismus ergibt sich die systematische Anwendung der Wissenschaft aus dem Prozeß der erweiterten Reproduktion des Kapitals. Dieser Umstand verleiht der Orientierung der Wissenschaft ein ganz bestimmtes Profil, gibt ihr in

[8] Noch 1979 beklagte der damalige USA-Präsident Carter in einer Botschaft an den Kongreß, die Bundesregierung habe „nur selten eine zukunftsorientierte Wissenschafts- und Technikpolitik" formuliert.

hohem Maße die Ziele vor und bringt Strukturen hervor, die den Interessen der Monopole entsprechen. Schon Marx machte darauf aufmerksam, daß das Interesse des Kapitals nicht der Wissenschaft an sich gilt, sondern ihrer Ausbeutung zugunsten privater und kurzsichtiger Interessen der Profitmaximierung. Diese Interessen dominieren die langfristigen Entwicklungsbedürfnisse der Gesellschaft wie der Wissenschaft. Norbert Wiener beklagte in seiner Autobiographie mit Blick auf die kapitalistische Gesellschaft: „Heutzutage spielt das Gewinnmotiv eine zu große Rolle, die oft sogar bis zum Ausschluß aller anderen Motive geht. Der Wert von Ideen für die Allgemeinheit wird nach Dollar und Cent abgeschätzt, aber Dollar und Cent sind eine unbeständige Währung im Vergleich zu der neuer Ideen. Eine Entdeckung, die vielleicht fünfzig Jahre braucht, ehe sie zu neuen praktischen Verfahren führt, hat nur eine minimale Chance, denjenigen, die die Vorbereitungsarbeiten bezahlt haben, zum Vorteil zu gereichen ... So wie eine Tradition der Gelehrsamkeit kann ein Wald von Mammutbäumen Tausende von Jahren bestehen, und der gegenwärtige Holzertrag stellt die Investition an Sonne und Regen vor vielen hundert Jahren dar ... In einer auf Gewinn gerichteten Welt müssen wir ihn als Bergwerk ausbeuten und der Nachwelt eine Einöde hinterlassen."[9] Es ist ganz klar, daß unter diesen Bedingungen, da die Strategie der Wissenschaftsentwicklung nur auf Profitmaximierung ausgerichtet ist, umfassendere soziale Aspekte in ihr keine Beachtung finden.[10]

Umfassende strategische Entwicklungskonzeptionen der Wissenschaft wurden im staatsmonopolistischen Kapitalismus erst zur Zeit des zweiten Weltkrieges erarbeitet und verfolgten vor allem militärische Ziele. Ausgehend von diesen Erfahrungen halten westliche Autoren Wissenschaftspolitik und Wissenschaftsstrategie für „ein Kind des Krieges, nicht des Friedens: Sie konsolidierte sich im strategischen Kontext, und eben der war es, der in der Folgezeit die Orientierung der nationalen Anstrengungen im Bereich von Forschung und Entwicklung bestimmte"[11]. In der Tat verfolgen die USA mit ihrer Wissenschaftsstrategie schon seit Jahrzehnten offen das Ziel, militärische Überlegenheit über die sozialistische Staatengemeinschaft und die ganze Welt zu erreichen.[12]

Aus diesen zwei Elementen — der Jagd nach Profit und nach militärisch-politischer Überlegenheit — entstand in den 50er und 60er Jahren das sogenannte amerikanische Modell der Wissenschaftspolitik, das in der Folgezeit vielen entwickelten kapitalistischen Ländern als Vorbild galt. Seine Grundidee ist, die Wissenschaft als „strategischen Rohstoff" zu nutzen, um durch Monopolisierung

9 N. Wiener, Ich und die Kybernetik, München o. J., S. 303.

10 „Die Ziele, die wir uns stellen, sind meistens solche der Produktion, seltener aber menschliche Ziele", schrieb der bekannte amerikanische Wissenschaftler G. T. Seaborg (vgl. Impact of Science on Society, 1—2/1972, S. 112).

11 J.-J. Salomon, La fonction sociale de la science aujourd'hui, in: Plurisciences. Encyclopedia Universalis France, Paris 1978, S. 9.

12 Vgl. z. B. Basic Research and National Goals, Washington (D.C.) 1965, S. 3.

der neuesten Wissenschaft und Technik die ökonomische und militärische Vorherrschaft zu erringen und die imperialistische Herrschaft über die ganze Welt auszudehnen. Es ist nur allzu natürlich, daß diese Strategie einerseits zu beträchtlichen Deformationen in der Entwicklung von Wissenschaft und Technik und andererseits zur weiteren Verschärfung der Widersprüche der bürgerlichen Gesellschaft führte. Sehr bald kam es zu tiefer Enttäuschung und zu Unbehagen vor dem, was die Zukunft noch bringen mag.[13]

Unter dem Einfluß des internationalen Entspannungsprozesses in den 70er Jahren und des Beispiels einer dem Frieden dienenden Entwicklungsstrategie der Wissenschaft in den sozialistischen Ländern verstärkte sich der Druck in Richtung einer „Revision" des „amerikanischen Modells". Die Öffentlichkeit in den kapitalistischen Ländern forderte eine solche Entwicklung von Wissenschaft und Technik, die nicht noch weiter in die ohnehin schon tiefe soziale, ökologische und geistige Krise, sondern möglichst aus ihr herausführt. Unzählige Arbeiten erschienen auf dem Büchermarkt, in denen Modelle einer neuen Wissenschaftspolitik entworfen wurden. Die Methodik der Ausarbeitung strategischer Konzeptionen wurde verbessert. Regierungsbehörden legten große Projekte vor, die sich auf ein breites prognostisches Fundament stützten und gewisse Reformen vorsahen.[14] Indes konnten die in der Natur der kapitalistischen Gesellschaft begründeten Restriktionen auch damit nicht überwunden werden. Was sich real änderte, war im Grunde genommen lediglich, daß das extensive Vorgehen, bei dem den Wissenschaftlern noch eine breite Themenwahl zugestanden und das im Interesse der Ausbeutung der Wissenschaft durch die Monopole favorisiert worden war, nun abgelöst wurde durch eine in immer größeren Maßstäben vorgenommene Konzentration der Kräfte auf ausgewählte Programme, die von Regierungsorganen und den Monopolen festgelegt wurden.

Was die Strategie der Wissenschaftsentwicklung in den Entwicklungsländern angeht, so gehen einige von ihnen eigene Wege. Nachdem das vergangene Jahrzehnt offenbart hatte, daß der Imperialismus gewillt ist, seinen wissenschaftlich-technischen Vorlauf für eine neokolonialistische Politik zu nutzen, verstärkt sich in Ländern der „dritten Welt" das Bestreben, Wissenschaft und Technik vor allem auf solche Ziele auszurichten, die der Erringung der Unabhängigkeit dienen. So hielt es z. B. Indira Gandhi für das „zentrale Glied" der indischen Wissenschafts- und Technikstrategie, sich vom Druck der transnationalen Körperschaften zu befreien, ökonomische und wissenschaftlich-technische Unabhängigkeit zu erringen und zu diesem Zweck das wissenschaftlich-technische Potential

[13] Vgl. Science, Growth and Society, A New Perspective, Paris 1971; The Research System, vol. 3, Paris 1974.

[14] Vgl. insbesondere den Bericht des National Science Board: Basic Research in the Mission Agencies, Washington (D.C.) 1978, sowie die „Bundesberichte Forschung" in der BRD und analoge Programme der französischen und japanischen Wissenschaftspolitik.

des Landes vor allem auf solche Programme auszurichten, die dazu beitragen, Selbstvertrauen und Selbständigkeit im Handeln zu gewinnen.[15]

In den strategischen Konzeptionen und in den realen Zielorientierungen der Wissenschaft widerspiegeln sich gesetzmäßig die unterschiedliche Stellung und Funktion der Wissenschaft in den gegensätzlichen Gesellschaftssystemen. Der Kampf um die Aneignung der Errungenschaften der Wissenschaft ist deshalb heute ein wichtiger Abschnitt des Klassenkampfes in der Welt. Bei der Ausarbeitung der Entwicklungsstrategie der Wissenschaft gilt es deshalb, nicht nur die Gesetzmäßigkeiten der Wissenschaftsentwicklung und die der jeweiligen Gesellschaft zu beachten, sondern auch die jeweiligen Bedingungen der internationalen Situation.

Die strategische Orientierung der Wissenschaft in den sozialistischen Ländern stellt die neuesten Errungenschaften der Weltwissenschaft in Rechnung. Sie beruht aber natürlich zugleich auf einer eigenständigen Grundlage und enthält spezifische Zielstellungen, die sich aus den Bedürfnissen der weiteren Gestaltung der entwickelten sozialistischen Gesellschaft ergeben.

Weitere wichtige Komponenten der Strategie und Leitung der Wissenschaft sind schließlich der ständig wachsende Grad der Internationalisierung der Produktivkräfte und die immer klarer zutage tretende Notwendigkeit einer breiten internationalen Zusammenarbeit im Bereich der Wissenschaft. Letztere ergibt sich heute schon nicht mehr nur daraus, daß Länder mit geringen wissenschaftlichen Ressourcen aus der Integration der Wissenschaftspotentiale sich Möglichkeiten versprechen, die sie ohne diese Zusammenarbeit nicht hätten und der sie deshalb in ihren nationalen strategischen Konzeptionen großes Gewicht verleihen. Die internationale Zusammenarbeit ist zu einem organischen Bestandteil der Wissenschaftsentwicklung selbst geworden und darf daher in keiner strategischen Konzeption der Wissenschaftsleitung fehlen. Entgegen den Anstrengungen der Monopole, die Wissenschaft ihren engstirnigen und eigennützigen Interessen dienstbar zu machen, erweist sich das innere Bedürfnis der Wissenschaft nach breiter internationaler Kooperation als eine notwendige Bedingung und eine Gesetzmäßigkeit der Wissenschaftsentwicklung überhaupt. Im realen Entwicklungsprozeß wird sie jedoch durch den Charakter der jeweiligen gesellschaftlichen Verhältnisse und die ihnen innewohnenden Widersprüche vermittelt.

3. Wissenschaftsforschung und Wissenschaftspolitik

Angesichts der außergewöhnlichen Dynamik, mit der sich die gegenwärtige Wissenschaftsentwicklung vollzieht, gewinnen theoretische und methodologische Aspekte der Ausarbeitung und Durchsetzung der Wissenschaftspolitik immer

[15] Indira Gandhi während einer Vorlesung in der Londoner Science Policy Foundation am 26. 3. 1982; vgl. Science and Public Policy, 3/1982.

größeres Gewicht. Die Wissenschaftspolitik bedarf der Kenntnis des Entwicklungsstandes und der Entwicklungsperspektiven der Wissenschaft sowie der Kanäle und Formen, über die sie mit anderen gesellschaftlichen Lebensbereichen in Wechselwirkung steht. Solches Wissen kann selbst nur durch *wissenschaftliche* Tätigkeit gewonnen werden. Eine wissenschaftlich fundierte Wissenschaftspolitik benötigt Kenntnisse über die Entwicklungsgesetzmäßigkeiten von Wissenschaft und Technik, über die Art und Weise der Wechselwirkung zwischen der Wissenschaft und anderen gesellschaftlichen Tätigkeitsbereichen, insbesondere der materiellen Produktion, sowie über die Wechselwirkung zwischen nationaler und Weltwissenschaft.

Mit der Erforschung all dieser verschiedenartigen Aspekte der Stellung und Funktionsweise von Wissenschaft und Technik in der Gesellschaft sind viele Wissenschaften befaßt, die wichtige und wertvolle Wissenselemente bereitstellen. Diese werden jedoch unter jeweils ganz spezifischen Zielstellungen produziert, so daß sie nur in seltenen Fällen direkt zur Entscheidungsfindung im Bereich der Wissenschaftspolitik und -leitung herangezogen werden können. Sie müssen vielmehr zunächst in spezifischer Weise systematisiert und schöpferisch verarbeitet werden, und zwar unter einem Blickwinkel, der die wesentlichen Zusammenhänge zwischen sozialen, ökonomischen, kulturellen, historischen, strukturellen, organisatorischen, psychologischen u. a. Faktoren, welche die Entwicklung von Wissenschaft und Technik und die praktische Anwendung ihrer Resultate beeinflussen, sichtbar werden läßt und sie überdies unter der spezifischen Zielstellung sieht, was sie zur theoretischen Begründung von Wissenschaftspolitik und Wissenschaftsleitung beizusteuern vermögen. Genau das aber ist das spezifische Anliegen der Wissenschaftsforschung.

Bei der Bestimmung des Verhältnisses von Wissenschaftspolitik und Wissenschaftsforschung gilt es, zwei Extreme zu vermeiden. Das erste reduziert die Wissenschaftsforschung auf die Rolle eines Lieferanten analytischen Faktenmaterials für wissenschaftsleitende Organe. Das ist zweifellos eine wichtige Funktion, in der überdies nicht nur die Wissenschaftsforschung, sondern alle wissenschaftlichen Einrichtungen gefordert sind. Indes lassen sich die Aufgaben der Wissenschaftsforschung gegenüber der Wissenschaftspolitik nicht auf diese Funktion reduzieren, denn sie weist der Wissenschaftsforschung lediglich eine Dienstleistungsfunktion gegenüber der Leitungs-, Planungs- und Organisationspraxis in der Wissenschaft zu, während ihre theoretische und methodologische Bedeutung ignoriert wird. Die Wissenschaftsforschung könnte bei einer solchen Orientierung ihren Funktionen, eingeschlossen die Funktion, analytische Materialien zu erarbeiten, nicht auf dem erforderlichen qualitativen Niveau nachkommen. Das andere Extrem besteht darin, daß die Aufgabe der Wissenschaftsforschung mitunter nur darin gesehen wird, der Wissenschaftsleitung methodologische Lösungen auf allgemeinster Ebene bereitzustellen. Die Vertreter dieser Auffassung neigen dazu, sich mit abstrakten methodologischen Konstruktionen zu begnügen, ohne auch nur danach zu fragen, ob diese Konstruktionen der wirklichen Sachlage entsprechen und ob sie für die Lösung konkreter Probleme der Wissenschaftsleitung, -planung oder -organisation praktikabel und hilfreich sind.

In der westlichen Literatur schließlich ist der Standpunkt anzutreffen, die bisherige Wissenschaftsforschung habe sich in wissenschaftspolitischer Hinsicht im wesentlichen als irrelevant erwiesen.[16] Der hier diagnostizierte „Bankrott der Wissenschaftstheorie" rekurriert allerdings auf die in den westlichen Ländern gängigen Strömungen der Wissenschaftsphilosophie und -soziologie und auf eine wissenschaftspolitische Praxis unter Bedingungen kapitalistischer gesellschaftlicher Verhältnisse. Dieser Standpunkt fixiert die unter diesen Verhältnissen nur geringen Möglichkeiten der Wissenschaftsforschung und der wissenschaftlichen Fundierung der Wissenschafts- und Technikpolitik im Kapitalismus überhaupt, da diese nicht von einer wissenschaftlichen Analyse, sondern von den Interessen des Kapitals ausgeht. So gesehen ist es kein Zufall, daß das Forschungsgebiet, das wir Wissenschaftsforschung nennen, im angelsächsischen Sprachraum Science policy studies genannt wird. Bewußt oder unbewußt widerspiegelt sich in dieser Bezeichnung die passive Haltung der Wissenschaft gegenüber der Ausarbeitung der Wissenschaftspolitik, ihre sekundäre Rolle, die sich lediglich auf Studium und Interpretation reduziert. In der sozialistischen Gesellschaft, deren Politik wissenschaftlich fundiert ist und in der die werktätigen Massen aktive Subjekte der Geschichte sind, besteht im Gegensatz dazu ein unmittelbares Interesse an Forschungsergebnissen, die bei der Lösung wissenschaftspolitischer Probleme dienlich sind.

Gemäß dem in diesem Buch entwickelten Verständnis vom Gegenstand der Wissenschaftsforschung besteht eine ihrer wichtigsten Aufgaben darin, die Funktions- und Entwicklungsgesetze der Wissenschaft aufzudecken und Möglichkeiten aufzuzeigen, wie und mit welchen Methoden die Entwicklungstempi und -richtungen der Wissenschaft beeinflußt werden können. Ausgehend davon besteht zwischen Wissenschaftsforschung und Wissenschaftspolitik eine enge Wechselbeziehung. Einerseits gehen von der Wissenschaftspolitik starke Impulse auf Inhalt und Richtungen der Wissenschaftsforschung aus. Andererseits muß die Wissenschaftsforschung zur Vertiefung der theoretischen und methodologischen Grundlagen der Wissenschaftspolitik und -leitung beitragen. In dem Maße, wie sie das leistet, erhöht sie ihre gesellschaftliche und politische Relevanz. Die theoretische und methodologische Fundierung der Wissenschaftspolitik, ihre Vervollkommnung und praktische Realisierung im Prozeß der Leitung, Planung und Organisation der Wissenschaft sind wichtige Kanäle, über die sich die praktischen Potenzen der Wissenschaftsforschung erweisen müssen.

Die theoretischen und methodologischen Aufgaben der Wissenschaftsforschung gegenüber der Wissenschaftspolitik haben verschiedene Aspekte. Vor allem erarbeitet die Wissenschaftsforschung das allgemeine theoretische Verständnis der Wissenschaft als eines komplexen, multidimensionalen und dynamischen Objekts.

[16] Vgl. z. B. P. Weingart, Anything goes — rien ne va plus. Der Bankrott der Wissenschaftstheorie, in: Kursbuch 78/1984, S. 61—75.

Sie weist die Wissenschaft als eine historisch veränderliche — und zwar sich rasch verändernde — soziale Institution aus. Die Wissenschaftspolitik umfaßt ihrerseits die Gesamtheit der Ziele und Mittel, um auf diese soziale Institution aktiv Einfluß zu nehmen. Wie effektiv diese Einwirkung ist, hängt u. a. davon ab, welches Wissen über die Struktur der Wissenschaft, über Inhalt und Spezifik der wissenschaftlichen Tätigkeit, über Wege und Mechanismen der Wechselwirkung zwischen der Wissenschaft und anderen sozialen Institutionen, über die sozialen Funktionen der Wissenschaft ihr von der Wissenschaftsforschung bereitgestellt wird.

Die Wissenschaftsforschung analysiert und verallgemeinert des weiteren die historischen Erfahrungen und die gegenwärtige Praxis der Wissenschaftspolitik — vornehmlich in sozialistischen, aber auch in kapitalistischen Ländern. Das Hauptziel solcher Arbeiten besteht darin, aus den praktischen Erfahrungen bei der Leitung, Planung und Organisation der Wissenschaft dasjenige Allgemeine hervorzuheben, das bei der konkreten Gestaltung der Wechselwirkung zwischen Wissenschaft und materieller Produktion, wissenschaftlich-technischem und sozialem Fortschritt usw. unter sozialistischen Bedingungen beachtet werden muß. Dabei beansprucht die Wissenschaftsforschung keineswegs, allgemein, für alle Fälle und unter beliebigen Bedingungen gültige Rezepte für die Leitung und Organisation der Wissenschaft geben zu können. Bei der Umsetzung der allgemeinen Prinzipien sozialistischer Wissenschaftspolitik müssen vielmehr stets die konkreten Bedingungen beachtet werden. In dieser Beziehung unterscheidet sich die Wissenschaftspolitik in nichts von der Politik überhaupt, für die Lenin vermerkte: „Ein Rezept oder eine allgemeine Regel brauchbar für alle Fälle ... fabrizieren zu wollen, wäre Unsinn. Man muß selbst einen Kopf auf den Schultern haben, um sich in jedem einzelnen Fall zurechtzufinden.“[17] Natürlich richtet sich das Interesse der Wissenschaftspolitik darauf, auf der Grundlage allgemeingültigen Wissens über Wesen und Spezifik der wissenschaftlichen Arbeit zu praktischen Lösungen im Bereich der Leitung, Planung und Organisation der Wissenschaft zu gelangen, die einen möglichst hohen Verbindlichkeitsgrad haben oder gar juristisch fixiert werden können. Solche Lösungen müssen jedoch den wissenschaftlichen Einrichtungen und den einzelnen Wissenschaftlern genügend Raum lassen, um sie schöpferisch und unter Beachtung der jeweiligen konkreten Bedingungen anwenden zu können. Die Wissenschaftspolitik stellt daher perspektivische Aufgaben und weist die Wege zu ihrer Lösung; sie gibt konzeptionelle Orientierungen, wie an die Lösung konkreter Probleme der Leitung, Planung und Organisation der Wissenschaft heranzugehen ist, aber keine Lösungsrezepte. Die Wissenschaftsforschung trägt zur Realisierung dieser Orientierungen bei, indem sie Erkenntnisse aus soziologischen, sozialpsychologischen, ökonomischen und anderen konkreten Analysen der Wissenschaft zur Verfügung stellt, in denen positive oder auch

[17] W. I. Lenin, Der „linke Radikalismus“, die Kinderkrankheit im Kommunismus, in: LW, Bd. 31, Berlin 1959, S. 54.

negative Erfahrungen ausgewertet werden. Die Verbindung der komplexen Analyse mit einem differenzierten Herangehen ermöglicht es einerseits, die generellen Entwicklungsziele der Wissenschaft richtig zu bestimmen und andererseits, für ihre einzelnen Gebiete je nach den Entwicklungstendenzen der nationalen und der Weltwissenschaft, den gegebenen Möglichkeiten internationaler Zusammenarbeit usw. unterschiedliche Strategien zu erarbeiten.

Mit dem Übergang vom extensiven zum intensiven Entwicklungstyp der Wissenschaft gewinnen organisatorische Probleme an Bedeutung. Die äußere Organisationsstruktur der Wissenschaft kann den Besonderheiten und inneren Bedürfnissen der wissenschaftlichen Arbeit mehr oder weniger gut entsprechen. In gewissem Grade vermag das Wissenschaftssystem inadäquate Organisationsstrukturen zu kompensieren, wenn auch um den Preis hoher Kosten und verminderter Effektivität. Die wissenschaftsleitenden Organe müssen daher einzuschätzen vermögen, wieweit die Organisationsstruktur den Bedürfnissen der wissenschaftlichen Arbeit entspricht und wie sie gegebenenfalls zu verändern ist. Werden notwendige strukturelle Veränderungen zu lange hinausgezögert und erforderliche Korrekturen im Bereich des Rechts, der Bildungspolitik oder der Dienstleistungen für die Wissenschaft nicht rechtzeitig vorgenommen, sind hohe Kosten und eine niedrige Effektivität des Wissenschaftspotentials unvermeidlich, insbesondere in neuen, sich rasch entwickelnden Forschungsrichtungen. Hierfür klare und praktikable Kriterien zu erarbeiten, an Hand derer eingeschätzt werden kann, ob und in welchem Grade die Organisationsstruktur dem gegenwärtigen Entwicklungsstand der Wissenschaft entspricht, ist eine wichtige Aufgabe der Wissenschaftsforschung. Bei ihrer Lösung muß das Problem der Komplexität in zweifacher Weise bewältigt werden. Erstens kann die Aufgabe nicht aus der Sicht einer einzelnen, für sich genommenen Disziplin gelöst werden; wie logisch und rational solche einseitigen Lösungen auch scheinen mögen, sie lassen sich entweder nicht realisieren oder zeitigen wesentliche negative Nebeneffekte. Zweitens gestaltet sich die Vervollkommnung der Organisationsstruktur auch dann schwierig, wenn entsprechende Veränderungen nicht alle Komponenten der Wissenschaftspolitik gleichzeitig erfassen, die rechtlichen Grundlagen z. B. ebenso wie das Finanzierungssystem. Organisatorische Neuerungen haben immer Systemcharakter und können deshalb nur komplex vorbereitet und realisiert werden.

Die Wissenschaftspolitik bedarf des weiteren genauer Daten über den faktischen Zustand des Wissenschaftssystems zum gegebenen Zeitpunkt und über die Tendenzen seiner Veränderung. Ohne gründliche empirische Analysen der wissenschaftlichen Arbeitsprozesse, der Struktur und Dynamik des Wissenschaftspotentials, der Tendenzen der Verlagerung der vordersten Forschungsfront aus bestimmten Gebieten in andere usw. würde die Wissenschaftspolitik jeglicher Faktenbasis entbehren. Lenin hielt es für eine wichtige Forderung, „die der Marxismus an jede ernsthafte Politik stellt, nämlich, daß der Politik Tatsachen zugrunde liegen, zugrunde gelegt werden, die eine genaue objektive Prüfung gestatten“.[18]

[18] W. I. Lenin, Aus dem Tagebuch eines Publizisten, in: LW, Bd. 25, Berlin 1960, S. 298.

Empirische, aber auch methodologische Untersuchungen benötigt die Wissenschaftspolitik auch dann, wenn es um das Problem der Auswahl von Forschungsrichtungen und der entsprechenden Ressourcenzuweisung geht. Die Forderung, an der gesamten Forschungsfront präsent zu sein, ist für die sozialistischen Länder unverzichtbar. Die sozialistische Staatengemeinschaft als Ganzes muß gewährleisten, daß alle wichtigen Forschungsrichtungen in ihr bearbeitet werden, und sei es in bestimmten Fällen auch nur durch ein einziges Kollektiv. Ist eine solche „Keimzelle" vorhanden, dann kann auf dem betreffenden Gebiet nötigenfalls durch Ressourcenzuführung schnell ein größeres Forschungspotential aufgebaut werden. Allerdings ist die Bestimmung dessen, wie groß ein solcher „Potentialkeim" sein muß, um lebensfähig zu sein, keine leichte Aufgabe. Kriterien dafür zu erarbeiten, wie die Ressourcen so zu verteilen sind, daß im Falle rascher Entscheidungen von Prioritätsproblemen stets eine „kritische Masse" und in den übrigen Richtungen ein hinreichender wissenschaftlicher Vorlauf gesichert ist, ist nur interdisziplinär möglich.

Für die Ausarbeitung der Wissenschaftspolitik sind somit sowohl theoretische und methodologische als auch unmittelbar anwendbare Ergebnisse der Wissenschaftsforschung relevant. Sie vermag den an sie gestellten gesellschaftlichen Erwartungen um so zuverlässiger nachzukommen, je weiter sie in ihrer eigenen Entwicklung voranschreitet.

SIEBENTES KAPITEL

Planung der Wissenschaftsentwicklung

1. Herausbildung und Wesen des Systems der Planung wissenschaftlicher Tätigkeiten

Die Wissenschaftsplanung nimmt im System der Leitung wissenschaftlicher Tätigkeiten eine zentrale Stellung ein. Wie dieses System insgesamt, so hat auch sie eine komplizierte Entwicklung durchlaufen. Wissenschaftler und wissenschaftliche Kollektive haben natürlich auch früher nie planlos gearbeitet. Die Forschungsprogramme vieler wissenschaftlicher Schulen der Vergangenheit waren detailliert ausgearbeitete langfristige Pläne, die sich durch Zielgerichtetheit und innere Logik auszeichneten. Es war dies jedoch noch keine Planung im heutigen Sinne. Eine gesamtstaatliche Planung der Wissenschaftsentwicklung wurde erstmalig nach der sozialistischen Oktoberrevolution in der UdSSR verwirklicht. Sinn der Wissenschaftsplanung ist es, eine solche Entwicklung der Wissenschaft zu gewährleisten, die den sozialen Zielen und realen Möglichkeiten der Gesellschaft sowie der inneren Logik der Erkenntnisentwicklung maximal entspricht.

Wissenschaftsplanung ist ihrem Wesen nach ein Prozeß der Auswahl der wichtigsten, perspektivreichsten und vorrangigen Ziele, Richtungen und Gebiete der Forschung unter Berücksichtigung der Bedürfnisse der wissenschaftlich-technischen und der sozialökonomischen Entwicklung und der verfügbaren personellen, materiellen und finanziellen Ressourcen. Im Planungsprozeß werden konkrete Entscheidungen getroffen und Programme für deren Realisierung erarbeitet. Dabei wird für Forschungsgebiete, in denen das möglich ist, angegeben, welche Ergebnisse erwartet werden und wie real oder wahrscheinlich es ist, sie mit den verfügbaren Kräften und Mitteln in den vorgegebenen Fristen zu erzielen.

Die Beschleunigung des wissenschaftlich-technischen Fortschritts und die Intensivierung der Forschungsprozesse bedürfen einer klaren Zielorientierung der Forschung. Die begründete Auswahl der wichtigsten Forschungsziele ist in erster Linie Sache der Wissenschaftspolitik, insbesondere derjenigen Gremien, die für entsprechende Planentscheidungen verantwortlich sind.

Die Bestimmung der Wege, auf denen gestellte Ziele erreicht werden sollen, ist eine traditionelle Funktion jeder Planung. Forschungsplanung hat in dieser Hinsicht jedoch ihre Spezifik: In ihr kommt es darauf an, sowohl die bisherigen und schon bekannten Entwicklungsrichtungen des zu planenden Objekts zu bewerten und zu vergleichen, als auch rechtzeitig neue Richtungen seiner Entwicklung auszumachen. Für die Planungspraxis bedeutet das, die Forschungsziele und die Strategie ihrer Realisierung iterativ zu präzisieren. Diese typische Funktion der Planung ist in der Wissenschaft, wo jede Planungssituation im Grunde genommen einmalig ist, schwieriger zu realisieren als in der materiellen Produktion. Ebenso kompliziert ist die Bestimmung der Probleme, die — ausgehend von den Bedürfnissen der Wissenschaft und der Praxis — vorrangig zu lösen sind.

Die Qualität des Planes hängt davon ab, wie vollständig er die wesentlichen Faktoren und die möglichen Folgen der Entwicklung des Planobjekts erfaßt. Aus dem schöpferischen Charakter der wissenschaftlichen Tätigkeit und den der Forschung eigenen Unbestimmtheiten ergibt sich, daß Planentscheidungen in der Wissenschaft immer unter Bedingungen unvollständiger Information getroffen werden, so daß ein bestätigter Plan noch im Prozeß seiner Erfüllung ständig korrigiert und präzisiert werden muß. In diesem Sinne ist die Planung eine Funktion der „Anpassung" der wissenschaftlichen Tätigkeit an sich ständig verändernde Bedingungen.

Im Verlaufe der Planung, und zwar in allen ihren Etappen — von der Prognostizierung und der Planvorbereitung über die Ausarbeitung und Annahme des Plans bis zu seiner Realisierung —, wird die wissenschaftliche Tätigkeit für einen bestimmten Zeitabschnitt gewissermaßen modelliert. Der Plan ist so ein wichtiges Mittel der aktiven Gestaltung des künftigen Zustands der Wissenschaft. Er erfaßt die vielfältigen Prozesse, die im System der wissenschaftlichen Tätigkeit und ihren Wechselbeziehungen vor sich gehen und zeichnet die Wege der Wissenschaftsentwicklung in Übereinstimmung mit den gesellschaftspolitischen Aufgaben und ihren eigenen Bedürfnissen vor.

Aus den Erfahrungen der sozialistischen Länder lassen sich einige Prinzipien für die Organisation der Planungstätigkeit in der Wissenschaft abheben: Forschungspläne müssen darauf gerichtet sein, die Effektivität der wissenschaftlichen Tätigkeit ständig zu erhöhen; sie müssen die Lösung solcher Aufgaben anstreben, die für die Entwicklung der Produktion und der Wissenschaft besonders bedeutsam sind; sie müssen der Grundlagenforschung gebührende Aufmerksamkeit widmen, damit der wissenschaftliche Vorlauf gesichert ist; sie müssen die vorrangige Entwicklung der den wissenschaftlichen Fortschritt bestimmenden Richtungen sichern und Voraussetzungen dafür schaffen, daß die Ergebnisse der Grundlagenforschung rasch in die folgenden Phasen der Forschungsarbeit überführt werden können.[1]

Die Vervollkommnung der Planungstätigkeit erfordert die breite Einbeziehung hochqualifizierter wissenschaftlicher Mitarbeiter und Spezialisten, die alle notwendigen Operationen zur Vorbereitung und Annahme des Planes beherrschen und in der Lage sind, die Methodologie der Prognostizierung und Planung ständig zu verbessern. Die Anwendung der EDV zur Analyse großer Informations-

[1] Vgl. N. Stefanov, Mul'tiplikacionnyj podchod i effektivnost', Moskva 1980.

massive ermöglichte die „Kartierung" der Struktur der vordersten Forschungsfront und die frühzeitige Bestimmung neu entstehender Forschungsrichtungen und möglicher „Wachstumspunkte" der Wissenschaft. Diese Möglichkeiten gilt es in der Planungspraxis stärker zu nutzen; sie sind eine nicht zu unterschätzende Reserve für ihre weitere Vervollkommnung.

Die planmäßige Leitung der Wissenschaft muß gewährleisten, daß diese sich im ganzen stabil entwickelt, und sie muß zugleich flexibel sein, um ständig die Forschungsziele mit den konkreten gesellschaftlichen Bedürfnissen abstimmen und die Pläne an unvorhergesehene Veränderungen der Bedingungen anpassen zu können. Der Hauptweg zu einer besseren Verbindung von zentraler und dezentraler Planung in der Wissenschaft besteht darin, die staatlichen Planungsorgane auf die Wahrnehmung von Funktionen und auf Probleme zu konzentrieren, die im Bereich der Strategie der Wissenschaftspolitik und der sie realisierenden lang- und mittelfristigen Planung liegen.

Die Wissenschaftsplanung ist keineswegs eine Kopie der Planung in anderen Bereichen. Die materielle Produktion folgt einem exakt vorgegebenen Programm; Quantität und Qualität ihrer Erzeugnisse, Fertigungsfristen und der Bedarf an personellen und materiellen Ressourcen können mit hoher Genauigkeit angegeben werden. In der Wissenschaft sind diese Parameter nur angenähert angebbar, und die Bewertungen ändern sich zudem mit dem Fortgang der Arbeiten. Forschung und ihre Planung sind deshalb funktionell nicht voneinander zu trennen. Jedes Forschungskollektiv ist unmittelbar in den Planungsprozeß einbezogen, und dieser wird seinerseits immer mehr zum Bestandteil des Forschungsprozesses. Aufgabe der Leitungsorgane ist es, diesen Prozeß zu koordinieren, indem sie einheitliche Formen und Kriterien einbringen, die dafür sorgen, daß Planziele und Ressourcen einander entsprechen und die Forschungspläne mit den Volkswirtschaftsplänen abstimmen.

Die Planung der wissenschaftlichen Tätigkeit umfaßt mehrere große Gruppen von Aufgaben. Zur ersteren gehören die Bestimmung der gesellschaftlichen Ziele und deren Transformation in wissenschaftliche und wissenschaftlich-technische Probleme, die Bestimmung der Wege und Methoden zur Realisierung dieser Ziele sowie der Hauptetappen der Forschung. Der Planungsprozeß erstreckt sich auf das gesamte System der Grundlagenforschung, angewandten Forschung und Entwicklung in ihrer Einheit und in ihrem Zusammenhang mit den gesellschaftlichen Bedürfnissen. Die zweite Gruppe von Aufgaben umfaßt die Planung des für die zielgerichtete Entwicklung des Wissenschaftspotentials benötigten „Inputs" der Wissenschaft. Angesichts der komplizierten Struktur des Wissenschaftspotentials und der Dynamik der Beziehungen zwischen seinen Elementen handelt es sich hier um methodologisch sehr komplizierte Planungsaufgaben. Beide Gruppen von Aufgaben unterscheiden sich zwar voneinander, dürfen aber nicht getrennt voneinander wahrgenommen werden. Einerseits formiert und entwickelt sich das Wissenschaftspotential nur im Prozeß der Lösung anspruchsvoller wissenschaftlicher Probleme; andererseits erfordert die Entwicklung konkreter zielorientierter

Forschungsrichtungen deren planmäßige Versorgung mit allen benötigten Ressourcen.

Eine weitere Gruppe von Aufgaben betrifft die Abstimmung der Forschungspläne mit den Plänen in anderen Bereichen der Volkswirtschaft und der gesellschaftlichen Praxis. Diese Aufgabe ist von höchster Wichtigkeit. Das System der Methoden, mittels derer die Pläne wissenschaftlicher und technischer Forschung mit den Entwicklungsplänen der Volkswirtschaft abgestimmt werden, insbesondere mit den Aufgaben zur Produktion neuer Erzeugnisse und der Einführung neuer Technik und Technologie sowie zur Erhöhung der Interessiertheit der Produktion an der Einführung neuester wissenschaftlich-technischer Errungenschaften, bedarf grundlegender Vervollkommnung. Es könnte scheinen, als habe diese Aufgabe nichts mit Forschungsplanung zu tun. Die Entwicklung von Wissenschaft und Technik hängt aber in hohem Maße davon ab, wie rasch und wie umfassend ihre Errungenschaften in der Volkswirtschaft angewandt werden. Andererseits hängt die Effektivität der Volkswirtschaft und ihr Entwicklungstempo unter den Bedingungen der wissenschaftlich-technischen Revolution entscheidend davon ab, wie rasch sie auf die Errungenschaften von Wissenschaft und Technik zu reagieren versteht. Aus diesem Grunde müssen die Forschungspläne mit den anderen Planteilen der Volkswirtschaftspläne auf das engste koordiniert und abgestimmt sein. Die Anwendung wissenschaftlich-technischer Errungenschaften ist heute immer mehr mit tiefgreifenden Umgestaltungen im Produktionsprozeß selbst verknüpft. Solche Umgestaltungen müssen rechtzeitig geplant werden. Die breite Anwendung moderner Rechentechnik erfordert z. B. eine ziemlich langwierige Ausbildung und sogar psychologische Vorbereitung nicht nur bestimmter Gruppen von Werktätigen aus verschiedenen Tätigkeitsbereichen, sondern großer Teile der Bevölkerung. Diese Ausbildung und Vorbereitung muß in engem Zusammenhang mit der Entwicklung und Produktion der Rechentechnik selbst geplant werden.

Die Grundlagen für ein auf sozialistischen Prinzipien beruhendes gesamtstaatliches System der Planung und Prognostizierung der wissenschaftlichen Tätigkeit wurden bereits in den ersten Jahren der Sowjetmacht gelegt. Bereits zu dieser Zeit bildete sich ein einheitliches Verständnis vom Wesen der Wissenschaftsplanung heraus. In der Entschließung der ersten Allunionskonferenz zur Planung von Wissenschaft und Forschung (Moskau 1931) hieß es, die Planung müsse die Arbeit an den großen Schlüsselproblemen der modernen Wissenschaft, von deren Lösung die weitere technisch-ökonomische Entwicklung der UdSSR abhängt, sicherstellen. Die Konferenzteilnehmer waren der Auffassung, daß Wissenschafts- und Forschungsplanung folgende Aufgaben umfaßt: „1.) Die Bestimmung des Anteils von Wissenschaft und Forschung am Gesamtbudget des Landes; 2.) die Themenplanung, also die Planung der wissenschaftlichen Forschung im eigentlichen Sinne; 3.) die Planung des Aufbaus wissenschaftlicher Forschungseinrichtungen; 4.) die Planung ihrer territorialen Verteilung; 5.) die Mittelplanung; 6.) die Kaderplanung."[2]

Die Wissenschaftsplanung hat entscheidend dazu beigetragen, daß die UdSSR in einem historisch außerordentlich kurzen Zeitraum ein leistungsstarkes Wissenschaftspotential aufbauen konnte. Die Rolle der Planung bei der Herausbildung der sowjetischen Wissenschaft wird noch augenfälliger, wenn man bedenkt, daß sie unter Bedingungen eines empfindlichen Mangels an Kadern und materiellen Ressourcen erfolgte. Nur durch eine Planung, die streng darauf achtete, daß der Plan als ein unbedingt zu erfüllendes staatliches Dokument behandelt wurde, konnte verhindert werden, daß die wissenschaftlichen Ressourcen sich auf viele einzelne wissenschaftliche und technische Aufgaben „zersplitterten". Die Planung war notwendig, um die Ressourcen auf die wichtigsten Forschungsrichtungen zu konzentrieren und hier rasch die „kritische Masse" eines zur Lösung lebenswichtiger Aufgaben fähigen Forschungspotentials zu sichern.

Die Planung der Wissenschaftsentwicklung konnte sich zu dieser Zeit noch nicht an historischen Vorbildern orientieren. Es blieb deshalb nicht aus, daß mitunter versucht wurde, Verfahren einer streng deterministischen Planung, die sich in der materiellen Produktion als effektiv erwiesen hatten, der Wissenschaft aber nicht adäquat sind, mechanisch auf diese zu übertragen. Solche Versuche waren indes nur kurzlebig und vermochten nicht, das Wesen der Sache zu verdecken: Die sowjetischen Erfahrungen bezeugten, daß die Planung der Entwicklung von Wissenschaft und Technik nicht nur notwendig, sondern für Wissenschaft und Technik auch förderlich ist, wenn sich der Staat von gesamtgesellschaftlichen Interessen leiten läßt.

Nach dem zweiten Weltkrieg ist die staatliche Planung von Wissenschaft und Forschung in allen sozialistischen Ländern zu einem festen Bestandteil des Systems der zentralen staatlichen Leitung und Planung der ökonomischen und sozialen Prozesse geworden. Der Sozialismus schafft die objektiven Bedingungen für die Gestaltung eines Systems der Planung von Wissenschaft und Technik in Einheit mit der Planung der ökonomischen und sozialen Entwicklung und realisiert sie zunehmend in der gesellschaftlichen Praxis.

In den kapitalistischen Ländern war die Notwendigkeit der Planung der wissenschaftlichen Tätigkeit relativ lange umstritten. Indes bewirkten der zweite Weltkrieg, aber auch die Erfahrungen der UdSSR und der sozialistischen Länder, daß das Prinzip der Planung auch in dem Wissenschaftsbetrieb kapitalistischer Länder zunehmend Eingang fand. Freilich trifft es hier auf vielfältige Barrieren, die aus der Herrschaft privater Eigentumsverhältnisse erwachsen. So gehen bis heute eine strenge Planung im Rahmen einzelner kapitalistischer Firmen und Monopole und die Planung bestimmter (vor allem militärstrategischer) nationaler Projekte einher mit dem faktischen Fehlen normativer gesamtstaatlicher Pläne der Entwicklung von Wissenschaft und Technik.[3]

[2] Vgl. Pervaja Vsesojuznaja konferencija po planirovaniju naučno-issledovatel'skoj raboty. Stenografičeskij otčet, Moskva—Leningrad 1931, S. 393—418.

[3] Vgl. Evoljucija form organizacii nauki v razvitych kapitalističeskich stranach, Moskva 1972;

Seit den Nachkriegsjahrzehnten tendiert die staatliche Planung von Wissenschaft und Technik in den sozialistischen Ländern zu immer größerer Komplexität und engerer Verknüpfung mit den Plänen der ökonomischen und sozialen Entwicklung. Besondere Beachtung wird dabei neben der Planung des wissenschaftlich-technischen Fortschritts in den einzelnen Volkswirtschaftszweigen vor allem der zwischenzweiglichen und regionalen Forschungsplanung gewidmet; Fortschritte wurden in der prognostischen Arbeit und bei der Aufstellung von staatlichen Komplexprogrammen erzielt.

Die konkreten Formen der prognostischen und planerischen Arbeit und ihre Organisation sind in den einzelnen Ländern des Sozialismus natürlich verschieden; sie entsprechen dem jeweiligen Stand der wissenschaftlich-technischen und sozialökonomischen Entwicklung des betreffenden Landes und seinen historischen Traditionen. Die durch jahrzehntelange Erfahrung bestätigte Grundrichtung ist jedoch das Prinzip des demokratischen Zentralismus, die Stärkung der zentralen Leitung und Planung bei allseitiger Förderung der Initiative der Wissenschaftlerkollektive.

In dem Maße, wie sich starke nationale Wissenschaftspotentiale herausbildeten, die sozialistische Gesellschaft immer dringender das Bedürfnis nach wissenschaftlich-technischen Spitzenleistungen ausbildete und die internationale wissenschaftlich-technische Zusammenarbeit sich entwickelte, sah sich auch die Wissenschaftsplanung vor neue Aufgaben gestellt. Es galt vor allem, die Planungstechniken gemäß den neuen Bedingungen zu vervollkommnen sowie den Informations- und Kaderbedarf der Planung zu sichern. Dabei wurden in den einzelnen sozialistischen Ländern unterschiedliche Wege beschritten. So bildeten sich z. B. in der Volksrepublik Bulgarien Anfang der 70er Jahre im Rahmen der Leitung und Planung des wissenschaftlich-technischen Fortschritts selbständige Prognoseorgane heraus.[4] Die prognostische Arbeit ist insbesondere darauf gerichtet, nationale wissenschaftspolitische Strategien zu entwerfen, die sozialen Folgen der Einführung neuer Technik und neuer Technologien vorausschauend zu bewerten und den Kaderbedarf zu sichern. Im Zeitraum 1971—1985 gelangten in zunehmendem Maße Methoden der Zielprogrammplanung zum Einsatz. Sie ermöglichen es, in bestimmten Fällen die Kontinuität der Planung im Rahmen des gesamten Zyklus von der Grundlagenforschung bis zur praktischen Nutzung der Ergebnisse in der Volkswirtschaft zu gewährleisten und eine gezielte Forschungsfinanzierung vorzunehmen. So betrug z. B. der Anteil der gezielten Programmfinanzierung an den Gesamtausgaben für Wissenschaft im Zeitraum 1971 bis 1975 in der ČSSR 60%.[5] In den Plänen der zweiten Hälfte der 70er Jahre

A. A. Gavrilov/V. S. Denisenko, Gosudarstvennoje regulirovanije naučnych issledovanij v SŠA, Moskva 1981.

[4] Vgl. N. Stefanov/N. Jachiel/S. Kačaunov, Upravlenije, modelirovanie, prognoziranie, Sofia 1970.

[5] Vgl. Naučno-techničeskaja politika socialističeskich stran, Moskva 1977, S. 54.

und in den 80er Jahren gelang es, eine weitere Konzentration der Kräfte und Mittel auf die volkswirtschaftlich wichtigsten Forschungsprogramme vorzunehmen. Ungeachtet der Fortschritte, die in dieser Beziehung erzielt wurden, bedarf es noch großer Anstrengungen, um Wissenschaft und Produktion noch enger zusammenzuschließen, den wissenschaftlich-technischen Fortschritt weiter zu beschleunigen und die Errungenschaften von Wissenschaft und Technik ohne Zeitverzug und umfassend in die Praxis zu überführen. Hier stehen noch viele ungelöste theoretische und praktische Probleme an.

In dem Beschluß des ZK der KPdSU und des Ministerrates der UdSSR „Über Maßnahmen zur Beschleunigung des wissenschaftlich-technischen Fortschritts in der Volkswirtschaft" (1983) heißt es, daß die Erfüllung der Pläne Wissenschaft und Technik als wichtige Kennziffer für die Bewertung der ökonomischen Tätigkeit der Betriebe und Vereinigungen sowie der Ergebnisse im sozialistischen Wettbewerb anzusehen ist. Zur Erhöhung der Planmäßigkeit des wissenschaftlich-technischen Fortschritts werden als weitere Maßnahmen z. B. vorgesehen: die weitere Durchsetzung der Zielprogrammplanung, die Ausarbeitung wissenschaftlich-technischer Programme im Unionsmaßstab und für einzelne Republiken sowie Zweig- und zwischenzweiglicher Programme für einzelne Regionen und territoriale Produktionskomplexe; die in den Programmen enthaltenen Aufgaben sind jeweils in die Fünfjahres- und Jahrespläne aufzunehmen. Durch entsprechende Ressourcenbereitstellung und andere materiell-technische und bauliche Maßnahmen wird die Erfüllung der Programme vorrangig gesichert.[6]

In seiner entwickelten Form erfaßt das System der staatlichen Planung der wissenschaftlichen Tätigkeit in der sozialistischen Gesellschaft alle wesentlichen Seiten und Aspekte derselben — von der Aufgabenstellung für die Forschung bis zu Fragen der Überführung wissenschaftlicher Leistungen in die gesellschaftliche Praxis. Geplant wird auch die Entwicklung des Wissenschaftspotentials — die materiell-technische Basis der Wissenschaft, die Kader, die Informationsbereitstellung, die finanziellen Ressourcen, das Netz wissenschaftlicher Einrichtungen, die soziale Entwicklung wissenschaftlicher Kollektive, die Anwendung der wissenschaftlichen Errungenschaften, die internationale wissenschaftliche und wissenschaftlich-technische Zusammenarbeit usw.

Neue Probleme haben sich in den letzten Jahrzehnten im Zusammenhang mit der Einführung der EDV in die Forschungsplanung ergeben. In vielen Arbeiten werden Möglichkeiten zur Automatisierung der Planung sowie die Auswirkungen der Automatisierung auf die Organisation von Forschungszentren untersucht. Die Möglichkeit, große Massive operativer Informationen computergestützt zu verarbeiten, hat die Tendenz hervorgebracht, die Funktionen der strategischen Planung und der operativen Planungstätigkeit voneinander zu trennen.

Prognostizierung und Planausarbeitung sind Elemente eines einheitlichen Planungssystems und haben gemeinsame Ziele und Aufgaben. Die Prognostizie-

[6] Vgl. Pravda vom 28. August 1983.

rung ist ein wichtiger Bestandteil der Planvorbereitung; sie bildet die Informationsbasis für laufende und Perspektivpläne. Zugleich dient sie zur Analyse des Verlaufs und der Perspektiven der Planerfüllung sowie zur Bewertung der Folgen, die sich aus der Erfüllung der Pläne der wissenschaftlich-technischen Entwicklung ergeben. Ausgehend von erkannten objektiven Gesetzmäßigkeiten und Tendenzen gestattet sie, Alternativen der Entwicklung zu formulieren und die Bedingungen anzugeben, die erfüllt sein müssen, wenn mögliche Ziele erreicht werden sollen. Das ist ein wichtiger Faktor, um Wissenschaftlichkeit und Qualität der Pläne zu erhöhen.

2. Die Prognostizierung des wissenschaftlich-technischen Fortschritts. Die Bestimmung von Prioritäten

Viele Funktionen der Prognostizierung sind in den sozialistischen Ländern lange Zeit im Planungsprozeß selbst wahrgenommen worden, ohne daß sie als besondere Stadien ausgewiesen wurden. Dem entspricht der Grundsatz, daß prognostische Arbeit nicht losgelöst vom Forschungsprozeß und seiner Leitung und Planung betrieben werden darf. Dennoch bedarf sie natürlich besonderer Aktivitäten der Wissenschaftler und der Leitungs- und Planungsgremien. In den wissenschaftlichen Einrichtungen der UdSSR und der anderen sozialistischen Länder haben sich vielfältige Formen herausgebildet, in denen solche Aktivitäten verlaufen. Sie ergeben sich aus der Notwendigkeit, für die wichtigsten Entwicklungsprobleme der Volkswirtschaft und ihrer einzelnen Zweige wissenschaftlich-technische Prognosen für einen Zeitraum von 10 bis 15 Jahren und darüber hinaus zu erarbeiten, auf Grund derer die Auswahl der perspektivreichsten Richtungen des technischen Fortschritts vorgenommen werden kann. Für die Organisation der Prognosearbeit sind vom Gesetzgeber entsprechende Normative erlassen worden. Die Prognostizierung ist so zu einem ständigen Element des staatlichen Systems der Planung der Wissenschaft und des wissenschaftlich-technischen Fortschritts geworden.

Wissenschaftlich begründete Prognosen der wissenschaftlich-technischen Entwicklung enthalten Wertungen der möglichen Ziele und angestrebten Ergebnisse, der möglichen Wege, Methoden und Bedingungen der Zielerreichung sowie des absehbaren Bedarfs an Mitteln und Ressourcen, die zur Lösung der gestellten Aufgaben benötigt werden. In bestimmten Fällen können Prognosen darauf gerichtet sein, auf der Grundlage bereits gestellter Aufgaben die Wege zu ihrer Realisierung zu bestimmen; in anderen Fällen kann es darum gehen, eine heranreifende Problemsituation zu erkunden. Im ersten Falle geht man von dem festgelegten Ziel aus und nimmt gewissermaßen eine „Projektierung" der Zukunft vor. Solche Prognosen sind von der angestrebten Zukunft auf die Gegenwart gerichtet und analysieren diejenigen Erscheinungen und Bedingungen in der Wissenschaft und den mit ihr verbundenen Bereichen des gesellschaftlichen

Lebens, die in Rechnung zu stellen sind, wenn das anvisierte Ziel erreicht werden soll. Erkundende Prognosen dagegen haben die Aufgabe, ausgehend vom gegenwärtigen Zustand des Prognoseobjekts die künftige Entwicklung von Wissenschaft und Technik gleichsam zu sondieren. Obwohl beide Prognosearten einen gegensätzlichen Richtungssinn haben, dürfen sie nicht einander gegenübergestellt werden. Die Prognosearbeit tendiert vielmehr gegenwärtig immer mehr dahin, beide Arten miteinander zu verbinden, ihre Wechselwirkung und wechselseitige Korrektur zu gewährleisten. Dabei gilt es, sowohl die dem Prognoseobjekt eigenen Entwicklungstendenzen als auch die Möglichkeiten seiner aktiven Umgestaltung zu berücksichtigen. Zweckmäßigerweise werden auszuarbeitende Prognosen deshalb als einheitliche und komplexe Entwürfe der Zukunft, als Szenarien und Konzeptionen sowohl für einzelne Wissenschaftsrichtungen als auch für den wissenschaftlich-technischen Fortschritt in seiner Gesamtheit angelegt.

Die Hauptfunktionen der Prognostizierung der wissenschaftlichen Tätigkeit sind die Analyse und Bewertung gegebener Situationen, die Identifizierung von Schlüsselproblemen der wissenschaftlich-technischen Entwicklung, die Voraussicht neuer Tendenzen und Situationen, die Erkundung möglicher Alternativen der Forschung und der perspektivischen Entwicklung des Wissenschaftspotentials sowie die Bereitstellung hinreichender Informationen für die begründete Wahl bestimmter Entwicklungswege der Wissenschaft und für optimale Planentscheidungen. Die Prognostizierung der Wissenschaftsentwicklung ist so selbst spezifische Forschungsarbeit, die ihre eigenen Ziele, ihre Methodik und ihre Etappen hat.

Obgleich Prognosen der Wissenschaftsentwicklung organisch mit deren Planung verbunden sind, sind sie doch nicht mit dieser identisch. Eine Prognose ist eine Beschreibung mit Wahrscheinlichkeitscharakter; sie ist nicht das Ergebnis einer Entscheidung, einer Auswahl. Der Plan hingegen ist das Ergebnis einer solchen Auswahl aus Alternativen. Die Hauptrolle bei der Leitung des wissenschaftlich-technischen Fortschritts spielt letztlich immer der Plan, dessen Ziele und Aufgaben es ständig zu konkretisieren gilt.

Die Entwicklung der Prognosetätigkeit in der Wissenschaft hängt von den Bedürfnissen der Praxis und insbesondere der Planung ab. Das bedeutet jedoch nicht, daß Prognoseinformationen streng an Kennziffern und Formen des Plans gebunden seien. Die in Prognosen eingehende Information ist weitergehend als die in fertig ausgearbeiteten Plänen enthaltene. So liefert die Prognostizierung z. B. Informationen über Veränderungen im inneren Mechanismus der Wissenschaftsentwicklung, insbesondere über Differenzierungs- und Integrationsprozesse, über Möglichkeiten der Herausbildung neuer Wissenschaftsgebiete und Disziplinen, über Veränderungen auf einzelnen Wissenschaftsgebieten usw. Solche Informationen gehen nicht unmittelbar in den Plan ein, sind aber wichtige Voraussetzungen, um die geplanten Parameter der wissenschaftlichen Tätigkeit optimieren und aktiv auf alle im Bereich der Wissenschaft sich objektiv vollziehenden Prozesse einwirken zu können.

Die Prognostizierung des wissenschaftlich-technischen Fortschritts erfolgt im engen Zusammenhang mit der Prognostizierung der gesellschaftlichen Entwicklung im allgemeinen; sie durchdringt gleichsam den gesamten Inhalt der Volkswirtschaftsplanung.

Bei der Bestimmung des Prognosezeitraumes müssen sowohl die Besonderheiten des Prognoseobjektes als auch das generelle Tempo des Fortschritts auf dem betreffenden Wissensgebiet oder im betreffenden Produktionszweig berücksichtigt werden. Je enger der thematische Rahmen der auszuarbeitenden Prognose ist, desto kürzer muß in der Regel der Prognosezeitraum sein. Auf neuen und sich rasch entwickelnden Gebieten sind die Prognosezeiträume zwangsläufig kürzer als auf traditionellen Gebieten, so daß die Prognosen häufiger präzisiert werden müssen.

Die Auswahl von Prioritäten ist eines der wichtigsten Probleme der Prognostizierung und Planung. Priorität können immer nur relativ wenige Ziele haben; es sind dies jene, die als die wichtigsten erkannt sind und in vorgegebenen Fristen erreicht werden müssen. Die entsprechenden Forschungsarbeiten werden in materieller, finanzieller und personeller Hinsicht vorrangig abgesichert. Die Bestimmung der Prioritäten reduziert sich nicht darauf, aus mehreren Zielen eines auszuwählen, denn in der Regel geht es um einen ganzen Komplex wichtiger sozialökonomischer Bedürfnisse. Dementsprechend gilt es, eine gewisse Zielmenge anzuvisieren.

Die Zielbestimmung und -auswahl verläuft einerseits von unten nach oben, d. h. sie beginnt unmittelbar in den wissenschaftlichen Einrichtungen. Die auf diesem Wege bestimmten Ziele ergeben sich aus den Gesetzmäßigkeiten und Bedürfnissen der Wissenschaftsentwicklung selbst, aus dem vorhandenen wissenschaftlich-technischen Vorlauf, aus Informationen über Leistungen, die im Ausland erbracht wurden usw. Auf den übergeordneten Leitungsebenen werden bestimmte Probleme gegeneinander abgewogen, und schließlich erhalten einige von ihnen Priorität. Andererseits erfolgt die Zielbestimmung von oben nach unten. Dies gilt vor allem für Ziele, die sich aus sozialökonomischen Schwerpunktaufgaben ergeben. In diesem Falle sind gesellschaftliche Bedürfnisse der primäre Faktor, der die Priorität bestimmt.

Ein schwieriges Problem bei der Prioritätenbestimmung besteht darin, daß Prioritäten, die ja Aufgaben für einen langfristigen Planzeitraum darstellen, sich mit der Zeit ändern können. Sie müssen deshalb periodisch präzisiert werden, wobei der gegenwärtige Stand und die perspektivische Entwicklung der Volkswirtschaft des betreffenden Landes, die absehbaren Entwicklungstendenzen der Wissenschaft und des wissenschaftlich-technischen Potentials, die Veränderungen in den gesellschaftlichen Bedürfnissen und andere Faktoren zu berücksichtigen sind.

Eine Prognose entsteht im Gefolge eines vielstufigen Prozesses, in dem die benötigten Informationen gewonnen und mittels spezieller Verfahren bearbeitet werden sowie die Wahrscheinlichkeit der gewonnenen Resultate bewertet wird. Die Zahl der verschiedensten Methoden zur Ausarbeitung von Prognosen beläuft sich gegenwärtig auf mehr als Hundert. Indes läßt sich die Vielfalt methodischer Verfahren bedingt auf drei Hauptgruppen reduzieren: Prognosen auf der Grundlage von Extrapolationen, Methoden der Experteneinschätzung und Methoden der Modellierung.

1. Die *Extrapolationsmethoden* gründen sich auf die Beobachtung beständiger und sich wiederholender Erscheinungen, also auf empirisch festgestellte Gesetzmäßigkeiten. Die Prognose ist in diesem Falle nicht eine Vorhersage der Zukunft, sondern eine Folgerung, die den erwarteten Zustand des Prognoseobjekts betrifft, und zwar unter der Bedingung, daß die auf das Objekt einwirkenden Tendenzen und Faktoren sich im Prognosezeitraum nicht wesentlich verändern. Sie basiert auf der vorhandenen Information über das Prognoseobjekt und seine Entwicklung in der Vergangenheit. Extrapolationsmethoden werden vor allem dann angewandt, wenn man es mit quantitativen, insbesondere technischen, Parametern zu tun hat, z. B. wenn das Wachstum der Geschwindigkeit von Transportmitteln prognostiziert werden soll.

Eine Besonderheit extrapolatorischen Vorgehens besteht darin, daß man retrospektive Informationen über einen hinreichenden Zeitraum benötigt. Gewöhnlich wird angenommen, daß der Prognosezeitraum ein Drittel des Zeitintervalls betragen kann, für den man über die entsprechenden Daten verfügt, d. h. für eine Prognose, die die nächsten 10 Jahre erfassen soll, benötigt man die Daten für die vergangenen 30 Jahre.

Ein weiteres wichtiges Moment besteht darin, daß Extrapolationsmethoden auf die Prognostizierung quantitativer Veränderungen gerichtet sind, nicht aber qualitativer Umbrüche, durch die Wissenschaft, Technik und Technologie revolutioniert werden. So ergibt sich bei diesen Methoden häufig eine beträchtliche Vergröberung, die daraus resultiert, daß Faktoren, die in der Vergangenheit keine wesentliche Rolle spielten, gegenwärtig aber immer mehr in den Vordergrund rücken, nicht berücksichtigt werden.

Sollen bei der Prognostizierung von Parametern die sie beeinflussenden Faktoren berücksichtigt werden, so bedient man sich der Methoden der Korrelations- und Regressionsanalyse. Um qualitative Charakteristika zu prognostizieren, bedarf es hingegen Methoden der Experteneinschätzung.

2. Die *Methode der Experteneinschätzung* besteht darin, daß auf der Grundlage von Einschätzungen eines oder mehrerer Spezialisten auf Entwicklungstendenzen von Wissenschaft und Technik bzw. auf perspektivische Richtungen von Forschung und Entwicklung geschlossen wird. Die Arbeit mit Experten kann der Form nach individuell oder kollektiv erfolgen. Bei der individuellen Methode wird mit jedem Experten einzeln gearbeitet; man erhält so eine individuelle Meinung, die mit der Meinung anderer Experten nicht abgestimmt ist. Um die Sicherheit der prognostischen Aussagen zu erhöhen, werden die individuellen Einschätzungen mehrerer Experten miteinander verglichen und gegebenenfalls zu einer kollektiven Experteneinschätzung zusammengefaßt. Dabei wird vorausgesetzt, daß die Spezialisten auf dem betreffenden Gebiet hinreichend kompetent sind, um mögliche grundlegende Neuerungen oder konkurrierende technische Varianten einschätzen zu können.

Experteneinschätzungen sind notwendig, wenn es um die Prognostizierung von Objekten geht, die unter dem Einfluß wissenschaftlicher Entdeckungen tiefgreifende Veränderungen erfahren, oder von Situationen, deren Entwicklung theoretisch oder statistisch noch nicht überschaubar ist. In diesen Fällen bedarf es nichtformalisierter Information, die mittels spezieller Verfahren (Fragebögen, Interviews) eben von Experten abgefragt und anschließend verarbeitet wird. Die an die Experten zu richtenden Fragen müssen dabei so abgefaßt sein, daß die Antworten in quantitativer Form gegeben werden können. In ihnen geht es gewöhnlich darum, wie verschiedene neue und sich entwickelnde Forschungsrichtungen zu bewerten sind, wie die Fristen eingeschätzt werden, innerhalb derer sich bestimmte Entwicklungen wahrscheinlich vollziehen werden, wie die relative Gewichtigkeit verschiedener Aufgaben oder technischer Lösungen beurteilt wird usw., oder auch, welcher der bereits existierenden alternativen Wertungen sich der betreffende Experte anschließt. Für diese Gruppe von Methoden spielen Erudition und Intuition der Experten eine große Rolle.

3. Methoden der Modellierung von Entwicklungsprozessen in Wissenschaft und Technik gehören für die Ausarbeitung von Prognosen mit zu den leistungsfähigsten. Hier sind zu unterscheiden die Methode der historischen Analogien (logische Modellierung), die Methode der mathematischen Modelle und die Methode der Informationsmodelle.

Die *Methode der historischen Analogien* besteht darin, sogenannte Szenarien zu erarbeiten. Durch sie versucht man Aufschluß darüber zu erlangen, wie verschiedene Faktoren die Entwicklung des Prognoseobjekts bei Zugrundelegung eines bestimmten Entwicklungszieles beeinflussen und welche Restriktionen dabei auftreten. Zu diesem Zweck müssen verschiedenartige Informationen zu einem einheitlichen Komplex zusammengefaßt werden. Will man z. B. ein Szenarium erarbeiten, um die Entwicklung eines Volkswirtschaftszweiges zu prognostizieren, so müssen möglichst alle Faktoren berücksichtigt werden, die dessen Entwicklung beeinflussen, also z. B., welche wissenschaftlichen Möglichkeiten sich ergeben können, welche Anforderungen die Volkswirtschaft an diesen Zweig und seine Produktion stellen kann, sowie ökonomische, ökologische und andere Faktoren. Das Szenarium muß die logische Folgerichtigkeit der Ereignisse widerspiegeln, mit der der bestehende Zustand in den angestrebten übergeht.

Mathematische Modelle werden erarbeitet, wenn quantitative Informationen über die mutmaßliche Entwicklung des Objekts verfügbar sind. Ein solches Modell ist ein Szenarium in mathematischer Form. Ein Spezialfall sind Matrizenmodelle, mittels derer die wechselseitige Einwirkung verschiedener Zweige aufeinander prognostiziert werden kann. Hierbei wird die Matrix der gegenseitigen Einwirkungen aufgestellt; ihre Elemente sind die einzelnen Wertungen, wie ein Faktorenkomplex auf einen anderen einwirkt. Diese einzelnen Wertungen werden sodann integriert. Die so zustande kommenden Gesamtwertungen zeigen an, welche Richtungen des wissenschaftlich-technischen Fortschritts die dominierenden sind, welche vorrangig mit Ressourcen bedacht werden müssen usw.

Informationsmodelle beruhen auf der Analyse von Informationsflüssen (Patentliteratur, wissenschaftlich-technische Veröffentlichungen usw.) und haben gewöhnlich die Form von Graphiken (im Spezialfall von Diagrammen), aus denen die dominierenden Entwicklungsrichtungen abgelesen werden können. So kann z. B. aus der Analyse des Informationsmassivs an Patenten über eine bestimmte Masse technischer Mittel entnommen werden, welche technischen Lösungen vorrangig erarbeitet und in einigen Jahren zur Erneuerung dieser Art von Technik führen werden. In analoger Weise läßt sich aus der Analyse des Massivs wissenschaftlicher Publikationen auf einem bestimmten Gebiet ersehen, welche die vorzugsweise zu entwickelnden Forschungsrichtungen sind. Hierzu gehört auch die Analyse von Zitierungsnetzen; sie ermöglicht es, frühzeitig festzustellen, auf welche Richtungen sich das Interesse der Wissenschaftler konzentriert, so daß mit deren schneller Entwicklung in nächster Zeit zu rechnen ist. Solche statistischen Analysen müssen freilich mit inhaltlichen Analysen der Entwicklungslogik der betreffenden Wissenschaftsdisziplin oder wissenschaftlich-technischen Richtung einhergehen. Erst dann wird es möglich, nicht nur quantitatives Wachstum, sondern qualitative Sprünge vorherzusagen.

Es versteht sich, daß in der Praxis die Ausarbeitung von Prognosen auf der Grundlage nicht nur einer einzigen Methode erfolgt; immer sind es verschiedenartige Methoden und Herangehensweisen, die gleichzeitig zum Einsatz gelangen und so ein komplexes System der Prognostizierung bilden. In der UdSSR hat dieses komplexe Herangehen an die Ausarbeitung von Prognosen der Entwicklung von Wissenschaft und Technik seinen Niederschlag in der vom Staatlichen Komitee für Wissenschaft und Technik befürworteten Methodik der Programmprognostizierung gefunden. Um die methodische Einheitlichkeit der zu erarbeitenden Prognosen zu gewährleisten, wurde vom Staatlichen Komitee für Wissenschaft und Technik und vom Präsidium der AdW der UdSSR eine „Ordnung für die Ausarbeitung wissenschaftlich-technischer Prognosen" verabschiedet, in der die methodischen und organisatorischen Grundprinzipien und die zu beachtenden Anforderungen der Erarbeitung wissenschaftlich-technischer Prognosen formuliert sind.

Die kritische Analyse des traditionellen Systems der Prognostizierung des wissenschaftlichen und technischen Fortschritts zeigt, daß das typischste Verfahren die Aufstellung von Prognosen für einzelne große und komplizierte Objekte ist. Liegen diese Prognosen vor, werden sie miteinander verglichen und abgestimmt. In der Leitungs- und Planungspraxis stützt man sich auf sie, um nationale Komplexprogramme, Fünfjahrpläne usw. aufzustellen. Der in ihnen enthaltenen Prognoseinformation sind jedoch ziemlich enge Grenzen gesetzt, über die hinaus derartige Prognosen nicht mehr „funktionieren". Die Praxis der Prognostizierung einzelner, real existierender Objekte muß deshalb durch die Prognostizierung eigens konstruierter komplizierter Objekte ergänzt werden, die so beschaffen sind, daß die Wechselwirkung zwischen verschiedenen Volkswirtschaftszweigen, Kultur, Bildung, Politik usw., berücksichtigt werden kann. Es bedarf somit neuer Herangehensweisen in der Prognostizierung, welche die Komplexität solcher Objekte zu erfassen gestatten. Das erfordert einen einheitlichen Prognosezyklus, der bedingt in folgende Arbeitsetappen unterteilt werden kann:

1. Analytische Etappe mit dem Ziel, das Prognoseobjekt, die Ursachen, Bedingungen und Hauptrichtungen seiner Veränderung zu bestimmen.

2. Etappe der komplexen erkundenden Prognostizierung. Deren Hauptziel besteht darin, die verfügbare Information über die Entwicklungsrichtungen des Objekts kritisch zu verarbeiten und zu vertiefen, um auf dieser Grundlage seine möglichen Zustände nach Ablauf eines bestimmten Zeitraums untersuchen und die Ziele seiner Entwicklung formulieren zu können. In dieser Etappe werden die einzelnen Prognosen mittels Szenarien zusammengefügt, so daß erste Einschätzungen möglich werden, welche sozialen Folgen sich ergeben, wenn das, was wissenschaftlich möglich ist, realisiert wird, d. h. wie die realisierten wissenschaftlichen Möglichkeiten die Produktion, die natürliche Umwelt, die Arbeitsbedingungen, die Bildung usw. beeinflussen werden.

3. Etappe der normativen Prognostizierung, in der es darum geht, die wissenschaftlich-technischen Methoden und Mittel zur Erreichung der Ziele zu bestimmen, die in der vorangegangenen Etappe in der Form von „Zielbäumen", „Karten" des wissenschaftlich-technischen Fortschritts u. a. formuliert worden waren. Hier werden auch ökonomische Bewertungen der verschiedenen strategischen Varianten vorgenommen, die nach dem Kriterium der Effektivität klassifiziert werden.

4. Etappe der Organisation des einheitlichen Prognosezyklus. Zu ihren Aufgaben gehört, den Komplex der wissenschaftlichen, organisatorischen und ökonomischen Bedingungen zu bestimmen, welche die Realisierung der verschiedenen Prognosevarianten gewährleisten.

Eine kontinuierliche prognostische Arbeit in der Wissenschaft muß die folgenden Hauptrichtungen abdecken:

— die Analyse der auf einem konkreten Wissenschaftsgebiet in den nächsten 20 bis 25 Jahren zu erwartenden wissenschaftlich-technischen Errungenschaften;
— die Analyse der möglichen Wirkungen bereits früher erzielter wissenschaftlich-technischer Lösungen, die noch nicht in die Praxis überführt sind bzw. deren Überführung gerade erst beginnt;
— die Bewertung der im Prognosezeitraum oder danach zu erwartenden möglichen Resultate aus der gegenwärtig betriebenen komplexen Groß- und Zweigforschung;
— die Bewertung der sich im Prognosezeitraum möglicherweise herausbildenden neuen wichtigen Richtungen der Grundlagenforschung.

Die Prognose- und Planungstätigkeit in der Wissenschaft erfordert umfangreiche und außerordentlich vielseitige Informationen. Die Sammlung, Speicherung und Verarbeitung retrospektiver, aktueller und prognostischer Daten muß kontinuierlich mit hoher Genauigkeit und in kurzen Fristen erfolgen. Diese Forschungen nötigen die Spezialisten für Prognostizierung und Planung von Wissenschaft und Technik, zunehmend zu automatisierten Verfahren der Informationsbereitstellung und -verarbeitung überzugehen.

3. Die Technologie der Planung der wissenschaftlichen Tätigkeit. Die Ziel-Programm-Methode

In der Praxis der Wissenschaftsplanung, insbesondere in der Phase der Planausarbeitung, bedient man sich eines breiten Spektrums an Methoden, Verfahrensweisen, Modellen usw. Diese werden in ihrer Gesamtheit auch als „Technologie der Planung“ bezeichnet. Bereits die Wahl einer solchen Technologie ist eine komplizierte Aufgabe, denn sie muß so gewählt werden, daß sie dem Gegenstand der Planung, ihrem zeitlichen Horizont, den vorliegenden prognostischen und analytischen Daten, aber auch der technischen Ausstattung der Planungstätigkeit sowie der Qualifikation der mit Planungsarbeiten beschäftigten Mitarbeiter adäquat ist.

Die Auswahl und Präzisierung des Gegenstandes der Planung gehört zu den Grundproblemen der Leitung der Wissenschaftsentwicklung. Unabhängig davon, um welches Wissenschaftsgebiet es sich handelt, ist zunächst die Grundfrage zu beantworten, was in der Wissenschaft planbar ist. Lange Zeit gab es um diese Frage heftige Diskussionen. Heute ist allgemein anerkannt, daß im Bereich der wissenschaftlichen Tätigkeit Planung unter drei Aspekten möglich und notwendig ist: Planung der inhaltlichen Seite der bevorstehenden Tätigkeit (der Problematik, Thematik), Planung der Ressourcen und Planung der Organisation und des Ablaufs der Arbeiten.

Bei der Planung des Inhalts der bevorstehenden Arbeiten gilt es, zwei Tätigkeitsarten zu unterscheiden. Die erste ist die schöpferische Tätigkeit. Hier werden hauptsächlich die Richtungen und allgemeinen Aufgaben geplant, auf die die Anstrengungen gerichtet werden sollen. Das Resultat der Forschung ist in diesem Falle nicht vorhersagbar; auch gibt es keine völlige Klarheit darüber, mit welchen Mitteln das Resultat zu erzielen ist und welche Ausgaben benötigt werden. Bei der Planung wissenschaftlicher Tätigkeiten dieses Typs hat es sich deshalb eingebürgert, mit dem Begriff „Unbestimmtheiten“ zu arbeiten. Der zweite Typ von Tätigkeiten sind jene, die vollständig beschrieben werden können. Für sie gilt, daß die Information über die Umwelt, in der sie sich vollziehen, über den gesamten Planungszeitraum relativ vollständig vorliegt. Zu dieser Art von Tätigkeit gehören bestimmte Ingenieur-, Projektierungs- und Konstruktionsarbeiten, Entwicklungsarbeiten im Hinblick auf technologische Bedingungen, Erprobung von Maschinen, Geräten, Apparaturen usw.

Neben diesen beiden extremen Tätigkeitstypen hat es die Praxis der Wissenschaftsleitung und -planung auch mit solchen zu tun, in denen z. B. die Ziele klar bestimmt sind, während die Mittel zur Zielerreichung — die methodischen und Informationsmittel ebenso wie die personellen, materiell-technischen u. a. — unbestimmt sind. Desgleichen weist die Planung Besonderheiten auf je nachdem, um welchen Forschungstyp (Grundlagenforschung, angewandte Forschung oder Entwicklungsarbeiten) oder um welche Ebene der Planung (staatliche Ebene, Zweigebene oder einzelne wissenschaftliche Einrichtungen) es sich handelt. Jede Planausarbeitung bedarf so eines spezifischen Herangehens, einer spezifischen Technologie der Planung. In jedem Falle aber weist die Technologie der Planung eine Struktur auf, die durch folgende Logik des Planungsprozesses gegeben ist: Bereitstellung der Ausgangsinformation und deren analytische Verarbeitung; Aufstellung und Planalternativen, einschließlich möglicher Ziele, Wege und Mittel der Zielerreichung; Auswahl der letztlichen Planentscheidung; Vorbereitung und Realisierung laufender Korrekturen des zu realisierenden Planes.

Die Wissenschaftsplanung kennt zwei grundsätzliche Herangehensweisen: eine Planung „ausgehend vom erreichten Niveau“ und eine Planung „nach letztlichen Zielen“. Bei der ersten wird das Objekt der Planung in seiner Entwicklung vom erreichten Niveau aus und gemäß der Dynamik des Bedarfs an wissenschaftlichen Ergebnissen, der Ressourcensituation, dem Kaderpotential, der Entwicklung angrenzender Wissenschaftsgebiete und anderer Faktoren geplant. Hierbei können Methoden und Modelle der Extrapolation angewandt werden, um die letztlichen Ziele und die Charakteristika des künftigen wissenschaftlich-technischen Resultats oder des Erzeugnisses der Produktion zu präzisieren. Der Planungsprozeß bei diesem Vorgehen ist relativ einfach und nicht allzu aufwendig. Ist das Planungsobjekt günstig gewählt, können relativ zuverlässige Pläne erarbeitet werden, die sich auf in der Praxis bereits bewährte Entscheidungen stützen. Dieses Vorgehen ist jedoch nur dann berechtigt, wenn auf Grund sorgfältiger Analyse klar ist, daß der zu planende Prozeß in der Tat rational überschaubar ist und den aktuellen Bedürfnissen entspricht. In Fällen dagegen, in denen es darauf ankommt, unerwartete Veränderungen in einem Forschungsprozeß zu prognostizieren und zu meistern, der auf die Befriedigung praktischer Bedürfnisse orientiert ist und zudem zeitlichen Beschränkungen unterliegt, führt dieses Verfahren nicht zum Ziel.

Für die Grundlagenforschung eignet sich mehr eine Technologie der Planung, die von den Möglichkeiten ausgeht, welche durch die vorhandenen Ressourcen gegeben sind. Ihrer Logik nach steht sie den Methoden und Prozeduren des erstgenannten Planungstyps nahe. Hier geht es um die Auswahl von Zielen, die auf Grund der vorhandenen Möglichkeiten, bestimmte Forschungen durchführen zu können, angestrebt werden. Indem die Ziele der Grundlagenforschung häufig durch das vorhandene Potential vorbestimmt sind, weist sie ebenso häufig ein deutliches Moment der Kontinuität auf. Dies darf jedoch nicht dazu führen, daß das Ziel selbst deformiert und die zu bearbeitende Thematik nicht mehr nach dem Gesichtspunkt potentieller Nützlichkeit bestimmt wird, sondern nur noch danach, welche experimentelle Ausrüstung vorhanden ist, wie gut eingespielt die Kollektive sind oder über welchen Vorlauf man verfügt.

Die Technologie der Zielprogramm-Planung, auf die noch speziell einzugehen sein wird, ist ein effektives Mittel rationaler Planung, wenn es darum geht, bestimmte kognitive oder praktische Ziele unter der Bedingung begrenzter Ressourcen zu erreichen.

Bei der Planung wissenschaftlicher Tätigkeiten ist zu beachten, daß ein Plan mehrere Aspekte hat. Sein Kern ist der thematische Plan der Forschung; er enthält die Forschungsaufgaben mit der Angabe der sie Ausführenden, die Bearbeitungsfristen und in bestimmten Fällen die Angabe der erwarteten Resultate. Ein anderer Aspekt des Plans sind die Parameter, nach denen sich die personelle, die materiell-technische und die finanzielle Komponente des für die Forschung benötigten Potentials entwickeln sollen. Weitere Aspekte des Plans sind die internationale wissenschaftliche Zusammenarbeit, die Editionstätigkeit, die Überführung der Ergebnisse in die gesellschaftliche Praxis u. a. Einen besonderen Planteil machen die Zielprogramme aus.

In der UdSSR und in einigen anderen sozialistischen Ländern werden auf der staatlichen Ebene ausgearbeitet: das Komplexprogramm des wissenschaftlich-technischen Fortschritts mit einem Zeithorizont von 20 Jahren, das alle fünf Jahre präzisiert wird; der auf fünf Jahre ausgelegte Staatsplan Wissenschaft und Technik; die Fünfjahrpläne der naturwissenschaftlichen und gesellschaftswissenschaftlichen Forschung sowie einzelne wissenschaftlich-technische Programme. In Fortführung dieser zentralen Pläne werden staatliche Jahrespläne für die volkswirtschaftliche Nutzung neuer wissenschaftlich-technischer Ergebnisse und technologischer Verfahren, Pläne für die Forschungsfinanzierung und die Ausbildung wissenschaftlicher Kader erarbeitet. Analog erarbeiten die einzelnen Volkswirtschaftszweige und in der UdSSR die Unionsrepubliken ihre Fünfjahr- und Jahrespläne für Wissenschaft und Forschung und für die Anwendung neuer wissenschaftlich-technischer Errungenschaften in der Produktion.

Als Beispiel für ein langfristiges Programm kann das Komplexprogramm des wissenschaftlich-technischen Fortschritts und seiner sozialen Wirkungen in der UdSSR dienen, das auf 20 Jahre ausgelegt ist. Die Arbeiten an einem solchen Programm wurden erstmalig 1972, und zwar im Zusammenhang mit der Ausarbeitung des langfristigen Plans der Entwicklung der Volkswirtschaft für den Zeitraum 1976—1990 aufgenommen. Im weiteren wurde sein Zeithorizont bis auf das Jahr 2005 ausgedehnt. Gegenwärtig bildet das von der Akademie der Wissenschaften und dem Staatlichen Komitee für Wissenschaft und Technik ausgearbeitete Komplexprogramm den Ausgangspunkt und ein unabdingbares Stadium der perspektivischen Planung der ökonomischen und sozialen Entwicklung der UdSSR.

Im Prozeß der Erarbeitung des Komplexprogramms erwies es sich als notwendig, die Bearbeitung bestimmter wissenschaftlich-technischer Probleme zu beschleunigen; das führte zur Aufstellung einer Reihe spezieller wissenschaftlicher Zielprogramme.

Das Komplexprogramm setzt Prioritäten für die Entwicklung bestimmter wissenschaftlich-technischer Richtungen, wobei die langfristigen Pläne mit der Dynamik und den Maßstäben der Aufwendungen für die Wissenschaft abgestimmt sind. Das Komplexprogramm ist keine gewöhnliche Prognose; es enthält Empfehlungen, die bei der Aufstellung der mittelfristigen Pläne berücksichtigt werden. Programme für den Zeitraum bis zum Jahre 2000 und darüber hinaus wurden in der Volksrepublik Bulgarien, der DDR und anderen sozialistischen Ländern erarbeitet.

Der auf fünf Jahre ausgelegte Staatsplan Wissenschaft und Technik ist Bestandteil des Plans der ökonomischen und sozialen Entwicklung; er geht von den langfristigen Perspektiven, den grundlegenden Entwicklungsrichtungen von Wissenschaft und Technik und dem Komplexprogramm des wissenschaftlich-technischen Fortschritts und seiner sozialökonomischen Wirkungen aus. Er enthält alle Kennziffern und Maßnahmen für alle Etappen der Schaffung und Anwendung neuer Technik und gliedert sich in folgende Hauptabschnitte:

— Aufgaben zur Lösung grundlegender wissenschaftlich-technischer Probleme;
— Programme für Arbeiten zur Überführung neuer wissenschaftlich-technischer Lösungen und technologischer Prozesse in die Produktion;
— Überführung fortschrittlicher Technologien, Mechanisierung und Automatisierung von Produktionsprozessen;
— Verkauf von Lizenzen ins Ausland, Kauf ausländischer Lizenzen und Muster neuer Erzeugnisse sowie deren Nutzung in der Volkswirtschaft;
— Schaffung von experimentellen Versuchsbasen für die Wissenschaft;
— staatliche Standardisierung der wichtigsten Erzeugnisarten und metrologische Absicherung der Volkswirtschaft;
— wissenschaftliche Arbeitsorganisation;
— Hauptkennziffern des technisch-ökonomischen Niveaus der Produktion und der hergestellten Produkte;
— Finanzierung der wissenschaftlichen Forschungsarbeiten;
— Ausbildung wissenschaftlicher und wissenschaftlich-pädagogischer Kader.

Der Ausarbeitung der staatlichen Fünfjahrpläne geht die analytische Arbeit zur Bestimmung der perspektivreichsten Richtungen der Entwicklung von Wissenschaft und Technik voraus. Dabei werden die Hauptaufgaben des wissenschaftlich-technischen Fortschritts, das angestrebte Niveau der Produktion sowie die wichtigsten Forschungs- und Entwicklungsarbeiten zur Schaffung wissenschaftlich-technischen Vorlaufs festgelegt.

Auf der Grundlage der von der Regierung gebilligten Hauptrichtungen werden sodann alle Teile der Volkswirtschaftspläne zur Entwicklung von Wissenschaft und Technik ausgearbeitet und die grundlegenden wissenschaftlich-technischen Probleme des Staatsplanes bestimmt. Die Liste der grundlegenden wissenschaftlich-technischen Probleme, die in den Volkswirtschaftsplan aufgenommen werden, sowie die Ministerien und staatlichen Einrichtungen, die für die Lösung bestimmter Probleme verantwortlich sind, werden im Stadium der Herausbildung der Hauptrichtungen festgelegt.

Zu jedem Problem gehört ein Verzeichnis der wichtigsten Aufgaben, die den Inhalt des Problems abstecken und zugleich darauf orientieren, was zur praktischen Nutzung der Ergebnisse in der Volkswirtschaft vorzubereiten ist. Besonders ausgewiesen werden solche Aufgaben, die unter Mitwirkung anderer Mitgliedsländer des RGW zu lösen sind. Zu jeder Aufgabe gehört ferner der Aufweis der wichtigsten technisch-ökonomischen Kennziffern der neu zu schaffenden Erzeugnisse und technologischen Prozesse, der Bearbeitungsfristen und des Umfangs der Arbeiten, sowie der Ministerien und staatlichen Einrichtungen, die für ihre Durchführung verantwortlich sind bzw. dabei mitwirken.

Um die gegenseitige Abstimmung der für die einzelnen Arbeiten Verantwortlichen zu gewährleisten, werden wissenschaftlich-technische Programme erarbeitet. Sie sehen für jede Aufgabe eine etappenweise Ausführung des gesamten Komplexes an Arbeiten vor, beginnend mit der Forschung bis zur Aufnahme der Serienproduktion neuer Technik.

In den einzelnen Industriezweigen ist die Hauptform der Planung von Wissenschaft und Technik gegenwärtig der Fünfjahrplan mit einer Aufteilung der Aufgaben auf die einzelnen Jahre. Der Fünfjahrplan zur Entwicklung von Wissenschaft und Technik des betreffenden Zweiges wird als Teil seines komplexen Planes erarbeitet und dient als wichtiges Mittel zur Koordinierung der im Zweig durchzuführenden Forschungs- und Entwicklungsarbeiten.

Je nach dem zeitlichen Horizont der Planung werden die jeweiligen Aufgaben, der Direktivcharakter des Planes usw. festgelegt. In diesem Sinne haben die Pläne unterschiedliche Funktionen im Prozeß der Leitung der wissenschaftlichen Tätigkeit. Kurz- und mittelfristige Pläne sind im wesentlichen Konkretisierungen von Ideen, die in langfristigen Plänen enthalten sind. Langfristige Pläne haben die Funktion, der Wissenschaftsleitung eine stabile Perspektive zu geben; ihre Effektivität wird nicht nach Prozenten, Fristen und anderen quantitativen Kennziffern ihrer Erfüllung bewertet, wie dies bei kurz- und mittelfristigen Plänen der Fall ist, sondern nach dem Grad ihrer Einwirkung auf stabile Tendenzen des wissenschaftlichen Fortschritts und nach ihrer Rolle als Instrumente der strategischen Leitung.

Es darf nicht unerwähnt bleiben, daß die Wissenschaftsplanung unter sozialistischen Bedingungen sehr bald und effektiv auch auf der internationalen Ebene praktiziert wurde. Seit 1978 erarbeiten die Mitgliedsländer des RGW gemeinsam langfristige Zielprogramme der wissenschaftlich-technischen Zusammenarbeit. 1978 und 1979 verabschiedeten die 32. und 33. Tagung des RGW fünf solcher Programme, und zwar auf den Gebieten der Energetik, Brenn- und Rohstoffe, der Landwirtschaft und Nahrungsgüterindustrie, des Maschinenbaus, der Konsumgüterindustrie sowie des Verkehrswesens.

In jüngster Zeit treten mehr und mehr wissenschaftlich-technische Probleme zwischenzweiglichen Charakters in den Vordergrund. Infolge des hohen Komplexitätsgrades solcher Probleme werden auch die entsprechenden Pläne immer komplexer, was die Ziele, Ressourcen und angestrebten Resultate betrifft. Von Jahr zu Jahr wird es immer dringlicher, die Prozesse der Entwicklung, Produktion und Anwendung neuer Technik durchgängig zu leiten und zu planen. Hieraus entsteht das Bedürfnis nach Erarbeitung spezieller „durchgängiger Pläne", die alle Arten hierfür benötigter Arbeiten in einem einheitlichen Aktionsprogramm erfassen.

Zwischenzweigliche Barrieren sind nicht selten die Ursache dafür, daß die Kontinuität des Zyklus „Wissenschaft — Technik — Produktion" unterbrochen wird; dies aber beeinträchtigt die Beschleunigung des wissenschaftlich-technischen Fortschritts. Um solche Hemmnisse abzubauen, sieht der Beschluß des ZK der KPdSU und des Ministerrats der UdSSR „Über Maßnahmen zur Beschleunigung des wissenschaftlich-technischen Fortschritts in der Volkswirtschaft" z. B. vor, zu wichtigen volkswirtschaftlichen Problemen in Betrieben und Produktionsvereinigungen stärker von der bewährten Praxis der Schaffung zeitweiliger Wissenschafts-Produktions-Abteilungen Gebrauch zu machen und analoge Kollektive auch zur Lösung zwischenzweiglicher wissenschaftlich-technischer Aufgaben zu bilden.[7]

Um konkrete wissenschaftlich-technische Probleme tatsächlich komplex lösen und die gestellten sozialökonomischen Ziele erreichen zu können, bedarf es spezieller Systeme zusammenhängender Maßnahmen. Solche Maßnahmensysteme sind die wissenschaftlich-technischen Zielprogramme. Die entsprechende Planungsmethode wird als Zielprogramm-Planung bezeichnet.

Wissenschaftlich-technische Programme sind eine spezifische Art der Planung des wissenschaftlich-technischen Fortschritts. Die aus dem Programm folgenden Aufgaben werden in den Plan der entsprechenden Ebene aufgenommen und in der Regel in einem gesonderten Planteil ausgewiesen. Sie können und dürfen stets nur einen Teil der auf der betreffenden Ebene durchzuführenden Forschungs- und Entwicklungsarbeiten ausmachen. Wissenschaftlich-technische Programme sind Instrumente, die die Zielgerichtetheit des Planes erhöhen und die komplexe Lösung der aktuellsten Probleme gewährleisten sollen.

Die Ausarbeitung wissenschaftlich-technischer Zielprogramme erfolgt in einigen Etappen, in deren Ergebnis die entsprechenden Plandokumente entstehen. Diese Etappen sind:

1. Erkundung der Bedürfnisse nach Lösung des vorliegenden wissenschaftlichen Problems;
2. Formulierung des Hauptziels der Forschung und von Zwischenzielen in bestimmten Zeiträumen;

[7] Vgl. ebenda.

3. Analyse des Ausgangszustands des Objekts der Planung (beispielsweise des vorhandenen wissenschaftlichen Vorlaufs) und Formulierung der Zielalternativen;
4. Präzisierung der für das Programm zur Verfügung stehenden Ressourcen;
5. Aufteilung der Aufgaben auf die Ausführenden;
6. Entscheidung über die endgültige Planvariante und die an der Ausführung Mitwirkenden, Aufstellung der Programmdokumente und Bestätigung des Programms.

Als Ziele können z. B. Aufgaben der Entwicklung bzw. Überführung neuer Erzeugnisse, technologischer Prozesse und Werkstoffe, zur Erschließung neuer Energiequellen, zum Aufbau von Leitungssystemen usw. gestellt werden. Diese Aufgaben werden in Kennziffern formuliert, z. B. als Grad, in dem ein volkswirtschaftliches Bedürfnis nach einem bestimmten Produkt zu befriedigen ist, als Grad der Einsparung an lebendiger und vergegenständlichter Arbeit, als absolutes und relatives Volumen der Zielproduktion, als Austauschrate veralteter Produktion, als Grad der Einführung neuer Technologien oder als technisch-ökonomische Parameter neuer Produktionskomplexe oder Maschinen. Das Generalziel des Programms wird in Teilziele aufgegliedert, in deren hierarchischem Aufbau die innere Struktur des zu lösenden Problems zum Ausdruck kommt. Diese Hierarchie von Zielen und Aufgaben wird auch als „Zielbaum" bezeichnet. Je nach Notwendigkeit wird der „Zielbaum" nach der Analyse der Ressourcensituation präzisiert. Ausgehend von der aufgestellten Zielhierarchie werden in der nächsten Etappe Inhalt und Struktur der Hauptaufgaben des Programms bestimmt. Sodann werden die Kennziffern des Programms präzisiert und organisatorische Maßnahmen zur Verwirklichung des Programms festgelegt. Die Vorbereitung des Programms ist abgeschlossen, wenn die Wahl der endgültigen Variante erfolgt ist. Zu ihr gehört die nochmalige Präzisierung des Plandokuments, die Berücksichtigung zusätzlicher limitierender Faktoren und bestimmter Anforderungen übergeordneter Leitungsebenen.

Die traditionellen Verbindungen der Wissenschaft zur Produktion werden heute durch Regionalprogramme des wissenschaftlich-technischen Fortschritts wesentlich ergänzt und bereichert. Diese sind dazu bestimmt, Barrieren, die in einem regionalen Territorium zwischen einzelnen Einrichtungen oder Behörden bestehen und die zügige Überführung wissenschaftlicher Ergebnisse in die Produktion behindern, überwinden zu helfen. Hervorzuheben sind in diesem Zusammenhang z. B. die guten Erfahrungen der Sibirischen Abteilung der Akademie der Wissenschaften der UdSSR bei der Verwirklichung des Programms „Sibirien". Regionalprogramme für den engeren Zusammenschluß von Wissenschaft und Produktion sind in den letzten Jahren auch in anderen sozialistischen Ländern erarbeitet worden. So führt die Bulgarische Akademie der Wissenschaften Programme der Zusammenarbeit mit den Bezirken Blagoevgrad, Plovdiv, Razgrad, Varna u. a. durch; bezirksübergreifende komplexe Regionalprogramme sind die Programme „Rhodopen" und „Strandža-Sakar". Interessant in dieser Hinsicht sind auch die Erfahrungen der regionalen Wissenschaftspolitik der Ungarischen Akademie der Wissenschaften.

Einzelne Prinzipien der Zielprogramme sind durchaus geeignet, auch in die übliche Planungspraxis übernommen zu werden und diese zu vervollkommnen. Beispielsweise ist mittels des Planes zu sichern, daß alle Bestandteile der wissenschaftlichen Tätigkeit (Zwischenziele, Ressourcen usw.) primär auf die Lösung solcher wissenschaftlich-technischer Probleme orientiert werden, die sich aus der Analyse aktueller Bedürfnisse ergeben. Die Sicherung der Komplexität des Prozesses der Zielrealisierung beispielsweise wird erreicht, indem bei der Vorbereitung von Planentscheidungen folgende Reihenfolge eingehalten wird: Bedürfnisse — Ziele — Verfahren der Zielrealisierung — Komplex benötigter Ressourcen — wissenschaftliche Ergebnisse. Plandokumente, die unter Beachtung dieser Prinzipien ausgearbeitet werden, brauchen deswegen noch keine Zielprogramme zu sein. So kann beispielsweise die Planung der Grundlagen- und angewandten Forschung „vom Ziel her" auch über Koordinierungspläne erfolgen und bedarf nicht unbedingt eines speziellen zentralen Leitungsorgans.

Theorie und Praxis der letzten Jahre belegen, daß die Methoden der Zielprogramm-Planung sich bewähren und ihre Anwendung besonders dort effektiv ist, wo es um die Planung von Objekten geht, die den gesamten Zyklus Wissenschaft — Produktion umfassen.

Die Planungs- und Prognosetätigkeit in der Wissenschaft muß ihrem Wesen nach dynamisch und flexibel sein und sich mit der wissenschaftlichen Tätigkeit selbst entwickeln. Diese Entwicklung bezieht sich auf alle ihre Komponenten: ihre Informationsbasis, ihre Organisation, die Kader und die systemtechnischen Mittel. Der ständigen Veränderung unterliegen auch die Wechselwirkung der Planung der Wissenschaft mit der Planung anderer, z. B. volkswirtschaftlicher Bereiche sowie die Verfahren der Ausarbeitung, Abstimmung und Aktualisierung der Pläne. Naturgemäß ergeben sich auf einem so komplizierten Terrain auch Schwierigkeiten und Probleme; sie aufzudecken und zu beheben, das System und die Methoden der Planung ständig zu vervollkommnen, dabei die Spezifik wissenschaftlicher Forschungsarbeit zu beachten, die Planung so zu gestalten, daß sie rasch und flexibel auf neue Bedingungen und Bedürfnisse zu reagieren vermag und die Verbindungen der Wissenschaft zur Produktion sich festigen, ist eine wichtige Reserve für die Beschleunigung des wissenschaftlich-technischen Fortschritts.

4. Zur Spezifik der Planung der Grundlagenforschung

Auf Grund der Spezifik der Grundlagenforschung erfordert ihre Planung ein besonderes Herangehen. Es versteht sich, daß weder Inhalt noch Fristen einer wissenschaftlichen Entdeckung geplant werden können. Was in der Grundlagenforschung geplant werden kann, ist, welche Aufgaben zu lösen sind und welche Kräfte und Mittel für die geplanten Forschungen eingesetzt werden sollen.

Die Planung der Grundlagenforschung ist ein wichtiges Glied im Gesamtsystem der Planung des wissenschaftlich-technischen Fortschritts. Grundlagenforschung ist die Basis für Fortschritte in der Entwicklung des Wissenschaftspotentials. Ihr Niveau beeinflußt die Prozesse sowohl im Bereich der angewandten Forschung als auch in dem der Entwicklung. Rückstand in der Grundlagenforschung birgt immer die Gefahr in sich, größere Entwicklungsvorhaben auf der Grundlage einer veralteten Konzeption in Angriff zu nehmen, was die Effektivität ganzer Produktionszweige im Vergleich zum Weltniveau beeinträchtigen kann. Überdies hängt die Leistungsfähigkeit eines Wissenschaftspotentials wesentlich davon ab, inwieweit es in nationaler Eigenständigkeit oder in Kooperation mit befreundeten Ländern die Front der Grundlagenforschung möglichst vollständig abzudecken vermag. Das Fehlen einer Forschungsrichtung, die scheinbar keinen Einfluß auf die angewandte Forschung hat, kann sich unter Umständen hemmend auf die Entwicklung angrenzender Gebiete der Grundlagenforschung auswirken, denn die integrativen Zusammenhänge sind in ihr sehr stark ausgeprägt und sehr dynamisch. Zudem ist nicht auszuschließen, daß eine solche Richtung der Grundlagenforschung plötzlich eine große Bedeutung für die angewandte Forschung erlangt. Die Planung ist jenes rationale Mittel, das es gewährleistet, Grundlagenforschung in der nötigen Breite zu betreiben und die dafür verausgabten Ressourcen effektiv einzusetzen.

Die Planung der Grundlagenforschung muß deshalb über geeignete Methoden verfügen, um die reale Struktur der vordersten Forschungsfront und die Tendenzen ihrer Entwicklung zuverlässig einschätzen zu können. Fehler, die in diesem Stadium unterlaufen, können schwerlich durch nachfolgende Umverteilung der Mittel kompensiert werden. Die Prognostizierung spielt deshalb in der Grundlagenforschung keine geringere Rolle als in der angewandten, wenngleich quantitative Methoden hier nur eine Hilfsfunktion haben und nur als zusätzliches Mittel angesehen werden können, um wahrscheinliche Forschungsrichtungen zu erkunden. Die Hauptaufgabe der Prognostizierung der Grundlagenforschung besteht in der Ausarbeitung langfristiger Konzeptionen für die Entwicklung der einzelnen Forschungsrichtungen. Dieses Vorgehen macht es möglich, im weiteren Prozeß der Planung bestimmte Richtungen mit Priorität zu versehen und zugleich die für die gesamte Grundlagenforschung verfügbaren Ressourcen optimal zu verteilen. Die erste Aufgabe bei der Planaufstellung besteht deshalb darin, jene Richtungen zu bestimmen, auf die die Kräfte und Mittel konzentriert werden sollen. Bei ihrer Lösung spielen prognostische Einschätzungen aus der Sicht verschiedener wissenschaftlicher Schulen sowie Einschätzungen der grundlegenden wissenschaftlichen und sozialen Aufgaben eine besonders große Rolle.

Die Planung der Grundlagenforschung muß insbesondere dafür Sorge tragen, daß durch Zurückbleiben oder Fehlen einer Richtung die Lösung der vorrangigen Aufgaben nicht beeinträchtigt wird. So kann z. B. das Fehlen entsprechender mathematischer Grundlagenarbeiten die erfolgreiche Lösung eines komplizierten physikalischen oder wissenschaftlich-technischen Problems behindern oder gar unmöglich machen. Das Fehlen notwendiger Geräte, Methoden oder bestimmter chemischer Reagenzien kann die planmäßige Durchführung chemischer oder biologischer Forschungen erheblich beeinträchtigen. Planung der Grundlagenforschung bedarf deshalb eines breiten Herangehens; sie bedarf der Fähigkeit, die Entwicklung der Wissenschaft im ganzen zu überschauen.

Aus der Spezifik der Planung der Grundlagenforschung ergeben sich folgende Besonderheiten der Organisation des Planungsprozesses:

1. Von herausragender Bedeutung für die Planung der Grundlagenforschung ist die tiefgründige Analyse der Entwicklungstendenzen von Wissenschaft und Technik. Aus ihr und der Analyse der gesellschaftlichen Bedürfnisse erwachsen die Orientierungen für die Bestimmung der vorrangigen Forschungsrichtungen und für ihre Finanzierung. Hierzu bedarf es der Mitwirkung hochqualifizierter Wissenschaftler, die über genügend Weitsicht, reiche Erfahrung und entwickelte Intuition verfügen, denn die Aufstellung des Planes ist selbst Forschungsarbeit.

2. Perspektiven und Ergebnisse der Grundlagenforschung werden häufig nicht in Plänen, sondern nur in prognostischen Einschätzungen erfaßt, d. h. nur in allgemeinster Form und als Ergebnisse mit bestimmter Wahrscheinlichkeit.

3. Die Effektivität der Planung der Grundlagenforschung ist auf das engste mit der Kontinuität der Prognostizierung fundamentaler Probleme verknüpft. Vielfach ergeben sich nach 5 bis 7 Jahren Resultate, die eine wesentliche Präzisierung der prognostischen Einschätzungen erforderlich machen.[8]

Eins der schwierigsten Probleme in der Planung der Grundlagenforschung ist die Zielbestimmung. Unter diesem Gesichtspunkt ist folgende Klassifizierung möglich:

a) Grundlagenforschung, deren Ziel von vornherein klar bestimmt werden kann und muß. Hierunter fallen viele naturwissenschaftliche und technische Forschungsarbeiten. Die Notwendigkeit eines Forschungsprogramms ist in diesen Fällen unumstritten; ein klassisches Beispiel ist das Programm der Kosmosforschung.

b) Grundlagenforschung, deren letztliches Ergebnis schwer voraussehbar ist, deren Richtung aber bestimmt werden kann. Hierzu gehört z. B. die Erforschung von Gesetzmäßigkeiten gesellschaftlicher Prozesse. Das Forschungsprogramm kann in diesem Fall als Aufforderung zur Ausführung bestimmter Arbeitsetappen verstanden werden, wobei weniger das Ziel der Forschung als vielmehr der Charakter der Arbeiten präzisiert wird.

c) Grundlagenforschung, für die lediglich das „Feld der Forschung" angegeben werden kann. Hierunter fallen z. B. Forschungen auf bestimmten Gebieten der Mathematik und der theoretischen Physik. Diese Arbeiten erstrecken sich in der Regel über längere Zeiträume, oft über Jahrzehnte; die Ergebnisform sind Veröffentlichungen, die unregelmäßig erscheinen. In diesen Fällen ist ein exaktes und

[8] Vgl. G. M. Dobrov, Prognostik in Wissenschaft und Technik, Berlin 1971.

einheitliches Forschungsprogramm nicht möglich; formal können jedoch die Arbeitspläne für bestimmte Zeiträume als Teilprogramme angesehen werden.

d) Zielorientierte Grundlagenforschung, die neben Erkenntniszielen auch praktische Ziele verfolgt. Die entsprechenden Forschungsprogramme sind letztlich auf die Überführung der Ergebnisse ausgerichtet. Sie unterscheiden sich jedoch von Programmen der angewandten Forschung dadurch, daß das praktische Ziel nur auf der Grundlage originärer wissenschaftlicher Errungenschaften realisiert werden kann und daß die auf das Erkenntnisziel orientierte Richtung der Forschung als spezieller Programmteil ausgewiesen werden muß. In solchen Planungssituationen ist es nicht immer möglich, eine völlige Übereinstimmung des erkenntnisorientierten und des praxisorientierten Teils des Programms zu erreichen.

Generell werden in der Planung der Grundlagenforschung nicht deterministische, sondern probabilistische Methoden bevorzugt. Die der Grundlagenforschung eigenen Unbestimmtheiten zu ignorieren, kommt teuer zu stehen. Manche Autoren sind auf Grund dessen sogar geneigt, der Prognostizierung einen unerwünschten Nebeneffekt zuzuschreiben: Sie erzeugt die Illusion der Zuverlässigkeit, der Möglichkeit exakter Voraussagen, während in Wirklichkeit die Grundlagenforschung im Weltmaßstab außerordentlich dynamisch ist und die Wissenschaftler sehr aufmerksam jede Veränderung verfolgen müssen.

Es handelt sich indes nicht nur darum, daß der Grundlagenforschung größere Unbestimmtheit eigen ist als der angewandten Forschung. Der Unterschied beider Forschungsarten in dieser Hinsicht ist vielmehr vor allem ein qualitativer. In der angewandten Forschung ist es nicht die Unbestimmtheit des Erkenntnisprozesses, die hier in erster Linie eine Rolle spielt, sondern die, die immer dann auftritt, wenn gesellschaftliche Bedürfnisse und andere sozialökonomische und sogar psychologische Faktoren ins Spiel kommen und berücksichtigt werden müssen. Die Hauptquelle der Unbestimmtheit ist in diesem Falle nicht das unerwartete Auftauchen eines unabweisbaren Erkenntnisproblems, sondern sich plötzlich ergebende neue Möglichkeiten. Wenn in der Weltwissenschaft eine neue Entdeckung gemacht wird oder neue Methoden gefunden werden, mit denen anstehende Aufgaben schneller und effektiver gelöst werden können, muß die Planung möglichst rasch auf diese veränderte Situation reagieren. Die Adaptivität der Planung und ihre Fähigkeit, eintretende Veränderungen aufzufangen, sind wichtige Faktoren der Effektivität des gesamten Systems der Grundlagenforschung.

Die Schwierigkeit, die Unbestimmtheiten der Grundlagenforschung in der Planung zu berücksichtigen, ist indes nicht nur methodologischer Art. Das objektiv existierende und überaus dynamische System von Forschungsrichtungen wird in einem „äußeren“ und recht stabilen System von Forschungseinrichtungen realisiert. Der Plan muß einerseits das gesamte System des sich entwickelnden Wissens erfassen, andererseits aber an das jeweils vorhandene Netz von Einrichtungen „gebunden“ sein. Dieser Widerspruch kann nur gelöst werden, indem ein effektiver Mechanismus der Koordinierung und Kooperation der Einrichtungen geschaffen wird, der es ermöglicht, rasch und flexibel neue Kollektive zu bilden. Das ist ein kompliziertes und bei weitem noch nicht gelöstes Problem. Eine perspektivreiche Lösung, die sich hier anbietet, ist die Zielprogramm-Planung. Im Bereich der Grundlagenforschung wird sie so realisiert, daß Zielprogramme für die wichtigsten wissenschaftlichen Probleme erarbeitet werden, so z. B. für die Erforschung des Kosmos, die Erkundung neuer Energiequellen und -arten, die gesteuerte Kernfusion u. a. Solche Programme liegen in der Regel voll in der Verantwortung der Akademien der Wissenschaften in Kooperation mit einem breiten Kreis von Partnern aus den Universitäten und Hochschulen sowie aus Forschungseinrichtungen der Industrie, der Ministerien und anderen staatlichen Einrichtungen.

Der zweite Typ von Programmen sind die wissenschaftlich-technischen Komplexprogramme. Hier ist die Grundlagenforschung die erste Phase des Gesamtzyklus „Wissenschaft — Produktion", das erste Unterprogramm des gesamten Komplexprogramms. Seinem Wesen nach ist dieser Programmtyp eine Form der Synthese zwischen Grundlagenforschung und angewandter Forschung. Solche Programme werden für die Hauptrichtungen von Wissenschaft und Technik ausgearbeitet, die ein hohes Tempo des wissenschaftlich-technischen Fortschritts gewährleisten, so z. B. für den komplexen Bereich des Maschinenbaus (Kernkraftwerke, chemische Industrie, metallurgische Industrie usw.), die Brennstoff- und Energiebasis u. a. Sie erfassen den gesamten Komplex an Arbeiten, die zur Erreichung des Endzieles auszuführen sind, von der Forschung bis zur Herstellung neuer Werkstoffe, Maschinen und technologischer Ausrüstungen oder der Einführung neuer Leitungssysteme in der Produktion.

ACHTES KAPITEL

Organisation und Leitung der wissenschaftlichen Tätigkeit

1. Herausbildung, Prinzipien, gegenwärtige Formen und Tendenzen der Organisation und Leitung der Forschung

Kollektive Tätigkeit ist um so effektiver, je besser sie organisiert ist. Die Bedeutung der Organisation wächst in dem Maße, wie die Struktur dieser Tätigkeit komplizierter wird und es erfordert, verschiedene individuelle Tätigkeiten zu koordinieren. In der Wissenschaft ist ihre Bedeutung so groß, daß viele Autoren sie geradezu als eine eigenständige „Komponente" des Wissenschaftspotentials ansehen (vgl. 5. Kapitel).

Wissenschaftliche Tätigkeit hat ihre innere Logik und ihre Funktionen. Sie vollzieht sich im Rahmen eines organisatorischen Systems, nämlich in Einrichtungen verschiedenen Typs, die in ihrer Gesamtheit ein einheitliches Netz wissenschaftlicher Einrichtungen bilden.[1] Dieses Organisationssystem muß der inneren Struktur der wissenschaftlichen Tätigkeit weitgehend entsprechen. Es ist dies eine notwendige Bedingung dafür, daß die Wissenschaft produktiv sein und ihre sozialen Funktionen erfüllen kann. „Der Charakter der Organisation einer jeden Institution wird natürlich und unvermeidlich durch den Inhalt der Tätigkeit dieser Institution bestimmt."[2]

Auf die Evolution der Prinzipien und Formen der Organisation der Wissenschaft wirken zwei Gruppen von Faktoren ein: sozial-ökonomische (vor allem der Charakter der Gesellschaftsordnung, die herrschende Eigentumsform, das Vorhandensein personeller und materieller Ressourcen, historische Traditionen, die wissenschaftlich-technische und kulturelle Entwicklung) sowie gegenständlich-logische, die sich aus der inneren Logik der Entwicklung wissenschaftlichen Wissens und aus der Spezifik der wissenschaftlichen Tätigkeit ergeben. Die Politik im Bereich der Organisation der Wissenschaft und der Leitung ihrer Entwicklung wird durch die generelle staatliche Politik im ökonomischen, sozialen und kulturel-

[1] Der Terminus „Organisation" bezeichnet sowohl den Prozeß, in dem die Ausführenden einer gemeinschaftlichen Tätigkeit ihre Aktivitäten gemäß bestimmten Normen und Regeln vereinen, als auch die auf der Grundlage dieser Normen und Regeln entstandenen Einrichtungen mit ihren Gliederungen (Institute, Laboratorien, Entwicklungsbüros usw.).

[2] W. I. Lenin, Was tun?, in: LW, Bd. 5, Berlin 1955, S. 456.

len Bereich bestimmt. In den sozialistischen Ländern gestaltet sie sich unter dem bestimmenden Einfluß der kommunistischen und Arbeiterparteien, der sich auf alle Elemente der Organisation und Leitung der wissenschaftlichen Tätigkeit — von den allgemeinen Zielstellungen bis zur Schaffung einer dem wissenschaftlichen Schöpfertum günstigen sozialpsychologischen Atmosphäre in den Wissenschaftlerkollektiven — erstreckt.

Da das System des wissenschaftlichen Wissens sich dynamisch und in der Regel ungleichmäßig entwickelt, das Organisationssystem aber relativ träge ist, kommt es zwischen der inneren Struktur der wissenschaftlichen Tätigkeit und der Organisationsstruktur, in deren Rahmen sie sich vollzieht, stets zu einer gewissen Nichtübereinstimmung. Wenn das Organisationssystem über eine hinreichende Vielfalt an strukturellen Elementen und Zusammenhängen verfügt, vermag es diese Nichtübereinstimmung in gewissen Grenzen zu kompensieren. Wichtiger ist jedoch, daß es über die Fähigkeit verfügen muß, Veränderungen, die im Bereich der wissenschaftlichen Tätigkeit vor sich gehen, rasch zu erfassen und sich so zu entwickeln, daß es die neu entstandenen inneren Bedürfnisse der Wissenschaft möglichst rasch und adäquat organisatorisch absichern kann. Dazu bedarf es der Einsicht in die Gesetzmäßigkeiten der Wissenschaftsentwicklung und der konkreten Analyse der jeweiligen historischen Bedingungen. Beispiele, wie solche Situationen praktisch gemeistert worden sind, gab die junge Sowjetmacht, als sie das Prinzip der Planung in die Wissenschaftsorganisation einführte oder den Beschluß faßte, die Akademie der Wissenschaften zur führenden wissenschaftlichen Einrichtung des Landes auszubauen. Für die Nachkriegsjahre steht das Beispiel, daß in Sibirien ein in seiner Größe ungewöhnliches und in organisatorischer Hinsicht multidisziplinär angelegtes wissenschaftliches Zentrum errichtet wurde. Die Aufzählung solcher Beispiele ließe sich fortsetzen; indes äußert sich die Fähigkeit des Organisationssystems, sich entsprechend den Tendenzen der Wissenschaftsentwicklung und jeweils neuen gesellschaftlichen Bedingungen umstrukturieren zu können, nicht nur in solchen Grundsatzentscheidungen und deren Realisierung, sondern auch in vielen einzelnen, für die jeweilige Situation spezifischen Innovationen auf allen Leitungsebenen.

Die Frage, wie Organisationssysteme in der Wissenschaft entstehen, funktionieren und sich entwickeln, ist in den letzten Jahrzehnten zum Gegenstand spezieller Untersuchungen geworden. In ihnen werden sowohl Erfahrungen der Vergangenheit analysiert, als auch Ergebnisse moderner Wissenschaftszweige wie allgemeine Leitungstheorie, Operationsforschung und Systemanalyse, Kybernetik sowie der gesamte Komplex wissenschaftswissenschaftlicher Methoden (vgl. Abschnitt 1.2.) genutzt.

Zur Lösung von Aufgaben der Wissenschaftsorganisation verfügen die Leitungsorgane über ein breites Spektrum an Mitteln und Methoden.[3] Diese können in folgende Grundkategorien gegliedert werden.

[3] Ohne auf terminologische Details eingehen zu wollen, sei vermerkt, daß je nach dem

1. Rechtliche Regelungen. Das Recht ist ein wichtiges Mittel der Leitung und Organisation der wissenschaftlichen Tätigkeit. So bewirkt z. B. der in der Verfassung der UdSSR und anderer sozialistischer Länder fixierte sozialistische Charakter der gesellschaftlichen Ordnung, daß die Entwicklung der Wissenschaft im ganzen und die Tätigkeit des einzelnen Wissenschaftlers unter ganz anderen Bedingungen erfolgt als in den Ländern des Kapitalismus. Die Arbeitsgesetzgebung, die für die einzelnen Länder unterschiedlich ist, fixiert die konkreten Rechte der Mitarbeiter und die administrativen Vorgehensweisen, die speziell die wissenschaftliche Tätigkeit regeln; sie geben zugleich den Rahmen ab, in dem sich alle anderen Formen der Regelung wissenschaftlicher Tätigkeiten — administrative, ökonomische usw. — bewegen.

2. Administrative Methoden. Im Rahmen ihrer Vollmachten treffen die Leitungsorgane Entscheidungen über die Schaffung und die Funktionsweise organisatorischer Strukturen der Wissenschaft, so z. B. zur Schaffung wissenschaftlicher Einrichtungen mit entsprechenden Gliederungen, zu deren Arbeitsweise, zu Vollmachten und Verantwortlichkeiten der leitenden Personen usw. Eine der wichtigsten Leitungsmethoden ist die *Kaderpolitik.* Ihre Hauptrichtungen sind die Bestimmung des Bedarfs an wissenschaftlichen Kadern, die Auswahl der Kader, ihre Aus- und Weiterbildung, ihr effektiver Einsatz sowie die Vervollkommnung ihrer Struktur (der Berufs-, Qualifikations-, Funktions- und Altersstruktur). Die Tätigkeit der Forschungskollektive hängt in hohem Maße davon ab, wie sich der Bestand an Leitungskadern in der Wissenschaft zusammensetzt. Die Kriterien für die Auswahl und die Bewertung der Tätigkeit von Leitern wissenschaftlicher Einrichtungen, Institute usw., ihre Qualifikation und Wertorientierungen sind wichtige Faktoren der Organisation der wissenschaftlichen Arbeit. Die Leitungsorgane legen für die einzelnen wissenschaftlichen Einrichtungen die Ordnung der *Planung und Kontrolle* fest; sie bestimmen die Art und Weise der Förderung und Stimulierung der Mitarbeiter.

3. Ökonomische Methoden. Finanzierung und materiell-technische Sicherstellung der Einrichtungen und einzelnen Forschungsprogramme sowie gehaltliche Anerkennung der Arbeit der Wissenschaftler und des Leitungspersonals sind weitere wichtige Leitungsmethoden in der Wissenschaft. Verändert ein Finanzierungsorgan die Kriterien, nach denen es die Ausgaben für Forschung verteilt, so beeinflußt es sowohl die Proportionen zwischen Grundlagenforschung und angewandter Forschung, die Forschungsthematik, als auch das Tempo, in dem sich verschiedene Forschungsrichtungen entwickeln.

Rechtliche, administrative und ökonomische Mittel der Wissenschaftsleitung

Kontext die Begriffe „Organisation“ und „Leitung“ einmal als Synonyme, ein andermal als Bezeichnungen für einander zugeordnete Prozesse verwendet werden. So spricht man z. B. von der Organisation der Leitung (als einer besonderen Tätigkeit), aber auch von der Leitung der Organisation (vgl. dazu: D. M. Gvišiani, Management. Eine Analyse bürgerlicher Theorien von Organisation und Leitung, Berlin 1974).

sind mehr oder weniger explizit von den Grundprinzipien der jeweils herrschenden sozialökonomischen Verhältnisse geprägt und widerspiegeln bestimmte kulturelle Traditionen. So wertvoll es deshalb auch ist, ausländische Erfahrungen bei der Anwendung bestimmter administrativer Mechanismen oder Finanzierungsmodi zu studieren, so wenig möglich ist es, einzelne, aus dem Zusammenhang gelöste Leitungsmethoden mechanisch übertragen zu wollen. Das Studium ausländischer Erfahrung kann aber helfen, die Problemsicht zu vertiefen und eine Lösung zu erzielen, die den eigenen konkreten Bedingungen entspricht. Überdies gelangen in der Wissenschaftsleitung zunehmend auch sozialpsychologische Methoden zum Einsatz, vor allem im Rahmen von Wissenschaftlerkollektiven (vgl. 4. Kapitel).

Da Wissenschaft ein komplexes System mit einer Vielzahl von Zusammenhängen ist und sich zudem in den verschiedenartigsten Zuständen befinden kann, ist es fast unmöglich, absolut zuverlässige Voraussagen darüber zu treffen, wie das System auf Veränderungen seiner rechtlichen, administrativen oder ökonomischen Bedingungen reagieren wird. Empfehlungen zur Leitung und Organisation der Wissenschaft geben zu wollen, ist deshalb eine äußerst anspruchsvolle und schwierige Aufgabe; sie schließt auf jeden Fall die allseitige Analyse möglicher negativer Folgewirkungen solcher Veränderungen ein.

Die oben angegebene Gliederung der Leitungsmethoden ist natürlich nur in der Abstraktion und zum Zwecke der Analyse möglich, denn in der realen Praxis stehen alle Faktoren miteinander in Wechselwirkung. Beispielsweise ist die Konzipierung und Realisierung von Maßnahmen zur Schaffung eines Netzes wissenschaftlicher Einrichtungen ein wichtiger organisatorischer Prozeß, in dem administrative, rechtliche und ökonomische Aspekte der Leitung eng miteinander verflochten sind. Wenn auch nur einer dieser Aspekte ungenügend durchkonzipiert ist, kann dies bewirken, daß große Anstrengungen eine nur niedrige Effektivität zeitigen oder der Erfolg sogar gänzlich ausbleibt.

Das 20. Jahrhundert hat im Gefolge grundlegender Veränderungen der Struktur der Wissenschaft sowie ihrer Stellung und Funktion in der Gesellschaft auch grundsätzlich neue Erscheinungen und Tendenzen in der Organisation der wissenschaftlichen Tätigkeit hervorgebracht. Sie sind das Ergebnis zweier miteinander verbundener globaler Prozesse, der Entstehung und Entwicklung einer neuen Gesellschaftsordnung, des Sozialismus, und der Entfaltung der wissenschaftlich-technischen Revolution. Im Verlaufe beider Prozesse erfolgt ein rasches Wachstum der gesellschaftlichen Wertigkeit und der Maßstäbe der wissenschaftlichen Tätigkeit. Ihre Organisationsformen entwickeln sich auf der Grundlage des sich festigenden gesellschaftlichen Eigentums an den Produktionsmitteln im Sozialismus, der sich verschärfenden Widersprüche der Vergesellschaftung der Arbeit in den kapitalistischen Staaten, der sich vertiefenden Arbeitsteilung und Kooperation im Bereich der Wissenschaft, des zunehmenden Zusammenschlusses der Wissenschaft mit der Produktion und der enorm gestiegenen Rolle der Wissenschaft als unmittelbare Produktivkraft.

W. I. Lenin hat wiederholt unterstrichen, daß die Hauptaufgabe der sozialistischen Revolution organisatorischer Art ist. Um die neue Produktionsweise schaffen und eine Gesellschaft neuen Typs gestalten zu können, muß in erster Linie „ein außerordentlich kompliziertes und feines Netz von neuen organisatorischen Beziehungen hergestellt werden".[4]

In der Wissenschaft ist es besonders schwierig, neue organisatorische Beziehungen zu schaffen. Dies hängt damit zusammen, daß Wissenschaftler ständig neue, sich nicht wiederholende Aufgaben zu lösen haben, viele wissenschaftliche Ergebnisse — besonders in der Grundlagenforschung — nicht vorhersagbar sind, der schöpferische Prozeß an Individualität gebunden ist, die auch in der kollektiv organisierten wissenschaftlichen Tätigkeit nicht an Bedeutung verliert, daß Information und Kommunikation eine besonders große Rolle spielen, wissenschaftliche Errungenschaften in den meisten Fällen nur schwer, mitunter auch überhaupt nicht quantitativ bewertet werden können, und daß es im Sozialismus darauf ankommt, ein solches System der Leitung und Organisation zu schaffen, das nicht nur dem allgemeinen Charakter der wissenschaftlichen Arbeit entspricht, sondern auch dazu beiträgt, daß ihre Ergebnisse zu allgemeinen Errungenschaften werden.

Hauptaufgabe der Organisations- und Leitungsarbeit in der Wissenschaft ist es, Wissenschaftlerkollektiven und einzelnen Wissenschaftlern die notwendigen Bedingungen für produktive Arbeit zu schaffen. Diesem Zweck dienen alle Maßnahmen, die darauf gerichtet sind, die Forschungsziele und -gebiete begründet auszuwählen, die notwendigen materiellen, informatorischen und moralisch-ethischen Bedingungen für effektive wissenschaftliche Arbeit zu schaffen, die wissenschaftliche Kommunikation zu entwickeln usw. So wie es jedoch keine allgemeingültigen Algorithmen dafür gibt, wie Forschung zu betreiben ist, so gibt es auch kein erschöpfendes Repertoire von Rezepten dafür, wie die Organisations- und Leitungsarbeit zu verrichten ist; auch sie erfordert in erster Linie ein schöpferisches Herangehen. Für jede Tätigkeit, besonders aber für die wissenschaftliche gilt, daß ihre Organisation und Leitung sowohl auf wissenschaftlichen Methoden beruhen muß als auch immer zugleich eine „Kunst" ist. Hier kommt es auf die Persönlichkeitseigenschaften des Leiters an, auf seine Kenntnisse und Erfahrungen, auf seine Fähigkeit, mit Menschen — und besonders mit jener spezifischen sozialen Gruppe, wie sie die Wissenschaftler bilden — umzugehen.

Das sozialistische System der Wissenschaftsorganisation begann sich mit der Großen Sozialistischen Oktoberrevolution herauszubilden. Es war historisch neuartig, und seine Konturen bildeten sich erst allmählich heraus. Von Anbeginn lagen ihm jedoch sozialistische Prinzipien der Organisation der wissenschaftlichen Tätigkeit zugrunde: Die Wissenschaft gehört dem Volke; ihre oberste Bestimmung ist es, der Erhöhung des materiellen und geistigen Lebensniveaus aller Werktätigen zu dienen; der Sozialismus benötigt zu seinem Aufbau die Anwendung der neuesten

[4] W. I. Lenin, Die nächsten Aufgaben der Sowjetmacht, in: LW, Bd. 27, Berlin 1960, S. 231.

Errungenschaften von Wissenschaft und Technik; die bewußte und enge Verbindung von Wissenschaft und Produktion dient nicht nur der Befriedigung volkswirtschaftlicher Bedürfnisse, sondern ist zugleich eine Entwicklungsbedingung der Wissenschaft selbst. Das für die Volkswirtschaft gültige Prinzip der staatlichen Organisation und Planung fand auch im Bereich der wissenschaftlichen Tätigkeit Anwendung. Als grundlegend für die Leitung und Organisation der wissenschaftlichen Tätigkeit wurde anerkannt, die zentrale Leitung des gesamten Systems wissenschaftlicher Einrichtungen mit demokratischen Prinzipien selbständiger Leitung und Organisation der Wissenschaftlerkollektive, der Entfaltung ihrer Inititative und der Sicherung der Meinungsfreiheit und schöpferischer Diskussionen zu verbinden. Im November 1917 wurden die wissenschaftlichen Einrichtungen des alten Rußland in ein einheitliches Netz zusammengeschlossen. Zur grundlegenden Struktureinheit des Systems der wissenschaftlichen Tätigkeit wurde das spezialisierte Forschungsinstitut als die für die damalige Zeit fortgeschrittenste Organisationsform der Forschung. Während sich im vorrevolutionären Rußland diese Form nur mühsam durchsetzen konnte, stützte sich der junge sozialistische Staat auf die objektiven Entwicklungstendenzen der Wissenschaft und machte das Forschungsinstitut sofort zum führenden Element im Gesamtsystem seiner wissenschaftlichen Einrichtungen.[5]

Eine der grundlegenden Besonderheiten des sozialistischen Systems der Leitung und Organisation der Wissenschaftsentwicklung, die schon in seinen ersten Anfängen sichtbar wurde, bestand darin, die wissenschaftliche Tätigkeit auf die Lösung der Hauptaufgaben des sozialistischen Aufbaus zu orientieren. Die sowjetische Wissenschaft war in der gesamten Vorkriegsperiode weiter darauf bedacht, das zu sichern, was S. I. Vavilov später die „Kontinuität und Stetigkeit der wissenschaftlich-technischen Front" genannt hat.

Das System der Leitung und Organisation der wissenschaftlichen Tätigkeit bildete sich in der UdSSR nicht in erster Linie als administrativer Apparat, sondern als landesweiter Mechanismus der Koordinierung der Forschung heraus. Eines seiner Wesensmerkmale war, die zentrale Leitung und Planung der Wissenschaftsentwicklung mit der breiten Einbeziehung der wissenschaftlichen Öffentlichkeit in die unmittelbare Leitung von Forschung und Entwicklung zu verbinden. Die Wissenschaftler wurden zu aktiven Organisatoren der Forschung; sie wirkten auf allen Ebenen in wissenschaftlichen und wissenschaftlich-technischen Räten, Komitees und Kommissionen der Staatlichen Plankommission, des Rates der Volkskommissare und anderer staatlicher Gremien in der Leitung, Planung und Koordinierung der Forschung mit.

Ein weiteres Merkmal des sozialistischen Systems der Organisation und Leitung der Wissenschaft, das ebenfalls bereits seit seinen Anfängen in Erscheinung trat, ist das sogenannte akademische Prinzip. Es ergab sich zunächst aus einer

[5] Vgl. E. A. Beljajev/N. S. Pyškova, Formirovanije i razvitije seti naučnych učreždenij SSSR, Moskva 1979.

Besonderheit der Wissenschaftsentwicklung in der UdSSR, wurde aber später auch für viele andere Länder des Sozialismus kennzeichnend. Es besagt, daß die nationalen Akademien der Wissenschaften aus ehemaligen reinen Gelehrtengesellschaften zu aktiven Forschungs- und wissenschaftlich-organisatorischen Zentren wurden und ihre führende Rolle im wissenschaftlichen Leben des gesamten Landes sich sukzessive erhöhte.

Die erste Akademie, die unter Leitung des sozialistischen Staates eine tiefgreifende innere Umstrukturierung erfuhr und zu einem bedeutenden Zentrum der Leitung, Planung und Organisation der Forschung wurde, war die Akademie der Wissenschaften der UdSSR. Ihr Einfluß auf das wissenschaftliche Leben des Landes erhöhte sich kontinuierlich von einer Etappe des sozialistischen Aufbaus zur anderen. Das akademische Prinzip der Organisation und Leitung der Wissenschaft bevorzugt eine spezifische Form der Organisation, bei der der führende Kern der Leitung ein repräsentatives kollektives Organ hochqualifizierter Wissenschaftler ist, die aktiv an der Ausarbeitung der Wissenschaftspolitik teilhaben. Die Kollegialität der Leitung der wissenschaftlichen Tätigkeit verbindet sich dabei mit dem Prinzip, dem zufolge alle Leitungsfunktionen in der Wissenschaft durch Wissenschaftler besetzt werden und nicht durch „Manager", wie im „amerikanischen Modell" der Wissenschaftsorganisation. In den sozialistischen Ländern gilt dies inzwischen nicht nur für akademische Einrichtungen im engeren Sinne, sondern auch für Hochschuleinrichtungen und für Forschungseinrichtungen der Industrie.[6]

Seit Mitte des 20. Jahrhunderts ist das sozialistische System der Wissenschaftsorganisation in eine neue Etappe seiner Entwicklung eingetreten, deren determinierende Faktoren die Ausdehnung und Festigung des sozialistischen Weltsystems, der zunehmende Reifegrad der sozialistischen Gesellschaft in den Ländern der sozialistischen Gemeinschaft und die sich entfaltende wissenschaftlich-technische Revolution sind. Die Staaten, die Mitte des Jahrhunderts den Weg der sozialistischen Entwicklung beschritten haben, nutzen die Erfahrungen der UdSSR; sie haben mit deren Unterstützung ihre nationalen Akademien der Wissenschaften rasch ausgebaut bzw. sie neu gegründet und die Verbindungen zwischen Wissenschaft und Produktion organisatorisch gefestigt. Als Grundmodell der Wissenschaftsorganisation dient ihnen allen jenes System, das sich zwischen den 20er und 50er Jahren in der UdSSR herausgebildet hat. Indes ist es in der Praxis dieser Länder wesentlich ergänzt und bereichert worden, indem neue interessante Formen der Forschungspraxis und ihrer Verbindung mit der Produktion entstanden und neue effektive Methoden der Koordinierung der wissenschaftlichen Arbeit und ihrer Leitung erprobt wurden.

Gemäß den objektiven Entwicklungsgesetzmäßigkeiten der sozialistischen Gesellschaft und der Wissenschaft selbst erhöhte sich in dieser Periode generell

[6] Vgl. dazu näher in: S. R. Mikulinskij/R. Richta (Hrsg.), Socializm i nauka, Moskva 1981, S. 230—232.

die Rolle der zentralen Leitung der Forschung und deren Niveau. In allen sozialistischen Ländern wurden auf staatlicher Ebene spezielle Leitungsorgane — staatliche Komitees oder Ministerien — geschaffen, die für die Konzipierung und Realisierung einer einheitlichen Wissenschafts- und Technikpolitik sowie für das effektive Funktionieren des Systems der Wissenschaftsorganisation verantwortlich sind. In dieser Periode erhöhte sich zugleich die Rolle der nationalen Akademien der Wissenschaften bei der Planung, Koordinierung und Organisation der Forschung. In den einzelnen Ländern wurden jeweils spezifische Formen der Organisation von Forschung und Entwicklung und deren unmittelbarer Verbindung mit der Produktion und anderen Bereichen des gesellschaftlichen Lebens gefunden. So haben sich in den letzten Jahrzehnten in Bulgarien, der DDR, Polen, der ČSSR, der UdSSR und anderen sozialistischen Ländern unübersehbar neue Formen der Wissenschaftsorganisation herausgebildet, die von ihrem Typ und ihrer Bestimmung her ganz verschiedenartig sind, deren gemeinsames Merkmal aber darin besteht, daß es sich um komplexe wissenschaftliche Zentren handelt, um Wissenschafts-Produktionsvereinigungen, einheitliche Lehr- und Forschungszentren, problemorientierte Zusammenschlüsse verschiedener Industriezweige, aber auch territoriale Zentren, die faktisch alle Gliederungselemente des Forschungsprozesses und andere Arten wissenschaftlicher und praktischer Tätigkeit im Territorium vereinigen. In allen sozialistischen Ländern ist es heute üblich, daß die Akademien der Wissenschaften mit den Ministerien und anderen staatlichen Organen auf der Grundlage gemeinsamer Pläne eng zusammenarbeiten.

Trotz vieler Beispiele, in denen effektive Organisations- und Leitungsstrukturen geschaffen wurden, die die Entwicklung der Wissenschaft und die praktische Anwendung ihrer Errungenschaften sehr gefördert haben, ist jedoch zu verzeichnen, daß die Formen der Organisation und Leitung hinter den Bedürfnissen raschen Wachstums der Produktivkräfte zurückbleiben. Als besonders schädlich erweist sich in diesem Zusammenhang die Überbetonung zweiglicher oder lokaler Interessen, durch die unter Ausnutzung der zweiglichen und territorialen Arbeitsteilung in der Wissenschaft künstliche administrative Barrieren geschaffen werden, die der interdisziplinären und zwischenzweiglichen Wechselwirkung innerhalb der Wissenschaft, aber auch ihrem Zusammenschluß mit der Produktion hinderlich sind. So kann es vorkommen, daß wissenschaftliche Ergebnisse oder neue Technologien, die in Akademieinstituten oder anderen wissenschaftlichen Einrichtungen erarbeitet wurden, nur mit großen Verzögerungen überführt werden.

Hier bedarf es der Erkundung neuer Organisationsformen. Aber auch ältere Erfahrungen sind in diesem Zusammenhang nicht uninteressant. So wurden etwa in der UdSSR schon in den ersten Jahren der Sowjetmacht spezielle Überführungsorganisationen zur schnelleren Verbreitung forgeschrittener Technologien, neuer Technik und wissenschaftlicher Arbeitsorganisation geschaffen. Beispielsweise gründete A. K. Gastev in den 20er Jahren am Zentralinstitut für Arbeit den Trust „Ustanovka", dessen Funktion darin bestand, die Einführung neuer Technik und fortschrittlicher Produktionsmethoden in Industrieneubauten zu beschleunigen und die Arbeiter in neue Berufe einzuführen. Überführungsfunktionen hatten in den 30er Jahren auch „Orgmetall“ und „Orgtextil“ sowie in den 60er Jahren „Orgtechstroj“ und andere Trusts. Im Verlaufe der Entwicklung der Volkswirtschaft der UdSSR gingen diese Funktionen allmählich an Ministerien (Zweige) über. Unter den Bedingungen sozialistischer Planwirtschaft und zentraler staatlicher Leitung sind spezielle Überführungsorganisationen im Prinzip nicht unbedingt erforderlich. In einzelnen Fällen können sie sich jedoch als durchaus nützlich erweisen, wie die Beispiele des Innovationsfonds der Ungarischen Volksrepublik[7], von „Oriont“ in der UdSSR[8] oder des Zentrums für beschleunigte Überführung „Progress“ in der Volksrepublik Bulgarien[9] belegen.

Eine andere Erfahrung, die sich seit den ersten Jahren der Sowjetmacht bewährt hat, ist die Konzipierung und Realisierung staatlicher wissenschaftlich-technischer Programme von großer volkswirtschaftlicher Bedeutung: GOELRO, Hydrotorf, die Erforschung und Erschließung des Nördlichen Seeweges, der Rohstoffvorkommen der Kola-Halbinsel und der Bucht von Kara-Bogaz-Gol.

Die Ausgestaltung der entwickelten sozialistischen Gesellschaft stellt die Wissenschaft der sozialistischen Länder vor neue große Aufgaben. Vom System der Organisation und Leitung der Wissenschaftsentwicklung wird erwartet, daß es noch aktiver und umfassender dazu beiträgt, das gesamte Spektrum der Errungenschaften der wissenschaftlich-technischen Revolution organisch mit den Vorzügen des sozialistischen Wirtschaftssystems zu verbinden und das Wissenschaftspotential auf den Weg seiner vorwiegend intensiven Entwicklung zu überführen. Das erfordert insbesondere eine engere ökonomische und organisatorische Integration der Forschungs- und Entwicklungsarbeiten mit der Produktion. Von besonderer Bedeutung sind in der gegenwärtigen Periode Zielprogramm-Methoden in der Leitung, Planung und Organisation der Wissenschaft, weil sie es ermöglichen, Kräfte und Mittel auf die entscheidenden Entwicklungsrichtungen von Wissenschaft und Technik zu konzentrieren und deren Errungenschaften schneller in die Volkswirtschaft zu überführen.

Was die kapitalistischen Länder angeht, so besteht die Grundtendenz der Organisation des Systems wissenschaftlicher Tätigkeiten in der zunehmenden Ausprägung ihres staatsmonopolistischen Charakters auf der Grundlage zunehmender kapitalistischer Vergesellschaftung der Produktion. Diese Tendenz äußert sich sowohl in der Konzentration der Wissenschaftsressourcen in den Händen der Monopole und in der wachsenden Rolle des bürgerlichen Staates bei der direkten und indirekten Finanzierung der Wissenschaft, als auch darin, daß staatlicherseits spezielle Organe für Fragen der Wissenschafts- und Technikentwicklung geschaffen

[7] Vgl. Izvestija Sovetov narodnych deputatov SSSR vom 12. Oktober 1982.

[8] Vgl. Pravda vom 10. November 1983.

[9] Vgl. S. R. Mikulinskij/R. Richta (Hrsg.), Socializm i nauka, a. a. O., S. 270—271.

und Maßnahmen zur Planung und Koordinierung der wissenschaftlichen Tätigkeit vor allem im Rüstungssektor, in der Kosmosforschung und im Energiesektor, durchgeführt werden. Der Hauptteil von Mitteln des Staatshaushalts wird nicht im staatlichen Sektor realisiert, sondern auf vertraglicher Basis privaten Firmen übergeben. Die Mittel der Steuerzahler kommen auf diese Weise den großen Monopolen zugute. Die Aufwendungen für Grundlagenforschung fließen vorwiegend in die Universitäten, die in den USA und einigen anderen Ländern die Hauptzentren der Grundlagenforschung sind.

Nach dem Start des ersten sowjetischen Sputniks im Jahre 1957 wurde in den USA die Funktion eines Präsidentenberaters für Wissenschaft und Technik geschaffen; dieser steht an der Spitze mehrerer Beratungsorgane, deren Aufgabe es ist, die Hauptrichtungen der Wissenschafts- und Technologiepolitik der amerikanichen Regierung auszuarbeiten. In anderen kapitalistischen Ländern gibt es ebenfalls verschiedenartig funktionierende staatliche Organe für Fragen von Wissenschaft und Technik, so z. B. das Ministerium für Wissenschafts- und industrielle Entwicklung in Frankreich, die Ministerien für Forschung und Technologie sowie für Bildung und Wissenschaft in der BRD, den Rat für Wissenschaft und Technik beim Premierminister in Japan u. a. Zu erwähnen sind weiterhin zahlreiche Kommissionen für Fragen der Wissenschafts- und Technologiepolitik, die im Rahmen legislativer staatlicher Organe tätig sind.

Die führenden kapitalistischen Länder verfügen über hochentwickelte Wissenschaftspotentiale mit einem hohen Grad der Konzentration von Forschungsressourcen, technisch gut ausgerüsteten wissenschaftlichen Einrichtungen, weitverzweigten und engen vertraglichen Verbindungen zwischen Wissenschaft und Produktion und effektiven Organisations- und Leitungsmethoden auf der Ebene einzelner Firmen und Universitäten, was der praktischen Aneignung wissenschaftlicher Errungenschaften nach Umfang und zeitlichen Fristen dienlich ist. Auch verschiedene Formen der Zielprogramm-Leitung gelangen zum Einsatz.[10]

In der gegenwärtigen Theorie und Praxis der kapitalistischen Leitung der Wissenschaftsentwicklung spielen Methoden der Systemanalyse, der mathematischen Modellierung, der Leitung und Planung mit Hilfe von Netzwerken sowie sozialpsychologische Verfahren der Motivation und der Intensivierung der Arbeit der Wissenschaftler und Konstrukteure eine große Rolle. Indes bewirkt der enge Rahmen der bürgerlichen gesellschaftlichen Verhältnisse, daß die wissenschaftliche Tätigkeit im gesamtgesellschaftlichen Maßstab nicht rational organisiert, die widersprüchliche Verfassung, in der sich die Wissenschaft im Kapitalismus befindet, nicht überwunden werden kann bzw. wissenschaftlich-technische Errungenschaften zu antihumanen Zwecken mißbraucht werden können.

[10] Vgl. SŠA: Ekonomika, politika, ideologija, 7/1981, S. 109; A. A. Gavrilov/V. S. Denisenko, Gosudarstvennoje regulirovanije naučnych issledovanij v SŠA, Moskva 1981.

2. Formen der Organisation und Leitung in wissenschaftlichen Einrichtungen

Ein wichtiger Leitungsfaktor auf der Ebene einer einzelnen Einrichtung ist deren Struktur. Theoretisch ist sie eine Variable, die sich mit der Thematik ändert. Da aber jede Umstrukturierung das Leben des Kollektivs zutiefst beeinflußt, ist sie in der Regel äußerst aufwendig. Der Vergleich der Vorzüge, die eine Vervollkommnung der Struktur erbringt, mit den „Selbstkosten", die für die Einrichtung aus der Umstrukturierung entstehen (ein solcher Vergleich wird gewöhnlich indirekt angestellt), fällt meist nicht zugunsten der strukturellen Veränderungen aus. Wird eine solche Haltung aber zur Regel, so geht die Einrichtung der Fähigkeit zu Veränderungen verlustig, und ihre Struktur wird, statt eine Variable zu sein, zu einer fest vorgegebenen Beschränkung. Letztlich kann es so dahin kommen, daß die Ziele den vorhandenen Strukturen angepaßt werden müssen.

Im Folgenden betrachten wir die verbreitetsten Strukturtypen wissenschaftlicher Institutionen.

1. Die funktional-gegenständliche Struktur. Sie liegt dann vor, wenn die Einrichtung in spezialisierte (funktionale) Abteilungen (Bereiche, Sektoren, Laboratorien usw.) untergliedert ist, die ihrerseits in sich noch weiter gegliedert sind. Die Funktionsteilung erfolgt nach Wissenschaftsdisziplinen oder nach den zu erforschenden Gegenständen, Produkten, Prozessen (gegenständlich-thematische Struktur). Werden in einer Einrichtung verschiedene Phasen der wissenschaftlichen Tätigkeit ausgeführt, kann die Funktion der einzelnen Gliederungen auch nach diesen Phasen bestimmt werden (Forschungsabteilung, Konstruktionsbüro). Institutionen mit funktionaler Struktur sind stets hierarchisch aufgebaut.

Wie komplex die Untergliederungen bei der thematisch-gegenständlichen Struktur sind, hängt vom Gegenstand ab. So kann ein Laboratorium, in dem neue synthetische Kautschuke hergestellt werden, Wissenschaftler aus mehr als einem Dutzend Spezialrichtungen vereinigen, während in Laboratorien, die Verarbeitungsprozesse von Polymeren untersuchen, „Universaltechnologen" mit gleichen oder verwandten Ausbildungsprofilen arbeiten; die Erforschung immunologischer Wirkmechanismen setzt breite interdisziplinäre Wechselbeziehungen voraus, während Strukturuntersuchungen an Polisachariden fast monodisziplinär vorgenommen werden können. Jede Untergliederung verfügt über einen festen Bestand an Mitarbeitern, über Arbeitsplätze und erhält regelmäßig bestimmte materielle Ressourcen zugewiesen.

2. Die Projekt-(Ziel-)Struktur. Dieses Organisationsprinzip sieht die Schaffung zeitweiliger multidisziplinärer Gruppen wechselnder Zusammensetzung zur Lösung eines komplexen Problems vor. Diese Struktur entspricht den Prinzipien der Zielprogramm-Leitung auf der „Mikroebene" (im Rahmen einer Forschungseinrichtung).

Zur Durchführung eines Forschungs- und Entwicklungsprogramms wird ein Kollektiv gebildet, dessen Leiter die notwendigen Ressourcen und Vollmachten erhält, um die Arbeiten in allen Stadien ausführen und zum Abschluß bringen zu können. Diese Form der Leitung ermöglicht es, die Ressourcen zielstrebiger einzusetzen, den Koordinierungsaufwand zu minimieren, das Personal flexibel einzusetzen und alle Arbeiten konsequent auf das Erreichen des gestellten wissenschaftlichen oder praktischen Zieles auszurichten.

Im Prozeß der Arbeit an dem Projekt ändert sich in der Regel die Zusammensetzung des Kollektivs nach Spezialisten verschiedenen Profils und verschiedener Qualifikation; auch kann der Leiter wechseln. Welche Anteile der materiellen Basis, über die die gebene Einrichtung verfügt, für die Arbeit der Projektgruppe eingeplant werden, richtet sich nach der Art der auszuführenden Arbeiten, d. h. es erfolgt keine stabile Ressourcenzuweisung (schon deshalb nicht, weil die Gruppe nur zeitweilig besteht). Der Leiter verfügt über die materiellen Ressourcen in der geplanten Höhe und in den vorgesehenen Fristen. Der zeitweilige Charakter der Gruppe erstreckt sich auch auf das System der Leitungsfunktionen. Ein und derselbe Mitarbeiter kann gleichzeitig in mehreren Projektgruppen tätig sein.

Projektgruppen werden in der Regel gebildet, um kurzfristige Aufgaben oder besonders komplizierte Probleme zu lösen und koexistieren gewöhnlich mit der funktional-gegenständlichen Struktur der betreffenden wissenschaftlichen Einrichtung. In vielen Fällen wird jedoch bei Beibehaltung der gegenständlichen oder funktionalen Organisation ein so großer Teil der Arbeiten durch Projektgruppen ausgeführt, daß man von einer Projektstruktur der betreffenden Einrichtung sprechen kann.

3. Matrixstruktur. Diese Struktur vereinigt die Prinzipien der beiden vorgenannten Strukturtypen. Sie verknüpft die „vertikale" Leitungslinie (vom Leiter der Forschungsgrundeinheit zu den Ausführenden) mit der „horizontalen", die alle in das betreffende Projekt einbezogenen Forschungsgrundeinheiten erfaßt; d. h., die stabilen funktionalen Einheiten mit ständigem Leiter und ständigem Mitarbeiterbestand werden beibehalten, aber zur Lösung bestimmter komplexer Probleme werden aus den Mitarbeitern dieser Forschungsgrundeinheiten zeitweilige Projektgruppen gebildet. Diese werden von Wissenschaftlern geleitet, die für die Dauer der Existenz der betreffenden Projektgruppe eingesetzt werden, mit den in die Gruppe aufgenommenen Mitarbeitern der funktionalen Einheiten direkt kommunizieren und ihnen gegenüber genau definierte Leitungskompetenzen haben. Diese Kompetenzen können in ziemlich weiten Grenzen variieren; in der Regel verteilen sie sich jedoch so, daß der Projektleiter bestimmt, *was wann* zu tun ist, während der Leiter der funktionalen Einheit über das *wie* befindet. In der Praxis wird diese Leitungsform so realisiert, daß eine relativ kleine ständige Gruppe gebildet wird, die für den gesamten Zyklus der Arbeiten — von der Forschung bis zur Überführung der Ergebnisse in die Produktion — verantwortlich ist. Im Stadium der Forschung wird sie um Wissenschaftler der benötigten Spezialrichtungen ergänzt, im Stadium der Entwicklung und der Überführung dagegen um Konstrukteure, Technologen, Produktions- und Absatzfachleute. Für die Zeit ihrer Zugehörigkeit zu der Gruppe befinden sich diese Spezialisten in einer doppelten Unterstellung: Einerseits sind sie dem Projektleiter unterstellt, andererseits — vor allem in methodischer Hinsicht — dem Leiter der funktionalen Einheit, in der sie tätig sind. Diese doppelte Unterstellung ist ein wichtiges Merkmal der Matrixstruktur. Allerdings widerspricht sie den Postulaten der klassischen Leitungstheorie und kann zu Spannungen und Konflikten in der betreffenden Institution führen. Kommt es zwischen den Leitern der funktionalen Einheiten und den Projektleitern nicht zu einer konstruktiven Zusammenarbeit, sinkt die Effektivität der gesamten Einrichtung empfindlich ab. Offensichtlich ist dies der entscheidende Grund, warum die Matrixstruktur sich noch nicht allgemein durchgesetzt hat.

In jüngster Zeit haben sich, wie schon erwähnt, die Prinzipien der Zielprogrammleitung sowohl bei großen Programmen als auch bei innerinstitutionellen Projekten bewährt. Als vorteilhaft wirkt sich dabei aus, daß weder die formale Struktur geändert noch die administrativ-ökonomische Tätigkeit reorganisiert zu werden braucht. Der Erfolg wird in hohem Maße dadurch bestimmt, daß die informellen Beziehungen im Rahmen des Programms hinreichend stark und produktiv sind und das Programm von einem anerkannten und fähigen Wissenschaftler geleitet wird, wie das z. B. bei der Arbeit an dem internationalen Revertaseprogramm der sozialistischen Länder der Fall war, das von Akademiemitglied V. A. Engel'gardt geleitet wurde.

Über die Vorzüge oder Nachteile dieser oder jener Struktur läßt sich nicht abstrakt befinden. Wohl aber kann über Merkmale gesprochen werden, die unter bestimmten Bedingungen als Vorzüge, unter anderen hingegen als Nachteile in Erscheinung treten. Erst wenn die dem betreffenden Strukturtyp eigenen Merkmale mit den Erfordernissen der jeweiligen Situation konfrontiert werden, sind rationale Entscheidungen möglich.

Ein wesentliches Merkmal der Funktionalstruktur ist, daß sie eine langfristige Konzentration der Kräfte auf einem engen disziplinären Gebiet ermöglicht. Für die Entwicklung der Wissenschaft ist dies unabdingbar, wie sehr auch immer problemorientiertes interdisziplinäres Vorgehen heute in den Vordergrund tritt. Disziplinäre Forschung ist und bleibt das Fundament, auf dem sich interdisziplinäre Strukturen und Beziehungen ausgestalten und interdisziplinäre Projekte erfolgreich bearbeitet werden. Die dieser Struktur zugrundeliegende Spezialisierung ermöglicht es den Mitarbeitern, sich fundierte Kenntnisse und hohes Können auf ihrem Gebiet anzueignen. Der Wissenschaftler steht in ständiger Kommunikation mit kompetenten Kollegen und einem kompetenten Leiter und ist so in ein System der informellen sozialen Kontrolle einbezogen. Diese Kontrolle ist für den Wissenschaftler und die Qualität seiner Arbeit unabdingbar; das Kollektiv der Kollegen bildet die Referenzgruppe, in bezug auf die er sein professionelles Niveau ständig bewerten kann.

Für die funktional-gegenständliche Struktur ist ein hierarchischer Leitungsaufbau kennzeichnend, für dessen einzelne Ebenen genau angegeben werden kann, welche Aufgaben und Funktionen sie wahrzunehmen haben. Die Leitungsstruktur ist einfach und überschaubar und ermöglicht die Kontrolle von oben nach unten. Zugleich heben sich die Kompetenzebenen relativ klar voneinander ab, so daß gewährleistet ist, daß an übergeordnete Leitungsebenen nur solche Informationen weitergegeben werden, die zur Entscheidungsfindung auf dieser Ebene benötigt werden.

Die Möglichkeit, Vollmachten zu delegieren, vereinfacht die Ausübung administrativer Funktionen. Für die Wissenschaftsleitung ist diese Möglichkeit besonders bedeutsam, weil administrative Funktionen hier von Wissenschaftlern selbst ausgeführt werden. Diese Funktionen zu vereinfachen und sie gleichmäßig auf die einzelnen Hierarchiestufen zu verteilen, bedeutet für den Leiter Zeitgewinn für eigene wissenschaftliche Arbeit, durch die er seine Kompetenz und Produktivität als Wissenschaftler erhält. Von der wissenschaftlichen Kompetenz des Leiters eines Wissenschaftlerkollektivs — und seiner eigenen Überzeugung von dieser Kompetenz — hängt in hohem Maße ab, ob und in welchem Grade das Kollektiv organisatorisch „gesund" ist. Der hierarchische Aufbau der Wissenschaftsleitung erleichtert den effektiven Einsatz der Kader, denn er bietet die Möglichkeit, eine relativ geringe Zahl hochqualifizierter Kader in den obersten Hierarchiestufen einzusetzen.

Bekanntlich können Vorzüge aber zu Nachteilen werden, wenn sich die Situation ändert. So unterliegt die Organisation und Leitung interdisziplinärer Arbeit in der Wissenschaft Anforderungen, denen mit einer Funktionalstruktur nur schwer beizukommen ist. Die spezialisierten Abteilungen, aus denen eine so strukturierte Einrichtung besteht, erweisen sich als nur schwer überwindbare Barrieren für interdisziplinäre Kontakte. Dieser Nachteil der funktionalen Struktur, der zu einer Zeit, als die Wissenschaft noch vorwiegend einen Differenzierungsprozeß durchmachte, noch relativ wenig ins Gewicht fiel, macht sich heute, da es immer häufiger komplexe Probleme zu lösen gilt und dies nur durch breiten Ideenaustausch und interdisziplinäres Herangehen möglich ist, immer nachhaltiger als Mangel bemerkbar. Überdies erzeugt der Umstand, daß die faktisch unabhängig voneinander bestehenden Kollektive relativ stabil über Planstellen, Finanzmittel, Ausrüstung usw. verfügen, bei ihren Leitern und Mitarbeitern eine Eigentümerpsychologie im Hinblick auf diese Ressourcen. Das erschwert die Umverteilung der Ressourcen, wenn es erforderlich sein sollte, und widerspricht den Entwicklungstendenzen der Wissenschaft. Selbst wenn man annimmt, daß zum Zeitpunkt einer Institutsgründung die Ressourcen ideal auf die einzelnen Abteilungen verteilt waren, nötigt die Entwicklung der Wissenschaft die Leitung sehr bald, die Ressourcen neu zu verteilen, z. B. weil eine neue und perspektivreiche Forschungsrichtung vorzugsweise stimuliert werden muß. Die funktional-gegenständliche Struktur bietet dafür kaum Möglichkeiten, sondern führt in solchen Fällen gewöhnlich zu Spannungen im Kollektiv. Sind Institutsstrukturen bereits soweit verfestigt, daß organisatorische Umstrukturierungen nur noch schwer oder gar nicht mehr möglich sind, tritt eine Situation ein, in der neue Probleme nur noch bearbeitet werden können, indem neue Abteilungen oder Institute mit neuen Mitarbeitern gebildet werden, anstatt die traditionellen Themen der bisherigen Mitarbeiter zu überprüfen und diese dafür zu gewinnen, wenig ertragreiche Arbeiten aufzugeben und zur Bearbeitung neuer und aktueller Probleme überzugehen.[11]

Die Projektstruktur hat demgegenüber unbestreitbare Vorteile. Sie läßt keine interdisziplinären Barrieren aufkommen, denn dem Kollektiv, das gemeinsam ein komplexes Problem bearbeitet, gehören von vornherein Vertreter verschiedener Disziplinen an. Diese Art der Forschungsorganisation trägt zum rascheren und besseren gegenseitigen Verständnis bei; dadurch wird es möglich, die Beiträge der verschiedenen Disziplinen nicht „von oben" her zu koordinieren, sondern durch unmittelbare Kontakte zwischen den betreffenden Wissenschaftlern, die in der Projektgruppe alle den gleichen Status haben. Die schöpferischen Potenzen eines Wissenschaftlers werden hier bei weitem intensiver genutzt; er arbeitet an dem Projekt solange wie nötig mit und geht dann in eine andere Gruppe über. In der Praxis ist es durchaus auch üblich, daß ein Wissenschaftler gleichzeitig in zwei oder drei Projektgruppen mitarbeitet, was sich stimulierend auf seine schöpferische Aktivität auswirkt. Schöpfertum ist immer integrativ; neue Ideen entstehen mit größerer Wahrscheinlichkeit außerhalb oder an der Grenze jenes engen Gebiets, auf dem der betreffende Wissenschaftler Experte ist; zu detailliertes Wissen unterdrückt mitunter schöpferisches Denken. In einer interdisziplinären Projektgruppe hat der Wissenschaftler nicht nur die Möglichkeit, als Spezialist auf seinem engen Gebiet zu arbeiten, sondern auch das Problem als Ganzes, in allen seinen Aspekten zu sehen. Weitere Vorzüge der Projektstruktur sind, daß sie es gestattet, die Ressourcen flexibler zu nutzen und die Kontrolle über den Fortgang der Arbeiten nicht über mehrere Hierarchieebenen hinweg vornehmen zu müssen, sondern alle notwendigen Informationen direkt von dem betreffenden Mitarbeiter übermittelt zu bekommen. Dieser letztere Vorzug bewirkt, daß der Projektleiter enger mit den inhaltlichen Problemen der Forschung verbunden ist und den Stand der Forschung kompetenter einzuschätzen vermag; allerdings stellt diese Struktur qualitativ höhere Anforderungen an seine organisatorischen Fähigkeiten.

Zu den Nachteilen der Projektstruktur gehört, daß für die Dauer der Arbeit der interdisziplinären Gruppe der einzelne Wissenschaftler nicht der ständigen Kontrolle durch sein disziplinäres Kollektiv oder seinen disziplinären Leiter unterliegt. Nach einer gewissen Zeit kann sich das auf sein professionelles Niveau auswirken; die Breite des Horizonts, den er erwirbt, kann auf Kosten seines Spezialistentums gehen. Die Gefahr einer Qualitätsminderung der wissenschaftlichen Produktion kann somit nicht ausgeschlossen werden.[12]

Die Tätigkeit einer nach dem Projektprinzip strukturierten Einrichtung bedarf

[11] Vgl. Organizacija naučnoj dejatel'nosti, Moskva 1969.

[12] Zu den Vorzügen und Nachteilen der verschiedenen Typen der Organisation wissenschaftlicher Einrichtungen vgl. auch: G. A. Lachtin, Upravlenije v naučnom učreždenii, Moskva 1983, S. 65—74.

sorgfältiger und qualifizierter Planung. Ist die Arbeit der einzelnen Gruppen zeitlich nicht gut koordiniert, kann es z. B. zu einer „Saisonbeschäftigung" der Mitarbeiter kommen. In Zeiten des Übergangs von einem Projekt zu einem anderen besteht die Gefahr, daß es bei den Mitarbeitern zu Unsicherheiten kommt, die sich negativ auf das psychische Klima im Kollektiv auswirken. Zeitweilige Gruppen haben einen dynamischen Bedarf an Ressourcen; das erfordert von der übergeordneten Leitung die Fähigkeit zu kontinuierlicher Planung im Prozeß der Entscheidungsfindung. Bei der Funktionalstruktur ist die Leitung praktisch nicht mit solchen Aufgaben konfrontiert, denn die Verteilung der Ressourcen auf die einzelnen Abteilungen ist hier weitgehend stabil.

Die Arbeit einer Projektgruppe ist um so schwieriger zu organisieren, je weniger voraussagbar die Forschungsergebnisse sind. Anders gesagt: Je ausgeprägter der Erkundungscharakter der Forschung und je höher das Risiko, um so schwieriger ist es, die Arbeit einer solchen Gruppe zu planen. Ihr zeitweiliger Charakter gerät in Widerspruch zur Spezifik der Forschung. Ein Wissenschaftler, der sich für Forschungsarbeiten mit hohem Risiko entscheiden soll, muß Garantien hinsichtlich verfügbarer — auch zeitlicher — Ressourcen haben. Die Funktionalstruktur gibt diese Garantien, die Projektstruktur nur bedingt.

In welchen Fällen die Bildung einer Projektgruppe zum Erfolg führt und welchen nicht, hängt in hohem Maße — wenn auch nicht ausschließlich — vom Forschungsgegenstand ab. Ursachen, die zu Mißerfolgen von Projektgruppen führen, können folgende sein:

a) Die übergeordnete Leitung stattet den Projektleiter nicht mit hinreichenden Vollmachten aus. Die Leiter der Funktionalabteilungen widersetzen sich in der Regel dem Projektprinzip, so daß die übergeordnete Leitung es häufig vorzieht, die Rechte des Projektleiters einzuschränken und ihn lediglich als „Koordinator" des Projektes zu verstehen. Generell erfordert die Projektstruktur von der übergeordneten Leitung weit mehr Aufmerksamkeit als die Funktionalstruktur; sie bedarf insbesondere eines flexiblen Leitungssystems, denn während des „Lebenszyklus" eines Projekts kann es sich erforderlich machen, die Leitungsmethoden mehrmals zu ändern.

b) Die Wahl des Projektleiters erfolgte nicht mit der nötigen Sorgfalt. Für die erforderliche Ausübung dieser Funktion bedarf es eines sehr breiten Spektrums an technischen und administrativen Kenntnissen und Fähigkeiten. Ein guter, aber enger Spezialist, der an der Spitze einer Projektgruppe steht, tendiert zumeist dahin, einer bestimmten Seite des Projekts seine besondere Aufmerksamkeit zu widmen.

c) Der Abschluß des Projektes wurde ungenügend vorbereitet. Dieser Prozeß muß rechtzeitig geplant werden, damit alle Mitarbeiter noch vor Abschluß des Projekts wissen, an welchen Arbeiten sie später mitwirken werden, und genügend Zeit zur Verfügung steht, damit sie sich auf sie vorbereiten können.

Als eine gewisse Weiterentwicklung des Projektprinzips kann die Bildung zeitweiliger thematischer Gruppen zur Lösung ganz bestimmter wissenschaftlich-technischer Probleme angesehen werden. Eine Verordnung über solche Kollektive wurde in der UdSSR auf der Grundlage des Beschlusses des ZK der KPdSU und des Ministerrates der UdSSR vom 18. August 1983 „Über Maßnahmen zur Beschleunigung des wissenschaftlich-technischen Fortschritts in der Volkswirtschaft“ verabschiedet.[13] Sie beruht auf reichen Erfahrungen, die mit solchen zeitweiligen thematischen Kollektiven in Instituten der Akademie der Wissenschaften der UdSSR gemacht wurden. Allerdings hat sich diese unbestreitbar progressive Organisationsform noch nicht generell durchsetzen können, da es auch noch einige ungeklärte Fragen gibt, z. B. die der Vergütung der Leiter solcher zeitweiliger Kollektive und des Modus ihrer Ernennung.

In Einrichtungen mit Matrixstruktur gehört jeder Mitarbeiter einem Kollektiv enger Spezialisten gemäß dem Funktionalprinzip an, wodurch seine fachliche Weiterentwicklung ständig stimuliert und zugleich kontrolliert wird. Er ist in das unabhängig von der jeweiligen Forschungsaufgabe bestehende System der Weiterbildung (Kolloquien, Seminare usw.) einbezogen. Die Autoritäts- und Kontrolllinien sind hinreichend stabil, denn die Funktionalstruktur ist nicht zeitweilig, sondern beständig. Das Vorhandensein funktional-struktureller Elemente in der Matrixstruktur beseitigt bzw. mildert auch jenen anderen Nachteil der Projektstruktur, daß bei ihr Erkundungsforschung mit hohem Risiko nur schwer möglich ist. Für einen Teil der Mitarbeiter können durchaus Möglichkeiten geschaffen werden, solche Forschungen durchzuführen und dabei gleichzeitig an bestimmten Projekten mitzuwirken. Die Matrixstruktur erweist sich so als eine überaus effektive Organisationsform. Sie ist aber zugleich auch die anfälligste und sollte nur angewendet werden, nachdem sie gründlich vorbereitet worden ist.

In den 60er Jahren wurde die Struktur wissenschaftlicher Einrichtungen noch vorwiegend mit dem Ziel analysiert, die starken und schwachen Seiten alternativer Strukturen für die Lösung verschiedenartigster wissenschaftlich-technischer Aufgaben zu ermitteln. In den 70er und 80er Jahren hat sich der Schwerpunkt der Forschung mehr auf die Entwicklung dieser Strukturen verlagert; sie verfolgt heute das Ziel, Wege zu finden, die Strukturen entsprechend den neuen Aufgaben rasch und möglichst reibungslos zu vervollkommnen.

3. Bedingungen für die Herausbildung und Entwicklung neuer Forschungsrichtungen

Wissenschaft hat eine dynamische Struktur; ständig entstehen in ihr neue Forschungsrichtungen, die miteinander und mit den schon bestehenden Richtungen in Wechselwirkung treten und sich mitunter zu großen Forschungs-

[13] Vgl. Položenije o vremennom kollektive dlja provedenija rabot po rešeniju perspektivnych naučno-techničeskich problem mežotraslevogo charaktera, sozdaniju i osvojeniju proizvodstva novoj techniki, technologii i materialov, in: Ekonomičeskaja gazeta vom 25. 6. 1984.

gebieten entwickeln, aus denen neue wissenschaftliche Disziplinen entstehen können. Neue Forschungsrichtungen sind die eigentlichen „Wachstumspunkte“ der Wissenschaft. Hier werden die Forschungsarbeiten konzentriert, bilden sich neue Auffassungen vom Forschungsgegenstand, werden für den weiteren Fortschritt wichtige Fakten akkumuliert und entsteht ein neuer Komplex kognitiver Mittel (Begriffe, Theorien, Methoden). All das bildet die kognitive Grundlage, die alle, einen gemeinsamen Gegenstand erforschenden Wissenschaftler eint (solche großen Gruppen von Wissenschaftlern, die auf demselben Wissenschaftsgebiet arbeiten, nennt man auch wissenschaftliche Gemeinschaften). Eine sich erfolgreich entwickelnde Forschungsrichtung kann als selbständige Struktureinheit der Wissenschaft angesehen werden.

Da bei der Entstehung einer neuen Forschungsrichtung sowohl soziale Bedürfnisse als auch innerwissenschaftliche Faktoren eine Rolle spielen, kann der Begriff „Forschungsrichtung“ verschiedene Bedeutungen haben. Zum einen bezeichnet man mit ihm alle Forschungsarbeiten, die auf dasselbe soziale Ziel ausgerichtet sind, z. B. die Forschungsrichtung „Frühdiagnostik des Krebses“ oder „Erhöhung der Dürrefestigkeit von Pflanzen“. In diesem Falle werden alle Arbeiten, die demselben Ziel dienen, der Forschungsrichtung zugeordnet, unabhängig davon, im Rahmen welcher kognitiven Struktur sie durchgeführt werden. In anderen Fällen werden Forschungsrichtungen nach kognitiven Kriterien unterschieden: nach dem Forschungsgegenstand, nach Forschungsmethoden usw.

Zwischen neuen Forschungsrichtungen und den sozialen Zielen, die ihre Entstehung stimuliert haben, gibt es keine eindeutige Beziehung. Das Spektrum der praktischen Relevanz neuer Richtungen erweist sich oft viel breiter als zunächst angenommen, und umgekehrt kann sich herausstellen, daß die Lösung eines aktuellen Problems nicht von derjenigen Richtung geliefert wird, die unter dem stimulierenden Einfluß dieses Problems entstanden ist, sondern von einer ganz anderen. Die Wissenschaft rezipiert und reagiert auf soziale Bedürfnisse also nicht in Gestalt einzelner, isolierter Forschungsrichtungen, sondern als ganzheitliche Struktur.[14] Aus diesem Grunde hat die sowjetische Wissenschaftspolitik von Anfang an das Prinzip verfolgt, über eine „geschlossene Forschungsfront“ zu verfügen.

Betrachtet man als Kriterium einer Forschungsrichtung die gemeinsame kognitive Grundlage der Mitglieder einer wissenschaftlichen Gemeinschaft, dann kann

[14] Die Entdeckung des Lasers führte zu einer Vielzahl prinzipiell neuer Technologien und entsprach objektiv aktuellen praktischen Bedürfnissen. Indes fanden Arbeiten zum Quantengenerator in den USA zunächst weder in Wissenschaftlerkreisen, noch bei Praktikern besondere Unterstützung. Wären sie eng auf praktische Aufgaben ausgerichtet gewesen, wäre es nicht zu einer neuen Richtung gekommen, sondern man hätte bestenfalls die Parameter schon vorhandener Geräte um das zwei- bis dreifache verbessert (vgl. Ch. H. Townes, Quantum electronics and surprise in development of technology. The problem of research planning, in: Science, vol. 159 (1968), S. 699—703).

die Entstehung der Forschungsrichtung als Prozeß verstanden werden, in dem sich die einzelnen Elemente dieser Struktur herausbilden und zu einem entwicklungsfähigen System formieren. Dieser Prozeß kann durch unterschiedliche Faktoren bedingt sein. Er kann ausgelöst werden durch eine neue theoretische Idee, die bis dahin separate Fakten unter sich subsumiert und neue experimentelle Methoden ermöglicht; z. B. sei daran erinnert, welche Bedeutung die Entdeckung des Periodensystems der Elemente für die Entwicklung der Chemie hatte. In anderen Fällen ist der Auslöser die Entdeckung eines bestimmten wissenschaftlichen Phänomens (z. B. Röntgenstrahlen oder künstliche Radioaktivität). Schließlich sind viele neue Forschungsrichtungen von neuen Geräten oder neuen Methoden ausgegangen (vgl. die Pavlovsche Methode der bedingten Reflexe in ihrer Bedeutung für die Entwicklung der höheren Nerventätigkeit). Bei aller Bedeutung, die eine neue theoretische Idee, ein neu entdecktes Phänomen oder eine neue Methode für die Entstehung einer neuen Forschungsrichtung haben, sind sie doch nicht mehr als Schwellenereignisse; zwar wird durch sie die Entstehung und Formierung eines neuen ganzheitlichen kognitiven Systems in Gang gesetzt, doch gehören zu diesem System noch andere Elemente, die vorher schon latent existierten.[15]

Auch die Wege, die Art und Weise, wie sich neue Forschungsrichtungen herausbilden, können unterschiedlich sein. Sehr häufig ist es der Fall, daß eine neue Forschungsrichtung aus einem schon existierenden Forschungsgebiet quasi herauswächst. Ein solches, sich in Entwicklung befindliches Gebiet dehnt sich nicht nur quantitativ aus, sondern strukturiert sich auch, „wächst" vorzugsweise in ganz bestimmten Richtungen und wird sich schließlich vom Muttergebiet abspalten. In diesem Falle sind die Wissenschaftler, die in der neuen Richtung arbeiten, anfangs noch durch die kognitive Struktur des Muttergebiets vereint, gehören also noch der wissenschaftlichen Gemeinschaft des Gebietes an. Die sich abspaltende Richtung stellt sich als eine neue, hinreichend konsolidierte Thematik dar.

Nicht immer aber ist es möglich, bestimmte Forschungen eindeutig einem bestimmten Forschungsgebiet und einen Wissenschaftler einer bestimmten wissenschaftlichen Gemeinschaft zuzuordnen. Die Grenzen der Gebiete sind vielfach fließend und gehen ineinander über; ein beträchtlicher Teil der Forschungsarbeiten hat diffusen Charakter. Neue Forschungsrichtungen entstehen in diesem Falle, wenn sich zwischen Wissenschaftlern eine zunehmende konzeptionelle Übereinstimmung herausbildet, die gewissermaßen als „Kristallisationszentrum" wirkt und oft interdisziplinären Charakter hat. In den Anfangsstadien hat die neue Richtung gewöhnlich noch eine recht lockere Struktur, was sich z. B. darin äußert, daß es noch mehrere Kommunikationszentren gibt, die nur lose miteinander verbunden sind.

[15] Vgl. S. G. Kara-Murza, Razvitije issledovatel'skich metodov kak ob'ekt istorii nauki, in: Voprosy istorii estestvoznanija i techniki, 1/1983, S. 24—36.

Schließlich bilden sich neue Richtungen häufig auch dadurch aus, daß die kognitive Basis einer bestehenden Richtung sich grundsätzlich wandelt. Die Besonderheit dieses Falles besteht darin, daß die Faktenbasis, die theoretischen Vorstellungen, die Methoden und selbst der Forschungsgegenstand sich ändern, ohne daß sich aber nominell die Bezeichnung des Gegenstandes ändert (eine solche Transformation vollzog sich beispielsweise auf einem großen Gebiet der medizinisch-biologischen Wissenschaften — der Collagenforschung).[16] Solche Fälle bringen sowohl für die Wissenschaftsforschung als auch für die Leitungsorgane erhebliche Schwierigkeiten mit sich, da die anhaltende Verwendung der alten Terminologie die Identifizierung der neuen Richtung in ihren Frühphasen erschwert.

In jüngster Zeit sind die Gesetzmäßigkeiten der Herausbildung und Entwicklung neuer Forschungsrichtungen, insbesondere die sie bedingenden innerwissenschaftlichen und sozialen Faktoren, zum Gegenstand intensiver wissenschaftswissenschaftlicher Untersuchungen geworden.[17] Dies erklärt sich vor allem aus der hohen Relevanz, die solche Untersuchungen für die Wissenschaftsleitung haben. In ihrem gegenwärtigen Entwicklungsstadium ändert sich die Struktur der Wissenschaft so dynamisch, daß sie mit den traditionellen Beobachtungsverfahren nicht mehr rasch genug erfaßt werden kann und die Planungsorgane so nicht rechtzeitig über den neuesten Stand in der Welt informiert werden können.

Tabelle 7 vermittelt eine Vorstellung darüber, mit welchem Tempo sich einige erst jüngst entstandene „Wachstumspunkte“ der Wissenschaft entwickeln. Sie zeigt für einige Gebiete der medizinisch-biologischen Wissenschaften, wie sich die Maßstäbe der Forschungsarbeiten vergrößern. Diese Maßstäbe werden ersichtlich, wenn man jeweils verfolgt, wieviel Arbeiten jährlich in der Welt veröffentlicht werden, deren Titel die Bezeichnung des Forschungsgegenstandes enthält (die Zahlen sind somit Minimalwerte, da es auch Arbeiten geben kann, die dem jeweiligen Gegenstand gewidmet sind, seine Bezeichnung aber nicht im Titel enthalten ist).

Die Fähigkeit, neu entstehende Forschungsrichtungen schnell zu erkennen und zügig die Bedingungen für ihre Entwicklung zu schaffen, bestimmt immer mehr das Niveau der Wissenschaftsorganisation. Das hängt damit zusammen, daß vor allem in den neuen Richtungen die wissenschaftlichen Grundlagen für die Entwicklung prinzipiell neuer Technologien geschaffen werden, die zu revolutionären Veränderungen in der Produktion führen. Wenn die Wissenschaftler eines Landes

[16] Vgl. H. G. Small, A co-citation model of a scientific speciality. A longitudinal study of collagen research, in: Social Studies of Science, 7/1977, S. 139—166.

[17] Vgl. z. B. Novyje naučnyje napravlenija i obščestvo, Moskva—Leningrad 1983; R. Whitley, Cognitive and social institutionalization of scientific specialities and research areas, in: Social Process of Scientific Development, ed. by R. Whitley, London 1974, S. 69—95; W. van den Daele/P. Weingart, Resistance and receptivity of science to external direction. The emergence of new disciplines under the impact of science policy, in: Perspectives of the Emergence of Scientific Disciplines, Den Haag—Paris—Chicago 1976, S. 233—245.

Tabelle 7: Entwicklungstempi einiger Gebiete der medizinisch-biologischen Wissenschaften, dargestellt als Anzahl der Artikel, die die Bezeichnung des Forschungsgegenstandes im Titel enthalten*

Forschungsgegenstand	Jahr			
	1973	1976	1979	1980
Alpha-Phetoprotein	358	795	796	787
Calmodulin	0	0	211	1003
Dopamin	1503	3724	4871	5178
Endorphin, Enkephalin oder Opioid	19	280	2007	2386
Somatostatin	38	1145	1631	2087
Proteinkinase	0	852	1741	1892
T-Zellen	412	1824	5638	8694

* Current-Contents, 1981, Nr. 43, S. 6—7

an der Ausarbeitung dieser neuen Richtung nicht teilhaben, wird auch die angewandte Forschung weiter auf veralteten Konzeptionen verharren; das aber bestimmt auf mehrere Jahre im voraus ein verhältnismäßig niedriges technologisches Niveau. Hinzu kommt, daß das wissenschaftliche Wissen heutzutage hoch integriert ist, so daß eine Lücke in der Struktur der Forschungsfront viele andere Gebiete und Richtungen, die mit der fehlenden Richtung wechselwirken müßten, beeinträchtigt und schwächt. Neue Richtungen sind nicht nur deshalb wichtig, weil sie Informationen über den Forschungsgegenstand erzeugen. Sie sind darüber hinaus auch Generatoren neuer Mittel der Erkenntnis, die in anderen Richtungen sowohl der Grundlagen- als auch der angewandten Forschung benötigt werden. In Analogie zur materiellen Produktion, wo die Überführung qualitativ neuer Technologien das Hauptmittel der Intensivierung und Effektivitätssteigerung ist, kann man sagen, daß in der Forschung die Aneignung neuer Mittel der Erkenntnis die „technologische“ Basis für den Übergang zum intensiven Entwicklungsweg darstellt. Die Übertragung theoretischer Ideen und Methoden, die in neuen Richtungen entstehen, ist eine notwendige Bedingung dafür, daß schon bestehende Gebiete und Richtungen nicht nur weiter wachsen, sondern daß auf ihnen überhaupt einigermaßen effektiv weitergearbeitet werden kann.[18]

[18] Wie schnell Erkenntnismittel, die aus einer neuen Richtung übernommen wurden, zur Schaffung einer qualitativ neuen Technologie führen können, bezeugt das folgende Beispiel. 1981 wurde in einem Forschungslaboratorium in Kalifornien eine originelle Methode der Identifizierung bestimmter Fragmente von Virus-Proteinen entwickelt. Die Autoren der Methode teilten ihre Entdeckung Kollegen des Nachbarinstituts mit; diese entwickelten in wenigen Wochen die Methode einer Technologie der Produktion dieser Fragmente von Proteinmole-

Welcher Mittel können sich Leitung und Organisation der Wissenschaft bedienen, damit neue Forschungsrichtungen sich möglichst verzögerungsfrei herausbilden und entwickeln können? Welche Bedingungen befördern diesen Prozeß und welche hemmen ihn? Hier können zwei Gruppen von Bedingungen unterschieden werden: allgemeine und solche, die sich auf konkrete Richtungen beziehen. Zu den allgemeinen Bedingungen gehört vor allem, daß zwischen den Wissenschaftlerkollektiven des betreffenden Landes, aber auch im internationalen Maßstab eine effektive Kommunikation gesichert ist. Die Wissenschaftler müssen möglichst vollständig über neue Erkenntnismittel, die in der Wissenschaft erzeugt werden, informiert sein. Einem gut organisierten Informationssystem kommt daher erstrangige Bedeutung zu. Viele wissenschaftliche Zentren scheuen selbst große Aufwendungen nicht, um ihre Beobachter in solchen ausländischen Laboratorien unterzubringen, die sich als aktive Generatoren neuer Forschungsrichtungen empfohlen haben.[19]

Damit sich neue Forschungsrichtungen im eigenen Lande rasch entwickeln können, ist es nicht weniger wichtig, die Weltwissenschaft über die eigenen Forschungen effektiv zu informieren. Beispielsweise wurde der erste Antigen-Markierer des Krebses (das ist ein Stoff, dessen Nachweis im Blut die Früherkennung bösartiger Neubildungen ermöglicht) 1963—1964 von sowjetischen Wissenschaftlern entdeckt und Alpha-Phetoprotein genannt. Die in sowjetischen Zeitschriften dazu veröffentlichten Arbeiten fanden jedoch kein breites Echo in der Welt. Erst nachdem sie in Englisch publiziert waren, bildete sich rasch eine weltweite wissenschaftliche Gemeinschaft und begann sich die neue Richtung stürmisch zu entwickeln (vgl. Tabelle 7). Die sowjetischen Wissenschaftler sind auch heute noch in dieser Richtung führend.

Information allein reicht aber noch nicht aus, um einen Komplex neuer Erkenntnismittel effektiv zu rezipieren. Um eine bestimmte Forschungsmethode anwenden zu können, bedarf es in der Regel einer überaus komplizierten und aufwendigen materiell-technischen Basis (Geräte, Materialien, Reagenzien). Sehr häufig spielt die neue Methode eine Schlüsselrolle und bildet ein notwendiges Element der kognitiven Struktur der neuen Forschungsrichtung. Kann die Methode in einem Land nicht übernommen werden, ist auch nicht damit zu rechnen, daß sich in ihm in dieser Richtung eine produktive Keimzelle des Wissenschaftspotentials herausbildet. Indes differiert das Tempo, mit dem neue Methoden

külen zum Zwecke der Herstellung reiner „synthetischer" Impfstoffe gegen Viren. Die Technologie wurde für 30 Millionen Dollar an eine pharmazeutische Firma verkauft (vgl. Science, vol. 213 [1981], S. 623—628).

[19] Der Hoechst-Konzern (BRD) verausgabte 70 Millionen Dollar, um an der Medizinischen Fakultät der Harvard-Universität (USA) ein Laboratorium für Molekularbiologie zu gründen und für zehn Jahre zu unterhalten; einzige Bedingung war, daß er jährlich vier seiner Mitarbeiter zum Praktikum in dieses Laboratorium entsenden durfte (vgl. Science, vol. 216 [1982], S. 1200—1201).

in einzelnen Ländern rezipiert werden, beträchtlich.[20] Es besteht eine enge Korrelation zwischen der Verzögerung, mit der sich eine neue experimentelle Methode ausbreitet, und der Verzögerung, mit der sich Wissenschaftler in die Bearbeitung neuer Richtungen einschalten, für die diese Methode ein notwendiges Element ihrer kognitiven Struktur ist.

Das Tempo der Übernahme neuer Methoden ist ein Faktor, den das System der Leitung und Organisation unmittelbar beeinflussen kann. Zu dessen Kompetenzen gehört es, die Eigenproduktion und den Import von Geräten und Materialien zu finanzieren, ihre Verteilung zu regeln, Prinzipien für die Nutzung defizitärer Ausrüstungen zu erarbeiten und auf die institutionelle Politik in der Frage der Rezeption neuer Methoden Einfluß zu nehmen. Oft laufen die Anstrengungen jedoch darauf hinaus, diejenigen neuen Methoden zu übernehmen, die notwendig sind, um in den bereits führenden Richtungen hohe Qualität der Arbeiten und eine hohe Arbeitsproduktivität zu gewährleisten. Dazu überzugehen, rechtzeitig auch Methoden zu übernehmen, die für eben erst entstehende Forschungsrichtungen entscheidend sind, bedeutet einen wesentlichen und nicht einfachen Wandel in der Wissenschafts- und Technikpolitik. Dieser Wandel ist heute, da sich neue Richtungen sehr rasch entwickeln, die Aneignung von Methoden aber nach wie vor ein komplizierter und langwieriger Prozeß bleibt, unumgänglich. Die Entwicklung des methodischen Arsenals der Weltwissenschaft kontinuierlich zu verfolgen, die Relevanz neuer Methoden zu prognostizieren und das technische Niveau der Forschung im eigenen Land zu bewerten, ist zu einer unabweisbaren Funktion der Leitung und Organisation geworden, die die Entwicklung neuer Forschungsrichtungen unmittelbar beeinflußt.

Eine wichtige Voraussetzung dafür ist, die vorderste Forschungsfront der Weltwissenschaft regelmäßig und systematisch zu untersuchen, um sich herausbildende „Wachstumspunkte" so früh wie möglich identifizieren zu können. Der Übergang von intuitiven und sporadischen Einschätzungen zur planmäßigen Erarbeitung und Untersuchung von Wissenschafts-„Karten" stellt die Wissenschaftsforschung und die Methodologie der Wissenschaft vor neue und große Aufgaben angewandten Typs. Es geht heute sowohl darum, die Gesetzmäßigkeiten aufzudecken, nach denen neue Forschungsrichtungen sich herausbilden und entwickeln, als auch Methodiken zu erarbeiten, die hinreichend „technologisch" sind, um auf den verschiedenen Leitungsebenen angewandt werden zu können.

In diesem Zusammenhang erlangt auch das methodologische Problem der Klassifizierung der Wissenschaftsgebiete und Forschungsrichtungen angewandte Bedeutung. Die Klassifizierung hat Einfluß auf die Art und Weise, wie Mitarbeiter von Leitungsorganen die Wissenschaft sehen. Sie transformiert sich unmittelbar in wichtigen Leitungsentscheidungen. Auf ihr basieren in hohem Maße die Statistik, die Planung der Ausbildung und des Einsatzes der Kader und die Forschungs-

[20] Vgl. S. G. Kara-Murza, Problems in studying the diffusion of technological innovations in science, in: Science of Science, Vol. 2, Nr. 2/1981, S. 117—141.

planung; sie hat direkten Einfluß auf Dissertationsthemen junger Wissenschaftler und auf die Ausbildung von Kadern höherer Qualifikation. Wird die Nomenklatur der Spezialgebiete und -richtungen, für die akademische Grade vergeben werden, nicht rechtzeitig präzisiert und treten hierbei künstliche Verzögerungen ein, so führt das zu zusätzlichen Hemmnissen für die Entwicklung neuer Richtungen. In vielen Ländern dominiert das gegenständliche Prinzip der Klassifizierung der Wissenschaften. Der Inhalt einer Forschungsrichtung läßt sich jedoch nicht auf die nominelle Bezeichnung des Gegenstandes reduzieren, sondern korrespondiert mit einem ganzheitlichen kognitiven System. Infolgedessen dürfte es mehr die Norm als die Ausnahme sein, daß neue Richtungen sich in die bestehende gegenständliche Klassifizierung „nicht einpassen“ und demzufolge als Leitungsobjekte immer unbequem sind. Hinzu kommt, daß die bestehende gegenständliche Klassifizierung lediglich ein Verzeichnis der Wissenschaftsgebiete darstellt, in dem deren Zusammenhänge und innere Verwandtschaften nicht ausgewiesen sind. Sollen aber Bedingungen geschaffen werden, um eine bestimmte Forschungsrichtung beschleunigt zu entwickeln, so ist Manövrierfähigkeit vonnöten, und es müssen Kollektive ausfindig gemacht werden, die bestimmte Erkenntnismittel beherrschen, welche für die Formierung dieser Richtung notwendig sind. Die bestehende Klassifizierung bietet dafür keine rationalen Grundlagen.[21] Es ist deshalb eine wichtige Aufgabe sowohl der Wissenschaftsforschung als auch der Wissenschaftsleitung, solche Klassifikationen zu erarbeiten, die die Verwandtschaft der kognitiven Strukturen verschiedener Richtungen widerspiegeln.

Schließlich gehört zu den allgemeinen Bedingungen, welche die Entwicklung neuer Forschungsrichtungen befördern, ein entsprechendes Kaderpotential. Aus der Tabelle 7 geht hervor, daß viele neue Richtungen sich in einem solchen Tempo entwickeln, daß in fünf bis sechs Jahren Tausende, ja Zehntausende Wissenschaftler in sie einbezogen werden (denn jeder Artikel hat im Durchschnitt drei Autoren). Aus welchem Reservoir schöpfte die Weltwissenschaft diese Kaderreserven, da doch gerade in den 70er Jahren das Potential wissenschaftlicher Kader in den meisten Ländern ein relativ geringes Wachstum aufwies? Viele Autoren sind der Meinung, daß die Hauptquelle für den Zufluß von Kadern in neue Richtungen die professionelle Mobilität ist, d. h. der Wechsel der Kader aus alten in

[21] Nehmen wir an, es müsse kurzfristig ein Laboratorium zur Erforschung des „australischen Antigens“, d. h. des Antigens des Hepatitisvirus, aufgebaut werden (Arbeiten in dieser Richtung führten zu Methoden der Diagnostik der Hepatitis und der Herstellung von Impfstoffen gegen sie). Wo findet man geeignete Mitarbeiter, wo können sie ein Praktikum absolvieren? Da die Hepatitis eine Viruserkrankung der Leber ist, läßt sich ausgehend von der bestehenden Klassifizierung kaum schließen, daß der Erforschung des „australischen Antigens“ die Arbeiten zum Alpha-Phetoprotein der Struktur der Erkenntnismittel nach am nächsten stehen. Von dort, wo solche Arbeiten ausgeführt werden, ist am ehesten Hilfe bei der Formierung des neuen Kollektivs zu erwarten.

neue Richtungen.[22] In der Tat sind Veränderungen in der Struktur des wissenschaftlichen Wissens zwangsläufig mit Veränderungen in der Berufsstruktur der wissenschaftlichen Kader verbunden. Vom System der Leitung und Organisation hängt es in hohem Maße ab, ob diese objektiv notwendigen Veränderungen sich in Übereinstimmung mit den Bedürfnissen der Wissenschaftsentwicklung vollziehen, oder ob sie durch nichtadäquate organisatorische Bedingungen verzerrt und gehemmt werden.

So wichtig die professionelle Mobilität auch ist, sie kann den neuen Richtungen doch nicht allein die nötigen personellen Ressourcen sichern. Sehr viele neue Richtungen sind in den letzten Jahrzehnten entstanden, der Lebenszyklus schon bestehender Richtungen hat sich jedoch nicht sichtlich verkürzt und ihre „Mortalität“ sich nicht entsprechend erhöht. Bei Erhaltung der Lebensfähigkeit bestehender Gebiete ist die Hauptbedingung für die Sicherung des Kaderpotentials neuer Richtungen die rasche Steigerung der Arbeitsproduktivität im Bereich der Forschung. Sie ermöglicht es, den wissenschaftlichen Nachwuchs hauptsächlich in die neuen Gebiete zu lenken und macht auch ein gewisses Abfließen von Kadern aus schon bestehenden Gebieten möglich. Ohne eine Steigerung der Produktivität der wissenschaftlichen Arbeit, die dem Entwicklungstempo des wissenschaftlichen Wissens entspricht, leidet die Wissenschaft im nationalen Maßstab an einem chronischen Mangel an Kadern für neue Richtungen und verringern sich durch das Abfließen von Kadern gleichzeitig die Qualität und die Maßstäbe der Forschung in den traditionellen Gebieten. Da der Hauptfaktor für die Erhöhung der Produktivität der wissenschaftlichen Arbeit aber die Aneignung neuer Erkenntnismittel ist, die vor allem in den neuen Forschungsrichtungen erarbeitet werden, ergibt sich so ein Zirkel. Dafür zu sorgen, daß dieser Zirkel nicht an wichtigen Abschnitten der Forschungsfront entsteht, und Situationen, die zur Verschlechterung tendieren, rasch zu liquidieren, ist eine wichtige Aufgabe der Leitungsorgane. Die Erarbeitung diagnostischer Kennziffern für die Situationsbewertung aber ist ein aktuelles Problem der Wissenschaftsforschung.

Ein zuverlässiger und ökonomischer Weg, um Verzögerungen bei der Entwicklung neuer Richtungen, an denen in der Welt bereits gearbeitet wird, zu vermeiden, besteht darin, sie rechtzeitig zu identifizieren und kleine Gruppen zu schaffen, die in diesen Richtungen „Beobachtungsforschung“ betreiben. Dieser Weg ist für die Länder der sozialistischen Gemeinschaft, die eine abgestimmte Wissenschaftspolitik betreiben, durchaus real. Eine solche Gruppe dient vor allem als Kanal, über den sich die Kommunikation mit dieser Richtung in der Weltwissenschaft vollzieht. Über ihn gehen Informationen ein, welche Theorien und Methoden in dieser Richtung geschaffen wurden, wie die Experten den Einfluß dieser Richtung auf andere Gebiete und die praktische Relevanz der Ergebnisse

[22] Vgl. S. A. Kugel, Professional'naja mobil'nost' — sozial'nyj mechanizm formirovanija novych naučnych napravlenij, in: Novyje naučnyje napravlenija i obščestvo, Moskva—Leningrad 1983; S. A. Kugel, Professional'naja mobil'nost' v nauke, Moskva 1983.

einschätzen. Stellt sich die neue Richtung als perspektivreich heraus, so kann die Gruppe durch beschleunigte Zuweisung von Ressourcen rasch zu einer Forschungseinrichtung ausgebaut werden. Das Risiko, daß die für eine solche Gruppe verausgabten Mittel sich nicht auszahlen, weil die betreffende Forschergemeinschaft vielleicht einem Scheinproblem aufgesessen ist, ist außerordentlich gering und steht in keinem Vergleich mit den Verlusten, die eintreten würden, wenn wichtige Richtungen zu spät aufgenommen und entwickelt würden. Die Wissenschaftsgeschichte verzeichnet durchaus solche Scheinprobleme, die zeitweilig den Status ganzer selbständiger Forschungsrichtungen erlangten; sie zeigt aber auch, daß es nicht viele solcher Fälle gegeben hat.[23] Die Möglichkeiten, solche kleinen Gruppen für Beobachtungsforschung in neuen Richtungen zu schaffen, liegen voll und ganz in der Kompetenz des Systems der Leitung und Organisation der Wissenschaft. Als Hauptbedingungen dafür muß seitens der Leitung und Organisation gewährleistet werden, daß die Organisationsstruktur der wissenschaftlichen Einrichtungen hinreichend flexibel ist, um ein neues Forschungskollektiv rasch bilden zu können, und daß eine finanzielle Reserve vorhanden ist, um das neue Kollektiv mit Ressourcen ausstatten zu können.

Die genannten allgemeinen Bedingungen sichern jedoch noch nicht, daß bestimmte neue Richtungen rasch ein hohes Produktivitätsniveau erreichen, auf dem die Forscherkollektive schon nicht mehr nur kommunikative Funktionen wahrnehmen, sondern Ergebnisse erzielen, die die wissenschaftliche und technische Entwicklung des Landes real beeinflussen. Die Forschungen in neuen und für das betreffende Land als wichtig erkannten Richtungen soweit auszubauen, erfordert darüber hinausgehende Maßnahmen. Bei der Vorbereitung solcher Maßnahmen spielt in den sozialistischen Ländern die Planung eine große Rolle; sie muß in hohem Maße adaptiv sein, d. h. sie muß in der Lage sein, rasch auf Veränderungen in der Struktur der Wissenschaft zu reagieren, um entsprechende Ressourcen vorsehen zu können. Soll eine neue Richtung in hinreichend großem Maßstab aufgebaut werden, so sind spezielle Entscheidungen über die Umstrukturierung bestimmter Einrichtungen oder sogar ganzer Bereiche des wissenschaftlichen Netzes erforderlich. Da die Zahl der Struktureinheiten im Wissenschaftssystem eines Landes nicht unbegrenzt wachsen kann, ist es zur organisatorischen Absicherung neuer Richtungen unumgänglich, auch Entscheidungen über die Auf-

[23] Als Beispiel mögen die Forschungen zum „anomalen Wasser“ dienen, an denen Wissenschaftler mehrerer Länder beteiligt waren, bis sich schließlich herausstellte, daß es solches Wasser nicht gibt und der Forschungsgegenstand ein Artefakt war. Aber selbst die Beschäftigung mit diesem typischen Scheinproblem endete nicht ganz und gar ohne jede neue Erkenntnis. Sie zeigte, daß die bis dahin zur Erforschung des Wassers angewandten Erkenntnismittel lückenhaft waren und es nicht gestatteten, einen Artefakt sofort von einem realen neuen Phänomen zu unterscheiden. Nachdem die Richtung sich wieder aufgelöst hatte, blieben die Einsicht und der Zwang, die methodische Ausstattung der Erforschung des Wassers entschieden zu verbessern.

lösung unproduktiver Einrichtungen zu treffen. Auf dem XXVI. Parteitag der KPdSU wurde deshalb gezielt die Aufgabe gestellt, „die Organisation des gesamten Systems wissenschaftlicher Forschung zu verbessern. Dieses System muß bedeutend flexibler und beweglicher werden; es darf keine Laboratorien und Institute dulden, die unergiebig arbeiten.“[24] Für die Wissenschaftsforschung resultiert daraus die Aufgabe, diagnostische Kennziffern zu erarbeiten, an Hand derer die Qualität der Arbeiten ganzer Laboratorien und Einrichtungen beurteilt und Symptome, die ein sinkendes Niveau der Forschung anzeigen, frühzeitig erkannt werden können.

In einigen Ländern geht man den Weg, besonders wichtige Richtungen nicht im Rahmen schon bestehender Einrichtungen auszubauen, sondern für sie große zeitweilige Forschungskollektive zu bilden, die nach der Zielprogramm-Methode geleitet werden. Die Schaffung solcher Kollektive erfordert eine wesentliche Modifizierung des wissenschaftlichen Netzes; insbesondere ist es erforderlich, ein Netz von Zentren kollektiver Nutzung wissenschaftlicher Großgeräte aufzubauen, die diese zeitweiligen Kollektive rasch mit einer modernen technischen Basis auszustatten vermögen.

Neben der administrativen und ökonomischen Unterstützung ist für die schnelle Entwicklung neuer Forschungsrichtungen die Ordnung über die Verleihung akademischer Grade nicht minder wichtig. Bekanntlich ist es leichter, Dissertationen auf traditionellen Gebieten und Richtungen zu verteidigen als auf neuen. Oft kann eine Arbeit, die einer prinzipiell neuen Richtung gewidmet ist, von keinem wissenschaftlichen Rat angenommen werden, und zwar deshalb, weil sie nicht in das Profil der bestehenden Gremien paßt. Anstatt neue wichtige Probleme zu bearbeiten, sind die Wissenschaftler — und das betrifft besonders die Nachwuchswissenschaftler — so gezwungen, Zeit für die Bearbeitung „gängiger“ Dissertationsthemen zu vergeuden. Das hemmt die Entwicklung neuer Richtungen und schafft künstliche Probleme auf dem ohnehin nicht leichten Weg ihrer Entwicklung.

Von nicht zu unterschätzender Bedeutung für die Formierung neuer Forschungsrichtungen ist die Herausgabe spezieller Fachzeitschriften. Eine Zeitschrift dient nicht nur dem Informationsaustausch, sondern hat auch eine wichtige organisatorische Funktion bei der Konsolidierung der Forschergemeinschaft und bei der Ausarbeitung und Durchsetzung kognitiver Normen und Qualitätsstandards. Schließlich ist eine besonders wichtige Bedingung für die rasche Entwicklung einer neuen Forschungsrichtung die Nutzung der internationalen Kooperation und Zusammenarbeit. In den sozialistischen Ländern vollzieht sich die Wissenschaftskooperation auf planmäßiger Grundlage (vgl. dazu näher 9. Kapitel). Hier sei lediglich vermerkt, daß diese Zusammenarbeit es ermöglicht, Kollektive aus verschiedenen Ländern, von denen jedes einzelne Elemente der kognitiven

[24] XXVI. Parteitag der KPdSU. Rechenschaftsbericht des Zentralkomitees der KPdSU und die nächsten Aufgaben der Partei in der Innen- und Außenpolitik, Berlin 1981, S. 58.

Grundlage der neuen Richtung beherrscht, rasch zu einem System zusammenzuschließen und ein internationales Wissenschaftlerkollektiv zu bilden, das an der neuen Richtung schon arbeitet, bevor sich noch in den einzelnen Ländern das System der kognitiven Mittel als Ganzes ausgebildet hat. Ein Beispiel für eine solche rasche Entwicklung einer großen Richtung der Molekularbiologie — der für die Ausarbeitung der Grundlagen des genetic engineering benötigten Forschungen zur Retrotranskriptase — ist das von mehreren Mitgliedsländern des RGW gemeinsam realisierte Projekt „Revertase".[25] Derartige größere oder kleinere Projekte gibt es auch in anderen neuen Forschungsrichtungen, die beschleunigt entwickelt werden müssen.[26]

Aus den dargelegten Funktionen der Leitung und Organisation bei der Herausbildung und Entwicklung neuer Forschungsrichtungen geht hervor, daß es sich hierbei um eine Teilaufgabe der Leitung unter anderen und nicht um die Aufgabe eines speziellen Leitungsorgans handelt. Alle Elemente und Ebenen der Leitung und Organisation sind ausnahmslos in die Lösung dieses Problems einbezogen. In der Periode des Übergangs der Wissenschaft auf den Weg ihrer intensiven Entwicklung ist die Fähigkeit, neue Richtungen rasch aufzugreifen und in jeder wichtigen Richtung ein produktives Wissenschaftspotential zu schaffen, eines der Hauptkriterien für das Niveau, auf dem sich die Wissenschaftsorganisation eines Landes befindet.

4. Die Rolle ökonomischer Methoden bei der Leitung der wissenschaftlichen Tätigkeit

Zum System der ökonomischen Methoden der Leitung der wissenschaftlichen Tätigkeit gehören Ressourcenplanung, Finanzierung, Kreditwesen, Preisbildung, ökonomische Stimulierung und wirtschaftliche Rechnungsführung. Diese Leitungsmethoden gründen sich auf die Anwendung solcher Hebel wie Gewinn, Gehalt, Prämien, Preise u. a. Eine effektive Leitung der wissenschaftlichen Tätigkeit setzt voraus, daß diese ökonomischen Methoden in ihrer Einheit mit administrativen, rechtlichen, sozialpsychologischen u. a. Methoden angewendet werden, dabei rationale Proportionen gewahrt werden und die jeweilige konkrete Situation in Rechnung gestellt wird.

Ein wichtiges Element des ökonomischen Mechanismus der Leitung der Entwicklung von Wissenschaft und Technik ist die wirtschaftliche Rechnungsführung. Als Leitungsmethode im Bereich der Wissenschaft beinhaltet sie eine Reihe von Prinzipien: Die Zuweisung bestimmter finanzieller, materieller und Arbeitskräfteressourcen an die einzelnen Forschungs- und Entwicklungseinrichtungen;

[25] Vgl. V. A. Engel'gardt/L. L. Kiselev, Projekt „Revertaza". Opyt organizacii issledovanij po krupnoj naučnoj probleme, in: Vestnik AN SSSR, 2/1975, S. 38—43.

[26] Vgl. Mnogostoronneje sotrudničestvo akademii nauk socialističeskich stran, Moskva 1981.

operativ-wirtschaftliche Selbständigkeit der Einrichtungen; Sicherung der Rentabilität der Aufwendungen und einer hohen Effektivität der wissenschaftlich-technischen Tätigkeit; materielle Verantwortlichkeit für den wissenschaftlich-technischen Fortschritt im jeweils festgelegten Bereich von Wissenschaft und Technik; Nutzung der materiellen Interessiertheit.[27]

Die den wissenschaftlichen Einrichtungen stabil zur Verfügung stehenden Fonds sind eine notwendige Voraussetzung dafür, daß nach der wirtschaftlichen Rechnungsführung gearbeitet werden kann; zugleich bilden sie die materielle Grundlage für die wissenschaftliche und wirtschaftliche Selbständigkeit der Forschungs- und Entwicklungseinrichtungen. Diese äußert sich darin, daß im Rahmen der zentralen Planung die wissenschaftlichen Einrichtungen als juristische Personen selbständig ihre innere Tätigkeit organisieren, Arbeiten zu Grundrichtungen der Entwicklung von Wissenschaft und Technik durchführen sowie finanzielle und wirtschaftliche Operationen vollziehen.

Um die Rentabilität der Aufwendungen und eine hohe Effektivität der wissenschaftlich-technischen Tätigkeit zu gewährleisten, müssen die geplanten und tatsächlichen Aufwendungen ständig mit den geplanten und tatsächlichen Ergebnissen verglichen und Entscheidungen über Aufnahme und Fortführung von Arbeiten sowie über die ökonomisch effektive Überführung ihrer Ergebnisse getroffen werden. Es versteht sich dabei, daß bei der Festlegung der geplanten Aufwendungen die der wissenschaftlichen Tätigkeit eigenen Unbestimmtheiten und Risiken Beachtung finden müssen.

Die wirtschaftliche Rechnungsführung in Forschungs- und Entwicklungseinrichtungen unterscheidet sich von der in Industriebetrieben. Das hängt damit zusammen, daß die Forschungs- und Entwicklungseinrichtungen nur einen Teil aller Arbeiten ausführen, die zur Schaffung, Aneignung und Produktion neuer Technik erforderlich sind, eben Forschungs- und Entwicklungsarbeiten, die sodann in der materiellen Produktion durch die Hersteller neuer Technik und in den sie anwendenden Betrieben realisiert werden. Sie bedürfen deshalb spezifischer Finanzierungsformen. Die Finanzmittel werden ihnen in der Regel anteilmäßig zur Verfügung gestellt, d. h. in dem Maße, wie einzelne Arbeitsetappen abgeschlossen werden. Das Ergebnis wissenschaftlich-technischer Tätigkeit ist neues Wissen über den Forschungsgegenstand, wissenschaftlich-technische Information in der Form von Forschungsberichten u. a. Als Preis für solche Produktion tritt in Forschungs- und Entwicklungseinrichtungen der Kostenanschlag auf, denn da die erwarteten Ergebnisse nur mit einer ganz gewissen Wahrscheinlichkeit erzielt werden und das Endprodukt der wissenschaftlichen Tätigkeit seine Spezifik hat, ist es nicht — wie in der industriellen Produktion — möglich, Aufwand und Ergebnis in Geldausdrücken messend zu vergleichen.

[27] Zur Anwendung der Prinzipien der wirtschaftlichen Rechnungsführung in wissenschaftlichen Einrichtungen vgl.: G. A. Lachtin, Ekonomika naučnogo učreždenija, Moskva 1979, S. 140—150.

Bei der Weiterentwicklung der ökonomischen Leitungsmethoden kommt es vor allem darauf an, die Zielorientierung der Aufwendungen weiter auszuprägen, d. h. einzelne Themen stärker an gesellschaftliche Auftraggeber zu binden, die materielle Anerkennung stärker von den Arbeitsergebnissen abhängig zu machen, mehr auf die Qualität der zu schaffenden Neuerungen Wert zu legen und die materielle Interessiertheit am raschen Abschluß der Arbeiten und an der Realisierung der Ergebnisse zu erhöhen. Das System der wirtschaftlichen Rechnungsführung, das vorsieht, alle Arbeiten zur Schaffung, Aneignung und Überführung neuer Technik auf vertraglicher Grundlage zu gestalten, dient genau diesen Zielen. In der UdSSR wurde der Übergang der Forschungs- und Entwicklungseinrichtungen der Industrie zu diesem System gegen 1980 abgeschlossen. In dem Beschluß des ZK der KPdSU und des Ministerrats der UdSSR „Über Maßnahmen zur Beschleunigung des wissenschaftlich-technischen Fortschritts in der Volkswirtschaft" vom August 1983 ist vorgesehen, daß im Zeitraum von 1985 bis 1987 auch die Vereinigungen, Betriebe und Einrichtungen der Landwirtschaft, des Bau-, Verkehrs- und Nachrichtenwesens sowie der Geologie und materiell-technischen Versorgung analog zur wirtschaftlichen Rechnungsführung übergehen.[28] In den entsprechenden Verträgen werden die Endergebnisse der Arbeiten (einschließlich der volkswirtschaftliche Effekt), die Ausführenden und die Bearbeitungsfristen für alle Etappen von der Forschung bis zur Überführung der Ergebnisse in die Produktion sowie die benötigten materiellen Ressourcen, die Höhe und die Quellen der Finanzierung und materiellen Stimulierung vereinbart.

Zugleich wurden in Ministerien und Behörden einheitliche Fonds zur Entwicklung von Wissenschaft und Technik geschaffen. Sie dienen dazu, Forschungs-, Entwicklungs- und technologische Arbeiten zu finanzieren, die für die Entwicklung neuer Erzeugnisse und technologischer Prozesse sowie für die Einführung der wissenschaftlichen Arbeitsorganisation aufgewendeten Mittel zu ersetzen sowie zusätzliche Ausgaben für die Verbesserung der Qualität der Erzeugnisse und erhöhte Aufwendungen in den ersten Jahren der Produktion eines neuen Erzeugnisses zu finanzieren. Diese Fonds werden nach einem bestimmten, im Fünfjahrplan festgelegten und auf die einzelnen Jahre verteilten Normativ (in Prozenten der Nettoproduktion, in einzelnen Fällen aber auch in Prozenten der Warenproduktion) aus Mitteln des geplanten Gewinns der Wissenschafts- und Produktionsvereinigung oder Produktionsvereinigung (Betrieb) gebildet. Aus den jährlichen Abschreibungen der einheitlichen Fonds der Ministerien und Behörden wird eine Reserve an Mitteln gebildet, über die das Staatliche Komitee der UdSSR für Wissenschaft und Technik verfügt, um Arbeiten im Rahmen der wissenschaftlich-technischen Allunionsprogramme zusätzlich zu finanzieren. Zur Finanzierung besonders wichtiger und sehr aufwendiger Forschungsarbeiten können neben Mitteln der einheitlichen Fonds auch solche des Staatshaushalts verwendet werden.

[28] Vgl. Pravda vom 28. August 1983.

Den Forschungs- und Entwicklungseinrichtungen, die zu dem neuen System der Planung, Finanzierung und Stimulierung von Arbeiten zur Schaffung und Überführung neuer Technik übergegangen sind, wurde das Recht erteilt, Fonds für materielle Stimulierung, für soziale und kulturelle Maßnahmen, für Wohnungsbau und für die Entwicklung der Organisation zu bilden.[29] Darüber hinaus wurden sie ermächtigt, die Höhe von Prämien für die Schaffung und Überführung neuer Technik in Abhängigkeit von dem ökonomischen Gesamteffekt festzulegen, der in der Volkswirtschaft durch die Anwendung neuer wissenschaftlich-technischer Errungenschaften faktisch erzielt wurde.

Eine wichtige Maßnahme zur weiteren Erhöhung der Rolle ökonomischer Methoden ist die Einführung eines Abrechnungssystems in Forschungs- und Entwicklungseinrichtungen, nach dem Arbeiten nicht mehr anteilmäßig (etappenweise) bezahlt werden, sondern erst abgerechnet werden, wenn sie insgesamt abgeschlossen und vom Auftraggeber akzeptiert sind. Dieses System wirkt sich positiv im Sinne einer Verkürzung der Bearbeitungsfristen und der Erhöhung der Qualität der Ergebnisse aus; es orientiert zudem die Forschungs- und Entwicklungseinrichtungen stärker auf die Erarbeitung volkswirtschaftlich bedeutsamer Endergebnisse.

Bei alldem ist jedoch immer zu beachten, daß es im Bereich der Grundlagenforschung kaum möglich ist, die finanziellen Aufwendungen direkt mit dem ökonomischen Effekt zu vergleichen, denn dieser kann nicht unmittelbar und exakt gemessen werden, sondern äußert sich oft erst über die Anwendung ihrer Ergebnisse in der angewandten Forschung und Entwicklung und in der späteren Anwendung in der Produktion.

Die Finanzierung der Forschungsarbeiten in der Industrie, im Verkehrs- und Nachrichtenwesen erfolgt größtenteils aus zentralen Fonds der einzelnen Zweige. Grundlagenforschung wird in allen Mitgliedsländern des RGW vorwiegend aus dem Staatshaushalt finanziert. Ebenfalls aus dem Staatshaushalt werden größere Maßnahmen des wissenschaftlich-technischen Fortschritts abgesichert, die die finanziellen Möglichkeiten der Zweige übersteigen.

Um die Interessiertheit der Produktionsvereinigungen und Betriebe an der beschleunigten Überführung wissenschaftlich-technischer Errungenschaften zu erhöhen, wurde die Erfüllung der Pläne und Aufgaben zur Entwicklung von Wissenschaft und Technik als eine wichtige Kennziffer der wirtschaftlichen Tätigkeit der Vereinigungen und Betriebe eingeführt. Bei Nichterfüllung dieser Aufgaben, aber auch, wenn ein Erzeugnis noch hergestellt wird, nachdem die normativen Fristen für seine Erneuerung bereits verstrichen sind, werden die Prämien der leitenden Mitarbeiter der Betriebe um mindestens 25% gekürzt. Umgekehrt können für neue und hocheffektive Erzeugnisse Zuschläge vergeben werden.[30]

[29] Vgl. Soveršenstvovanije chozjajstvennogo mechanizma. Sbornik dokumentov, Moskva 1980, S. 167—174.

[30] Vgl. Pravda vom 28. August 1983.

Die breite Anwendung begründeter ökonomischer Methoden der Leitung der wissenschaftlichen Tätigkeit vermag, wenn sie in entsprechender Weise mit anderen Methoden verbunden wird, dazu beizutragen, die Interessiertheit und Initiative der wissenschaftlichen Einrichtungen an der Planerfüllung und der Erhöhung der Effektivität der gesellschaftlichen Produktion zu erhöhen.

5. Formen und Methoden der Koordinierung und Kooperation in der Forschung

Koordinierung und Kooperation sind der Wissenschaft wesenseigen; sie hängen mit ihrem Charakter als allgemeine Arbeit zusammen. Eine historisch erste Form der Kooperation ist der einfache Austausch von Mitteilungen über Forschungsergebnisse zwischen einzelnen Wissenschaftlern. Gemäß dem wachsenden Bedürfnis nach solchem Austausch bildeten sich im Laufe der Geschichte, insbesondere seit dem 17. Jahrhundert, weitere Formen — wissenschaftliche Gesellschaften, wissenschaftliche Zeitschriften, Wissenschaftlerkonferenzen u. a. — heraus.

Viele Merkmale der gegenwärtigen Wissenschaftsentwicklung — Breite und Tiefe der Forschung, stärkeres Hervortreten des kollektiven Prinzips der wissenschaftlichen Tätigkeit, wachsende Komplexität der zu lösenden wissenschaftlichen Probleme, stärkere Wechselwirkung verschiedener Wissenschaftsgebiete u. a. — sind dergestalt, daß sie nach neuen Kooperationsformen im Rahmen der wissenschaftlichen Einrichtungen, im zweiglichen, nationalen und internationalen Rahmen drängen.

So entstehen heute neue Formen der wissenschaftlichen Zusammenarbeit, wie z. B. gemeinsame Forschungsprogramme, nationale und internationale komplexe Forschungszentren u. a. Aber auch Wandlungen, die in der Technik, z. B. in den Mitteln der Informationsübertragung, vor sich gehen, haben auf die Entwicklung der Kooperationsformen in der Wissenschaft großen Einfluß.

Die Kooperation der Arbeit macht die Leitung der gemeinschaftlichen Tätigkeit unmittelbar notwendig: „Alle unmittelbar gesellschaftliche oder gemeinschaftliche Arbeit auf größerem Maßstab bedarf mehr oder minder einer Direktion, welche die Harmonie der individuellen Tätigkeiten vermittelt und die allgemeinen Funktionen vollzieht, die aus der Bewegung des produktiven Gesamtkörpers im Unterschied von der Bewegung seiner selbständigen Organe entspringen.“[31] Im Bereich der Wissenschaft kommt dabei der Koordinierung der Arbeiten eine besondere Bedeutung zu. Sie besteht in der Abstimmung der Tätigkeit einzelner Wissenschaftler oder wissenschaftlicher Einrichtungen zum Zwecke der Vereinigung der Kräfte bei der Lösung ihrer Aufgaben. Inhalt und Form von Koordinierungsarbeiten auf der Ebene von Forschungsgruppen bis zur staatlichen und zwischenstaatlichen Koordinierung wissenschaftlicher und technischer

[31] K. Marx, Das Kapital. Erster Band, in: MEW, Bd. 23, Berlin 1962, S. 350.

Forschungsarbeiten werden vom Inhalt und der Struktur der Forschung sowie vom Niveau der Leitung der wissenschaftlichen Tätigkeit bestimmt.

Im allgemeinen gehört es zu den Koordinierungsaufgaben in der Forschung, das koordinierende Organ oder die koordinierende Einrichtung zu bestimmen, die gemeinsame Aufgabe oder das gemeinsam zu erreichende Ziel klar zu umreißen, die Mitwirkenden zu benennen, die gemeinsame Aufgabe in Teilaufgaben zu gliedern und für diese die Verantwortlichen zu benennen, die Abfolge der abgestimmten Handlungen sowie die Art und Weise ihrer regelmäßigen Kontrolle und eventuellen Korrektur festzulegen, das Verfahren abzustimmen, nach dem die Zwischen- und Endergebnisse dem koordinierenden Organ übergeben werden und den Modus der Bewertung der Ergebnisse und der Stimulierung der Mitarbeiter festzulegen.

1977 wurde unter der Schirmherrschaft der UNESCO in sechs Ländern — Österreich, Belgien, Ungarische Volksrepublik, Volksrepublik Polen, Schweden und Finnland — eine Untersuchung durchgeführt, die sich u. a. mit der Frage befaßte, wie die Koordinierung der Arbeiten die Produktivität in Wissenschaftlergruppen beeinflußt. In sie waren 12 Tausend Wissenschaftlergruppen der Grundlagen- und angewandten Forschung aus Natur-, medizinischen, technischen und Landwirtschaftswissenschaften einbezogen. Die Analyse der Befragungsergebnisse zeigte, daß Koordinierung eine unumgängliche Bedingung effektiver kollektiver Arbeit in der Wissenschaft ist. Für alle Typen von Gruppen ergab sich eine positive und signifikante Korrelation zwischen dem jeweiligen Grad der Koordinierung und der Effektivität der Gruppenarbeit.[32]

Eine Typologie der Koordinierungsformen kann nach verschiedenen Merkmalen aufgebaut werden: nach den Maßstäben der Koordinierungstätigkeit (zweigliche, zwischenzweigliche, staatliche, zwischenstaatliche Koordinierung), nach der Bedeutsamkeit der zu koordinierenden Arbeiten (Koordinierung der Forschung nach Themen, Problemen, Forschungskomplexen usw.) oder auch nach dem Verhältnis zwischen Subjekt und Objekt der Koordinierung. Die real existierenden Formen der Koordinierung vereinigen zumeist Merkmale mehrerer dieser Typen in sich. Auf der staatlichen und behördlichen Leitungsebene lassen sich horizontale und vertikale Typen der Koordinierung unterscheiden.[33] Horizontale Koordinierung besteht zwischen Einrichtungen, die gemeinsam an der Lösung einer Aufgabe arbeiten, administrativ aber verschieden unterstellt sind. Vertikale Koordinierung liegt vor, wenn es gilt, die Arbeiten übergeordneter Einrichtungen mit denen relativ selbständiger Einrichtungen auf untergeordneten Ebenen abzustimmen. Die Formen der Koordinierung unterscheiden sich je nach dem Grad ihrer Elastizität. Internationale Erfahrungen besagen, daß eine starre Koordinierung, die die Initiative der Wissenschaftler beeinträchtigt, einer hohen

[32] Vgl. H. Cheng, A Study of coordination in three research settings, in: Research and development management, 9/1979, Special issue, S. 213—219.

[33] Vgl. N. Mončev, Razrabotki i novovvedenija, Moskva 1978, S. 91—103.

Produktivität der Wissenschaftlerkollektive ebenso abträglich ist wie eine schwache Koordinierung.

Die konsultative Form der Koordinierung realisiert sich hauptsächlich über wissenschaftliche Räte. Das ist die Hauptform der Koordinierung im System der akademischen Wissenschaft der sozialistischen Länder. Die konsultative Koordinierung verfügt gewöhnlich nicht über das Recht, Beschlüsse zu fassen, die für die zu koordinierenden Einrichtungen bindend sind: „Die Priorität von Aktionen der wissenschaftlichen Räte gründet sich nicht auf die juristische, sondern auf die wissenschaftliche Autorität ihrer Empfehlungen und Vorschläge.“[34] Die Räte sind konsultative Organe, und ihre Mitglieder sind ehrenamtlich tätig. Die Beschlüsse der wissenschaftlichen Räte haben den Charakter von Empfehlungen und werden durch Beschlüsse jenes Organs, bei dem der jeweilige Rat besteht, verwirklicht.

In dem Maße, wie die Zielprogramm-Leitung und -Planung größeres Gewicht erlangt, ergeben sich auch neue Anforderungen an die Koordinierung. Die Zielprogramm-Leitung ist ein effektives Mittel, um gegen Zersplitterung anzugehen, schwache Konzentration von Kräften und Ressourcen zu verhindern und die Überführung wissenschaftlicher Errungenschaften in die Praxis zu beschleunigen.

Wertvolle Erfahrungen bei der Koordinierung ergeben sich gegenwärtig bei der Realisierung des in seinen Ausmaßen unikalen Programms „Sibirien“. Die Hauptaufgabe dieses Programms besteht darin, die Anstrengungen aller an einer wissenschaftlich begründeten sozialökonomischen Strategie zur langfristig-perspektivischen Entwicklung Sibiriens interessierten Behörden und Einrichtungen zu vereinigen. Dieses Programm ist vertikal wie folgt koordiniert: Die oberste Ebene, auf der die Strategie des Programms ausgearbeitet wird, ist der Wissenschaftliche Rat des Programms und sein Exekutivorgan. Der Wissenschaftliche Rat wird geleitet von einem der Leiter der Sibirischen Abteilung der Akademie der Wissenschaften der UdSSR und den Hauptkoordinatoren des Programms. Ihm gehören ferner die Koordinatoren aller zum Programm gehörenden Zielprogramme, die Leiter der mitwirkenden nichtakademischen Forschungseinrichtungen sowie Vertreter des Apparats des Präsidiums der Sibirischen Abteilung der Akademie der Wissenschaften der UdSSR an. Der Wissenschaftliche Rat vereint die Tätigkeit von vier Sektionen, die von den Hauptkoordinatoren des Programms geleitet werden (mineralische Ressourcen, biologische Ressourcen, regional-ökonomische Sektion, Sektion für Sonderprogramme spezifischer Komplexität).

Die zweite Leitungsebene ist der Koordinierungsrat des Zielprogramms und sein Exekutivorgan. Hier werden die wichtigsten Fragen der Leitung und Organisation des Zielprogramms entscheiden. An der Spitze des Koordinierungsrates steht der Koordinator des Zielprogramms; ihm gehören weiter die Leiter aller Unterprogramme an. Der Koordinator des Zielprogramms bestimmt die Zu-

[34] Vgl. Pravo i upravlenije naučnymi organizacijami, Moskva 1980, S. 187.

sammensetzung des Exekutivorgans. Dieses wird von einem wissenschaftlichen Sekretär geleitet, der dem Koordinator des Programms sowie dem Leiter der Abteilung Forschungsorganisation der Sibirischen Abteilung der Akademie der Wissenschaften der UdSSR unterstellt ist.

Auf der dritten Ebene befinden sich die wissenschaftlichen Kollektive, die für die durchzuführenden Forschungs- und Entwicklungsarbeiten benötigt und auf Zeit gebildet werden. Hier erfolgt die unmittelbare Leitung des Prozesses der Transformation von Ergebnissen der Grundlagenforschung in Finalergebnisse des Zielprogramms, ihrer Anwendung in der Volkswirtschaft und ihrer Aufnahme in die staatlichen Pläne der ökonomischen und sozialen Entwicklung.

Jede Leitungsebene des Programms ist mit entsprechenden Vollmachten für die Planung, die Strukturpolitik, für finanzielle und Kaderfragen, Stimulierung, Kontrolle und Bewertung der Effektivität der Arbeiten ausgestattet.[35]

Andere Beispiele für die Koordinierung des wissenschaftlich-technischen Fortschritts auf der regionalen Ebene, auf der es darauf ankommt, die Zielprogramm-Leitung mit der zweiglichen und territorialen Leitung zu verbinden, können den Erfahrungen der Belorussischen SSR und den Erfahrungen mit den Einheitlichen wissenschaftlichen Zentren der Volksrepublik Bulgarien entnommen werden.

In der BSSR liegt die gesamte Koordinierungstätigkeit für den Bereich der Forschung in der Kompetenz des 1953 gegründeten Rates zur Koordinierung der wissenschaftlichen Tätigkeit beim Präsidium der Akademie der Wissenschaften der BSSR und eines 1960 geschaffenen Netzes Wissenschaftlicher Räte für die wichtigsten Forschungsrichtungen. In der zehnten Fünfjahrplanperiode wurde in der BSSR ein System aus drei Typen von Programmen geschaffen: 18 Forschungsprogramme, 37 wissenschaftlich-technische Programme und 18 Überführungsprogramme. Sie haben sich als effektive Instrumente erwiesen, um unter den Bedingungen einer Unionsrepublik die wissenschaftlichen Kräfte der Forschungseinrichtungen der Akademie der Wissenschaften, der Hochschulen und Universitäten und der Volkswirtschaftszweige zur Lösung wichtiger wissenschaftlicher Probleme der Region wirkungsvoll zu vereinen.

Eine wichtige Rolle spielte dabei, wie die organisatorischen und methodischen Probleme gelöst wurden. Besonders originell ist, wie hier drei Subjekte der Koordinierung miteinander wechselwirken: der Wissenschaftliche Problemrat, die Leiteinrichtung und der Koordinator des Programms. Der Wissenschaftliche Rat erfüllt eine wissenschaftlich-methodische Funktion; er ist das periodisch in Erscheinung tretende kollegiale Leitungsorgan des Programms. Dem Leitinstitut obliegt vor allem die Organisation der Arbeiten und die Informationsbereitstellung; es übt diese Funktionen ständig aus. Das Leitinstitut spielt eine besonders wichtige Rolle bei der Organisation der gemeinsamen Herstellung oder Nutzung experimenteller Ausrüstungen, der Durchführung ständiger wissenschaft-

35 Vgl. F. V. Suchorokov/A. P. Dubnov, Programma „Sibirj“, in: Vestnik AN SSSR, 6/1979, S. 51–55.

licher Seminare oder periodischer Problemberatungen sowie bei der Sicherung gemeinsamer Veröffentlichungen der Arbeitsergebnisse.

Der Koordinator des Programms vertritt alle am Programm Mitwirkenden in den verschiedenen Instanzen. Er ist berechtigt, von den Mitwirkenden Berichte und Informationen über den Stand der Arbeiten anzufordern. Zur materiellen Stimulierung der Mitwirkenden unterbreitet er gemeinsam mit der Leiteinrichtung den entsprechenden Ministerien und Behörden Vorschläge.

Die 1972 in der Volksrepublik Bulgarien gegründeten Einheitlichen wissenschaftlichen Zentren sind wissenschaftliche Vereinigungen, die weite Gebiete der Forschung und Ausbildung, der Wissenschaft und des technischen Fortschritts umfassen. In ihnen wird die wissenschaftliche Tätigkeit der Institute der Bulgarischen Akademie der Wissenschaften und der entsprechenden Fakultäten, Lehrstühle und Spezialisten der Sofioter Universität einheitlich geplant. Die Lehrkräfte an der Universität und die Studenten werden aktiv in die Lösung wissenschaftlicher und technischer Aufgaben einbezogen.

Im Bezirk Plovdiv wurde ein Rat für wissenschaftlich-technischen Fortschritt unter dem Vorsitz des Ersten Sekretärs der Bezirksleitung der BKP gebildet. Ihm gehören Vertreter des Rates des Bezirkes, der Wirtschaft, der gesellschaftlichen Organisationen sowie der Forschungseinrichtungen und der Hochschulen an. Dieses System der Leitung des wissenschaftlich-technischen Fortschritts erleichtert die Durchführung von Maßnahmen zur Vervollkommnung des Wirtschaftsmechanismus, zur Mobilisierung des wissenschaftlich-technischen Potentials der Region im Interesse einer raschen Erhöhung der Produktivität der gesellschaftlichen Arbeit und trägt zur Festigung der führenden Rolle der Partei in der sozialökonomischen Entwicklung bei.

Wertvolle Erfahrungen bei der engen Zusammenarbeit zwischen Forschungs- und Lehreinrichtungen wurden auch in anderen sozialistischen Ländern gesammelt. So entstand z. B. aus der Zusammenarbeit des südtschechischen biologischen Zentrums der Tschechoslowakischen Akademie der Wissenschaften und des örtlichen landwirtschaftlichen Instituts mit Unterstützung des Präsidiums der Tschechoslowakischen Akademie und des Bildungsministeriums eine wissenschaftlich-pädagogische Gesellschaft neuen Typs.

Eine effektive Form der Zusammenarbeit von Wissenschaftlern verschiedener Länder ist die zwischenstaatliche Koordinierung und Kooperation, für die als Beispiel die wissenschaftlich-technische Zusammenarbeit der Mitgliedsländer des RGW im Rahmen des Komplexprogramms der sozialistischen ökonomischen Integration steht.

6. Formen der Bewertung der wissenschaftlichen Tätigkeit

Jede vernünftige Leitung muß wissen, zu welchen Resultaten der von ihr geleitete Prozeß geführt hat und wie diese zu bewerten sind. Für die wissenschaftliche

Tätigkeit bedeutet das, bereits bei der Auswahl der Forschungsrichtungen deren wissenschaftliche und praktische Relevanz zu bewerten, die Bewertung von Zwischenergebnissen und der Effektivität der einzelnen Arbeitsetappen vorzunehmen sowie gegebenenfalls die Planvorgaben zu korrigieren. Das Wichtigste bei der Bewertung der Effektivität der wissenschaftlichen Tätigkeit ist, inwieweit sie die Bedürfnisse der Gesellschaft (einschließlich der Wissenschaft selbst) nach Produktion neuen wissenschaftlichen Wissens und dessen praktischer Anwendung befriedigt.

Die Kriterien, nach denen die Effektivität der Wissenschaft bewertet wird, ergeben sich letztlich aus dem Charakter und den Zielen der jeweiligen Gesellschaftsordnung. Im Sozialismus gilt das Hauptkriterium, inwieweit die Wissenschaft in die Verwirklichung der strategischen Ziele der gesellschaftlichen Entwicklung — Sicherung eines hohen Lebensniveaus des Volkes und des sozialpolitischen und geistigen Fortschritts der Gesellschaft auf der Grundlage einer stabilen und planmäßigen Entwicklung der Volkswirtschaft — einbezogen ist. Das Problem der Bewertung der Ergebnisse der wissenschaftlichen Tätigkeit steht in den letzten Jahrzehnten überall in der Welt im Zentrum der Aufmerksamkeit der Leitungsorgane und der entsprechenden Spezialisten. In der UdSSR und in anderen sozialistischen Ländern wurden zahlreiche Methodiken ausgearbeitet, um die Effektivität sowohl der Wissenschaft im ganzen, als auch vor allem die ökonomische Effektivität von Forschung und Entwicklung in wissenschaftlichen Einrichtungen einzelner Volkswirtschaftszweige, Ministerien usw. zu bewerten. In kapitalistischen Ländern haben die großen Firmen ebenfalls Methodiken eingeführt, um die Tätigkeit ihrer Forschungs- und Entwicklungseinrichtungen, Laboratorien usw. unter dem Gesichtspunkt ihrer Effektivität zu bewerten. Es ist hier nicht unsere Aufgabe, solche konkreten Methodiken zu beschreiben und zu diskutieren; sie sind in der Literatur ausführlich dargelegt.[36] Da es jedoch darauf ankommt, diese Methodiken weiter zu vervollkommnen, halten wir es für angebracht, die allgemeinen Prinzipien, von denen sie ausgehen, eingehender zu erörtern.

Die Bewertung wissenschaftlicher Ergebnisse setzt Klarheit über Ziel und Objekt der Bewertung voraus; es muß also z. B. klar sein, ob wir die Arbeit oder den Mitarbeiter, ein Kollektiv, die Effektivität eines Zweiges oder der Wissenschaft

[36] Vgl. z. B.: R. Zejler, Povyšenije effektivnosti issledovanij i razrabotok, Moskva 1967; G. M. Dobrov/E. M. Zadorožnyj/T. I. Ščedrina, Upravlenije effektivnost'ju naučnoj dejatel'nosti, Kiev 1978; Ekonomika nauki. Ocenka dejatel'nosti i stimulirovanije, Minsk 1981; M. P. Ring, Chozrasčetnaja sistema sozdanija i vnedrenija novoj techniki, Moskva 1982, S. 66—89; V. A. Pokrovskij, Uskorenije naučno-techničeskogo progressa, Moskva 1983, S. 163—173; Metodika opredelenija ekonomičeskoj effektivnosti primenenija novoj techniki v narodom chozjajstve, in: Voprosy ekonomiki, 9/1984; Soveršenstvovanije ocenki dejatel'nosti NII i KB, Moskva 1984; Avtomatizirovannaja sistema ocenki dejatel'nosti naučno-issledovatel'skich učreždenij. Metodičeskije rekomendacii, Moskva 1984.

im ganzen bewerten wollen. Jeder dieser Fälle erfordert ein anderes Herangehen und dementsprechend andere Methoden. Vor allem aber gilt es zu beachten, daß die Bewertung wissenschaftlicher Ergebnisse nicht eine Erfindung unserer Tage und der Wissenschaft nicht äußerlich aufgezwungen ist. Spontan und unbemerkt funktionierte das System der Bewertung wissenschaftlicher Ergebnisse schon immer, denn jedes Ergebnis unterliegt der ständigen Kontrolle durch die wissenschaftliche Öffentlichkeit. Der Mechanismus dieser inneren Kontrolle ist im Laufe der Jahrhunderte subtiler und präziser geworden. Er muß stets in Rechnung gestellt werden, wenn Methoden der Bewertung von außen erarbeitet und angewendet werden. Wird er nicht beachtet oder gar ignoriert, so besteht die Gefahr, daß selbst die ausgeklügeltsten Bewertungsmethoden uneffektiv bleiben und die wissenschaftlichen Arbeitsprozesse nicht zu intensivieren, die Qualität der Arbeiten nicht zu erhöhen vermögen, sondern sie im Gegenteil beeinträchtigen.

Bei der Bewertung der Ergebnisse wissenschaftlicher Tätigkeit durch die wissenschaftliche Gemeinschaft spielen seit jeher bestimmte Prinzipien eine Rolle. Ihnen lag mehr oder weniger die Vorstellung zugrunde, daß neue wissenschaftliche Errungenschaften mit dem schon vorhandenen Wissensfundus vereinbar sein müssen, wobei diese Kompatibilität nicht statisch aufgefaßt wurde, sondern im Falle großer revolutionärer wissenschaftlicher Leistungen auch neu interpretiert werden konnte. So bewertete die wissenschaftliche Gemeinschaft Mendelejevs Entdeckung des Periodengesetzes nicht nur deshalb hoch, weil es die logische Konsequenz aus den um 1860 in der Chemie bekannten Daten war, sondern auch deshalb, weil es die Möglichkeit eröffnete, viele dieser Daten neu zu interpretieren sowie neue Ergebnisse vorherzusagen, zu erzielen und zu prüfen. Die Bewertungsmechanismen, die sich im System der wissenschaftlichen Tätigkeit allmählich herausgebildet haben und ständig in ihm wirken, sind ein unabdingbarer Bestandteil der Wissenschaft und beeinflussen deren Entwicklung zutiefst; sie sind das Ergebnis einer jahrhundertelangen Evolution der Formen und Methoden der wissenschaftlichen Arbeit.

Bereits im 17. Jahrhundert sah es F. Bacon als ein Kriterium für den Fortschritt des Wissens an, daß es die Vorurteile zu überwinden vermag, die den menschlichen Verstand verdunkeln. Viele Denker vom 17. bis zum 19. Jahrhundert waren auf der Suche nach Prinzipien, nach denen sich die Wahrheit des Wissens objektiv bewerten ließ. Das Cartesische Kriterium der „Klarheit der Ideen", Leibniz' Forderung nach logischer Widerspruchsfreiheit als Grundlage für die Feststellung von „Tatsachenwahrheiten" und andere Versuche einer wertenden Betrachtung wissenschaftlicher Ergebnisse machten die theoretische Tiefe der Bewertungsproblematik deutlich. Marx zeigte, daß die Bewertung vor allem auf die Praxis bezogen sein muß: „In der Praxis muß der Mensch die Wahrheit, i. e. Wirklichkeit und Macht, Diesseitigkeit seines Denkens beweisen. Der Streit über die Wirklichkeit oder Nichtwirklichkeit des Denkens — das von der Praxis isoliert ist — ist eine rein *scholastische* Frage."[37]

Die neuzeitliche Naturwissenschaft formulierte eine Reihe von Kriterien rationaler Forschung, wie z. B. die Übereinstimmung mit bestimmten fixierten und durch die Praxis bestätigten Prinzipien (etwa dem Gesetz der Erhaltung und Umwandlung der Energie), die Überprüfbarkeit und (im Falle experimenteller Forschung) Reproduzierbarkeit der Ergebnisse u. a. Alle diese Kriterien, die vom Prinzip der Praxis als Wertmaßstab des Wissens ausgehen, sind auch heute noch gültig; wenngleich ihr konkreter wissenschaftlicher und methodologischer Gehalt sich ständig gewandelt hat, bezeugen sie doch im ganzen die Einheit der Wissenschaft im Verlaufe ihrer Geschichte. Solche Bewertungskriterien, die sich in methodologischen Orientierungen, in Idealen und Normen der Erkenntnistätigkeit manifestieren,[38] wirken als innere Regulative der wissenschaftlichen Tätigkeit, mittels derer nicht nur Forschungsergebnisse, sondern auch Forschungsziele und -mittel bewertet werden. Erzielte Ergebnisse und wissenschaftliche Mitteilungen werden ständig explizit (durch Diskussion der Ergebnisse, Überprüfung der Daten, Zitierung usw.) und implizit (durch fehlende Reaktion auf Veröffentlichungen, die keine neuen Erkenntnisse enthalten oder nicht den Normen wissenschaftlicher Arbeit entsprechen) bewertet. Die Bewertungstätigkeit ist von der wissenschaftlichen Tätigkeit nicht zu trennen; sie ist ein organisches Element des wissenschaftlichen Lebens insgesamt und der Tätigkeit des einzelnen Wissenschaftlers. Die Wissenschaft hat so ein ganzes System von Filtern ausgebildet, mittels derer Ergebnisse, die Aufmerksamkeit verdienen, von solchen getrennt werden, die nichtoriginell, unzuverlässig, unfruchtbar oder vielleicht sogar schädlich sind. Dieser Prozeß vollzieht sich ständig und automatisch; bezogen auf große Zeiträume funktioniert er in der Regel zuverlässig, wenngleich die Geschichte viele Fälle kennt, in denen aus Gründen, die zumeist außerhalb der Wissenschaft lagen, bestimmte Errungenschaften zu ihrer Zeit nicht die gebührende Anerkennung fanden oder, umgekehrt, falsche und unwissenschaftliche Auffassungen großen Einfluß erlangten.

Neben der Bewertung der unmittelbaren wissenschaftlichen Relevanz neuer Ergebnisse ist es seit langem üblich, die wissenschaftliche Tätigkeit und ihre Resultate nach ihrer gesellschaftlichen — ökonomischen, sozialen, weltanschaulichen usw. — Effektivität zu bewerten. Dieses Kriterium gewinnt heute, da unter den Bedingungen der wissenschaftlich-technischen Revolution die Dimensionen der wissenschaftlichen Tätigkeit sich ungemein erweitert haben und ihre gesellschaftliche Bedeutung enorm gestiegen ist, besondere Bedeutsamkeit. Bereits F. Engels vermerkte, „daß eine einzige Frucht der Wissenschaft, wie James Watts Dampfmaschine, in den ersten fünfzig Jahren ihrer Existenz der Welt mehr eingetragen hat, als die Welt von Anfang an für die Pflege der Wissenschaft

[37] K. Marx, Thesen über Feuerbach, in: MEW, Bd. 3, Berlin 1958, S. 5.

[38] Vgl. dazu: Idealy i normy naučnogo issledovanija, Minsk 1981.

ausgegeben."[39] Indes wird die soziale und ökonomische Bedeutung, die einer höheren Effektivität des wissenschaftlich-technischen Fortschritts zukommt, in ihrer ganzen Größe erst heute deutlich, da die Wissenschaft zur unmittelbaren Produktivkraft geworden ist und ihre Effektivität auch quantitativ gemessen werden muß. Die soziale Bewertung der Wissenschaft, ihr gesellschaftliches Prestige, ihre in den Urteilen der Wissenschaftler zum Ausdruck kommende Selbstbewertung, die Bewertung wissenschaftlicher Resultate der Vergangenheit und der Gegenwart und ihres Nutzens — all das sind unabdingbare Momente des Entwicklungsprozesses der Wissenschaft; unter den gegenwärtigen Bedingungen sind sie jedoch Gegenstand spezieller Untersuchungen.

Die Gesamtheit der innerwissenschaftlichen, ökonomischen, technisch-technologischen, organisatorischen, Leitungs-, Bildungs-, kulturellen, weltanschaulichen, ökologischen, politischen, psychologischen u. a. Effekte, die durch den Fortschritt der Wissenschaft bewirkt werden, kann bedingt in drei große Gruppen gegliedert werden, nämlich in die der wissenschaftlichen, ökonomischen und sozialen Effekte. Der Vergleich dieser Effekte mit den Aufwendungen, die benötigt werden, um sie zu erzielen, ergibt die Effektivität der Wissenschaft im ganzen.

Die meisten Autoren vertreten heute eine komplexe Auffassung von der Effektivität der Forschung; sie verstehen sie als wissenschaftlichen, ökonomischen und sozialen Gesamteffekt, gemessen an den verbrauchten Ressourcen und der benötigten Zeit.[40] Effektivität wird somit als Verhältnis des Ergebnisses zu den aufgewendeten Ressourcen gefaßt. Derartige Berechnungen sind jedoch nur hinsichtlich der ökonomischen Effektivität möglich; wissenschaftliche und soziale Effektivität hingegen sind quantitativ kaum zu messen und werden deshalb qualitativ bewertet.

Bewertungsmethoden und -kriterien hängen in hohem Maße vom Charakter der Wissenschaftspolitik und der jeweiligen Gesellschaftsordnung ab. Sie differieren jedoch auch im Rahmen desselben Gesellschaftssystems je nach den technologischen Besonderheiten, die es zwischen Kollektiven und Instituten der Grundlagenforschung, angewandten Forschung und Entwicklung gibt. Auch ist zu beachten, daß ein und derselbe Forschungstyp mitunter ganz verschiedene Effekte und deren Kombination hervorbringen kann.

Im Folgenden gehen wir näher auf die drei Grundtypen der Effektivität — wissenschaftliche, ökonomische und soziale — ein.

[39] F. Engels, Umrisse zu einer Kritik der Nationalökonomie, in: MEW, Bd. 1, Berlin 1957, S. 509.

[40] Vgl. I. Jordanov, Ocenka ekonomičeskoj effektivnosti nauki, Moskva 1977; V. A. Pokrovskij, Povyšenije effektivnosti naučnych issledovanij i razrabotok, Moskva 1978; S. R. Mikulinskij/R. Richta (Hrsg.), Socializm i nauka, Moskva 1981; A. I. Ščerbakov, Effektivnost' naučnoj dejatel'nosti v SSSR, Moskva 1982.

1. Wissenschaftliche Effektivität: Der größte wissenschaftliche Effekt wird — insgesamt gesehen — von Ergebnissen der Grundlagenforschung erbracht; sie sind die Basis des wissenschaftlich-technischen Fortschritts. Ihre Bewertung fällt in hohem Maße in die Kompetenz der wissenschaftlichen Gemeinschaft selbst. Den höchsten wissenschaftlichen Wert haben Ergebnisse, durch die herangereifte wissenschaftliche Probleme gelöst werden. Als Max Planck 1900 den Begriff des Wirkungsquantums einführte, löste er damit das damals herangereifte und viele Physiker bewegende Problem der Strahlung des absolut schwarzen Körpers. Seine Entdeckung fand rasche Anerkennung; zugleich warf sie viele neue theoretische Probleme auf. Diese Eigenschaft einer Entdeckung, neue Probleme zu generieren, ist ebenfalls ein Kriterium ihrer wissenschaftlichen Effektivität. Ein weiteres wichtiges Kennzeichen ist der Anwendungsbereich eines Ergebnisses der Grundlagenforschung. Das Ergebnis ist um so bedeutsamer, in je mehr Wissensgebieten es angewandt wird und je stärker es diese Gebiete beeinflußt. In diesem Zusammenhang wird verständlich, warum Entdeckungen, die der Wissenschaft grundlegend neue Methoden der experimentellen oder theoretischen Arbeit erschließen, gewöhnlich so hoch bewertet werden.

Die Bewertung einer wissenschaftlichen Leistung durch die wissenschaftliche Gemeinschaft ist in der Regel nicht gleichbleibend; sie ändert sich in dem Maße, wie sich neue Möglichkeiten ihrer Bestätigung, Begründung oder Anwendung ergeben. Als geradezu chrestomathische Beispiele hierfür können die Lobatschewskische nichteuklidische Geometrie oder die Mendelschen Vererbungsgesetze gelten.

In der Praxis geht es nicht nur darum, bereits erzielte Forschungsergebnisse zu bewerten, sondern auch die wissenschaftliche Bedeutsamkeit sich eben erst herausbildender Forschungsrichtungen einzuschätzen. Solche Bewertungen sind für eine effektive Leitung der Wissenschaftsentwicklung besonders wichtig und notwendig. Auch in diesem Falle bilden Kriterien, deren sich die wissenschaftliche Gemeinschaft bedient, den Ausgangspunkt. Zugleich aber gelangen in jüngster Zeit immer mehr Methoden zum Einsatz, die es gestatten, rasch und zuverlässig neue „Wachstumspunkte" objektiv zu identifizieren. Zu ihnen gehört vor allem die Kozitationsanalyse; sie besteht darin, durch Untersuchung der Zitate in wissenschaftlichen Publikationen den Kreis von Arbeiten festzustellen, die in dem jüngst vergangenen Zeitraum am meisten zitiert werden. Durch die anschließende inhaltliche Analyse dieser Arbeiten kann sodann der Kreis von Ideen und Methoden identifiziert werden, für den die an der vordersten Forschungsfront arbeitenden Wissenschaftler sich am meisten interessieren.

Generell ist festzustellen, daß jede Methode der Bewertung der wissenschaftlichen Effektivität sich in dieser oder jener Form auf die Meinungen von Experten stützt. In bestimmten Fällen läßt sich diese Experteneinschätzung durch andere Methoden — wie z. B. die Zitationsanalyse — erhärten. In anderen Fällen bleibt sie die einzig mögliche Form der Bewertung; dann spricht man von einer Experteneinschätzung im eigentlichen Sinne.[41] Diese kommt zustande, indem mittels bestimmter Prozeduren eine Gruppe von Experten gebildet wird, deren Meinung zu bestimmten Problemen erfragt und verallgemeinert wird. Besagte Prozeduren sind jedoch in der Regel nicht einfach zu handhaben, so daß nach wie vor die Aufgabe aktuell bleibt, Methodiken zu erarbeiten, durch die sich möglichst objektive Bewertungen erzielen lassen. In der Literatur wird vermerkt, daß die gängige Praxis der Gewinnung von Experteneinschätzungen subjektive Momente, die in diese Einschätzungen einfließen, nicht zuverlässig auszuschließen vermag.[42] Leitungsentscheidungen, die auf Experteneinschätzungen beruhen, müssen daher damit rechnen, daß unter Umständen nicht alle objektiven Faktoren allseitig berücksichtigt worden sind, und die Experteneinschätzung auf Grund der wissenschaftlichen Autorität eines einzelnen Wissenschaftlers oder einer Gruppe von Wissenschaftlern zustande gekommen ist, die es besonders gut verstanden haben, ihren Standpunkt überzeugend zu vertreten.

Soweit es sich um Experteneinschätzungen wissenschaftlicher Ergebnisse handelt, werfen die gegenwärtig gängigen Methodiken Probleme vor allem hinsichtlich der Auswahl der Expertengruppe, der konkreten Prozedur der Befragung und der statistischen Bearbeitung der Befragungsresultate auf. Die gesamte Prozedur ist äußerst kompliziert und aufwendig, besonders wenn sie sich noch in mehreren Etappen vollzieht. Die Hauptmängel der Methode der Experteneinschätzung sind folgende: Die Experten urteilen nicht immer objektiv; die Bearbeitungsverfahren sind zu sehr darauf ausgerichtet, Mittelwerte der Expertenmeinungen zu erhalten und schließen dabei auch offenkundig nicht-objektive Urteile ein; vielfach ist nicht klar, wie extrem kritische Meinungen von Experten korrigiert werden können. Es gehört deshalb auch weiterhin zu den aktuellen Aufgaben der Wissenschaftsforschung, sowohl die konkreten Methodiken der Experteneinschätzungen weiter zu vervollkommnen als auch die methodologischen Grundlagen solcher Bewertungen weiter auszuarbeiten.

2. Ökonomische Effektivität: Die ökonomische Effektivität der wissenschaftlichen Tätigkeit wird danach bewertet, wie die Überführung ihrer Ergebnisse in die Produktion und andere gesellschaftliche Lebensbereiche zu höherer Effektivität der gesellschaftlichen Produktion beiträgt, wie aus jeder Einheit aufgewendeter Arbeitskräfte-, materieller und finanzieller Ressourcen der Volkswirtschaft ein höherer Rückfluß erzielt und wie die Erzielung volkswirtschaftlicher Finalergebnisse beschleunigt werden kann. Die Erarbeitung und Anwendung von Methoden zur Bewertung der ökonomischen Effektivität von Forschungs- und Entwicklungsarbeiten ist deshalb ein wichtiges Mittel, um den wissenschaftlich-technischen Fortschritt zu beschleunigen, das Wissenschaftspotential auf die Hauptrichtungen der Entwicklung der Volkswirtschaft zu konzentrieren und eine

[41] Vgl. S. D. Bešelev/F. G. Gurvič, Ekspertnyje ocenki, Moskva 1973; G. M. Dobrov/J. V. Eršov u. a., Ekspertnyje ocenki v naučno-techničeskom prognozirovanii, Kiev 1974.

[42] Vgl. A. I. Rakitov, O logičeskich kriterijach naučnosti, in: Voprosy filosofii, 12/1972, S. 65.

Zersplitterung sowohl der Themen als auch der materiellen, finanziellen und personellen Ressourcen zu verhindern.

Für viele Arbeiten im Bereich der angewandten Forschung und Entwicklung läßt sich die ökonomische Effektivität durchaus bestimmen. Indes ist zu beachten, daß diese Effektivitätsbestimmung in unterschiedlicher Weise vorgenommen werden muß, je nachdem, in welchem Stadium sich die Forschungs- oder Entwicklungsarbeiten befinden. Im Stadium der Forschungsplanung kommt es darauf an, den mutmaßlichen ökonomischen Effekt anzugeben, von dessen Höhe es abhängt, inwieweit die in Aussicht genommenen Forschungsarbeiten für zweckmäßig erachtet werden. Nach Abschluß der Forschungsarbeiten muß der erwartete ökonomische Effekt auf Grund der Ergebnisse und der Überführung eines Versuchsmusters präzisiert werden. Schließlich kann nach der Überführung der Ergebnisse in die Produktion der tatsächliche ökonomische Effekt bestimmt werden, der durch den oder die Anwenderbetriebe bestätigt wird. Während also in den Anfangsstadien der Forschung die ökonomische Effektivität nur annähernd bestimmt werden kann, wird sie in den darauf folgenden Stadien (Konstruktion, Projektierung, Erprobung usw.) überprüft und präzisiert.

Ökonomische Effektivitätsberechnungen werden durchgeführt für Forschungsarbeiten, deren Ziel es ist, neue technologische Prozesse, Maschinen und Materialien zu schaffen bzw. den materiellen Produktionsprozeß oder auch die Organisation der Volkswirtschaft zu vervollkommnen. Ziel der ökonomischen Effektivitätsbewertung ist es,

a) den ökonomischen Effekt am Weltstand von Wissenschaft und Technik zu messen, um die Zweckmäßigkeit der Überführung beurteilen zu können;
b) den durch die Überführung zu erzielenden ökonomischen Gesamteffekt im Vergleich und unter Beachtung der Überführungsmaßstäbe und -zeiten sowie des moralischen Verschleißes der Technik und Technologie zu bestimmen;
c) die ökonomischen und technischen Kennziffern festzulegen, die erreicht werden müssen, damit die vorgesehene Maßnahme effektiv wird;
d) die Effektivität der Arbeit einer wissenschaftlichen Einrichtung oder einer ganzen Gruppe von Forschungseinrichtungen zu bewerten.

Als Vergleichsmaßstäbe (Etalons) für ökonomische Effektivitätsbewertungen dienen: bei Entwicklungsarbeiten das national und international bereits überführte, projektierte oder sich im Stadium abgeschlossener Forschung befindliche technische Höchstniveau; bei Überführungsarbeiten das zum Zeitpunkt der Überführung in die Produktion erreichte technische Niveau. Dasselbe Prinzip liegt der Bewertung der ökonomischen Effektivität großer wissenschaftlich-technischer Projekte zugrunde; in diesem Falle wird überdies ein Variantenvergleich vorgenommen.[43]

[43] Vgl. Metodika opredelenija ekonomičeskoj effektivnosti kapital'nych vloženij, in: Ekonomičeskaja gazeta, 2/1981, S. 5; V. A. Žamin, Social'no-ekonomičeskije problemy obrazovanija i nauki v razvitom socialističeskom obščestve, Moskva 1979, S. 142—144.

Die Bewertung der ökonomischen Effektivität der Volkswirtschaft im ganzen weist methodische Besonderheiten auf. Sie ist nur als komplexe Effektivitätsbewertung der Arbeit im Bereich der Wissenschaft und der Produktion möglich.[44] Der volkswirtschaftliche ökonomische Gesamteffekt setzt sich in diesem Falle zusammen aus dem Effekt, den die Wissenschaft erbringt (Arbeits-, Mittel- und Zeitökonomie), dem Effekt, der im Bereich der Produktion durch Erneuerung der Technik und Technologie erbracht wird (Senkung der Selbstkosten) und dem Effekt, der beim Konsumenten durch die Nutzung der neuen Qualität der Erzeugnisse erzielt wird. Der volkswirtschaftliche Effekt wird zunächst für jeden dieser Bereiche bestimmt, wobei berücksichtigt wird, in welchem Umfang wissenschaftliche Ergebnisse genutzt werden; sodann wird er für die Gesamtheit der Bereiche ermittelt, und zwar für den gesamten Zeitraum, in dem die wissenschaftlichen Ergebnisse genutzt bzw. die neue Technik angewendet wird.

Allerdings ist zu beachten, daß der Effekt von Forschungs- und Entwicklungsarbeiten sich immer erst als Ergebnis der Wechselwirkung mit anderen Faktoren des ökonomischen Wachstums — Investitionen, Arbeitskraft, Bildung, Organisation der Informationsdienste und -netze u. a. — einstellt. Bevor der potentielle Effekt von Forschung und Entwicklung zum faktischen Effekt in der Produktion wird, muß also eine ganze Kette von Aufwendungen und anderen Maßnahmen realisiert werden.

3. Soziale Effektivität: Die sozialen Effekte des wissenschaftlich-technischen Fortschritts finden ihren Ausdruck in der Verbesserung des Charakters der Arbeit und der Arbeitsbedingungen, in einem höheren Grad der Mechanisierung und Automatisierung der Arbeit, im Ansteigen des kulturellen und des Bildungsniveaus der Bevölkerung, in der Erhöhung der Qualifikation der Arbeitskraft, der Verbesserung der Wohn- und Lebensbedingungen, der Erhaltung und Verbesserung der natürlichen Umwelt, der Erhaltung und Festigung der Gesundheit der Menschen, der Vermehrung der Freizeit und ihrer rationalen Gestaltung. Zu den Grundelementen der sozialen Effektivität der Wissenschaft im Sozialismus gehören alle jene Effekte, die die Prozesse der Annäherung der Klassen und sozialen Gruppen beschleunigen, zur Überwindung der wesentlichen Unterschiede zwischen Stadt und Land und zwischen körperlicher und geistiger Arbeit beitragen, schwere körperliche Arbeit zu reduzieren helfen, die Persönlichkeitsentwicklung und die soziale Aktivität der Menschen fördern.

Soziale Effektivität kann für einen großen Kreis von Arbeiten sowohl in der Grundlagen- als auch in der angewandten Forschung ausgemacht werden. Streng genommen bringt fast jede abgeschlossene Forschungsarbeit neben wissenschaftlichen und ökonomischen auch verschiedenartige soziale Effekte hervor. Technische Entwicklungsarbeiten z. B. können nach erfolgreicher Überführung ganz

[44] Vgl. Upravlenije naučno-techničeskim progressom, Moskva 1979, S. 48—55; L. M. Gatovskij, Ekonomičeskije problemy naučno-techničeskogo progressa, Moskva 1971, S. 183—223; V. A. Pokrovskij, Povyšenije effektivnosti naučnych issledovanij i razrabotok, a. a. O.

verschiedene soziale Effekte zeitigen. Die Arbeitsbedingungen können sich ververbessern und, die Sicherheit am Arbeitsplatz kann sich erhöhen, wodurch die Unfallgefahr und Berufskrankheiten verringert, die Arbeitsplätze vervollkommnet und die Arbeiten infolge des verringerten Anteils manueller Operationen erleichtert werden. Es gibt Überlegungen, wie die soziale Effektivität wissenschaftlich-technischer Innovationen sowohl qualitativ als auch quantitativ gemessen werden kann; zu diesem Zweck wurden verschiedene komplexe Methodiken in Vorschlag gebracht.[45]

Die soziale Effektivität umfaßt ein breites Spektrum von Einwirkungen der Wissenschaft auf Bildung und Kultur; zu ihr gehört auch, wie die Wissenschaft zur Erhöhung der Verteidigungsbereitschaft als einer sozialen Aufgabe beiträgt. Eine andere wichtige Komponente der sozialen Effektivität ist der Beitrag der Natur- und Gesellschaftswissenschaften zur Formierung der Weltanschauung des Menschen und zur Erkenntnis der Gesetze der Natur und Gesellschaft. Bestimmten Forschungsarbeiten, vor allem im Bereich der Gesellschaftswissenschaften, kommt eine sozialpolitische Effektivität zu, indem die von ihnen gelieferten Daten der Entscheidungsfindung auf verschiedenen Leitungsebenen dienen. Der Fundierung solcher Entscheidungsfindungen dienen Daten sowohl aus der Grundlagen- als auch aus der angewandten Forschung. In der Leitungspraxis können unter sozialistischen Bedingungen drei solcher Ebenen unterschieden werden, auf denen Daten der gesellschaftswissenschaftlichen Forschung benötigt und genutzt werden:

a) Die Ebene allgemein-politischer Entscheidungsfindung: An erster Stelle steht hier die marxistisch-leninistische Theorie als Grundlagenwissen, die Kenntnisse über die Gesetze und Triebkräfte der gesellschaftlichen Entwicklung vermittelt. Die von ihr gewonnenen Daten dienen zur Formulierung strategischer Ziele und zur Bestimmung der Wege und Formen der weiteren Vervollkommnung des entwickelten Sozialismus. Hieraus ergibt sich als wichtiges Kriterium für die Bewertung der Grundlagenforschung in einer Reihe gesellschaftswissenschaftlicher Gebiete, inwieweit ihre Forschungsergebnisse geeignet sind, der Praxis der politischen Entscheidungsfindung zu dienen.

b) Verschiedene Leitungsebenen, auf denen es um die Bestimmung von Zielen, die Ausarbeitung von Prognosen und Plänen und um Ableitung von Aufgaben geht: Hier werden große Mengen an Daten aus Natur- und Gesellschaftswissenschaften benötigt, müssen komplexe Untersuchungen durchgeführt werden, bedarf es vielfältiger Informationen aus dem sozialen Bereich, um praktische Empfehlungen erarbeiten zu können. Wissenschaft und Praxis sind hier unmittelbar verbunden. Bei der Bewertung der Forschungsergebnisse kommt es in diesem Zusammenhang darauf an, den Beitrag zu würdigen, den bestimmte Gruppen von Wissenschaftlern oder Wissenschaftlerkollektive zur Ausarbeitung von Dokumen-

[45] Vgl. Metodologičeskije voprosy opredelenija social'no-ekonomičeskoj effektivnosti novoj techniki, Moskva 1977, S. 66—113.

ten zur langfristigen sozialökonomischen Entwicklung des Landes oder von Volkswirtschaftsplänen geleistet haben. Bestimmte Arbeiten, deren Ergebnisformen Forschungsberichte und mitunter auch Bücher sind, können speziell angefordert oder zur Verfügung gestellt werden, um bei der Realisierung volkswirtschaftlicher (sozialökonomischer, territorialer) Programme genutzt zu werden.

c) Entscheidungsfindung in konkreten Einzelsituationen: Dieser Kanal der Verbindung von Wissenschaft und Praxis erfordert vor allem Ergebnisse angewandter Forschung. Der politische Effekt zeigt sich hier anschaulich in der Nutzung von Resultaten der gesellschaftswissenschaftlichen Forschung in der Innen- und Außenpolitik, in der Agitations- und propagandistischen Tätigkeit.

Effektivität der gesellschaftswissenschaftlichen Forschung ist dann gegeben, wenn die Überführung ihrer Ergebnisse in die gesellschaftliche Praxis dazu beiträgt, daß das soziale System besser funktioniert. Solche Effekte können von allen gesellschaftswissenschaftlichen Disziplinen oder Gruppen von Disziplinen ausgehen; besonders augenscheinlich sind sie in der Soziologie, den Wirtschaftswissenschaften, der Rechtswissenschaft und der Psychologie.

Trotz reichhaltiger Literatur und vieler Vorschläge für Methodiken zur Effektivitätsbewertung bedarf dieses Problem der weiteren Ausarbeitung, wobei es vor allem darauf ankommt, die Spezifik der einzelnen Forschungsarten und die spezifischen Bedingungen der Nutzung ihrer Ergebnisse in Rechnung zu stellen. Der perspektivreichste Weg, um die Bewertungstätigkeit weiter zu vervollkommnen, besteht darin, die neu vorgeschlagenen Bewertungsmethodiken stärker und qualifizierter mit den traditionellen Bewertungsmechanismen der Wissenschaft zu verbinden. Die Lösung dieser Aufgabe wird dadurch erschwert, daß es noch zu wenige empirische Beschreibungen des Verlaufs realer Bewertungsprozesse gibt und daß die methodologischen und technischen Mittel zur Analyse solcher Beschreibungen noch ungenügend entwickelt sind.

Neuntes Kapitel

Internationale wissenschaftlich-technische Beziehungen

1. Die Notwendigkeit internationaler wissenschaftlich-technischer Beziehungen, ihre Prinzipien und Formen

Wissenschaftler sind seit jeher bestrebt, über Ländergrenzen hinweg Verbindung zueinander aufzunehmen und des Wissens teilhaftig zu werden, über das andere Völker verfügen. Dieses natürliche Streben resultiert daraus, daß gesicherte wissenschaftliche Kenntnisse allgemeingültig sind und nicht davon abhängen, wo und von wem sie erzielt wurden. In diesem Sinne ist die Wissenschaft ihrem Wesen nach international; sie entwickelt sich um so schneller, je enger die internationalen wissenschaftlichen Beziehungen sind. Die Denker des antiken Griechenland zeigten großes Interesse für das Wissen der Völker des Ostens. Später rezipierte der arabische Osten viele Errungenschaften der Antike und entwickelte sie weiter. Hervorragende Wissenschaftler Mittelasiens unternahmen beschwerliche und gefährliche Reisen nach Indien; ihnen ist es in hohem Maße zu danken, daß die wissenschaftlichen Leistungen dieses Landes der ganzen Menschheit zugänglich gemacht wurden. Ihrerseits war die arabische Wissenschaft des Mittelalters eine wichtige Quelle für die Herausbildung der europäischen Wissenschaft im Zeitalter der Renaissance und in der Neuzeit.

In den Frühstadien der europäischen neuzeitlichen Wissenschaft kam dem internationalen Wissenstransfer zugute, daß die einheitliche Sprache der Wissenschaftler aller Länder das Lateinische war. Infolge der späteren Demokratisierung der Wissenschaft, der Herausbildung eigener wissenschaftlicher Traditionen in den fortgeschrittenen europäischen Ländern und der inneren Entwicklung der Wissenschaft selbst vermochte das Lateinische diese Rolle einer einheitlichen Wissenschaftssprache jedoch nicht mehr länger zu erfüllen. Bis zum Ausgang des 18. Jahrhunderts war die Hauptform der internationalen wissenschaftlichen Kommunikation der Briefwechsel zwischen Wissenschaftlern. Bereits zu dieser Zeit wurde es jedoch schon üblich, daß die Akademien ihre wissenschaftlichen Abhandlungen austauschten und auch Beiträge von Wissenschaftlern anderer Länder veröffentlichten.

In dem Maße, wie die Wissenschaft auf Grund ihrer Entwicklung immer mehr Funktionen im gesellschaftlichen Leben wahrzunehmen begann, verstärkten sich auch die internationalen wissenschaftlichen Beziehungen und wandelten sich ihre

Formen. Die historische Erfahrung lehrt, daß jegliche Versuche, die Wissenschaftsentwicklung in einem bestimmten Lande vom Strom der Weltwissenschaft zu isolieren, nicht nur die Wissenschaft des betreffenden Landes stark beeinträchtigt, sondern auch seine Wirtschaft und seine gesamte Kultur.

Im 19. Jahrhundert, vor allem in dessen zweiter Hälfte, bildeten sich neue Formen der internationalen wissenschaftlichen Kommunikation heraus. Ein rasches Wachstum der wissenschaftlichen Literatur setzte ein. Zeitschriften wurden zum Hauptmittel, mit dessen Hilfe Wissenschaftler sich mit neuesten Forschungsergebnissen bekannt machten; das Bedürfnis, den Austausch von Ideen, Methoden und Ergebnissen zu beschleunigen, brachte internationale Zeitschriften und andere internationale Periodika hervor. Internationale wissenschaftliche Organisationen entstanden, die ihre eigenen Kongresse und Konferenzen durchführten.

Historisch gesehen war das Kommunikationsbedürfnis der Wissenschaftler jedoch nicht das einzige unmittelbare Motiv für die Entwicklung internationaler Wissenschaftsbeziehungen. Andere Bedürfnisse wirkten in der gleichen Richtung, so z. B. das nach Vereinheitlichung bestimmter Mittel der experimentellen Tätigkeit, nach Festlegung international einheitlicher Maßeinheiten (in der zweiten Hälfte des 19. Jahrhunderts entstanden internationale Gesellschaften zur Einführung von metrischen Maßen und Gewichten), nach Präzisierung der chemischen Nomenklatur oder nach unmittelbarer Teilnahme an Forschungen von Wissenschaftlern aus verschiedenen Ländern (die internationale geodätische Vereinigung z. B. wurde schon 1862 gegründet). Starke Impulse für die Entwicklung der internationalen wissenschaftlich-technischen Beziehungen gingen an der Wende vom 19. zum 20. Jahrhundert von der Vertiefung der internationalen Arbeitsteilung aus, in deren Gefolge sich der internationale Handel erweiterte und die ökonomischen und zwischenstaatlichen Beziehungen intensiver wurden. Der verstärkte Kapitalexport und mit ihm der Export neuer Technologien, in denen die für die damalige Zeit neuesten wissenschaftlich-technischen Errungenschaften vergegenständlicht waren, trugen des weiteren zum Austausch wissenschaftlicher und technischer Ideen bei. Die wissenschaftliche Zusammenarbeit erfaßte immer neue und vor allem praxisorientierte Bereiche. Während um 1900 einige Dutzend internationale wissenschaftliche Gesellschaften bestanden, wurden allein in den ersten vierzehn Jahren des 20. Jahrhunderts um die 300 internationale wissenschaftliche Vereinigungen, Gesellschaften usw. gegründet.

Die Zusammenarbeit im Bereich der Forschung begann sich nach und nach auch auf den Bereich der Entwicklung und die Weitergabe von technologischem Know-how auszudenken. So kam es zur wissenschaftlich-technischen Zusammenarbeit, die wiederum eng mit der Produktionskooperation verbunden ist. In dem Maße, wie sich die sozialen Funktionen der Wissenschaft weiter veränderten und sie zu einer unmittelbaren Produktivkraft wurde, erweiterte sich auch das Spektrum der internationalen wissenschaftlichen und technischen Beziehungen in entsprechender Weise. Dabei sind wissenschaftliche und wissenschaftlich-technische Zusammenarbeit ebenso schwer voneinander abzugrenzen wie Forschung und Entwicklung im Prozeß der wissenschaftlich-technischen Tätigkeit. Sie sind wechselseitig verbundene Teile eines einheitlichen Systems, dessen Effektivität von der Vielfalt und Flexibilität der Organisationsformen abhängt.

Von der gegenwärtigen gesellschaftlichen Entwicklung gehen neue starke Impulse für die Vertiefung und Erweiterung der wissenschaftlich-technischen Zusammenarbeit aus. Neben den bereits genannten innerwissenschaftlichen Faktoren sind es heute besonders sozialökonomische, politische und kulturelle Faktoren, die diese Zusammenarbeit bedingen; unter ihnen kommt der Internationalisierung der Produktion, die in unterschiedlichen Formen sowohl im sozialistischen als auch im kapitalistischen Wirtschaftssystem vor sich geht, eine besondere Bedeutung zu. Lenin vermerkte in diesem Zusammenhang, daß sich „das gesamte wirtschaftliche, politische und geistige Leben der Menschheit . . . schon im Kapitalismus immer mehr internationalisiert. Der Sozialismus internationalisiert es vollends."[1]

Die enorm gestiegenen Dimensionen und die Intensivierung der Wirtschaftstägigkeit in den heutigen Gesellschaften sowie die sich vertiefende Internationalisierung der Produktion und anderer Bereiche des gesellschaftlichen Lebens haben zu Problemen geführt, zu deren Lösung es gemeinsamer Anstrengungen im internationalen Maßstab bedarf. Diese Probleme werden auch als *globale* bezeichnet. Sie erfordern die wissenschaftlich-technische Zusammenarbeit von Ländern unabhängig von deren Gesellschaftsordnung.

Unter den globalen Problemen der Gegenwart nimmt der Kampf für die Verhinderung eines Kernwaffenkrieges den obersten Rang ein. Die internationale Zusammenarbeit der Wissenschaftler mit dem Ziel, die Gefahren einer nuklearen Auseinandersetzung zu verdeutlichen und Maßnahmen zu ihrer Beseitigung zu erarbeiten, kann in ihrer Bedeutung nicht hoch genug veranschlagt werden. Die internationale wissenschaftlich-technische Zusammenarbeit war, ist und bleibt ein wichtiger Faktor, um das gegenseitige Verständnis und das Vertrauen zwischen den Völkern zu festigen und die internationalen Spannungen zu mindern. Selbst unter den heutigen Bedingungen einer enormen, durch eine beispiellos gestiegene Aggressivität des amerikanischen Imperialismus hervorgerufene Verschärfung der internationalen Situation sind die Wissenschaftler sozialistischer und kapitalistischer Länder bemüht, Möglichkeiten zu finden, um die wissenschaftlichen Kontakte aufrechtzuerhalten und aktiv in der weltweiten Bewegung für Frieden und Entspannung mitzuarbeiten. So wurden z. B. zwischen sowjetischen und amerikanischen Wissenschaftlern erste Fernsehdialoge geführt, in denen hervorragende Autoritäten der Weltwissenschaft schwerwiegende Argumente für unverzügliche Schritte zur Einstellung des zu irreparablen Folgen für das Leben auf der Erde führenden Wettrüstens beibrachten. Zu den globalen Problemen gehören weiterhin der Kampf gegen die Verschmutzung der Umwelt — der Luft, des Wassers und des Bodens —, die Versorgung der Bevölkerung des Planeten mit Nahrung,

[1] W. I. Lenin, Thesen zur nationalen Frage, in: LW, Bd. 19, Berlin 1962, S. 237.

insbesondere in den Entwicklungsländern, Probleme des Bevölkerungswachstums, der Gesunderhaltung, des wachsenden Defizits an Energie- und Rohstoffressourcen u. a.[2] Die meisten dieser Probleme sind nur zu lösen, wenn große Massive wissenschaftlicher Information verfügbar sind und neue Herangehensweisen und technische Mittel erarbeitet werden, deren Dimensionen die Möglichkeiten einzelner Länder und ganzer Regionen weit übersteigen; vor allem aber bedarf es abgestimmter Maßnahmen, der Hinzuziehung einer Vielzahl unterschiedlicher Spezialisten sowie ständiger wissenschaftlicher Kontakte und des Informationsaustauschs. Schließlich ist die internationale Arbeitsteilung und die auf ihr gründende Ausweitung der wissenschaftlich-technischen Beziehungen und der Zusammenarbeit zwischen verschiedenen Ländern objektiv auch dadurch bedingt, daß die natürlichen Ressourcen ungleichmäßig verteilt sind und daß auf Grund historisch entstandener Spezialisierung sowie politischer, sozialer und anderer Prozesse und Faktoren die verschiedenen Zweige der Volkswirtschaft, Wissenschaft und Technik sich ungleichmäßig entwickeln.

Die *internationale wissenschaftlich-technische Zusammenarbeit* ist Bestandteil des Gesamtsystems der internationalen Beziehungen. Die Notwendigkeit, sie zu vertiefen, ergibt sich heute nicht nur allein aus Bedürfnissen der Wissenschaftsentwicklung, sondern in wachsendem Maße aus solchen des gesamtgesellschaftlichen Fortschritts. Die bedeutende Rolle, welche die wissenschaftlich-technische Zusammenarbeit in der Entwicklung der transnationalen und kulturellen Beziehungen zwischen den Völkern spielt, wurde insbesondere in der Schlußakte der Konferenz über Sicherheit und Zusammenarbeit in Europa (Helsinki 1975) hervorgehoben. Damit wurde der Tatsache Rechnung getragen, daß die objektiven Bedingungen der gegenwärtigen Epoche die Vertiefung der wissenschaftlich-technischen Zusammenarbeit wie nie zuvor erfordern. Zugleich wird heute immer offenkundiger, daß diese Zusammenarbeit nur gedeihen kann, wenn die Rechte und die Souveränität jedes Landes respektiert werden, keine Einmischung in die inneren Angelegenheiten von Partnerländern erfolgt, Diskriminierung und jegliche Erscheinungsformen von Diktat und Ausbeutung ausgeschlossen, d. h. alle beteiligten Seiten voll gleichberechtigt sind, gegenseitige Interessiertheit und wechselseitiger Nutzen der Zusammenarbeit garantiert werden und die Zusammenarbeit selbst langfristigen und stabilen Charakter hat.

Grundformen der Organisation der wissenschaftlich-technischen Zusammenarbeit sind: der Austausch von Informationen über laufende Forschungen und deren Ergebnisse; die Koordinierung von wissenschaftlichen und technischen Forschungsarbeiten, an denen gegenseitiges Interesse besteht; die Forschungskooperation auf der Grundlage von Abkommen und Verträgen, einschließlich Programmen der Zusammenarbeit zwischen Instituten, Firmen, Behörden, Ministerien, Vereinigungen und anderen Einrichtungen; gemeinsame Durch-

[2] Vgl. dazu ausführlicher: V. V. Zagladin/I. T. Frolov, Global'nyje problemy sovremennosti Naučnyje i social'nyje aspekty, Moskva 1981.

führung wissenschaftlicher und technischer Arbeiten in von interessierten Ländern geschaffenen internationalen Forschungsinstituten, Entwicklungseinrichtungen, gemeinsamen Laboratorien sowie internationalen Wissenschafts-Produktions-Vereinigungen; Patent- und Lizenzvergabe unter gegenseitig vorteilhaften Bedingungen usw.[3] Die Widersprüche des Kapitalismus beeinträchtigen jedoch die Möglichkeiten der internationalen wissenschaftlichen Zusammenarbeit in erheblichem Maße, denn die internationale kapitalistische Arbeitsteilung tendiert zur Ausbeutung des Schwächeren durch den Stärkeren; überdies vertiefen Konkurrenzkampf und Expansion der kapitalistischen Monopole die Ungleichmäßigkeit in den Niveaus der ökonomischen Entwicklung und rufen Disproportionen in der Wirtschaft der einzelnen Länder hervor.

Demgegenüber ist die wissenschaftlich-technische Zusammenarbeit der sozialistischen Länder dem Wesen des Sozialismus gemäß auf die Annäherung und den Ausgleich der Niveaus der wissenschaftlich-technischen Potentiale der Länder der sozialistischen Gemeinschaft gerichtet. Diese Zusammenarbeit basiert auf dem Prinzip der Gleichberechtigung und der gegenseitigen Interessiertheit; sie vollzieht sich auf planmäßiger Grundlage und ist durch Langfristigkeit und Stabilität gekennzeichnet.

Es gehört zu den Aufgaben der Wissenschaftsforschung, die Prinzipien und Formen der Organisation der internationalen wissenschaftlich-technischen Zusammenarbeit zu untersuchen und dabei im Interesse der Erhöhung der Effektivität der internationalen wissenschaftlichen und technischen Beziehungen die Möglichkeiten und Grenzen der einzelnen Formen darzulegen. Wichtig ist ferner zu wissen, welche Bedingungen gegeben sein müssen, damit die führenden Wissenschaftlerkollektive eines Landes die Aufmerksamkeit von Wissenschaftlern eines anderen Landes auf sich ziehen und zu den bestimmenden Gliedern im internationalen Netz der Zusammenarbeit werden können, und auf welcher Grundlage die Auswahl von vorrangigen Aufgaben und Richtungen der internationalen Zusammenarbeit vorzunehmen ist. Schließlich steht die Wissenschaftsforschung vor dem Problem, die Methoden zur Bewertung der Effektivität der internationalen wissenschaftlich-technischen Zusammenarbeit zu vervollkommnen und Wege zu erkunden, diese Effektivität zu erhöhen. Da die Zusammenarbeit sowohl auf wissenschaftliche Ziele im eigentlichen Sinne als auch auf ökonomische, sozialpolitische und kulturelle Ziele ausgerichtet ist, muß die Bewertung ihrer Effektivität nach komplexen, qualitativen und quantitativen Kennziffern erfolgen. Unter dem Gesichtspunkt höchster Effektivität der Zusammenarbeit gilt es, sowohl die Organisationsformen als auch die Themen sowie die finanzökonomischen Bedingungen und Verpflichtungen der Zusammenarbeit zu bewerten. Besonderer

[3] Die Organisationsformen der Zusammenarbeit reduzieren sich natürlich nicht auf die hier genannten. Sie sind sehr vielfältig und hängen von den Bedingungen ab, unter denen die Zusammenarbeit erfolgt, sowie von Art und Charakter der Forschungsarbeiten. Auf einige von ihnen gehen wir in den folgenden Abschnitten gesondert ein.

Analyse bedürfen die Bedingungen und Faktoren für eine erfolgreiche schöpferische Arbeit internationaler wissenschaftlich-technischer Vereinigungen (die Überwindung sprachlicher und sozialpsychologischer Barrieren, der Aufbau einer Leitungsorganisation, die einer produktiven Wettbewerbsatmosphäre förderlich ist, die Minimierung möglicher Erscheinungen von destruktiver Rivalität usw.).

Probleme der weiteren Entwicklung der internationalen wissenschaftlichen Zusammenarbeit sind selbst Gegenstand internationaler Zusammenarbeit. So wurde z. B. auf einem von der UNESCO 1983 in Ungarn einberufenen Symposium konstatiert, daß die Entwicklung der internationalen wissenschaftlichen Beziehungen zur Interdisziplinarität tendiert und somit generelle Züge der gegenwärtigen Wissenschaftsentwicklung widerspiegelt. Indes sind die internationalen wissenschaftlichen Organisationen bislang in der Regel immer noch disziplinär ausgerichtet. Infolgedessen und auf Grund der sich verschärfenden Spannungen in den internationalen Beziehungen neigen die Wissenschaftler immer mehr dazu, untereinander informelle Kontakte außerhalb der bestehenden internationalen Organisationen aufzunehmen.[4] Diese Tendenz verweist einmal mehr auf die Aussichtslosigkeit der Politik gewisser imperialistischer Kreise, die durch Verbote und Embargomaßnahmen im Bereich des Austauschs von Informationen über wissenschaftliche und technische Forschungsergebnisse das natürliche Streben der Wissenschaftler nach internationalen wissenschaftlichen Beziehungen und nach Zusammenarbeit zu unterbinden trachten.

2. Die internationale wissenschaftlich-technische Zusammenarbeit der Mitgliedsländer des RGW

Die wissenschaftlich-technische Zusammenarbeit der Länder der sozialistischen Gemeinschaft ist eine spezifische Form der Internationalisierung der Errungenschaften von Wissenschaft und Technik. Sie vollzieht sich auf der Grundlage der im wesentlichen gleichartigen sozialökonomischen Struktur der sozialistischen Länder — des gesellschaftlichen Eigentums an den Produktionsmitteln, sozialistischer Produktionsverhältnisse, des sozialistischen Staatsaufbaus, der einheitlichen marxistisch-leninistischen Ideologie — und ist den gemeinsamen Zielen und Aufgaben dieser Länder untergeordnet. Ihre Entwicklung steht in engem Zusammenhang mit den Tendenzen der wissenschaftlich-technischen Revolution und den Bedürfnissen der gesellschaftlichen Praxis. In den Ländern, die den sozialistischen Entwicklungsweg beschritten haben, hat sie dazu beigetragen, eine leistungsstarke Volkswirtschaft aufzubauen, die Industrialisierung zu meistern und eine dem Sozialismus gemäße materiell-technische Basis zu schaffen; sie hat das Wachstum der nationalen Wissenschaftspotentiale befördert und ein prinzipiell neues System internationaler wissenschaftlicher Beziehungen entstehen lassen.

[4] Vgl. International Scientific Cooperation and its Effects on Society, ed. by G. Darvas, Budapest 1983, S. 33.

In der ersten Entwicklungsetappe der wissenschaftlich-technischen Beziehungen der sozialistischen Länder dominierte die bilaterale Zusammenarbeit. Die ersten Abkommen über wissenschaftlich-technische Zusammenarbeit wurden 1947 zwischen der UdSSR und Polen und zwischen der UdSSR und der Tschechoslowakei unterzeichnet. Später wurden solche Abkommen zwischen allen RGW-Ländern abgeschlossen. Ausgehend von den Aufgaben und Besonderheiten jener Periode der Entwicklung der Volkswirtschaft der sozialistischen Länder formulierte die 1949 nach Sofia einberufene 2. RGW-Tagung konkrete Prinzipien der wissenschaftlich-technischen Zusammenarbeit. Eines der wichtigsten dieser Prinzipien war der unentgeltliche Austausch wissenschaftlich-technischer Errungenschaften; er hat viel dazu beigetragen, das ökonomische Niveau der sozialistischen Länder einander anzugleichen. Bis Anfang 1962 hat die UdSSR den anderen europäischen sozialistischen Ländern annähernd 15 Tausend komplette technische Dokumentationen unentgeltlich übergeben.

Seit 1965 vollzieht sich die wissenschaftlich-technische Zusammenarbeit zunehmend auf der Basis der wirtschaftlichen Rechnungsführung, und seit 1969 praktizieren die RGW-Länder die gegenseitige Lizenzvergabe. 1956 wurden die Ständigen Kommissionen des RGW für bestimmte Zweige der Volkswirtschaft gebildet, in deren Rahmen sich sodann die multilaterale wissenschaftlich-technische Zusammenarbeit entwickelte. Über mehrere Etappen hinweg sind die multilaterale und die bilaterale Zusammenarbeit zu sich wechselseitig ergänzenden Teilen eines organisch verbundenen Systems geworden. Im Zuge der Reorganisation der bilateralen Beziehungen realisieren heute gemeinsame Regierungskommissionen für wirtschaftliche und wissenschaftlich-technische Zusammenarbeit die Empfehlungen des RGW zur Zusammenarbeit in bestimmten Bereichen.

In der wissenschaftlichen und wissenschaftlich-technischen Zusammenarbeit der sozialistischen Länder hat sich eine Vielfalt organisatorischer Formen und Methoden herausgebildet: Informationen werden ausgetauscht, Konferenzen, Symposien und Schulen durchgeführt, Wissenschaftler und Aspiranten ausgetauscht, Forschungs- und Entwicklungspläne koordiniert, Wirtschaftsvereinbarungen werden abgeschlossen, im Rahmen internationaler Programme gemeinsame Forschungs- und Entwicklungsarbeiten durchgeführt, zeitweilige internationale Forschungskollektive, internationale Laboratorien, Institute, Zentren und Wissenschafts-Produktions-Vereinigungen gegründet, die Hauptentwicklungsrichtungen von Wissenschaft und Technik werden gemeinsam analysiert und prognostiziert, Probleme der Schaffung einer einheitlichen wissenschaftlich-technischen Infrastruktur (Standardisierung, wissenschaftlich-technische Information, Aus- und Weiterbildung der Kader, Patent- und Lizenzbeziehungen u. a.) werden gemeinsam bearbeitet, einheitliche organisatorische, rechtliche und methodologische Grundlagen der Zusammenarbeit (Methodiken, Ordnungen der gemeinsamen Finanzierung usw.) sind in Ausarbeitung.

Hauptform der Zusammenarbeit im RGW war zunächst die Forschungskoordinierung. Zu gemeinsamen Forschungen kam es in erster Linie auf jenen

Gebieten, auf denen die Aufwendungen für experimentelle Technik so hoch waren und eine solche Konzentration hochqualifizierter Kader erforderlich war, daß einzelne Länder sie allein nicht erbringen konnten. So kam es zur Gründung des Vereinigten Instituts für Kernforschung in Dubna und der Vereinigung „Interkosmos". Das auf der 25. Tagung des RGW (1971) angenommene Komplexprogramm zur weiteren Vertiefung und Vervollkommnung der Zusammenarbeit und zur Entwicklung der sozialistischen ökonomischen Integration der Mitgliedsländer des RGW hat neue Richtungen und Formen der wissenschaftlich-technischen Zusammenarbeit gewiesen; mit ihm beginnt der Übergang von der Koordinierung zu einer höheren Stufe der Kooperation, zur *wissenschaftlich-technischen Integration* als einer qualitativ neuen Etappe der Beziehungen der sozialistischen Länder im Bereich von Wissenschaft und Technik. Die wissenschaftlich-technische Integration soll die durch den Sozialismus eröffneten Möglichkeiten noch vollständiger realisieren helfen; ihr Ziel ist die Vereinigung der ökonomischen und wissenschaftlich-technischen Potentiale der Mitgliedsländer des RGW, um die gemeinsamen volkswirtschaftlichen, wissenschaftlich-technischen und kulturellen Aufgaben effektiver lösen zu können und letztlich die materielle, kulturelle und geistige Entwicklung der Völker dieser Länder zu beschleunigen. Als eine höhere Form der Kooperation setzt die wissenschaftlich-technische Integration eine vertiefte Arbeitsteilung und wissenschaftlich-technische Spezialisierung voraus.

Unter den Bedingungen der gegenwärtigen wissenschaftlich-technischen Revolution ist die Ausarbeitung von *Prognosen im Bereich von Wissenschaft und Technik* auf nationaler wie auf internationaler Ebene zu einer objektiven Notwendigkeit geworden. Prognoseinformationen bilden die Grundlage für die Ausarbeitung der Strategie der wissenschaftlich-technischen Entwicklung. Die Zusammenarbeit auf dem Gebiet der wissenschaftlich-technischen Prognostizierung vollzieht sich in solchen Formen wie dem Erfahrungsaustausch für die Organisation und über Methoden der prognostischen Arbeit, dem Austausch nationaler Prognoseergebnisse, die bei der Aufstellung nationaler Pläne und bei deren Koordinierung im Rahmen der Gemeinschaft genutzt werden, sowie in gemeinsamer Prognostizierung. Grundlage der letzteren ist die 1974 verabschiedete Methodik der gemeinsamen Prognostizierung der Entwicklung von Wissenschaft und Technik. 1975 erarbeitete das RGW-Komitee für wissenschaftlich-technische Zusammenarbeit ein Verzeichnis gemeinsam interessierender zwischenzweiglicher Probleme; im selben Jahr wurde eine Arbeitsgruppe für die Zusammenarbeit auf dem Gebiet der wissenschaftlich-technischen Prognostizierung gebildet, zu deren Hauptaufgaben es gehört, Vorschläge für Themen der Prognostizierung, für Formen und Richtungen der Zusammenarbeit sowie für die Bildung zeitweiliger Kollektive zu bestimmten wissenschaftlich-technischen Problemen zu unterbreiten.

Für alle Arten der Zusammenarbeit ist die richtige Wahl der Thematik und deren zielstrebige Bearbeitung von entscheidender Bedeutung. Die ersten zusammenfassenden Pläne zur Koordninierung wissenschaftlicher und technischer Forschungsarbeiten berücksichtigten noch nicht hinreichend die zwischenzweiglichen

Probleme. Heute sind die Pläne der Zusammenarbeit nicht nach Zweigen, sondern nach Problemen orientiert. Dadurch gelingt es zugleich besser, die bilaterale und multilaterale Zusammenarbeit miteinander zu koppeln, so daß ungerechtfertigte Parallel- und Doppelarbeiten weitgehend vermieden werden können.[5] An der multilateralen wissenschaftlich-technischen Zusammenarbeit der Mitgliedsländer des RGW waren zu Beginn der 80er Jahre annähernd 3000 wissenschaftlich-technische Einrichtungen beteiligt. Allein im vergangenen Jahrzehnt wurden in gemeinsamer Arbeit über 1600 neue oder vervollkommnete Konstruktionen für Maschinen, Geräte und Ausrüstungen, 1200 technologische Prozesse, über 1300 Arten neuer Materialien und Präparate erarbeitet.[6] Diese Erfolge sind unbestreitbar. Indes gilt es, sowohl die bi- als auch die multilaterale Zusammenarbeit weiter zu vervollkommnen. Trotz des großen Umfangs gemeinsamer Forschungs- und Entwicklungsarbeiten und des Einsatzes bedeutender wissenschaftlicher Kräfte und materieller Ressourcen gelingt es bisher noch nicht in ausreichendem Maße, technische Lösungen zu erarbeiten, die der Konkurrenz auf dem Weltmarkt standhalten, und Muster für neue Technik, Technologien, Ausrüstungen und Geräte zu schaffen, die die Arbeitsproduktivität in Industrie und Landwirtschaft entscheidend zu erhöhen vermögen. Eine der Ursachen dafür ist die Zersplitterung von Kräften und Mitteln auf Minithemen mit geringer Perspektive. Ökonomische Effektivitätsberechnungen sollten daher in der Planung stärker als Mittel genutzt werden, um aus der Gesamtheit vorgeschlagener Projekte die wichtigsten und perspektivreichsten auszuwählen. Zu Beginn der 80er Jahre wurde des weiteren nur etwa die Hälfte aller gemeinsamen Entwicklungsarbeiten in die Produktion überführt. Maßnahmen zur Stimulierung der Interessiertheit internationaler Kollektive am Finalergebnis, d. h. an der Nutzung der gemeinsamen Entwicklungsarbeiten in der Produktion, könnten hier einen bedeutenden Effekt ergeben.

Effektive Formen der Vereinigung von Anstrengungen und Ressourcen der Mitgliedsländer des RGW sind die Angleichung der Strukturen der Wirtschaftsmechanismen, die weitere Entwicklung direkter Beziehungen zwischen den kooperierenden Ministerien, Kombinaten und Betrieben sowie die Schaffung gemeinsamer Firmen. In derselben Richtung wird auch der Mechanismus der wissenschaftlich-technischen Zusammenarbeit vervollkommnet und werden ihre ökonomischen, organisatorischen und rechtlichen Voraussetzungen so gestaltet, daß sie die Initiative nationaler Kollektive zur Aufnahme direkter internationaler Beziehungen stimulieren.

Die gegenwärtige Etappe der Zusammenarbeit der sozialistischen Länder ist u. a. dadurch gekennzeichnet, daß der Perspektivplanung und vor allem der

[5] Vgl. B. G. Djakin/L. I. Lukin/V. A. Prokudin, Sotrudničestvo stran-členov SEV v oblasti nauki i techniki, Moskva 1978, S. 39.

[6] Vgl. Dejatel'nost' SEV v 1981 godu, in: Ekonomičeskaja gazeta, 19/1982, S. 19; M. S. Il'in, Naučno-techničeskije potencialy stran SEV. Sostojanije i vzaimodejstvije, Moskva 1984, S. 42.

komplexen Zielprogramm-Planung bei der Lösung von Schlüsselproblemen der Zusammenarbeit in allen Bereichen der Volkswirtschaft eine immer größere Bedeutung zukommt. Viele wissenschaftlich-technische Arbeiten werden gemäß den beschlossenen langfristigen Zielprogrammen der Zusammenarbeit durchgeführt. Für die Realisierung dieser langfristigen Programme und die Entwicklung der sozialistischen ökonomischen Integration insgesamt sind bilaterale langfristige Programme der Produktionsspezialisierung und -kooperation von großer Bedeutung. Ausgehend von den Vorschlägen der einzelnen Mitgliedsländer wurden Dokumente zu Grundrichtungen und wichtigen, gemeinsam interessierenden Problemen in Wissenschaft und Technik für die kommenden Jahre erarbeitet.

Eine weitere wichtige Form der wissenschaftlichen Zusammenarbeit der sozialistischen Länder ist die bi- und multilaterale Zusammenarbeit der Akademien der Wissenschaften und der Einrichtungen des Hochschulwesens. Sie gewährleistet die gemeinsame Arbeit an der gesamten Front der Natur-, Technik- und Gesellschaftswissenschaften und schafft die Voraussetzungen dafür, in den Ländern der sozialistischen Gemeinschaft ein hohes Niveau der Grundlagenforschung zu sichern.[7] Die organisatorischen Formen dieser Zusammenarbeit sind so beschaffen, daß sie eine breite Koordinierung und Kooperation sowie die Konzentration der Kräfte vor allem auf die wichtigsten Probleme der Wissenschaftsentwicklung ermöglichen (Problemkommissionen u. a.).

Im Verlaufe der Entwicklung der wissenschaftlich-technischen Zusammenarbeit der Mitgliedländer des RGW haben sich unterschiedliche organisatorische Formen herausgebildet, die jeweils von den Zielen und vom Inhalt der Arbeiten sowie von den allgemein akzeptierten Prinzipien der Zusammenarbeit bestimmt werden. Die wichtigsten dieser Organisationsformen sind folgende:

a) *Koordinierungszentren*: Sie koordinieren die Arbeit an wissenschaftlichen und technischen Problemen von volkswirtschaftlicher, zwischenzweiglicher und zweiglicher Bedeutung, die hoher materieller Aufwendungen und erheblicher Konzentration wissenschaftlicher Kräfte bedürfen. 1978 wurden auf diese Weise die Arbeiten von über 500 Akademie- und Hochschuleinrichtungen, 800 Forschungs- und Entwicklungseinrichtungen der Zweige, 130 Wissenschafts-Produktions-Vereinigungen, Kombinaten und Betrieben koordiniert und über 2400 Forschungs- und Entwicklungsarbeiten ausgeführt.[8] Charakteristisch für diese Form der Zusammenarbeit sind Leiteinrichtungen, die über hohe Autorität und Erfahrung auf dem betreffenden Gebiet verfügen und die Forschungsarbeiten innerhalb ihrer Länder koordinieren. Sie haben u. a. die Funktion, die Entwicklungspläne für die einzelnen Richtungen von Wissenschaft und Technik auszuarbeiten und abzustimmen, Arbeiten zur Standardisierung zu organisieren und durchzuführen, Forschungs- und Entwicklungsarbeiten zur Schaffung neuer Erzeugnisarten zu

[7] Vgl. Mnogostoronneje sotrudničestvo akademii nauk socialističeskich stran, Moskva 1978; Socialističeskaja integracija i nauka, Moskva 1977.

[8] Vgl. SSSR i socialističeskaja ekonomičeskaja integracija, Moskva 1981, S. 302.

koordinieren und selbst solche auszuführen, die Patent- und Lizenztätigkeit zu organisieren und zu vervollkommnen, Versuchsmuster neuer Erzeugnisse zu erproben u. a.

b) Zeitweilige und ständige *internationale Wissenschaftlerkollektive*: Sie sind eine effektive Form, um wichtige wissenschaftliche Probleme zu lösen. Aus ihnen kann sich eine langfristige Zusammenarbeit ergeben, indem es zur Gründung von Instituten und Laboratorien kommt, die sich als Zentren der Grundlagenforschung und der Kaderausbildung auf dem betreffenden Gebiet bewähren. Bei guter Organisation bietet das die Möglichkeit, Probleme schneller, tiefer und ökonomischer zu erforschen, als das jedem Land für sich genommen möglich wäre. Im Rahmen des RGW bestehen gegenwärtig das Vereinigte Institut für Kernforschung in Dubna (seit 1956), das RGW-Institut für Standardisierung (seit 1962), das Internationale Zentrum für wissenschaftliche und technische Information (seit 1969), das Internationale Institut für ökonomische Probleme des sozialistischen Weltsystems (seit 1970) und das Internationale Institut für Probleme der Leitung (seit 1976). Zu den Aufgaben des letzteren gehört insbesondere, die Erfahrungen der Arbeit internationaler wissenschaftlich-technischer Kollektive zu analysieren, Wege zur Vervollkommnung ihrer Organisation zu erkunden und Modelle für den Transfer wissenschaftlich-technischen Know-how's zu erarbeiten.

c) *Internationale Wissenschafts-Produktions-Vereinigungen*: Hier handelt es sich um eine perspektivreiche Form der Zusammenarbeit, wenn man bedenkt, daß durch sie der Prozeß der Verbindung der Wissenschaft mit der Produktion selbst internationalisiert wird. Sie führen komplexe Forschungs- und Projektierungsarbeiten aus und erproben neue Erzeugnisse und neue Technologien ausgehend von den Bedürfnissen der beteiligten Länder. In diesen Vereinigungen geht es vorwiegend um Probleme der Anwendung neuester wissenschaftlich-technischer Errungenschaften, die den konzentrierten Einsatz finanzieller Mittel, ein qualifiziertes Kaderpotential und eine moderne materiell-technische Basis erfordern. So betreibt die Vereinigung „Interatominstrument" Forschungs-, Konstruktions- und Produktionsarbeiten zur Schaffung radiometrischer und kernphysikalischer Apparaturen sowie im Bereich der Kernforschung; die Tätigkeit von „Interetalonpribor" ist auf die Schaffung spezieller Apparaturen, Geräte und anderer Ausrüstung gerichtet. In den Vereinigungen „Interchimvolokno" und „Interelektro" werden entsprechende Erzeugnisse auf höchstem technischen Niveau hergestellt.

Neben den genannten Organisationsformen der Zusammenarbeit bestehen noch weitere, wie gemeinsame Laboratorien, internationale wissenschaftlich-technische Organisationen, internationale Organisationen für ökonomische und wissenschaftlich-technische Zusammenarbeit, internationale Zentren für Aus- und Weiterbildung wissenschaftlicher Kader u. a.[9] Die positiven Erfahrungen,

[9] Vgl. SSSR i socialističeskaja ekonomičeskaja integracija, Moskva 1981, S. 301; Ekonomičeskoje sotrudničestvo stran-členov SEV, 2/1982, S. 23; M. S. Il'in, Naučno-techničeskije potentialy stran SEV. Sostojanije i vzaimodejstvije, a. a. O., S. 35.

die mit diesen vielfältigen Formen internationaler Zusammenarbeit gemacht wurden, legen es nahe, die Frage aufzuwerfen, ob ihre Arbeit durch die Bildung spezieller Fonds aus finanziellen Mitteln der beteiligten Länder nicht noch mehr effektiviert werden könnte.[10]

Die Integration schließt einen großen Kreis von Aufgaben zur *Aus- und Weiterbildung der wissenschaftlichen Kader* ein. Bewährte Formen der Zusammenarbeit sind hier insbesondere der Wissenschaftleraustausch, die Aspirantur, Arbeits- und Studienaufenthalte, Austausch von Dozenten und anderen Lehrkräften, Seminare, Sommerschulen u. a. Die Akademien der Wissenschaften der Mitgliedsländer des RGW verfügen über drei internationale Weiterbildungszentren: in der DDR auf dem Gebiet der Elektronenmikroskopie, in der Polnischen Volksrepublik auf dem Gebiet der Mathematik und in der UdSSR auf dem Gebiet des Wärme- und Stoffaustausches.[11] Wichtige Dokumente für die Zusammenarbeit bei der Aus- und Weiterbildung wissenschaftlicher Kader sind die Konvention über gegenseitige Anerkennung von Abschlußzeugnissen, Hochschuldiplomen und akademischer Grade und Titel. 1972 wurde im RGW eine Ständige Arbeitsgruppe geschaffen, deren Aufgabe es ist, ausgehend von den Erfahrungen der einzelnen Mitgliedsländer, die multilaterale Zusammenarbeit auf dem Gebiet der Aus- und Weiterbildung wissenschaftlicher Kader zu organisieren und weiter zu vervollkommnen.

Nicht weniger erfolgreich entwickelte sich die Zusammenarbeit auf dem Gebiet der *wissenschaftlich-technischen Information.* 1969 wurde das Internationale Zentrum für wissenschaftliche und technische Information gegründet, zu dessen Hauptaufgaben es gehört, Methoden und technische Mittel zur Weiterentwicklung des Internationalen Systems der wissenschaftlich-technischen Information zu erarbeiten. Dieses System gründet sich auf die Kooperation der entsprechenden nationalen Systeme.

Eines der Prinzipien der Zusammenarbeit der Mitgliedsländer des RGW ist die allmähliche Angleichung ihrer ökonomischen Entwicklungsniveaus, was durch den sozialistischen Charakter ihrer Produktionsverhältnisse bedingt ist. Das Programm der wissenschaftlich-technischen und ökonomischen Hilfe für die Republik Kuba, die Mongolische Volksrepublik, die Sozialistische Republik Vietnam und einige andere Entwicklungsländer, die den sozialistischen Entwicklungsweg

[10] Vgl. M. S. Il'in, Naučno-techničeskije potencialy stran SEV. Sostojanije, i vzaimodejstvije, a. a. O., S. 79—80.

[11] Das Internationale Weiterbildungszentrum für Probleme des Wärme- und Stoffaustausches, das Anfang der 70er Jahre auf der Basis des A.-V.-Lykov-Instituts für Wärme und Stoffaustausch der Akademie der Wissenschaften der BSSR in Minsk gegründet wurde, empfing z. B. allein im Jahre 1982 über 100 Wissenschaftler aus sozialistischen Ländern. Aus der internationalen Zusammenarbeit sind viele originelle und effektive neue Erzeugnisse und technologische Prozesse sowie Patente auf gemeinsame Erfindungen hervorgegangen (vgl. Pravda vom 16. Mai 1983).

beschritten haben, gehört zu den wichtigen langfristigen Entwicklungsprogrammen der Gemeinschaft als Ganzes. Ausgehend von fortgeschrittenen Erfahrungen der Mitgliedsländer des RGW wurden z. B. in der Mongolischen Volksrepublik die Produktion von ca. 120 Arten neuer Erzeugnisse aufgenommen und über 20 neueste technologische Prozesse überführt. Die Zusammenarbeit der Mongolischen Volksrepublik im Rahmen des RGW erstreckt sich vor allem auf solche Probleme wie die Erarbeitung theoretischer Grundlagen der Selektion und Samenzucht, neuer Methoden der Schaffung ertragreicher und qualitätsgerechter Sorten und Hybriden landwirtschaftlicher Kulturen u. a. Die RGW-Länder unterstützten die Mongolische Volksrepublik bei der Gründung von 12 wissenschaftlichen Einrichtungen, darunter eines Laboratoriums für Genetik, eines Zentrums für wissenschaftliche und technische Information, von Laboratorien für Wärmetechnik, Radioelektronik u. a. Gemäß bilateralen Vereinbarungen studieren in Mitgliedsländern des RGW jährlich ca. 400 Studenten und 70 Aspiranten aus der Mongolischen Volksrepublik.

Auch für das Wachstum und die Entwicklung des wissenschaftlich-technischen Potentials der Republik Kuba ist die Zusammenarbeit mit den Mitgliedsländern des RGW von großer Bedeutung. Regelmäßig durchgeführte Konsultationen von Spezialisten und wissenschaftlich-technische Hilfe seitens der Mitgliedsländer des RGW haben Kuba geholfen, viele Probleme der Entwicklung einzelner Zweige der Industrieproduktion zu lösen, so z. B. die Ausschöpfung der Kapazitäten der Nickel-Kobalt-Kombinate sowie die Modernisierung und Rekonstruktion vieler Zuckerfabriken. Der größte Teil der Ausrüstungen der Institute der Kubanischen Akademie der Wissenschaften wurde von den Akademien der Wissenschaften der europäischen Mitgliedsländer des RGW zur Verfügung gestellt.

Ausgehend von den Beschlüssen des 1. Parteitages der Kommunistischen Partei Kubas wurde ein Plan zur beschleunigten Entwicklung von Wissenschaft und Technik bis 1990 erarbeitet, der mit Unterstützung der Mitgliedsländer des RGW verwirklicht wird. Er enthält 17 Unterprogramme für verschiedene Bereiche der Volkswirtschaft. Die in ihm vorgesehenen Forschungsarbeiten ergeben sich aus dem Programm zur ökonomischen Entwicklung Kubas sowie aus der vorrangigen Entwicklung jener Bereiche von Wissenschaft und Technik, die eine maximale Nutzung der natürlichen Ressourcen des Landes gewährleisten, denn diese bilden die Grundlage sowohl für die perspektivische Entwicklung des Landes im nationalen Maßstab als auch für die weitere Vertiefung der Integration seiner Wirtschaft mit der der übrigen Mitgliedsländer des RGW.[12]

Auf dem Juni-Plenum des ZK der KPdSU (1983) wurde hervorgehoben, daß es nunmehr darum geht, ein qualitativ neues Niveau der Zusammenarbeit der Bruderländer zu erreichen, auf dem die Integration immer tiefer, umfassender und effektiver wird und die nationalen Wirtschaften der Teilnehmerländer sich weiter

[12] Vgl. Sovet Ekonomičeskoj Vzaimopomošči. Naučno-techničeskoje sotrudničestvo, Moskva 1979.

festigen. „Wir sind überzeugt, daß je höher die gesellschaftlichen Entwicklungsniveaus der Länder des Sozialismus sind und je mehr sie sich einander annähern, desto größer auch ihr gegenseitiges Verständnis und desto organischer, reichhaltiger und tiefer ihre Zusammenarbeit sein wird."[13]

Die weitere Vervollkommnung der wissenschaftlich-technischen Kooperation der Länder der sozialistischen Gemeinschaft erfordert insbesondere einen höheren Grad der Abstimmung der Strategie der Entwicklung von Wissenschaft und Technik, die Ausschöpfung noch nicht genutzter Möglichkeiten zur Vereinigung und gegenseitigen Ergänzung der wissenschaftlich-technischen Potentiale, die Entwicklung direkter Beziehungen zwischen den jeweiligen Ministerien, Behörden und Arbeitskollektiven, um die Aufgaben der Zusammenarbeit über den gesamten Zyklus „Wissenschaft — Technik — Produktion — Absatz" hinweg wahrnehmen zu können sowie eine verbesserte Organisation der gemeinsamen Überführung von Entdeckungen und Erfindungen, die in der gemeinsamen Arbeit oder im nationalen Maßstab gelungen sind. Bestehende Erfahrungen mit direkten Kontakten, z. B. nach dem Schema „sowjetisches Forschungsinstitut oder Konstruktionsbüro/Kombinate der DDR" zeigen, daß die Einführung neuer Technik auf diese Weise erheblich beschleunigt werden kann.[14]

Es versteht sich, daß die weitere Entfaltung der wissenschaftlich-technischen Zusammenarbeit der RGW-Länder durch entsprechende organisatorische und ökonomische Maßnahmen fundiert werden muß. Insbesondere erweist es sich als zweckmäßig, die Tätigkeit des RGW-Komitees für wissenschaftlich-technische Zusammenarbeit, der Beratung der Vertreter der Akademien der Wissenschaften der sozialistischen Länder und des RGW-Komitees für Zusammenarbeit im Bereich der Planung stärker zu koordinieren.[15] Auch die Frage nach der Vervollkommnung der Wirtschaftsmechanismen des wissenschaftlich-technischen Fortschritts steht auf der Tagesordnung. In diesem Zusammenhang verdienen alle Vorschläge Aufmerksameit, die darauf hinauslaufen, in der Forschungsplanung ökonomischen Effektivitätsberechnungen als Instrument der Bewertung und der Auswahl von Problemen für die gemeinsame Bearbeitung eine größere Bedeutung beizumessen, das Kreditsystem für gemeinsame Entwicklungsarbeiten und für die Überführung ihrer Ergebnisse zu verbessern, in den Arbeitsprogrammen, Verträgen und Abkommen die Aufwendungen für die Vorbereitung der Projekte und die Preise für wissenschaftlich-technische Ergebnisse genauer und vollständiger auszuweisen, die zentralen Fonds umfassender für die Stimulierung gemeinsamer Grundlagen- und angewandter Forschung sowie technologischer Entwicklungsarbeiten auszu-

[13] Vgl. Materialy Plenuma Central'nogo Komiteta KPSS 14.—15. 6. 1983, Moskva 1983, S. 22.

[14] Vgl. O. Bogomolov, SEV — ekonomičeskaja strategija 80-ch godov, in: Kommunist, 7/1983, S. 82.

[15] Vgl. O. Čukanov, Integracija kak faktor intensifikacii ekonomiki stran SEV, in: Kommunist, 17/1982, S. 113.

schöpfen und einheitliche Fonds zur Finanzierung wissenschaftlich-technischer Komplexprogramme zu bilden.[16] Auch die Möglichkeit einer breiteren Nutzung vertraglicher Formen der Zusammenarbeit auf der Basis finanzieller Kostenverrechnung wird diskutiert.

Alle Erfahrungen der Zusammenarbeit der Mitgliedsländer des RGW verweisen auf die Aufgabe, die ökonomische Politik im Ganzen abzustimmen, denn in deren Rahmen geht es in erster Linie um die Notwendigkeit, die Wechselwirkung in den grundlegenden, perspektivischen Richtungen des wissenschaftlich-technischen Fortschritts zu vertiefen und zu erweitern. Organischer Bestandteil dieser Politik ist die abgestimmte und langfristige wissenschaftlich-technische Strategie. Desweiteren kommt es darauf an, für bestimmte wissenschaftlich-technische Bereiche eine einheitliche technische Politik auszuarbeiten sowie der Unifizierung und Standardisierung der Konstruktion von Maschinen und Mechanismen gebührende Aufmerksamkeit zu schenken.

Neue Perspektiven der Zusammenarbeit ergeben sich aus den Beschlüssen der RGW-Tagung auf höchster Ebene, die 1984 stattfand. Auf ihr wurde insbesondere vereinbart, „auf der Grundlage der nationalen Programme gemeinsam ein Komplexprogramm des wissenschaftlich-technischen Fortschritts für 15 bis 20 Jahre als Grundlage für die Erarbeitung einer abgestimmten und auf einigen Gebieten auch einheitlichen wissenschaftlich-technischen Politik auszuarbeiten mit dem Ziel der schnellstmöglichen Lösung der wichtigsten Fragen auf dem Gebiet von Wissenschaft und Technik durch gemeinsame Anstrengungen und der Überleitung der erreichten Ergebnisse in den interessierten Ländern zu gegenseitig vorteilhaften Bedingungen."[17] Als vorrangige Richtungen für die nächsten 15 bis 20 Jahre wurden insbesondere hervorgehoben: die Standardisierung und Unifizierung auf der Grundlage neuester wissenschaftlich-technischer Errungenschaften; die Versorgung der entscheidenden Produktionszweige mit Maschinen und Ausrüstungen hoher Qualität und mit technischem Weltniveau (wozu die besondere Entwicklung der Elektronik sowie der Roboter- und Mikroprozessortechnik vorgesehen ist); die Lösung des Rohstoff-, Brennstoff- und Energieproblems durch Senkung der Energie- und Materialintentisät der Produktion auf der Grundlage progressiver technologischer Prozesse, der Veränderung der Struktur der Produktion und des Verbrauchs von Rohstoffen und Energieträgern (insbesondere durch vorrangige Entwicklung der Kernenergetik); die Vervollkommnung der Struktur der metallurgischen Produktion und die Erhöhung der Produktion von Qualitätsstahl und anderen hochwertigen Werkstoffen; die allseitige Entwicklung der Zweige des Agrar-Industrie-Komplexes und die Steigerung der Produktion von Nahrungs-

[16] Vgl. M. S. Il'in, Naučno-techničeskije potencialy stran SEV. Sostojanije i vzaimodejstvije, a. a. O., S. 79—80.

[17] Erklärung über die Hauptrichtungen der weiteren Entwicklung und Vertiefung der ökonomischen und wissenschaftlich-technischen Zusammenarbeit der Mitgliedsländer des RGW, in: Neues Deutschland vom 16./17. Juni 1984, S. 5.

gütern auf der Grundlage der Einführung progressiver Technologien.[18] In Erfüllung dieser Beschlüsse wurde auf der 41. (Außerordentlichen) Tagung des RGW im Dezember 1985 das „Komplexprogramm des wissenschaftlich-technischen Fortschritts der Mitgliedsländer des RGW bis zum Jahre 2000“ angenommen.[19]

Die konsequente Koordinierung und Abstimmung der wissenschaftlich-technischen Politik, die gemeinsame Planung und die Herstellung stabiler wissenschaftlich-technischer Beziehungen auf allen Ebenen sowie die wechselseitige Kopplung der wissenschaftlich-technischen Potentiale der einzelnen Länder entsprechen den Interessen aller Mitgliedsländer des RGW und tragen zur Beschleunigung ihrer Entwicklung sowie zur weiteren Erhöhung und zur Angleichung des wissenschaftlich-technischen und ökonomischen Niveaus aller Länder der sozialistischen Gemeinschaft bei.

3. Die wissenschaftlich-technische Zusammenarbeit mit Entwicklungsländern

Wissenschaft und Technik entwickeln sich in den Entwicklungsländern unter komplizierten Bedingungen. Diese sind geprägt von ökonomischer Rückständigkeit, deren Ursache koloniale Ausbeutung und eine neokolonialistische Politik der imperialistischen Mächte ist. Der heutige Entwicklungsstand von Wissenschaft und Technik bietet die Möglichkeit, viele akute Probleme dieser Länder zu lösen und damit ihren sozialökonomischen Fortschritt zu beschleunigen. Dieser Prozeß wird jedoch durch die neokolonialistische Politik der kapitalistischen Staaten gehemmt, deren Bestreben es ist, die wissenschaftlich-technischen Beziehungen zu den Entwicklungsländern dem Interesse der internationalen Monopole nach Profitmaximierung unterzuordnen. Infolge dessen wird die Kluft zwischen diesen Ländern und den ökonomisch entwickelten Staaten nicht geringer, sondern vergrößert sich sogar noch.

Von qualitativ anderer Art sind die wissenschaftlich-technischen Beziehungen der Entwicklungsländer zu den sozialistischen Staaten. Die sozialistischen Länder haben das Monopol des Imperialismus auf diesem Gebiet gebrochen; ihre wissenschaftlich-technische Zusammenarbeit mit den Entwicklungsländern trägt zur Beschleunigung des wissenschaftlich-technischen und des sozialökonomischen Fortschritts in ihnen bei. Für die Entwicklungsländer spielt die wissenschaftlich-technische Zusammenarbeit eine um so größere Rolle, je mehr sich in ihnen die Einsicht Bahn bricht, daß es gilt, ihre unabhängige ökonomische Entwicklung zu sichern, und je größer ihre Möglichkeiten des Zugangs zu den Errungenschaften der modernen Wissenschaft und Technik werden. Die Sowjetunion hat seit Anbeginn ihrer Existenz, ungeachtet der eigenen nicht geringen Schwierig-

[18] Vgl. ebenda.

[19] Vgl. Komplexprogramm des wissenschaftlich-technischen Fortschritts der Mitgliedsländer des RGW bis zum Jahre 2000, in: Neues Deutschland vom 19. Dezember 1985, S. 6—7.

keiten, die sie seinerzeit zu bewältigen hatte, den Entwicklungsländern moralisch-politische, wirtschaftliche, wissenschaftlich-technische, medizinische Hilfe und Unterstützung auf dem Gebiet des Bildungswesens und bei der Ausbildung von Kadern gewährt. Erinnert sei nur an die Hilfe, die die UdSSR in den 20er Jahren der Mongolei, Afghanistan und China gewährt hat, oder an die wissenschaftlich-technische Hilfe für die Türkei. Man kann also ohne Übertreibung sagen, daß die Bewegung für Entwicklungsländerhilfe ihren Anfang in der Sowjetunion genommen hat.

Im Rahmen der UNO entfaltete sich seit Beginn der 60er Jahre eine internationale Bewegung, deren Ziel es ist, die wissenschaftlich-technische Hilfe für die Entwicklungsländer und die Zusammenarbeit mit ihnen zu verstärken. 1963 war eine Weltkonferenz zu Fragen der Wissenschaft und ihrer Anwendung in schwachentwickelten Ländern einberufen worden. In den 70er Jahren wurde im Rahmen des sogenannten zweiten Dezenniums der UNO ein Programm der internationalen wissenschaftlich-technischen Hilfe für die Entwicklungsländer und der wissenschaftlich-technischen Zusammenarbeit mit ihnen aufgestellt, in dem verschiedene multi- und bilaterale Maßnahmen einzelner Staaten und internationaler Organisationen vorgesehen waren. In Entwicklungsländern mit kapitalistischer Orientierung führte all das jedoch zu keinen spürbaren positiven Resultaten. Umgekehrt sind die Erfolge auf den Gebieten der Wirtschaft, der Wissenschaft und Technik, des Bildungs- und des Gesundheitswesens in Ländern mit sozialistischer Orientierung allgemein bekannt.

Formen der wissenschaftlich-technischen Zusammenarbeit, die auf einen einseitig gerichteten Fluß von Informationen und technischen Mitteln aus den ökonomisch entwickelten Ländern in die Entwicklungsländer hinauslaufen und deren spezifische Bedingungen nicht berücksichtigen, tragen nicht dazu bei, daß sich Wissenschaft und Technik in diesen Ländern in ihrer fortschrittsfördernden Funktion entfalten können. Das Versagen westlicher Konzeptionen einer solchen einseitig gerichteten wissenschaftlich-technischen Zusammenarbeit hat gegensätzliche Konzeptionen hervorgebracht, die aber auf eine ebenso einseitige Unterordnung der Errungenschaften der wissenschaftlich-technischen Revolution unter „lokale", „autonome", unmittelbare Bedürfnisse und Interessen der Entwicklungsländer hinauslaufen.[20] Damit werden die Möglichkeiten dieser Länder von vornherein eingeengt und die in ihnen bestehenden archaischen sozialökonomischen Strukturen konserviert. Die Notwendigkeit, die Rolle von Wissenschaft und Technik für den gesellschaftlichen Fortschritt der Entwicklungsländer zu erhöhen, hat überdies zu Vorstellungen geführt, denen zufolge der Widerspruch zwischen „importierter" Wissenschaft und Technik und gesellschaftlichen Entwicklungsbedürfnissen nur durch die Gemeinschaft der Wissenschaftler und Ingenieure

[20] Vgl. z. B. Societal Utilization of Scientific and Technological Research, UNESCO, Minespol II, 1978.

zu lösen sei, die sowohl zu den äußeren als auch zu den inneren Ressourcen und Entwicklungsquellen Zugang hat.

Daß die ökonomisch entwickelten kapitalistischen Staaten beträchtliche Mittel an die Entwicklungsländer geben, erklärt sich vor allem aus der Handelsexpansion der Monopolgruppen. Die sogenannte Hilfe der kapitalistischen Länder bedeutet eine Schuldenschlinge, die sich um den Hals der um Kredit nachsuchenden Entwicklungsländer legt. Die staatliche Verschuldung der Länder Afrikas beträgt gegenwärtig ca. 150 Milliarden Dollar, die der lateinamerikanischen ca. 400 Milliarden.

Der gegenwärtige Kapitalismus ist mit allen Kräften bemüht, seinen historisch bedingten ökonomischen Vorsprung im Niveau der Produktivkräfte zu erhalten. Er stützt sich dabei auf das staatsmonopolistische System und auf ein weitverzweigtes Netz transnationaler Körperschaften; er setzt auf neokolonialistische Expansion und Ausbeutung der Völker der Entwicklungsländer. Die ausländischen Monopole sind — gestützt auf das nationale Kapital und auf ein System von Krediten — bestrebt, neue Formen der Abhängigkeit auf technologischer Grundlage zu schaffen und ihre wissenschaftliche und technische Überlegenheit zu einer Quelle zusätzlicher Ausbeutung der Entwicklungsländer und zu einem Mittel der Eroberung neuer Märkte zu machen. Über die wissenschaftlich-technische Hilfe suchen die kapitalistischen Länder die ökonomische Struktur der Entwicklungsländer (vor allem der Industrie und Landwirtschaft) so zu beeinflussen, daß deren Abhängigkeit von den ausländischen Monopolen sich verstärkt.

Ausländische Gesellschaften nutzen Lizenzabkommen, um in Betriebe der Entwicklungsländer einzudringen und ihre Positionen auf den Außenmärkten zu festigen. Zu diesem Zweck werden in die Abkommen Bedingungen aufgenommen, wie z. B., daß eine Technologie nur dann verkauft wird, wenn akzeptiert wird, daß Ausgangsstoffe, Ausrüstungen und Ersatzteile von einer Firma geliefert werden, die der Verkäufer der Technologie benennt, oder daß Einfuhrbeschränkungen für Waren auferlegt werden, die eine Konkurrenz für die Erzeugnisse des Verkäufers der Technologie darstellen können usw. Demselben Zweck dient die Patentpolitik der industriell entwickelten kapitalistischen Länder. Patente bedeuten nicht nur einen Schutz des industriellen Exports; sie sind außerdem unmittelbar mit dem Kapitalexport und mit Operationen des wissenschaftlich-technischen Austausches verbunden. Mit dem Transfer von (in der Regel veralteter und ökologisch schädlicher) Technologie sichern sich die ausländischen Monopole die Kontrolle über die Produktion einer bestimmten Ware, umgehen die Importbeschränkungen des betreffenden Landes und bemächtigen sich schließlich des Marktes.[21]

Deutlich ist auch das Bestreben, den Prozeß der Herausbildung wissenschaft-

[21] 1981 entfielen auf die Entwicklungsländer 37 % des Exports der USA, 18,8 % der Länder des „Gemeinsamen Marktes" und 45 % des Exports Japans. Vgl. dazu: K. Brutenc, Osvobodivšijesja strany v načale 80-ch godov, in: Kommunist, 4/1984.

lich-technischer Potentiale in den Entwicklungsländern den Interessen der ausländischen Monopole unterzuordnen. Das tatsächliche Ergebnis der breit proklamierten „Hilfe“ bei der Schaffung von Forschungs- und Entwicklungseinrichtungen und bei der Ausbildung von Kadern ist der Export von Spezialisten aus den Ländern Asiens, Afrikas und Lateinamerikas in die industriell entwickelten Länder und vor allem in die USA. So betrug beispielsweise zu Beginn der 70er Jahre der Anteil der Doktoren der Wissenschaft (B-Promovierten) an den aus den Entwicklungsländern emigrierten Wissenschaftlern 63 %.[22]

Die Gemeinschaft der sozialistischen Länder erweist sich im ökonomischen Wettbewerb mit dem Kapitalismus zunehmend als eine Kraft, die in der Lage ist, das Monopol des Imperialismus auf allen Gebieten der modernen Wissenschaft und Technik zu schwächen und schließlich zu liquidieren und so den Entwicklungsländern zu helfen, sich Schritt für Schritt vom Joch der neokolonialistischen Ausbeutung zu befreien. Die sozialistischen Länder wenden sich gegen jedwede Bestrebung, die Errungenschaften von Wissenschaft und Technik, die ihrem Wesen nach Gemeingut der ganzen Menschheit sind, zu monopolisieren, sowie gegen den Mißbrauch ökonomischer Beziehungen und wissenschaftlich-technischer Zusammenarbeit im Interesse ökonomischen Drucks und politischer Erpressung. Sie bauen ihre Beziehungen zu den Entwicklungsländern auf dem Prinzip des gegenseitigen Vorteils auf und nutzen die Vorzüge der internationalen Arbeitsteilung. Aus dieser Sicht ist das wichtigste Mittel zur Erlangung der ökonomischen Unabhängigkeit die Industrialisierung und die reale Transformation der Produktionsbasis der Entwicklungsländer unter ihren jeweils spezifischen gesellschaftlichen Bedingungen.

Mit diesem Ziel erweisen die sozialistischen Länder den Entwicklungsländern technische Hilfe bei der Projektierung, der Montage und Inbetriebnahme von Objekten bis zur Aufnahme der Serienproduktion der Erzeugnisse: Wissenschaftler aus Entwicklungsländern werden an den Forschungs- und Entwicklungsarbeiten beteiligt; technische Dokumentationen, Muster und andere Ergebnisse von Forschungs- und Entwicklungsarbeiten werden entweder unentgeltlich oder auf der Basis eines gerechten finanziellen Ausgleichs übergeben; es erfolgt ein Austausch von Produktions- und Berufserfahrung; Hilfe bei der Durchführung geologischer Arbeiten und bei der Nutzung und Verarbeitung von Naturreichtümern wird geleistet. Die Mitgliedsländer des RGW vergeben an die Entwicklungsländer beträchtliche langfristige Kredite unter vorteilhaften Bedingungen.[23] In den 70er Jahren unterstützten sie in den Entwicklungsländern den Bau von ca. 4000 Objekten im Bereich der Industrie, Landwirtschaft, Wissenschaft und Kultur.[24] 1981 erstreckte sich die so erwiesene Hilfe der Mitglieds-

[22] Vgl. R. I. Zimenkov, Novyje formy ekonomičeskoj ekspansii imperializma v „tretjem mire“, Moskva 1976, S. 25.

[23] Vgl. Ekonomičeskoje sotrudničestvo stran-členov SEV, 5/1979, S. 94.

[24] Vgl. ebenda.

länder des RGW auf 92 Entwicklungsländer, und allein in diesem Jahr wurden in diesen Staaten 137 industrielle und landwirtschaftliche Objekte errichtet.[25] In Algerien, Indien, Iran, der Türkei und Nigeria konnte der Bau großer metallurgischer Komplexe vollendet werden, in Argentinien, Brasilien, Afghanistan, Guinea und anderen Ländern wurden energetische Objekte fertiggestellt.

Die Besonderheit der gegenwärtigen Etappe besteht darin, daß die Entwicklungsländer vorerst noch im wesentlichen als Konsumenten technischer Neuerungen auftreten, die in den industriell entwickelten Staaten hervorgebracht wurden. In der wissenschaftlich-technischen Zusammenarbeit zwischen sozialistischen und Entwicklungsländern überwiegt deshalb in den Anfangsstadien noch die Übergabe wissenschaftlich-technischer Dokumente und Materialien, die Unterstützung bei der Projektierung und beim Bau von Industriebetrieben und -komplexen, Wohnmassiven, Straßen usw. Zugleich sind die Fähigkeiten jedes Landes zur rationellen Nutzung ausländischer Technik und wissenschaftlicher Errungenschaften direkt proportional zu seinen Potenzen in der Forschung und zum Vorhandensein qualifizierter wissenschaftlicher Kader und Spezialisten. Aus diesem Grunde tritt die Ausbildung von Spezialisten für den Aufbau nationaler Wissenschaftspotentiale immer mehr in den Vordergrund.

Es geht dabei um Wissenschaftspotentiale, die sowohl in die Struktur der internationalen Spezialisierung und Kooperation eingegliedert, als auch an der Lösung regionaler Probleme beteiligt sind, die sich aus den natürlichen und sozialökonomischen Besonderheiten des betreffenden Landes ergeben. Von eben diesen Prinzipien lassen sich die sozialistischen Länder in der Zusammenarbeit mit den Entwicklungsländern und bei der Gewährung wissenschaftlich-technischer Hilfe leiten. Als Beispiel mag die Zusammenarbeit zwischen der Sowjetunion und Indien bei der Entwicklung der Schwerindustrie dienen. Im Prozeß der Errichtung der Objekte übergaben die sowjetischen Organisationen und Spezialisten die materiellen Elemente der neuen Technik, bereiteten die technische Basis vor und bildeten zugleich die nationalen Kader aus, d. h. vermittelten ihnen die Methoden der Anwendung und Vervollkommnung der übergebenen Technologie, um auf deren Grundlage selbst eine neue, originelle schaffen zu können. Während das technische Projekt der ersten zwei Bauabschnitte des metallurgischen Werkes in Bhilai von der sowjetischen Projektierungsorganisation „Gipromez" erarbeitet wurde, wurden die technisch-ökonomische Dokumentation und das technische Projekt des dritten Abschnitts selbständig von indischen Organisationen ausgeführt. Das technische Projekt des Werkes in Bokaro für 1,7 Mill. Tonnen und seine Erweiterung auf 4 Mill. Tonnen wurde ebenfalls von „Gipromez" ausgeführt, die Detailprojektierung des ersten Abschnitts erfolgte aber schon gemeinsam mit der indischen Projektierungsorganisation „Dastur und Co.", während die Detailprojektierung für die Erweiterung des Werkes von dem indischen Zentralen Projektierungs- und Konstruktionsbüro selbständig

[25] Vgl. Dejatel'nost' SEV v 1981 godu, in: Ekonomičeskaja gazeta, 19/1982, S. 19.

vorgenommen wurde. Inzwischen ist aus diesem Büro das Institut für Projektierung von Betrieben der metallurgischen Industrie hervorgegangen.

In vielen Entwicklungsländern haben die sozialistischen Länder spezielle Konsultations- und Projektierungsbüros eingerichtet, so Jugoslawien in Tunesien, Ungarn in Algerien, Ghana und Nigeria, Bulgarien in Mali usw. Einige sozialistische Länder (Ungarn, ČSSR, Jugoslawien, DDR) errichteten zum Zwecke der technologischen Modernisierung der Industrie der Entwicklungsländer gemischte Betriebe; ihr Aufbau geht gewöhnlich mit dem Erwerb von Lizenzen und Technologie in den sozialistischen Ländern einher.

Seit den 60er Jahren wurden zwischen den sozialistischen und den Entwicklungsländern spezielle Regierungsabkommen über wissenschaftlich-technische Zusammenarbeit abgeschlossen. Diese Abkommen umfassen viele Seiten der wissenschaftlich-technischen Tätigkeit und tragen aktiv zur Schaffung nationaler wissenschaftlich-technischer Potentiale in den Entwicklungsländern bei. Sie sehen insbesondere vor: den Austausch von Wissenschaftler- und Technikerdelegationen, von einzelnen Wissenschaftlern, Spezialisten und Lektoren sowie wissenschaftlich-technischen Informationen; die Durchführung bilateraler wissenschaftlich-technischer Kolloquia; die gemeinsame Bearbeitung wissenschaftlich-technischer Probleme mit dem Ziel der anschließenden Überführung der Ergebnisse in die Industrie, Landwirtschaft oder andere Zweige der Volkswirtschaft, sowie die Erforschung von Wegen zur Anwendung bestimmter wissenschaftlicher Methoden in der Ökonomie der Entwicklungsländer.

Die Mitgliedsländer des RGW erweisen den Entwicklungsländern Unterstützung auch bei der Ausbildung ihrer nationalen Kader, d. h. von Spezialisten für die Wissenschaft, Industrie, Landwirtschaft und Kultur. Allein in Hochschulen und Technika der UdSSR wurden bis 1980 ca. 35 Tausend,[26] im Rahmen der gesamten Zusammenarbeit zwischen dem RGW und den Entwicklungsländern bisher insgesamt 900 Tausend Spezialisten (Ingenieure, Wissenschaftler, Ärzte, Lehrer, Facharbeiter — letztere auch während des Baus und nach der Inbetriebnahme der Objekte vor Ort) ausgebildet. Außerdem wurden mit Hilfe der UdSSR in den befreiten Staaten ca. 150 Lehranstalten (Hochschulen, Technika, Zentren für Berufsausbildung u. a.) errichtet, und ca. 100 sind noch im Bau.[27] Bewährt hat sich ebenfalls der 1974 gebildete Stipendienfonds des RGW; auf Kosten dieses Fonds studierten 1981 3,5 Tausend Studenten aus Ländern Asiens, Afrikas und Lateinamerikas an Hoch- und Fachschulen.[28]

Die wissenschaftlich-technische Zusammenarbeit mit Entwicklungsländern ist mithin nicht nur ein technisches Problem des Transfers von Mitteln und wissenschaftlicher Information, sondern vor allem ein soziales und sozialpolitisches

[26] Vgl. N. Sofinskij, Pomoščj Sovetskogo Sojuza razvivajuščimsja stranam v podgotovke nacional'nych kadrov, in: Ekonomičeskoje sotrudničestvo stran-členov SEV, 4/1980, S. 102.

[27] Vgl. Pravda vom 1. Juli 1982.

[28] Vgl. Dejatel'nost' SEV v 1981 godu, in: Ekonomičeskaja gazeta, 19/1982, S. 19.

Problem. Es bedarf der eingehenden Berücksichtigung der historischen Erfahrungen der Nachkriegsjahre, welche besagen, daß der wissenschaftlich-technische Fortschritt in den Entwicklungsländern direkt mit der Umorientierung des Systems ihrer internationalen wissenschaftlich-technischen Zusammenarbeit mit den entwickelten Ländern auf der Grundlage gerechter Partnerschaft und interessierter Hilfe bei der Entwicklung des wissenschaftlichen und technischen Potentials dieser Länder zusammenhängt. Die Länder der sozialistischen Gemeinschaft erringen hier immer größere Autorität und demonstrieren damit zugleich die soziale und moralische Überlegenheit der Welt des Sozialismus über die Welt des Imperialismus und der Ausbeutung.

4. Wissenschaftlich-technische Beziehungen zwischen sozialistischen und kapitalistischen Ländern

Beschleunigung des wissenschaftlich-technischen Fortschritts und Vertiefung der internationalen Zusammenarbeit in Wissenschaft und Technik sind Aufgaben, die sich aus den objektiven Erfordernissen der gesellschaftlichen Produktion in allen Ländern — unabhängig vom Gesellschaftssystem, dem sie angehören — ergeben. Die Zusammenarbeit ist überdies für die Wissenschaft selbst nötig, denn sie gehört zu den Bedingungen der Wissenschaft als allgemeine Arbeit.

Natürlich wirken auf die internationale wissenschaftlich-technische Zusammenarbeit zwischen Ländern, die unterschiedlichen gesellschaftlichen und politischen Systemen angehören, widersprüchliche Faktoren ein. Einerseits erfordern die wissenschaftlich-technische Revolution und die vor der Menschheit stehenden globalen Probleme ganz augenscheinlich die Erweiterung und Vertiefung der wissenschaftlich-technischen Zusammenarbeit; andererseits hängt die wissenschaftlich-technische Zusammenarbeit von den internationalen Beziehungen und damit von der Politik der herrschenden Kreise ab. Was die sozialistischen Länder angeht, so gehören das Prinzip der friedlichen Koexistenz und das Streben nach Frieden, Entspannung und Verbesserung der internationalen Beziehungen zu der keinen konjunkturellen Schwankungen unterworfenen Grundlage ihrer Außenpolitik. Die allseitige Entwicklung der wissenschaftlichen Zusammenarbeit trägt dazu bei, das Vertrauen zwischen den Völkern und ihr Verständnis füreinander zu festigen, die Produktivkräfte zu entwickeln und zu einer rationalen internationalen Arbeitsteilung zu gelangen. Sie entspricht daher den außenpolitischen Zielen und Bestrebungen der Länder des Sozialismus. Die Wissenschaftler der sozialistischen Länder betrachten den Kampf für Frieden und internationale Entspannung nicht nur als ihre staatsbürgerliche, sondern auch als ihre professionelle Pflicht und sehen sich darin von den fortschrittlichen Wissenschaftlern der kapitalistischen Länder bestärkt. Schließlich sind vereinigte Anstrengungen in Forschung und Entwicklung und der Austausch von Technologien für jede der kooperierenden Seiten von Vorteil. Die Orientierung der sozialistischen

Länder auf eine breit angelegte internationale wissenschaftlich-technische Zusammenarbeit mit den Ländern des Kapitalismus trägt deshalb prinzipiellen und stabilen Charakter.

In der Haltung der kapitalistischen Länder zur wissenschaftlich-technischen Zusammenarbeit widerspiegelt sich die ganze Widersprüchlichkeit ihrer wissenschaftlich-technischen und ökonomischen Politik. In der Geschichte der wissenschaftlich-technischen Beziehungen der beiden Systeme wechseln daher Perioden des Aufschwungs und des Niedergangs einander ab, je nachdem. welche der widerstreitenden Gruppen in der Außenpolitik kapitalistischer Länder gerade das Sagen hat. Auf der Hand liegende ökonomische Vorteile und die Interessen der Wissenschaft motivieren zur Zusammenarbeit. „Selbst wenn wir gar nicht die Absicht hätten, die internationalen Beziehungen zu verbessern, würden wir aus finanziellen Erwägungen zur Zusammenarbeit gezwungen" sein, schrieb der bekannte amerikanische Physiker und ehemalige Leiter des Oak-Ridge National Laboratory A. Weinberg.[29] Zugleich veranlaßt der Antikommunismus die rechten Kräfte, selbst auf den eigenen Vorteil zu verzichten, nur um „dem Gegner keine Unterstützung zu erweisen." Wenn es der sowjetischen Wissenschaft in der Vorkriegsperiode gelungen war, bestimmte Elemente der Zusammenarbeit mit westlichen Ländern, vor allem den Wissenschaftleraustausch, aufrechtzuerhalten, dann war dies weniger der Politik der Regierungen dieser Länder zu danken, als der Initiative und der Autorität hervorragender Wissenschaftler des Westens.

In der Zeit des Großen Vaterländischen Krieges arbeitete die sowjetische Wissenschaft vor allem an dringenden Aufgaben der Verteidigung und der Sicherung der Volkswirtschaft unter kompliziertesten Bedingungen. In dieser Periode sahen die Bündnisabkommen im Rahmen der Antihitlerkoalition auch eine gewisse wissenschaftlich-technische Zusammenarbeit mit der UdSSR vor; der Sowjetunion, die die Hauptlast des Kampfes gegen die faschistische Armee zu tragen hatte, sollten relativ geringe Informationen für die Produktion von Militärtechnik zur Verfügung gestellt werden. Vor allem ging es um technische Informationen für die Produktion von Radargeräten. Wie erst unlängst bekannt wurde, blockierten jedoch bald die Regierung Englands, bald die der USA die Übergabe solcher Informationen an die UdSSR. Die meisten Erfindungen auf dem Gebiet der Produktion von Radargeräten waren gemeinsames Eigentum Englands und der USA. In den ersten Kriegsjahren, als die faschistische Armee England unmittelbar bedrohte, war die britische Regierung geneigt, ihren Verpflichtungen nachzukommen und der UdSSR die benötigten technologischen Informationen zu übergeben; die Behörden der USA legten jedoch ihr Veto ein. Als der Krieg gegen Hitlerdeutschland sich dem Ende näherte und klar wurde, daß die UdSSR der Hauptverbündete der USA im Krieg gegen Japan sein würde, bestanden nun auch die USA darauf, der sowjetischen Industrie rasche technische Unterstützung zu gewähren, damit sie die Massenproduktion von

[29] A. W. Weinberg, Probleme der Großforschung, Frankfurt/M. 1970, S. 159.

Radargeräten aufnehmen könne. Jetzt war es die britische Regierung, die diese technologische Hilfe in geheimen Direktiven verbot.[30]

Was im Kriege gegenüber dem Verbündeten unanständig war und vor den eigenen Völkern geheimgehalten werden mußte, wurde in den Jahren des „kalten Krieges" zur offiziellen Politik. Nachdem sie Kurs darauf genommen hatten, die Länder des Sozialismus international zu isolieren, brachen die USA und ihre Partner die wissenschaftlich-technischen Kontakte zu den sozialistischen Ländern in der Absicht ab, deren wissenschaftliche und technische Entwicklung zu hemmen. Doch schon in der zweiten Hälfte der 50er Jahre erwies sich, daß diese Rechnung nicht aufging. In den Industrie- und Handelskreisen wuchs die Unzufriedenheit ob der offensichtlichen Einbußen.[31] Eine Reihe von Firmen forderte immer nachdrücklicher Zugang zu fortgeschrittener sowjetischer Technologie.[32] 1957 schließlich machte der Start des ersten künstlichen Erdsatelliten in der UdSSR das Niveau der sowjetischen Wissenschaft und Technik endgültig deutlich; er zeigte, wie absurd das Einfrieren der wissenschaftlich-technischen Beziehungen zur UdSSR war. Nachdem es sinnlos geworden war, die frühere Politik fortzusetzen, kam es im Januar 1958 zu dem ersten Abkommen zwischen der UdSSR und den USA über Austausch auf den Gebieten der Wissenschaft, Technik, Bildung und Kultur. Dieses Abkommen hatte eine Laufzeit von zwei Jahren, wurde aber in der Folgezeit verlängert. Seine Dimensionen waren relativ bescheiden: Von 1958 bis 1972 entsandte die sowjetische Seite ca. 400 Wissenschaftler und Spezialisten in die USA und empfing annähernd ebenso viele amerikanische Kollegen.[33] Auch der Wissenschaftleraustausch mit Polen und Rumänien begann sich zu entwickeln; die Kontakte mit den anderen RGW-Ländern blieben jedoch noch lange Zeit äußerst begrenzt und unregelmäßig; sie trugen den Stempel der amerikanischen „selektiven Politik".[34]

[30] Vgl. E. H. Beardslay, Secrets between friends: Applied science exchange between the western allies and the Soviet Union during world war II, in: Social Studies of Science, 4/1977, S. 447—473.

[31] Wie der bekannte amerikanische Außenpolitik-Forscher G. Ball schrieb, wurde der Verzicht auf vorteilhafte Geschäfte mit der UdSSR „nicht als vernünftige Außenpolitik, sondern eher als nationale Selbstkasteiung" empfunden (vgl. G. W. Ball, The discipline of power, London 1968, S. 278).

[32] Der Durchbruch erfolgte 1956, als die amerikanische Firma „Dresser Industries" die Erlaubnis erwirkte, von der Allunionsvereinigung „Mašinoexport" die Lizenz zur Produktion sowjetischer Turbobohrer für zehn Jahre zu erwerben.

[33] Vgl. SSSR—SŠA. Ekonomičeskije otnošenija, Moskva 1976, S. 309.

[34] Nach dem Zeugnis amerikanischer Experten hatten die wissenschaftlichen Kontakte der USA zu den europäischen sozialistischen Ländern demonstrativ „ermutigenden" oder „diskriminierenden" Charakter. Eines der erklärten Ziele der Abkommen war die „Ermutigung von Dissidenten" und das „Eindringen westlichen Gedankenguts" (vgl. G. Kröber, Wissenschaft und friedliche Koexistenz. Zur Rolle der Wissenschaftsbeziehungen zwischen den USA und der UdSSR in der amerikanischen Außenpolitik, Berlin 1979 [Sitzungsberichte der AdW der

In den 70er Jahren, als die Politik der Entspannung ihre Früchte trug, begann eine qualitativ neue Etappe in der Entwicklung der wissenschaftlich-technischen Beziehungen zwischen sozialistischen und kapitalistischen Ländern. Trotz der Unterschiede beider Systeme machte die Zusammenarbeit rasche Fortschritte. Eine positive Rolle spielte hierbei das Beispiel Frankreichs, das als erste der Westmächte die Zusammenarbeit mit den sozialistischen Ländern auf eine gute Grundlage stellte. Noch früher hatte Finnland diesen Weg beschritten. 1966 wurden die sowjetisch-französische Deklaration und ein Abkommen über wissenschaftlich-technische und ökonomische Zusammenarbeit unterzeichnet; 1969 folgte das Abkommen über wissenschaftliche Zusammenarbeit zwischen der Akademie der Wissenschaften der UdSSR und dem Nationalen Forschungszentrum Frankreichs. Die Zusammenarbeit kam in vielen Richtungen in Gang. So erhielten auf dem Gebiet der Kosmosforschung französische Wissenschaftler die Gelegenheit zu Arbeiten, die sie auf der Basis nationaler Ressourcen nicht hätten ausführen können: Französische Geräte wurden in sowjetischen kosmischen Apparaturen, z. B. im „Lunochod", installiert; Dutzende gemeinsamer Experimente konnten in den automatischen Stationen „Prognoz" und den interplanetaren Stationen „Mars" und „Venus" durchgeführt werden; die von den sowjetischen automatischen Stationen „Luna 16" und „Luna 20" zur Erde gebrachten Muster von Mondgestein wurden in neun französischen Laboratorien untersucht.[35] All das fand in der wissenschaftlichen Öffentlichkeit der kapitalistischen Länder ein breites Echo.

1972 wurde zwischen der UdSSR und den USA ein neues Abkommen über Zusammenarbeit in Wissenschaft und Technik unterzeichnet. Ihm folgten zehn Regierungsabkommen über Zusammenarbeit auf den Gebieten des Umweltschutzes, der Erforschung und Nutzung des kosmischen Raumes zu friedlichen Zwecken, der Medizin und des Gesundheitswesens, der Landwirtschaft, der Meeresforschung, des Verkehrswesens, des Wohnungsbaues, der Forschung und Entwicklung auf dem Gebiet des künstlichen Herzens und der Wissenschaftspolitik. Auch zu anderen sozialistischen Ländern erweiterten die USA ihre Wissenschaftsbeziehungen: Im Oktober 1972 wurde ein Fünfjahresabkommen über Zusammenarbeit in Wissenschaft und Technik zwischen den USA und der Polnischen Volksrepublik unterzeichnet; ihm folgten Abkommen mit Rumänien, Ungarn und Bulgarien.

Die in den 70er Jahren dank der aktiven Bemühungen der sozialistischen Länder erzielte Entspannung der Beziehungen zwischen kapitalistischen und sozialistischen Ländern wirkte sich günstig auf die internationalen Wissenschaftsbeziehungen aus. Die Aufgabe, sie weiter zu verbessern, fand auch in die Schluß-

DDR, 12/G]); A. V. Kunicyn, Ekonomičeskije otnošenija stran SEV s SŠA, Moskva 1982, S. 144.

35 Vgl. K. A. Fjodorov, Sovetsko-francuzskije naučno-techničeskije svjazi (1960—1980), in: Voprosy istorii estestvoznanija i techniki, I/1984, S. 124—130.

akte der Konferenz für Sicherheit und Zusammenarbeit in Europa (Helsinki 1975) Eingang. Die Annahme dieses Dokuments trug zur Vertiefung der Zusammenarbeit zwischen sozialistischen und kapitalistischen Ländern zum gegenseitigen Vorteil bei, obgleich die USA nach wie vor in bezug auf eine Reihe von Ländern, wie beispielsweise die DDR und die ČSSR, an ihrer Politik der Diskriminierung festhielten.

Die organisatorisch-rechtliche Grundlage einer breit angelegten und langfristigen Zusammenarbeit sind Programme der kommerziell-ökonomischen, industriellen und wissenschaftlich-technischen Zusammenarbeit. Abkommen über die Durchführung solcher Programme wurden seitens der UdSSR mit der Bundesrepublik Deutschland, Frankreich, Finnland, Schweden, England, Österreich, Italien und Belgien abgeschlossen.

Die wissenschaftlich-technische Zusammenarbeit beruht auf um so festerer Grundlage, je enger sie mit der ökonomischen Zusammenarbeit gekoppelt ist. Das belegen insbesondere viele Beispiele der sowjetisch-französischen Zusammenarbeit.[36]

In den 70er Jahren bildete sich im wesentlichen der organisatorische Mechanismus der wissenschaftlich-technischen Zusammenarbeit zwischen sozialistischen und kapitalistischen Ländern heraus, dessen Hauptelemente heute gemeinsame Regierungsabkommen sind. Sie haben die Aufgabe, Vorschläge für die Zusammenarbeit einzubringen, Maßnahmen und Programme zur Realisierung der getroffenen Abkommen zu beschließen und die für bestimmte Maßnahmen verantwortlichen Einrichtungen und Betriebe zu benennen. Neben Regierungsabkommen sind auch unmittelbare Kontakte zwischen wissenschaftlichen Einrichtungen sozialistischer Länder und privaten Firmen möglich. Während der 70er Jahre schlossen das Staatliche Komitee für Wissenschaft und Technik, Ministerien und andere Einrichtungen der UdSSR ca. 300 Abkommen mit Firmen und Einrichtungen kapitalistischer Staaten (darunter ca. 70 mit amerikanischen Companies) ab.[37]

Diese Abkommen umfaßten praktisch alle Zweige der modernen Wissenschaft und Technik. Im gleichen Zeitraum kam es zu einem breiten Aufschwung auch solcher traditionellen Formen wissenschaftlicher Kontakte wie Wissenschaftleraustausch, Arbeits- und Studienaufenthalte sowie Informationsaustausch auf gemeinsamen Konferenzen, Symposien und Seminaren. Eine wichtige Form des Informationsaustausches auf wissenschaftlich-technischem Gebiet ist der Handel mit Lizenzen. Allein die USA erwarben in den 70er Jahren mehr als 120 Lizenzen in sozialistischen Ländern.[38] Amerikanische Firmen nutzen z. B. sowjetische Lizenzen auf die Technologie der Kühlung von Hochöfen, tschechoslowa-

[36] Vgl. N. I. Lebedev, Novyj etap meždunarodnych otnošenij, Moskva 1976, S. 152.

[37] Vgl. A. V. Kunicyn, Ekonomičeskije otnošenija stran SEV s SŠA, a. a. O., S. 151.

[38] Vgl. A. N. Bykov, Naučno-techničeskij obmen Vostok-Zapad: Odnostoronnije vygody?, in: Ekonomičeskoje sotrudničestvo stran-členov SEV, 9/1983, S. 62—66.

kische Lizenzen auf automatische Textilmaschinen, eine bulgarische Lizenz auf einen neuen Prozeß der elektrolytischen Reinigung von Kupfer u. a.; in der DDR erwarben amerikanische Konzerne allein 1978 14 Lizenzen auf Produkte der chemischen und pharmazeutischen Industrie.[39]

In vielen Fällen sehen die Abkommen die Lieferung, Montage und Inbetriebnahme von Ausrüstungen vor. Die gegenseitigen Vorteile dieser Form der Zusammenarbeit liegen auf der Hand. So lieferte die UdSSR eine unikale hydraulische Presse mit einer Leistung von 65 Tausend Tonnen an Frankreich, und der gemeinsam von sowjetischen und französischen Spezialisten errichtete Fernsehkomplex gewährleistete eine hohe Qualität der Übertragungen von den XXII. Olympischen Spielen in Moskau.

Noch engere Beziehungen ergeben sich, wenn Institutionen zweier oder mehrerer Länder nach einem abgestimmten Programm ein bestimmtes Problem gemeinsam bearbeiten. Eine solche Kooperation ist in vielen Abkommen vorgesehen; sie erstreckt sich sowohl auf Grundlagenforschungen als auch auf angewandte und Entwicklungsarbeiten und wird in einigen Fällen bis zur Produktionskooperation fortgeführt. Gegenstand der Zusammenarbeit sind gewöhnlich solche Probleme, bei deren Erforschung beide kooperierenden Länder bereits beachtliche Fortschritte erzielt haben. So kooperiert z. B. Frankreich seit 1966 eng mit der UdSSR bei der Entwicklung von Kernreaktoren, die auf der Basis schneller Neutronen arbeiten. Die UdSSR und Frankreich sind die einzigen Länder, die über solche großen energetischen Anlagen verfügen (in der UdSSR ist ein solcher Reaktor BN-600 im Kernkraftwerk Belojarsk installiert). 1978 tauschten die UdSSR und Frankreich die technischen Dokumentationen zu den Reaktoren „Phénix" — BN-350 und „Superphénix" — BN-600 aus.[40]

In einer Reihe von Fällen nahm die Zusammenarbeit den Charakter einer Wissenschafts-Produktions-Kooperation im Zyklus „Forschung und Entwicklung" an. So führten z. B. sowjetische Einrichtungen die Forschungsarbeiten zur Technologie des hydraulischen Bohrens von Schächten aus, während kanadische und japanische Firmen die Konstruktions- und Entwicklungsarbeiten durchführten. Das gemeinsame Resultat konnte als Lizenz an mehrere Firmen verkauft werden.[41] Desgleichen wurden Lizenzen, die aus der Kooperation zwischen dem Petrolchemischen Kombinat Schwedt in der DDR und der amerikanischen „Standard Oil Company of Indiana" hervorgegangen sind, an Drittländer verkauft.[42]

Neben breit angelegten zwischenstaatlichen Programmen sind gemeinsame Forschungen auch auf der Grundlage von Abkommen möglich, die zwischen den

[39] Vgl. A. V. Kunicyn, Ekonomičeskije otnošenija stran SEV s SŠA, a. a. O., S. 158—159.

[40] Vgl. K. A. Fjodorov, Sovetsko-francuzskije naučno-techničeskije svjazi (1960—1980), in: a. a. O. S. 129.

[41] Vgl. A. N. Bykov, Naučno-techničeskij obmen Vostok-Zapad: Odnostoronnije vygody?, in: a. a. O.

[42] Vgl. A. V. Kunicyn, Ekonomičeskije otnošenija stran SEV s SŠA, a. a. O., S. 160.

Akademien der Wissenschaften, Hochschulen und anderen wissenschaftlichen Institutionen sozialistischer und kapitalistischer Länder geschlossen werden.

In den 70er Jahren gewann die Zusammenarbeit an Intensität; Erfahrungen wurden gesammelt, und das gegenseitige Verständnis der Partner erhöhte sich. Das war kein einfacher und glatter Prozeß. Es bedurfte beträchtlicher Anstrengungen der kooperierenden Partner, die jeweiligen Besonderheiten der organisatorischen und rechtlichen Strukturen des Partners zu verstehen und zu beachten.

Aber diese Schwierigkeiten waren nicht unüberwindbar; die Anstrengungen zahlten sich vielfach aus, indem sie den Partnern nicht nur gegenseitige kommerzielle und wissenschaftlich-technische Vorteile brachten, sondern auch zur internationalen Entspannung beitrugen und so augenscheinlich die Vorzüge der friedlichen Koexistenz demonstrierten.

Zu Beginn der 80er Jahre änderte sich die Situation jedoch schlagartig. In den USA verstärkten die Vertreter des militärisch-industriellen Komplexes ihren Einfluß auf die Regierung und drängten sie, zur Politik des „kalten Krieges" und einer „harten Linie" gegenüber den sozialistischen Ländern zurückzukehren. Mit der Reduzierung der wissenschaftlich-technischen Beziehungen verfolgten sie die Absicht, ein wichtiges Element der Entspannungspolitik zu beseitigen. 1980 reduzierte die US-Administration die wissenschaftlich-technischen Beziehungen mit der UdSSR auf ein Minimum, wobei sie sich aller möglichen Ausflüchte bediente, um ihre wahren Motive und Ziele zu verschleiern. Die sich bis zu diesem Zeitpunkt erfolgreich entwickelnden gemeinsamen Forschungsarbeiten auf solch wichtigen Gebieten wie der gesteuerten Kernfusion, der magnetohydrodynamischen Umwandlung von Energie, der Supraleitfähigkeit u. a. wurden ausgesetzt und der Export vieler für die Forschung benötigter Technologien und Materialien in die UdSSR wurde verboten. Die USA übten überdies auf ihre NATO-Verbündeten Druck aus, um sie zu einer analogen Politik zu bewegen.

In den wissenschaftlich-technischen Kreisen wurde eine intensive antikommunistische und antisowjetische Propagandakampagne entfaltet, um den Abbruch der Wissenschaftsbeziehungen zu rechtfertigen. Neben anderen Argumenten wurde dabei auch die These bemüht, daß die Zusammenarbeit nur den sozialistischen Ländern zum Vorteil gereiche, die kapitalistischen Länder aber angeblich nichts dabei gewännen. Es dürfte schwerfallen, diese Behauptung zu beweisen, denn nur wenige Jahre zuvor hatten Wissenschaftler der USA und spezielle Kommissionen, die diese Frage untersucht hatten, das hohe Niveau der sowjetischen Wissenschaft bestätigt und bekräftigt, daß die USA aus der Zusammenarbeit Ergebnisse in vielen Richtungen erzielen können, die für sie wichtig sind. Dies wie auch viele andere Fakten, die allgemein bekannt sind, widerlegen die Behauptung, daß die sozialistischen Länder angeblich einseitigen Vorteil aus der Zusammenarbeit ziehen.

Anfang der 80er Jahre war die wissenschaftlich-technische Zusammenarbeit zwischen sozialistischen und kapitalistischen Ländern somit durch Verschulden der USA-Administration in hohem Maße unterbrochen. Die meisten westlichen Länder sind jedoch — von wenigen Ausnahmen abgesehen — nach wie vor daran interessiert, der Vorteile, die ihnen die Zusammenarbeit in den 70er Jahren gebracht hat, auch weiter teilhaftig zu werden. So unterstrich der Leiter der französischen Delegation 1981 anläßlich der Eröffnung der 18. Tagung der gemischten sowjetisch-französischen Kommission für wissenschaftlich-technische und ökonomischer Zusammenarbeit, daß das Jahr 1980 ein Jahr aktiver Zusammenarbeit war, und gab der Hoffnung Ausdruck, daß „die verschiedenen atmosphärischen Störungen, die aus anderen Gebieten als Wissenschaft, Technik und Ökonomie herrühren, die sowjetisch-französische Zusammenarbeit auf den genannten Gebieten nicht beeinträchtigen mögen.“[43] Dieses französische Interesse wurde 1983 bekräftigt, als die UdSSR und Frankreich ein neues langfristiges Programm zur Vertiefung der sowjetisch-französischen Zusammenarbeit in Wissenschaft und Technik für den Zeitraum bis 1999 unterschrieben.

Der Kurs der USA-Administration auf Untergrabung der wissenschaftlichen Zusammenarbeit beeinträchtigt natürlich die normale Entwicklung der Wissenschaft in der ganzen Welt. Was jedoch die „Blockade“ angeht, so hat W. I. Lenin in den ersten Jahren der Sowjetmacht gesagt: „Hinsichtlich der Blockade hat die Erfahrung gezeigt, daß noch nicht feststeht, für wen sie härter ist: für die Blockierten oder für die Blockierenden.“[44] In Anbetracht der heutigen Entwicklungsetappe des Sozialismus sind imperialistische Versuche, die sozialistische Gemeinschaft durch eine wissenschaftlich-technische Blockade in die Knie zu zwingen, noch lächerlicher. Es sei nur daran erinnert, daß, als die USA ihr Embargo für die Ausfuhr von Kompressoren für die Erdgastrasse „Ost-West“ verhängte, diese Maschinen in kürzesten Fristen in der UdSSR selbst entwickelt und produziert wurden, und zwar mit höheren technischen Daten; die Trasse konnte früher als vorgesehen in Betrieb genommen werden.

Die Politik der Diskriminierung auf dem Gebiet der wissenschaftlichen und technischen Zusammenarbeit hat keine historische Perspektive; sie widerspricht den objektiven Tendenzen der Entwicklung von Wissenschaft und Technik in der Welt und wird deshalb früher oder später vom Lauf des gesellschaftlichen Fortschritts unwirksam gemacht werden. Vorläufig aber herrscht noch die reale Tendenz der imperialistischen Staaten vor, die sozialistischen Länder zu isolieren und den freien Austausch auf den Gebieten der Ökonomie, Wissenschaft und Technik zu behindern. Die sozialistischen Länder müssen in ihren Beziehungen zu den kapitalistischen Ländern ständig darauf achten, auf keinem Gebiet von Wissenschaft und Technik in die Nähe der „Schwelle wissenschaftlicher und technischer Abhängigkeit“ zu geraten; sie müssen wichtige Richtungen in Wissenschaft und Technik vielmehr selbständig entwickeln und über alle Voraussetzun-

[43] Vgl. K. A. Fjodorov, Sovetsko-francuzskije naučno-techničeskije svjazi (1960—1980), in: a. a. O. S. 125.

[44] W. I. Lenin, IX. Gesamtrussischer Sowjetkongreß, 23.—28. 12. 1921, in: LW, Bd. 33, Berlin 1962, S. 134—135.

gen verfügen, die für die Erzielung von wissenschaftlich-technischem Höchstniveau nötig sind.

5. Die Rolle internationaler Organisationen in der wissenschaftlich-technischen Zusammenarbeit

Im System der internationalen wissenschaftlich-technischen Zusammenarbeit kommt den internationalen Organisationen eine große Bedeutung zu. Im Zeitraum von 1960 bis 1980 hat sich deren Zahl mehr als verdoppelt; heute gibt es über 5000 solcher Organisationen, darunter 650 zwischenstaatliche. Mitglieder nichtstaatlicher internationaler Vereinigungen sind gesellschaftliche und andere Organisationen verschiedener Länder sowie Einzelpersönlichkeiten.

Internationale wissenschaftlich-technische Organisationen gab es schon im 19. Jahrhundert. Sie entstanden aus dem Bedürfnis heraus, einen stabilen Austausch wissenschaftlicher Informationen zu sichern und bestimmte Seiten der wissenschaftlichen Tätigkeit international zu regeln, z. B. allgemein akzeptierte Nomenklaturen zu erarbeiten, eine Patentordnung zu vereinbaren u. a. 1908 bestanden 21 internationale Organisationen im Bereich der Wissenschaft und acht zu technischen Problemen.

In der wissenschaftlich-technischen Zusammenarbeit der sozialistischen Länder spielt der Rat für Gegenseitige Wirtschaftshilfe die zentrale Rolle; sein spezielles Organ, das sich mit Fragen der wissenschaftlich-technischen Zusammenarbeit beschäftigt, ist das Komitee für wissenschaftlich-technische Zusammenarbeit. Die kapitalistischen Länder — vor allem die westeuropäischen — haben besonders in der Nachkriegsperiode großen Wert auf die Schaffung internationaler Organisationen im Bereich von Wissenschaft und Technik gelegt; es entstanden solche Vereinigungen wie Euratom, der Europäische Rat für Kernforschung (CERN) u. a. Auch in der OECD, der Organisation für ökonomische Zusammenarbeit und Entwicklung, nimmt die wissenschaftlich-technische Problematik einen breiten Raum ein. Viele Entwicklungsländer gründen auf regionaler und subregionaler Ebene internationale wissenschaftliche Zentren und wissenschaftlich-technische Organisationen, um bestimmte wissenschaftlich-technische Errungenschaften gemeinsam zu nutzen oder ihre Ressourcen bei der Herausbildung nationaler Wissenschaftspotentiale gegenseitig zu ergänzen.

Besonders schnell aber haben sich in den letzten zwanzig Jahren jene internationalen Organisationen entwickelt, deren Ziel die wissenschaftlich-technische Zusammenarbeit von Wissenschaftlern und Spezialisten aus allen Ländern der Welt ist. Eine besondere Rolle spielen hierbei zwischenstaatliche Vereinigungen mit einem breiten Profil, in denen Wissenschaft und Technik in den Kontext einer komplexen internationalen Zusammenarbeit einbezogen sind. An erster Stelle ist hier die UNO zu nennen, in der es um Probleme der wissenschaftlich-technischen Zusammenarbeit im Weltmaßstab geht und die gegenüber vielen anderen Organisationen gewissermaßen eine führende Rolle spielt.[45] Andere zwischenstaatliche Organisationen, darunter der RGW und die OECD, haben in der UNO Beobachterstatus; sie wirken an UNO-Projekten mit bzw. koordinieren ihre Tätigkeit mit Projekten, die unter der Schirmherrschaft der UNO laufen. Die größte und bedeutendste internationale Organisation, die speziell der Förderung der internationalen Zusammenarbeit bei der Entwicklung von Wissenschaft, Bildung und Kultur im Interesse des ökonomischen und sozialen Fortschritts gewidmet ist, ist die UNESCO.

Unter den internationalen nichtstaatlichen Organisationen spielt der unter der Schirmherrschaft der UNO stehende Internationale Rat für wissenschaftliche Vereinigungen (ICSU) eine besonders wichtige Rolle. Er vereinigt Vertreter der wissenschaftlichen Öffentlichkeit aus der ganzen Welt, nimmt bedeutenden Einfluß auf die wissenschaftliche Zusammenarbeit, insbesondere im Bereich der Grundlagenforschung, und koordiniert gemeinsame Forschungsprogramme. Zu diesem Zweck wurden spezielle wissenschaftliche Komitees und Kommissionen gebildet, in denen Wissenschaftler verschiedener Länder und Vertreter anderer internationaler Organisationen mitarbeiten. So wurden in den 70er Jahren im System des ICSU neun spezielle wissenschaftliche Komitees, zwei ständige internationale Dienste, sechs gemeinsame Kommissionen und zwei vereinigte Komitees gebildet, davon eines gemeinsam mit der UNESCO zur Ausarbeitung des Projekts eines internationalen Systems wissenschaftlich-technischer Information (UNISIST) und ein anderes gemeinsam mit der Weltorganisation für Meteorologie zur Ausarbeitung eines Programms für globale Atmosphärenforschung (GARP).

Von den zwischenstaatlichen Organisationen sei die im Rahmen der UNESCO bestehende Ozeanographische Kommission erwähnt, von den nichtstaatlichen die Internationale Union für den Stillen Ozean, der Internationale Rat für Meeresforschung und das wissenschaftliche Komitee für ozeanographische Forschung (SCOR). Letzteres ist eine Neugründung und führt vorbereitende Arbeiten für internationale Forschungsprogramme und für die Beratung von Grundproblemen der modernen Meeresforschung durch. Gegenwärtig gehören ihm mehr als 30 Länder als Mitglieder an. Die Tätigkeit dieser Organisationen zielt darauf ab, das Interesse an der Erschließung der Weltmeere zu erhöhen, die Meeresforschung im Interesse der Entwicklung der Weltwissenschaft auf eine sukzessiv breitere Grundlage zu stellen und das materielle Lebensniveau der Menschheit zu erhöhen.

Im Rahmen des ICSU wird ebenfalls die Erforschung des kosmischen Raumes koordiniert. Diese Arbeiten nimmt das Komitee für Raumforschung (COSPAR) wahr, dessen Hauptaufgabe darin besteht, im internationalen Maßstab alle Forschungsarbeiten zu fördern, die mit Hilfe von Raketen und raketengetriebenen

[45] Vgl. S. Cukanov/A. Mirošničenko, OON i naučno-techničeskoje sotrudničestvo (organizacionnyje aspekty), in: Mirovaja ekonomika i meždunarodnyje otnošenija, 5/1982, S. 32.

Apparaten durchgeführt werden.[46] Mitglied des COSPAR können wissenschaftliche Einrichtungen aller Staaten und internationale wissenschaftliche Vereinigungen sein, sofern sie aktive Raumforschung betreiben und Mitglied des ICSU sind. Gegenwärtig gehören dem Komitee wissenschaftliche Einrichtungen aus über 30 Ländern an, darunter aus der UdSSR, Polen, Bulgarien, Ungarn, DDR, Belgien, Frankreich, BRD, und den USA. COSPAR arbeitet eng mit anderen, dem ICSU angehörenden Komitees und Vereinigungen zusammen; es dient zugleich dem Sekretatiat der UNO als wissenschaftliches Beratungsorgan bei der Erarbeitung des UNO-Programms für die internationale Kosmosforschung.

Von Jahr zu Jahr erhöht sich die Anzahl von Staaten, die Kosmosforschung im Rahmen internationaler und nationaler Programme betreiben. Allen Ländern ist heute klar, daß es ökonomisch zweckmäßig ist, bei der Nutzung der Errungenschaften der kosmischen Technik und Meteorologie, Navigation, des Nachrichtenwesens und des Fernsehens eng zusammenzuarbeiten. So gewährleistet z. B. das von Wissenschaftlern der UdSSR, Frankreichs, der USA und Kanadas erarbeitete internationale kosmische Such- und Rettungssystem COSPAR-SARSAT, daß in Not geratene Schiffe oder Flugzeuge operativ vom Kosmos aus gesichtet und gefunden werden können. Im Havariefall sendet eine Radioboje, mit der alle Schiffe der am Programm beteiligten Länder ausgerüstet sind, Signale aus, die von einem Rettungssatelliten weitergeleitet werden. Der Ort der Katastrophe kann dabei bis auf 2—4 km genau bestimmt werden.

Eines der brennendsten Probleme der Gegenwart ist das Nahrungsproblem. Viele Millionen Bewohner früherer Kolonien leiden an Hunger und Unterernährung. Das Problem wird durch die „Bevölkerungsexplosion“ in vielen Entwicklungsländern noch verschärft. Die Frage, wie die Produktion von Lebensmitteln erhöht werden kann, ist deshalb ebenfalls Gegenstand der Tätigkeit des ICSU.

Die Internationalen Organisationen nehmen in der wissenschaftlich-technischen Zusammenarbeit immer vielfältigere und inhaltsreichere Funktionen wahr. Im einzelnen handelt es sich dabei um folgende:

1. Die Organisation internationaler Foren verschiedenen Typs und mit unterschiedlicher Bestimmung. Es werden große internationale Konferenzen zu allgemeinen Problemen von Wissenschaft und Technik veranstaltet, auf denen Grundfragen der Nutzung der Wissenschaft für ökonomische und soziale Zwecke, der Auswahl der Hauptrichtungen und Aufgaben der internationalen Zusammenarbeit, der Ausarbeitung einer gemeinsamen Strategie für einen hinreichend großen Zeitraum u. a. diskutiert werden; als Beispiel kann die 1979 in Wien durchgeführte UNO-Konferenz zum Thema „Wissenschaft und Technik für die Entwicklung“ dienen.

Weltweit oder regional werden desweiteren Konferenzen zu einzelnen wissenschaftlich-technischen Problemen durchgeführt, auf denen internationale For-

[46] Vgl. Charter of the COSPAR, Paris 1971, art. III.

schungsprogramme, Empfehlungen für Regierungen, mitunter auch Entwürfe internationaler Abkommen und Konventionen beraten und erarbeitet werden. Ein Beispiel hierfür ist die UNO-Konferenz 1981 in Nairobi zu neuen und regenerierbaren Energiequellen. Konkrete wissenschaftlich-technische Fragen werden auch auf internationalen Seminaren, Symposien sowie in Beratungen von Experten- und Arbeitsgruppen erörtert, wie sie von allen internationalen Organisationen regelmäßig einberufen werden.

2. Schaffung weltweiter oder regionaler wissenschaftlich-technischer Informationssysteme auf disziplinärer oder interdisziplinärer Grundlage. An deren Ausarbeitung und Nutzung sind Organisationen der verschiedensten Ebenen, einschließlich der UNO, beteiligt; beispielsweise wurde unter der Schirmherrschaft der UNO von der UNESCO das internationale wissenschaftlich-technische Informationssystem UNISIST geschaffen. In der gleichen Richtung arbeiten viele andere Organisationen, die spezielle wissenschaftliche und technische Zeitschriften, Reviewbände, statistische Sammelbände oder wissenschaftlich-technische Handbücher herausgeben. Um solche Handbücher, z. B. zu wichtigen Werkstoffeigenschaften oder zu physikalischen und anderen Konstanten, erarbeiten zu können, bedarf es breit angelegter und international gut koordinierter Forschungsarbeiten. Vom ICSU wurde z. B. zu diesem Zweck 1966 ein spezielles Komitee für wissenschaftliche und technische Daten (CODATA) gegründet.

3. Durchführung komplexer Forschungsprogramme unter der Schirmherrschaft einer oder mehrerer internationaler Organisationen. Hierher gehören z. B. das von der Internationalen Atomenergiebehörde durchgeführte Programm „Nukleare Sicherheit und Umweltschutz“, das Hydrologische Programm der UNESCO u. a. Zur Ermittlung und Erforschung ökologischer Probleme sowie zur Koordinierung ihrer Lösung hat die UNO ein spezielles Umweltprogramm (UNEP) geschaffen. Der UNEP-Fonds setzt sich aus freiwilligen Beiträgen der einzelnen Staaten zusammen; deren Summe betrug im Zeitraum von 1973 bis 1980 246,1 Millionen Dollar.[47] Aus diesen Mitteln werden mittelfristige (Sechsjahres-)Programme finanziert; in den Jahren 1980 und 1981 wurden für sie 68 Millionen Dollar verausgabt. Eine der drei Richtungen des UNEP-Programms ist die Schaffung eines „Globalen Beobachtungssystems“. Im Rahmen dieser Richtung nahm z. B. 1975 ein Zentrum zur Ausarbeitung eines Globalen Umweltmonitoring seine Tätigkeit auf, an dessen umfangreichen Arbeiten sich Forschungseinrichtungen vieler Länder beteiligen.

Als ein anderes Beispiel sei das 1970 von der UNESCO beschlossene internationale Forschungsprogramm „Mensch und Biosphäre“ erwähnt. Es besteht aus 14 internationalen Projekten mit ca. 500 wissenschaftlichen Problemen und über 200 lokalen Projekten, die in 73 Ländern bearbeitet werden. Die Leitung des Programms liegt in den Händen eines zwischenstaatlichen Organs, während in den einzelnen beteiligten Ländern Nationalkomitees tätig sind; 1980 gab es 94 solcher

[47] Vgl. SSSR v ekonomičeskich i naučno-techničeskich organizacijach OON, Moskva 1983, S. 223.

Nationalkomitees. Die globale Politik des Programms wird von einem Internationalen Koordinierungsrat bestimmt. An den im Programm vorgesehenen Arbeiten sind etwa 10 Tausend Wissenschaftler beteiligt. Sowjetische Wissenschaftler wirken in über 250 Projekten mit.

4. Viele internationale Organisationen betreiben Forschungsarbeiten in eigens dafür gegründeten Laboratorien und wissenschaftlichen Zentren, so z. B. die Internationale Atomenergiebehörde, das CERN, die Internationale Behörde für Krebsforschung im Rahmen der Weltgesundheitsorganisation (WHO) u. a. Bemerkenswert ist, daß selbst die UNO dazu übergegangen ist, mit entsprechenden Mitteln ausgerüstete Einrichtungen zu schaffen, in denen bestimmte wissenschaftliche oder technische Probleme erforscht werden; als Beispiel kann das Lehr- und Forschungsinstitut der UNO UNITAR dienen. In gewissem Sinne rückt die UNO damit von ihrem früher proklamierten Prinzip ab, vor allem operativ tätig zu sein und sich dabei auf die Mitwirkung wissenschaftlich-technischer Einrichtungen ihrer Mitgliedsländer zu stützen.[48]

5. Die Zusammenarbeit bei der Aus- und Weiterbildung wissenschaftlicher Kader durch Schaffung von Aus- und Weiterbildungszentren, Spezialkursen, Sommerschulen usw., die unter der Schirmherrschaft internationaler Organisationen stehen. Diese Art der Zusammenarbeit zielt vor allem darauf ab, den Entwicklungsländern zu helfen. Viele internationale Organisationen und vor allem die UNO und deren Spezialorganisationen stellen zu diesem Zweck finanzielle Mittel bereit, um Studenten und Aspiranten aus Entwicklungsländern das Studium und Wissenschaftlern Arbeits- und Studienaufenthalte im Ausland zu ermöglichen; sie entsenden Dozenten und Konsultanten, die bei der Schaffung von Lehr- und Forschungseinrichtungen sowie bei der Ausarbeitung wissenschafts- und technikpolitischer Strategien beratend tätig sind.

Die sozialistischen Staaten wirken in den internationalen Organisationen auf dem Gebiet von Wissenschaft und Technik aktiv mit; dies entspricht ihrer prinzipiellen Politik, die darauf gerichtet ist, die Zusammenarbeit zum gegenseitigen Vorteil zu vertiefen, zur Gesundung der internationalen Situation beizutragen und den Entwicklungsländern Hilfe zu leisten. Die UdSSR z. B. ist Mitglied in 630 internationalen Organisationen, darunter in 52 zwischenstaatlichen, und arbeitet aktiv im ICSU mit.[49]

Eine überaus wichtige internationale Organisation, deren Anliegen es ist, die internationale wissenschaftlich-technische Zusammenarbeit wirksam zu befördern und so zur Festigung des Friedens und der internationalen Sicherheit beizutragen, ist die Organisation der Vereinten Nationen für Fragen der Bildung, Wissenschaft und Kultur (UNESCO). Sie wurde 1946 gegründet und

[48] Vgl. V. I. Markušina, OON i meždunarodnoje naučno-techničeskoje sotrudničestvo, Moskva 1983, S. 47—48.

[49] Vgl. E. D. Lebedkina, Meždunarodnyj sovet naučnych sojuzov i Akademija nauk SSSR, Moskva 1974.

hatte zunächst nur wenige Mitglieder und beschränkte Funktionen. Nachdem 1954 die UdSSR und in der Folgezeit auch die anderen sozialistischen Länder und die jungen Nationalstaaten Mitglieder der UNESCO geworden waren, bildete sie sich allmählich zu einer universellen Organisation aus. Gegenwärtig gehören ihr 161 Staaten an. Die UNESCO zeigt eine immer größere Tendenz, spezielle und professionelle Fragen der Bildung und Wissenschaft mit aktuellen Problemen der Gegenwart zu verbinden. Die Aufgaben der wissenschaftlich-technischen Zusammenarbeit werden deshalb zunehmend im Kontext der sozialökonomischen und -politischen Weltprobleme behandelt. Beispielsweise sind in dem mittelfristigen Plan für die Jahre 1984 bis 1989 den Fragen von Wissenschaft und Technik drei große Programme gewidmet: „Die Wissenschaft und ihre Anwendung für Ziele der Entwicklung“, „Wissenschaft, Technik und Gesellschaft“, und „Die Umwelt des Menschen, Ressourcen der Erde und des Meeres“.

Gemäß ihrem Statut verbindet die UNESCO ihr Anliegen der Zusammenarbeit mit dem Kampf für Frieden und Abrüstung, gegen Kolonialismus, Rassismus und Apartheit; sie stellt die Frage nach einer Neuordnung der internationalen Wirtschaftsbeziehungen im Geiste der entsprechenden UNO-Beschlüsse und unterstützt den Kampf vieler Staaten gegen den „Informationsimperialismus“ westlicher Mächte. Bei der Diskussion dieser wichtigen Fragen sind die USA und ihre NATO-Partner in die Isolierung geraten; ihre Politik der „Depolitisierung“ der UNESCO und ihr Bestreben, die Erörterung solcher Fragen zu verhindern oder zumindest zu behindern, haben keine Unterstützung gefunden.

Als die USA-Administration Ende der 70er/Anfang der 80er Jahre ihre schroffe Wende von der Politik der Entspannung zu den Methoden des „kalten Krieges“ vollzog, wurden viele internationale Organisationen, darunter die UNESCO, zu Objekten immer erbitterterer Angriffe seitens amerikanischer Politiker und anderer offizieller Persönlichkeiten der USA. Ende 1983 forderten die USA die gesamte Weltöffentlichkeit heraus, als sie beschlossen, mit dem Jahr 1985 aus der UNESCO auszutreten. Dem gingen wiederholte Erpressungsversuche voraus, die jedoch keinen Erfolg hatten. Auch die konservative Regierung in England begab sich in das Fahrwasser dieser Politik und erklärte, daß England mit dem Jahr 1986 aus der UNESCO austritt. Indes hat sich die Position der meisten Mitgliedsländer nicht verändert; sie sind der Überzeugung, daß die UNESCO auch weiterhin ihre wichtige Mission in voller Übereinstimmung mit ihren Statuten erfüllen und niemandem gestatten wird, sie zu manipulieren.[50]

Die Erfahrungen des letzten Jahrzehnts haben der ganzen Welt vor Augen geführt, daß die internationalen Organisationen ein wichtiges Element im System der wissenschaftlich-technischen Zusammenarbeit von Ländern mit unterschiedlicher politischer Ordnung und ökonomischem Entwicklungsniveau sind und daß sie im Kampf für die Normalisierung der internationalen Beziehungen, für

[50] Vgl. N. Ivanov, Akt imperskogo nevežestva, in: Kommunist, 2/1984, S. 120—121.

die Schaffung einer Atmosphäre gegenseitiger Achtung, des Vertrauens, der Gleichberechtigung und gleicher Sicherheit eine große Rolle spielen. Andererseits hängt ihre Tätigkeit in hohem Maße von eben dieser internationalen Situation ab. Je günstiger das internationale Klima ist und je weniger Spannungen es in den Beziehungen zwischen den Ländern gibt, um so gewichtiger kann der Beitrag sein, den die internationalen Organisationen zur Lösung wissenschaftlich-technischer Probleme und aktueller Aufgaben der sozialökonomischen Entwicklung der ganzen Menschheit erbringen.

Zehntes Kapitel

Soziale Verantwortung und Ethik des Wissenschaftlers

Zu Beginn des Buches hatten wir vermerkt, daß ethische Probleme der wissenschaftlichen Tätigkeit heute zu einem speziellen Bereich der Wissenschaftsforschung geworden sind.[1] Um diese Probleme werden in den letzten Jahren heiße Diskussionen geführt, in denen sich neben Wissenschaftlern auch Persönlichkeiten der Politik und des gesellschaftlichen Lebens, der Kultur und der Kunst, Publizisten und Theologen zu Wort melden. Ein solch breites Interesse an den ethischen Fragen der Wissenschaft ist durchaus verständlich; es widerspiegelt einerseits die Widersprüche der gegenwärtigen Etappe der gesellschaftlichen Entwicklung, andererseits die gestiegene Autorität der Wissenschaft — ihr immer tieferes Eindringen in die Welt menschlicher Bestrebungen, Entscheidungen und Handlungen sowie die Erweiterung ihrer sozialen Funktionen.

Die meisten und erregtesten Diskussionen entbrennen vor allem um solche Probleme wie die Rolle der Wissenschaftler im Kampf um den Frieden und gegen den Mißbrauch wissenschaftlicher Errungenschaften zur Vorbereitung eines neuen Krieges. Große Aufmerksamkeit ziehen Fragen der Ethik biomedizinischer, neurophysiologischer und neuropsychologischer Forschung, des genetic engineering, ethische Aspekte der „Computerrevolution" u. a. auf sich, wobei den öffentlichen Diskussionen nicht immer vertiefte Analysen der entsprechenden Probleme zugrundeliegen. Das Bedürfnis nach systematischer theoretischer Analyse der sozialethischen Probleme der Wissenschaft wird indes immer unabweisbarer. Wissenschaftler und Öffentlichkeit bedürfen ihrer vor allem auch deshalb, um in Situationen, in denen bestimmte Errungenschaften der Wissenschaft neue und komplizierte ethische Probleme aufwerfen, adäquat handeln zu können.

Ethische Charakteristika, sozialethische Parameter sind eine unabdingbare Seite der wissenschaftlichen Tätigkeit; ohne ihre Analyse ist es kaum möglich, ein ganzheitliches Bild von dem vieldimensionalen Phänomen Wissenschaft zu entwerfen. Ein solches, von der Wissenschaftsforschung zu entwerfendes ganzheitliches Bild der wissenschaftlichen Tätigkeit ist seinerseits eine notwendige Voraussetzung, um die sozialethischen Probleme der Wissenschaft korrekt formulieren und sie in der Perspektive sehen zu können. Umgekehrt sind zu enge und

[1] Vgl. Abschnitt 1.1. dieses Bandes; S. R. Mikulinskij, Ešče raz o predmete i strukture naukovedenija, in: Voprosy filosofii, 7/1982.

einseitige Interpretationen der Wissenschaft nicht geeignet, die ganze Kompliziertheit und Widersprüchlichkeit der sozialethischen Problematik zu erfassen.

Als eine Form des Selbstbewußtseins der Wissenschaft erhebt die Analyse der sozialethischen Probleme nicht den Anspruch, letzte und endgültige Verdikte auszusprechen; sie ersetzt nicht den Wissenschaftler als Subjekt moralischer Handlung und entlastet ihn nicht von der Bürde der sittlichen Verantwortung und der Wahl. Im Gegenteil: Ihre Aufgabe ist es, sowohl die Entscheidungssituation selbst, als auch ihre Gründe und die möglichen Folgen der Entscheidung hinreichend klar und umfassend darzustellen, damit der ethische Kern des Problems, der dem oberflächlichen Blick oft verlorengeht, klarer zutagetrete.

Bekanntlich sind gegenwärtig verschiedene Projekte eines Kodex der Wissenschaftsethik im Angebot und in der Diskussion. Für sich genommen sind diese Initiativen sehr bemerkenswert, denn sie widerspiegeln das unter Wissenschaftlern immer stärker werdende Gefühl ihrer sozialen Verantwortung. Wie die Praxis jedoch zeigt, sind die konkreten Situationen, in denen sich Wissenschaftler vor ethische Probleme gestellt sehen, so vielfältig, daß sie durch einen einheitlichen Kodex fertiger Entscheidungen kaum erfaßbar sein dürften. Das gilt übrigens nicht nur für die Wissenschaft. Universelle Verhaltenskodexe, die den Menschen praktisch davon entbunden hätten, in den verschiedensten Lebenssituationen moralische Entscheidungen zu treffen und die Verantwortung für sie zu tragen, hat es in der Geschichte noch nie gegeben. Überdies bringt der Fortschritt der Wissenschaften immer wieder Situationen hervor, die allein mit den bisher von der Menschheit gemachten sittlichen Erfahrungen nicht zu bewältigen sind. Zum Beispiel sei an die heftigen Diskussionen erinnert, die es angesichts der erfolgreichen Experimente mit Herztransplantationen um die Frage gegeben hat, wie der Zeitpunkt des Eintritts des Todes bei einem Organspender zu bestimmen sei. Ebenso ernst ist die Frage, wie angesichts der Experimente mit menschlichen Embryonen entschieden werden soll, ab welchem Zeitpunkt der embryonalen (oder postembryonalen) Entwicklung das sich entwickelnde Wesen mit allen daraus folgenden Konsequenzen als Kind anzusehen ist.

Man kann an die ethischen Probleme der Wissenschaft aber auch anders herangehen, d. h. nicht mit der Absicht, einen allgemeingültigen Kodex aufzustellen, sondern alles zu beschreiben und zu analysieren, was in konkreten Situationen zu solchen Problemen führt. Die Analyse dieses empirischen Materials läßt dann gewisse Verallgemeinerungen zu; sie ermöglicht, das, was für eine konkrete Situation und für ein konkretes Wissensgebiet charakteristisch ist, von dem abzuheben, was von allgemeinerer Bedeutung ist, Zusammenhänge und Regelmäßigkeiten aufzuspüren usw., kurz: an die Problematik so heranzugehen, wie es in der Wissenschaft generell üblich ist. Auf eben diesem Wege vollzieht sich die Herausbildung der Ethik der Wissenschaft als einer spezifischen Disziplin der Wissenschaftsforschung.

Die Ethik der Wissenschaft verfolgt also nicht das Ziel, Vorschriften vorzugeben, die für alle Einzelfälle verbindlich sind; sie beansprucht nicht, für den Wissenschaftler die ethischen Probleme zu lösen, mit denen dieser sich konfrontiert sieht. Ihre eigentliche Aufgabe besteht darin, die ethischen Probleme und Widersprüche, die sich in der wissenschaftlichen Tätigkeit ergeben, zu identifizieren und exakt zu formulieren, ihre sozialen Ursprünge auszumachen und die ethischen Normen kritisch zu analysieren und zu begründen. Worum es also geht, ist, den ethischen Gehalt der wissenschaftlichen Tätigkeit zu erforschen, gleich ob er verborgen ist oder direkt zutage tritt.

Die Ethik der Wissenschaft umfaßt zwei Problembereiche: zum einen gehören Fragen der professionellen Verantwortung des Wissenschaftlers, zum anderen die seiner sozialen Verantwortung. Beide Bereiche lassen sich nur bedingt voneinander trennen; sie sind in der Realität eng miteinander verbunden und verflochten.

1. Die professionelle Verantwortung des Wissenschaftlers

Die in diesem Buch schon wiederholt zitierte Marxsche Kennzeichnung der Wissenschaft als allgemeine Arbeit ist auch für das Verständnis der sozialethischen Aspekte der wissenschaftlichen Tätigkeit von prinzipieller Bedeutung. Die Eigenschaft der wissenschaftlichen Tätigkeit, allgemeine Arbeit zu sein, bestimmt die Spezifik der sozialen Beziehungen in der Wissenschaft und damit auch die Spezifik der diese Beziehungen regulierenden Normen und Mechanismen. Dies erhellt insbesondere aus einem Vergleich der Arbeitsteilung und Kooperation in der industriellen Produktion und in der Wissenschaft.

Der Arbeiter in der industriellen Produktion hat es in der Regel mit einem ganz bestimmten Teil des gesamten Fertigungsprozesses eines Erzeugnisses zu tun. Die Charakteristika, Parameter und der Zweck des Erzeugnisses sind ihm vorgegeben; auch ist vor Beginn des ganzen Prozesses bekannt, welche Operationen ausgeführt werden müssen, damit der Arbeiter seine Arbeit beginnen kann, und welche Operationen dann folgen. Seine Arbeit wird also, allgemein gesprochen, nach festen, eindeutigen und formalisierbaren Kriterien bewertet. Die wissenschaftliche Arbeit dagegen hat die prinzipielle Besonderheit, daß ihr Produkt in jedem konkreten Falle *neues* — und das heißt: unikales — Wissen sein soll. Natürlich gilt auch für den wissenschaftlich Tätigen, daß er Resultate der Arbeit seiner Vorgänger und Zeitgenossen nutzt, kombiniert und transformiert; das Produkt seiner Arbeit ist aber eine prinzipiell neue Kombination, deren Schema nicht vor Beginn des Prozesses vorgegeben werden kann. Die Verfahren und Kriterien für die Bewertung des Produkts der wissenschaftlichen Arbeit sind deshalb nicht so einfach und eindeutig wie im Falle der Arbeit in der industriellen Produktion.[2] Diese Unbestimmtheit wirkt sich in hohem Maße auf die

[2] Vgl. Abschnitt 8.6. dieses Bandes.

Spezifik der sozialen Beziehungen in der Wissenschaft und auf ihre Regulierung aus.

Die Unbestimmtheit der laufenden Bewertung eines Forschungsergebnisses bedingt die wechselseitige Abhängigkeit, die für die Beziehungen zwischen dem betreffenden Forscher und seinen Kollegen charakteristisch ist. Einerseits müssen sich die Kollegen darauf verlassen können, daß es sich um ein Ergebnis gewissenhafter Forschung handelt, bei der alle erforderlichen experimentell-technischen und methodologischen Normen streng eingehalten wurden. Stellt es sich heraus, daß diese Normen verletzt wurden, kann dem Ergebnis keine ernsthafte Bedeutung beigemessen werden. Oft aber kann die Prüfung nur vorgenommen werden, wenn der ganze Forschungsprozeß noch einmal wiederholt wird, was natürlich nicht für jedes Ergebnis möglich ist. In wissenschaftlichen Publikationen erfüllen deshalb genaue Beschreibungen der durchgeführten Experimente und ihrer Methodik oder die Darlegung der theoretisch-methodologischen Begründung der betreffenden Forschungsarbeit eine wichtige Kontrollfunktion. Andererseits muß der Wissenschaftler erwarten können, daß seine Kollegen sich unvoreingenommen und unbeeinflußt durch äußere Umstände zu seinem Ergebnis äußern. In dieser Meinungsäußerung kommt die laufende Bewertung der betreffenden Forschungsarbeit zum Ausdruck; von ihr hängt die wissenschaftliche Reputation des Forschers und in hohem Maße auch die Möglichkeit zur Fortführung der Arbeiten ab. Diese wechselseitige Abhängigkeit ist mithin notwendig, um die Wissenschaft als System wissenschaftlicher Tätigkeiten und als soziale Institution stabil zu reproduzieren. Sie ist ein subtiler Mechanismus der Selbstregulierung der wissenschaftlichen Tätigkeit, die in hohem Maße auf dem gegenseitigen Vertrauen der sie Ausführenden beruht.

Was die erwähnten methodologischen und experimentell-technischen Normen angeht, so erfüllen sie eine doppelte Funktion. Erstens sind zuverlässige Ergebnisse nur möglich, wenn diese Normen eingehalten werden. Zweitens dienen sie innerhalb der wissenschaftlichen Gemeinschaft als Mittel der sozialen Kontrolle. Ein Wissenschaftler erhält in der Regel erst dann das Recht zur selbständigen Durchführung von Forschungsarbeiten, nachdem erwiesen ist, daß er fähig und bereit ist, in seiner Arbeit diesen Normen zu folgen.

Die Probleme der Ethik der Wissenschaft überschneiden sich demzufolge in bestimmter Hinsicht mit denen der Methodologie der Wissenschaft. Die Methodologie hat es mit den in der wissenschaftlichen Tätigkeit angewandten Methoden und Prozeduren zu tun; sie deckt die bei weitem nicht immer offenkundigen Voraussetzungen auf, die einer bestimmten Theorie, einer bestimmten Forschungsrichtung oder einem bestimmten Entwicklungsstadium der Wissenschaft zugrunde liegen. Ihre Hauptaufgabe besteht darin, die Normen der wissenschaftlichen Tätigkeit, insbesondere die sich historisch verändernden Standards der Beweiskräftigkeit und der Begründbarkeit des Wissens sowie die Muster und Ideale, nach denen sich Wissenschaftler orientieren, zu untersuchen. Die normative Struktur und die normative Regulierung der wissenschaftlichen Tätigkeit sind unter spezifischem Blickwinkel aber auch Gegenstand der Ethik der Wissenschaft. „Als eine Tätigkeit, die der Wahrheitssuche dient“, vermerkt G. Skirbekk, „wird die Wissenschaft durch Normen reguliert wie ‚Suche die Wahrheit‘, ‚Vermeide Unsinn‘, ‚Drücke Dich klar aus‘, ‚Prüfe Deine Hypothesen so gründlich wie möglich‘ — so etwa könnten diese inneren Normen der Wissenschaft formuliert werden.“[3]

Schon die professionelle Kompetenz des Wissenschaftlers setzt also voraus, daß er sich an *methodologische* Normen und Vorschriften hält; indem er aber dafür *verantwortlich* ist, ob diese Normen eingehalten werden oder nicht, ist das Problem methodologischer Normen zugleich ein Problem des Ethos des Wissenschaftlers. In diesem Sinne gehört die Ethik mit zu den Voraussetzungen der Wissenschaft und reduzieren sich die Beziehungen zwischen Wissenschaft und Ethik nicht auf den Gebrauch oder Mißbrauch wissenschaftlicher Ergebnisse.

In der westlichen Literatur steht die Diskussion um Probleme der Ethik der Wissenschaft unter dem starken Einfluß der Konzeption Robert K. Mertons, dargelegt in seinen Arbeiten „Die normative Struktur der Wissenschaft“ (1942) und „Die Ambivalenz des Wissenschaftlers“ (1965).[4] Merton versucht, das „Ethos der Wissenschaft“ zu beschreiben. Dieses stellt sich ihm als ein Komplex von Werten und Normen dar, die von einer Wissenschaftlergeneration zur anderen reproduziert werden und für jede verbindlich sind. Zu den institutionellen Normen, die Merton zufolge sowohl methodologisch (technisch) als auch soziologisch (moralisch) von Bedeutung sind, zählt er Universalismus, Kommunismus (gemeinschaftlicher Charakter wissenschaftlicher Ergebnisse), Uneigennützigkeit und organisierten Skeptizismus.[5]

Die Norm des „Universalismus“ fordert vom Wissenschaftler, sich nicht auf subjektive, persönliche, Gruppen-, nationale u. a. partikulare Vorurteile und Interessen zu orientieren, sondern auf die Suche nach objektivem Wissen. Die Norm des „Kommunismus“ besagt, daß die Ergebnisse wissenschaftlicher Arbeit Gemeingut der gesamten wissenschaftlichen Gemeinschaft sind und vom Wissenschaftler nicht als persönliches Eigentum betrachtet werden dürfen, wenngleich er beanspruchen kann, daß sein Beitrag von den Kollegen adäquat bewertet und seine Priorität anerkannt wird. Die Norm der „Uneigennützigkeit“ schreibt vor, daß der Wissenschaftler sich wohl von der Leidenschaft zur Wahrheitssuche und von selbstloser Neugier leiten lassen soll, nicht aber nach persönlichem Vorteil

[3] G. Skirbekk, Some reflections on expertise and politics, in: Encyclopedia moderna, 30-1/1975, S. 34.

[4] Vgl. R. K. Merton, The Sociology of Science: Theoretical and empirical investigations, Chicago—London 1973.

[5] Vgl. auch: R. K. Merton, Wissenschaft und demokratische Sozialstruktur, in: Wissenschaftssoziologie I: Wissenschaftliche Entwicklung als sozialer Prozeß, hg. von Peter Weingart, Frankfurt/M. 1972, S. 45—59.

streben darf. Der „organisierte Skeptizismus" schließlich verlangt vom Wissenschaftler eine kritische Einstellung gegenüber seinen eigenen Ergebnissen wie gegenüber denen seiner Kollegen, die es immer und immer wieder zu überprüfen gilt; wenn sich ein Wissenschaftler in seinen Arbeiten auf bestimmte Ergebnisse stützt, ist er voll dafür verantwortlich, daß diese auch zuverlässig sind.

Dieser Normenkomplex ist wiederholt, wenn auch nicht immer hinreichend begründet, der Kritik unterzogen worden. Viele Autoren stoßen sich an der Abstraktheit der von Merton genannten Normen und verweisen darauf, daß der Wissenschaftler in seiner realen Tätigkeit sie nicht selten verletzt, ohne dafür von seinen Kollegen zur Rechenschaft gezogen zu werden. Unter dem Eindruck dieser Kritik hat Merton später versucht, seine Analyse der normativen Struktur der Wissenschaft an die reale Praxis der wissenschaftlichen Arbeit anzupassen. Er stellte nunmehr fest, daß es gegensätzlich gerichtete normative Vorschriften gibt, von denen sich der Wissenschaftler in seiner Arbeit leiten läßt. Die Widersprüchlichkeit dieser Normen und „Gegennormen" hat zur Folge, daß der Wissenschaftler sich oft in einem Zustand der Ambivalenz und Unsicherheit befindet. Beispielsweise soll er seine Ergebnisse so schnell wie möglich den Kollegen zugänglich machen, soll sie aber zugleich erst dann publizieren, nachdem er sie sorgfältig und immer wieder überprüft hat; er soll aufnahmebereit für neue Ideen sein und zugleich nicht blind jeder intellektuellen Mode folgen; er soll alle einschlägigen Arbeiten seiner Vorgänger und Kollegen kennen und zugleich so erudiert sein, daß die Selbständigkeit seines Denkens nicht beeinträchtigt wird.

Das Problem der Ambivalenz der Normen des wissenschaftlichen Ethos ist von dem amerikanischen Wissenschaftssoziologen I. Mitroff weiter verfolgt worden.[6] Er kam zu dem Schluß, daß jeder Norm, deren sich der Wissenschaftler bedient, um seine eigenen Aktivitäten oder die seiner Kollegen zu bewerten, eine ebenso effektiv gehandhabte Gegennorm entspricht. Norm und Gegennorm erweisen sich dabei als von gleicher funktionaler Bedeutung für die Entwicklung der Wissenschaft und für die Aufrechterhaltung stabiler Beziehungen zwischen den Wissenschaftlern. Das Verhalten der Wissenschaftler wird demzufolge nicht von einem einzigen normativen Satz, sondern von zwei miteinander wechselwirkenden alternativen normativen Strukturen reguliert.

Hingegen hält M. Mulkay ein wissenschaftliches Ethos überhaupt nicht für sinnvoll und schlägt vor, „daß das, was man für die institutionalisierten Normen der Wissenschaft hielt, lediglich ein Teil eines viel breiteren Repertoires sozialer Formulierungen ist, welche die Wissenschaftler als Ressourcen verwenden, wenn es um die Akzeptierung spezifischer Wissensansprüche geht."[7] Indes ist es für den Wissenschaftler selbst in solchen Fällen nur dann sinnvoll, sich an

[6] Vgl. I. I. Mitroff, The Subjective Side of Science, Amsterdam 1974.

[7] M. Mulkay, Wissen und Nutzen, Implikationen für die Wissenssoziologie, in: Wissenssoziologie, hg. von Nico Stehr und Volker Meja, Oppladen 1981, S. 56.

normative Urteile zu halten, wenn diese Urteile von der wissenschaftlichen Gemeinschaft allgemein oder doch zumindest in hohem Grade akzeptiert werden; überdies ist das keineswegs die einzige Funktion von Normen. Die soziale Institutionalisierung der Normen der Wissenschaft bedeutet, daß die ihnen entsprechenden Verhaltensmuster von den Wissenschaftlern als natürliche Verhaltensformen übernommen worden sind.

In diesem Zusammenhang sei vermerkt, daß Mulkay bei aller radikalen Kritik, mit der er Mertons Konzeption bedenkt, sich doch faktisch auf eine der Grundvoraussetzungen dieser Konzeption stützt. Diese Voraussetzung wird übrigens — explizit oder implizit — von den meisten westlichen Wissenschaftsforschern akzeptiert. Wir meinen das, was N. Storer gut auf den Begriff gebracht hat, als er schrieb, daß Merton auf die grundlegende Bedeutung der beruflichen Anerkennung als legitime Belohnung für wissenschaftliche Leistungen hingewiesen habe und daß diese Anerkennung variiert von der bloßen Zitierung in der Arbeit eines anderen Kollegen bis zur ehrenhaften Zuerkennung des Nobelpreises.[8]

Natürlich ist ein solches Herangehen legitim, um so mehr, als mit ihm interessante Ergebnisse erzielt wurden. Insgesamt jedoch erscheint ein solches Verständnis der wissenschaftlichen Tätigkeit und der ihr zugrundeliegenden und sie regulierenden Mechanismen und Motive als zu eng. Es berücksichtigt z. B. nicht, daß ein wichtiges Motiv der wissenschaftlichen Tätigkeit auch darin besteht, neues Wissen zu erzeugen, um es in der Praxis anwenden zu können. Ebenso bleibt der weltanschauliche Wert wissenschaftlicher Erkenntnisse außerhalb der Betrachtung, d. h. daß wissenschaftliche Erkenntnisse das Weltbild nicht nur der wissenschaftlichen Gemeinschaft, sondern auch der breiten Öffentlichkeit zu verändern vermögen, was durchaus als eigenständiges Motiv der Arbeit des Wissenschaftlers angesehen werden kann. Solcherart Motive, die nicht durch die wissenschaftliche Gemeinschaft als solche vorgegeben sind, sondern durch den Einschluß der Wissenschaft in einen umfassenderen sozialen und kulturellen Kontext, durch ihre Wechselbeziehungen mit der Gesellschaft, lassen sich nur dann fixieren und analysieren, wenn die auf den unterschiedlichsten Ebenen der wissenschaftlichen Tätigkeit wirkenden Determinanten und Regulierungsmechanismen berücksichtigt und speziell untersucht werden.

Noch wesentlicher aber ist, daß im Rahmen einer Konzeption, in der die Anerkennung durch Kollegen als einziges Motiv der Tätigkeit des Wissenschaftlers akzeptiert wird, im Grunde genommen die Frage nach der Wahrheit des Wissens von vornherein ausgeklammert bleibt. Genauer gesagt: Sie kann nur aus der Sicht der historisch veränderlichen Kriterien und Vorstellungen von Wahrheit, denen die betreffende wissenschaftliche Gemeinschaft folgt und die sie bei der Bewertung der Leistung eines Wissenschaftlers anwendet, gestellt werden. Wenn überdies Anerkennung durch Kollegen das alleinige Motiv wissenschaft-

[8] Vgl. N. Storer, Sociologija nauki, in: Amerikanskaja sociologija, Moskva 1972, S. 253.

lichen Schöpfertums wäre, dann wäre es für den Wissenschaftler ganz und gar unweckmäßig und sogar unsinnig, Ansichten zu entwickeln, die den gängigen Vorstellungen der wissenschaftlichen Gemeinschaft widersprechen. In der Terminologie Kuhns hieße dies, daß dem Wissenschaftler nur der Weg bliebe, ein bestehendes Paradigma auszufüllen und zu vertiefen. Es wäre aber in höchstem Grade seltsam, wenn die sozialethischen Normen, die die Tätigkeit der wissenschaftlichen Gemeinschaft regulieren, es ausschließen würden, fundamentale Entdeckungen zu machen, die mit bisher gängigen Auffassungen radikal brechen. Natürlich ist in solchen Situationen die Kontrolle in der Regel besonders streng, indes darf die normative Struktur der Wissenschaft nicht so starr sein, daß jede solche Situation ihre Grundlagen total untergräbt.

Allgemein gesagt setzt die Mertonsche Konzeption ein entfremdetes Verhältnis des Wissenschaftlers zum Produkt seiner Tätigkeit voraus, wenn sie das von ihm erzielte neue Wissen lediglich als eine Leistung versteht, für die er Anerkennung beansprucht. Ein persönliches, interessiertes Verhältnis zu seiner Leistung erscheint dann zwangsläufig als Anomalie. Letztlich konstituiert Merton als Hauptziel der Forschung nicht ein inhaltliches (Produktion neuen Wissens), sondern ein formales (symbolische Anerkennung durch die wissenschaftliche Gemeinschaft) Kriterium. Ein solches Verständnis der wissenschaftlichen Tätigkeit erleichtert möglicherweise die empirische Untersuchung einzelner ihrer Seiten, stellt sie aber offenkundig insgesamt einseitig und in verzerrter Form dar.[9]

Augenscheinlich ist der Wissenschaftssoziologe Mertons wie auch vielen anderen Richtungen der bürgerlichen Soziologie generell ein gewisser „soziologischer Atomismus“ eigen, der jener erkenntnistheoretischen Robinsonade ähnelt, mit der sich schon Marx auseinandergesetzt hat. Als elementare Einheit, von der die Analyse auszugehen hat, wird das einzelne Individuum genommen, so daß die normativen Strukturen und darunter die ethischen Regulative der wissenschaftlichen Tätigkeit als sekundär erscheinen, als etwas dem Individuum von außen Auferlegtes. Die empirischen Daten, die auf diesem Wege gewonnen werden, beziehen sich immer auf das einzelne Individuum, und nachfolgende Verallgemeinerungen bleiben zwangsläufig beschränkt, weil das, was zuverlässig ausgesagt werden kann, immer nur auf die individuelle Ebene fixiert bleibt. Alle anderen Ebenen aber — die Wissenschaft als Ganzes, disziplinäre Gemeinschaften usw. — können nur insoweit erfaßt werden, als sie aus den empirischen Daten, die sich auf die Ebene der Individuen beziehen, logisch ableitbar sind.

Der Ausweg besteht darin, daß empirische Daten erst erhoben werden, nachdem die betreffende Problematik theoretisch durchgearbeitet ist. Gemeint

[9] Kennzeichnend in dieser Hinsicht sind Arbeiten zur Untersuchung von Konkurrenz und Wettbewerb in der Wissenschaft. Vgl. z. B.: W. Hagstrom, On Competition in Science, in: American Sociological Review, 1/1974, S. 1—18. — Der Autor entwickelt hier ein Marktmodell der Wissenschaft, d. h. überträgt die Verhältnisse des kapitalistischen Marktes auf die Wissenschaft und hält das auch noch für ganz natürlich.

ist eine solche theoretische Durcharbeitung, bei der die soziale Institution Wissenschaft nicht als eine von vornherein zergliederte erscheint, sondern die Zusammenhänge zwischen der individuellen und den anderen Ebenen als doppelt gerichtete angesehen werden, d. h. daß einerseits die individuelle Tätigkeit als von sozialen Beziehungen und Strukturen determiniert gesehen und andererseits ihr Einfluß auf die Reproduktion und das Funktionieren dieser Beziehungen und Struktur beachtet wird. Dann lassen sich solche Zusammenhänge insbesondere auch auf der individuellen Ebene nachweisen. Hieran wird deutlich, wie notwendig es ist, ausgehend von der Kennzeichnung der Wissenschaft als allgemeine Arbeit, immer jene Zusammenhänge zwischen dem einzelnen Wissenschaftler und seinen Kollegen im Auge zu behalten, von denen oben die Rede war. Sie sind ebenso objektiv, real und primär wie die individuelle Forschertätigkeit, die durch sie in hohem Grade strukturiert wird und nur im Kontext dieser Zusammenhänge ihre spezifischen Züge annimmt und ausformt. Deshalb sind auch die ethischen Regulative der Tätigkeit des Wissenschaftlers nicht von außen auferlegt, sondern sie liegen den sie bildenden Strukturen zugrunde.

Natürlich ist das eben dargelegte Schema wechselseitiger Zusammenhänge eine Idealisierung. In der angewandten Forschung haben wir es mit Bewertungsmechanismen zu tun, die vielfach anders funktionieren. Das Befolgen experimentell-technischer und methodologischer Normen wird freilich auch hier am effektivsten durch Kollegen kontrolliert. Die Bewertung des Ergebnisses und vor allem seiner instrumentellen Bedeutsamkeit, die in der angewandten Forschung ja besonderes Gewicht hat, hängt aber hier in entscheidendem Maße von Kriterien der technisch-ökonomischen Effektivität ab; dasselbe gilt für die Wahl der Forschungsrichtung.

Außerdem zeigt die reale Praxis, daß es genügend Abweichungen von dem dargestellten Idealschema gibt, so z. B. falsifizierte Forschungsergebnisse, Verletzung technischer Normen des Experimentierens, nichtobjektive, etwa durch Gruppeninteressen diktierte Bewertungen von Ergebnissen u. a. Das ist aber nicht für Wissenschaft spezifisch, sondern gilt für alle Situationen, in denen menschliche Tätigkeiten durch ethische Normen reguliert werden. Wichtig ist allein das Vorhandensein einer solchen normativen Struktur, denn sie gewährleistet — in den Grenzen des ihr Möglichen — einen stabilen und ungeachtet einzelner Anomalien sich reproduzierenden Ablauf der wissenschaftlichen Tätigkeiten. Damit hängt übrigens auch die spezifische Schwierigkeit zusammen, die sich bei der Untersuchung ethischer Normen ergibt: Eine empirische Untersuchung, die Belege dafür zutage fördert, daß diese Normen verletzt werden, ist kein Beweis dafür, daß die Normen nicht zu Recht bestehen. Jede Norm wirkt nicht nur für sich genommen, sondern vor allem als Element der normativen Struktur als Ganzes.

Die normative Struktur der Wissenschaft gewährleistet die Kooperation und Kommunikation der Wissenschaftler als Ausführende von allgemeiner Arbeit; sie ist ein Mechanismus der Selbstorganisation und Selbstregulierung der wissenschaftlichen Tätigkeit, der sich historisch herausgebildet hat. Ohne gebührende Berücksichtigung dieser Ressourcen der Selbstregulierung, über die die Wissenschaft verfügt, können Leitung, Planung und Organisation der Wissenschaft nicht wirklich effektiv sein. Im Laufe der Zeit, nämlich in dem Maße, wie die soziale Institution Wissenschaft sich entwickelt und die funktionalen Zusammenhänge zwischen ihr und anderen sozialen Institutionen komplizierter werden, transformiert sich auch dieser Regelmechanismus. Insbesondere kommt es zu einer gewissen Formalisierung der normativen Regulierung: Neben der Veröffentlichung tritt z. B. als ein anderes Mittel zum Schutze der Priorität die Patentierung auf; auch die Prozeduren, mittels derer Wissenschaftlern die Fähigkeit zur selbständigen Forschungsarbeit bestätigt wird, werden formalisiert usw.

Zugleich erweist sich im Laufe der historischen Entwicklung der Wissenschaft als soziale Institution, daß die ethischen Regulierungsmechanismen nicht ausreichend sind. Neben ihnen bilden sich deshalb noch andere Mechanismen heraus, z. B. solche der rechtlichen oder der ökonomischen Regulierung. Diese heben jedoch die Notwendigkeit der ethischen Regulierung keineswegs auf und ersetzen sie nicht. Im Gegenteil, das Bedürfnis nach Vervollkommnung der Mechanismen der ethischen Regulierung wird heute immer unabweisbarer. So bringt z. B. die Entwicklung kollektiver Formen der wissenschaftlichen Tätigkeit neue Probleme der Beziehungen zwischen Leiter und Mitarbeitern oder zwischen erfahrenen Mitarbeitern und wissenschaftlichem Nachwuchs innerhalb des Kollektivs mit sich. Die meisten dieser Probleme haben ganz offensichtlich starke ethische Komponenten.

Von noch größerer Aktualität sind die sozialethischen Probleme, die sich aus der wachsenden Leistungsfähigkeit der Wissenschaft und ihren qualitativ neuartigen Funktionen in den Beziehungen zwischen Wissenschaft und Gesellschaft ergeben. Diese Fortschritte nötigen in vielen Fällen dazu, die Fragen der sozialen Verantwortung der Wissenschaftler neu zu stellen und neu zu durchdenken.

2. Das Problem der sozialen Verantwortung

Die Problematik der sozialen Verantwortung des Wissenschaftlers ist keineswegs neu.[10] Indes ist sie bis zur Mitte unseres Jahrhunderts noch nie systematisch untersucht worden. Soweit das Problem auch schon früher gelegentlich diskutiert wurde, geschah dies gewissermaßen en passant. Erörterungen, wie wir

[10] Zur Geschichte dieser Problematik vgl.: M. P. Medjanceva, Otvetstvennost' učenogo kak social'no-etičeskaja problema, Kazan 1973; V. G. Ganžin, Nravstvennost' i nauka, Moskva 1978; K. G. Zalijev, Problema sootnošenija nauki i nravstvennosti v vozzrenijach estestvoispytatelej vtoroj poloviny XIX-načala XX vv., in: Voprosy estestvoznanija i techniki, 4/1980.

sie von verschiedenen Autoren aus der Vergangenheit kennen, zeugten zwar zumeist von der humanistischen Gesinnung und der tiefen Besorgnis des betreffenden Autors, bezogen sich jedoch in der Regel nur wenig auf die reale Forschungspraxis. Ethische Fragen und ethische Wertungen betrafen meistens die Wissenschaft als solche und vermochten infolge ihres globalen Charakters die Tätigkeit des konkreten Forschers, die Herausbildung und die Richtung seiner wissenschaftlichen Interessen nur selten zu beeinflussen.

Dennoch wäre es falsch zu glauben, daß sie keinerlei Bedeutung gehabt hätten. Ihre Rolle bei der Herausbildung der modernen Wissenschaft ist, im Gegenteil, unumstritten, denn in diesem Prozeß hatte sich die Wissenschaft gegenüber der Kultur und der Gesellschaft auch moralisch zu rechtfertigen.

Die Herausbildung der neuzeitlichen Wissenschaft war durch eine Vielzahl von Faktoren und nicht zuletzt auch dadurch bedingt, daß wissenschaftliche Erkenntnis moralisch gebilligt wurde. Heute sind die sozialen Funktionen der Wissenschaft vielfältiger geworden, und die Wissenschaft ist über weit mehr Kanäle mit der Gesellschaft vermittelt. Reflexionen über die Wissenschaft und insbesondere über die Wandlungen ihrer sozialen Funktionen und Wertcharakteristika haben deshalb heute vielfach die Form von Diskussionen über ethische Fragen der Wissenschaft. Jedoch sind solche Diskussionen nur wenig effektiv und konstruktiv, wenn sie die Wissenschaft als undifferenziertes Ganzes im Auge haben und sie summarisch — gleich, ob positiv oder negativ — zu bewerten trachten.

Pauschale Wertungen der Wissenschaft des Typs „Wissenschaft ist gut", „Wissenschaft ist ihrem Wesen nach moralisch" oder „Die Wissenschaft ist neutral gegenüber der Moral" usw. reichen heute nicht mehr aus. Wir können die Wissenschaft heute nicht mehr als etwas der Gesellschaft Äußerliches betrachten, das von außen her in sie hineingetragen wird. Überdies läßt die Fragestellung „Wissenschaft — Wohltat oder Plage?" implizit den Gedanken zu, daß der Wissenschaft im Prinzip das Existenzrecht auch abgesprochen werden könne. Würde diese Frage, ob die Wissenschaft als solche gut oder schlecht sei, in jener generellen Form diskutiert, so wäre das ziemlich das gleiche, als wenn wir diese Frage im Hinblick auf irgendeines unserer lebenswichtigen Organe — z. B. das Gehirn — stellen würden. So wie das Gehirn aber existiert und für das Leben des Organismus unabdingbar ist, so sind auch die Existenz und die Entwicklung der heutigen Gesellschaft ohne Wissenschaft undenkbar. Jegliche antiszientistischen Konzeptionen erweisen sich damit als perspektivlos.

Auf Grund des im 20. Jahrhundert erfolgten engen Zusammenschlusses zwischen Wissenschaft und Produktion und der raschen Verwertung wissenschaftlicher Erkenntnisse bleibt es nicht aus, daß von der Produktion auch Ergebnisse und Empfehlungen übernommen werden, die noch nicht hinreichend gesichert bzw. deren Folgen nicht völlig überschaubar sind. Der Schaden, der aus solchen Anwendungen erwächst, kann beträchtlich sein. Der sichtbarste, wenn auch nicht der einzige Beleg für diese Tatsache ist die sich in den letzten Jahrzehnten rapide verschlechternde ökologische Situation in vielen Ländern.

Je fundamentaler wissenschaftliche Errungenschaften sind, um so größer ist die Gefahr, daß ihre Anwendungen — vor allem zu militärischen Zwecken — zu unabsehbaren Folgen führen können. „Wie weit auch immer die eigene Arbeit von einer technischen Anwendung entfernt ist", schrieb Max Born, „bedeutet sie doch ein Glied in der Kette von Handlungen und Entscheidungen, die das Schicksal des Menschengeschlechts bestimmen."[11]

Zum Zwecke der näheren Erörterung der Problematik der sozialen Verantwortung des Wissenschaftlers wenden wir uns einigen Tatsachen der neuesten Geschichte zu. Die gravierendste ist die Tragödie der japanischen Städte Hiroshima und Nagasaki. Sie ist eine ernste Lehre, denn sie hat aller Welt vor Augen geführt, daß die Ergebnisse wissenschaftlicher Tätigkeit nicht nur den Wohlstand der Menschheit befördern, sondern bei unverantwortlicher Anwendung auch die Existenz der Menschheit in Frage stellen können. 1950 unterschrieb eine Gruppe ehemaliger Spezialisten aus Los Alamos eine Erklärung, in der sie die USA aufforderten, sich zu verpflichten, die Wasserstoffbombe nicht als erste anzuwenden. Der einzige Grund, den sie namhaft machten, um an der Bombe zu arbeiten, war, daß sie glaubten, ihre Herstellung könne ihre Anwendung verhindern. Die bittere Erfahrung des zweiten Weltkrieges zeigt jedoch, daß wissenschaftliche und technische Errungenschaften, wenn sie in die Hände von Militaristen geraten, der Menschheit unermeßliches Leid bringen können. Die Anwendung von Napalm im Krieg der USA gegen Vietnam und die massenhafte Vernichtung von Wäldern durch Entlaubungsmittel und von Ernten durch Herbizide haben diese Erfahrung ein übriges Mal bestätigt. In diesem Krieg haben die USA allein in Vietnam 3 Milliarden Quadratmeter fruchtbaren Bodens und 325 Tausend Hektar Wald vernichtet.[12] Während im zweiten Weltkrieg 350 Millionen Kubikmeter Grund und Boden verwüstet wurden, waren es im Vietnamkrieg 2947 Millionen Kubikmeter.[13] Im Zusammenhang dieser Ereignisse entstand der Begriff „Ökozid".

Nach dem zweiten Weltkrieg drang das Gefühl der Verantwortung für die Folgen der Anwendung der Wissenschaft immer umfassender in das Bewußtsein der Weltöffentlichkeit ein. Vielen Wissenschaftlern wurde bewußt, daß die Wissenschaft nach dem zweiten Weltkrieg in eine völlig neue Situation geraten war. Diese Einsicht stimulierte ihre gesellschaftspolitischen Aktivitäten und führte u. a. zur Entstehung der Pugwash-Bewegung. 1945 wurde das „Bulletin of Atomic Scientists" gegründet, eine der ersten Zeitschriften, in der Fragen der Ethik und der sozialen Verantwortung der Wissenschaftler umfassend diskutiert wurden.

In den letzten Jahren hat sich die Gefahr einer nuklearen Katastrophe

[11] M. Born, Erinnerungen und Gedanken eines Physikers, in: Max und Hedwig Born, Der Luxus des Gewissens (hg. von Armin Hermann), München 1982.

[12] Vgl. M. S. Giljarov, Surovyj obvinitel'nyj akt, in: Vestnik AN SSSR, 1/1978.

[13] Vgl. N. N. Smirnov, Voennoje razrušenije biosfery, in: Progress, 9/1981, S. 63.

infolge der Aktivierung der aggressiven imperialistischen Kräfte erhöht. In Reaktion darauf erging vom XXVI. Parteitag der KPdSU an die Wissenschaftler der Welt der Appell, ein autoritatives internationales Komitee zu gründen, das die Lebensnotwendigkeit der Verhinderung einer nuklearen Katastrophe aufzeigen sollte. Dieser Appell, der die Verantwortung der Wissenschaftler für die Geschicke der Welt und den humanistischen Charakter der Wissenschaft akzentuierte und von der Sorge um die Zukunft der Menschheit erfüllt war, hat bei den Wissenschaftlern in der ganzen Welt ein breites Echo gefunden.

Neben der Verantwortung, die der Wissenschaftler vor seinen Mitmenschen als Mensch und Staatsbürger hat, ist ihm auf Grund seines spezifischen Fachwissens eine besondere Verantwortung für die Erhaltung des Friedens in der Welt auferlegt. Diese gebietet ihm, erstens, die Öffentlichkeit über die Ausmaße und die Folgen einer möglichen nuklearen Katastrophe zu informieren. Zweitens sind die Wissenschaftler berufen, die Notwendigkeit der friedlichen Koexistenz als einzig vernünftige Alternative in der heutigen Welt öffentlich darzulegen und gegen das Wettrüsten aufzutreten. Und drittens schließlich müssen sich die Wissenschaftler mit allen anderen gesellschaftlichen Kräften, die sich für Frieden und sozialen Fortschritt einsetzen, verbünden und gemeinsam mit ihnen den aktiven Kampf um die Erhaltung und Sicherung des Friedens auf unserem Planeten führen.[14]

Eine andere Erscheinung, welche die Gesellschaft beunruhigt, ist die rasch zunehmende Umweltverschmutzung und die allmähliche Erschöpfung der Rohstoff- und energetischen Ressourcen des Planeten. Der stürmische wissenschaftlich-technische Fortschritt ist zweifellos eine wichtige Ursache für das Entstehen solcher gefährlicher Tendenzen in den Wechselbeziehungen zwischen Gesellschaft und Natur. Das aber bedeutet, daß die Entwicklung der Wissenschaft in direkter Beziehung steht zu den radikalen und bei weitem nicht harmlosen Veränderungen, die gegenwärtig in der Umwelt des Menschen vor sich gehen. Die Wissenschaftler verleugnen keineswegs die in diesem Zusammenhang auf ihnen lastende Verantwortung. Im Gegenteil: Es waren Wissenschaftler, die als erste die Gefahren signalisierten, die Symptome der heraufziehenden Krise erkannten und die Öffentlichkeit auf sie aufmerksam machten. Die soziale Verantwortung der Wissenschaftler war so der ursprüngliche Impuls, der zunächst sie selbst, sodann aber auch die öffentliche Meinung dazu brachte, die Gefährlichkeit der ökologischen Situation zu erkennen. Die ökologische Bewegung entwickelte sich denn auch schon zu einem Zeitpunkt, an dem der Lauf der Dinge noch zu ändern war. Es sei vermerkt, daß der Anstoß zu einer breiten Entwicklung der ökologischen Bewegung von den Untersuchungen über die gefährlichen globalen Folgen der radioaktiven Strahlung auf Organismen in den 40 er und 50er Jahren ausging. Die Ergebnisse dieser Untersuchungen führten seinerzeit zu einer weltweiten Welle des Protestes gegen Kernwaffenversuche in

[14] Vgl. J.-M. Legay, Wer hat Angst vor der Wissenschaft?, Leipzig—Jena—Berlin 1984 S. 47—55.

der Atmosphäre. Wenngleich sie es mit einem Extremfall zu tun hatten, handelte es sich bei diesen Untersuchungen doch dem Wesen nach um ökologische. Hervorgehoben sei weiter, daß — wie heute allgemein sichtbar ist — die Wissenschaftler nicht nur wegen ihrer gesellschaftlichen Interessen in die ökologische Bewegung eingebunden sind, sondern auch auf Grund ihrer zutiefst fachlichen und im eigentlichen Sinne wissenschaftlichen Interessen. In diesem Zusammenhang sei nur daran erinnert, daß den verschiedenen Aspekten des Problems „Mensch und Umwelt" gegenwärtig eine überwältigende Zahl wissenschaftlicher Untersuchungen sowohl im Bereich der angewandten als auch der Grundlagenforschung gewidmet ist.

Eine weitere Tatsache sei schließlich erwähnt. Im vergangenen Jahrzehnt fanden die Ergebnisse und Perspektiven der biomedizinischen und genetischen Forschung ein breites Echo in der Welt. Es kulminierte in dem Aufruf einer von P. Berg geleiteten Gruppe von Molekularbiologen und Genetikern, für gentechnische Experimente, die eine potentielle Gefahr für die genetische Konstitution der heute lebenden Organismen darstellen, ein freiwilliges Moratorium einzuführen. In den Diskussionen dieser Fragen ging es um die möglichen ethischen Normen und Regulative, die sowohl die Richtung der Forschungen, als auch die Forschungsprozesse selbst zu beeinflussen vermögen. Inzwischen gibt es ein ausgearbeitetes System vorbeugender Maßnahmen für die Durchführung solcher Experimente, und in vielen Laboratorien der Welt wird die gentechnische Forschung heute intensiv betrieben. Die Frage eines Moratoriums bleibt aber von wissenschaftshistorischem Interesse, obwohl die Zweckmäßigkeit eines solchen Moratoriums heute durchaus nicht einheitlich bewertet wird. Einerseits wird die Auffassung vertreten, daß die Gefahren überschätzt worden seien, während die gegenteilige Meinung besagt, daß es ohne ein Moratorium zur Krise kommen könne. Wie dem auch sei: Symptomatisch an diesem Fall ist, daß die Wissenschaftler an die öffentliche Meinung appelliert und auf dieses Forschungsgebiet nicht durch große Versprechungen aufmerksam gemacht haben, sondern durch Warnungen vor den möglichen Gefahren. Das Gefühl der sozialen Verantwortung äußert sich so in einer Verhaltensform der Wissenschaftler, die nicht nur gesellschaftlich zulässig ist, sondern auch gesellschaftlich anerkannt und sogar stimuliert wird. Heute kann mit gutem Grund gesagt werden, daß die potentiellen Gefahren solcher Experimente seinerzeit überschätzt worden sind. Zu jener Zeit, als die Einführung eines Moratoriums vorgeschlagen wurde, war das allerdings noch nicht so klar. Das heutige Wissen darüber, daß bestimmte Experimente ungefährlich, andere dagegen gefährlich sind, resultiert selbst erst aus speziellen Forschungen, die im Zusammenhang mit dem Vorschlag eines Moratoriums durchgeführt worden sind. Das betrifft neben der Klassifizierung der Experimente nach dem Grad ihrer Gefährlichkeit z. B. auch die Ausarbeitung von Methoden zur Gewinnung geschwächter Viren, die nur unter künstlichen Laboratoriumsbedingungen lebensfähig sind. Dies zeigt, daß die soziale Verantwortung des Wissenschaftlers nicht eine äußerliche und unnatürliche Zutat seiner eigentlichen wissenschaftlichen Tätigkeit ist, sondern, im Gegenteil, ein organischer Bestandteil derselben; sie kann die Problematik und die Richtung der Forschung spürbar beeinflussen.

Die angeführten Fakten aus der neuesten Geschichte, die leicht durch weitere ergänzt werden könnten, zeigen, wie sich das Bewußtsein von der sozialen Verantwortung und der Inhalt der sozialethischen Probleme der Wissenschaft verändern. Sie werden im Laufe dieser Evolution einerseits immer konkreter, andererseits immer universeller. Letzteres in dem Sinne, daß sie in immer mehr Wissenschaftsgebieten eine Rolle spielen, so daß kaum anzunehmen ist, daß es Gebiete gibt, die für alle Zeiten vor der Konfrontation mit diesen gewiß nicht einfachen Problemen gefeit sind. Wie N. N. Semjonov bemerkte, ist es heute undenkbar, daß eine große wissenschaftliche Entdeckung nicht zu inhumanen Zwecken angewendet werden könne.[15] Bekanntlich sind Ergebnisse der Grundlagenforschung nicht vorhersagbar und das Spektrum ihrer möglichen Anwendungen ist gewöhnlich sehr breit. Schon allein aus diesem Grunde ist nicht anzunehmen, daß ethische Probleme sich nur für ganz bestimmte Gebiete ergeben und im Rahmen einer „immanenten Entwicklung" der Wissenschaft nur eine äußerliche, vergängliche und zufällige Rolle spielen. Andererseits darf die Schärfe, mit der diese Probleme heute mitunter diskutiert werden, nicht zu dem Glauben verleiten, sie zeugten von einem ursprünglichen „Sündenfall" der Wissenschaft, der sich erst heute voll offenbare. Sie zeugt vielmehr von der Reife, welche die Entwicklung der Wissenschaft als soziale Institution erlangt hat und von ihrer wachsenden Rolle im Leben der Gesellschaft.

Die wissenschaftliche Tätigkeit war, wie gesagt, seit jeher darauf angewiesen, von der Gesellschaft moralisch gebilligt zu werden, und hatte ihrerseits Verantwortung gegenüber der Gesellschaft zu tragen. Solange ihre Ergebnisse das Leben der Gesellschaft jedoch nur relativ wenig und sporadisch beeinflußten, konnte man sich darauf beschränken, Wissen generell als eine Wohltat anzusehen und wissenschaftliche Arbeit, deren Ziel in der Vermehrung des Wissens besteht, für eine eo ipso ethisch legitimierte Tätigkeit zu halten.[16] Die Schärfe, mit der die Diskussionen um Probleme der sozialen Verantwortung der Wissenschaft und der Wissenschaftler heute geführt werden, zeigt jedoch an, daß es mit den alten

[15] Vgl. Kruglyi stol „Nauka—Etika—Gumanizm", in: Voprosy filosofii, 8/1973, S. 106.

[16] In genereller Form hat Marx auf eine ähnliche Gesetzmäßigkeit der historischen Entwicklung hingewiesen, als er schrieb, daß „die einfachre Kategorie herrschende Verhältnisse eines unentwickeltern Ganzen oder untergeordnete Verhältnisse eines entwickeltern Ganzen ausdrücken kann, die historisch schon Existenz hatten, eh das Ganze sich nach der Seite entwickelte, die in einer konkretern Kategorie ausgedrückt ist" (K. Marx, Ökonomische Manuskripte 1857/1858, in: MEW, Bd. 42, Berlin 1983, S. 37). Im vorliegenden Falle entspricht dem niederen Entwicklungsniveau der sozialen Funktion der Wissenschaft, auf dem die Wissenschaft noch nicht zum bestimmenden Element der gesamten gesellschaftlichen Entwicklung geworden ist, die weniger konkrete Form, in der sich die ethische Problematik der Wissenschaft und die Fragen ihrer sozialen Verantwortung äußern.

Lösungen nicht mehr getan ist. Der konkrete Inhalt dieser Probleme ist durch eine Menge wechselwirkender Faktoren und Umstände bestimmt. Zu ihnen gehören augenscheinlich der Fortschritt der wissenschaftlichen Erkenntnis und die mit ihm einhergehenden größeren Maßstäbe und leistungsfähigeren Mittel der praktischen Umgestaltung der Welt. Von prinzipieller Bedeutung sind in diesem Zusammenhang auch die jeweiligen sozialökonomischen Verhältnisse, die das Spektrum der sozialen Funktionen der Wissenschaft bestimmen.[17]

In dem Maße schließlich, wie diese oder jene Lösung der sozialethischen Probleme, dieses oder jenes Verhalten in einer konkreten Situation Ergebnis einer bewußten Entscheidung ist, gewinnt die Frage nach den Grundlagen dieser Entscheidung immer mehr an Gewicht. Diese aber sind davon abhängig, wie die Wissenschaftler den sozialen Sinn ihrer professionellen Tätigkeit interpretieren und, insbesondere, was sie unter Wissenschaft verstehen. Wird Wissenschaft beispielsweise ausschließlich verstanden als das jeweils gegebene System begründeten Wissens, so ist damit zugleich sowohl der Kreis der sozialethischen Probleme vorgegeben, die sich sinnvoll stellen und erörtern lassen, als auch die Art und Weise, wie sie diskutiert werden. Der einzelne Wissenschaftler erscheint in dieser Interpretation lediglich als anonymer Akteur, über den sich die objektive Logik der Wissenschaftsentwicklung durchsetzt, und von dem erwartet wird, daß er das Objekt der Erkenntnis frei von subjektiven und partikularen Interessen und Leidenschaften erforscht. Dieses Wissenschaftsverständnis ermöglicht zwar ganz bestimmte erkenntnistheoretische und methodologische Problemstellungen, erweist sich aber letztlich als nicht umfassend genug, denn das hier unterstellte „reine Erkenntnisinteresse" ist eine methodologische Abstraktion, die — wie jede Abstraktion — nur eine einseitige Vorstellung von dem durch sie erfaßten Objekt zu geben vermag.[18] Der Sinn dieser Abstraktion aber besteht darin, daß bei der Analyse der Erkenntnistätigkeit von deren axiologischen und insbesondere ethischen Momenten abgesehen werden kann. Das Bild der Wissenschaft, das sich auf diese Weise ergibt, ist natürlich vereinfacht und gleicht der Projektion einer dreidimensionalen Figur auf eine Ebene. Die Projektion mit der Originalfigur zu identifizieren hieße aber, die polydimensionale und widersprüchliche Realität der Wissenschaft extrem zu schematisieren. Die These von der ethischen und im umfassenderen Sinne von der Wertneutralität der Wissenschaft ist im Rahmen dieser Konzeption ein absolutes Axiom. Zu ihrer Einschätzung ist zu sagen, daß

[17] Vgl. dazu Abschnitt 10.3. dieses Bandes.

[18] Als Subjekt der Erkenntnis gilt dabei nicht der konkrete Mensch mit seinen kognitiven Fähigkeiten, seinen Interessen, Leidenschaften und seinem Willen, sondern eben eine Abstraktion, das „reine" Subjekt, das sich zum Objekt rein theoretisch verhält. Indes beginnen die Menschen, wie Marx schrieb, „keineswegs damit, ‚in diesem theoretischen Verhältnis zu *Dingen der Außenwelt* zu stehn'. Sie fangen . . . damit an, . . . nicht in einem Verhältnis zu ‚stehen', sondern *sich aktiv zu verhalten*" (K. Marx, Randglossen zu A. Wagners „Lehrbuch der politischen Ökonomie", in: MEW, Bd. 19, Berlin 1962, S. 362).

wissenschaftliche Erkenntnis natürlich stets auf objektive Wahrheit zielt, die unabhängig vom Menschen und von der Menschheit ist. Erkenntnistätigkeit ist aber stets an den Menschen und die Menschheit gebunden und vollzieht sich immer unter ganz konkreten historisch-gesellschaftlichen Bedingungen und Umständen. Als menschliche und gesellschaftliche Tätigkeit ist sie stets von Wertvorstellungen und ethischen Motiven geleitet.

Die These von der Wertneutralität der Wissenschaft ist weder historisch noch logisch stichhaltig[19]; das ist in der Literatur — und zwar nicht nur in der marxistischen — schon oft gezeigt worden. So vermerkt z. B. W. van den Daele, daß die Tendenz der Wissenschaftler der Neuzeit, sich von den aktuellen politischen und sozialen Problemen ihrer Zeit zu isolieren, durch die konkreten historisch-gesellschaftlichen Umstände bedingt war, unter denen sich die neuzeitliche Naturwissenschaft im 17. Jahrhundert herausbildete. Was in den logischen Rekonstruktionen der Wissenschaftsentwicklung als ein wissenschaftsimmanenter Prozeß erscheint, war in Wirklichkeit ein historischer Kompromiß zwischen den Intentionen der Wissenschaft und den Möglichkeiten ihrer Institutionalisierung, die sie unter dem Absolutismus hatte. Die normative Orientierung auf ethische Neutralität der Wissenschaft ist ein Produkt eben jener Epoche und jener Bedingungen. Heute trifft sie angesichts der ökologischen Krise, der Gefahr einer nuklearen Katastrophe und der Entwicklung der Gentechnik auf den Protest der Öffentlichkeit, schreibt van den Daele und schließt folgerichtig, daß die Grundlagen für ihre Veränderung in der Gesellschaft liegen und nicht in der Wissenschaft.[20] Die These von der Wertneutralität der Wissenschaft und die absolute Gegenüberstellung von Wissenschaft und Ethik sind oft als Argumente gebraucht worden, um eine Position zu begründen, die es dem Wissenschaftler ermöglicht, sich von den Realitäten des gesellschaftlichen Lebens und vom politischen Kampf fernzuhalten.

In der Tat: Akzeptiert man Wertneutralität als eine differentia specifica der wissenschaftlichen Erkenntnis — wie dies z. B. im neopositivistischen Wissenschaftsverständnis der Fall ist —, so begibt man sich jeder Möglichkeit, an ethische Kriterien der wissenschaftlichen Tätigkeit zu appellieren. Zu Recht wurde deshalb auf der 22. Pugwash-Konferenz zum Thema „Wissenschaft und Ethik" festgestellt: „Wenn wir die Wissenschaft von vornherein als etwas betrachten, das nichts mit Ethik zu tun hat, werden alle Versuche, die Kluft zwischen beiden zu überbrücken, vergeblich bleiben."[21] In dem angezeigten Wissenschaftsverständnis wird das Problem der sozialen Verantwortung des

[19] Vgl. S. R. Mikulinskij/R. Richta (Hrsg.), Socializm i nauka, a. a. O., Kap. X; R. Richta, V zaščitu nauki, in: Voprosy istorii estestvoznanija i techniki, 4/1982.

[20] W. van den Daele, The social construction of science. Institutionalisation and definition of positive science in the latter half of the seventeenth century, in: The social production of scientific knowledge, Boston 1977, S. 45—48.

[21] Vgl. Encyclopedia moderna, 30/1 (1975), S. 19.

Wissenschaftlers weitgehend eliminiert; an die Stelle der sozialen Verantwortung tritt die objektive Logik der Wissenschaftsentwicklung, d. h. der Entwicklung einer anonymen Erkenntnisrelation. Diese Logik, die immer nur retrospektiv rekonstruiert wird, erscheint als unerbittlicher und blinder Mechanismus, der die Erkenntnistätigkeit des Wissenschaftlers eindeutig determiniert. Sie — diese Logik — und nicht der Wissenschaftler ist in diesem Verständnis Träger der sozialen Verantwortung.

Natürlich hat die Wissenschaftsentwicklung ihre innere Logik, und selbstredend ist die Erzeugung objektiven Wissens über die Welt von allen Werten, von denen sich der Wissenschaftler in seiner Erkenntnistätigkeit leiten läßt, der wichtigste. Worum es jedoch geht, ist, daß diese Logik sich nicht außerhalb der Tätigkeit des Wissenschaftlers, sondern nur in ihr und durch sie realisiert. Jede bedeutende wissenschaftliche Entdeckung eröffnet der weiteren Forschung in der Regel ein ganzes Spektrum neuer möglicher Wege, die vorher nicht oder kaum absehbar waren; die Logik der Wissenschaftsentwicklung ist mithin keineswegs so geradlinig, offensichtlich und eindeutig, wie es auf Grund der rationalen Rekonstruktion der Wissenschaftsgeschichte scheinen mag. Sie bringt die Voraussetzungen und die Bedingungen hervor, unter denen sich die schöpferische Tätigkeit des Wissenschaftlers vollzieht, ersetzt diese aber nicht. Wissenschaftliches Wissen entsteht schließlich nicht im Gefolge einer abstrakten „Erkenntnisrelation", sondern als Produkt konkreter wissenschaftlicher Tätigkeit von einzelnen Wissenschaftlern oder von Wissenschaftlerkollektiven. Als konkrete menschliche und gesellschaftliche Tätigkeit ist diese aber immer Objekt sozialer und damit auch ethischer Bewertung.

Jede Forschung beginnt mit der Wahl des Themas und der Problemstellung. Wenn das Ergebnis auch nicht immer vorhersagbar ist, so liegt die Wahl des Problems doch in der Kompetenz und in der Entscheidung dessen, der die Forschung durchzuführen beabsichtigt. Selbst dann, wenn — wie in der angewandten Forschung und bei Entwicklungsarbeiten — das Forschungsziel vorgegeben ist, kann es gewöhnlich auf verschiedenen Wegen erreicht werden. Der Wissenschaftler hat dann zwischen möglichen Alternativen zu wählen; sein Vorgehen ist nicht streng programmierbar, andernfalls könnte seine Tätigkeit schwerlich eine wissenschaftliche genannt werden. Auch die Wahl der Methoden, die er zur Lösung des Problems anwendet, liegt gewöhnlich in seiner Kompetenz. Und was schließlich die Darstellung der Forschungsergebnisse betrifft, so hat sie zwar bestimmten festgelegten Standards zu genügen, ist aber in ihren inhaltlichen Aspekten an die Persönlichkeit des Wissenschaftlers gebunden und in jedem Fall von ihr geprägt. Alle diese Unbestimmtheiten werden erst in der Tätigkeit des Wissenschaftlers und durch die Entscheidungen, die er trifft, aufgehoben; sie setzen deshalb die zielgerichtete und bewußte Tätigkeit des Wissenschaftlers voraus. Da solche Entscheidungen aber unumgänglich sind und auf Grund vielfältiger und verschiedenartiger Argumente so oder anders getroffen werden können, trägt der Wissenschaftler *Verantwortung* für sie und kann seine Arbeit — etwa im Hinblick auf ihre sozialen Folgen — *bewertet* werden. Die Frage „objektive Logik der Wissenschaftsentwicklung oder soziale Verantwortung des Wissenschaftlers?“ ist deshalb falsch gestellt; die Glieder dieser Opposition schließen einander nicht aus.

Die Diskussion über das Problem der sozialen Verantwortung des Wissenschaftlers verliert jeden Sinn, wenn die Funktionsweise der Mechanismen, über die sich diese Verantwortung realisiert, nicht bis in ihre letzten Glieder — bis zu den Entscheidungen, die der Wissenschaftler trifft, und den Handlungen, die er vollzieht — verfolgt wird. Eine verantwortungsvolle Haltung der Wissenschaftler selbst ist eine unerläßliche Bedingung dafür, daß negative Folgen des wissenschaftlich-technischen Fortschritts vermieden bzw. beseitigt werden können und jeglicher antihumanen Nutzung wissenschaftlicher Errungenschaften der Kampf angesagt wird. In diesem Zusammenhang erscheint die ganze Enge eines Standpunktes, der etwa besagt: „Wenn ich es nicht mache, wird es ein anderer tun“. Denn *wenn* ich es mache, dann bin ich und kein anderer — auch keine objektive Logik — dafür verantwortlich. Bemerkenswerterweise werden derartige Argumente keineswegs akzeptiert, wenn es um Fehler in der Methodik experimenteller Arbeiten oder in Beweisen geht. Fehler können immer begangen werden, sie befreien den, der sie macht, aber nicht von der Verantwortung für ihre Folgen.

In den Diskussionen, die heute um eine Ethik der Wissenschaft geführt werden, spielt noch ein anderes Dilemma eine Rolle. So wird behauptet, die Wissenschaft sei an sich ethisch neutral, die antihumane Nutzung ihrer Errungenschaften aber sei ganz und gar durch jene sozialen Kräfte bedingt, die die praktische Anwendung der Forschungsergebnisse kontrollieren. (Interessanterweise soll dieses Argument nicht gelten, wenn es um positive Folgen der Nutzung wissenschaftlicher Errungenschaften geht; für diese macht man dann nur die Wissenschaft verantwortlich.) Selbstverständlich ist es in hohem Maße legitim, so zu argumentieren, doch darf auch in diesem Falle die soziale Verantwortung der Wissenschaft und des Wissenschaftlers nicht aus dem Auge verloren werden. Zwischen der Tätigkeit, in der wissenschaftliche Ergebnisse in die gesellschaftliche Praxis überführt werden, und der Erkenntnistätigkeit besteht keine unüberbrückbare Kluft. Unter den gegenwärtigen Bedingungen ist erstere gewöhnlich die natürliche Fortsetzung der letzteren und erweist sich als eine notwendige und in quantitativer Hinsicht sogar als die überwiegende Komponente der wissenschaftlichen Tätigkeit. Die Anwendung wissenschaftlicher Errungenschaften in der Praxis ist in ihren wesentlichen Momenten ein wissenschaftlicher Prozeß.

Westliche Physiker beklagen sich mitunter bitter darüber, daß der Wissenschaftler verantwortlich dafür sein soll, wie die Gesellschaft seine Entdeckung anwendet. Dem liegt die Theorie der „Nichtverantwortlichkeit“ der Wissenschaft zugrunde. Man erkennt zwar an, daß unter den Bedingungen der wissenschaftlich-technischen Revolution die Ergebnisse der Naturwissenschaftler die Lebensbedingungen des größten Teils der Menschheit entscheidend beeinflussen, verweist jedoch alle Fragen der Auswahl, Bewertung und Sanktionierung von Ergebnissen im Hinblick auf ihre Nutzung ausschließlich in die Kompetenz der Politiker. E. Teller hat seinerzeit, als es um den Bau der Wasserstoffbombe ging, diese Position am klarsten vertreten. Ihm zufolge haben nicht die Wissenschaftler darüber zu entscheiden, ob die Bombe gebaut wird oder nicht, und ob und wie sie angewendet wird; Sache der Physiker sei es lediglich, die Hemdsärmel aufzukrempeln und dazu beizutragen, die Superbombe zu vervollkommnen. Glücklicherweise ist diese Position für die meisten Wissenschaftler selbst in kapitalistischen Ländern nicht typisch. Die Reputation Tellers hat wegen der militaristischen Orientierung seiner Tätigkeit in den Augen seiner Kollegen stark gelitten. Die wachsende Welle des Protestes seitens fortschrittlicher Wissenschaftler in den westlichen Ländern gegen die Sternenkriegspläne der US-Administration und die sich mehrenden Erklärungen, in denen eine Teilnahme an diesen Arbeiten wegen der damit verbundenen Gefahren der weiteren Eskalierung des Wettrüstens abgelehnt wird, zeigen, daß die Wissenschaftler ihre Verantwortung für eine friedliche Nutzung der Ergebnisse ihrer Arbeit immer bewußter und aktiver wahrzunehmen beginnen.

Betrachten wir noch ein weiteres Beispiel. Ende 1978 erschien in der Presse die Mitteilung, daß in England das erste „Retortenbaby" das Licht der Welt erblickt hat. Wir wollen hier weder die medizinischen Einzelheiten dieses Experiments erörtern, noch alle Diskussionen verfolgen, die seither über die ethische Legitimation der Ziele und Methoden solcher Arbeiten geführt werden. Wir greifen lediglich eine der heftigsten Diskussionen heraus; sie entbrannte 1972 auf einer Konferenz zu den neuen Errungenschaften der Biologie und Medizin und ihren sozialen und ethischen Folgen, die unter der Schirmherrschaft der UNESCO und der WHO in Paris stattfand. Auf dieser Konferenz hielt der britische Biologe R. Austin, ein Mitarbeiter jener Gruppe, die später besagtes Experiment durchführte, einen vielbeachteten Vortrag. Aus den vielen Argumenten und Gegenargumenten, um die es seinerzeit ging, interessiert uns hier vor allem eine ganz bestimmte Argumentationslinie Austins. Ihm zufolge geht die Gefahr eines Mißbrauchs wissenschaftlicher Errungenschaften nicht von der Wissenschaft, sondern von der Anwendung der Wissenschaft durch eine an Profitinteressen orientierte Industrie aus; nicht die Wissenschaft als solche oder die Wissenschaftler trügen deshalb die Verantwortung für die negativen Folgen ihrer Arbeit und bräuchten sich demzufolge auch nicht von ethischen Erwägungen leiten lassen. Solche Erwägungen beträfen nicht den Bereich der Forschung, sondern lediglich den der Anwendung der Wissenschaft.[22]

Es ist natürlich richtig, daß die durch Profitinteressen oder auch militaristische Interessen diktierte Anwendung der Wissenschaft nicht durch die Wissenschaft selbst bedingt ist, sondern durch die in der bürgerlichen Gesellschaft herrschenden sozialökonomischen und politischen Verhältnisse. Daraus folgt aber keineswegs, daß der Wissenschaftler von jeglicher Verantwortung frei ist, wem und wozu seine

[22] Vgl. A. Etzioni, Genetic Fix, New York—London 1973.

Forschungsergebnisse dienen. Schließlich lebt und arbeitet Austin in einer Welt, in der die Jagd nach Profit zur antihumanen Anwendung wissenschaftlicher Ergebnisse führt, und er müßte eigentlich am besten wissen, welche sozialen Kräfte sich der Ergebnisse seiner Arbeit bemächtigen können. Überdies bestimmen er und seine Kollegen selbst die konkrete Thematik ihrer Forschungen. Unter diesen Bedingungen die Verantwortung der Wissenschaft vor der Gesellschaft wie auch die persönliche Verantwortung des Wissenschaftlers zu leugnen, hieße faktisch, besagten Kräften in die Arme zu arbeiten. Wer es unter Berufung auf das Wirken sozialer Kräfte ablehnt, die Frage nach der sozialen Verantwortung des Wissenschaftlers zu stellen, kann die Bürde ethischer Entscheidungen und der Verantwortung für sie auch nicht auf soziale Kräfte außerhalb der Wissenschaft übertragen, denn die Ablehnung der Fragestellung bedeutet allein schon eine Entscheidung, die ihrerseits ethisch zu bewerten ist. Schließlich gibt es noch eine höhere Form der Wahrnehmung sozialer Verantwortung, nämlich den aktiven Kampf gegen diejenigen sozialen Kräfte und gesellschaftlichen Verhältnisse, die die Wissenschaft deformieren und sie zu antihumanen Zwecken mißbrauchen. Letztendlich ist jedes wissenschaftliche Ergebnis, unabhängig davon, wie und von wem es angewendet wird, die individuelle Leistung eines konkreten Wissenschaftlers oder eines konkreten Kollektivs, und auch die sozialen Kräfte wirken nicht anonym, sondern immer durch und vermittels konkreter Menschen.

In diesem Zusammenhang mag es dienlich sein, daran zu erinnern, daß das Nürnberger Tribunal bekanntlich die Ärzte und Wissenschaftler, die an den Häftlingen der faschistischen Konzentrationslager unmenschliche Experimente vorgenommen hatten, nicht von ihrer Verantwortung freigesprochen und auch das Argument nicht akzeptiert hat, sie seien nur Werkzeuge in den Händen des Naziregimes gewesen. Wenn es in diesem Falle auch um juristische und nicht um moralische Verantwortung ging, so bedeutet das keineswegs, daß diese Experimente etwa ethisch neutral gewesen wären. Diese bittere Erfahrung zu leugnen, wäre heute, da wissenschaftliche Errungenschaften die Geschichte der Menschheit mehr denn je bestimmen, bestenfalls leichtsinnig.

In dem Wissenschaftsverständnis, das dem Argumentationstyp Austins zugrunde liegt, wird der kognitive Aspekt der wissenschaftlichen Tätigkeit von ihren ethischen Aspekten getrennt, ihnen gegenübergestellt und mehr die instrumentelle, pragmatische Seite der wissenschaftlichen Erkenntnis betont. Führt man diesen Gedanken konsequent weiter, so erscheint die wissenschaftliche Tätigkeit lediglich als eine untergeordnete, sekundäre und Hilfstätigkeit. Der Wissenschaftler ist in diesem Falle keine für seine Handlungen verantwortliche und souveräne Persönlichkeit, sondern wird zum intellektuellen Instrument und zum ausführenden Organ sozialer Kräfte. So weit gehen die Vertreter besagter Argumentation jedoch gewöhnlich nicht, denn dieser Schluß widerspricht offensichtlich nicht nur der äußeren, sondern auch der inneren Ethik der Wissenschaft. Denn Status und Autorität des Wissenschaftlers in der wissenschaftlichen Gemeinschaft werden in erster Linie durch seinen persönlichen Beitrag zur Entwicklung der betreffenden Wissenschaftsdiziplin bestimmt; er ist demzufolge auch verantwortlich für das, was er geschaffen hat. Und bekanntlich ist diese Norm ein starker Stimulus für die Arbeit des Wissenschaftlers.

Wir kommen so zu dem Schluß, daß auch in der Opposition „soziale Kräfte oder Verantwortung des Wissenschaftlers" die beiden Glieder sich nicht gegenseitig ausschließen. Auch in diesem Falle ist ihre absolute Gegenüberstellung einem ganz bestimmten — und zwar wiederum einseitigen — Wissenschaftsverständnis geschuldet. An dieser Stelle sei aber zugleich vermerkt, daß so, wie es unzulässig ist, die Rolle sozialer Kräfte zu verabsolutieren, auch das Gefühl der sozialen Verantwortung des Wissenschaftlers nicht verabsolutiert oder für allmächtig gehalten werden darf, denn auch das liefe auf ein einseitiges und verkürztes Wissenschaftsverständnis hinaus.

Ein weiteres Problem, das in den Diskussionen um die soziale Verantwortung der Wissenschaft und des Wissenschaftlers heiß umstritten ist, betrifft die Frage, ob die Problematik der sozialen Verantwortung nur für die angewandte Forschung gilt oder sich auch auf die Grundlagenforschung erstreckt. Als Argumente, die den Standpunkt bekräftigen, die soziale Verantwortung des Wissenschaftlers erstrecke sich nicht auf die Grundlagenforschung, werden gewöhnlich angeführt: erstens, daß deren Resultate und — mehr noch — die möglichen Gebiete ihrer praktischen Anwendungen nicht vorhersagbar seien; zweitens, daß jegliche äußere Einflußnahme auf die Richtungen und Methoden der Grundlagenforschung das Prinzip der Freiheit der Forschung verletze.

Ergebnisse der Grundlagenforschung und ihre Anwendungen sind in der Regel tatsächlich nicht vorhersagbar. Trotzdem kann mit hoher Wahrscheinlichkeit angenommen werden, daß die Ergebnisse heutiger Grundlagenforschungen relativ rasch vielfältige Anwendungen finden werden und daß dabei auch negative Effekte nicht auszuschließen sind. Oft wird in diesem Zusammenhang Rutherford zitiert, der 1933 erklärte, es sei unsinnig zu erwarten, daß man aus der Kernumwandlung Energie gewinnen könne. Eine solche Aussage war zu der Zeit, als sie getroffen wurde, durchaus verständlich; in den vergangenen Jahrzehnten hat sich die Wissenschaft jedoch so stürmisch entwickelt und haben Ergebnisse von Grundlagenforschungen so vielfältige praktische Anwendungen gefunden, daß Rutherford, würde er heute noch leben, wohl kaum Analoges über heutige Entdeckungen der Grundlagenforschung aussagen würde. Wenngleich wir nicht a priori wissen können, welche praktischen Folgen diese oder jene Entdeckung haben wird, so wissen wir doch zu gut, daß Wissen Macht ist, und sollten deshalb bestrebt sein, möglichst vorauszusehen, was bestimmte Entdeckungen dem Menschen und der Menschheit bringen werden. Wir erhöhen damit unsere Chance, mögliche unerwünschte Effekte rechtzeitig zu erkennen.

Was aber die Freiheit der Forschung betrifft, so ist Grundlagenforschung heute bekanntlich in der Regel auf die gemeinschaftliche Arbeit großer Wissenschaftlerkollektive angewiesen und erfordert überdies beträchtliche materielle Aufwendungen. Schon das allein setzt der Freiheit der Forschung zwangsläufig Grenzen. Nicht minder wesentlich ist, daß die heutige Wissenschaft eine voll ausgestaltete soziale Institution ist, die das Leben der Gesellschaft tiefgreifend beeinflußt, und daß die heutige Menschheit sich wiederholt davon überzeugen konnte, welche gewaltigen Kräfte die Wissenschaft freizusetzen vermag und zu welchen tiefgreifenden und durchaus nicht immer positiven Resultaten die praktische Anwendung ihrer Errungenschaften führen kann. Die Losung von der unbegrenzten Freiheit der Forschung war progressiv zu einer Zeit, als die Wissenschaft noch gegen die intellektuelle Herrschaft der Theologie anzukämpfen hatte; sie kann heute jedoch nicht mehr vorbehaltlos akzeptiert werden, ohne daß zugleich die soziale Verantwortung des Wissenschaftlers betont wird, mit der sie zwangsläufig einhergehen muß. Die verantwortungsbewußte Freiheit der Forschung ist eine notwendige Bedingung für die Existenz und die Entwicklung von Wissenschaft; sie unterscheidet sich grundsätzlich von freier Unverantwortlichkeit.

Das Thema der sozialen Verantwortung des Wissenschaftlers, ihrer Gründe und Mechanismen ist das Kernproblem einer Ethik der Wissenschaft. Wir haben zu zeigen versucht, daß es der Wissenschaft nicht äußerlich ist, sondern aus dem Wesen der wissenschaftlichen Tätigkeit resultiert. „Es wird heute immer klarer", schreibt I. T. Frolov, „daß, wenn die soziale Verantwortung der Wissenschaftler und die Rolle ethischer Prinzipien in der Wissenschaft nicht in geometrischer Folge zunehmen, die Menschheit und selbst die Wissenschaft sich nicht einmal in arithmetischer Folge werden entwickeln können. Die Ethik der Wissenschaft erweist sich als lebensnotwendige Bedingung humanistisch orientierter wissenschaftlicher Erkenntnis."[23] Allerdings ist die soziale Verantwortung der Wissenschaftler für sich genommen zwar eine notwendige, jedoch noch keine hinreichende Bedingung dafür, den möglichen Mißbrauch wissenschaftlicher Errungenschaften gänzlich auszuschließen. Das Problem ist endgültig lösbar nur im Verlauf der gesellschaftlichen Entwicklung und im Resultat der Beseitigung der Klassenantagonismen. In dieser Hinsicht treten in Ländern mit unterschiedlicher Gesellschaftsordnung sowohl im Wesen als auch im Verständnis der sozialen Verantwortung der Wissenschaft Unterschiede zutage.

3. Die soziale Verantwortung des Wissenschaftlers in der sozialistischen Gesellschaft

Wie Marx schrieb, hat „die Naturwissenschaft vermittelst der Industrie in das praktische Leben eingegriffen und es umgestaltet und die menschliche Emanzipation vorbereitet, so sehr sie unmittelbar die Entmenschung vervollständigen

[23] I. T. Frolov, O dialektike i etike biologičeskogo poznanija, in: Voprosy filosofii, 7/1978, S. 39/40.

mußte."[24] Diese zwiespältige Rolle, welche die Naturwissenschaft in der kapitalistischen Gesellschaft spielt, bedingt letztlich, daß die sozialethischen Probleme der Wissenschaft sich hier außerordentlich zuspitzen und unter den Bedingungen dieser Gesellschaft prinzipiell unlösbar sind.

Als soziale Institution befindet sich die Wissenschaft in den kapitalistischen Ländern in einem instabilen und innerlich widersprüchlichen Zustand, welcher davon zeugt, daß die Notwendigkeit ihrer Neuorientierung herangereift ist. Es geht dabei nicht nur darum, das Prinzip durchzusetzen, daß die Wissenschaft keine Gefahren für die Gesellschaft zeitigen darf, sondern darum, ihrem fortschrittsfördernden und humanistischen Charakter voll zum Durchbruch zu verhelfen. Eines der wichtigsten Probleme dabei ist, soziale Mechanismen zu schaffen, die imstande sind, das Bewußtsein der Wissenschaftler um ihre Verantwortung zu einem hinlänglich effektiven Mittel der Einflußnahme und der Kontrolle werden zu lassen.

In der sozialistischen Gesellschaft stellt sich die Rolle der Wissenschaft wesentlich anders dar. Marx bestimmte die Wissenschaft als Produkt und zugleich als Erzeuger des Reichtums, wobei der Marxismus sie erstmals nicht nur als ideellen, sondern auch als praktischen Reichtum auffaßte. Marx überwand die Enge des aufklärerischen Verhältnisses zur Wissenschaft und zeigte, daß ihre Entwicklung eine Seite, eine Form der Entwicklung der menschlichen Produktivkräfte ist. Die Klassiker des Marxismus-Leninismus vermerkten wiederholt die Widersprüchlichkeit und Einseitigkeit der Entwicklung der Wissenschaft im Kapitalismus und wiesen darauf hin, daß erst die neue Gesellschaftsordnung, die an die Stelle der bürgerlichen tritt, imstande sein wird, die Wissenschaft als wichtigen Faktor ihrer eigenen Entwicklung umfassend und allseitig zu nutzen.

Diese neue Rolle der Wissenschaft in der sozialistischen Gesellschaft hat zur Folge, daß auch die Stellung des Wissenschaftlers in der Gesellschaft und seine Verantwortung ihr gegenüber anders verstanden werden. Bekanntlich war Lenin in den ersten Jahren, ja schon in den ersten Monaten der Sowjetmacht trotz vieler anderer dringender Probleme intuitiv darum bemüht, die Wissenschaftler in den Aufbau der neuen Ordnung einzubeziehen und ihnen vielfältige Aufgaben zur praktischen Anwendung der wissenschaftlichen Errungenschaften zu stellen. „Durch seine theoretische und praktische Tätigkeit wirkte er dahingehend, daß die Wissenschaftler der sozialen Bedeutung der Wissenschaft einsichtig wurden, ihre Errungenschaften bewußt in den Dienst des Volkes stellten, sich der Gesetzmäßigkeiten der gesellschaftlichen Entwicklung bewußt wurden und aktiv am Aufbau der sozialistischen Gesellschaft teilnahmen."[25]

[24] K. Marx, Ökonomisch-philosophische Manuskripte (1844), in: MEW, Ergänzungsband, erster Teil, Berlin 1968, S. 543.

[25] P. N. Fedosejev, Filosofija i integracija nauk, in: Metodologičeskije problemy vzaimodejstvija obščestvennych, estestvennych i techničeskich nauk, Moskva 1981, S. 17; Sowjetmacht und Wissenschaft, hg. von G. Kröber und B. Lange, Berlin 1975, S. 25—48.

Ein solches, aus dem Wesen der marxistischen Lehre von der Gesellschaft und der sozialen Bestimmung der Wissenschaft folgendes Herangehen stieß bei progressiv denkenden — wenn auch vom Marxismus noch weit entfernten — Wissenschaftlern des damaligen Rußland auf lebhaftes Echo, denn für die russische Wissenschaft waren demokratische Tendenzen und Bestrebungen schon immer kennzeichnend gewesen. Viele hervorragende Vertreter der russichen Wissenschaft betrachteten es als ihre Pflicht, die Früchte der Wissenschaftsentwicklung zum Gemeingut der Volksmassen werden zu lassen, um so Unwissenheit, Armut und Rechtlosigkeit des überwiegenden Teils der Bevölkerung des zaristischen Rußland schneller und zuverlässiger überwinden zu können. Zugleich vermochten sie jedoch nicht, einen realen Weg aufzuzeigen, wie dieses Ziel zu erreichen sei. Dieser Weg eröffnete sich erst nach dem Sieg der Oktoberrevolution.

Unter der jungen Sowjetmacht wurde die Entwicklung der Wissenschaft erstmalig in der Weltgeschichte zum Bestandteil und zugleich zur notwendigen Bedingung für die Durchführung umfassender sozialer Umwälzungen. Damit begann sich ein prinzipiell neues Verhältnis von Wissenschaft und Gesellschaft herauszubilden, das seinerseits nicht ohne Auswirkung auf die Stellung des Wissenschaftlers im gesellschaftlichen Leben und auf das Bewußtsein seiner Verantwortung vor der Gesellschaft war. Die Wissenschaft begann, den Interessen des Volkes und den sozialen Zielen der Werktätigen dienstbar zu werden; sie erhielt vom sozialistischen Staat Unterstützung wie niemals zuvor in ihrer Geschichte, und ihre Entwicklung wurde zur Angelegenheit des ganzen Volkes.

Ende der 20er und zu Beginn der 30er Jahre unseres Jahrhunderts, als die Wirtschaftskrise und Depression die kapitalistische Welt in ihren Fesseln hielten, zeigten demokratische Kreise der wissenschaftlichen Öffentlichkeit in westlichen Ländern ein immer stärkeres Interesse an dem jungen sozialistischen Staat, seiner Planwirtschaft, die frei war von Krisen und Stagnation, und an der aktiven Beteiligung sowjetischer Wissenschaftler an der sozialökonomischen und kulturellen Entwicklung des Landes. Unter dem Einfluß dieses Interesses gelangten solche wissenschaftlichen Autoritäten, wie z. B. J. D. Bernal und F. Joliot-Curie, zu ihren Auffassungen über das Verhältnis von Wissenschaft und Gesellschaft. Bernal legte 1937 seine Position zu dieser Frage in dem Buch „Die soziale Funktion der Wissenschaft" dar. Das neue, für den Sozialismus typische Wechselverhältnis zwischen Wissenschaftler und Gesellschaft rief dergestalt auch bei Wissenschaftlern kapitalistischer Länder eine gewisse Resonanz hervor. Diese Auffassung von der Rolle der Wissenschaft hängt aber auf das engste mit einem entsprechenden Verständnis der sozialen Verantwortung des Wissenschaftlers zusammen.

Besonders drastisch wurde der Gegensatz der beiden Wertesysteme der Wissenschaft — des traditionellen und des neuen, das sich mit der Entwicklung der sozialistischen Gesellschaft herausgebildet hatte und allmählich auch von der progressiven wissenschaftlichen Öffentlichkeit der westlichen Länder akzeptiert wurde — nach den Kernexplosionen am Ende des zweiten Weltkriegs deutlich. Die Reaktion der Wissenschaftler auf diese Explosionen zeigte, daß ein auf der Selbstisolierung von den Sorgen und Nöten der Menschheit beruhendes Wertesystem den neuen historischen Bedingungen nicht mehr adäquat ist. Dessen Anhänger gerieten mehr und mehr in die Defensive und sahen sich genötigt, nach Argumenten zu seiner Rechtfertigung zu suchen. Die überwiegende Mehrheit der führenden Physiker in der Welt bekannte sich jedoch offen zu ihrer spezifischen Verantwortung, eine Wiederholung solcher Ereignisse nicht zuzulassen. In der Gegenwart findet diese Haltung ihren Ausdruck in den gemeinsamen Anstrengungen vieler Wissenschaftler der ganzen Welt, die Gefahr eines Kernwaffenkrieges zu bannen, den Rüstungswettlauf zu stoppen, eine Militarisierung des Weltraums nicht zuzulassen und die Wissenschaft zu einem Faktor bei der Lösung der vor der Menschheit stehenden globalen Probleme zu machen.

Unter den Bedingungen des Sozialismus kennt die Wissenschaft nicht mehr das Problem, wem sie dienen möchte und wem sie gezwungen ist zu dienen. Die Wissenschaftler der sozialistischen Länder wissen, daß ihre Regierungen die Wissenschaft und ihre Errungenschaften nicht zum Schaden der Menschheit anwenden. Dies bedeutet jedoch keineswegs, daß im Sozialismus das Problem der sozialen Verantwortung keine Rolle mehr spielte; es besteht auch hier weiter, allerdings in anderer Form und mit anderem Inhalt. Da in der sozialistischen Gesellschaft Forscherinteressen und humanistische Interessen prinzipiell übereinstimmen, kommt es hier zu einer dialektischen Wechselbeziehung von Freiheit der Forschung und sozialer Verantwortung des Forschers.

In den sozialistischen Staaten sind der Wissenschaft große und anspruchsvolle Aufgaben bei der Entwicklung der Produktivkräfte, der sozialökonomischen Umgestaltung der Gesellschaft und der Entwicklung der Persönlichkeit gestellt. Die Wissenschaftler sind nicht nur an der Realisierung der Pläne für die soziale und ökonomische Entwicklung ihrer Länder beteiligt, sondern arbeiten diese selbst mit aus. Sie tragen damit eine spezifische Verantwortung vor der Gesellschaft, denn ihre Vorschläge und Aktivitäten beeinflussen wesentlich Tempo und Richtung des wissenschaftlich-technischen Fortschritts und damit das Voranschreiten in den Bereichen der Wirtschaft, der sozialen Beziehungen, der Erziehung, Bildung und Kultur.

Im Sozialismus werden die sozialen Funktionen der Wissenschaft immer reichhaltiger.[26] Mit jeder neuen Funktion eröffnet sich der Wissenschaft in der sozialistischen Gesellschaft ein neuer Aufgabenkreis und eine neue Sphäre der sozialen Verantwortung des Wissenschaftlers. Es wäre mehr als vereinfacht, wollte man glauben, daß sich den Wissenschaftlern der sozialistischen Länder dabei nicht auch akute und komplizierte Probleme stellen, die ethische Entscheidungen erfordern. „Wenn von Wissenschaft und Ethik die Rede ist", vermerkte V. I. Gol'danskij, „so werden die Dinge oft äußerst vereinfacht dargestellt, so als ob alle

[26] Vgl. S. R. Mikulinskij/R. Richta (Hrsg.), Socializm i nauka, a. a. O., S. 158—167.

Schwierigkeiten und Probleme nur der kapitalistischen Gesellschaft eigen sind, während im Sozialismus angeblich die Interessen des wahren Wissenschaftlers immer mit den Interessen der Gesellschaft und des Staates übereinstimmen. Das dem nicht so ist, kann man zumindest am Beispiel der Konflikte ersehen, die sich daraus ergeben, daß einerseits einer Grundlagenforschung, die in einer überschaubaren Zukunft keinen praktischen Nutzen erbringt, und andererseits praktischer Forschung, die sich unmittelbar auszahlt, der Primat zugesprochen wird."[27] Die Wahl, die der Wissenschaftler in solchen Situationen trifft, in denen es um die Richtung künftiger Forschungen geht, beinhaltet oft ein beträchtliches Risiko und ist nicht frei von ernstzunehmenden ethischen Problemen.

Der Sozialismus bietet dem Wissenschaftler alle Möglichkeiten, seiner Berufung und seiner Pflicht genügen zu können, ohne gegen sein Gewissen und die Ideale des Humanismus zu verstoßen. „Früher", sagte Lenin, „war das ganze menschliche Denken, der menschliche Genius nur darauf gerichtet, den einen alle Güter der Technik und Kultur zu geben und den anderen das Notwendige vorzuenthalten — Bildung und Entwicklung. Jetzt dagegen werden alle Wunder der Technik, alle Errungenschaften der Kultur zum Gemeingut des Volkes, und von jetzt an wird das menschliche Denken, der menschliche Genius niemals mehr ein Mittel der Gewalt, ein Mittel der Ausbeutung sein."[28] Die von den kommunistischen und Arbeiterparteien der sozialistischen Länder gestellte Aufgabe, die Errungenschaften der wissenschaftlich-technischen Revolution mit den Vorzügen der sozialistischen Gesellschaftsordnung zu vereinen, ist nicht leicht zu meistern. Sie ist keineswegs schon dadurch gelöst, daß sich die Wissenschaft in der UdSSR und in anderen Mitgliedsländern des RGW unter sozialistischen gesellschaftlichen Verhältnissen entwickelt. Denn selbst unter diesen Bedingungen sind ständige und große Anstrengungen erforderlich, um die Ergebnisse des wissenschaftlich-technischen Fortschritts dem Wohle des Menschen dienstbar zu machen. Bei der Ausarbeitung der einheitlichen wissenschaftlich-technischen Politik und der Strategie der Entwicklung der Wissenschaft in Abhängigkeit von den konkreten politischen und sozialökonomischen Aufgaben der jeweiligen historischen Periode kommt den marxistisch-leninistischen Parteien die führende Rolle zu. Die Realisierung der einmal beschlossenen strategischen Linie aber ist unmöglich ohne die alltägliche, zielstrebige und hartnäckige Arbeit der von ihrer Verantwortung für die Lösung der gestellten Aufgaben erfüllten Wissenschaftler.

Als soziale Institution verkörpert die Wissenschaft in sich alle Merkmale und Besonderheiten derjenigen Gesellschaft, in der sie sich entwickelt. Die Probleme der Entwicklung von Wissenschaft und Technik und der Nutzung ihrer Errungen-

[27] Kruglyj stol „Nauka—technika—gumanizm", in: Voprosy istorii estestvoznanija i techniki, 2/1982, S. 104.

[28] W. I. Lenin, Schlußwort vor Beendigung des Kongresses, in: LW, Bd. 26, Berlin 1961, S. 480—481.

schaften sind deshalb alles andere als gesellschaftlich neutral. In dem Maße, wie sich die sozialistische Gesellschaft auf ihrer eigenen Grundlage entwickelt, wird das ihr eigene System humanistischer Werte immer mehr zur eigentlichen Orientierung der Wissenschaftler.[29] Die im Bereich der Wissenschaft tätigen Mitglieder der Gesellschaft erkennen immer mehr ihre Verantwortung, die gesellschaftlichen Produktivkräfte und insbesondere die Hauptproduktivkraft, den Menschen mit seinen Fähigkeiten und Begabungen, aktiv zu entwickeln. Die Herausbildung allseitig entwickelter Persönlichkeiten ist ein wichtiges Orientierungsziel der gesellschaftlichen Entwicklung in den sozialistischen Ländern. Die heute in allen industriell entwickelten Ländern akute Aufgabe, den humanistischen Charakter der Wissenschaft zum Tragen zu bringen, fällt unter sozialistischen Bedingungen mit der Richtung der staatlichen Sozialpolitik zusammen. Die gesellschaftspolitische Einheit der sozialistischen Gesellschaft äußert sich insbesondere darin, daß es in ihr keine Klassen, Schichten oder Gruppen gibt, die an einer antihumanen Nutzung wissenschaftlicher Errungenschaften interessiert sind.

Der Sozialismus macht eine verantwortungsbewußte Haltung der Wissenschaftler nicht nur möglich, sondern fordert sie geradezu, denn die gesamte Lebensweise der Menschen der neuen Gesellschaft erfordert eine hohe Arbeitsmoral, gesellschaftspolitisches Verantwortungsbewußtsein und soziale Aktivität. Es gehört zu den Pflichten des Wissenschaftlers, die faktische Anwendung der von ihm entdeckten Möglichkeiten zur Vervollkommnung der sozialhistorischen Praxis der Menschen zu verfolgen. In erster Linie aber ist er verpflichtet, jedwede wissenschaftliche Entdeckung unter dem Gesichtspunkt ihrer praktischen Anwendung und der Folgen zu sehen, die diese Anwendung nach sich ziehen kann, sowie selbst aktiv an der Überführung wissenschaftlicher Entdeckungen in die Praxis mitzuwirken. Uninteressiertheit und abstrakt-akademisches Herangehen sind unter diesen Bedingungen kaum ethisch zu rechtfertigen; vielmehr bedarf es einer aktiven und lebensverbundenen Haltung, die auf den konkreten Kampf um die Verwirklichung der humanistischen Ideale in der wissenschaftlichen Tätigkeit und bei der Gestaltung der entwickelten sozialistischen Gesellschaft orientiert.

Die Effektivität der Arbeit einzelner Wissenschaftler und ganzer wissenschaftlicher Einrichtungen hängt in hohem Maße davon ab, wie die der wissenschaftlichen Öffentlichkeit vorgelegten neuen Ergebnisse von ihr aufgenommen werden. Wissenschaftlicher Meinungsstreit und konstruktive Kritik fördern in der Regel das Zustandekommen großer Entdeckungen; jedoch sind Bewertung und Kritik nicht immer objektiv. Es kann zu Situationen kommen, in denen beide Varianten verantwortungslosen Handelns auftreten, unbegründete Kritik wertvoller Arbeiten, die nicht von wissenschaftlichen Interessen geleitet ist, sondern von persönlichen und Gruppeninteressen ausgeht, und umgekehrt, hohe Bewertung mittelmäßiger Ergebnisse, nichtorigineller und sogar fehlerhafter Ar-

[29] Vgl. S. R. Mikulinskij/R. Richta (Hrsg.), Socializm i nauka, a. a. O., S. 196/197.

beiten. Auch kann es vereinzelt vorkommen, daß bekannte Wissenschaftler mittelmäßige und wenig qualifizierte Mitarbeiter fördern, deren Hauptverdienst darin besteht, daß sie dem Patron völlig ergeben sind. Auf dem ungesunden Boden, der so entsteht, kann sich eine Gruppierung herausbilden, deren einzelne Mitglieder sich wechselseitig aufeinander beziehen, und die — wenn es ihr gelingt, in führende Positionen vorzudringen — großen Schaden anrichten kann, da sie das wissenschaftliche Niveau eines ganzen Wissenschaftszweiges wirklich begabter und fähiger wissenschaftlicher Kader ernsthaft behindert.

Um solchen ungesunden Erscheinungen erfolgreich begegnen zu können, reichen administrative Maßnahmen allein nicht aus; vor allem bedarf es hier einer anspruchsvollen und von sozialer Verantwortung getragenen Haltung der gesamten wissenschaftlichen Öffentlichkeit. Viel hängt im Kampf um ein gesundes moralisches Klima in der Wissenschaft davon ab, wie prinzipiell und wie konkret solche Erscheinungen in Publikationsorganen, die sich an breite Wissenschaftlerkreise wenden, kritisiert werden. Zweckdienlich ist es auch, wenn solche Publikationsorgane sich in die Diskussion von allgemein interessierenden Problemen der Ethik und der sozialen Verantwortung des Wissenschaftlers einschalten. „Die Effektivität der Wissenschaft und die Arbeitsproduktivität des Wissenschaftlers hängen letztlich untrennbar mit der wissenschaftlichen Ethik und der Moral des Wissenschaftlers zusammen. Eben aus diesem Grunde sind alle diese Fragen für die sozialistische Gesellschaft von besonderer Bedeutung“, vermerkte V. I. Gol'danskij. Er unterstrich in diesem Zusammenhang zugleich die besondere Gefährlichkeit von Versuchen, persönliche karrieristische Interessen zu verfolgen und sich dabei gewissenlos auf staatliche und gesellschaftliche Interessen zu berufen, sowie Inkompetenz und Tatenlosigkeit durch großtönende Reden und allgemeine Phrasen zu verdecken.[30]

In der Praxis kommt es bisweilen auch vor, daß leitende Wissenschaftler in unverantwortlicher Weise ihren Namen unter Arbeiten ihrer Mitarbeiter setzen, an denen sie keinerlei Anteil haben, und so als imaginäre „Koautoren“ wissenschaftlicher Entdeckungen und Veröffentlichungen auftreten. Es hat sogar schon Fälle gegeben, in denen Leiter ihre Dienststellung mißbraucht haben, um Mitarbeiter zu zwingen, eine Dissertation für sie zu schreiben. Solche Erscheinungen sind natürlich für die Wissenschaft der sozialistischen Gesellschaft keineswegs typisch; deren moralisches Klima ist gänzlich anders geartet. Wenn solche Fälle vereinzelt vorkommen, werden sie deshalb sofort unterbunden, denn die wissenschaftlichen Kollektive, die gesellschaftlichen Organisationen und die Leitungen der wissenschaftlichen Einrichtungen verfügen über alles Nötige, um solche Mißbräuche in jedem konkreten Falle aufzudecken. Eine nicht unbedeutende Rolle spielt dabei auch die prinzipielle Haltung der Presse, die solche und ähnliche Fälle analysiert und sie auf das Strengste kritisch bewertet. Wie die Praxis zeigt,

[30] Vgl. Kruglyj stol „Nauka—technika—gumanizm“, in: Voprosy istorii estestvoznanija i techniki, 2/1982, S. 104.

sind solche Erscheinungen nur dort möglich, wo die Prinzipien des Demokratismus, des Kollektivismus und der Öffentlichkeit, die das wissenschaftliche Leben in der sozialistischen Gesellschaft kennzeichnen, vernachlässigt werden.

Die Verantwortung des Wissenschaftlers weist unterschiedliche Aspekte auf, je nachdem, um welches Wissensgebiet es sich handelt. Die auf dem Gebiet der Naturwissenschaften und der technischen Wissenschaften Tätigen erbringen bedeutende Leistungen vor allem zur Entwicklung der Produktivkräfte, zur Erhöhung der Verteidigungsfähigkeit der sozialistischen Gemeinschaft und zur Schaffung der materiell-technischen Basis des Sozialismus. Das Tempo der weiteren Entwicklung und die Erhöhung der Effektivität der Volkswirtschaft werden in hohem Maße durch das Niveau der Anwendung der Errungenschaften von Wissenschaft und Technik sowie durch den Grad der Qualifikation der Spezialisten bestimmt.

Die Begründer des Marxismus-Leninismus haben der gesellschaftswissenschaftlichen Grundlagenforschung stets eine große Bedeutung beigemessen. Wenn von der Verbindung der Wissenschaft mit der Praxis die Rede ist, werden gewöhnlich Beispiele aus den Natur- und technischen Wissenschaften angeführt; es sollte dabei jedoch nicht übersehen werden, daß die Gesellschaftswissenschaften großen Einfluß auf die politische, soziale und moralische Erziehung und die kommunistische Weltanschauung der Werktätigen haben. Sie tragen zum richtigen Verständnis vor sich gehender Ereignisse bei und befähigen jedes Individuum einer sozialistischen Nation, sich als Schöpfer der neuen Gesellschaft zu begreifen.

In den Ländern des Sozialismus stehen die Wissenschaftler in hohem Ansehen und erfreuen sich der Hochachtung seitens der ganzen Gesellschaft. Die Gesellschaft ihrerseits erwartet zu Recht, daß sie sich als bewußte Erbauer einer neuen Welt und als überzeugte Kämpfer für die hohen Ideale des Sozialismus und Kommunismus bewähren. Der Wissenschaftler, der die Mittel für seine Tätigkeit vom Volke und vom Staate erhält, muß darauf bedacht sein, seinen schöpferischen Beitrag zur weiteren Vervollkommnung der sozialistischen Gesellschaft so hoch und so wirkungsvoll wie nur möglich zu gestalten. Die Kosten moderner wissenschaftlicher Forschung sind erheblich, und der Wissenschaftler muß mitunter ein hohes Risiko eingehen, wenn er beträchtliche Mittel für Experimente benötigt. Verantwortungslosigkeit führt in solchen Fällen zu großen Verlusten für die materielle Basis der Wissenschaft und für das Budget der gesamten Gesellschaft.

Die Existenz zweier gegensätzlicher Gesellschaftssysteme bleibt nicht ohne Einfluß auf die strategischen Überlegungen zur Entwicklung der Wissenschaft und auf die dem Sozialismus eigene Struktur der Prioritäten für die Forschung. Die Länder der sozialistischen Gemeinschaft stehen fest auf den Positionen des Friedens und des friedlichen Schöpfertums. Sie sind nicht am Wettrüsten interessiert, denn dieses widerspricht den grundsätzlichen Zielen und Idealen des Sozialismus und behindert die friedliche Nutzung der Wissenschaft zur Erhöhung des materiellen Wohlstandes des Volkes und zur Befriedigung seiner geistigen und kulturellen Ansprüche. Die sozialistischen Staaten und die Wissenschaftler der sozialistischen Länder gehören zur Avantgarde der Kämpfer für den Frieden, für die Verhinderung eines neuen Weltkrieges und die Beendigung des Wettrüstens. Die aktive und vom Bewußtsein ihrer sozialen Verantwortung getragene Haltung der Wissenschaftler der sozialistischen Gesellschaft fand ihren klaren Ausdruck in dem Appell führender Vertreter der sowjetischen Wissenschaft an die Wissenschaftler der Welt und an alle Menschen guten Willens. „Heute, da unsere und unserer Nachfahren Zukunft auf der Waagschale der Geschichte liegt," heißt es in dem Appell, „ist jeder Wissenschaftler gehalten, sich von seinem Wissen und Gewissen leiten zu lassen und ehrlich und klar zu erklären, in welche Richtung die Welt gehen soll — in Richtung der Schaffung neuer Typen strategischer Waffen, die die Gefahr eines gegenseitig vernichtenden Konflikts erhöhen, oder in Richtung der Beendigung des Wettrüstens und der nachfolgenden Abrüstung. Das ist die historisch-moralische Pflicht der Wissenschaftler vor der Gesellschaft."[31] Dieser Aufruf hat bei der fortschrittlichen wissenschaftlichen Öffentlichkeit der Welt ein großes und interessiertes Echo gefunden.

[31] Obraščenije ko vsem učenym mira, in: Pravda vom 10. 4. 1983.

Literaturverzeichnis

Einführung

Marx, K.: Zur Kritik der Hegelschen Rechtsphilosophie. — In: Karl Marx/Friedrich Engels, Werke (im folgenden MEW), Bd. 1, Berlin 1956, S. 201—334.

Marx, K.: Ökonomisch-philosophische Manuskripte aus dem Jahre 1844. — In: MEW. Ergänzungsband Teil I, Berlin 1968, S. 465—588.

Marx, K.: Thesen über Feuerbach. — In: MEW, Bd. 3, Berlin 1958, S. 5—7.

Marx, K.: Zur Kritik der Politischen Ökonomie. — In: MEW, Bd. 13, Berlin 1961, S. 3—160.

Marx, K./Engels, F.: Die deutsche Ideologie. — In: MEW, Bd. 3, Berlin 1958, S. 9—530.

Engels, F.: Anti-Dühring. — In: MEW, Bd. 20, Berlin 1962, S. 5—303.

Engels, F.: Dialektik der Natur. — In: MEW, Bd. 20, Berlin 1962, S. 307—570.

Lenin, W. I.: Drei Quellen und drei Bestandteile des Marxismus. — In: Werke, Bd. 19, Berlin 1962, S. 3—9.

Lenin, W. I.: Ein großer Sieg der Technik. — In: Werke, Bd. 19, Berlin 1962, S. 42—43.

Lenin, W. I.: Entwurf eines Plans wissenschaftlich-technischer Arbeiten. — In: Werke, Bd. 27, Berlin 1960, S. 312—313.

Lenin, W. I.: Karl Marx. Kurzer biographischer Abriß mit einer Darlegung des Marxismus. — In: Werke, Bd. 21, Berlin 1960, S. 31—80.

Lenin, W. I.: Konspekt zu Hegels „Wissenschaft der Logik". — In: Werke, Bd. 38, Berlin 1964, S. 77—229.

Lenin, V. I.: KPSS o razvitii nauki, (Pod obšč. red. K. M. Bogoljubova). — Moskva 1981.

Lenin, V. I.: KPSS ob intelligencii. — Moskva 1979.

Lenin, W. I.: Materialismus und Empiriokritizismus. — In: Werke, Bd. 14, Berlin 1962, S. 7—366.

Lenin, W. I.: Die nächsten Aufgaben der Sowjetmacht. — In: Werke, Bd. 27, Berlin 1960, S. 225—268.

Lenin, V. I.: O narodnom obrazovanii, 2-e izd. — Moskva 1980.

Lenin, V. I.: Ob izobretatel'stve i vnedrenii naučno-techničeskich dostiženij v proizvodstvo. — Moskva 1973.

Lenin, W. I.: Über die Bedeutung des streitbaren Materialismus. — In: Werke, Bd. 33, Berlin 1962, S. 213—223.

Lenin, W. I.: Über proletarische Kultur. — In: Werke, Bd. 31, Berlin 1959, S. 307—308.

Lenin, W. I.: Über Wissenschaft und Hochschulwesen. — Berlin 1969.

Čaušesku, N. [Ceauşescu, N.]: Razvitie obrazovanija, nauki i kul'tury v Rumynii. — Bucharest 1979.

Dvanadeseti kongres na Bâlgarskata komunističeska partija. Dokladi i rešenija. — Sofija 1981.
Gorbačev, M. S.: Korennoj vopros ėkonomičeskoj politiki partii. — In: Pravda, Moskva (1985) 163, v. 12. 6., S. 1—2.
Gorbačev, M. S.: O sozyve očerednogo XXVII s"ezda KPSS i zadačach, svjazannych s ego podgotovkoj i provedeniem. Doklad General'nogo sekretarja CK KPSS na Plenume CK KPSS 23 aprelja 1985 g. — In: Kommunist, Moskva (1985) 7, S. 4—20.
Gorbatschow, M. S. [Gorbačev, M. S.]: Politischer Bericht des Zentralkomitees der KPdSU an den XXVII. Parteitag der Kommunistischen Partei der Sowjetunion, 25. Febr. 1986. — Berlin 1986.
Gusak, G.: Izbrannye stat'i i reči. Okt. 1973—maj 1980 g. — Moskva 1981.
Honecker, E.: Bericht des Zentralkomitees der Sozialistischen Einheitspartei Deutschlands an den X. Parteitag der SED, Berlin, 11. bis 16. April 1981. — Berlin 1981.
Honecker, E.: Bericht des Zentralkomitees an den XI. Parteitag der Sozialistischen Einheitspartei Deutschlands, Berlin, 17. bis 21. April 1986. — Berlin 1986.
Honecker, E.: Reden und Aafsätze. Bde. 1—10. — Berlin 1975ff.
Honecker, E.: Die Wissenschaftler sind berufen, zum Wohle des Volkes zu wirken. — In: Feste Verbundenheit von Partei und Wissenschaft. Zum Besuch des Generalsekretärs des ZK der SED und Vorsitzenden des Staatsrates der DDR, Erich Honecker, in der AdW der DDR. — Berlin 1982, S. 9—13 (Abhandlungen der AdW der DDR. Abt. Gesellschaftswissenschaften, 1982, 1/G).
Honecker, E.: Zur Vorbereitung des XI. Parteitages der SED. — In: 10. [zehnte] Tagung des ZK der SED, 20. bis 21. Juni 1985. — Berlin 1985, S. 7—48.
Kadar, Ja.: Izbrannye stat'i i reči. Fevr. 1976 g.—ijun' 1979 g., [Per. s veng.]. — Moskva 1980.
K. Marks, F. Ėngel's, V. I. Lenin o nauke i technike, (Red.-Koll. A. G. Egorov, S. R. Mikulinskij, M. P. Mčedlov),
T. 1—2. — Moskva 1985,
T. 1: Obščie problemy; zakonomer'nosti razvitija nauki i techniki,
T. 2: Rol' nauki i techniki v razvitii obščestva.
Materialy XXV s'ezda KPSS. — Moskva 1976.
Materialy XXVI s'ezda KPSS. — Moskva 1981.
Ryshkow, N. I. [Ryškov, N. I.]: Über die Hauptrichtungen der wirtschaftlichen und sozialen Entwicklung der UdSSR von 1986 bis 1990 und für die Perspektive bis zum Jahr 2000, [XXVII. Parteitag der KPdSU]. — Berlin 1986.
Živkov, T.: Izbrannye stat'i i reči. Ijul' 1975 g.—mart 1981 g. — Moskva 1981.
Živkov, T.: Za rešitelen obrat v našeto mislene i rabota. Slovo na srešata na Politbjuro i Sekretariata na CK na BKP s aktiva na Nauč.-techn. sâjuza i Sâjuza na nauč. rabotnici v Bâlgarija. (Stenografski zapis), 24 apr. 1984 g. — Sofija 1984.

Erstes Kapitel
Gegenstand, Aufgaben und Methoden der Wissenschaftsforschung

Berka, K.: Měření. Pojmy, teorie, problémy. — Praha 1977.
Bernal, J. D.: Die Wissenschaft in der Geschichte, 3., bearb. Aufl. — Berlin 1967.

Charlesworth, M.: Science, non-science and pseudoscience. Bacon, Popper, Lakatos, Kuhn, Feyerabend on defining science. — Victoria 1982 (ABC sci. show lectures).
Čížek, F.: Teorie a empirie. Příspevek k marxistickému pojetí metodologie vědeckého poznání. — Praha 1974.
Dmitrienko, V. A.: Metodologičeskie problemy naukovedenija. — Tomsk 1977.
Dobrov, G. M.: Wissenschaftswissenschaft, 2., verb. Aufl. — Berlin 1970.
Fedoseev, P. N.: Filosofija i naučnoe poznanie. — Moskva 1983.
Fedoseev, P. N.: Filosofskie idei V. I. Lenina i sovremennoe estestvoznanie. — In: Leninskoe filosofskoe naslenie i sovremennaja fizika. — Moskva 1981.
Filkorn, V.: Uvod do metodologie vied. — Bratislava 1960.
Jordanov, I.: Nauka kak logičeskaja i obščestvennaja sistema. Poznavatel'nye i prikladnye funkcii sovremennoj nauki. — Kiev 1979.
Kachaunov, S. [Kačaunov, S.]/Simeonova, K.: Social studies of science in Bulgaria. — In: Soc. Stud. of Sci., London 9 (1979) 1, S. 91—99.
Karcev, V. P.: Social'naja psichologija nauki i problemy istoriko-naučnych issledovanij. — Moskva 1984.
Kedrov, B. M.: Istorija nauki i principy ee issledovanija. — In: Voprosy filosofii, Moskva (1971) 9, S. 78—89.
Kedrov, B. M./Ogurcov, A. P.: Marksistskaja koncepcija istorii estestvoznanija, XIX vek. Vozniknovenie i suščnost' koncepcii K. Marksa i F. Engel'sa, Konkretizacija koncepcii v trudach posledovatelej K. Marksa i F. Engel'sa (Otv. red. V. I. Sadovskij). — Moskva 1978.
Kelle, V. Ž.: Metodologičeskie problemy kompleksnogo issledovanija naučnogo truda. — In: Voprosy filosofii, Moskva (1977) 5, S. 100—110.
Kelle, V. Ž./Mikulinskij, S. R.: Wissenschaftssoziologie. — In: Gesellschaftswissenschaften, Moskau (1977) 3, S. 86—99.
Koncepcii nauki v buržuaznoj filosofii i sociologii. Vtoraja polovina XIX—XX v. — Moskva 1973.
Kozlova, M. S./Pukšanskij, B. Ja./Mikešina, L. A./Karpunin, V. A.: Dialektika poznanija. Komponenty, aspekty, urovni, (Otv. red. M. S. Kozlova). — Leningrad 1983.
Laitko, H.: Wissenschaft als allgemeine Arbeit. Zur begrifflichen Grundlegung der Wissenschaftswissenschaft. — Berlin 1979 (Wissenschaft und Gesellschaft, 17).
Lajtko, Ch. [Laitko, H.]/Lange, B.: Iz istorii formirovanija naukovedenija. — In: Voprosy istorii estestvoznanija i techniki, Moskva (1982) 3, S. 42—53.
Martynovič, S. F.: Fakt nauki i ego determinacija. Filos. metodol. aspekt. — Saratov 1983.
Marxistisch-leninistische Wissenschaftstheorie. Grundlegung und Gegenstand. — Berlin 1971 (ITW: Kolloquien, 1).
Materialy k pol'sko-sovetskomu simpoziumu po kompleksnomu izučeniju razvitija nauki, Katovice—Krakov—Varšava. 20—26 nojab. 1967 g. — Moskva 1967 (Dokl. pol'skich učenych), (Dokl. sovetskich učenych).
Mensch — Wissenschaft — Technik. Versuch einer marxistischen Analyse der wissenschaftlich-technischen Revolution. (Hrsg. M. Buhr, G. Kröber). — Berlin 1977.
Mikulinskij, S. R.: Džeral'd Cholton [Gerald Holton] i ego koncepcija tematičeskogo analiza. Posleslovie. — In: Cholton. Tematičeskij analiz nauki. — Moskva 1981, S. 357—370.
Mikulinskij, S. R.: Ešče raz o predmete i strukture naukovedenija. — In: Voprosy filosofii, Moskva (1982) 7, S. 117—131.
Mikulinskij, S. R.: Nekotorye problemy organizacii naučnoj dejatel'nosti i ee izučenija. — In: Organizacija naučnoj dejatel'nosti. — Moskva 1968, S. 137—149.

Mikulinskij, S. R.: O naukovedenii kak obščej teorii razvitija nauki. — Moskva 1968.
Mikulinskij, S. R.: Scheinkontroversen und reale Probleme der Theorie von der Entwicklung der Wissenschaft. — In: Sowjetwissenschaft, Ges.-wiss. Beitr., Berlin 31 (1978) 7, S. 756—775.
Mikulinskij, S. R.: Sovremennoe sostojanie i teoretičeskie problemy istorii estestvoznanija kak nauki. — In: Voprosy filosofii, Moskva (1976) 6, S. 74—86.
Mikulinskij, S. R.: Wissenschaftswissenschaft. Probleme und Forschungen der siebziger Jahre. — In: Inform. Wiss. u. Technik. Übers. u. Ref. zu Wiss.-Politik, Wiss.-Organis. u. Wiss.-Entwicklung, Berlin (1976) Sonderh. 2.
Mikulinskij, S. R./Jaroševskij, M. G.: Nauka kak predmet psichologičeskogo issledovanija. — In: Problemy naučnogo tvorčestva v sovremennoj psichologii. — Moskva 1971, S. 7—45.
Mikulinskij, S. R./Rodnyj, N. I.: Die Wissenschaft als Gegenstand spezieller Forschung. — In: Forschung — Lehre — Praxis, Berlin (1967) 1, S. 54—74.
Mocek, R.: Gedanken über die Wissenschaft. Die Wissenschaft als Gegenstand der Philosophie. — Berlin 1980 (Grundfragen der marxistisch-leninistischen Philosophie).
Nalimov, V. V./Mul'čenko, Z. M.: Naukometrija. Izučenie razvitija nauki kak informacionnogo processa. — Moskva 1969.
Očerki istorii i teorii razvitija nauki, (Pod red. S. R. Mikulinskogo i. dr.). — Moskva 1969 (Naukovedenie problemy i issledovanija).
Osnovni problemi na naukoznanieto. (Redkol. N. Stefanov, S. Kačaunov). — Sofija 1973.
Ossowski, S.: Dziela, T. 4; O nauce. — Warszawa 1967.
Price, Derek J. de Solla: Little science, big science. Von der Studierstube zur Großforschung. — Frankfurt/M. 1974 (Suhrkamp Taschenbuch Wissenschaft, 48).
Price, Derek J. de Solla: Science since Babylon. — New Haven—London 1961.
Problemi i perspektivi na sociologijata na naukata. — Sofija 1981.
Problemi na naukoznanieto, (Redkol. N. Stefanov, N. Jachiel, B. Benev, Ju. Minkov). — Sofija 1970.
Problemy razvitija sovremennoj nauki. Sb., (Otv. red. A. L. Janšin). — Novosibirsk 1978.
Puankare, A. [Poincaré, Henry]: O nauke, (Per. s fr.). — Moskva 1983.
Račkov, P. A.: Naukovedenie. Problemy, struktura, ėlementy. — Moskva 1974.
Richta, R.: Is there a new type of science emerging? — In: Teorie rozvoje vědy, Praha 1 (1977) 4, S. 7—44.
Rilling, R.: Theorie und Soziologie der Wissenschaft. Zur Entwicklung in BRD und DDR. — Frankfurt/M. 1975.
Science observed. Perspectives on the social study of science, (Eds. K. D. Knorr-Cetina, M. Mulkay etc.). — London 1983.
The science of science. Society in the technological age, (Ed. by M. Goldsmith, A. Mackay). — [s. 1.] 1964.
Science, technology and the future. Soviet scientists' analysis of the problems of and prospects for the development of science and technology and their role in society, (Eds. E. P. Velikhov etc.). — Oxford 1980.
La science telle qu'elle se fait. Anthologie de la sociologie des sciences de langue angl. — Paris 1982.
Sirácky, A.: Doba a myslenie. — Bratislava 1979.
Socializm i nauka (Pod red. S. R. Mikulinskogo, R. Richty). — Moskva 1981.
Stefanov, N./Kačaunov, S./Simeonova, K.: Struktura i metodologija na istoričeskogo poznanie. — Sofija 1971.

Tomin, U.: Stiintă, cereetare, productie. Probleme ale ştiinţei despre ştiinţa. — Bucureşti 1970.
Toward a metric of science. The advent of science indicators, (Eds. Y. Elkana etc.). — New York 1978 (Science, Culture, and Society, a Wiley, interscience series).
V poiskach teorii razvitija nauki. Očerki zapadnoevropejskich i amerikanskich koncepcij XX v., (Otv. red. S. R. Mikulinskij, V. S. Černjak). — Moskva 1982.
Vernadskij, V. I.: Izbrannye trudy po istori i nauki, (Red. i vstup st. S. R. Mikulinskogo). — Moskva 1981.
Wissenschaft und Forschung im Sozialismus. Probleme ihrer Entwicklung, Gestaltung und Analyse, Materialien des RGW-Symposiums zu Fragen der marxistisch-leninistischen Wissenschaftstheorie, (Hrsg. G. Kröber, H. Laitko, H. Steiner). — Berlin 1974 (Wissenschaft und Gesellschaft, 3).
Die Wissenschaft von der Wissenschaft. Philosophische Probleme der Wissenschaftstheorie. — Berlin 1968.
Wissenschaftswissenschaft in Lehre und Forschung, (Hrsg. D. Schulze etc.). — Berlin 1978 (Wissenschaftliche Schriftenreihe der Humboldt-Universität zu Berlin).
Wörterbuch der Wissenschaftswissenschaft. Russ., dt., engl. = Russko-nemecko-anglizskij slovar' po naukovedeniju, (Hrsg. G. Dobrov, H. Engelbert), 2., überarb. u. erw. Aufl. — Berlin 1984.
Zur Methodologie der Wissenschaftsforschung, (Verantw. Bearb. G. Kröber). — Berlin 1973 (ITW: Kolloquien, 8).

Zweites Kapitel
Die Wissenschaft im System der Reproduktion des gesellschaftlichen Lebens

Afanas'ev, V. G.: Wissenschaftlich-technische Revolution, Leitung, Bildung. — Berlin 1974.
Afanasjew, W. G. [Afanas'ev, V. G.]: Wissenschaft, Technik und Leitung in der sozialistischen Gesellschaft. — Berlin 1971.
Aleksandrov, A. P.: Nauka — strane. St. i vystuplenija. — Moskva 1983.
Apokin, I. A./Davydova, L. G./Obuchova, L. E. (i. dr.): Osnovnye napravlenija NTR, Sb. st. — Moskva 1978.
Asimov, I.: Science, past — science, future. — Garden City (N. Y.) 1975.
Benev, B.: Vnedrjavaneto — osnoven princip na naučno-techničeskata politika. — Sofija 1978.
Bernal, J. D.: The social function of science. — Cambridge (Mass.) — London 1973.
Bodington, S.: Science and social action, (With an introd. M. Cooley). — London 1978.
Cantore, E.: Scientific man. The humanistic significance of science. — New York 1977.
Caro, J.-Y.: Les économistes distingués. Logique social d'un champ sci. — Paris 1893.
Chejnman, S. A.: Naučno-techničeskaja revoljucija segodnja i zavtra. — Moskva 1977.
Civilization and science in conflict or collaboration? A Ciba found. symp. — Amsterdam 1972.
Commoner, B.: Science and survival. — London 1966.
Counter-movements in the sciences. The sociology of the alternatives to big science, (Eds. H. Nowotny, H. Rose). — Dordrecht 1979 (Sociology of the Science, A Yearbook, Vol. III — 1979).
Determinants and controls of scientific development, (Eds. K. S. Knorr etc.). — Dordrecht-Boston 1975.

Durchsetzung des wissenschaftlich-technischen Fortschritts in der Industrie. — Berlin 1978 (Sitzungsberichte der AdW der DDR. Mathematik — Naturwissenschaften — Technik, 1978, 12/N).

The dynamics of science and technology. Social values, technical norms and scientific criteria in the development of knowledge, (Eds. W. Krohn etc.). — Dordrecht — Boston 1978 (Sociology of the Sciences. A Yearbook, Vol. II — 1978).

Ėkmaljan, A. M.: Nauka. Genezis i social'naja funkcija. — Erevan 1983.

Ėkonomičeskaja rol' nauki v razvitom socialističeskom obščestve. Sb., (Pod red. L. S. Gljazera). — Moskva 1978.

Ėkonomičeskie problemy naučno-techničeskogo progressa v razvitom socialističeskom obščestve, (Pod obšč. red. N. A. Seroštana). — Char'kov 1983.

Ermakov, P. I.: Nauka i proizvodstvo. — Moskva 1978.

Farkas, J.: Az őtlettől a megvalósulásig. A kutatási eredmények alkamazásának társadalmi-szervezeti-személyi feltételei a vegyiparban. — Budapest 1974 (Szociológiai tanulmányok, 16).

Fedoseev, P. N.: Dialektika sovremennoj ėpochi, 3-e izd., dop. — Moskva 1978.

Feyerabend, P.: Erkenntnis für freie Menschen. — Frankfurt/M. 1979.

Filipec, J./Richta, R.: Vědeckotechniká revoluce a socialismus. — Praha 1972.

Georgiev, I.: Nauka, proizvodstvo, potreblenie. Săzdvanie i realizacija na nauč.-techn. novovăvedenija. — Sofija 1981.

Glagoleva, G. M.: Technologičeskoe osvoenie naučnych otkrytij i razrabotok. Ėkon. aspekty. — Moskva 1977.

Gudožnik, G. S.: Wissenschaftlich-technischer Fortschritt. Wesen, grundlegende Tendenzen, überarb. u. ergänzte deutsche Ausg. — Berlin 1974.

Haefner, G./Simmel, W.: Intensivierung durch Wissenschaft und Technik. Leitung, Planung und Organisation der Überleitung. — Berlin 1978.

Hager, K.: Gesetzmäßigkeiten unserer Epoche — Triebkräfte und Werte des Sozialismus. — Berlin 1983.

Hager, K.: Sozialismus und wissenschaftlich-technische Revolution. — Berlin 1972.

Hager, K.: Wissenschaft und Bildung für die Zukunft. — In: Einheit, Berlin 40 (1985) 11, S. 1001—1009.

Hager, K.: Wissenschaft und Technologie im Sozialismus. — Berlin 1974.

Heyde, W. (etc.): Die Ökonomie der betrieblichen Forschung und Entwicklung. Handbuch, 2., überarb. Aufl. — Berlin 1980.

Hörz, H./Seidel, D.: Humanität und Effektivität — zwei Seiten der wissenschaftlich-technischen Revolution?. — Berlin 1984.

Issledovanija — razrabotki — vnedrenie. V SSSR i za rubežom, Sb. st. — Moskva 1970.

Issues of development. Towards a new role for science and technology, Proc. of an Intern. symp. on sci. and technol. for develop., Singapore, Jan. 1979, (Eds. M. Goldsmith, A. King). — Oxford 1979.

Ivanova, N. Ja.: Social'no-kul'turnye funkcii estestvennych nauk. Gumanističeskij aspekt. — Kiev 1977.

Izsledvanija, razrabotki, vnedrjavane, (Redkol. N. Stefanov i dr.). — Sofija 1976 (Porediza, naukoznanie i naučna politika).

Jachiel, N.: Soziologie und Wissenschaft, [Übers. a. d. Bulgar.]. — Köln 1978 (Kleine Bibliothek Politik, Wissenschaft, Zukunft, 144).

Jachiel, N.: Sociologija i socialna praktika. Sociol. analiz na săvremenni socialni procesi i vzaimovrăzkata im s naukata. — Sofija 1982.
Jachiel, N.: Sociologija nauki. — Moskva 1977.
Jagtenberg, T.: The social construction of science. A comparative study of goal direction, research evolution and legitimation. — Dordrecht 1983.
Jain, N. K.: Science and scientists in India. Vedic to mod. — New Delhi 1982.
K úloze vědy v koncipování strukturálnich změn československého národního hospodářství. (Red. T. Tepper). — Praha 1983.
Kosolapov, V. V.: Socializm i kapitalizm. Nauka, technika, proizvodstvo, Sistem. analiz tendencij i perspectiv razvitija. — Kiev 1983.
Kröber, G./Laitko, H.: Wissenschaft als soziale Kraft. — Berlin 1976.
Krohn, R. G.: The social shaping of science. Institutions, ideology and careers in science. — Westport (Conn.) 1971.
Krysmanski, H. J.: Soziales System und Wissenschaft. Zur Frage wissenschaftlichen „Aussenseitertums", 2., erw. Aufl. — Düsseldorf 1972.
Kubík, J.: Vědeckotechnický rozvoj v ekonomice ČSSR. — Praha 1980.
Kuczynski, J.: Wissenschaft heute und morgen. Geschrieben unter dem Kreuzfeuer der Kritik von Robert Rompe und Kurt Werner. — Berlin 1973.
Kukel, J.: Vědeckotechnický pokrok v socialistickej ekonomike. Základné politickoekonimické problémy. — Bratislava 1979.
Kušin, V. I.: Uskorenie vnedrenija naučnych dostiženij v proizvodstvo. — Moskva 1976.
Kuz'min, V. P.: Principy sistemnosti v teorii i metodologii K. Marksa, 2.-e izd. — Moskva 1980.
Ladrière, J.: Les enjeux de la rationalité. Le défi de la science et de la technologie aux cultures. — Paris 1977.
Lavrent'ev, M. A.: Nauka. Techničeskij progress, Kadry, Sb. st. i vystuplenij. — Novosibirsk 1980.
Lejman, I. I.: Nauka kak social'nyj institut. — Leningrad 1971.
Löbl, K./Ríha, L.: Vědecko-technický pokrok a socialistický rozvoj v. ČSSR. — Praha 1976.
Machlup, F.: The production and distribution of knowledge in the United States. — Princeton (N. J.) 1971.
MacRae, D., jun.: The social function of social science. — New Haven—London 1976.
Madej, Z.: Nauka i rozwój gospodarczy. — Warszawa 1970.
Majzel', I. A.: Nauka, avtomatizacija, obščestvo. — Leningrad 1972.
Man, science and society. Proc. of a seminar, (Ed. A. Podar). — Simla 1970.
Mansfield, E.: Industrial research and technological innovation. An econometric analysis. — New York 1968.
Mansfield, E.: Technological change. An introduction to a vital area of modern economics. — New York 1971.
Marčuk, G.: Vklad sovetskoj nauki v kommunističeskoe stroitel'stvo. — In: Sojuz nerušimyj respublik svobodnych. — Maskva 1982, S. 57—73.
Markov, E.: Naučno-techničeskata revoljucija. Njakoi socialnoikon. mechanizmi. — Sofija 1979.
Markov, N. V.: Naučno-techničeskaja revoljucija. Analiz, perspektivy, posledstvija, 2-e izd., dop. — Moskva 1973.
Medawar, P. B.: The hope of progress. — London 1972.

Meleščenko, Ju. S./ Šuchardin, S. V.: Lenin und der wissenschaftlich-technische Fortschritt. — Leipzig 1972.
Mėnsfild, Ė. [Mansfield, E.]: Ėkonomika naučno-techničeskogo progressa. [Sokr. per. s angl.]. — Moskva 1970.
Merton, R. K.: The sociology of science. An episodic memoir. — Carbondale—Edvardsville 1979.
Merton, R. K.: The sociology of science. Theoretical and empirical investigations. — Chicago—London 1973.
Míček, M.: Organizačni opatřeni a organizačni formy přispivajici k urychlováni cyklů výzkum-výroba. — Praha 1980.
Minkov, Ju.: Naukata i čovekăt. — Sofija 1973.
Mončev, N.: Rasrabotki i novovăvedenija. Naukovedski analiz. — Sofija 1976.
Morgenthau, H. J.: Science. Servant or master?. — New York 1972.
Naučno-techničeskaja revoljucija i čelovek, (Otv. red. V. G. Afanas'ev). — Moskva 1977.
Naučno-techničeskaja revoljucija i socialističeskaja sistema chozjajstva, (Pod red. A. I. Ančiškina, Ju. S. Širjaeva). — Moskva 1983.
Naučno-techničeskaja revoljucija i social'nyj progress. — Moskva 1972.
Naučno-techničeskij progress. Zakonomernosti, social'no-ėkonomičeskaja effectivnost'. Sb. nauč. tr. — Moskva 1983.
Naučno-techničeskij progress i ėkonomika socializma, (Pod red. L. M. Gatovskogo). — Moskva 1979.
Naučno-techničeskij progress i struktura proizvodstva sredstv proizvodstva, (Otv. red. S. A. Chejnman, D. M. Palterovič). — Moskva 1982.
Nauka i obrazovanie v uslovijach razvitogo socializma. — Tomsk 1983.
Nauka i proizvodstvo pri socializme [Per. s nem. V. P. Kamankina]. — Moskva 1978.
Nauka — narodnomu chozjajstvu. — Moskva 1979.
Nick, H.: Wissenschaftlich-technische Revolution. — Berlin 1975 (ABC des Marxismus-Leninismus).
Nieburg, H. L.: In the name of science. — Chicago 1966.
Novye naučnye napravlenija i obščestvo, (Otv. red. S. A. Kugel'). — Moskva—Leningrad 1983.
Obščestvennoe razvitie i naučno-techničeskaja revoljucija. Očerki metodologii issledovanija, (Pod red. I. I. Lejmana). — Leningrad 1982.
Oppenheimer, J. R.: Wissenschaft und allgemeines Denken. — Hamburg [1955] (Rowohlts deutsche Enzyklopädie, 6).
Pandeva, M. Z./Ivanov, I. D.: Inovacijata. Ot teorijata kam proizvodstvenata praktika. — Sofija 1983.
Pandeva, M. Z./Kurdova, M. A.: Sistema nauka-proizvodstvo i ikonomičeskoto razvitie na NRB. — Sofija 1979.
Perspectives in the sociology of science, (Ed. S. S. Blume). — Chichester 1977.
Polikarov, A.: Naukata i săvremenijat svjat. — Sofija 1981.
Pošechonov, Ju. V.: O razvitii tvorčeskogo sodružestva nauki i proizvodstva. — Moskva 1973.
Price, D. K.: The scientific estate. — Cambridge (Mass.) 1965.
Pričepij, E. N.: Buržuaznaja sociologija znanija. Kritika metodol. principov. — Kiev 1983.
Probleme der organischen Verbindung der wissenschaftlich-technischen Revolution mit den Vorzügen des Sozialismus und der Einheit von wissenschaftlich-technischem und sozialem Fort-

schritt, (Verantw. H. Koziolek). — Berlin 1973 (Sitzungsberichte des Plenums und der Klassen der AdW der DDR, 1973, 3).
Process prevraščenija nauki v neposredstvennuju proizvoditel'nuju silu, (Otv. red. S. V. Šuchardin). — Moskva 1971.
Rahman, A.: Trimurti. Science, technology and society, A collection of essays. — New Delhi 1972.
Rahman, A.: Triveni. Science, democracy and socialism. — Simla 1977.
Realizing social science knowledge. The polit. realization of social science knowledge and research toward new scenarios, (Eds. B. Holzner etc.). — Wien—Würzburg 1983.
The revolution in science and technology and contemporary social development, (Ed. M. Nicolescu). — Bucureşti 1974.
Richta: R.: The role of the social science. — In: The social implications of the scientific and technological revolution, Paris 1981, S. 39—100.
The role of science and technology in economic development. — Paris 1970.
Rolul ştiinţei în construirea socialismului în România. — Bucureşti 1972.
Rumler (etc.): VTR a současný kapitalismus. Ekonomika vyspělého kapitalismu a vědeckotechnická revoluce. — Praha 1979.
Russell, B.: Wissenschaft wandelt das Leben, (Aus d. Engl. von Hanns von Krannhals, ungek. Ausg.). — München 1953 (List-Bücher, 27).
Salomon, J. J./Des Marais, A./Dorst, J.: L'engagement social du scientifique. — Montréal 1971.
Sato, R./Suzawa, G. S.: Research and productivity. Endogenous techn. change. — Boston (Mass.) 1983.
Science and its public. The changing relationship, (Eds. G. Holton, W. A. Blanpied). — Dordrecht—Boston 1976 (Boston studies in the philosophy of science, 33).
Science and society, (Eds. A. Rahman, P. N. Chowdhury). — New Delhi 1980.
Science and society. Past, present and future, (Ed. N. H. Steneck). — Ann Arbor 1975.
Science and technology in African development. — Paris 1974 (Science policy studies and documents, 35).
Science and technology in economic growth, (Ed. B. R. Williams). — London—Basingstoke 1973.
La science et la diversité des cultures. — Paris 1974.
Science, growth and society. A new perspective, (Ed. H. Brooks). — Paris 1971.
Science, technology and development, (Eds. K. D. Sharma, M. A. Qureshi). — New Delhi 1978.
Science, technology and economic development. A historical and comparative study, (Eds. W. Beranek jun., G. Banis). — New York 1978.
Science. Technology, Man, (Eds. S. Ganovski etc.). — Sofia 1973.
Seickert, H.: Produktivkraft Wissenschaft im Sozialismus. — Berlin 1973.
Semenov, N. N.: Nauka i obščestvo, 2-e izd., dop. — Moskva 1981 (Nauka mirovozzrenie žizn').
Sičivica, O. M.: Faktory naučnogo progressa. — Voronež 1974.
Sičivica, O. M.: Mobil'nost' nauki. — Gor'kij 1975.
Sičivica, O. M.: Složnye formy integracii nauki. — Moskva 1983.
Sigeti, I./Chorvat, J./Kupcov, V. I. (i dr.): Na puti k edinstvunauki. — Moskva 1983.
Skorov, G. E./Volkov, M. Ja./Vorkunov, O. S. (i dr.): Razvivajuščiesja strany. Nauka, technika, ėkonomičeskij rost. — Moskva 1975.

Snow, C. P.: The two cultures and a second look, (Ed. and annotated by K. Schrey). — Frankfurt/M.—Berlin [West]—Bonn [1968] (Diesterwegs neusprachliche Bibliothek, Englische Abt. 11 D 2).

Social perspective of development of science and technology in India, (Eds. B. V. Ranga Rao, N. P. Chaubey). — Calcutta 1982.

Social processes of scientific development, (Ed. R. Whitley). — London—Boston 1974.

The social production of scientific knowledge, (Eds. E. Mendelsohn etc.). — Dordrecht—Boston 1977 (Sociology of the Sciences, A Yearbook, Vol. I-1977).

Social'noe prognozirovanie v nauke. Sb. et., (Otv. red. A. A. Zvorykin). — Moskva 1983.

Social'noe upravlenie v nauke. Sb. st., (Otv. red. A. A. Zvorykin). — Moskva 1978.

Social'nye problemy nauki. Sb. st., (Otv. red. V. L. Makarov). — Novosibirsk 1983.

Sociologičeskie problemy naučnoj dejatel'nosti. — Moskva 1978.

Sociologičeskie problemy nauki, (Pod red. V. Ž. Kelle, S. R. Mikulinskogo). — Moskva 1974.

Sociology of science and research. Papers of the International Sociology of Science Conference in Budapest, Sept. 7—9, 1977, (Ed. J. Farkas). — Budapest 1979.

The sociology of science in Europe, (Eds. R. K. Merton, J. Gaston). — Carbondale—Edwardsville, London—Amsterdam 1977 (Perspectives in sociology).

Sovremennaja naučno-techničeskaja revoljucija, Ist. issled., 2-e izd., dop. — Moskva 1970.

Sovremennye izmenenija v nauke i technike i ich social'nye posledstvija, [Per. s rum.], (Obšč. red. A. N. Bykova). — Moskva 1978.

Sozialismus und wissenschaftlich-technische Revolution. Materialien einer internationalen wissenschaftlichen Konferenz der Akademien der Wissenschaften sozialistischer Länder, 20.—22. Mai 1981, Berlin, (Hrsg. P. N. Fedoseev, W. Kalweit, G. Kröber), T. 1 und 2. — Berlin 1983.

Sozialismus und wissenschaftliches Schöpfertum, (Hrsg. A. Erck, L. Läsker, H. Steiner). — Berlin 1976 (Wissenschaft und Gesellschaft, 8).

SŠA. Nauka i obrazovanie, (Otv. red. E. S. Šeršnev, V. I. Gromeka). — Moskva 1974.

Starnberger Studien, (Hrsg. Max-Planck-Institut zur Erforschung der Lebensbedingungen der Wissenschaftlich-Technischen Welt, Starnberg). Bd. 1: Böhme, G./Daele, W. van den/Hohlfeld, R. (etc.): Die gesellschaftliche Orientierung des wissenschaftlich-technischen Fortschritts. — Frankfurt/M. 1978 (Edition Suhrkamp, 877).

Stefanov, N.: Naučen podchod i socialna situacija. — Sofija 1983.

Stefanov, N.: Obščestvennye nauki i social'naja technologija, [Per. s bolg.]. — Moskva 1976.

Storer, N. W.: The social system of science. — New York 1966.

Šuchardin, S. V./Kuzin, A. A.: Teoretičeskie aspekty sovremennoj naučno-techničeskoj revoljucii. — Moskva 1980.

Suchodolski, B.: Nauka a świadomość spoleczna. — Wroclaw 1974.

Technology in America. A history of individuals and ideas, (Ed. G. W. Pursell, jun.). — Cambridge (Mass.). — London 1982.

Tessmann, K.: Probleme der technisch-wissenschaftlichen Revolution. — Berlin 1962 (Taschenbuchreihe Unser Weltbild, 16).

Turčenko, V. N.: Naučno-techničeskaja revoljucija i revoljucija v obrazovanii. — Moskva 1973.

Überführung Wissenschaft — Produktion. Materialien eines Kolloquiums der Akademie der Wissenschaften der DDR im Mai 1973 zu Problemen der Überführung naturwissenschaftlicher Ergebnisse der Grundlagenforschung in die Produktion. (Hrsg. U. Hofmann). — Berlin 1973.

Vědeckotechnický pokrok a socialistická ekonomika, (Čes. vyd. pripr. J. Vaner etc.). — Praha 1980.
Vnedrjavaneto na naučno-techničeskite postiženija v proizvodstvoto. — Sofija 1974.
Volček, E. Z.: V. I. Lenin o roli nauki i techniki v kommunističeskom stroitel'stve. — Minsk 1983.
Volkov, G. N.: Istoki i gorizonty progressa. Sociol. probl. razvitija nauki i techniki. — Moskva 1976.
Wissenschaft. Stellung, Funktion und Organisation in der entwickelten sozialistischen Gesellschaft, (Hrsg. G. Kröber, H. Laitko). — Berlin 1975.
Wissenschaft als Produktivkraft. Der Prozeß der Umwandlung der Wissenschaft in eine unmittelbare Produktivkraft. — Berlin 1974 (Tachenbuchreihe Unser Weltbild, 69).
Wissenschaft im Sozialismus. Probleme und Untersuchungen. — Berlin 1973 (Wissenschaft und Gesellschaft, 1).
Wissenschaft — Ökonomie — Fortschritt. Ökonomische Probleme des wissenschaftlich-technischen Fortschritts, (Hrsg. L. M. Gatovskij etc.). — Berlin 1974 (Schriften des Zentralinstituts für Wirtschaftswissenschaften, 6).
Wissenschaft und Gesellschaft, (Hrsg. G. Kröber, H. Steiner). — Berlin 1974 (ITW: Studien und Forschungsberichte, 4).
Wissenschaft und Produktion im Sozialismus. Zur organischen Verbindung der Errungenschaften der wissenschaftlich-technischen Revolution mit den Vorzügen des Sozialismus, (H. Nick, H.-J. Beyer, E. Edeling etc.). — Berlin 1976.
Wolkow, G. N. [Volkov, G. N.]: Soziologie der Wissenschaft. Studien zur Erforschung von Wissenschaft und Technik. — Berlin 1970.
Woodward, J. F.: Science in industry. Science of industry. An introd. to the management of technology-based industry, (Forew. M. Finniston). — Aberdeen 1982.
Zacher, L.: Sterowanie procesami rewolucji naukowo-technicznej. Przesłanki i ogólne założenia. — Wrocław 1978.
Žamin, V. A.: Nauka i ėkonomika socializma. — Moskva 1971.
Žamin, V. A.: Social'no-ėkonomičeskie problemy obrazovanija i nauki v razvitom socialističeskom obščestve. — Moskva 1979.
Zenkevič, I. F./Komkov, G. D./Lichtenštejn, E. S.: Oktjabr' i nauka. Sb. — Moskva 1977.
Ziman, J. M.: The force of knowledge. The scientific dimension of soc. — Cambridge 1976.
Ziman, J. M.: Public knowledge. An essay concerning the social dimension of science. — Cambridge 1968.
Zolotarev, V. S.: Naučno-proizvodstvennyj kompleks razvitogo socializma. Vopr. metodologii i teorii, (Otv. red. A. F. Tarasov). — Rostov n/D 1983.
Zubčaninov, V. V.: Naučnaja dejatel'nost' i techničeskij progress v krupnejšich kapitalističeskich stranach. — Moskva 1976.
Zuckerman, S.: Beyond the ivory tower. The frontiers of public and private science. — New York 1971.
Zuckermann, S.: Scientists and war. The impact of science on military and civil affairs. — London 1966.
Zvorykin, A. A.: Nauka, obščestvo, čelovek. — Moskva 1969.
Zyklus Wissenschaft — Technik — Produktion. Wissenschaftstheoretische Studie zur Wechselwirkung von wissenschaftlicher und technischer Revolution im 20. Jahrhundert. — Berlin 1982 (Sozialismus — Erfahrungen, Probleme und Perspektiven).

Drittes Kapitel
Spezifik und Struktur der wissenschaftlichen Tätigkeit

Alternatives zu Th. S. Kuhn. Wissenschaftstheoretische und -historische Untersuchungen zu Kuhns Konzept der Wissenschaftsentwicklung, (Verantw. G. Kröber, K.-H. Strech). — Berlin 1983 (ITW: Studien und Forschungsberichte, 15).

Amado, G./Guittet, A.: La dynamique des communications dans les groupes. — Paris 1975.

Andreev, I. D.: Teorija kak forma organizacii naučnogo znanija. — Moskva 1979.

Bayertz, K.: Wissenschaft als historischer Prozeß. Die antipositivistische Wende in der Wissenschaftstheorie. — München 1980.

Die Bedeutung des Marxismus-Leninismus für die Durchsetzung des Prinzips der Einheit der Wissenschaft, (Red. R. Mocek etc.). — Halle (Saale) 1972 (Wissenschaftliche Beiträge der Martin-Luther-Universität Halle-Wittenberg, 1972/6).

Berka, K.: Teorie očekávaného užitku. — Praha 1974.

Bunge, M.: Scientific research, Vol. 1—2. — Berlin 1967 (Studies in the Foundations, Methodology and Philosophy of Science, Vol. 3/I, Vol. 3/II)
Vol. 3/I: The search for system
Vol. 3/II: The search for truth.

Chajtun, S. D.: Naukometrija. Sostojanie i perspektivy. — Moskva 1983.

Chorev, N. V.: Filosofija kak faktor razvitija nauki. — Moskva 1979.

Communication among scientists and engineers, (Eds. C. E. Nelson, D. K. Pollock). — Lexington (Mass.) 1970.

Communication in science. Documentation and automation, (Eds. A. de Reuck, J. Knight). — Boston 1967.

Communication in scientific information, (Ed. S. B. Day). — Basel 1975.

Crane, D.: Invisible colleges. Diffusion of knowledge in scientific communities. — Chicago—London 1972.

Čudinov, É. M.: Priroda naučnoj istiny. — Moskva 1977.

Dialektika naučnogo poznanija. Očerk dialektičeskoj logiki, (Redkol. E. K. Vojšvillo i dr.). — Moskva 1978.

Der dialektische Materialismus und die moderne Wissenschaft. Materialien eines internationalen Symposiums. — Prag 1978 (Der Marxismus-Leninismus und unsere Zeit).

Diemer, A./ Eley, L./Geldsetzer, L. (etc.): Struktur und Methode der Wissenschaften. — In: Wissenschaftstheorie, Bd. 2, (Hrsg. H. Rombach). — Freiburg 1974 (Studienführer zur Einführung in das kritische Studium der Erziehungs- und Sozialwissenschaften).

Dmitrienko, V. A.: Voprosy obščej teorii nauki. — Tomsk 1974.

Domin, G./Lanfermann, H.-H./Mocek, R./Pälicke, D.: Bürgerliche Wissenschaftsauffassungen in der Krise, Bd. 1. — Berlin 1976 (Zur Kritik der bürgerlichen Ideologie, 71/1).

Domin, G./Lanfermann, H.-H./Mocek, R./Pälicke, D.: Bürgerliche Wissenschaftstheorie und ideologischer Klassenkampf. Eine Auseinandersetzung mit bürgerlichen Wissenschaftsauffassungen. — Berlin 1973 (Wissenschaft und Gesellschaft, 2).

Erkenntnis und Wahrheit, (hrsg. im Auftrag des Wissenschaftlichen Rates für marxistische Philosophie der DDR von W. Eichhorn I, E. Hahn, R. Mocek, F. Rupprecht). — Berlin 1983 (Grundfragen der marxistisch-leninistischen Philosophie).

Fedoseev, P. N.: Filosofija i integracija znanija. — In: Filosofija, estestvoznanie, sovremennost'. — Moskva 1981, S. 6—25.

Feyerabend, P.: Wider den Methodenzwang. Skizze einer anarchistischen Erkenntnistheorie. — Frankfurt/M. 1979 (Theorie).

Fiedler, F.: „Einheitswissenschaft" oder Einheit der Wissenschaft?. — Berlin 1971.

Filosofija, estestvoznanie, sovremennost'. Itogi i perspektivy issled., 1970—1980 gg., (Pod obšč. red. I. T. Frolova, L. I. Grekova). — Moskva 1981.

Filosofija i častnye nauki. Mirovozzrenč. i metodol. rol' marksistsko-leninskoj filosofii v estestv. i obščestv. naukach, (Otv. red. T. Stojčev). — Sofija 1983.

Filosofija, metodologija, nauka, (Pod red. V. A. Lektorskogo). — Moskva 1972.

Fortschritt und Rationalität der Wissenschaft, (Hrsg. G. Radnitzky, G. Andersson), mit Beitr. von H. Albert (etc.). — Tübingen 1980 (Die Einheit der Gesellschaftswissenschaften, 24).

Fundamental'nye i prikladnye issledovanija v uslovijach NTR. Sb., (Otv. red. A. L. Janšin). — Novosibirsk 1973.

Gajdenko, P. P.: Ėvoljucija ponjatija nauki. Stanovlenie i razvitie pervych naučnych programm. — Moskva 1980.

Garvey, W. D.: Communication. The essence of science, Facilitating information exchange among libraries, scientists, engineers and students. — Oxford 1979.

Hörz, H.: Modelle in der wissenschaftlichen Erkenntnis. Philosophisch-erkenntnistheoretische Probleme. — Berlin 1978 (Sitzungsberichte der AdW der DDR, Gesellschaftswissenschaften, 1978/11/G).

Hörz, H./Wessel, K.-F.: Philosophische Entwicklungstheorie. Weltanschauliche, erkenntnistheoretische und methodologische Probleme der Naturwissenschaften. — Berlin 1983 (Philosophische Probleme der Wissenschaften).

Holton, G.: Thematische Analyse der Wissenschaft. Die Physik Einsteins und seiner Zeit. — Frankfurt/M. 1981 (Suhrkamp Taschenbuch Wissenschaft, 293).

Idealy i normy naučnogo issledovanija. — Minsk 1981.

Interdisziplinarität in der Forschung. Analysen und Fallstudien, (Hrsg. H. Parthey, K. Schreiber). — Berlin 1983 (Wissenschaft und Gesellschaft, 22).

Karpov, M. M.: Osnovnye zakonomernosti razvitija estestvoznanija. — Rostov n/D 1963.

Kedrov, B. M.: Klassifizierung der Wissenschaften. — Berlin—Moskau,
Bd. 1: 1975
Bd. 2: 1976.

Kedrov, B. M.: Lenin i naučnye revoljucii. Estestvoznanie, Fizika. — Moskva 1980.

Kedrov, B. M.: Lenin i revoljucija v estestvoznanii XX veka. Filosofija i estestvoznanie. — Moskva 1969.

Kedrov, B. M.: Predmet i vzaimosvjaz' estestvennych nauk. — Moskva 1962.

Kikec, G. Ju.: Problemy integracii obščestvoznanija i estestvoznanija. — Kiev 1978.

Klaus, G.: Beiträge zu philosophischen Problemen der Einzelwissenschaften. — Berlin 1978 (Schriften zur Philosophie und ihrer Geschichte, 14).

Klusin, V./Pinkava, J.: Filosofické a metodologické otazky prirodnich věd XX. stoleti. — Praha 1976.

Kommunikacija v sovremennoj nauke. [Per. s angl.]. Sb. per. — Moskva 1976.

Kopnin, P. V.: Gnoseologičeskie i logičeskie osnovy nauki. — Moskva 1974.

Kopnin, P. V.: Logičeskie osnovy nauki. — Kiev 1968.

Kosareva, L. M.: Predmet nauki. Social'no-filosofskij aspekt problemy. — Moskva 1977.

Kostov, K.: Strukturno-funkcionalen podchod v naučnoto izsledvane. — Sofija 1976.

Kuhn, Th. S.: The essential tension. Selected Studies in scientific tradition and change. — Chicago—London 1977.

Kuhn, Th. S.: Die Struktur wissenschaftlicher Revolutionen. — Frankfurt/M. 1977.
Kuznecov, B. G.: Cennost' poznanija. Očerki sovrem. teorii nauki. — Moskva 1975.
Kuznecov, B. G.: Idealy sovremennoj nauki. — Moskva 1983.
Lakatos, I.: Die Methodologie der wissenschaftlichen Forschungsprogramme. — Braunschweig 1982.
Lazarev, F. V./Trifonova, M. K.: Struktura poznanija i naučnaja revoljucija. — Moskva 1980.
Lektorskij, V. A.: Sub"ekt, ob"ekt, poznanie. — Moskva 1980.
Lenin i sovremennaja nauka. Tom 1—2. — Moskva 1970.
Lenin i sovremennoe estestvoznanie. (Otv. red. M. E. Omel'janovskij). — Moskva 1969.
Leninskaja teorija otraženija i sovremennaja nauka. Tom 1—3, (Gl. red. T. Pavlov i dr.). — Sofija 1973.
Machlup, F.: Knowledge. Its creation, distribution and economic significance, Bd. 1: Knowledge and knowledge production. — Princeton 1980.
Markarjan, Ė. S.: Integrativnye tendencii vo vzaimodejstvii obščestvennych i estestvennych nauk. — Erevan 1977.
Marxistische Wissenschaftstheorie. Studien zur Einführung in ihren Forschungsbereich, (Hrsg. H. J. Sandkühler). — Frankfurt/M. 1975 (Fischer Athenäum Taschenbücher, Sozialwissenschaften, FAT 4034).
Meadows, A. J.: Communication in science. — London 1974.
Metodologičeskie problemy naučnogo poznanija, (Otv. red. A. L. Janšin). — Novosibirsk 1977.
Metodologičeskie problemy vzaimosvjazi i vzaimodejstvija nauk, (Otv. red. M. V. Mostepanenko i dr.). — Leningrad 1970.
Mirskij, Ė. M.: Meždisciplinarnye issledovanija i disciplinarnaja organizacija nauki. — Moskva 1980.
Müller, K.: Dělba, kooperace a integrace ve vědě a technice. — Praha 1972.
Mulkay, M.: Science and the sociology of knowledge. — London 1979 (Controversies in sociology, 8).
Nauka i naučnoe tvorčestvo. Sb. st., (Otv. red. M. M. Karpov). — Rostov n/D 1981.
Nauka v social'nych, gnoseologičeskich i cennostnych aspektach. — Moskva 1980.
Nowakowska, M.: Teorie badań. Ujęcia modelowe. — Warszawa 1977.
Oeser, E.: Wissenschaftstheorie als Rekonstruktion der Wissenschafsgeschichte. Fallstudien zu einer Theorie der Wissenschaftsentwiklung, Bd. 1: Metrisierung, Hypothesenbildung, Theoriendynamik. — Wien—München 1979 (Scienta nova).
Passman, S.: Scientific and technological communcation. — Oxford 1969.
Petrova, G. I.: Naučnyj progress, ego kriterii i formy. — Tomsk 1982.
Polikarov, A.: Očerci po metodologija na naukata. — Sofija 1981.
Popper, K. R.: Logik der Forschung, 5. Aufl., Nachdr. der vierten, verb. Aufl. — Tübingen 1973 (Die Einheit der Gesellschaftswissenschaften, 4).
Popper, K. R.: Objektive Erkenntnis. Ein evolutionärer Entwurf, 2. Aufl. — Hamburg 1974 (Kritische Wissenschaft).
Pozitivizm i nauka. Krit. očerk, (Otv. red. D. P. Gorskij, B. S. Grjaznov). — Moskva 1975.
Problem und Methode in der Forschung, (Hrsg. H. Parthey). — Berlin 1978 (Wissenschaft und Gesellschaft, 15).
Problema urovnej i sistem v naučnom poznanii. — Minsk 1970.

Problemi i perspektivi na sociologijata na naukata. — Sofija 1981.
Problemy metodologii nauki i naučnogo tvorčestva, (Pod red. V. A. Štoff, A. M. Mostepanenko). — Leningrad 1977.
Problemy naučnogo metoda, (Pod obšč. red. B. M. Kedrova). — Moskva 1964.
Problemy razvitija nauki v trudach estestvoispytatelej XIX veka. Načalo stoletija — 70-e gg. — Moskva 1973.
Pruthi, S./Nagpul, P. S.: Pattern and role of informal communication in R & D. — New Delhi 1978 (Monograph, Study report series, 1/1978).
Puti formirovanija novogo znanija v sovremennoj nauke, (Otv. red. M. V. Popovič). — Kiev 1983.
Radev, D.: Naukata i najnite funkcii. — Sofija 1978.
Rakitov, A. I.: Anatomija naučnogo znanija. Popul. vvedenie v logiku i metodologiju nauki. — Moskva 1969.
Rakitov, A. I.: Filosofskie problemy nauki. Sistemnyj podchod. — Moskva 1977.
Rodnyj, N. I.: Očerki po istorii i metodologii estestvoznanija. — Moskva 1975.
Russell, B.: On the philosophy of science, (Ed. with an introd. Ch. A. Fritz). — Indianapolis 1965.
Ruzavin, G. I.: Matematizacija naučnogo znanija. — Moskva 1984.
Ruzavin, G. I.: Metody naučnogo issledovanija. — Moskva 1974.
Ruzavin, G. I.: Naučnaja teorija. Logiko-metodol. analiz. — Moskva 1978.
Shapere, D.: Reason and the search for knowledge. Investigations in the philosophy of science. — Dordrecht 1983.
Sistemnyj analiz i naučnoe znanie, (Otv. red. D. P. Gorskij). — Moskva 1978.
Sokolov, A. N.: Problemy naučnoj diskusii. Logiko-gnoseol. analiz, (Pod red. V. N. Borjaza). — Leningrad 1980.
Starostin, B. A.: Parametry razvitija nauki. — Moskva 1980.
Stavskaja, N. R.: Integracija nauki i ee rol' v razvitii naučno-techničeskoj revoljucii. — Volgograd 1970.
Stefanov, N.: „Malkijat svjat" na goljamata nauka. — Sofija 1981.
Stegmüller, W.: Probleme und Resultate der Wissenschaftstheorie und analytischen Philosophie, Bd. 1: Erklärung, Begründung, Kausalität, 2., verb. u. erw. Aufl. — Berlin [West]—Heidelberg 1983.
Štoff, V. A.: Problemy metodologii naučnogo poznanija. — Moskva 1978.
The structure of scientific theories, (Ed. with a crit. introd. F. Suppe). — Urbana (Ill.) 1974.
Struktura i razvitie nauki. Iz Boston, issled. po filosofii nauki, [Sb. per. s angl.]. — Moskva 1978.
Suppes, P.: Studies in the methodology and foundations of science. Selected papers from 1951 to 1969. — Dordrecht 1969.
Švyrev, V. S.: Naučnoe poznanie kak dejatel'nost'. — Moskva 1984 (Nad čem rabotajut, o čem sporjat filosofy).
Švyrev, V. S.: Teoretičeskoe i ėmpiričeskoe v naučnom poznanii. — Moskva 1978.
Tenhouten, W. D./Kaplan, Ch. D.: Science and its mirror image. A theory of inquiry. — New York 1973.
Toulmin, S.: Einführung in die Philosophie der Wissenschaft. — Göttingen 1969.
Učenye o nauke i ee razvitii. Tvorcy nauki o nauke, Filosofy i istoriki o nauke. (Pod red. N. I. Rodnogo i dr.). — Moskva 1971.

Ursul, A. D.: Problema informacii v sovremennoj nauke. Filos. očerki. — Moskva 1975.
Vachtomin, N. K.: Genezis naučnogo znanija. Fakt, ideja, teorija. — Moskva 1973.
Vernadskij, V. I.: Razmyšlenija naturalista. Bd. 2: Naučnaja mysl' kak planetnoe javlenie. — Moskva 1977.
Vzajmodejstvie nauk, (Otv. red. B. M. Kedrov, P. V. Smirnov). — Moskva 1984.
Die Wissenschaft der Erkenntnis und die Erkenntnis der Wissenschaft. Studien zur Wissenschafts- und Erkenntnistheorie, (Hrsg. H. J. Sandkühler). — Stuttgart 1978.
Wissenschaftskonzeptionen. Eine Auswahl von Beiträgen sowjetischer Wissenschaftshistoriker zur Geschichte der Ideen über die Wissenschaft, (Hrsg. G. Domin). — Berlin 1978 (Wissenschaft und Gesellschaft, 10).
Zotov, A. F.: Struktura naučnogo myšlenija. — Moskva 1973.

Viertes Kapitel
Persönlichkeit und Kollektiv im wissenschaftlichen Schöpfertum

Alimov, A. A./Apollonov, V. A./Božin, E. F. (i dr.): Social'no-psichologičeskie problemy naučno-techničeskogo progressa. — Leningrad 1982.
Bejat, M.: Talent, inteligenţă, creativitate . . . — [Bucureşti] 1971.
Belozercev, V. I.: Problemy techničeskogo tvorčestva kak vida duchovnogo proizvodstva. — [Ul'janovsk] 1970.
Bibler, V. S.: Myšlenie kak tvorčestvo. Vvedenie v logiku myšlennogo dialoga. — Moskva 1975 (Nad čem rabotajut, o čem sporjat filosofy).
Broglie, L. de: Sur les sentiers de la science. — Paris 1960.
Busher, H. H.: Scientific man. Meddler, manipulator or manager of evolution. — New York 1966.
Čelovek nauki. Sb. (Pod red. M. G. Jaroševskogo). — Moskva 1974.
Chalupa, B.: Tvořivost ve vědе a technice. Psychologická studie. — Brno 1973.
Chorev, V. I.: Ėvrističeskaja intuicija v naučnom poiske. — Perm' 1973.
Chudjakov, V. L.: Učenyj i ego tvorčeskij mir. — Leningrad 1971.
Climate for creativity. Report of the 7th National research conference on creativity, (Ed. C. W. Taylor). — New York 1972.
Čovekăt v naučnata dejnost, (Glaven red. N. Jachiel). — Sofija 1976.
Crowther, J. G.: Scientific types. — London 1968.
Erkenntnistheoretische Aspekte des Schöpfertums in der Wissenschaft. — Berlin 1981 (Forschungsbeiträge zu Problemen und zur Geschichte der marxistisch-leninistischen Erkenntnistheorie).
Explorations in creativity, (Eds. R. L. Mooney, T. A. Razik). — New York 1967.
Feyl, R.: Der lautlose Aufbruch. Frauen in der Wissenschaft. — Berlin 1981.
Gaston, J.: Originality and competition in science. A study of the British high energy physics community. — Chicago—London 1973.
Girginov, G.: Nauka i tvorčestvo. — Sofija 1975.
Gospodinov, K.: Naučnite kolektivi. Naukovedski analiz. — Sofija 1973.
Haefele, J. W.: Creativity and innovation. — New York 1962.
Hagstrom, W. O.: The scientific community. — New York 1965.
Hiebsch, H.: Wissenschaftspsychologie. Psychologische Fragen der Wissenschaftsorganisation. — Berlin 1977.

Hirsch, W.: Scientists in American society. — New York 1968.
Holton, G.: The scientific imagination. Case studies. — Cambridge 1978.
Jaroševskij, M. G./Kara-Murza, S. T./Karcev, V. P. (i dr.): Problemy rukovodstva naučnym kollektivom. Opyt social.-psichol. issled. — Moskva 1982.
Kommunikace a činnost, (Red. G. M. Andrejovová, J. Janoušek). — Praha 1981.
Koršunov, A. M.: Teorija otraženija i tvorčestvo. — Moskva 1971.
Kozlova, T. Z.: Vozrastnye gruppy v naučnom kollektive. — Moskva 1983.
Kuczynski, J.: Gelehrtenbiographien. — Berlin 1977 (Studien zu einer Geschichte der Gesellschaftswissenschaften, 6).
Kuczynski, J.: Gesellschaftswissenschaftliche Schulen. — Berlin 1977 (Studien zu einer Geschichte der Gesellschaftswissenschaften, 7).
Latour, B./Woolgar, S.: Laboratory life. The social construction of scientific facts. — Beverly Hills—London 1979.
Leprince-Ringuet, L.: Des atomes et des hommes, Nouv. éd, rev. et compl. — Paris 1969.
Lobrot, M.: L'intelligence et ses formes. Esquisse d'un modéle explicatif. — Paris 1973.
Luk, A. N.: Psichologija tvorčestva. — Moskva 1978.
Mahoney, M. J.: Scientist as subject. The psychological imperative. — Cambridge (Mass.) 1976.
Marčuk, G. I.: Molodym o nauke. — Moskva 1980.
Margenau, H./Bergamini, D.: Der Wissenschaftler, [Aus d. Engl. übertr. von K. u. H. Janssen]. — [Amsterdam] 1966, mit Life — Wunder der Wissenschaft.
Mirskaja, E. Z.: Učenyj i sovremennaja nauka. — Rostov n/D 1971.
Moore, A. D.: Invention, discovery and creativity. — Garden City (N. Y.) 1969.
Nauka i naučnoe tvorčestvo, (Otv. red. M. M. Karpov). — Rostov n/D 1970.
Naumov, I.: Naučnijat kolektiv kato socialna sistema. — Sofija 1975.
Nechorošev, Ju. S./Sizov, V. V.: Tvorčeskij zamysel i plan naučno-issledovatel'skich rabot. — Tomsk 1973.
Parygin, B. D.: Social'no-psichologičeskij klimat kollektiva. Puti i metody izuč., (Pod red. V. A. Jadova). — Leningrad 1981.
Pelka-Pelińska, E.: Nauka. Zawód i specjalność badacza. — Wrocław 1983.
Pelz, D. C./Andrews, F. M.: Scientists in organizations. Productive climates for research and development, (Rev. ed.). — Ann Arbor (Mich.) 1976.
Persönlichkeit und Kollektiv in der Forschung. Beiträge zu soziologischen Problemen in Forschungs- und Entwicklungseinrichtungen, (Red. G. Bohring). — Berlin 1972 (Schriftenreihe Soziologie).
Pieter, J.: Psychologia nauki. — Warszawa 1971.
Pigrov, K. S.: Naučno-techničeskoe tvorčestvo. Social.-filos. probl. — Leningrad 1979.
Ponomarev, Ja. A.: Psichologija tvorčestva. — Moskva 1976.
Příprava vědeckých pracovníků a specialistů s vysokoškolským vzděláním k tvurčí činnosti. Sborník referátů a materiálů. — Praha 1979.
Problemi na naučnija talant, (Otv. red. Ja. Jančev). — Sofija 1979.
Problemi na talanta. Statii i intervjuta. — Sofija 1975 (Chorizonti, svet't, naukata, nie).
Problemy dejatel'nosti učenogo i naučnych kollektivov, Vyp. 1—7. — Leningrad 1969—1979.
Problemy naučnogo tvorčestva v sovremennoj psichologii, (Pod red. M. G. Jaroševskogo). — Moskva 1971.
Problemy razvitija nauki i naučnogo tvorčestva. — Rostov n/D 1971.
Psichologičeskie issledovanija tvorčeskoj dejatel'nosti. — Moskva 1975.

Raudsepp, E.: Managing creative scientists and engineers. — New York—London 1963.
Řízení kvalifikačního rozvoje výzkumných a vývojových pracovních kolektivů. — Praha 1979.
Science as a career choice. Theoretical and empirical studies, (Eds. B. T. Eiduson, L. Beckman). — New York 1973.
Scientific creativity. Its recognition and development, Select. papers from the proc. of the First, Second, and Third Univ. of Utah conf. „The identification of creative scientific talent", (Eds. C. W. Taylor, F. Barron). — New York 1963.
Scientists at work, (Eds. T. Dalenius etc.). — Stockholm 1970.
Sedliak, J.: Ludský vo vêde. — Bratislava 1980.
Selye, H.: Vom Traum zur Entdeckung. Vademecum eines Wissenschaftlers. — Wien—Düsseldorf 1965.
Shils, E. A.: The intellectuals and the powers, and other essays. — Chicago—London 1972.
Social'no-psichologičeskie problemy nauki. Učenyj i nauč. kollektivov, (Pod red. M. G. Jaroševskogo). — Moskva 1973.
Social'nye problemy truda v nauke na sovremennom ėtape naučno-techničeskogo progressa. Sb. st., (Otv. red. O. N. Žemanov, L. G. Červonnaja). — Sverdlovsk 1983.
Sodružestvo nauk i tajny tvorčestva. — Moskva 1968.
Sozialismus und wissenschaftliches Schöpfertum, (Hrsg. A. Erck, L. Läsker, H. Steiner). — Berlin 1976 (Wissenschaft und Gesellschaft, 8).
Stefanov, N.: Učenite v „Goljamata nauka". — Sofija 1975.
Theoretische Probleme des wissenschaftlichen Arbeitsprozesses, (Bearb. R. Rexheuser). — Jena 1974.
Tvorčestvo v naučnom poznanii, (Pod. obšč. red. D. I. Širokanova, Ju. A. Charina). — Minsk 1976.
Výchova k tvořivosti v přípravě vědeckotechnických pracovníků. Sborník příspěvků z celostát. semináře v Praze 8.—10. října 1974, (Red. J. Hlavsa). — Praha 1975.
Whiting, Ch. S.: Creative thinking. — New York 1961.
Wissenschaftliche Entdeckungen. Probleme ihrer Aufnahme und Wertung, (Hrsg. L. Kannengießer, G. Kröber). — Berlin 1974 (Wissenschaft und Gesellschaft, 6).
Wissenschaftliche Schulen, Bde. 1 u. 2. — Berlin (Wissenschaft und Gesellschaft, 11/1 u. 11/2)
Bd. 1: (Hrsg. S. R. Mikulinskij, M. G. Jaroševskij, G. Kröber, H. Steiner). — 1977
Bd. 2: (Hrsg. S. R. Mikulinskij, M. G. Jaroševskij, H. Steiner, R.-L. Winkler), unter Mitarb. von P. Altner. — 1979.
Wissenschaftliches Schöpfertum. (Hrsg. G. Kröber, M. Lorf). — Berlin 1972.
Yukawa Hideki: Creativity and intuition. A physicist looks at East and West. — Tokyo 1973.

Fünftes Kapitel
Begriff, Struktur und das Problem der Bewertung des Wissenschaftspotentials

Alešin, S. M./Minaev, V. A./Ušakov, G. I.: Finansirovanie naučno-issledovatel'skich učreždenij. — Moskva 1973.
Anderla, G.: Information in 1985. A forecasting study of information needs and resources. — Paris 1973.

Arbeiterklasse und wissenschaftlich-technische Intelligenz in der entwickelten sozialistischen Gesellschaft. — Berlin 1978 (Sozialismus — Erfahrungen, Probleme und Perspektiven).

Balevski, A.: Problemi na naukata i obrazovanieto. Izbrani dokladi, statii i izkazvanija. — Sofija 1974.

Blek, A. V.: Informacionnoe obespečenie naučnych issledovanij. Na prim. fiziologii. — Leningrad 1974.

Bonitz, M.: Wissenschaftliche Forschung und wissenschaftliche Information. — Berlin 1979 (Beiträge zur Forschungstechnologie. Schriftenreihe für Experimentalmethodik, Systemanalyse u. Instrumentierung in der naturwissenschaftlichen, medizinischen u. technischen Forschung, 6).

Cigánik, M.: Der Informationsfonds in Wissenschaft, Technik und Ökonomie. 2., neu verf. Aufl. — Berlin 1973.

Čutkeraŝvili, E. V.: Kadry dlja nauki. Spezialisty vysš. kvalifikacii v SSR i v kapitalist. stranach. — Moskva 1968.

Dobrov, G. M.: Potential der Wissenschaft. — Berlin 1971.

Dynamik und Struktur des Wissenschaftlerpotentials. Eine Untersuchung qualitativer und quantitativer Veränderungen des wissenschaftlichen Kaderpotentials der UdSSR unter den Bedingungen der wissenschaftlich-technischen Revolution, (Hrsg. L. Kannengießer, H. Meyer). — Berlin 1977 (Wissenschaft und Gesellschaft, 12).

Engelbert, H.: Der Informationsbedarf in der Wissenschaft. — Leipzig 1976 (Einführung in die Information und Dokumentation, 13).

Engelbert, H.: Informationsrecherchesysteme in der Wissenschaft. — Berlin 1978.

Folger, J. K./Astin, H. S./Bayer, A. E.: Human resources and higher education. — New York 1970.

Das Forschungspotential im Sozialismus. Ausgewählte Probleme unter besonderer Berücksichtigung der Grundlagenforschung, (Ges.-Red. L. Kannengießer, W. Meske). — Berlin 1977 (Wissenschaft und Gesellschaft, 14).

Ganelli, G. A./Didova, I. B.: Prostranstvennaja organizacija naučnych kompleksov fizičeskogo profilja za rubežom. — Moskva 1972.

Gol'dgamer, G. I.: Informacionnoe obespečenie issledovanij i razrabotok. — Moskva 1976.

Gresser, K./Paschen, H./Schwuchow, W.: Die Kosten der wissenschaftlichen und technischen Information. Ein Standardsystem für statistische Erhebungen. — München—Berlin [West] 1970.

Gromeka, V. I.: SŠA, Naučno-techničeskij potencial, Soc.-ėkon. problemy formirovanija i razvitija. — Moskva 1977.

Il'in, M. S.: Naučno-techničeskie potencialy stran SĖV. Sostojanie i vzaimodejstvie. — Moskva 1984.

Information und Gesellschaft. Bedingungen wissenschaftlicher Publikation, (Hrsg. F.-H. Philipp). — Stuttgart—Frankfurt/M. 1977 (Marburger Forum Philippinum).

Ivanov, N. P.: Naučno-techničeskaja revoljucija i voprosy podgotovki kadrov v razvitych stranach kapitalizma. — Moskva 1971.

Ivanova, L. V.: Formirovanie sovetskoj naučnoj intelligencii (1917—1927 gg.). — Moskva 1980.

Das Kaderpotential der Wissenschaft im Sozialismus. Prozesse und Probleme der Entwicklung des wissenschaftlichen Kaderpotentials in der DDR, der UdSSR und der VSSR, (Hrsg L. L. Kannengießer, W. Meske). — Berlin 1982 (Wissenschaft und Gesellschaft, 21).

Kanygin, Ju. M.: Naučno-techničeskij potencial. Probl. nakoplenija i ispol'zovanija. — Novosibirsk 1974.
Kanygin, Ju. M./Botvin, V. A.: Problemy razvitija i ispol'zovanija naučnogo potenciala krupnych gorodov. — Kiev 1980.
Kosolapov, V. V.: Informacionnoe obespečenie i prognozirovanie nauki. — Kiev 1970.
Kröber, G.: Wachstumstendenzen und Entwicklungserfordernisse des Forschungspotentials der DDR. — Berlin 1982 (Sitzungsberichte der AdW der DDR. Gesellschaftswissenschaften, 1982/5/G).
Kugel', S. A.: Professional'naja mobil'nost' v nauke. — Moskva 1983 (Sociologija i žizn').
Lebin, B. D.: Podbor, podgotovka i attestacija naučnych kadrov v SSSR. Vopr. istorii i pravovogo regulirovanija. — Moskva—Leningrad 1966.
Manual for surveying national scientific and technological potential. Collection and processing of data. Management of the „R and D" system. — Paris 1970.
Manea, A./Stoica, I.: Informare, cercetare, dezvoltare. Repere teoretice şi metodologice. — Bucureşti 1977.
Manolescu-Chivu, M./Lazarescu, G.: Metode si sisteme moderne în înformarea technico-ştiintifica. — Bucureşti 1972.
Merta, A.: Společenské aspekty komunikace odbornych informaci. Pro potřebu ústřednich uřadu, výzkumnych ústavů, podniku u socialistického sektoru, výsokych a odbornych škol. — Praha 1970.
Meždunarodnyj seminar učenych i specialistov stran-členov SÉV „Osnovnye napravlenija ulučšenija ispol'zovanija naučnych kadrov i povyšenija ėffektivnosti dejatel'nosti otraslevych naučno-issledovatel'skich organizacij, naučno-proizvodstvennych ob"edinenij i issledovatel'-skich podrazdelenij promyšlennych predprijatij, (Gl. red. V. A. Sadovničij). — Leningrad 1983.
Michajlov, A. I./Černyj, A. I./Giljarevskij, R. S.: Informatik. Grundlagen, Bd. 1—2. — Berlin 1970.
Michajlov, A. I./Černyj, A. I./Giljarevskij, R. S.: Wissenschaftliche Kommunikation und Informatik. — Leipzig 1980.
Mikulinskij, S.: Problema naučnych kadrov v uslovijach naučno-techničeskoj revoljucii. — In: Kommunist, Moskva (1973) 5, S. 76—88.
Mončev, N.: Naučni izsledvanija i naučno-techničeska informacija. — Sofija 1979.
Naučnoe priborostroenie. Sb. nauč. tr. — Leningrad 1983.
Naučnye kadry Leningrada. Struktura kadrov i social. probl. org. truda. (Pod red. S. A. Kugelja i dr.). — Leningrad 1973.
Naučnyj centr. Modeli razvitija, (Gl. red. B. A. Savel'ev). — Moskva 1977.
Nemynář, B.: Vědeckovýzkumna základna po XV, sjezdu strany. — In: Teorie a metoda, Praha 8 (1976) 2, S. 5—16.
Paulenz, R.: Der Einsatz finanzpolitischer Instrumente in der Forschungs- und Entwicklungspolitik. Diss. — Frankfurt/M. 1978.
Petkova, Z.: Teorija i metodika na naučnata informacija. Dokumentalni iztočnici. — Sofija 1975.
Po pâtja na goljamata nauka. — Sofija 1976 (Porediza, naukoznanie i naučna politika).
Položenie o porjadke prisuždenija učenych stepenej i prisvoenija učenych zvanij. — Moskva 1980.
Popov, G.: Ocenka na kadrite v naučno-izsledvatelskata i razvojna dejnost. — Sofija 1975.
Probleme der Analyse und Gestaltung des sozialistischen Forschungspotentials, (Verantw. Bearb. W. Meske). — Berlin 1975 (ITW: Kolloquien, 12).

Problemy informacionnogo obespečenija meždisciplinarnych issledovanij. — Budapešt 1979.
Problemy prostranstvennoj organizacii naučno-issledovatel'skich učreždenij. Sb., (Gl. red. B. A. Savel'ev). — Moskva 1974.
Prostranstvennaja organizacija NII v krupnych gorodach. — Moskva 1981.
Rol' naučnoj informacii v razvitii obščestvennych nauk v socialističeskich stranach i zadači razvitija MISON, (Otv. red. S. Grabovska). — Sofija 1979.
Romanov, A. A./Androsova, L. A./Felinger, A. F.: Naučnye kadry Sibirskogo otdelenija AN SSSR. Metody i rezul'taty stat. issled. — Novosibirsk 1979.
Rosu-Hamzescu, I.: Formarea cadrelor nationale în tarile in curs de dezvoltare. — Craiova 1979.
Rožneva, L. S.: Osobennosti cenoobrazovanija na produkciju prikladnych issledovanij i razrabotok. — Leningrad 1974.
Rózsa, Gy.: A társadalomtudományi kutatás a tudomanyszervezés tajékoztatasi problémai. — Budapest 1965.
Sbornik normativnych aktov i dokumentov po voprosam attestacii naučnych i naučno-pedagogičeskich kadrov, (Otv. red. S. P. Kulešov), 4-e izd., dop. — Moskva 1982.
Scientific information transfer. The editor's role, (Hrsg. M. Balaban). — Dordrecht—Boston 1978.
Seiffert, H.: Information über die Information. Verständigung im Alltag, Nachrichtentechnik, wissenschaftliches Verstehen, Informationssoziologie, das Wissen des Gelehrten. — München 1968 (Beck'sche schwarze Reihe, 56).
Sistemy kollektivnogo pol'zovanija naučnym oborudovaniem Akademii nauk MSSR, 2-e izd., dop. — Kišinev 1983.
Šul'gina, I. V.: Analiz nakladnych raschodov v naučnych učreždenijach. — Moskva 1974.
Survey on the scientific and technical potential of the countries of Africa. — Paris 1970.
Veksman, A. M./Gluščenko, S. G./Ivanov, I. M. (i dr.): Stroitel'stvo goroda nauki. Novosibirsk, 1958—1963. — Novosibirsk 1963.
Velkov, P.: Kadrovijat potencial na naukata v Bâlgarija. Dinamika, strukturi, tendencii. — Sofija 1973.
Vinogradov, V. A.: Obščestvennye nauki i informacija. — Moskva 1978.
Wiesenberger, I.: Význam odborných informaci pro uživatele. — Praha 1976.
Winde, B.: Information — Schlüssel zum Wissen. Methoden und Probleme der wissenschaftlich-technischen Information. — Berlin—Leipzig—Jena 1972.

Sechstes Kapitel
Die Wissenschaftspolitik im System der gesellschaftlichen Leitung

Basic research and national goals. — Washington 1965.
Beljaev, E. A.: KPSS i organizacija nauki v SSSR. — Moskva 1982.
Bisogno, P.: Introduzione alla politica della scienza. — Milano 1977.
Boutry, G.-A.: La connaissance et la puissance. Essai sur l'envers de la recherche. — Paris 1974.
Bush, V.: Science — the endless frontier. A report to the president on a program for postwar scientific research. — Washington 1945.
Chejnman, S.: Ėkonomičeskie problemy naučno-techničeskoj politiki. — In: Planovoe chozjajstvo, Moskva (1979) 9, S. 101—108.

Cuestiones de la ciencia y la technologia en Cuba, (Eds. T. W. Saénz, E. García Capote). — La Habana 1981.
Dahrendorf, R.: Towards a European science policy. — Southampton 1973.
Dalyell, T.: A science policy for Britain. — London—New York 1983.
Dejatel'nost' KPSS po uskoreniju naučno-techničeskogo progressa, (Pod red. A. V. Bakunina). — Moskva 1980.
Dybenko, N. K./Čemodanov, M. P.: V poiske. Zametki o part. rukovodstve nauč.-techn. progressom. — Moskva 1972.
Edinaja techničeskaja politika v otrasli, (Otv. red. S. G. Galuza). — Kiev 1979.
Eisemon, Th. O.: The science profession in the Third world. Studies from India and Kenya. — New York 1982.
Formulation of research policies, (Eds. L. W. Bass, B. S. Old). — Washington 1967.
Gottstein, K.: Beratung der Wissenschaftspolitik im Wandel. Erfahrungen und Veränderungen in den Vereinigten Staaten. — In: Wirtschaft und Wissenschaft, Essen 23 (1975) 1, S. 12—17.
Kaczmarek, J.: On principles of science policy. — In: Problems of the science of science, Warszawa (1971) S. 7—33.
Kedrov, B. M.: Lenin, nauka, social'nyj progress. — Moskva 1982.
King, A.: Science and policy. The international stimulus. — London—New York 1974 (Science and Engineering Policy Series).
Kosolapov, V. V.: Naučno-techničeskaja politika obščestva razvitogo socializma. — Kiev 1979.
KPSS i sovremennaja naučno-techničeskaja revoljucija. — Kiev 1974.
Kröber, G.: Lenin als Begründer sozialistischer Wissenschaftspolitik. — In: Ausgewählte Beiträge aus den ersten zwanzig Berliner Wissenschaftshistorischen Kolloquien, die in der Zeit von 1977 bis 1980 stattgefunden haben. — Berlin 1981, S. 84—109 (Berliner Wissenschaftshistorische Kolloquien II), (ITW: Kolloquien, 23).
Krupp, H.: Zehn Thesen zur Wissenschaftspolitik. — In: Physikalische Blätter, Weinheim 33 (1977) 5, S. 193—199.
Lambright, W. H.: Governing science and technology. — New York 1976.
Lebedeva, E. A.: SŠA. Gosudarstvennoe vozdejstvie na naučno-techničeskij progress. — Moskva 1972.
Lichačeva, I. V.: SŠA. Ėkonomičeskaja nauka i ėkonomičeskaja politika, Sovet ėkon. konsul'tantov pri prezidente. — Moskva 1975.
Lübbe, H.: Wissenschaftspolitik. Planung, Politisierung, Relevanz. — Zürich—Osnabrück 1977 (Texte und Thesen. Sachgebiet Kultur, Bildung, 84).
Malecki, I.: Zadania i zakres studiów nad polityką naukową. — In: Zagadnienia naukoznawstwa, Warszawa 10 (1974) 4, S. 478—489.
Maslennikov, V. I.: SŠA. Gosudarstvo i nauka. — Moskva 1971.
Metodologičeskie osnovy upravlenija naučno-techničeskim progressom. Sb., (Otv. red. P. A. Sedlov). — Moskva 1982.
Miller, J. D.: The American people and science policy. The role of public attitudes in the policy process. — New York 1983.
Motrošilova, N. V.: Nauka i učenye v uslovijach sovremennogo kapitalizma. Filos.-sociol. issled. — Moskva 1976.
Naučno-techničeskaja politika stran socializma, (Otv. red. A. N. Bykov). — Moskva 1977.

Partei — Tradition — Wissenschaft. Beiträge von Gesellschaftswissenschaftlern der Karl-Marx-Universität Leipzig, (Hrsg. H. Piazza etc.). — Berlin 1976.

Partija i sovremennaja naučno-techničeskaja revoljucija v SSSR, (Pod red. I. I. Artobolevskogo). — Moskva 1974.

Politika SŠA v oblasti nauki [Sokr. per. s angl.], (Pod obšč. red. i s predisl. D. M. Gvišiani). — Moskva 1971.

Politiques scientifiques et technologiques nationales en Europe et Amérique du Nord 1978. Études et documents de politique scientifique, 43).

Politiques scientifiques nationales en Europe. Etat actual et perspectives. — Paris 1970.

Ronge, V.: Forschungspolitik als Strukturpolitik. — München 1977 (Piper Sozialwissenschaft, Politologie, 39).

Salomon, J.-J.: Science et politique. — Paris 1970.

Sardar, Z.: Science and technology in the Middle East. A guide to issues, organizations an institutions. — London—New York 1982.

Schuster, G.: Wissenschafts- und Technologiepolitik in der Europäischen Gemeinschaft. Gemeinschaftsprogramme und Koordinierung für die Zukunft Europas. — In: Umschau, Frankfurt/M. 77 (1977) 23, S. 750—757.

Science, technology and development in Asia and the Pacific CASTASIA-II. Analysis of trends, issues, and prospects and report of the Conference. — Paris 1983 (Science policy studies and documents, 55).

Science, technology and governmental policy. — Paris 1979.

Science, technology and society. A cross-disciplinary perspective. (Eds. I. Spiegel-Rösing, D. de Solla Price). — London—Beverly Hills 1977.

Sheinin, Y. [Šejnin, Ju.]: Science policy. Problems and trends, [Transl. from Russ.]. — Moscow 1978.

Smirnov, V. F./Travin, V. I.: V avangarde naučno-techničeskogo progressa. Kommunističeskaja partija v bor'be za uskorenie tempov nauč.-techn. progressa v period razvitogo socializma. — Leningrad 1975.

Sowjetmacht und Wissenschaft. Dokumente zur Rolle Lenins bei der Entwicklung der Akademie der Wissenschaften, (Hrsg. G. Kröber, B. Lange). — Berlin 1975 (Wissenschaft und Gesellschaft, 5).

Sozialistische Wissenschaftspolitik und marxistisch-leninistische Wissenschaftstheorie, (Verantw. Bearb. G. Kröber). — Berlin 1975 (ITW: Kolloquium, 10).

Spaey, J.: Le développement par la science. Essai sur l'apparition et l'organisation de la politique scientifique des Etats. — Paris 1969.

Standke, K.-H.: Europäische Forschungspolitik im Wettbewerb. Industrielle Forschung und Entwicklung und internationale Wettbewerbsfähigkeit. — Baden-Baden 1970 (Schriftenreihe Europäische Wirtschaft, 41).

Stefanov, N.: Aprilski izmerenija. — Sofija 1981.

Strategienbildung in Wissenschaft und Technik. Materialien der Konferenz vom 26.—28. 4. 1978 in Berlin, Arbeitskreis 2, Wissenschaftstheoretische Untersuchungen zu Forschungsstrategien, (Hrsg. E. Albrecht). — Berlin 1980 (Wissenschaftswissenschaftliche Beiträge, 6).

Technical change and economic policy. Science and technology in the new economic and social context. — Paris 1980.

Trapeznikov, V. A.: Upravlenie i naučno-techničeskij progress. — Moskva 1983.

Voprosy nauki i kul'tury. — In: Ob ideologičeskoj rabote KPSS, Sb. dokumentov, 2-e izd., dop. — Moskva 1983, S. 389—505.

Wissenschaftspolitik in Europa, (Hrsg. B. Buchwieser). — Wien 1977 (Europäische Schriften, Zeitschrift der Österreichischen Förderation der Europahäuser (ÖFEH), Bd. 1/1977).
Zahlan, A. B.: Science and science policy in the Arab world. — London 1980.
Zauzolkov, F. N.: Kommunističeskaja partija — organizator sozdanija naučnoj i proizvodstvenno-techničeskoj intelligencii SSSR. — Moskva 1973.

Siebentes Kapitel
Planung der Wissenschaftsentwicklung

A guide to practical technological forecasting. — Englewood Cliffs, New Jersey 1973.
Achlibininskij, B. V.: Problemy prognozirovanija i upravlenija naučno-techničeskim progressom. — Leningrad 1974.
Andrienko, F. N./Gorelyj, V. I.: Planirovanie, učet i analiz zatrat v NII i KB. — Moskva 1975.
Androsova, D. A./Gert, A. I./Kiselev, Ju. M./Kozlov, A. N.: Setevoe planirovanie i upravlenie opytnym proizvodstvom. — Moskva 1979.
Archangel'skij, V. N.: Planirovanie i finansirovanie naučnych issledovanij. — Moskva 1976.
Archangel'skij, V. N./Kabanova, Z. P.: Avtomatizacija planirovanija naučnych issledovanij. — Moskva 1973.
Babič, V. P.: Sistema planirovanija i ėkonomičeskogo stimulirovanija naučno-techničeskogo progressa. — Kiev 1978.
Bašin, M. L.: Planirovanie rabot otraslevych NII i KB. — Moskva 1973.
Bašin, M. L.: Prognozirovanie naučno-techničeskogo progressa. — Moskva 1970.
Bogdanov, A.: Kompleksno planirane i organizirane na naučno-techničeskija progres. — Sofija 1977.
Bradinov, B.: Adaptivno planirane na naučnata dejnost'. — Sofija 1982.
Černov, I. V./Ščerbakov, A. I.: Social'noe planirovanie v naučno-issledovatel'skich i proektno-konstruktorskich organizacijach. — Novosibirsk 1971.
Chiljuk, F. M./Lisičkin, V. A.: Metody prognozirovanija naučno-techničeskogo progressa. — Kiev 1969.
Dobrov, G. M.: Prognostik in Wissenschaft und Technik. — Berlin 1971.
Dobrov, G. M./Eršov, Ju. V./Levin, E. I./Smirnov, L. P.: Ėkspertnye ocenki v naučno-techničeskom prognozirovanii, (Otv. red. V. S. Michalevič). — Kiev 1974.
Gesetzmäßigkeiten und Planung der Forschung. Beiträge zur Methodologie der Planung der Grundlagenforschung. — Berlin 1977 (Wissenschaft und Gesellschaft, 19).
Gorfan, K. L./Komkov, N. I./Mindeli, L. Z.: Planirovanie i upravlenie naučnymi issledovanijami. — Moskva 1971.
Gvišiani, D. M./Lisičkin, V. A.: Sistemy prognozirovanija v planirovanii i upravlenii naučnymi issledovanijami i razrabotkami. — Moskva 1968.
Hanke, P.: Planungsprobleme in der Grundlagenforschung. — Berlin 1975 (Wissenschaft und Gesellschaft, 4).
Jampol'skij, S. M./Lisičkin, V. A.: Prognozirovanie naučno-techničeskogo progressa. Metodologičeskie aspekty. — Moskva 1974.
Jantsch, E.: Technological forecasting in perspective. — Paris 1967.
Kačaunov, S.: Prognoznata dejnost v naukata. — Sofija 1982.

Kačaunov, S./Bradinov, B.: Kačestvo i efektivnost v planiraneto na naukata. — In: Spisanie na BAN, Sofija (1978) 6, S. 18—28.
Krauch, H.: Prioritäten für die Forschungspolitik. — München 1970 (Hanser — Umweltforschung, 3).
Krejči, J.: K základnímu výzkumu v ČSSR. Některé problémy řízení a plánování základního výzkumu v ČSSR. — Praha 1977.
Lebedeva, E. A./Nedotko, P. A.: Programmno-celevoj podchod k naučnym issledovanijam v SŠA. — Moskva 1980.
Lehmann, E./Eberbeck, G./Lübke, W. (etc.): Zielplanung in Forschung und Entwicklung. — Berlin 1973.
Lisičkin, V. A.: Otraslevoe naučno-techničeskoe prognozirovanie. Vopr. teorii i praktiki. — Moskva 1971.
Martino, Dž.: Technologičeskoe prognozirovanie. [Per s angl.]. — Moskva 1977.
Methoden und Modelle für komplexe Wissenschaftsprognosen, (Hrsg. G. Schlutow). — Berlin 1979 (Wissenschaftswissenschaftliche Beiträge, 9).
Mráček, K.: Strategie rozvoje vědy a plánování vědecké činnosti za socialismu. — In: Teorie rozvoje vědy, Praha 2 (1978) 2, S. 23—38.
Nikolajew, V.: Komplexes Prognostizieren des wissenschaftlich-technischen Fortschritts. — Belin 1977.
Oznobin, N. M./Pavlov, A. S.: Kompleksnoe planirovanie naučno-techničeskogo progressa. — Moskva 1975
Planirovanie i stimulirovanie naučno-techničeskogo progressa. — Moskva 1973.
Planirovanie naučno-techničeskogo progressa, (Otv. red. P. A. Sedlov). — Moskva 1984.
Problemy social'nogo planirovanija v naučnom kollektive, (Otv. red. A. A. Zvorykin). — Moskva 1977.
Puzynja, K. F.: Planirovanie v naučno-techničeskich organizacijach mašinostroenija. — Leningrad 1980.
Rochvarger, A. E./Ševjakov, A. Ju.: Matematičeskoe planirovanie naučno-techničeskich issledovanij. Stat. podchod. — Moskva 1975.
Science and technology in development planning, (Ed. V. L. Urquidi). — Oxford 1979.
Spezifik der Grundlagenforschung und ihre Berücksichtigung bei der Planung. Probleme und Erfahrungen aus der CSSR und der DDR. (Verantw. Leiter K. Mráček, D. Friederichs). — Berlin 1979 (ITW: Studien und Forschungsberichte, 10).
Stefanov, N./Jachiel, N./Kačaunov, S.: Upravlenie, modelirane, prognozirane. — Sofija 1970.
Teorija i praktika prognozirovanija razvitija nauki i techniki v stranach-členach SĖV. — Moskva 1971.
Volkov, O. I.: Planovoe upravlenie naučno-techničeskim progressom. — Moskva 1975.
Zajcev, B. F./Lapin, B. A.: Organizacija planirovanija naučno-techničeskogo progressa. — Moskva 1970.
Zvjagin, A. A./Mosin, V. N.: Planirovanie truda i zarabotnoj platy v NII i KB. — Moskva 1969.
Zykov, Ju. A.: Ėkonomičeskoe prognozirovanie naučno-techničeskogo progressa. Vopr. metodologii. — Moskva 1976.

Achtes Kapitel
Organisation und Leitung der wissenschaftlichen Tätigkeit

Ajvazjan, S. I./Vedeneev, Ju. S./Supataeva, O. A.: Pravovye voprosy upravlenija naučnymi issledovanijami. — Moskva 1980.

Aleksandrovskaja, O. A.: Formirovanie i osobennosti seti naučnych učreždenij v SŠA. — Moskva 1970.

Allen, Th. J.: Managing the flow of technology. Technology transfer and the dissemination of technological information within the R & D organization. — Cambridge (Mass.) — London 1978.

Amirov, Ju. D.: Organizacija i ėffektivnost' naučno-issledovatel'skich i opytno-konstruktorskich rabot. — Moskva 1974.

Anačkova, V.: Naučno-techničeski progress, kačestvo i efektivnost. — Sofija 1979.

Arbeitsteilung. Kooperation und Kommunikation in sozialistischen Forschungskollektiven, (Verantw. Bearb. E. Bruckner). — Berlin 1976 (ITW: Kolloquien, 14).

Archangel'skij, V. N.: Organizacionno-ėkonomičeskie problemy upravlenija naučnymi issledovanijami. — Moskva 1977.

Auvray, F.: Comment rentabiliser la recherche et le développement. Choix, conduite et optimisation des projects. — Paris 1971.

Balajan, G. G./Žarikova, G. G./Komkov, N. I.: Informacionnologičeskie modeli naučnych issledovanij. — Moskva 1978.

Bašin, M. L.: Effektivität der Grundlagenforschung, (Hrsg. D. Friederichs, J. Schindler, R. Voß). — Berlin 1977 (Wissenschaft und Gesellschaft, 18).

Bastrakova, M. S.: Stanovlenie sovetskoj sistemy organizacii nauki (1917—1922). — Moskva 1973.

Beklešov, V. K./Zavlin, P. N.: Normirovanie truda v NII i KB. — Moskva 1973.

Beklešov, V. K./Mintairov, M. S./Saraev, Ju. D.: Ėkonomika, organizacija i planirovanie naučno-issledovatel'skich i opytno-konstruktorskich rabot. — Leningrad 1973.

Beljaev, E. A./Pyškova, N. S.: Formirovanie i razvitie seti naučnych učreždenij SSSR. Istoričeskij očerk. — Moskva 1979.

Belocerkovskij, O. I.: Normirovanie naučno-issledovatel'skich i konstruktorskich rabot. — Leningrad 1976.

Benev, B./Iliev, E./Ivančev, I.: Ocenka na inženerno-vnedritelskata organizacija. — Sofija 1982.

Die Beschleunigung des wissenschaftlich-technischen Fortschritts. Aufgaben und Probleme der Leitung. — Berlin 1975 (Schriften zur sozialistischen Wirtschaftsführung).

Bobryšev, D. N./Nisevič, E. V.: Setevye metody v upravlenii. Opyt primenenija setevych metodov v NII, KB i opyt. pr.-ve. — Moskva 1973.

Bobryšev, D. N./Disson, V. A./Litjagina, A. M. (i dr.): Upravlenie naučno-techničeskimi programmami. — Moskva 1983.

Bobryšev, D. N./Gareev, V. M./Lavrov, I. I. (i dr.): Upravlenie razvitiem nauki i techniki. — Moskva 1980.

Boesler, C./Dörschel, E./Laschinski, H.: Leitung der Forschung — Entwicklung des Schöpfertums. Aktuelle Leitungsaufgaben zur Entwicklung der schöpferischen Fähigkeiten und Leistungen sozialistischer Forscherkollektive und -persönlichkeiten. — Berlin 1972.

Bozsik, V.: Hatékony kutatsástl. — Budapest 1967.

Bradinov, B./Kačaunov, S.: Problema ocenki naučnogo produkta. — In: Razvitie nauki i problemy informacii. — Moskva 1980, S. 186—196.

Brusilovskij, B. Ja.: Matematičeskie modeli v prognozirovanii i organizacii nauki. — Kiev 1975.
Brujackij, E. V./Smirnov, L. P.: Matematičeskie metody v zadačach upravlenija naukoj. — Kiev 1973.
Buzzati-Traverso, A.: The scientific enterprise, today and tomorrow. — Paris 1977.
Caty, G./Drilhon, G./Enoch, R. (etc.): The research system. Comparative survey of the organisation and financing of fundamental research, Vol. 1—3. — Paris 1972,
Vol. 1: France, Germany, United Kingdom
Vol. 2: Belgium, Netherlands, Norway, Sweden, Switzerland
Vol. 3: Canada, United States, General conclusions.
Čemodanov, M. P.: Koncepcija rosta nauki i faktor intensifikacii, (Otv. red. V. V. Celiščev). — Novosibirsk 1982.
Černenko, L. D./Kosolapov, V. V.: Ėlementy organizacii i upravlenija naučnymi issledovanijami. — Kiev 1969.
Changing priorities for government R & D. An experimental study of trends in the objectives of government R & D funding in 12 OECD member countries, 1961—1972. — Paris 1975.
Chowdhury, P. N.: Economics of research and development. — New Delhi 1973.
Čudnikov, M. A./Babosov, E. M./Bolček, E. Z. (i dr.): Nauka. Organizacija i upravlenie, Metodol. vopr. — Minsk 1977.
Didenko, N. I.: Upravlenie mnogotemnymi naučnymi razrabotkami. — Leningrad 1979.
Dobrov, G. M.: Wissenschaftsorganisation und Effektivität. — Berlin 1971.
Dobrov, G. M./Korennoj, A. A.: Nauka. Informacija i upravlenie, Informacionnye problemy upravlenija naukoj. — Moskva 1977.
Dobrov, G. M./Zadorožnyj, E. M./Ščedrina, G. I.: Upravlenie ėffektivnost'ju naučnoj dejatel'nosti. — Kiev 1978.
Dobrov, G. M./Klimenjuk, V. N./Odrin, V. M./Savel'ev, A. A.: Organizacija nauki. — Kiev 1970.
Dubrovskij, K. I.: Organizacija upravlenija naučnymi issledovanijami. — Moskva 1970.
Duženkov, V. I.: Problemy organizacii nauki. Region. aspekty. — Moskva 1978.
Efektivnost na naučno-techničeskija progres, (Pod red. na D. Kinov, I. Georgiev). — Sofija 1977.
Ėffektivnost' naučno-techničeskogo progressa. Vopr. upr., (Otv. red. L. M. Gatovskij). — Moskva 1978.
Ėffektivnost' naučnych issledovanij. Nauka — technika — proizvodstvo, (Pod red. F. A. Dronova). — Minsk 1975.
Ėffektivnost' novoj techniki. Na prim. prom-sti USSR, (Otv. red. V. P. Ševčenko). — Kiev 1977.
Ėkonomičeskie problemy povyšenija ėffektivnosti naučnych razrabotok. — Leningrad 1972.
Ėkonomiczny mechanizm procesow innowacyjnych, (Pod red. nauk. W. Cabana, J. Mujzela). — Warszawa 1975.
Esakov, V. D.: Sovetskaja nauka v gody pervoj pjatiletki. Osnovnye napravlenija gosudarstvennogo rukovodstva naukoj. — Moskva 1971.
Ėvoljucija form organizacii nauki v razvitych kapitalističeskich stranach, (Pod red. D. M. Gvišiani, S. R. Mikulinskogo). — Moskva 1972.
Evstigneev, R. N./Derjabina, M. A./Michljaev, A. G. (i dr.): Mechanizm integracii nauki s proizvodstvom. Opyt evrop. stran SĖV. — Moskva 1984.
Faktoren der Intensivierung kollektiver Forschung. Untersuchung in Forschungsgruppen, Teil 1 u. 2, (verantw. Bearb. J. Tripoczky, R.-L. Winkler). — Berlin 1978 (ITW: Studien und Forschungsberichte, 9/T. 1 u. 2).
Fed'kin, G. I.: Pravovye voprosy organizacii naučnoj raboty v SSSR. — Moskva 1958.

Fedorov, K. G.: Stimulirovanie ėffektivnosti i kačestva naučnoj raboty. — Moskva 1980.
Filipiak, J.: Model funkcjowania i rozwoju ośrodka naukowego. — Warszawa—Poznań 1984.
Forschung und Entwicklung im RGW. Aktuelle Fragen, (hrsg. von W. Sydow). — Berlin 1974.
Friederichs, D.: Zum Problem von Unbestimmtheit und Risiko in der Forschung. — Berlin 1975 (ITW: Studien und Forschungsberichte, 7).
Fritsch, H./Stier, G.: Der wissenschaftliche Arbeitsprozeß. — Berlin 1978.
Galuza, S. G.: Upravlenie naučno-techničeskim progressom. Spravočno-metodičeskoe posobie. — Kiev 1977.
Grinčel', B. M.: Izmerenie ėffektivnosti naučno-techničeskogo progressa. — Moskva 1974.
Grover, F./Wallace, P.: Laboratory organization and management. — London 1979.
Hartmann, W.-D./Haustein, H.-D.: Leitung industrieller Forschung und Entwicklung. Theoretische und praktische Probleme von Innovationen. — Berlin 1979.
Idlis, G. M.: Matematičeskaja teorija naučnoj organizacii truda i optimal'noj struktury naučno-issledovatel'skich institutov. — Alma-Ata 1970.
Intensivierung der Forschung. Bedingungen, Faktoren, Probleme, (Hrsg. G. Kröber, L. Läsker, H. Laitko). — Berlin 1984 (Wissenschaft und Gesellschaft, 20).
Jachiel, N.: Efektivnost na naukata. — Sofija 1977.
Jakovec, Ju. V.: Zakonomernosti naučno-techničeskogo progressa i ich planomernoe ispol'zovanie. — Moskva 1984.
Jirásek, J.: Řízení výzkumu, Vol. 1—3. — Praha 1974—1978,
Vol. 1: Vedení výzkumu, 1974
Vol. 2: Výzkumný proces, 1976
Vol. 3: Zavádění výsledku do praxe, 1978.
Kačaunov, S./Bradinov, B.: Sâobraženija otnosno ocenkata na naučnija produkt. — In: Ikonomičeska misâl, Sofija 23 (1979) 2, S. 16—24.
Kachaunov, S. [Kačaunov, S.]/Bradinov, B.: Evaluation in science as a means to and object of intensification. — In: Science of Science, Wrocław 1 (1980) 3, S. 235—248.
Kalajdžieva, M./Kostov, K.: Jerarchični strukturi i upravlenie na naučnoto izsledvane. — Sofija 1979.
Kapica, P. L.: Experiment, Theorie, Praxis. Aufsätze und Reden. — Berlin 1984 (Beiträge zur Forschungstechnologie, Sonderband 3).
Kara-Murza, S. G.: Problemy organizacii naučnych issledovanij. — Moskva 1981.
Kedrova, K. P.: Ėffektivnost' finansovych metodov upravlenija naučno-techničeskim progressom. — Moskva 1982 (Problemy sovetskoj ėkonomiki).
Kissel', E. I.: Organizacija truda i upravlenija v NII i KB v uslovijach NTR. — Moskva 1979.
Klimenjuk, V. N.: Upravlenie razvitiem i ispol'zovaniem naučnogo potenciala. — Kiev 1974.
Kol'cov, A. V.: Lenin i stanovlenie Akademii nauk kak centra sovetskoj nauki. — Leningrad 1969.
Kol'cov, A. V./Kopelevič, Ju. Ch./Lebin, B. D. (i dr.): Očerki istorii organizacii nauki v Leningrade, 1703—1977. — Leningrad 1980.
Komkov, N. I.: Modeli upravlenija naučnymi issledovanijami i razrabotkami. — Moskva 1978.
Kornhauser, W.: Scientists in industry. Conflict and accommodation. — Berkeley—Los Angeles 1963.

Kosolapov, V. V./Ščerban', A. N.: Optimizacija naučno-issledovatel'skoj dejatel'nosti. — Kiev 1971.
Kosov, E. V.: Intensifikacija naučnych issledovanij i razrabotok. — Moskva 1983.
Kostov, K.: Uvod v upravlenieto na naučnoto izsledvane. Upravlenie i modelirane na generirašči strukturi. — Sofija 1982.
Koževnikov, R. A.: Ėkonomičeskij analiz i ocenka dejatel'nosti otraslevych NII i KB. — Moskva 1979.
Krivonosov, Ju. I.: Soveršenstvovanie organizacii i upravlenija naučnymi issledovanijami v černoj metallurgii. — Moskva 1979.
Kunszt, Gy.: A tudományos kutatás logikai modellezése és tematikai irányítása. Altalános elmélet és épitéstudományi alkalmazások. — Budapest 1975.
Lachtin, G. A.: Ėkonomika naučnogo učreždenija. — Moskva 1979.
Lachtin, G. A.: Taktika nauki. Ėkonomika i organizacija raboty naučno-issledovatel'skich učreždenij. — Novosibirsk 1969.
Lachtin, G. A.: Upravlenie v naučnom učreždenii. — Moskva 1983.
Lange, K. A.: Organizacija upravlenija naučnymi issledovanijami. Po materialam razvitija fiziol. nauki v SSSR. — Leningrad 1971.
Leitung der Forschung. Probleme und Ergebnisse, (Hrsg. G. M. Dobrov, D. Wahl). — Berlin 1976 (Wissenschaft und Gesellschaft, 7).
Leitung, Planung und Organisation der wissenschaftlichen Arbeit. Aufgaben, Probleme, Lösungen, (Hrsg. G. Haefner etc.). — Berlin 1976.
Lenin i Akademija nauk. Sb. dokumentov. — Moskva 1969.
Lichačeva, I. V./Lachtin, G. A./Bliskov, E. N. (i dr.): Osnovy upravlenija naukoj. Ėkon. probl. — Moskva 1983.
Ludwig, U.: Aufwand — Nutzen — Analyse in Forschung und Entwicklung. — Berlin 1974 (Forschungsberichte des Zentralinstituts für Wirtschaftswissenschaften der Akademie der Wissenschaften der DDR, 9).
Metodologičeskie problemy upravlenija naučno-techničeskim progressom v uslovijach razvitogo socializma. Sb. st., (Otv. red. V. D. Kamaev). — Moskva 1979.
Mintairov, M. S.: Povyšenie ėffektivnosti i kačestva truda v NII i KB. — Moskva 1977.
Mirošnikov, P. S./Kotljarov, A. F./Babič, V. P.: Material'noe stimulirovanie naučno-techničeskogo progressa. — Kiev 1973.
Müller, K.: Vybrané ekonomické otázky výzkumu a vývoje. — Praha 1974.
Naučnye osnovy organizacii i upravlenija naukoj, (Otv. red. V. N. Klimenjuk). — Kiev 1974.
Nauka, organizacija i upravlenie, Sb., (Otv. red. A. P. Okladnikov). — Novosibirsk 1979.
Nebesnyj, G. V.: Chozjajstvennyj rasčet i ėffektivnost' raboty naučno-issledovatel'skich institutov, konstruktorskich bjuro i opytnych proizvodstv. — Kiev 1977.
Nechorošev, Ju. S.: Ispol'zovanie ėkonomičeskich form v proizvodstve i realizacii produktov prikladnoj nauki. — Tomsk 1974.
Nesvetajlov, G. A.: Nauka i ee ėffektivnost'. — Minsk 1979.
Nikolajew, V.: Besonderheiten der wissenschaftlichen Forschung. — Berlin 1974.
Norris, K./Vaizey, J.: The economics of research and technology. — London 1973.
Novaja technika i ocenka ėffektivnosti naučnych issledovanij. Sb. nauč. tr., (Pod obšč. red. Z. I. Žukovskoj, G. A. Nesvetajlova). — Minsk 1974.
Die Ökonomie der betrieblichen Forschung und Entwicklung. Handbuch, 2., überarb. Aufl. — Berlin 1980.

Organizacija i ėffektivnost' naučnych issledovanij, (Otv. red. N. A. Činakal), 2-e izd. — Novosibirsk 1967.
Organizacija i razvitie otraslevych naučno-issledovatel'skich institutov Leningrada, 1917—1977, (Pod red. B. I. Kozlova). — Leningrad 1979.
Organizacija naučnoj dejatel'nosti, (Pod red. E. A. Beljaeva, S. R. Mikulinskogo, J. M. Šejnina). — Moskva 1968 (Naukovedenie, problemy i issledovanija).
Organizacija nauki v pervye gody Sovetskoj vlasti (1917—1925). — Leningrad 1968.
Organizacija promyšlennych issledovanij i razrabotok novoj techniki. — Leningrad 1978.
Organizacija sovetskoj nauki v 1926—1932 gg. Sb. dokumentov, (Otv. red. B. E. Bykovskij). — Leningrad 1974.
Organizacionno-pravovye voprosy rukovodstva naukoj v SSSR. — Moskva 1973.
Osnovnye principy i obščie problemy upravlenija naukoj, (Otv. red. D. M. Gvišiani). — Moskva 1973.
Pokrovskij, V. A.: Povyšenie ėffektivnosti naučnych issledovanij i razrabotok. Voprosy teorii. — Moskva 1978.
Pokrovskij, V. A.: Uskorenie naučno-techničeskogo progressa. Org. i metody. — Moskva 1983.
Politökonomische Grundfragen der Intensivierung des wissenschaftlich-technischen Arbeitsprozesses. (Verantw. Bearb. H. Fritsch). — Jena 1984.
Polovickaja, M. E.: Geografija naučnych issledovanij v SŠA. Svjaz' razmeščenija nauki s territ. strukturoj choz-va i rasseleniem. — Moskva 1977.
Ponomarev, D. K.: Organizacija i razvitie naučnych issledovanij v Afrike (1960—1970). — Moskva 1974.
Pravovye voprosy naučno-techničeskogo progressa v SSSR, (Pod obšč. red. M. M. Boguslavskogo). — Moskva 1967.
Probleme der Erhöhung der Leistungsfähigkeit der Grundlagenforschung, (Verantw. G. Kröber). — Berlin 1979 (ITW: Studien und Forschungsberichte, 11).
Problemi na intenzifikacijata na naučno-izsledvatelskija proces. — Sofija 1983.
Problemy ėkonomičeskogo upravlenija naučno-issledovatel'skimi rabotami. Temat. sb. — Moskva 1978.
Problemy soveršenstvovanija upravlenija naučnymi issledovanijami, razrabotkami i proektirovaniem, (Pod red. K. F. Puzyni). — Leningrad 1979.
Problemy upravlenija naučnymi issledovanijami, (Otv. red. K. N. Plotnikov). — Moskva 1973.
Rassudovskij, V. A.: Gosudarstvennaja organizacija nauki v SSSR. Pravovye vopr. — Moskva 1971.
Rassudovskij, V. A./Rassochin, V. P./Lachtin, G. A.: Pravo i upravlenie naučnymi organizacijami. — Moskva 1980.
Rentabilité de la recherche industrielle et besoins de progrès technique. — Paris 1977.
Rosegger, G.: The economics of production and innovation. An industr. perspective. — Oxford 1980.
Rumjancev, A. A.: Ėkonomičeskaja ėffektivnost' naučnych issledovanij. Metodologija izmerenija. — Moskva 1974.
Rumjancev, A. A.: Ėkonomičeskaja ocenka NIR i OKR. Metody rasčeta. — Moskva 1978.
Ščerbakov, A. I.: Social'no-ėkonomičeskie problemy ėffektivnosti naučnogo truda. — Novosibirsk 1975.
Ščerbakov, A. I./Kosolapov, V. V./Korol', E. V.: Nauka, učenye i ich trud v uslovijach sovremennoj naučno-techničeskoj revoljucii. — Novosibirsk 1971.

Schindler, J./Seickert, H.: Grundlagenforschung. Effektivität und Nutzen. — Berlin 1978.
Schmidt, G.: Wissenschaft und Technik. Aufgaben der Staatsorgane. — Berlin 1977 (Der sozialistische Staat: Theorie, Leitung, Planung).
Scientific productivity. The effectiveness of research groups in six countries, (Ed. F. M. Andrews). — Cambridge—London—New York—Melbourne; Paris 1979.
Simeonova, K.: Meždisciplinno dviženie i organizacija na naučnite izsledvanija. — Sofija 1973.
Simeonova, K./Kostov, K./Kačaunov, St.: Intenzifikacija na naukata i multiplikacionen podchod. — Sofija 1977.
Social'no-psichologičeskie problemy upravlenija. Sb. st., (Otv. red. A. A. Zvorykin). — Moskva 1975.
Spiegel-Rösing, I. S.: Beiträge zur Messung von Forschungsleistung. Institutionen, Gruppen und Einzelpersonen. — Bonn 1975 (Schriftenreihe des Bundesministers für Bildung und Wissenschaft, 16).
Spiegel-Rösing, I. S.: Wissenschaftsentwicklung und Wissenschaftssteuerung. Einführung und Material zur Wissenschaftsforschung. — Frankfurt/M. 1973.
Sravnitel'nyj obzor organizacii i finansirovanija fundamental'nych issledovanij v SŠA i Kanade. Upr. naukoj v kapitalist. stranach. [Per. s angl.], (Pod obšč. red. B. I. Komzina). — Moskva 1978.
SŠA. Promyšlennye korporacii i naučnye issledovanija. Org., upr., ėffektivnost'. — Moskva 1975.
Stefanov, N.: Multiplikacionen podchod i efektivnost. — Sofija 1976.
Stefanov, N.: Nauka i upravlenie, 2-e, pererab. i dop. izd. — Sofija 1970.
Stefanov, N./Simeonova, K./Kostov, K./Kačaunov, S.: Programmno-celevoj podchod v upravlenii. Teorija i praktika, [Per. s bolg.]. — Moskva 1975.
Taksir, K. I.: Naučno-proizvodstvennye ob"edinenija. — Moskva 1977.
Tarakanov, K. V./Krylov, A. A./Sokolov, L. A.: Avtomatizacija upravlenija naučno-issledovatel'skim učreždeniem. — Moskva 1975.
Territorial'naja organizacija i ėffektivnost' nauki. Opyt soc. stran., Sb. per. st., (Red. M. E. Polovickaja, V. T. Šimko). — Moskva 1978.
Tichomirov, S. M./Kantorovič, L. V./Gricenko, N. N. (i dr.): Upravlenija i novaja technika. Issled., razrab., vnedrenie. — Moskva 1978.
Tuško, A./Chaskelevič, S.: Naučnye issledovanija — organizacija i upravlenie. [Sokr. per. s pol.], (Pod red. S. R. Mikulinskogo, Ju. M. Šejnina). — Moskva 1971.
Upravlenie issledovanijami, razrabotkami i vnedreniem novoj techniki, (Pod red. V. A. Trapez — nikova). — Moskva 1977.
Upravlenie naučno-techničeskim progressom, (Otv. red. G. A. Džavadov). — Moskva 1978.
Upravlenie naukoj v socialističeskich stranach. Sb., (Obšč. red. G. A. Džavadova, V. N. Archangel'skogo). — Moskva 1978.
Upravlenie, planirovanie i organizacija naučnych i techničeskich issledovanij. Tr. Meždunar. simpoz. stran-členov SĖV i SFRJu, T. 1—5, — Moskva 1970
T. 1: Nauka. Upravlenie, planirovanie, organizacija, (Obšč. probl.)
T. 2: Obščie teoretičeskie i sociologičeskie aspekty razvitija nauki
T. 3: Voprosy planirovanija i organizacii naučnych i techničeskich issledovanij
T. 4: Chozjajstvennyj rasčet i ėkonomičeskoe stimulirovanie naučnych i techničeskich issledovanij
T: 5: Meždunarodnoe sotrudničestvo v oblasti naučnych i techničeskich issledovanij.
Vas-Zoltan, P.: A kutatás es fejlesztès gazdasagi hatékonysaga. — Budapest 1979.
Veger, L. L./Matevosov, Ju. D.: Ėkonomičeskij ėffekt naučnych issledovanij. — Erevan 1977.

Voprosy teorii i praktiki upravlenija i organizacii nauki, (Otv. red. D. M. Gvišiani). Moskva 1975.
White, P. A. F.: Effective management of research and development. — London—Basingstoke 1975.
Wirt, J. G./Liebermann, A. G./Levien, R. E.: R & D Management. Methods used by Federal Agencies. — [s. l.] (A Rand Corporation Study, Nov. 1975).
Wissenschaft, Ökonomie, Fortschritt. Ökonomische Probleme des wissenschaftlich-technischen Fortschritts, (Hrsg. L. M. Gatovskij etc.). — Berlin 1974 (Schriften des Zentralinstituts für Wirtschaftswissenschaften, 6).
Wissenschaftssteuerung. Soziale Prozesse der Wissenschaftsentwicklung, (Hrsg. H. Strasser, K. D. Knorr). — Frankfurt/M. — New York 1976 (Diskussion: Gesellschaftswissenschaften).
Zaruba, E.: Organisation, Instrumente und Probleme der Forschungspolitik. Ein internationaler Vergleich. — Wien 1971.
Zavarichin, N. M./Komarovskij, V. K./Farionova, S. V.: Metodika ėkonomičeskogo analiza dejatel'nosti NII i KB. — Leningrad 1983.
Zavlin, P. N./Ščerbakov, A. I./Judelevič, M. A.: Trud v sfere nauki, 2-e izd. — Moskva 1973.
Žil'cov, G. I.: Politiko-ėkonomičeskie problemy naučnogo truda pri socializme. Vopr. teorii i techniki. — Chabarovsk 1976.
Zum Verhältnis von Grundlagenforschung und angewandter Forschung, (Verantw. Bearb. J. Richter unter Mitw. von P. Altner). — Berlin 1975 (ITW: Kolloquien, 13).

Neuntes Kapitel
Internationale wissenschaftlich-technische Beziehungen

Al'tšuler, A. B./Belov, A. P./Boguslavskij, M. M. (i dr.): Pravovye formy naučno-techničeskogo i promyšlenno-ėkonomičeskogo sotrudničestva SSSR s kapitalističeskimi stranami, (Otv. red. M. M. Boguslavskij). — Moskva 1980.
Avakov, R. M./Beljaev, I. P./Volkov, M. Ja. (i dr.): „Tretij mir“ i naučno-techničeskij progress. — Moskva 1974.
Azud, J.: Vèdecko-technická revolúcia, mierové spoluzitie a medzinárodné právo. — Bratislava 1983.
Brebenel, S.: Practică transferului international de technologie. — Bucureşti 1977.
Bykov, A. N.: Sozialistische ökonomische Integration: Wissenschaft und Technik. — Berlin 1976.
Bykov, A. N. (i dr.): Opyt Sovetskogo Sojuza v oblasti peredači technologii menee razvitym v promyšlennom otnošenii stranam. — New York 1973.
Čižkovský, M. (etc.): Československá věda a technika a socialistická ekonomická integrace. — Praha 1981.
Coordination in the field of science and technology. The role of the specialized agencies of UN. (Eds. A. Schou, F. Sollie). — Oslo 1974.
Courteix, S.: Recherche scientifique et relations internationales. La pratique francaise, Thèse ... — Paris 1972.
Cultural relations in the global community. Problems and prospects, (Eds. V. A. Bickley, P. J. Philop). — New Delhi 1981.

Djakin, B. G./Lukin, L. I./Prokudin, V. A.: Sotrudničestvo stran-členov SĖV v oblasti nauki i techniki. — Moskva—Varna 1978 (Socialističeskaja ėkonomičeskaja integracija — v dejstvii).
Doklad Konferencii OON po nauke i technike v celjach razvitija, Vena, 20—31 avg. 1979 g. — New York 1979.
Dolgoročnaja programma mnogostoronnego sotrudničestva naučnych učreždenij socialističeskich stran v oblasti obščestvennych nauk. — Moskva 1979.
Dudzinskaja, E. A.: Meždunarodnye naučnye svjazi sovetskich istorikov. — Moskva 1978.
25 let naučno-techničeskogo sotrudničestva meždu SSSR i GDR. Materialy nauč. konf. — Moskva 1977.
Ėkonomičeskie problemy naučno-techničeskogo sotrudničestva, ego mesto i rol' v processe socialističeskoj ėkonomičeskoj integracii. Materialy meždunar. simpoz. — Moskva 1976.
Die Entwicklung der wissenschaftlich-technischen Zusammenarbeit zwischen der UdSSR und anderen Mitgliedsländern des RGW. — Berlin 1977 (Mitteilungen zu wissenschaftsökonomischen Untersuchungen, 48).
Forschung und Entwicklung im RGW. Aktuelle Fragen, (Hrsg. W. Sydow). — Berlin 1974.
Grubor, N. M.: Medunarodna razmena tehnickih znanija na komercijalnoj osnovi. S posebnim osvrtom na njen znacaj za privredni razvoj nerazvijenih zemalja. — Beograd 1976.
Gvišiani, D. M./Brykin, V. A./Matov, L. G. (i dr.): SSSR v ėkonomičeskich i naučno-techničeskich organizacijach OON. — Moskva 1983.
Haas, E. B./Williams, M. P./Babai, D.: Scientists and world order. The use of technical knowledge in international organizations. — Berkeley 1977.
Hauke, I. (etc.): Internationale wissenschaftlich-technische Zusammenarbeit im RGW. Leitung, Planung. — Berlin 1980.
Havemann, H. A./Rady, H. M.: Technologiehilfe für die Dritte Welt. Die Evolution der Entwicklungstechnik, Systematik, Forschung, Beratung, Beispiele. — Baden-Baden 1979.
Industrial policies and technology transfers between East and West, (Ed. C. T. Saunders). — Wien—New York 1977 (East-West european economic interaction, 3).
International economic relations and technology, (Ed.: World federation of trade unions). — [Praha] 1978.
International scientific cooperation and its effects on society, (Ed. Gy. Darvas). — Budapest 1983.
Kállai, P.: A nemzetkőzi tudományos-műszaki együttmüködés alapjai és modszerei az iparban. — Budapest 1978.
Kerékgyárto, G.: A KGST — orszagok tudományos-müszaki együttmüködése. — Budapest 1974.
Kidd, Ch. V.: Manpower policies for the use of science and technology in development. — New York 1980.
Kiselev, I. N.: Sotrudničestvo Akademii nauk SSSR s akademijami nauk stran-členov SĖV, 1957—1967. — Moskva 1974.
Kompleksnaja programma dal'nejšego uglublenija i soveršenstvovanija sotrudničestva i razvitija socialističeskoj ėkonomičeskoj integracii stran-členov SĖV. — Moskva 1972.
Lebedkina, E. D.: Nauka i meždunarodnoe sotrudničestvo. Dejatelnost' učenych v meždunarodnych organizacijach, Formy, tendencii, perspektivy. — Moskva 1983.
Lebin, D.: Wissenschaftlich-technischer Fortschritt und sozialistische Integration. — Berlin 1978.
Markušina, V. I.: Meždunarodnye naučno-techničeskie svjazi v sisteme sovremennogo kapitalizma. — Moskva 1972.

Maslov, V. F./Puškin, A. A./Azimov, Č. N./Popov, V. A.: Pravovye formy naučno-techničeskogo sotrudničestva. — Char'kov 1976.

Metodika sovmestnogo prognozirovanija zainteresovannymi stranami-členami SĖV razvitija nauki i techniki. — Moskva 1975.

Mnogostoronnee sotrudničestvo akademij nauk socialističeskich stran. Sb. st. i dokumentov, (Pod obšč. red. G. K. Skrjabina). — Moskva 1978.

Naučno-techničeskaja revoljucija i integracija stran-členov SĖV, (Otv. red. D. A. Lebin). — Moskva 1974.

Naučno-techničeskij progress i sotrudničestvo stran SĖV, (Pod red. O. A. Čukanova i dr.). — Moskva 1973.

Petrov, M.: Naučno-techničeskata integracija maždu stranite ot SIV. — Sofija 1971.

Phillips, H. M.: Educational cooperation between developed and developing countries. — New York 1976.

Poats, R. M.: Technology for developing nations. New directions for US technical assistance. — Washington 1972.

Samylovskij, I. V.: Naučnye i kul'turnye svjazi SSSR so stranami Azii i Afriki. — Moskva 1963.

Sander, H./Stein, D.: Beziehungen deutscher wissenschaftlicher Institutionen zu Partnern in Entwicklungsländern. Universitäten, wissenschaftliche Hochschulen, Max-Planck-Inst., Bundesforschungsanstalten. — Stuttgart 1971.

Schönfeld, G./Schönrath, W./Müller, M. (etc.): Rechtsfragen der wissenschaftlich-technischen Zusammenarbeit UdSSR—DDR. — Berlin 1979.

Science in aid of developing countries. Proc. of the 15th Pugwash conf. on sci. and world affairs, Addis Abeba, Ethiopia, Dec. 29, 1965—Jan. 3, 1966. — London 1966.

Socialističeskaja integracija i nauka. Materialy soveśč. prezidentov akad. nauk. soc. stran, Moskva, 15—18 fevr. 1977 g. — Moskva 1977.

Stepanenko, S. I.: Soveršenstvovanie naučno-techničeskogo sotrudničestva stran SĖV. — Moskva 1974.

Touscoz, J.: La coopération scientifique internationale. — Paris 1973.

Towards global action for appropriate technology, (Ed. A. S. Bhalla). — Oxford 1977.

Transferts de technologie, sociétés transnationales et nouvel ordre international. — Paris 1978.

Verbündete in der Forschung. Traditionen der deutsch-sowjetischen Wissenschaftsbeziehungen und die wissenschaftliche Zusammenarbeit zwischen der Akademie der Wissenschaften der DDR, Materialien eines Kolloquiums des Forsch.-Ber. Ges.-Wiss. der AdW der DDR und der Kommission der Historiker der DDR und der UdSSR, 4.—5. 6. 1975, Berlin. — Berlin 1976 (Internationale Reihe des Zentralinstituts für Geschichte der AdW der DDR).

Vereščetin, V. S./Lebedkina, E. D.: Meždunarodnyj sovet naučnych sojuzov (MSNS). — Moskva 1962.

Vysockij, A. F.: Pravovye problemy svobody naučnych issledovanij v Mirovom okeane. — Kiev 1974.

Williams, R.: European technology. The politics of collaboration. — London 1973.

Wissenschaft und Technologie für die Dritte Welt. Vortragstexte einer Arbeitstagung in Feldafing, (Hrsg. K. Gottstein). — München—London 1979.

World plan of action for the application of science and technology to development. — New York 1971.

Zimenkov, R. I.: Amerikanskij neokolonializm i peredača technologii. — Moskva 1982.

Zehntes Kapitel
Soziale Verantwortung und Ethik des Wissenschaftlers

Abrüstung. Politische Voraussetzungen, sozio-ökonomische Folgen, Aufgaben der Wissenschaftler, (Hrsg. W. Bredow, G. Kade, im Auftr. des Bundes demokratischer Wissenschaftler). — Köln 1978.

Abrüstung. Wissenschaft, Verantwortung, (Hrsg. H. Meissner, K. Lohs). — Berlin 1978.

Aleksandrov, A. P.: Vstupitel'noe slovo. Na Vsesojuz. konf. učenych za izbavlenie čelovečestva ot ugrozy jadernoj vojny, za razoruženie i mir, Moskva, 17—19 maja 1983 g. — In: Vestnik AN SSSR, Moskva (1983) 9, S. 6—9.

Annas, G. J./Glantz, L. H./Katz, B. F.: Informed consent to human experimentation. The subject's dilemma. — Cambridge (Mass.) 1977.

Apostolova, I.: Chumanizacija na naukata. — Sofija 1973.

Auswirkungen des wissenschaftlichen Fortschritts auf den Menschen. Symposium zum interdisziplinären Programm „Auswirkungen des wissenschaftlichen Fortschritts auf den Menschen", Neubrandenburg, DDR, 28.—29. November 1978, Veranstalter: UNESCO/AdW der DDR, (Red.: P. Altner). — Berlin 1979.

Barnes, J. A.: Who should know what? Social science, privacy and ethics. — Harmondsworth 1979.

Bioethics. Basic writings on the key ethical questions that surround the major, modern biological possibilities and problems, (Ed. Th. A. Shannon). — New York 1976.

Biomedical ethics and the law, (Eds. J. M. Humber, R. F. Almeder). — New York—London 1976.

Bodňar, J.: Ethik der wissenschaftlichen Forschung. — In: Teorie rozvoje vědy, Praha 3 (1979) 4, S. 19—26.

Bower, R. T./Gasparis, P. de: Ethics in social research. Protecting the interests of human subjects. — New York 1978.

Buzuev, V. M./Pavličenko, V. P.: Učenye predosteregajut. — Moskva 1964.

Caws, P.: Science and the theory of value. — New York 1967.

Cerutti, L./Fazio, S.: Scienziati e crisi della scienza. Saggi interventi, testimoniaze. — Bari 1976.

Clements, T. S.: Science and man. The philosophy of scientific humanism. — Springfield (III) 1968.

Diener, E./Crandall, R.: Ethics in social and behavioral research. — Chicago—London 1978.

Ethical and legal issues of social experimentation, (Eds. A. M. Rivlin, P. M. Timpane). — Washington 1975.

Ethical and scientific issues posed by human uses of molecular genetics. (Eds. M. Lappé, R. S. Morison). — New York 1976.

Ethische Probleme der Wissenschaft, (Hrsg. D. Wahl), [Aus d. Bulg.]. — Berlin 1978 (Wissenschaft und Gesellschaft, 16).

Ethische Werte in der Wissenschaft. Arbeitskreis 1, Ethische Wertorientierung in der Medizin und Humangenetik, (Hrsg. E. Luther). — Halle (Saale) 1980.

Federal regulation. Ethical issues and social research, (Eds. M. L. Wax, J. Cassell). — Boulder (Col.) 1979.

Filo, O.: Podiel vědy na formováni společenského vědomia. — Bratislava 1980.

Forschung im Konflikt mit Recht und Ethik. Zur Problematik von Zeugnisverweigerungsrecht, strafrechtlicher Immunität und freiem Datenzugang des Forschers, (Hrsg. A. Eser, K. Schumann). — Stuttgart 1976.

Frolov, I. T.: Mensch — Wissenschaft — Humanismus. Zur Kritik des Anthropologismus, Szientismus und Sozialbiologismus. — Berlin 1986 (Zur Kritik der bürgerlichen Ideologie, 107).

Frolov, I. T.: Perspektivy čeloveka. Opyt kompleks. postanovki problemy, diskussii, obobščenija. — Moskva 1979.

Ganžin, V. T.: Nravstvennost' i nauka. K istorii issled. probl. v evrop. filosofii. — Moskva 1978.

Gavalier, P.: Spoločnost. vèdeckotechnický pokrok a medicína. — Bratislava 1980.

Glass, B.: Science and ethical values. — Chapel Hill 1965.

Goodall, M. C.: Science, logic and political action. — Cambridge (Mass.) 1970.

Janovskij, R. G.: Formirovanie ličnosti učenogo v uslovijach razvitogo socializma. — Novosibirsk 1979.

Janovskij, R. G.: Naučnaja intelligencija Strany Sovetov. — In: Voprosy teorii i žizn'. — Moskva 1983, vyp. 3, S. 305—315.

Karp, L. E.: Genetic engineering. Threat or promise?. — Chicago 1976.

Kielanowski, T.: Odpowiedzialność uczonych dylemat współczesnej nauki. — Warszawa 1970.

Lazar, M. G./Lejman, I. I.: NTR i nravstvennye faktory naučnoj dejatel'nosti. Očerki ėtiki nauki. — Leningrad 1978.

Margenau, H.: Ethics and science. — Princeton (N. J.) 1964.

Medjanceva, M. P.: Otvetstvennost' učenogo kak social'no-ėtičeskaja problema. — Kazan' 1973.

Melsen, A. G. van: Science and responsibility. [Transl. from the Dutch]. — Pittsburgh (Pa.) 1970.

Minkov, Ju.: Blago ili prokljatie? Naučnite postiženija i tjachnoto văzdejstvie vărchučoveka. — Sofija 1978.

Mohr, H.: Lectures on structure and significance of science. — New York—Heidelberg—Berlin [West] 1977.

Prevet, F.: Morale et métier. La recherche scientifique. — Paris [1959].

Reagan, Ch. E.: Ethics for scientific researchers, 2nd ed. — Springfield (Ill.) 1971.

Recombinant DNA. Science, ethics and politics, (Ed. J. Richards). — New York 1978.

Reynolds, P. D.: Ethical dilemmas and social science research. An analysis of moral issues confronting investigators in research using human participants. — San Francisco 1979.

Ribes, B.: Biology and ethics. Reflections inspired by a UNESCO Symposium. — Paris 1978 (Insights, 2).

Richta, R.: The idea of social control under the conditions of the scientific and technological revolution. — In: Die Philosophie und die Weltauffassungen der modernen Wissenschaften. — Praha 1978, S. 7—13.

Richta, R.: Věda a mír. — In: Nová mysl., Praha (1979) 1, S. 32—47.

Roberts, C.: The scientific conscience. Reflections on the modern biologist and humanism. — New York 1967.

Schneider, R.: Der Wert des Wissens und die Verantwortung des Wissenschaftlers. Untersuchungen am Beispiel der modernen Biologie. — Meisenheim am Glan 1976.

Science and morality. New directions in bioethics, (Eds. D. Teichler-Zallen, C. D. Clements). — Lexington (Mass.)—Toronto 1982.

Sindermann, C. J.: Winning the games scientists play. Third printing. — New York—London 1984.

Smith, A. K.: A peril and a hope. The scientists' movement in America, 1945—47. — Cambridge (Mass.)—London 1971.
Social research in conflict with law and ethics, (Ed. P. Nejelski). — Cambridge (Mass.) 1976.
The sociobiology debate. Readings on ethical and scientific issues. (Ed. A. L. Caplan). — New York 1978.
Steenbeck, M.: Wissen und Verantwortung. Reden und Aufsätze, 1959—1967. — Berlin—Weimar 1967.
Strickland, D. A.: Scientists in politics. The atomic scientists movement, 1945—46. — Lafayette 1968.
Tschasow, J./Jljin, L./Guskowa, A. [Časov, E. I./Il'in, L. A./Guskova, A. K.]: Nuklearkrieg. Med.-biolog. Folgen, Standpunkt der sowjet. Mediziner. — Moskau 1984.
Vsesojuznaja konferencija učenych za izbavlenie čelovečestva ot ugrozy jadernoj vojny, za razoruženie i mir. — In: Vestnik AN SSSR, Moskva (1983) 9, S. 3—124.
Wissenschaft und Sittlichkeit. — Berlin—Moskau 1976.
Znaniecki, F.: The social role of the man of knowledge. — New York 1965.

Personenregister

Sachregister

FSC
www.fsc.org
MIX
Papier | Fördert
gute Waldnutzung
FSC® C083411

Kolibri 360 GmbH
Ferdinand-Jühlke-Straße 7
99095 Erfurt, Deutschland
produktsicherheit@kolibri360.de